献给我的祖父母

以爱的回忆

先声文丛

知 识 的 力 量 ， 人 性 的 光 辉

The Conquest of Nature:

Water, Landscape, and the Making of Modern Germany

David Blackbourn

征服自然：

〔美〕大卫·布莱克本 著
王皖强 赵万里 译

水、景观与现代德国的形成

目录

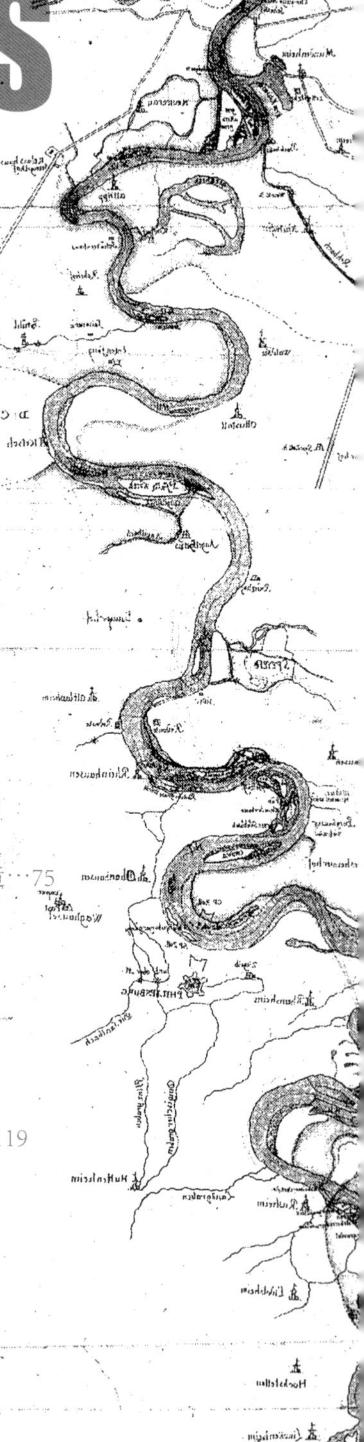

地图目录

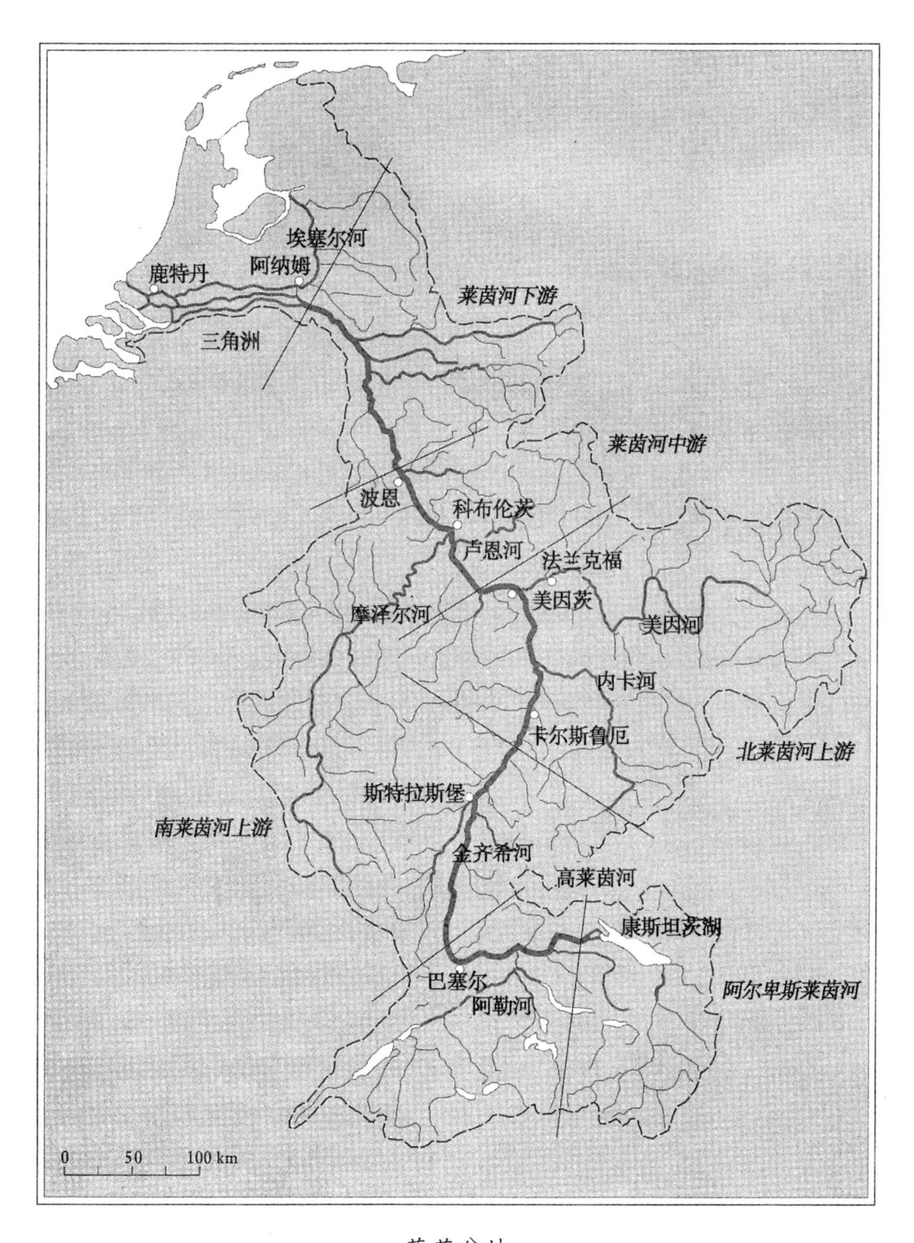
埃塞尔河
鹿特丹
阿纳姆
莱茵河下游
三角洲
莱茵河中游
波恩
科布伦茨
卢恩河
法兰克福
美因茨
摩泽尔河
美因河
内卡河
卡尔斯鲁厄
北莱茵河上游
斯特拉斯堡
南莱茵河上游
金齐希河
高莱茵河
康斯坦茨湖
巴塞尔
阿尔卑斯莱茵河
阿勒河
0
50
100 km

莱茵盆地

序

我很早就有撰写这本书的念头。1990年，我在加利福尼亚斯坦福大学当客座教授，接触到美国“新西部”史学家的著述。当时我正在写另一本书，便草拟了本书的初步提纲。两年后，我永久移居美国。本书的研究始于1995年的德国之行，之后又花了几年时间方告完成。1999年底，我正式动笔，2005年年初写毕。我想说的是，我花了很长时间酝酿构思，但正如曼迪·莱斯－戴维斯(Mandy Rice-Davies)的名言所说：“是的，就知道他会那么说。”

很高兴有机会感谢许多为本书提供帮助的人士和机构。我的研究得到了约翰·西蒙·古根海姆基金会、亚历山大·冯·洪堡基金会以及哈佛大学克拉克基金会的资助。我感谢哈佛大学允许我休假写书，并提供了我一直极为珍视的思想碰撞的环境。我想特别感谢欧洲研究中心的朋友和同事，还有我过去和现在的学生，他们潜心于并非显学的历史学研究，他们带给我的鼓励比他们所想象的要多。在德国，我始终感受到美因茨的欧洲历史研究所的支持和盛情，安德列斯·孔茨(Andreas Kunz)、马丁·沃格特（Martin Vogt）在研究的初期阶段提供了弥足珍贵的帮助。感谢卡尔斯鲁厄的国家档案馆（Generallandesarchiv Karlsruhe）和柏林国家图书馆(Staatsbibliothek Berlin）以及德国各地的图书馆，我通过馆际互借找到了数百种几乎无人关注的印刷品。在美国，我特别感激哈佛大学霍顿图书馆和怀德纳图书馆的工作人员。我还想感谢我的几位研究助手，本·黑特(Ben Hett)、凯文·奥斯托伊奇（Kevin Ostoyich)、凯瑟琳娜·普吕克（Katharina Plück）和路易斯·特雷梅尔（Luise Tremel），他们帮我查找文献、整理书籍和馆际互借相关资料，他们不仅工作效率高，还富有幽默感。卡特娅·策尔亚特 xii（Katja Zelljadt）精力过人，很好地完成了找插图和申请引用许可的任务。

我有幸应邀在历史学家和其他学者的许多聚会场合讨论本书。这些场合对我形成和深化自己的观点颇有助益。1998年在波恩的联邦艺术及展览馆（Kunst und Ausstellungshalle der Bundesrepublik）召开的一次会议上，我第一次提交了我的研究。这次会议是在水上举行的，是主题为“元素”的四场会议中的第一场，这是一个颇具创意的想法。随后在本书写作的这些年里，我在奥斯陆、柏林和温哥华，以及在美国各地的各种会议、研讨班及讲座上，向不同的听众陈述我的观点。太多的人给我鼓励，帮助我找到我真正想说的东西，他们当中有许多人并非德国史专家，有些甚至不是历史学家。感谢所有这些人。当然，我更要感谢的是许多领域的作者和学者，他们的著作让我受益匪浅。本书的注释表明了我从他们那里获益的程度。当然，本书可能存在的事实错误和理解偏差，只能由我本人负责。

最后，我很高兴地感谢那些与本书关系最为密切的人士。像过去一样，我感谢我的经纪人玛姬·汉伯里（Maggie Hanbury）、罗宾·斯特劳斯（Robin Straus）以及乔纳森·开普出版社的威尔·苏尔金（Will Sulkin）和约尔格·亨斯根（Jörg Hensgen），感谢他们的支持和信任。我的家庭，以及先后的几只宠物，与本书一起度过了很长时间。感谢我的妻子黛比，我们的孩子艾伦和马修，感谢他们的耐心，最重要的是他们的爱。我还想感谢我父母多年来对我的关爱与支持。一本书会有许多渊源，本书构思和写作于我视之为家园的一个国家，它还涉及我曾在那儿度过许多年时光乃至其景观已成为我生活一部分的另一个国家。不过，本书所包含的个人意蕴并非始于我动笔的那一刻，而是可以往前追溯得更远。我妻子曾经说，碱沼和盐沼的风景与气息让我陷入沉思。如果她是对的（她总是对的），那么本书或许与我在英国剑桥郡度过的童年岁月不无关联。所以，我把本书题献给我的祖父母。

大卫·布莱克本

马萨诸塞州列克星敦，2005年5月

导　言　德国历史上的自然与景观

1914年8月，德国士兵开赴前线之际，德皇威廉二世向他们保证，他们将在秋季叶落之前凯旋而归。到1915年，德国士兵和平民意识到不可能轻而易举地打败敌人。就在这一年，威廉·伯尔舍（Wilhelm Bölsche）出版了《德国景观话今昔》。伯尔舍是20世纪初杰出的社会改革家，他在德国大力普及查尔斯·达尔文的学说，还发起了旨在让新兴德国城市拥有更多绿色空间的花园城市运动。这本书是伯尔舍为战争出的一把力，这样的努力数不胜数，都是利用自然资源为民族事业服务。该书的前言把这一点讲得很清楚。前言出自弗朗茨·格克（Franz Goerke）之手，他也是一位社会改革家，不但对大众科学教育感兴趣，还对自然保护的绿色事业充满激情。

“在这个拼搏与战斗的时刻，”格克写道，德国的景观是“我们要捍卫的最重要的东西。”[1]经历过20世纪历次战争的德国人很熟悉这种要求人们做出牺牲的号召。他们要保卫的景观是“德国绿色大花园”，是故土和故乡（Heimat），这里的草地、森林和蜿蜒的河流孕育了德国人的特质和精神。[2]无论战争将带来何种巨变，自然景观不会变，一如它所养育的这个民族。

只可惜，自然景观也是会变的。如果一个德国人能够穿越时空，从1915年或1940年回到1750年，映入眼帘的“自然”景观会让他大吃一惊：土地大多未经开垦，到处是沙地、灌木，尤其是水面。这位20世纪的来客走不了多远，那些早已干涸、被人遗忘的水潭、池塘和湖泊会令他步履维艰。18世纪的北德平原遍布低洼的草本沼泽和碱沼，这位现代旅行者会完全找不到方向，从而面临重重危险。正是因为这个缘故，受过教育的同时代人把这些沼泽比作新世界乃至亚马孙河流域的湿地。这个地区阴郁而泥泞，水道蜿蜒，到处是浓密的藤蔓植物，只有平底船能通行。这里成为蚊虫、蛙类、鱼类、野猪和狼的栖息地，不仅在视觉上，在听觉与嗅觉上也迥然不同于20世纪德国人所熟悉的平整田野上无言矗立着风车的开阔景观。走进18世纪任何一条德国河流的河谷，这位现代德国旅行者都会觉得来到了一个迷失的世界。1750年的河流与20世纪完全不同。它们甚至没有固定的河道。现代河流是航运大动脉，河水在人造堤岸的固定河床中欢快流淌，而18世纪的河流在泛滥平原上蜿蜒，被沙洲、砾石崖和岛屿分割成数以百计的水道。河流在不同季节流速快慢不等，无法满足常年通航之需。河流两岸数英里内都是茂密的湿地森林，根本没有农田和工业设施的空间。这就是18世纪的莱茵河，歌德曾在这里钓鲑鱼，成百上千人在河边的沙里淘金。此后的150年间，莱茵河成为德国特性的最高象征，河流的面貌焕然一新，河里已经没有鲑鱼和黄金了。

1750年前后低地德国的景象让20世纪的德国人很难确定自己置身何处。高地德国变化较小，但仍然足以让我们假想的现代旅行者感到震惊。例如，假设有某位20世纪的人士前往18世纪的东弗里斯兰（Friesland）半岛，或是绝大部分属于高沼地的巴伐利亚。1750年时，数个世纪以来形成的广袤无垠的泥炭酸沼几乎荒无人烟，既没有道路和运河，也没有开垦成可耕地。只有极少数地方，泥炭采掘开始改变地表的面貌，但依然让人望而却步；直到酸沼开始消退，德国人——某些德国人——才开始学着把这些地方看成是“浪漫的”。如果继续登高，攀上埃菲尔山（Eifel）、绍尔兰(Sauerland)、哈尔茨山脉(Harz)和厄尔士山脉(Erzgebirge)的高地，这些旅行者能看到更动人、从那以后彻底消失了的景象：被日后兴建的大坝淹没的数以百计的山谷。18世纪时，山谷里的田野和村庄尚未被水淹没，正如泥泞的高地酸沼尚未变成田野和村庄。德国景观意味着很多东西，但绝非一成不变。

本书讲述了250年来德国人重塑景观的故事，他们开垦草本沼泽和碱沼，排干酸沼，将河道裁弯取直，在河流高峡修筑大坝。这些人造工程并非全新的创造。中世纪时，西多会修士就排干过草本沼泽；1391年，莱茵河首次成功实施了裁弯取直工程。早在数百年前，德国中部山脉就建过水坝，当时是为了用水力来给矿井排水。1750年后水利工程的新意在于规模和影响。它们显著改变了地表的面貌，如同当今那些随处可见、引人注目的现代标志，工厂的烟囱、铁路以及生机勃勃的城市。为什么要采取这些举措？是什么人决策，又带来了什么样的后果？这些就是我所关注的问题。我把书名称作“征服自然”，是因为当时的人们就是这样定义自己的所作所为的。时光流逝，人们的态度随之改变，从18世纪启蒙运动开朗的乐观主义，19世纪对科学和进步的热切信念，到20世纪特有的强调确定性的专家治国论。(1900年，水电被看成是穿白大褂的人创造出来的现代清洁能源，这种在当时属于异想天开的主张与60年后人们对于原子能发电的热情如出一辙。)唯一不变的是基本观念：大自然是人类之敌，应该加以约束、驯服、抑制和征服。

“让我们学会向自然环境宣战，而不是向我们的同胞开战。”苏格兰人詹姆斯·邓巴（James Dunbar）于1780年如是说。[3]在他看来，向自然开战乃是天经地义之事，这种观点无疑是200多年来德国历史一再重现的主题。作为邓巴的同时代人，普鲁士的腓特烈大帝主持排干的沼泽湿地和碱沼超过当时的任何一位统治者，他俯瞰新开垦的奥得河沼泽，自豪地宣布：“我在此和平地征服了一个省。”[4]19世纪，进步人士的理想是在酸沼建立定居点和实现轮船航行。在自然科学的黄金时代，驾驭自然被视为人类道德进步的标志；它是战争的反面。这种态度甚至一直延续到灾难性的第一次世界大战，许多评论家认为这场战争打破了人类进步的固有轨迹。1915年，弗洛伊德撰写《战争与死亡时代的思索》，把这种态度视为战争的“幻灭”，“我们在控制自然上的技术进步”助长了和平解决人类冲突的信念；因为关于秩序井然和法律文明化的价值观乃是“使人类成为地球主人的品质”。[5]战后，马克思主义文化批评家瓦尔特·本雅明（Walter Benjamin）从另一个角度阐述了相同的主题，

6

哀叹“社会不去排干河流，反倒把人的洪流引入战壕”。[6]在水利工程问题上，直到20世纪中叶之后很久，这种铸剑为犁的乐观主义始终是自由主义者和社会主义者的共同点。

历史事实并非如此。事实往往与我们的想象不同，排干沼泽或是让河流改道，与其说是“战争的道德等价物”（威廉·詹姆斯的说法），倒不如说是战争的副产品，甚至是帮凶。不妨以腓特烈大帝的围垦工程为例。排干沼泽，等于是摧毁了逃兵藏匿的幽暗庇护所，清除了时钟般精确的腓特烈军队行军的障碍。士兵们开凿运河和水渠，移民村落则由前军需商负责监督。而征服自然往往是在武力征服的地区进行的。再来看看19世纪雄心勃勃的莱茵河“治理”工程。拿破仑摧毁了神圣罗马帝国，从而有益地简化了德国的政治版图，为这条河流的改造铺平了道路，工程进度和施工方式才得以确定下来。类似的例子不胜枚举。普鲁士工程师和数以千计的工人要在北海和疟疾肆虐的亚德湾（Jade Bay）泥滩苦苦奋斗10年之久，所为者何？是为普鲁士以及日后的德国舰队修建一座深水港。第一次世界大战后，德国为什么加快了在高地沼泽排涝和移民的步伐？因为《凡尔赛条约》之后，德国人开始自认为是“没有空间的民族”（Volk ohne Raum）*，因而每一寸开垦出来的土地都价值连城。为了准备下一场战争，纳粹党人紧锣密鼓地推行这场争夺粮食、同时也是针对自然的斗争。1939年后，他们制订了东欧的水利工程计划，这个计划既有专家治国论的狂妄自大，也从种族上蔑视所征服的混乱土地上的民族。种族、土地开垦与种族灭绝交织在一起。

为了更好地说明历代德国人所谓的“征服自然”，我们不妨借助一个军事术语，即“水的战争”。这个比喻在内政和外交上都是适用的。水能够满足人类多方面的需求。河流是饮用水以及清洗和沐浴用水的唯一来源。河水灌溉农作物，河中的鱼类为人类提供热量。河流带走污水并提供了运输手段（河流是移动的道路，布莱兹·帕斯

7

* 1926年，汉斯·格林姆出版了一本与希特勒《我的奋斗》遥相呼应的小说《没有空间的民族》。——译注

卡尔如是说）。它们为冷却和其他工业生产过程提供水源。它们驱动简单的水车乃至精密的涡轮机，这是人类历史上名副其实的重复发明的实例。人类用各种方式利用河流，有些方式彼此兼容，有些则相互冲突。本书所描绘的德国水文地理的每一次重塑，不论是河流改道还是筑堤防护、排干沼泽、开凿运河、修建大坝，不同的受益者之间都发生了冲突。为了适应新的需要，人们改造河流和湿地，冲突随之而来。在早先的年代，这种冲突集中表现为渔业或狩猎与农业的矛盾，日后则是农业与工业，某个现代利益集团（如内陆航运业）与另一个利益集团（如水电站）的矛盾。地方的或小规模的需求与更大的势力之间几乎总是有各种各样的冲突，这种冲突几乎总是以强势一方获胜而告终。正如一位重要的德国水坝专家所说："对水的控制伴随着对水的争夺。"[7]

驯服水需要现代知识：地图、海图、各种发明创造、科学理论以及水利工程师的专业技能。这些知识也是政治实力的标尺。德国景观的改造是用强制手段完成的。在德国，水的战争往往体现为蓄意的暴力。洼地沼泽的渔业社群抗拒搬迁；弱势的船夫也被轮船逐出了河流。他们面对的是军队。19世纪中叶以后，很少再动用赤裸裸的暴力（除非是德国人重新安排其他民族的航道），德国国内的水战争延伸到法庭、国会和行政部门。但是，背后始终存在着法国人所谓的"软暴力"（violence douce）。只要看一看德国的航道整治，权力运作的轨迹一目了然。从人类对自然的驾驭，可以管窥人类统治的本质。

本书不仅讲述强制的历史，还讲述同意的故事。围绕某一特定的运河或大坝的争论不论多么激烈，谁受益谁受损，政治家、说客、官员和舆论制造者始终在一个根本性的原则问题上达成了共识，即德国的水体可以任意加以改造：人能够并且应当改造水体。这种观点并非精英阶层所独有。人们普遍认为，征服自然是天经地义的，或者如我们所说是人的"第二天性"。民众对改变地表面貌的大型土木工程津津乐道。在河流整治或大坝竣工的庆典上，人们发表热情洋溢的演说，约翰·图拉（Johann Tulla）和奥托·因策

8

(Otto Intze) 等杰出工程师成为名流，读者众多的家庭杂志以激动不已的语调报道人类创造的这些丰功伟绩。1909年，水力发电的倡导者雅各布·青斯迈斯特(Jakob Zinssmeister)写道：“人类最终将支配自然，而不是受自然的支配。”他说出了大多数人的心声。[8]人们往往认为，相比英国人和法国人，现代德国人不那么经得起“现代性”的考验，较少世俗和实利主义，更敌视机械文明。这种观点也被用来解释纳粹主义的号召力。如果读者诸君也这么看，我希望本书能够使你重新思考这个问题。

人类自命的征服自然的权利也并非从未面临挑战。雅各布·青斯迈斯特的观点看上去有点迫不及待甚至急躁，因为他是为了回应自然环境保护者质疑大坝对景观和动植物群落的影响。大坝成为新的关注焦点，这种关注背后隐含的担忧却早已有之。早在18世纪，诗人和自然主义者就对人类的狂妄自大忧心忡忡。随后，在喧嚣的“进步时代”，怀疑的声音越来越大。怀疑论者从不同的立场出发，质疑支配性、工具性的人与自然观。两个多世纪以来，审美考量曾经是（或许至今依然是）引发忧虑的最大根源。从浪漫派诗人的哀歌，到20世纪压力集团阻止水电工程上马的努力，对自然景观之美的破坏始终是一个中心议题。1800年代初，在治理莱茵河的首批方案公诸于众之际，就已经出现了异议。如果河流治理导致了雪上加霜的后果怎么办？更可怕的是，人类自身的活动会不会引发“自然”灾害？审美和现实的顾虑都把人类利益置于核心，即便这是一种不同于雅各布·青斯迈斯特的人类利益观。其他一些德国人从宗教立场出发，质疑人类“改天换地”的权利。湿地栖息地的消失，鸟类种群减少，更加剧了这种担忧，因为鸟类学在德国是大众化的爱好。德国的鸟类保护协会比其他国家成立得更早，也得到了广泛的支持。最后，还有一种截然相反的意见，这种意见的重要性与日俱增。1866年，德国生理学家恩斯特·黑克尔（Ersnt Haeckel）创造了“生态学”一词。这标志着人类必须面对与其他物种的复杂相互关系的思想已经形成。德国人对现代生态思想做出了开创性贡献；正是对水栖生物和栖息地的研究推动了大多数新思想的诞生。

这些预言家形形色色，很难将其归入某一特定的思想或政治派别。20世纪初，德国出现了最早的自然保护运动，但它并非80年后重塑德国政治的环境保护运动的先驱。这场运动与80年后推动绿党的生态关注是一致的，但它更关注景观的美，也更为保守。1933年后，这场运动与纳粹主义联系紧密，但这种密切关系并未得到多少回报，一些相同的看法（往往得到同样一批人的拥护）延续到战后。绿党承诺“全球视野，本土行动”，早先的自然环境保护者热衷于生于兹长于兹的“故乡”，具有浓厚的民族主义，甚至往往是种族主义的色彩。即便是“绿色的”这一形容词也不是一个靠得住的符号，我们不能把“绿色”与环境保护信念直接画等号。20世纪上半叶，更不用说19世纪，“绿色”一词往往是德国优越性的委婉说法，与“翠绿的德国”对应的是斯拉夫的“荒漠”或沼地。一位纳粹景观规划者表示，“德国的村庄当然是绿色的”。[9]这种观点得到大多数自然环境保护者的认同，不仅如此，双方在景观美学、生态关注和种族自豪感方面也是一致的。现代绿色运动（像所有运动一样）为自身创造了超越时代的先知的发展背景，也有着必定互相联系的发展脉络，但是，很多时候，将过去与现代连接起来的纽带并未延续下来，而是断裂了。

描绘现代德国景观的形成，也就是在讲述现代德国的形成。任何想要这么做的人，都要面对两种反差很大的叙述结构。我称之为乐观方式和悲观方式，前者是英雄模式，后者是报应不爽的现代道德故事。前者讲述的完全是进步的历程。人类驾驭自然界的能力不断提升，意味着有新的土地可供拓殖，有更多的粮食供养持续增长的人口；它消除了灾难性的疟疾肆虐，消除了久已有之的洪水威胁；它提供了安全的饮用水，通过保持高地河流的水位提供新的能源；它突破了封闭的地域限制，打通了关山阻隔，加速了人口和货物的流动，轮船先是在蜿蜒曲折的内河航行，之后驶向大洋。这是人类摆脱重重束缚的故事，短期内略有所失，长远看获益甚多。直到一代人之前，“现代化”和进步福音的光环开始褪色，这样的故事总是用升调来讲述的。“一切都在朝好的方面发展”，披头士乐队在

10

1967年时唱道，而大多数历史学家也唱着同样的调子。

这是乐观的版本。

时至今日，没有多少历史学家还会以这种方式撰述历史。他们转而注意进步的阴暗面。“征服”了水，却破坏了生物多样性，而且（事物的另一面）带来了有害的入侵物种，生态系统遭到破坏，藻类、软体动物和更为“适应”的鱼类站稳了脚跟。水利工程也彻底铲除了人类社群以及宝贵的本土知识：与水微妙地和谐共处的生活方式。每一个进步都要付出代价：工业和化肥造成的水污染毒死鱼类，也危害人类健康；新开垦土地上栽培的是脆弱的单一作物；大规模排水系统降低了地下水位。旧的束缚和风险消失了，取而代之的是新的束缚和风险。一个世纪前的城市开拓者兴建水库，以增加水资源利用为荣，但他们也开启了完全不可持续的无节制消耗模式。大坝，不论建造的目的为何，往往阻碍了航运，也给后人留下诸多始料未及的问题。崇尚技术的水管理将产生始料未及的后果，这方面有一个最突出的例子，即把河流盆地视为一系列增加河水流速的排水系统的惯常做法。人们提升干流及其支流的流速，用狭窄的河道约束河水，鼓励在泛滥平原上定居，这一切似乎避免了季节性的局部洪水，到头来却要面对不那么频繁，但更广泛、更严重的大洪水。1980年代以来，莱茵河、奥得河和易北河多次爆发“百年一遇”的大洪水，表明洪水频率大大增加了。

这是悲观的版本。

这两种讲述历史的方式都不尽如人意。两种方式讲述的都是有偏颇的故事。虽然我们的时代崇尚言简意赅和简单情节，对复杂事物抱有与生俱来的偏见，但我们的头脑肯定能够兼容两种矛盾的观念。德国向现代性的转型，如同狄更斯笔下的法国大革命，既是最好的时代，也是最坏的时代。征服自然就像一个浮士德式的交易。浮士德竭力驯服危险的水，“让大地回复本来面貌”，他做到了，也付出了代价。[10]（在歌德的剧本中，腓力门和博西斯这对夫妻付出了代价，成为早期的“现代化的牺牲品”。）得失利弊是实实在在的，关键在于从哪个人群的立场来看，以及截取什么样的时间段。这种观点并非和稀泥，而是可靠判断的起点。本书用证据表明，通常总是最贫穷、最弱势的群体为了物质生活的改善做出了最大的牺牲。1914年前，开凿运河的是外来的劳工和囚犯；第一次世界大战期间，动用了外国战俘为高地沼泽排水；第二次世界大战期间，劳工在极不人道的条件下从事上述两项工作，意味着情形恶劣到极点。但是，同样真实的是，在德国，像其他欧洲国家一样，大型水利工程的费用往往不是由穷人来承担的，这与现代第三世界国家的情形迥然有别。本书描绘的改革显著改善了大多数德国人的物质生活：新的土地，为家庭提供洁净的水，水转化为能源以及使大众消费成为可能的工业生产过程。浮士德式交易依然存在，只是如今有了不同的表现方式。过去两百多年间，德国从一个大多数人朝不保夕、物质匮乏、寿命很短的国度，转变为享受人类历史上前所未有的富足的老龄化社会，在20世纪未受战争侵害的年代尤其呈现出加速之势。这是个居然可以用奢侈品来验证自身富足的社会，虽然许多人（包括我本人在内）认为这实际上是出于需要而非奢侈。当今面临的真正问题在于开发并使德国的水资源机械化所带来的长期后果。这个问题事关可持续性。"需要"何时蜕变成"欲望"，何人来决定何种欲望应当被满足？如果人们拒斥这个问题背后的思考，将不得不面对另外一个问题：长此以往，不怕未来遭到严酷的报应吗？本书最后两章表明，德国人比大多数人更愿意直面这个问题。

这种忧虑成为当今悲观主义的根源，它从本质上不同于以往，历史学家开始关注物种而不是人类，更多地把人类历史纳入人类栖 12 息的地球的历史，即岩石圈、大气圈尤其是水圈的历史。[11]关于工业革命社会后果的大讨论中，悲观论者并非对人类的未来感到悲观。他们揭露人类社会过往的不公，期盼未来更为公平合理地分配物质资源。人类是否具备征服自然界的智慧，当时尚未列入讨论的范畴。如今一切都已改变。那些一度象征着人类解放的水利工程，如苏维埃俄国在注入咸海的河流上兴建的大型水利工程，已经成为危及人类和环境的大灾祸。我们如今面临的重大全球性危机，气候变迁、物种灭绝加速、"荒漠化"、全球淡水供应的悲观前景，势必使所有涉及人类与自然界关系长期变化的著作蒙上一层阴影。本书的读者将会看到许多德国水文改造工程带来的负面环境效应：排水工程和河流“整治”使土壤变干，形成了小块的风沙侵蚀区（由此派生出一个新词：“沙尘暴”〔Versteppung〕），湿地和物种锐减，大量栖息地遭到破坏，以及生态学家称之为“鸡蛋效应”*的各种不可逆变化。[12]

为什么我认为悲观论不足取？部分原因在于我们看到一些变化是可逆的，过去30年间也确实扭转了不利的势头，尤其是水污染治理和全德河流盆地的防洪措施。此外，在一些场合，人类的干预造成了有点矛盾的后果，水库成为候鸟迁徙路线上的落脚点，如今被当成重要的独立生态系统。德国的经历只是全球经历的一个局部变体，美国西南部索尔顿湖（Salton Sea）的情形极富戏剧性，本来是人类的水利工程出了差错，却比美国本土其他地方吸引了更多的鸟类种群。一部严肃对待环境的历史必须总结过去的前车之鉴，但是，如果仅仅停留于悲叹哀鸣，多半仍是一部糟糕的历史（而且多半无助于理解我们当前面临的问题）。人类与自然界的历史应当带有浓厚的道德色彩，最重要的是不忘历史的教训。过去和现在，并非所有事物都在每况愈下地走向毁灭。

有些关于人类与自然界关系的著作明显带有一种宗教般的“堕落”观。人类犯下罪孽，不再天真无邪，被逐出伊甸园。用《创世记》中人物的话说，人类因为肆意戕害自然，被打上了“该隐的永久印记”。[13]当然，大多数历史著作对于人类误入歧途的看法没有这么直言不讳。但是，心理习惯已成为思维定式，高明的环境史学家认为有必要加以反思。[14]在我看来，这种态度于事无补，它往往期盼有一个“纯净无瑕”的大自然，这更是成问题的。美国环境史学家理查德·怀特（Richard White）再透彻不过地阐述了这个问题。[15]

> 呼吁回归自然无异于故作姿态。它是一种否认我们的罪孽的宗教仪式，是对无望恢复清白的罪孽做出的承诺。一些人以为罪孽会就此消亡。历史不会消亡。

---

* 指打碎的鸡蛋不能恢复原貌。——译注

是否可以换一种人类视角来讲述历史呢？许多非人类物种都将在本书中占有一席之地，从低等毛翅目昆虫到鲑鱼，从18世纪德国人斩尽杀绝的野狼，到20世纪严重危害德国玉米的苏云金杆菌。但是，我并不打算从上述任何一种物种的角度来讲述接下来的故事，如果我真这么做了，那只是文字游戏而已。本书当然是人类视角，而且是以人类为中心的视角。我不会（像阿诺德·汤因比那样）给植物分派一个有台词的角色，尽管我借鉴了恩斯特·康代泽（Ernst Candèze）的大作，他富有想象力地从蜜蜂、蚂蚁和蚂蚱的视角，描绘了一座大坝的建造过程。[16]我不认为我们能够（像一位美国环境史学家所说）"像一条河流一样思考"，即便我们乐于这么做。[17]我的角度全然是人类观察者的角度，作为温和的进步主义者，我年纪大得足以记住事物始终在朝好的方向发展，但如今日益受到这样一种同样非历史的观念的诱惑，即局面每况愈下。我想向读者展现德国向现代性转型过程中的各种矛盾，这个想法决定了本书的基本节奏、主要观点和论证手法。

本书力图讲述一系列生动事例，以期再现同时代人对于自身所作所为（或者为什么试图阻止这些事情）的看法。这样的讲述方式足以抵制流行的必然性观点：事件一旦发生，便已经成为过去。我所说的乐观主义者与悲观主义者有一种殊途同归的倾向，他们从相反的角度，把变革描述成单线发展、一帆风顺和不证自明的进程。14 我则力图重现各个时期人们所面对的一些选择，展现这些事件中显而易见的摩擦和冲突。但是，更宏大的视角同样是必不可少的。所有的历史都是关于各种始料未及的后果的历史，当我们试图揭示人类与自然环境的关系时尤其如此。超前叙述使我们得以认识到世人的期望是多么频繁地落空。不论某一特定事例的结果好坏（或是利弊参半），德国的河流和湿地整治任务艰巨，成效不彰，前途未卜。本书会举出大量的实例。我们常常看到工程师竭力解决难题，这些问题之所以成为拦路虎，完全是因为以前的方法徒劳无功。他们每次都会念一模一样的咒语：今时不同往日！这里要给悲观主义者加一分。但是，事情还有另一面。自然环境保护者每每希望保护的，是某个特定时刻的现状，即人类对自然界的上一次干涉与下一次干涉之间的状况，后者成为往昔“进步”的残余，披上了“自然性”的光环。进步的信徒过于频繁地被当下的一揽子解决方案冲昏了头脑，抨击进步论的环境保护人士也过于频繁地描绘子虚乌有的过去，把一种原始属性赋予长久以来已经有人类活动的栖息地。[18]这种观点及其派生出来的许多具有讽刺意味的事实，将成为贯穿本书始终的一条红线（或许应该说是绿线）。高地沼泽画家奥托·莫德松（Otto Modersohn）不经意间道出了问题的关键，他在日记中写道：“我们应当以大自然为师”，接着又表示，这种念头是在“横跨运河的桥上”形成的独到的思想。[19]

本书记叙了莫德松这样俯瞰德国水乡的人士的活动，虽然他们通常是站在比运河桥梁更高的地方俯瞰德国水网的。他们为我们提供了“之前”和“以后”德国景观的点滴印象。多亏了一幅17世纪的版画，向我们展现了昔日奥得河沼泽迷宫般的水网，画中的视角是从周边高地眺望沼泽。一百年后，腓特烈大帝满怀豪情地俯瞰脚下绵延的新垦土地：日后被反复提及的“美丽花园”。西面数百英里的地方，彼得·比尔曼（Peter Birmann）正在绘制如今已是旧貌换新颜的莱茵河上游风光，并未意识到他画的是即将消失的风景。之后，又有许多观察者相继鸟瞰平原，像奥古斯特·贝克尔（August Becker）一样，他们看到“大地丰饶，郁郁葱葱……就像一个大花园”。[20]教士和自然环境保护者几乎是以同样的姿态凝望很快就要被大坝蓄水淹没的河谷，纷纷写下挽歌。随后，技术专家和旅游作家接踵而至，赞美大变样的风景和新的美丽，时至今日，埃菲尔山和邵尔兰波光粼粼的人工湖的航拍图片仍然反映了这种“水库浪漫主义”。

如同后见之明的优势一样，这些居高俯瞰的图片弥足珍贵，但并未反映故事的全貌。它们没有告诉我们“之前”过渡到“以后”之际，地面上究竟发生了什么。从高处俯瞰大地，看到了很多东西，也漏掉了很多东西。因此，我特别强调要下到地平面和水平面，去看看渔民的状况，从高处看，往往会把他们的生活抹上浪漫色彩；看看建筑工人，为了完成广受赞誉的壮举，他们付出了健康（有时甚至是生命）的代价；看看农民，他们花了几代人的时间，在治理过的碱沼地扎下根来，洪水的威胁让他们始终提心吊胆；看看酸沼地带的移民，他们同样过着朝不保夕的日子。作家往往自认为能够驾驭一切，但在写作的过程中，有些东西会不知不觉地来到作者身边，慢慢地浮现出来。假如真是这样，那么我在写作本书的时候，出其不意地浮现在我脑海中的就是泥浆，在本书的字里行间我总感到有人身处齐腰深的泥浆之中。我不想把泥浆清除干净：我们的看法总是有多重视角，但这些视角是至关重要的。一本书不仅可以把读者带到高处，也下到陆地与水面的交汇处。

这不单纯是视角不同，甚至不仅仅是社会经验的差异。它们是两种不同的讲述时空中的历史的方式。本书书名所指的景观有两重含义，既指观察者构想的文化建构，也指岩石、土壤、植被和水等有形实体。德国人区分了“自然”（人类观念和情感构成的文化投射物）和“自在自然”（包括人类在内的地球上各种生命形式的复合体）。[21]我就是在这双重的意义上探讨现代德国的形成。这两重意义互为补充，代表了历史的不同侧面。

人是善于比喻的生物。我们思考时间，把时间想象成一条河流。“时光犹如奔腾不息的激流”，马可·奥勒留（Marcus Aurelius）如是说。马基雅维利在写作《君主论》的时候用了同样的比喻，历史，或者说命运女神，就像“一条波涛汹涌的河流，当 16 它被激怒时，泛滥于平原之上，冲毁树木和房屋，把一地的泥土席卷至另一地”。[22]19世纪，杰出的德国历史学家列奥波德·冯·兰克(Leopold von Ranke)宣称历史像河流一样“川流不息”，这已是一种司空见惯的比喻。兰克接着补充说，历史学家被卷入“不可阻挡的潮流”，但要努力“驾驭”这股潮流。我们也本能地用比喻来指代其他事物。我们看到一条河流，把它转化为神话和传说的源泉。这种做法的历史与幼发拉底河、尼罗河和恒河文明一样悠久。现代德国人同样把自己的水乡泽国塑造成文化和政治宝藏。不论是艺术家、作家、历史学家，还是旅行家、政治家和规划师，无不把深刻的象征意义注入德国景观之中，我想表明他们是如何用不同的方式实现这一目标的。莱茵河一度成为浪漫、丰饶和“德意志”的化身，只是这方面最突出的例子。[23]放眼四望，德国的河流、酸沼和碱沼塑造出更深刻、更抽象的主题：征服与失败，这当然是本书的一对主题，除此之外，还有其他许多特质，这些特质既有积极的也有消极的：美与丑、富饶与匮乏、和谐与动荡。在整个19世纪，德国人频频把他们想象的美德投射到景观上，这尤其令人印象深刻。近年来，许多历史学家致力于探讨这种精神地形学，这种尝试有充足的理由。我们所说的景观既非自然的，也非纯粹的；它们是人类的产物。景观是如何，又为何形成（许多人会说“想象”乃至“发明”），属于历史研究的对象。

但是，当我深入阅读关于“想象的景观”的著作或文章，我往往会有格特鲁德·施泰因（Gertrude Stein）那样的抱怨：“那里什么也没有。”我想追问的问题是所谓心灵的地形，是不是每一条河流只是一个流动的符号？历史的一个基本要素在于，总会有一个时间点具备切实可感的空间。17世纪宗教和历史作家彼得·黑林（Peter Heylyn）于1652年高屋建瓴地阐明了这个问题：“没有地理的历史，犹如一具没有生命的僵尸，根本不是活生生的。”[24]一些最杰出的19世纪历史学家会赞同这种看法。想一想英国的托马斯·巴宾顿·麦考莱（Thomas Babbington Macaulay）或儒勒·米什莱(Jules Michelet)，后者在《法国史》中写道：“没有地理学的基础，人民——历史的创造者，仿佛是在云端漫步，就像那些没有地平线的中国画。”[25]德国孕育出作为一门科学的地理学的伟大先驱，德国的历史学家也秉持相同的态度。人们在谈到海因里希·冯·特赖奇克（Heinrich von Treitschke）时，通常提及他的那些关于普鲁士崛起的慷慨激昂的政治著述。但是，他在字里行间流露出来的对国土轮廓的兴趣，远远超出没有读过他的著作（或仅仅读个大概）的人们的想象。

17

1920年代，专业历史学家越来越专注于文献研究，通俗的地理研究留给地方性的古文物研究者和普及读物作者。在这一点上，德国比其他国家更为突出。但是，法国《年鉴》杂志（1929年创刊）的历史学家们发起挑战，彻底扭转了局面。他们认为，自然环境不过是人类活动的大舞台。这批历史学家的代表人物马克·布洛赫（Mark Bloch）告诫说，人类历史不可能在档案里找到，而是隐藏在“景观的背后”。[26]这种新进展（或者说回归古老的智慧）并非仅仅存在于法国。英国、美国和德国都有相应的运动。从那以后，国际学术界认同历史学家应该有一双结实的鞋子。

如今，这种观点听起来有点过时了。据说电子媒介已经使我们“丧失了空间感”。[27]我们把结实的鞋子与上了年纪的人联系起来，如德高望重的法国历史学家乔治·杜比（Georges Duby），留恋地回忆起行走在乡间的日子，他在那里考订“一份档案，……向阳光，向生活本身，也就是景观，敞开胸怀”。[28]但是，自1991年杜比写下这些文字之后，潮流开始改变。历史学家和普通公众重拾对空间和景观的兴趣，环境史和有关大自然的书籍越来越受欢迎。重构历史的广阔领域与自然环境的关系，为我们打开了新的视野。为了本书的研究，我游历过书中提及的许多景观，这反而增进了我对人类变革宏大规模的认识。我渐渐意识到，本书必须利用地理学家、植物学家和生态学家的研究成果。当然，花粉分析和绘制物种变迁分布图，也属于人类对自然界赋予意义的方式。不论人类是否涉足，江河奔流不息，默默承担着它们的工作。换言之，我们把河流的状态命名为“流动”和“工作”。河流不会给这些事情命名，命名完全是出自人类之手，我们所说的河流被“征服”也是这个意思。但是，进一步关注人类活动如何使这种“流动和工作”彻底改观，与表明德国人如何逐步把特定景观视为和谐、有序或典型的德国景观，是完全不同的两码事。

18

我由此面对真正棘手的难题。在德国，把历史与自然环境联系起来的努力总是徒劳无功，这有着特殊的原因。根源在于纳粹主义——像玷污了其他事物一样，纳粹主义玷污了这种努力。1920年代，一些德国历史学家倡导关注人与景观相互作用的新区域史学。但是，这些历史学家也秉持种族主义的观点，而且真心投靠纳粹主义。[29]史学方法受到质疑，其术语也蒙受不白之冤。两位美国环境史学家可以写一本名为《植根大地》的书，不必担心犯忌讳，但在德国，这个书名就太接近纳粹所说的“扎根乡土”(schollengebunden)。[30]法国的区域史著作总是会有一章“人与土地”，不会有人觉得有什么不妥。如果在德国这么做，就成了Land und Leute（土地与人民），会立即让人产生不好的联想，因为这是通常被视为纳粹主义思想先驱的19世纪作家威廉·海因里希·里尔(Wilhelm Heinrich Riehl)一本书的书名。[31]

我们应当同样关注土地和人民，这个提法是否无异于玩火自焚？我冒昧作出如下的回答：我们有能力自控，我们可以灭火（我们将在下文中看到，火也是一个重要的历史主题）。[32]但是，应当更直接地消除纳粹主义的毒害。如今是时候不再让纳粹主义来决定我们该读谁的书以及如何读书了。以威廉·海因里希·里尔为例。里尔颇受同时代的乔治·艾略特（George Eliot）欣赏，后者却是一位杰出的自由思想家、妇女解放的典范。环境保护主义者和纳粹分子（似乎都有理由，也可以说都没有理由）把里尔视为先驱。时至今日，里尔关于土地与人民的著作仍被视为颇具说服力的原创之作。难道只是因为他的著作出版70年之后，一些纳粹分子对这些作品产生了共鸣，我们就应该对里尔敬而远之？思想的系谱是模糊不清和难以梳理的；思想不应受到监控和封锁。无论如何，不必杞人忧天，我们不会因为重申自然环境的重要性而吃苦头。事实上，通过区域、河流、生态系统、村落研究，这个问题已经缓慢地回归德国历史研究的议程。所有相关著述都没有表现出哪怕最轻微的民族主义或“民族”（völkisch）的过时观念。[33]它也没有向通常与纳粹主义联系在一起的地缘决定论敞开大门。真正具有讽刺意味的是，事实上纳粹党人绝非地理决定论者。虽然他们自始至终把景观挂在嘴上，但他们根深蒂固地怀疑有任何事物，包括自然环境在内，能够压倒至高无上的人类意志，尤其是种族血统。我们将在本书第五章反复证明这一点。纳粹“景观设计师”海因里希·维普金－于尔根斯曼（Heinrich Wiepking-Jürgensmann）曾经说过：“景观即历

19

史，历史即景观。”他强调的是景观的可塑性，要按照所谓“优秀”种族的意志重塑景观。[34]

景观既是真实的，又是想象的。现代德国人改变了河谷、湖泊、酸沼和洼地沼泽。他们排干沼泽，让河流改道，改变了自然水循环、物种平衡以及人与环境的关系。同时代人还把形形色色的寓意赋予这一变革过程。他们称之为征服自然，要么视之为进步而欢呼雀跃，要么视之为失败而悲叹不已；对于新的景观，有人赞颂其井然有序之美，有人却哀叹其几何形状之丑。德国水乡成为展现一个变动中社会的希望和恐惧的舞台。从莱茵河到维斯杜拉河，水乡也成为德国民族认同的象征。一位德国高地沼泽专家曾经谈及“湿漉漉的史书”。[35]这就是我想撰写的历史，把观念与意义、政治与种族融为一体。历史犹如生活一样七彩斑斓；历史的分支就是现实生活的不同剖面。“整体史”的大视野可望而不可即，但值得为之努力。

本书描述了宏大的变革。18世纪的欧洲德语地区与今日有云泥之别，如果我们能够穿越时空回到过去，就会发现很多地方完全是陌生的世界。自然界与时代息息相关，而开明舆论又支持德国疆域内大多数统治者的观点：大自然有待驾驭和征服。至于“德意志”，只存在于人心之中。在本书开篇所涉及的年代，法国大革命尚未爆发，而德国的统一要到一个世纪之后。本书描绘过去250年间自然环境的显著变化。我想展现这些变化与18世纪的绝对主义，19世纪的革命与民族主义，20世纪的纳粹主义、共产主义和民主主义的关系，以及它们在各个历史时期与战争的关系。最后，我还想表明，过去250年间，与自然界一样，人们看待自然的态度几经转变。本书的主旨在于描述德国景观重塑的过程，同时也试图表明现代德国是如何在这个过程中形成的。

老杨·勃鲁盖尔:《森林深处的猎人》

第一章 征服蛮荒

——18世纪的普鲁士

荒芜的水乡泽国

1770年代，欧洲德语地区在很多方面形成了鲜明的反差。这里 21 的2200万居民大多过着40年后格林兄弟收集的童话故事所描绘的生活。世人备尝丧亲之痛，孤儿寡母比比皆是。一半的儿童活不到10岁，只有十分之一的人能活到60岁。瘟疫肆虐，一旦收成不好，就要发生大饥荒。1770年代初，萨克森、普鲁士和南德部分地区的歉收就引发了大饥荒。狼群在森林和沼泽出没，东部尤其多；城市污秽不堪，居民大批死亡，需要源源不断地从农村输入人口。从很多方面来看，城市和乡村都属于等级森严的社会。农村领主享有种种领主权，越往东这种情形就越严重。大多数城市居民没有相应的市民权利，城市行会和教会机构权势显赫。神圣罗马帝国由数百个大大小小的封邑松散地组成，诸侯、领主、城市贵族、教会和行会首领有权干涉人们的迁徙、穿着、职业乃至婚嫁。

然而，这也是一个变动中的社会。在最基本的生存意义上，饥荒和疾病的危害比40年前要小。农作物产量提高，饮食和卫生有所 24 改善，死亡率下降。人口稳步增长。有些进步要归功于宽仁的统治者。他们接受了把人口视为宝贵的人力资源的新观念。他们鼓励新作物栽培，尽力应对一个朝不保夕的世界给家庭带来的最直接祸患：火灾、水灾和瘟疫。我们将会看到，更大的抱负还包括扑杀狼这样的“掠食性”动物。

这些举措也表明一些德意志邦国的统治者开始崭露头角。我们发现，不论是德国东北部的普鲁士王国（通过一连串的征服，其版图日益膨胀），还是欧洲德语地区西南角的巴登－杜拉赫（Baden-

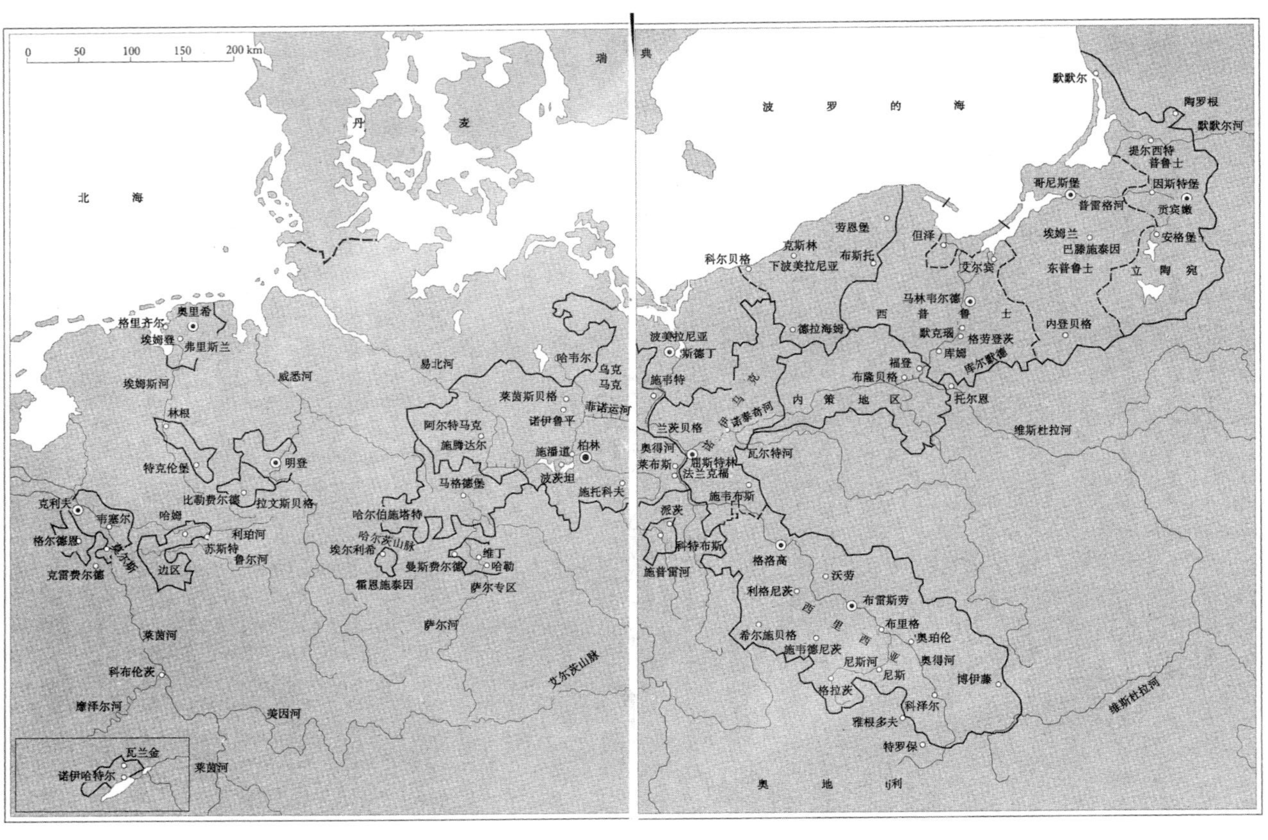

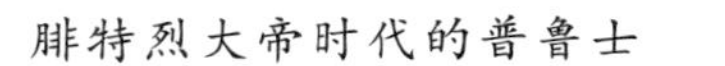
腓特烈大帝时代的普鲁士

Durlach）侯爵领地，统治者们纷纷确立起自身的权威。他们这样做，不仅是为了抗衡混乱无序的自然界，也是针对教会、行会、城市贵族乃至领主制度等各种介于他们与臣民之间的组织和制度。绝对主义国家的实力和势力范围不断扩大，成为这些年间推动欧洲德语地区变迁的动因。人口增长推动了新耕地开垦，也为农村地区所谓的“外包制”储备了劳动力资源，这种体制是供应商向农民家庭提供原材料（如纺织原料），由后者加工成成品。外包制是对行会的直接挑战。1770年代，供应商和其他商人的财富与日俱增。受教育阶层也越来越富有，这批人包括贵族、官员、教士和各类专业人员，他们流连于当时如雨后春笋般出现的书店、咖啡馆和共济会会堂。他们构成了很大的读者群体，成为1760年代之后臻于全盛的德国启蒙运动的基石。人们（几乎都是男性）如饥似渴地阅读各种印刷品，探讨改良、功利、和谐、理性等启蒙时代的核心理念。

不仅如此，1770年代，德国人的活动范围日益拓展，开始进入广阔的空间。事实就是如此。旅行大大开阔了德国人的眼界，最突出的例子是约翰·莱茵霍尔德（Johann Reinhold）和格奥尔格·莱茵霍尔德（Georg Reinhold）父子，1772—1775年，他们随库克船长进行了环球航行。1778年，格奥尔格用德语出版了记述这次航行的游记《环游世界》，一举成名。德国开明人士本来就对旅行和游记情有独钟，这本书出版后掀起了新的旅行热。普鲁士腓特烈大帝就曾嘲 25 讽爱好旅行是“赶时髦”。[1]在福斯特（Forster）[2]到访过的哥廷根大学，名教授们甚至开设了相关课程。[3]柏林知识分子弗雷德里希·尼柯莱（Friedrich Nicolai）不畏路途艰辛、盗匪横行，一人一杖周游各地，沿途进行测量和记录，激励了1770年代的德国人以空前的热情投入旅行。他们观摩建筑，研究所能想到的所有收藏品，搜寻矿物和植物标本，考察为德国大地培育出新作物、新牲畜的示范农业和畜牧业。当然，他们也聚在一起相互讨论，聚会场所既有卡尔斯巴德（Carlsbad）这样的矿泉疗养地，也有德国各地越来越多的学术团体和读书俱乐部，还可以在乡间宅邸，如果宅邸主人志同道合又热情好客的话。

1777年的约翰·伯努利（Johann Bernoulli）就是这样一位旅行家。伯努利出身于一个德高望重的瑞士－荷兰血统的学者家庭，他是天文学家、数学家和物理学家，柏林皇家科学院成员。5月中旬，他踏上了游历东方的旅程，从人口迅速超过10万的普鲁士首都出发，前往圣彼得堡。这次旅行往返历时18个月，写成了6卷游记。[4]伯努利此行是应他的朋友、普鲁士外交家奥托·克里斯托弗·波德维斯（Otto Christoph Podewils）伯爵之邀，渡过奥得河向东，前去游览波德维斯在波美拉尼亚（Pomeranian）的庄园。伯努利从柏林出发，经过9天悠闲的旅程，抵达古佐(Gusow)的波德维斯庄园，这座庄园位于奥德布鲁赫(Oderbruch)的西南角。

伯努利有着朴素的爱好，古佐之行的记述很少涉及刚刚翻修过的巴洛克风格宅第，对于房间和家具陈设压根只字未提。他对宅第内的绘画也只是一笔带过，尽管他认为有些绘画作品（一幅克拉纳赫［Cranach］），“寥寥可数的几张伦勃朗”）颇能吸引美术爱好者。但伯努利对美术不感兴趣。他关注的是严肃的事物，那些陈列在玻璃橱柜里的东西。他十分欣赏伯爵“十分系统、有序”的历史、文学和植物学藏书，也颇为喜欢伯爵收藏的制图仪器以及可以

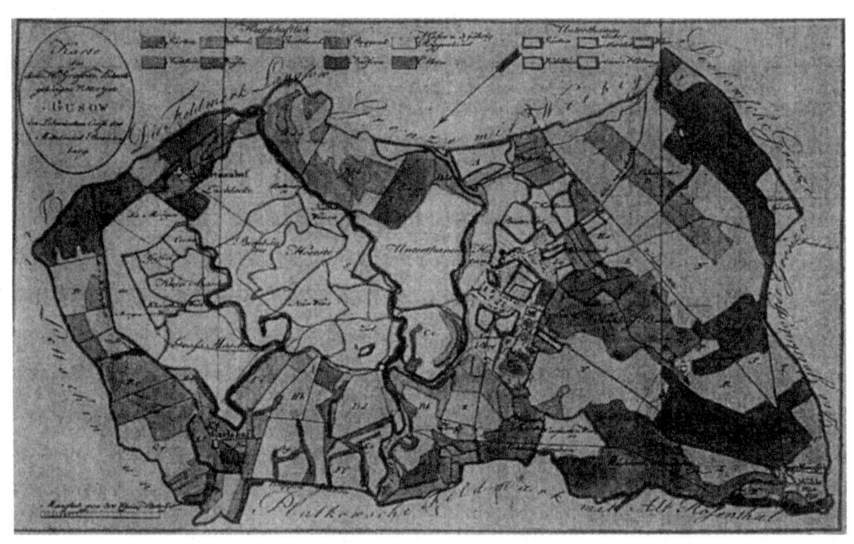

1800年前后的古佐庄园。这幅地图显示了奥德布鲁赫的排水工程是如何改变了庄园的面貌。庄园的东部有点排水过度了。

装在马车轮子上的里程表等机械装置。伯努利还鉴赏了伯爵夫人的博物学标本。陈列柜里“认真细致、郑重其事、分门别类”地摆放着岩石、矿物、种子、水果干和腌制过的动物，还有她最看重的两种藏品：一是贝壳和海螺藏品，其中有不久前刚刚从伦敦购得的南海海螺，二是种类齐全的蝴蝶标本，这种装在玻璃标本盒里的蝴蝶标本在德国各地非常多见。[5]

26 伯努利印象最深的，是古佐庄园呈现出来的志同道合的开明品味、对植物学的爱好以及对条理性的热衷。伯努利先是长篇大论、热情洋溢地描述了古佐庄园肥沃的卷心菜地，那块地以前长满芦苇和稗草。伯努利满意地指出，现代农业使得土地能够养活更多的人口。庄园的田野经过修整，开凿了排水渠，种植了柳树，乔木和灌木修剪成“美洲花园”样式，他亲眼目睹的一切见证了农业的进步。这些变化是在一代人的时间内完成的，因为波德维斯伯爵夫人直到1740年代才从叔父手里继承这块地产。在之后的18个月里，伯努利还会时常提及1740—1770年代发生的翻天覆地的变化。这几乎成为一个最重要的主题，离开古佐后，伯努利前往奥得河上的渡口泽林（Zellin），途中穿越奥德布鲁赫的“肥沃土壤”，为此他特意记了一笔：“30年前，此地还是一片沼泽荒漠。”[7]

30年前，古佐以东和以北地区大多还是沼泽荒漠，至少在当时受过教育的人看来是这样。27 奥德布鲁赫，即奥得河沼泽，位于奥得河西岸，约有10—12英里宽，从北面的奥德贝格（Oderberg）到南面的莱布斯（Lebus），长约35英里。18世纪中叶之前，这里是“贫瘠、荒芜的沼泽地”，“荒芜的水乡泽国”。类似地方在普鲁士比比皆是。奥德布鲁赫以西、柏林附近有武斯特劳（Wustrau）沼泽。奥得河向东，越过屈斯特林（Küstrin）要塞，就是瓦尔特河（Warthe）和内策河（Netze）河谷，当时也是“湿软的沼泽荒地”。[8]北面，即波德维斯伯爵的波美拉尼亚庄园所在的地方，有同样荒芜的马迪埃湖（Madüe）和普伦河（Plöne）沼泽。约翰·伯努利向东先后穿越西普鲁士和东普鲁士，进入库尔兰（Courland）。他一路途经的地区在30年前大多为荒无人烟之地，只有青蛙、鹳和野猪出没其间。维斯杜拉河（Vistula，德语为Weichsel）的水涝河谷则是最荒凉的地区之一。

这些沼泽地带有着相同的地质成因。在上一个冰河时代，一块大冰帽向南推进，经斯堪的纳维亚、波罗的海和北海，穿越如今的北欧平原，直抵当今德国和波兰的中央高地。大约一万年前，冰盖开始融化，逐渐消融的冰层与高地之间汇聚了大量的水，这些水无法直接流走，只能在冰层上水平流淌。这样就形成了许多东西走向的巨大洼地，英语称作“古河谷”，德语称作“冰蚀河谷”（Urstomtäler），波兰语称之为“pradoliny”。从东部的普里皮亚特河(Pripet)和布格河（Bug），到西部的易北河（Elbe），这样的古河谷随处可见。最终，这些水团汇入南北向的河流，注入波罗的海或北海，形成了我们所熟悉的排水系统。不过，古河谷的沼泽地貌保留了下来。[9]

俯瞰泽登沼泽，取自17世纪马托依斯·梅里安所绘的版画。

冰盖消融以两种不同方式构造了当地的水文体系。首先，河流在北欧平原上隆起的冰碛物间缓缓流淌，形成为数众多的汊河，这些汊河之间就形成了木本沼泽。其次，在冰盖的刨蚀作用下，形成了狭长盆地，即冰盖嵌入地下的部分融化后出现的坑洼，这些坑洼逐渐为冰碛物填满，这就是维斯杜拉河和奥得河下游沼泽的成因。18世纪中叶，沙土平原上星罗棋布地分布着木本沼泽和草本沼泽。这些洼地肯定没有巴黎和伦敦盆地那么“富饶、肥沃，风景宜人”。[10]

我们很清楚1744年时奥德布鲁赫的景象。当时，波德维斯正在古佐逗留；次年，三位画家到奥德布鲁赫绘制风景写生。他们油画 28 中描绘的景致几乎与一个世纪前马托依斯·梅里安（Matthäus Merian）的版画毫无二致，梅里安描绘一个观察者登高远望，俯瞰迷宫般的水网，河水蜿蜒流淌，形成数不清的岛屿。[11]当然，这些景观的表现手法是程式化的；居高临下眺望，灌木丛可能显得比实际更浓密些。但是，即便描绘手法趋于浪漫化，从另一方面来说，这种浪漫化也削弱了传奇色彩。这里没有原生林和蔓生的攀缘植物，这完全不同于德国作家特奥多尔·冯塔讷（Theodor Fontane）在1861年出版、拥有广泛读者的《勃兰登堡边区纪行》中描述的原生状态的奥德布鲁赫。当时的地图也证明此地鲜有连绵的林地。[12]在开阔的草本沼泽和水塘，主要植被是杂草和芦苇，有些地方长着茂密的水生灌木和赤杨。每年两次，奥德布鲁赫被10—12英尺深的洪水淹 29 没：一次是春季冰雪消融之际；另一次是夏天，当地暴风雨与远方高地奔腾而下的径流交汇，导致河水暴涨。洪水退去之后，原有河道消失得无影无踪，形成新的汊河。这一地区雾霭蒙蒙，成为众多鸟类、鱼类和动物的栖息地，昆虫尤其密集，它们的鸣叫听起来“像遥远的鼓声”。[13]

几个世纪之前，人们就试图开垦这片荒凉的水乡泽国，这种努力最早可以追溯到中世纪的条顿骑士团和西多会修士。1500年，霍亨索伦王朝在当地建立起统治，凭借联姻和购买，小心翼翼地扩张疆土，同时继续开垦奥德布鲁赫。勃兰登堡的约阿希姆一世（Joachim Ⅰ）在奥得河上游修筑夏堤，地点在奥德布鲁赫南部的莱布斯与屈斯特林之间；他的两个儿子约阿希姆和汉斯也尝试封堵奥得河的一些汊流。1590年代，约翰·格奥尔格（Johann Georg）下令加高河堤；17世纪初，开始对河堤进行定期检查。所有这些工程都集中在南奥德布鲁赫，主要是补救前人工程的缺陷。奥德布鲁赫南部地势稍高，河道比较容易控制。优先治理南部的另一个原因是为了保护屈斯特林要塞，防止洪水淹没商业和战略要道，这条交通要道向西经过泽洛（Selow）和古佐，直抵柏林。三十年战争期间（1618—1648年），德国就曾经蒙受这样的灾难：入侵的瑞典军队不仅占领了屈斯特林，还破坏了多处河堤。[14]

战争结束后，像欧洲其他地区的统治者一样，大选帝侯腓特烈·威廉（Frederick William）访问了荷兰。17世纪中叶，低地国家的居民已经扬名于欧洲大陆，成为当之无愧的水利专家。这种声望大部分来自于那些杰出的工程师。扬·莱格瓦特（Jan Leeghwater）排干了比姆斯特尔湖（Beemster）和荷兰北部的许多内陆湖。科内利斯·费尔默伊登(Cornelis Vermuyden)在英国沼泽区（English Fens）完成了同样的工程。从意大利到俄罗斯，众多国家争相聘请荷兰水利专家。在整个欧洲北部的三角洲与河口地区，向东最远可达诺加特河（Nogat）和维斯杜拉河，随处可见籍籍无名的荷兰移民排水造田、垦殖土地。[15]腓特烈·威廉青年时代曾在低地国家生活，还娶了荷兰公主，他鼓励移民开垦勃兰登堡的沼泽湿地。这些移民建立起不止一个“新荷兰”，成为他们成就的见证。[16]这些村落大多靠近柏林，位于多瑟河（Dosse）和哈韦尔河（Havel）沼泽的边缘，从前这里是 30 “青蛙的乐园”。[17]1653年，也就是费尔默伊登排干英国沼泽群落的那一年，大选帝侯将荷兰移民引入奥德布鲁赫，让他们向更远的东部拓殖。但是，他们资源匮乏，难以建立永久定居点，像前人一样，他们零零星星修筑的河堤最终全都付诸东流。[18]

与荷兰的联系将对18世纪的持续变革产生重要影响。这场变革始于普鲁士国王腓特烈·威廉一世。这位“士兵国王”将常备军人数翻了一番，达到8万人，他考虑骑兵的需要，新土地意味着可以冬季供应草料，夏季提供草场。为了解决奥德布鲁赫多处河堤的剥蚀和反复溃坝，他制定了重建方案，新河堤修得更高更厚，他还起草了新条例来保障河堤的维护。（有一点颇能说明这位国王及其国家的特质，新组建的河堤建设委员会的负责人弗雷德里克·冯·德夫林格[Friedrich von Derfflinger] 是一位军官。德夫林格的父亲是一位17世纪普鲁士战斗英雄，巧合的是，1724年去世前，他一直是古佐庄园的主人。）1730年代，新建了一道防护墙，开凿了6条干渠，共围垦出约7万英亩土地。但问题依然存在，这些举措只能治理奥德布鲁赫南部地区，利用地势将水排到低洼的奥得河沼泽北部。从一地排水，必然加大其他地方的水势。更糟糕的是北部沼泽河流水位显著升高，形成倒灌，淹没南部新开垦的土地，1736年大洪水就起因于此。这场洪水是当地40年来第9次、近8年中第4次大水灾。[19]

此时，水利工程师西蒙·莱昂哈德·黑莱姆（Simon Leohard Haerlem）登场亮相。姓氏表明他有荷兰血统（也拼作Haarlem或Häarlem），他的家族长期生活在汉诺威，父亲和祖父都是筑坝专家。黑莱姆生于1701年，1730年代进入普鲁士政府部门，参加过易北河下游治理工程，后来主持制订了瓦尔特河和内策河沼泽排涝计划。[20] 1736年，他奉腓特烈·威廉之命前往奥德布鲁赫，负责监督修复在诺伊恩多夫（Neuendorf）决口的奥得河干流河堤。但是，黑莱姆的到来催生出更具深远意义的建议。就在这一年，腓特烈·威廉前往尚未治理的下奥德布鲁赫猎苍鹭，注意到负责接待的国务大臣萨穆埃尔·冯·马沙尔（Samuel von Marschall）在兰夫特（Ranft）庄园因地制宜建造围圩，抵御频繁的水患。他询问黑莱姆，能否把这个做法推广到整个下奥德布鲁赫。回答是肯定的，但工程浩大，造价高昂。这位士兵国王

西蒙·莱昂哈德·黑莱姆

31

极其吝啬（即便是按照霍亨索伦王朝的标准），又考虑到自己年事已高，便在日记中写道，这项任务留给"我的儿子腓特烈"。[21]

他的儿子腓特烈二世（腓特烈大帝）第一次踏上奥德布鲁赫的土地，是缘于年轻时代的一段苦涩经历。每一部腓特烈的传记都会或多或少地提及他18岁那年的一件事。这是一场典型的在位君主与特立独行的王储之间的政治对抗，父子关系紧张，双方意志的较量日趋尖锐。父亲刚愎固执、为人严厉，儿子赋诗吹笛，成天与哲学家混在一起，用父亲的话说，活脱脱像一个"夸夸其谈的法国佬"。腓特烈受够了望子成龙的父亲的咆哮和打击，便与自己的密友，一个名叫汉斯－赫尔曼·冯·卡特（Hans-Herman von Katte）的军官，逃离了这个国家。他们最终被抓获，并作为叛国者受审。卡特被判终身监禁，但腓特烈·威廉执意要把他处以极刑，王储被押到现场观看行刑。[22]故事的结局不那么有戏剧性，但意义重大。腓特烈被押往屈斯特林要塞看管起来，两个半月之后，他请求父亲的原谅，被勒令到当地政府工作，"从头开始学习经世之道"。这就是所谓的"屈斯特林的苦役犯"。他逐步熟悉了卡尔齐希（Carzig）和沃尔卢普（Wollup）等皇家农业领地，这些领地位于已部分开垦的上奥德布鲁赫。正如19世纪历史学家列奥波德·冯·兰克指出："他考察了建筑、动物、田野以及诸如此类的事情，发觉仍有改进的余地，尤其是排干荒无人烟的沼泽。"[23]

这样一种认识土地开垦意义的方式未免有些严酷，日后，腓特烈抱怨自己从未有过青春。但是，合理农业也与腓特烈贤明进步的性情不谋而合，这种性情正是他父亲要竭力扼杀的。即位之前3年，他曾写道："我感兴趣的不是杀人，而是让普天下的土地变成良田。"[24]最终，他在这两方面都很突出。关键是，腓特烈巡视皇家领地，熟悉了农业耕作的各个环节，辅以阅读进步书籍，从而成为土地改良的坚定拥护者。"农业，"他在致法国哲学家伏尔泰的信函中写道，"是一切艺术之冠，没有农业，也就没有商人、国王、诗人和哲学家。"[25]关于腓特烈的这种信念，还有一件趣闻。早先的霍亨索伦诸王排干沼泽，兴建奶牛场；腓特烈曾把一大块埃曼塔尔奶酪送

32

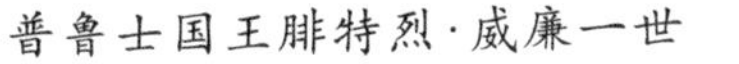

普鲁士国王腓特烈·威廉一世

年轻的腓特烈王子

人作为结婚礼物，还附上一首赞颂奶酪的诗。[26]在他看来，大地的物产胜过一切，这倒并非故作姿态，腓特烈就像积习难改的地道农夫那样厌恶水。腓特烈曾经抱怨说，温泉疗养地的水也让他感到不适：只有鳗鱼、比目鱼、梭子鱼和鸭子才喜欢水。[27]

1740年，腓特烈继位，在柏林大权独掌的孤寂取代了昔日在莱茵斯贝格（Rheinsberg）庄园的阅读、音乐和燕谈之乐。青年时代的苦涩经历使腓特烈变得更自信也更冷酷，他在位46年，性格中冷冰冰的自制与阴郁、愤世嫉俗的一面日甚一日。他鲜有贴心之人，即便有，也不是贴身随从，不是他召集到柏林的外国哲学家，肯定也不是他的妻子、布伦瑞克（Brunswick）的伊丽莎白·克里斯蒂娜（Elisabeth Christina），他尽可能躲着她，很少与她一道出席公共场合。他孤僻沉默，不怒自威，让人望而生畏。早在登基之前，腓特烈就对军事有浓厚的兴趣，尽管不像他父亲那样热衷于打猎这样的军人式消遣。他像一位国王那样广泛阅读和写作，始终对进步思想抱有严肃的兴趣。他一直很关注农业改良和国内的移民开发。

33

腓特烈刚一即位，便发布一系列相关政令。1746年，即他父亲与黑莱姆谈话后的第10年，他向手下官员征询治理下奥德布鲁赫的一系列问题：河堤选址、造价、新垦地的收益等等。黑莱姆作了书面禀报，概述了“奥德布鲁赫大规模排水”计划。黑莱姆拿捏得恰到好处，迎合了这位君主的成见，他信誓旦旦地表示：“如今只有少量鱼鳖之地，未来可饲养奶牛。”[28]黑莱姆的报告写于1747年1月初，由一个名叫冯·贝格洛（von Beggerow）的高级官员递呈腓特烈。1月21日，腓特烈下令国务大臣萨穆埃尔·冯·马沙尔——10年前，他在当地的工程给腓特烈的父亲留下了深刻印象——主持成立奥德布鲁赫委员会，成员包括黑莱姆、贝格洛和一位地方政府高官。3天后，委员会配齐了人手，一份皇家命令调遣海因里希·威廉·冯·施梅陶（Heinrich Wilhelm von Schmettau）进入委员会。施梅陶出身于一个普鲁士官员和军人大家族，当时在勃兰登堡担任陆军与疆土部副大臣。[29]3周之内，委员会就与数年前参与过普劳恩（Plauen）运河工程的工程师马希斯特雷（Mahistre）签订了工程合同。[30]

坊间关于下奥德布鲁赫治理的文献大多认为，最终的激进方案从一开始就提上了议事日程。黑莱姆最初的建议确实提出了一项大胆计划，但最终实施的不是这个方案。他在1747年1月的报告中建议，除了继续在奥得河修筑防护堤，在可行地点封堵汊河之外，还应该在奥德布鲁赫北端的诺伊恩哈根（Neuenhagen）磨坊与奥德贝格之间开凿一条新河道。1747年初的某个时候，这份计划做了修正。新计划建议，在居斯特比泽（Güstebiese）和霍亨－扎滕（Hohen-Saaten）之间开凿一条12英里长的新河道。工程竣工后，将使奥得河缩短15英里，加快河水流速，奥得河不再像从前那样随意流淌，降低了流经地区排水造地的难度。委员会指出新计划有三大优势：提升通航性；缩短河堤长度，降低造价；最重要的是可以围垦更多的土地。但新方案有一大难点：新河道的最北段需要凿穿一块岬状高地。这是一项大工程。腓特烈二世下令进行实地考察。[31]

考察任务委派给了三个人。黑莱姆、施梅陶以及18世纪最著名的数学家之一、瑞士出生的莱昂哈德·欧拉（Leonhard Euler）。用日

34

后一位法国追随者的话说，欧拉的荣耀登峰造极，笛卡儿和牛顿也难望其项背。[32]1741年，刚刚年届不惑的欧拉从圣彼得堡迁居柏林，他是腓特烈为振兴普鲁士科学院而特意邀请的名流。欧拉的声望主要来自几何、代数、概率论和光学等领域的研究。他也注重实用，1736年发表的《论力学》就是一个例证。[33]他在水文学领域的专业知识曾被腓特烈采纳。欧拉协助设计了新皇家城堡“无忧宫”(Sans-Souci)的渡槽，像马希斯特雷一样，他也曾参与普劳恩运河工程。考虑到这样的背景以及在宫廷里的好人缘，他成为前往奥德布鲁赫的合适人选。[34]

黑莱姆、施梅陶、欧拉，一位是工程师，一位是官员，一位是科学家，三人于7月7日从柏林出发，前往泽林渡口；30年之后，伯努利几乎在同样的日期踏上如出一辙的旅程。(有一些细节上的巧合值得一提：欧拉曾与伯努利的祖父一道求学，与伯努利的叔父丹尼埃尔是终生的朋友。1738年，丹尼埃尔发现了伯努利原理：把水注入细水管，流速会增加。[35]）接下来的两天里，黑莱姆等三人携带地图和测量仪器，顺流而下，最后回到柏林。欧拉实地考察了奥得河在居斯特比泽的河曲，还测量了将裁断河曲的新河道的落差；正如几年后他在《致一位德意志公主的信》中所说：“开凿运河之前，你必须确保运河的一端比另一端地势高。”[36]这倒是无可置疑的真理，当然这种见识很难说是牛顿式的大智慧。三位旅行者途中遇到马希斯特雷的手下，这些人已经集中起来开始挖掘工作。他们一再被奥得河的汊流挡住去路，这些汊河有几十条之多，让他们举步维艰。因此，三人倾向于乘船考察，但那会影响测量的精确度，因为他们必须时不时弃舟登岸。如今看来，这趟旅程令人印象最深刻的是：他们驶过的水面很快就要成为陆地，而走过的陆地很快就将淹没在水下。他们向国王提交了报告，认为应当实施开凿新河道的激进方案。[37]一周后的7月17日，方案敲定。

35

黑莱姆的计划需耗时7年，在退水后的土地上移民则需要更长时间。这是一项宏伟的工程。尽管“宏伟”一词应当慎用，的确找不出更恰当的形容词了。腓特烈大帝成为数代普鲁士历史学家眼中

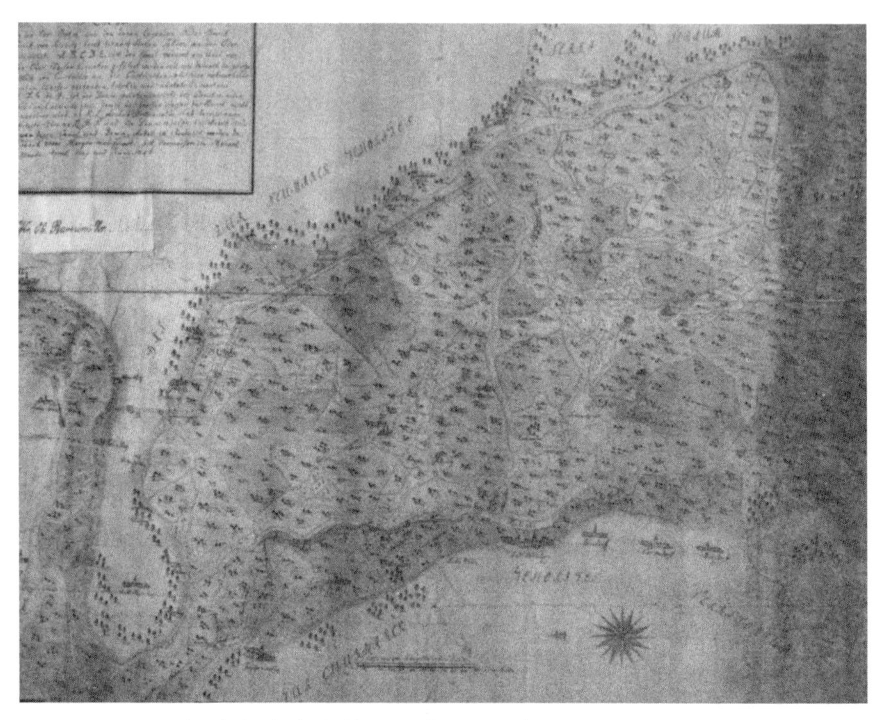

18世纪的奥德布鲁赫地图(1746年)

这两幅地图反映了奥德布鲁赫排水的准备过程。此图是1746年春的状况。

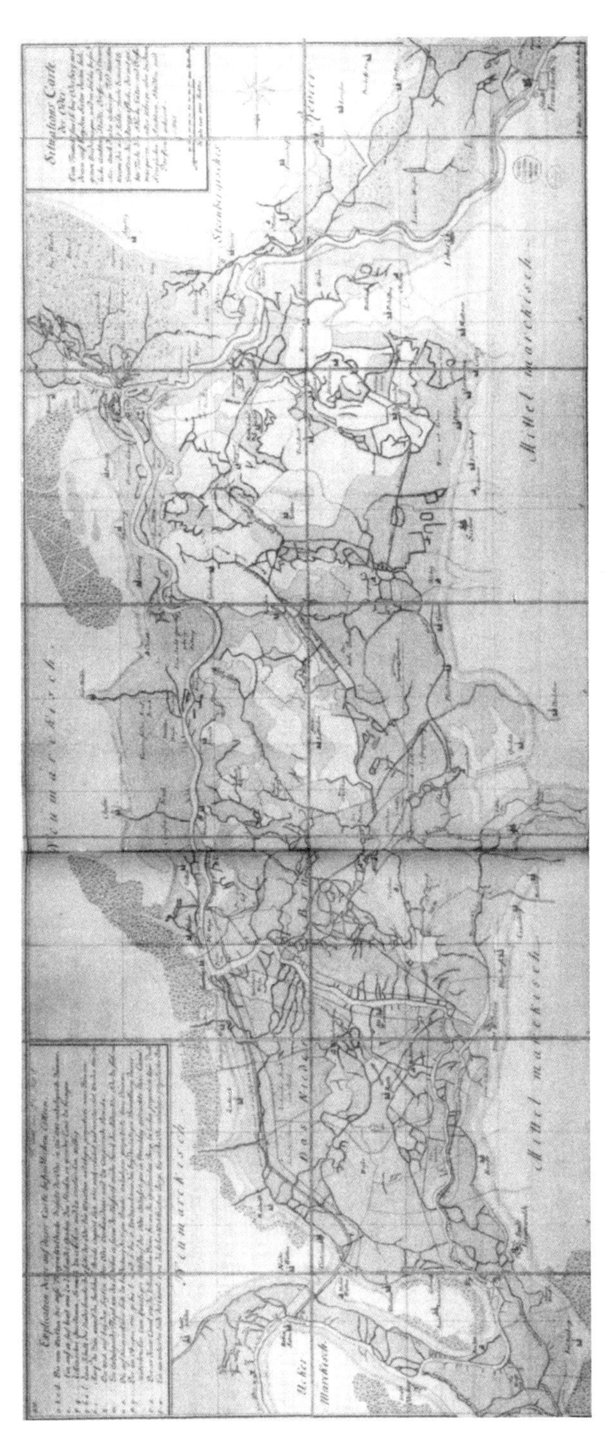

18世纪的奥德布鲁赫地图（1747年）

黑莱姆1747年备忘录所附的规划图，图中清楚标注了河道整治方案。

的英雄，他驯服了奥德布鲁赫，在开垦土地上安置了移民。通俗作家也不约而同唱起了赞歌。一个世纪之后，在1848年这一革命之年，堤防巡视员卡尔·霍伊尔（Carl Heuer）用诗篇描绘了一个“强大的诸侯……在家园里横冲直撞”，直到英雄的国王“把他赶了出去”。[38]

> 征服的是我们的奥得河，
> 还有奥得河沼泽，
> 让它束手就擒的英雄，
> 巍然屹立傲苍穹。

如今，介绍勃兰登堡－奥德兰（Brandenburg Oderland）的旅游手册用不那么高调的口吻讲述了一模一样的故事。这些旅行手册措辞谨慎，避免让人联想起是在推崇“老普鲁士”，故事的中心人物却始终是“老弗里茨”（即腓特烈大帝——译注）。实际上，他的事迹已名垂青史，镌刻在颂扬排干奥德布鲁赫壮举的纪念碑上。[39]

我们有充分的理由不去贬低个人的成就。贝托尔特·布雷希特（Bertolt Brecht）曾在诗中嘲讽地质问建造了底比斯七座城门的历代国王：难道石料都是他们亲手搬运的吗？[40]尽管这种批评必然会在民间传说中消失得无影无踪，但很重要的一点就是不要落入正等着历史学家和旅游部门官员的另一个陷阱。这样一种观点颇具诱惑性：奥德布鲁赫排水工程，如同随后的许多同类工程一样，在某种程度上说是水到渠成、顺理成章的事情。如果说卡尔·霍伊尔的蹩脚诗和昔日普鲁士历史学家的著述尚有可取之处，那就是他们都强调这其实是一场斗争，与自然环境做斗争，与人的抗拒做斗争。

38

从一开始，工程就命运多舛。[41]开工不到三个月，工程师马希斯特雷就死了，他的职位由罗滕加特（Rottengatter）兄弟接任。1749年，奥德布鲁赫委员会主席萨穆埃尔·冯·马沙尔去世，委员会改由黑莱姆领导。对于工程进度来说，很大的阻力来自年年都爆发的热病，不仅致人死亡，还使更多人卧床不起。腓特烈自始至终密切关注工程进展，要求每周汇报，还从柏林派去医生。1752年秋，工地爆发了更严重的热病。沼泽地带瘴气丛生，体力劳动让人筋疲力尽，工人们很容易患病。尽管水利工程科学和测量仪器性能有了很大进步，但施工工艺主要还是靠古老的楔子、杠杆和滑轮。建筑材料要用马车从很远的柏林、斯德丁（Stettin）等地运来，其他工作就靠人力了，工人们站在齐腰深的水中，用戽斗、铁铲和长柄铁锹施工。

疾病蔓延加剧了本已十分严重的劳动力短缺。即使付很高的工资，也很难招募到熟练的筑坝工和挖掘工。服役和收割也挤占了工程所需的劳动力。[42]一些想移民的人早些时候来到这一地区，加入到施工队伍之中，但是，1750—1751年的大部分时间里，工程进展缓慢，工地上只有不到700人，按计划应该有1500—1600人。自然环境也阻滞了工程的进展：冬季冰封，无法施工；夏季河水暴涨，冲垮了尚未完工的河堤，引发水灾。这几年间，阿尔特弗里岑（Alt-Wriezen）两度被淹。工人在极端恶劣的条件下施工，报酬少得可怜，这样的施工队伍往往靠不住。当地居民也不配合，如果要求得不到满足，一些人就会抵制，拒绝提供修堤用的柴笼所需的木料，不肯提供运输材料的船只。当时还有人搞破坏。有传闻说运河工人偷盗食物、草料和木材，这很难说有助于平息当地居民对工程长远目标的担忧与不满。1751年7月，一位心力交瘁的官员报告说，马车夫与本地人在居斯特比泽“又一次大打出手”。[43]

1751年，腓特烈终于忍无可忍了，对工程实施军事管制。1月，冯·雷措（von Retzow）上校出任工程总指挥，他从奥德布鲁赫向腓特烈报告说，工程要想在年内完工，必须满足两个条件，好天气和1600名劳动力，其中半数必须是士兵。两个希望都落空了。4月，黑莱姆向雷措报告，因为河水暴涨，工地只剩下242人。到了夏天，形势出现转机。另一名军人彼得里（Petri）上尉奉命前往奥德布鲁赫协助黑莱姆，8月，施工队伍增加到1200人，其中950人是士兵。兵役之需在前几年阻碍了工程进展，现在却反过来推动了工程。这件事犹如一个缩影，它表明普鲁士军队，确实如历史学家所说，是“经济的调速轮”。[44]整个工程的军事化特征日益突出。先是

39

40 1751年彼得里专门奉命前来，第二年春，一个叫格洛朔普(Groschopp)的副官也奉命前来督阵，不情愿的村民被强行征用船只，反抗者将受到严惩，施工现场有军队把守。尽管仍然有疾病和开小差问题，但工程加快了进度，最终于1753年竣工。7月2日，河水被引入新开凿的河道。3天后，黑莱姆和彼得里带领一批达官显贵从柏林沿“新奥得河”(又名“彼得里运河”，它是以军人而不是工程师的名字命名的)顺流而下，他们发现河流通畅、“平稳”。在被选作总部的艾希霍恩(Eichhorn)磨坊，他们兴高采烈地向雷措表

体力劳作:18世纪普鲁士水利工程的繁重劳动。

示："毫无疑问，这项工程超出了所有反对者和诋毁者的见识，那些人如今都应该感到羞愧。"[45]

腓特烈登上高地，俯瞰整个新奥德布鲁赫，志得意满地表示："我在此和平地征服了一个省。"[46]这番话想必为后世的文人提供了灵感。卡尔·霍伊尔1848年的诗就是一个典型，把垦荒说成是征服。至于是否是和平地征服，则另当别论。更确切的提法是同时代人提出的"静悄悄的七年战争"。[47]变革必然伴随着暴力，倘若不动用军队，不实行军事化管制，不可能这么快竣工。不过，没有理由因此否定工程的重要意义。以前有过对奥得河沼泽的局部治理。此外还有一个先例，腓特烈·威廉一世在位期间，1718年开始实施哈维尔（Havel）沼泽排水工程，也因为施工难度和当地人的反对而屡屡受挫，最终荷兰工程师也是靠普鲁士军队的支持才完成工程。[48]如果说1756年爆发的七年战争标志着腓特烈二世从此不再追求"和平地"征服普鲁士的沼泽，或许我们会从不同角度看待奥德布鲁赫排水工程。像他父亲在哈维尔沼泽的工程一样，它也将成为一个历史奇迹。

实情并非如此。普鲁士参加七年战争是为了保住腓特烈即位之初从奥地利夺取的西里西亚，这是一场代价惨重的毁灭性战争，给普鲁士人带来了苦难，他们的生活受到战争及其间接后果——疾病肆虐和食品短缺的影响。另一方面，普鲁士军队大肆蹂躏邻近的萨克森等占领地区，同样造成了巨大破坏。奥得河以东地区所受荼毒最深，波美拉尼亚人口锐减。战争造成的后果使得移民成为战后重建的重中之重。1763年，和平到来，普鲁士几近狂热地加紧新的垦荒工程。事后看来，奥德布鲁赫正是这种狂热的起点。

41

自然的主人与统治者

我们很难估量1740—1786年腓特烈二世在位期间开垦土地的实际规模。垦荒始于腓特烈在位的头10年——主要是奥德布鲁赫工程以及普里格尼茨（Priegnitz）、斯德丁沼泽和德恩河（Dölln）河谷等地规模较小的工程——此后一直持续到国王去世那一年，是年，他写信给柯尼斯堡（Königsberg）的行政长官冯·德·格尔茨（von de

Goltz)，指示要“排干提尔西特（Tilsit）附近的大片沼泽”。[49]这些年间，新工程遍地开花，有时甚至有数十项进度不一的工程同时施工，工程负责人不得不在几个工地之间来回奔波。即使在战争期间，垦荒工程仍未中断。事实上，官员们已经习惯了这样一个事实，每当腓特烈投入或退出一场战争，都会圈定一块新的沼泽，要求提交详细报告。

七年战争时期是一个例外，这段时间没有开工新项目。现有工程继续施工，尽管要占用大量人力和财力。最重要的工程当属瓦尔特河和内策河河谷沼泽的大规模治理，其复杂性堪比奥德布鲁赫排水工程，最终花了更长时间才竣工。像奥德布鲁赫一样，这里也是腓特烈在屈斯特林时就很熟悉的地方，当时的联络官弗劳·冯·弗雷希（Fraw von Wreech）经常带腓特烈前往可以俯瞰整个瓦尔特河河谷的高地塔姆瑟尔（Tamsel）。[50]如同全国各地的许多工程一样，此项目委派给了一个自命不凡的安哈尔特－德绍人(Anhalt-Dessau)，弗朗茨·巴尔塔扎·舍恩贝格·冯·布伦肯霍夫(Franz Bathasar Schönberg von Brenckenhoff)，此人为普鲁士政府效力期间备受争议，他起先是军需商，后来成为腓特烈水利工程的总协调人。[51]1763年后，垦荒更加紧锣密鼓地推进，1770年代达到高潮。普鲁士国内随处可见一批批的官员和工人，他们有如一支支小规模军队，需要大量马车、给养和房舍，在这种情况下，布伦肯霍夫凭借个人经历脱颖而出。仅在1770年代，勃兰登

弗朗茨·巴尔塔扎·舍恩贝格·冯·布伦肯霍夫

42

堡、波美拉尼亚、东普鲁士和立陶宛都有正在进行的工程，在1740年代早期从奥地利攫取的西里西亚、1744年吞并的东弗里斯兰(East Friesland)，以及1772年第一次瓜分波兰时获得的西普鲁士也有很多工程。在整个1770年代，普鲁士版图不断扩张（在腓特烈在位时期扩大了一倍），这也在事实上加速了开垦的进度。对外征服开疆拓土，为国内的征服拓展了空间，版图的扩大为垦殖新土地创造了条件。

在易北河、奥得河、瓦尔特河、内策河和维斯杜拉河等大江大河的河谷与河口，治理工程全面铺开。此外，对一些小河流也进行了治理，其中有许多如今已不属德国疆域，只有见过昔日普鲁士地图或是读过特奥多尔·冯塔讷的《勃兰登堡边区纪行》，才能认识它们的名称。如莱茵河、多瑟河，耶里茨河（Jäglitz)、阿兰河(Aland)、布里泽河（Briese)、米尔德河（Milde)、诺特河(Notte)、努特河（Nuthe)、尼普里茨河（Nieplitz)。谈到普鲁士消失的沼泽，我们发现，大小河流都诉说着相同的故事，引起过同等的关注。有些工程规模很大，如1770年代末老边区（Old March）的德勒姆林（Drömling）排水工程，治理地域长26英里、宽13英里，新开垦土地22万英亩。在马迪埃湖以及波美拉尼亚的普伦河周边沼泽，排水工程难度极大，共开垦出大约7.5万英亩土地。这是布伦肯霍夫主持的一项大工程。相比之下，有些工程规模很小，例如，柏林植物园与夏洛滕堡（Charlottenburg）之间的霍普芬布鲁赫(Hopfenbruch)，于1774年排干。

工程刚刚启动，甚至在优先改造地区的计划刚刚拟定之际，精力充沛、孜孜不倦的腓特烈就会要求下属准备更多关于各省沼泽和泥沼的名单和地图。这份业已消失的湿地名单看上去像是昔日普鲁士地名辞典：奥德布鲁赫的阿特兰夫特（Altranft)、巴奇布鲁赫(Bartschbruch)、大卡米纳沼泽（Great Camminer Marsh)、达姆舍尔沼泽（Damscher Bruch)、埃尔贝维舍（Elbewische)、菲纳布鲁赫(Fienerbruch)、戈尔姆舍尔沼泽（Golm'scher Bruch)、哈维兰迪舍斯泥沼（Havelländisches Luch)、伊纳沼泽（Ihna Bruch)、耶米施瓦

43

尔德沼泽（Jaemischwald Bruch）、克雷门湖沼泽（Kremmensee）、莱巴湖（Lebasee）、马迪埃、内策布鲁赫（Netzebruch）、奥布拉布鲁赫（Obrabruch）、普里格尼茨、莱茵鲁赫（Rhinluch）、施莫尔西纳沼泽（Schmolsiner Marsh）、乌泽多姆（Usedom）岛上的图尔布鲁赫（Thurbruch）、维尔默湖（Vilmersee）、瓦尔特布鲁赫（Warthebruch）、策登沼泽（Zehden marshes）。治理工程规模之大，远远超出西多会修士或早先勃兰登堡选侯的想象。这些年间，德国其他地方也有类似工程，马格德堡（Magdeburg）平原湖泊排水、埃姆斯兰（Emsland）沼泽区筑坝开渠、巴伐利亚多瑙河沼泽（Danube Moor）改造等等，相比之下，普鲁士的工程是有史以来规模最大、范围最广的。[52]

有很多因素保证了工程顺利进行，其中最重要的是人们已经掌握了各种数据。哪怕早半个世纪，也没有哪一个德国君主掌握了实现腓特烈的愿望所必备的详尽知识。这是一个统计学家称雄的时代，新兴的专业人士，如安东·弗里德里希·比兴（Anto Friedrich Büsching）和约翰·彼得·聚斯米尔希（Johann Peter Süssmilch），不仅计算出生率、死亡率和结婚率，还统计土地、人口和原材料。统计学成为以“官房学派”闻名的德国“政府科学”的重要组成部分，这一学派注重用实用知识培训未来的官员，以协助君主开发王国的自然资源。[53]腓特烈大帝对数据的渴求异常强烈，“官房学派”也是一个德语称呼，但这种情况并非是普鲁士或德国所特有的。欧洲各国日益重视统计学的应用，英国乔治三世、法国路易十六、俄国叶卡捷琳娜大帝以及其他许多小国统治者莫不如此。18世纪中叶，凡是健全的国度，君主可以对任何事物进行计算、分类并整理成表格，包括有朝一日可以生产谷物或饲养弗里斯兰畜群的“无用”土地。

把空间绘制成图看似平淡无奇，但首先要搜集相关数据，这有赖于测量技术的重大进步。弗雷德里希·尼柯莱游历南德时携带的测量工具，伯努利在古佐时赞不绝口的里程表，都是这个时代的象征。但是，要把数据付诸应用，还要有某种更重要的东西：将数据反映在地图上的新方法。18世纪中叶，地图的面貌正在发生改变。以往的地图布满视觉符号，比如市镇或城堡的图形，这些符号很难表明相互关系，更不能显示地形；新地图则展现了如今我们视为理所当然的东西：连绵的自然地貌。这种变化部分受益于军事需求，因为行军需要掌握途经地区的精确信息。军用地图依然是保密的，但新的制图规则业已成熟。（为什么许多普鲁士军官在腓特烈对外战争的间歇期被派往垦荒工程？一个原因就在于他们有绘制地形图的经验。）地理学这一新兴学科也推动了新型地图的问世。法国的菲利普·鲍歇（Philippe Buache）是根据分水岭来划分地表“自然边界”的先驱。约翰·克里斯托弗·加特雷尔（Johann Christoph Gatterer）的《地理学纲要》也采用了相同的方法；杰出的官房学派学者贝尔纳德·路德维希·贝克曼（Bernhard Ludwig Bekmann）也从历史、地理和地形学的角度，详细描绘了平原、山川、河流的地形地貌。[54]

44

表格、地图和地形图给腓特烈大帝这样的统治者插上了翅膀。先有数据，才有大规模的垦荒工程。数据是先决条件，解决了“怎么做”的问题。它是否也是动因，回答了“为什么”的问题呢？它当然也是动机之一。地图和统计表格并非无源之水，无本之木。腓特烈赞助聚斯米尔希的早期研究，普鲁士科学院的贝克曼按照皇家指示绘制了地形图。[55]官员们一再被要求提交详细报告，如果哪位官员不能按时提交，就要被召到柏林解释原因。数据成为保证绝对主义国家机器运转的燃料，亨宁·艾希贝格（Henning Eichberg）总结了数据的真正意义所在：它意味着“秩序、节制和纪律”。[56]

沼泽公然违反了这种秩序。原生态的沼泽使得土地税所仰仗的地籍调查难以为继，阻碍军队行军，还为“无法无天”的盗匪和逃兵提供了庇护所。以这个时期修建的公路（Chausseen）为例，这些大路在新垦地上延伸，路边的里程碑成为稳定秩序的有形象征。从整合国家内部空间的角度来看，地图上的行政边界如今已经与地理界线重合。国与国之间的国境线也是如此。这些年间，欧洲国家的边境线开始趋于稳定。但是，季节性洪水或恣意汪洋的河流年复一年地改变着土地面貌，如何才能确定一条边界呢？1780年代，明斯特（Münster）主教马克西米利安·弗朗茨（Maximilian Franz）治理沼泽，安置移民，主要目的在于确立所辖的教会领地的边界。[57]布伦
45 肯霍夫接手的许多大工程位于不断拓展的东部边疆。[58]这是摆在每一个德国诸侯面前的问题，但是，柏林统治者面临尤为严重的压力。原因在于，普鲁士是一个在多沼泽的北欧平原上靠军事征服不断扩张的国家，边界与垦荒同步拓展。

借用克劳塞维茨的名言，从本质上说，战争就是用其他方式来追求政治目标。战争与政治的关系也可以从另一个角度来诠释。同时代人在论及自然时满脑子军事术语。这就是为什么奥德布鲁赫排水工程被视为一场"征服"。腓特烈在另一个场合谈及这个问题时表示："改良土壤，开垦撂荒的土地，排干沼泽，就是征服野蛮。"[59]这番话实为18世纪开明专制君主的肺腑之言。秩序、节制和纪律不仅针对士兵和臣民、土地和资源，还针对自然本身，针对造物主留下的一无是处的黑暗或"野蛮"的角落。学者、官房学派官员与诸侯的观点如出一辙，他们反复重申这样的观点：人类是"自然的主人与统治者"（笛卡儿语）、"地球表面的主人"（布丰语），有权利也有义务"修补"、"改进"堕落的自然（natura lapsa）。[60]

人类的主宰地位并非只针对无序的水。火是那些年间受到广泛关注的另一个自然元素。大火时常将城镇变成焦土，建筑材料广泛使用木头和稻草，火灾时助长了火势。[61]火灾不仅致人死亡，（以官房学派的观点看）还造成了人力和物力的损失。18世纪，普鲁士率先对壁炉进行检查，规定屋顶的建筑材料，下令设置消防泵。[62]德意志各邦国开展了防范乡村火灾、改变农民火耕（Brandwirtschaft）习俗的运动，产生了更重大的影响。斯蒂芬·派恩（Stephen Pyne）曾说，在绝对主义统治者和官员眼中，"火很危险，无理智、难以捉摸，造成破坏，它有着飘忽不定的有害特性，诱发怠惰和暴力。火意味着力量。火应该受到控制"。[63]火灾的确得到了控制。理智的林业官员率先努力洗雪这种公然的侮辱，采用进步方法管理森林资源，发布禁火令，修建防火带，系统地植树造林。18世纪下半叶，德国的科学林业有了长足进步，其成就在欧洲无出其右者。凭借

《林业经济原理》(1757）一书，德国的威廉·戈特弗里德·莫泽尔（Wilhelm Gottfried Moser）和J. F. 斯塔尔（J. F. Stahl）对森林世界的贡献，堪比瑞典植物学家林耐（Linnaeus）在植物学领域的贡献。荷兰为欧洲输送了水利专家，德国（“林学的故乡”）向欧洲其他地区和欧洲海外帝国输送了林业官员。[64]

46

世人竭力用各种手段驾驭自然，植树造林也是一条解决之道。在北德平原很多地区，肆虐为害的不是火，而是沙。巨大的流动沙丘扬起漫天沙尘，不仅让人看不清路，还毁坏田里未收割的庄稼。在给伏尔泰的信中，腓特烈大帝用一望而知的嘲讽口吻说道：“说到沙子，除了利比亚，很少有哪个国家敢跟我们比一比。”[65]风沙成为挥之不去的苦恼。腓特烈督促官员们采取行动，一个措施是栽种松树固定流沙，再就是进行实验性钻探，弄明白流沙下面究竟是什么，如果是泥土层就翻上来，压住流沙。[66]根据1770年代的情况，腓特烈颇为怀疑能否赢得这场特殊的战斗，事实证明他的担忧是正确的。普鲁士不可能轻而易举地甩掉沙尘国度的帽子。直到1840年，另外一位弗里德里希——恩格斯*——还在以嘲讽但更无奈的口吻提到“北德撒哈拉”。[67]

与此同时，在另一条战线，针对狂野自然的战争取得了更大战果，动用的武器也比铁锹、钻头更致命。这就是淘汰或扑杀直接与人类争夺资源的生物。这些生物无法驯养，位于“伟大的存在之链”的末端，被认为是有害或掠食性的。这类生物有很多，包括田鼠、家鼠和狐狸，还有鼹鼠、鼬鼠、臭鼬、河狸，以及被认为危害家畜、果园和庄稼的大量鸟类和昆虫。这些生物中有许多定期成为持久战的目标，标志是出现了专门的捕鼹鼠者和捕鼠者。（他们从事的是“下贱的行当”，这种卑微身份表明社会认为他们必不可少，不过也因为接触害虫而受到毒害。）[68]在不同季节和不同地区，人们还根据需要发动针对某一特定生物的战役。勃兰登堡爆发的蝗灾促使腓特烈·威廉一世和腓特烈大帝颁布相关政令。在马格德堡和哈尔伯

* 恩格斯与腓特烈大帝同名，都叫弗里德里希。——译注

施塔特(Halberstadt)，仓鼠毁坏麦田，当地人采取了“扑杀措施”。(部分是因为仓鼠皮可以卖钱，当地捕鼠人故意放生雌鼠以保持仓鼠的数量，腓特烈知情后，于1764年颁布政令禁止放生，违抗者须受肉刑。）从立陶宛到柏林的更大地区，野猪都遭到猎杀。然而，从捕杀的绝对数量看，麻雀是最倒霉的。1734—1767年，仅在勃兰登堡的老边区，就有大约1100万—1200万只麻雀遭捕杀，用麻雀头即可换取报酬。[69]

47

麻雀并未就此灭绝。普鲁士和整个中欧德语地区的其他物种也没有灭绝。这段历史最激烈的一幕，是针对熊、猞猁和狼的歼灭战。三十年战争造成大批土地荒芜，这三种动物的数量有所增加。战后的恢复时期，人类返回废弃的土地，不同物种挤在同一个地域。野生物种与人及其驯养的家畜之间发生直接冲突。结果可想而知。人与人之间的战争结束后，对掠食性动物的战斗打响。1656—1680年，萨克森的乔治二世（George II）及其狩猎队猎杀了2195只狼和239只熊；在普鲁士，仅1700年一年，就有4300只狼、229只猞猁和147只熊被捕杀。[70]18世纪初，腓特烈·威廉访问东普鲁士时仍抱怨“狼比羊多”。当局设置了丰厚的悬赏，之后还加码了金额；猎人们被告知要“搜寻、追赶、射杀和根除”祸害。1734年，边境地区和波美拉尼亚官员接到特别指示，要报告所有目击的猎物。职业猎户受雇扑杀掠食性动物，一次大规模的猎狼活动有130多人参加。熊的数量少一些，但也遭受了同样的命运。像同时代的德国人一样，腓特烈大帝也继续展开对动物的战役。灭狼行动集中在王国东部边境，那里的狼最多。[71]1786年6月，腓特烈还在敦促柯尼斯堡的高级官员不要松懈，继续捕杀猎物，“不能让这些肉食动物猖獗，要千方百计予以歼灭”，[72]此时离他去世只有两个月不到的时间。

在这封信中，不久于人世的国王流露出既担忧又毅然决然的态度。这不是消遣性狩猎，而是正事。至少在这件事上，腓特烈与他的父亲观点一致。曾经有官员不识时务地表示，瓦尔特布鲁赫有可供狩猎的野猪，腓特烈·威廉干脆利落地回应说：“宁可杀人，也不杀猪。”[73]追捕动物与人们正在形成的对动物的情感格格不入。腓特烈大帝对于斗熊表演十分厌恶，视之为可耻的演出，但他并未因此对捕杀野熊的必要性有过动摇。猎杀动物是出于一个正当的现实原因，它们掠食人类的资源，这种观点得到同时代形形色色的思潮的赞同。世人普遍认为这些动物既凶残又贪婪。这种论断尤其针对狼，人们总是把贪婪、狡诈、邪恶视为狼的属性。[74]布丰和林耐创立新的自然界分类体系，开始挑战民间传说和早期动物寓言中这些动物拟人化的陈词滥调。他们甚至指出了以人为中心的世界观可能存在的问题。但是，业余博物学家以及包括官员在内的知识公众，却从这些新的动植物分类学中汲取了这样一个基本要义：人类完全有权主宰世界。更具颠覆性的观念来得太迟了，没能阻止许多物种被赶尽杀绝。1750—1790年，德国境内的狼、熊和猞猁大多消失了。从那时起，直到这些动物在德国彻底灭绝的19世纪，人们常常可以看到有石头上刻着：某年某月某日“最后一只狼在此毙命”。[75]

当时的人们认为，野火、流沙和食肉动物反映了自然界危险、无序的一面。但是，失控的水才是人类最危险的敌人。洪水周期性地肆虐沿海和内陆，呈现出自然力最具破坏性的面孔。北海洪水造成的灾害最大，1717年圣诞节，暴雨造成山洪暴发，在东弗里斯兰、耶弗兰（Jeverland）、奥德贝格、石勒苏益格（Schleswig）和荷尔斯泰因(Holstein)等地夺走了8000人的生命。一些地方人口死亡过半。[76]内陆洪水虽然没有这么致命，却频繁发生并造成破坏。根据地方编年史记载，1500年后，瓦尔特河河谷大约每10年就来一次“大洪水”。[77]有证据表明，下奥得河谷也有类似情形，奥得河水位一旦超过正常年景每年两次的洪峰，河水就会溢出河堤，淹没附近城镇。1595—1737年，这样的洪灾发生了16次。洪灾多发生在春季，但1736年的毁灭性洪灾发生在7月份，河水连续9天上涨，7月17日，河堤决口，洪水淹没了屈斯特林、弗里岑（Wriezen）、奥德贝格和施韦特（Schwedt）的城镇。灾民爬上房顶逃生，但由于缺少食物和饮用水，1500人患病，170人死于痢疾以及因为食用臭鱼烂虾和脏水而患上的其他传染病。[78]如同火灾以及洪水往往引发的疫病一样，如此规模的大洪水成为18世纪国家日益关注的灾害。德意志各邦国尤为积极。为防范水害，开凿运河、加固堤坝；为防范火灾，出台了新的城镇管理条例，改变以往的林业习惯；为防范传染病，实行隔离和接种，这些都属于事前的灾难管理模式。[79]减少人的痛苦与保护珍贵的资源（包括人），成为两个密不可分的目标。手段则是控制卡尔·霍伊尔所说的“危险的诸侯”：狂野不羁的大自然奔腾咆哮的洪水。

洪水造成的破坏触目惊心，但世人发现了一个更严重的问题。他们认为，湿地蕴藏着无处不在的潜在危险。开明舆论在其他事关自然界的问题上各执一词，在木本沼泽和草本沼泽排水问题上都有共识。不论是法国的布丰和孟德斯鸠，英国的威廉·法尔科内（William Falconer）和威廉·罗伯逊（William Robertson），还是德国的格奥尔格·福斯特和约翰·戈特弗里德·赫尔德（Johann Gottfried Herder），人同此心。沼泽阴暗、腐臭，腐败植物和腐烂动物尸体散发出有毒的臭气。沼泽不但有刺鼻的臭气（18世纪下半叶，欧洲人开始对腐烂气味很敏感），还有刺眼的潮湿杂乱景象，各种动物此起彼伏的嚎叫更是刺耳，这种嘈杂混乱的大自然未免让人生厌。[80]

沼泽湿地和木本沼泽给人的都是负面印象。沼地居民被认为是沉默寡言、狭隘颟顸、愚昧迷信的，他们见识过沼泽气体，还以为那是鬼火。17世纪英国旅行家约翰·卡姆登（John Camden）把昔日洼地沼泽的居民称作“野蛮人”；18世纪的德国人，官员、作家、高地居民，也以猜疑之心看待这些半两栖的沼地居民。[81]如果说两者的态度有什么不同的话，18世纪，旅行使得人们对气候与社会的关系产生了日渐浓厚的兴趣，更加深了这种偏见。世人心目中有一种根深蒂固的观念，认为“有毒的沼泽”与疫病之间存在某种关联。这其实是一种十分理智的看法，尽管当时流行的说法是“瘴气”。沼泽湿地尤其被看成是野生动物的栖息地，这种想法也有站得住脚的理由。腓特烈大帝未能把西普鲁士的狼扑杀殆尽，灰心丧气之余，他知道要追究谁的责任，解决之道何在：“为了更好地实现最终目标，你们务须设法排干狼群出没的草本沼泽和薜沼，打通这些不可逾越

50

之地。”[82]1782年，奥古斯特·戈特洛布·迈斯纳（August Gottlob Meissner）也有过类似想法，他在瓦尔特布鲁赫排干之前写道：“此地从未耕耘，从未有人类在此劳作，寻求财富……除了木本沼泽、又密又矮的灌木丛以及狼窝蛇穴，你再看不到别的东西。”[83]按照另一位同时代人对这一地区的描绘，“长久以来，这个地方一直是野兽的藏身地，主要是狼，不时有熊、水獭和其他害兽出没”。[84]草本沼泽、木本沼泽和碱沼都是腐朽之地，滋生疫病，藏匿致命的害兽。一个又一个作者反复重申解决问题的途径：排水，清除植被，通风透气，让阳光照进来，就可以利用新得的土地。

移 民

这些年间，与大规模治理工程相辅相成，大批移民迁往新土地。这一波人口迁徙浪潮的规模可与中世纪德国人向东欧的扩张相媲美，在时间上则与北美移民潮同步。像其他大规模移民浪潮一样，它既意味着苦难，也催生出拓荒者传奇。此外，我们将在本书后面章节看到，三个移民事件全都被纳粹党人所利用。腓特烈大帝在位期间，30万移民涌入普鲁士，这一数字是腓特烈青年时代柏林人口的4倍多。与之前的法国胡格诺教徒一样，有些移民在首都定居下来，或是迁居兰茨贝格（Landsberg）、德里森（Driesen）等在七年战争期间被毁，如今正在重建的城镇。大部分人住在乡村地区。随着领土扩张与土地开垦，地图上出现了无人的真空地带，腓特烈的人口政策（Peuplierungspolitic）是向这些地区移民。1740—1786年，普鲁士共兴建了大约1200个新村庄或小村落。这些村庄和小村落安置了移民，成为腓特烈的得意之作。只有移民才能让新垦地变得肥沃，也只有移民才能种植牲畜所需的牧草，照管为战马提供饲料的草场，种植谷物以供应日渐膨胀的首都之需。

当时那个年代，国家的资源，包括人力资源，被视为零和游戏的要素，人口政策意味着从德国全境乃至境外招徕移民。在美因河畔法兰克福（Frankfurt am Main）和汉堡等重要城市，建立了常设的 51

移民：建造新村庄

移民招募站。告示定期张贴，还在报刊上刊登，宣扬普鲁士是勤劳移民的热土。[85]这种咄咄逼人的政策激怒了其他统治者，一些统治者试图禁止向外移民。为了平息外交纷争，有时会暂停招募某地的移民。但是，正如统计数字表明的，鼓吹普鲁士美好未来的努力收到了成效，吸引移民的动力既有“推力”，也有“拉力”。神圣罗马帝国境内外几乎所有遭受宗教迫害的新教徒，乡村人口过剩的德国西南地区的农民和手艺人，1770年代初萨克森和波希米亚饥荒的难民，莫不感受到“推力”。“拉力”则是提供各种优惠，包括发给路费，带入普鲁士的个人财产免交关税，免服兵役，不必提供营房，免交其他税款，以及免费提供木材等额外优惠条件。此外，土地均为长期租用，为农业移民提供房屋、农具和家畜，为手艺人提供房屋、作坊和工具。[86]

52 有些移民身无分文，到达普鲁士边境的哈勒（Halle）或特罗伊恩布里岑（Treuenbrietzen）时急需旅费，当局修改了发放旅费的规则，规定只有抵达最终目的地时才能领钱，使得这些移民陷入绝境。不过，也有很多人携带了可观的资产。定居于瓦尔特布鲁赫的贝肯韦尔德（Berkenwerder）的14户家庭，每户携带了280塔勒现金。[87]这大概属于景况好的家庭。几年后在内策布鲁赫、瓦尔特布鲁赫和弗里德贝格布鲁赫（Frideberg-Bruch）定居的2712户家庭，每户平均带了100塔勒多一点。[88]1747年从巴拉丁(Palatinate)到波美拉尼亚的6批移民，也带了几乎同样多的财产。这6批移民共有250户、1120人。每户家庭平均有147塔勒，其中随身携带的有80塔勒。[89]18世纪中叶，80塔勒足以购买一小块农田。这笔钱还可以买3匹马、2头牛、4头猪、4只羊、4只鹅、4只鸡、1张床、家具、1辆马车，以及犁、耙、镰刀、斧子和其他农具。[90]也就是说，大多数新来者并非一穷二白。他们带着家产、工具、牲畜以及现金来到普鲁士“黄金国”。内策布鲁赫治理后，迁来的668户家庭带来了434匹马、130头牛、近800头家畜和500多头家畜幼崽[91]

我们不妨想象一下移民从四面八方涌入普鲁士的场景：士瓦本人（Swabians）向北迁徙，梅克伦堡人（Mecklenburgers）向南迁徙，萨克森人向东迁徙，波兰的德意志人向西迁徙。移民队伍缓缓行进，大车上载着老人和孩子，手推车和家畜在队伍的后面。就像19世纪美国西进运动的篷车队一样，这些满载希望的车队沿途往往会减员，中途也不时有人加入队伍。1770年，一批300人的移民从波兰的德意志人教区塞伯多夫（Seiberdorf）前往西里西亚，队伍抵达终点时多了20户、100人。[92]当时那个年代，政治关系紧张，迁出波兰的旅程最有可能遭遇地方豪强的大力阻挠。这批塞伯多夫移民得到了普鲁士轻骑兵的护卫。至少，这是一次短途迁徙，它表明大规模迁徙并非都是长途跋涉。移民大多是就近迁徙，越过波兰边境的德意志人在邻近的普鲁士东部省份安顿下来，梅克伦堡人往往定居在勃兰登堡或波美拉尼亚，萨克森人则在勃兰登堡或马格德堡落脚。[93]

53

那些来自更遥远国度的移民，如奥地利、瑞士、德国西南部的移民，又作何选择呢？他们没有明确的地域观，尽管最终还是形成了具备持久动力的移民模式。后来的移民往往迁徙到有亲戚朋友的地方，与此同时，官员们也逐渐熟悉了移民的不同迁徙路线、方言和地域特征。这样，士瓦本人在西普鲁士定居，波美拉尼亚则成为巴拉丁移民的首选。这些都属于长途跋涉的迁徙。

士瓦本人从故乡符滕堡（Württemberg）的施图克特（Struckert）附近的内卡尔河（Neckar）河谷，迁徙到西普鲁士维斯杜拉河的马林韦尔德（Marienwerder），要经过800多英里的长途跋涉。讲法语的瑞士移民从诺伊哈特尔（Neuchâtel）迁到奥德布鲁赫，路程要近一点，不过也有将近700英里。所有移民先乘船从诺伊哈特尔前往所罗图恩（Solothurn），经陆路到巴塞尔（Basel），然后换船沿莱茵河顺流而下，到达美因茨。此后，有的人继续沿莱茵河直抵鹿特丹，再从海上航行到汉堡，接着走水路经易北河、哈维尔河和施普雷河（Spree），最后徒步走完到柏林的最后一段路。大多数人家在莱茵河畔的美因茨上船沿美因河走一小段到达法兰克福，然后再走陆路，经卡塞尔（Kassel）、哈尔伯施塔特和马格德堡到达目的地柏林。[94]道路崎岖不平，坎坷难行。1750年，诗人克洛普施托克（Klopstock）从哈尔伯施塔特前往马格德堡，6个小时里只走了6普鲁士里（约35英里），这让他十分吃惊，以至于把这段行程与古代奥林匹克赛会的赛跑做了一番比较，要知道他乘的还是四匹马拉的轻便马车。[95]从瑞士到柏林，至少需要4周，通常要将近6周时间。

1750年，一批从奥地利前往奥德布鲁赫的移民走完了更长的旅途。像上一代迁居普鲁士的2.2万名教友一样，他们也是来自天主教地区萨尔茨堡（Salzburg）的新教徒。[96]我们第一次遭遇这批移民，是在神圣罗马帝国议会所在地的雷根斯堡（Regensburg），那里的普鲁士使馆引导他们进入普鲁士。1754年4月初，参赞冯·菲尔埃克（von Viereck）与腓特烈大帝的通信表明，这批奥地利移民的行程已安排妥当。启程尚需时日（可能是因为拿不准奥德布鲁赫工程究竟何时完工），直到下个月，5月12日，菲尔埃克才写信告诉在雷根斯堡邻近霍弗（Hof）的普鲁士代理人：20名农民和手艺人刚刚出发，随后还有60—70人将择日出发。第二批队伍有可能追上了第一批人，因为40名萨尔茨堡人于5月20日抵达霍弗，多亏当地一位新

54

教贵族慷慨相助，他们有了马车，当天就启程前往普鲁士的哈勒。5月29日，在这群人到达之前，柏林的总理事务院(General Directory)告知当时全面负责奥德布鲁赫工程的雷措上校，这批移民仍在霍弗到哈勒的路上。这批人如期到达哈勒，领到77塔勒14格罗申的路费，然后“满怀谦卑和耐心”继续上路，前往波茨坦（Potstam）和柏林，一路上还唱着流浪者之歌（《我是一个穷流浪汉》）。大概是他们的歌声太吵闹了，因为第一批萨尔茨堡人穿过首都之后，腓特烈下令：“从今以后，再有从雷根斯堡来的奥地利人，不要取道柏林，让他们绕道走，以期避免所有不必要的喧闹和噪音。”[97]最终，仅仅相隔一天，6月7日、8日，两批移民共65人分别到达安置新移民的主要中心弗里岑。此时离他们在雷根斯堡等候命运的安排，已经过去了9个多星期，比他们从故乡的河谷到达雷根斯堡所花的时间还长。[98]

成千上万人奔波在迁徙的路上，难道不应对此感到惊奇吗？其实这很正常。在“旧制度”的最后几十年，即法国大革命爆发前的年代，欧洲德语地区不再是人们所说的静态社会。从许多方面来说，它正在破茧重生，人口持续增长，新兴商业组织挣脱了行会的束缚，新土地上的新村落，新型的商品化农业，还有新思想，凡此种种，莫不冲击着现行的社会秩序。人口流动体现了这种变革，“旧制度”实际上有很强的流动性，尽管不是以我们视为理所当然的方式。这些年间，外出游历的不仅有开明人士，伯努利们、尼柯莱们或是进行教育旅行（grand tour）的青年贵族。在任何时候，每10个德国人当中就有一个出门在外。有些人长年在外，例如行商、沿街叫卖的小贩、走街串户的货郎、吉普赛人、磨刀匠、娼妓以及巡回戏班的演员和乐师。随着人口增长，这个社会群体的人数也越来越多，在许多心存疑虑的人看来，他们基本上与乞丐、小偷没有多大区别。[99]在路上的还有前往圣地或其他崇拜地的朝觐者，尽管天主教启蒙运动不赞同他们可耻的“迷信”。另外一些人则属于季节性出行，如德国西南部的牧羊人，他们赶着羊群，从高地牧场到多瑙河、莱茵河河谷过冬，来年3月返回士瓦本或弗朗科尼亚阿尔卑斯

55

山区（Franconian Alps）。这段路程有数百英里，有些弗朗科尼亚牧羊人赶着羊群一直走到北面的图林根（Thuringia），最远到达荷兰边境。[100]还有人只是在某一特定阶段才开始流浪，比如四处"跑码头"找工作的短工，一般在学徒期满后两年才能安定下来。

移民群体与上述这些人群有相似之处，但与其中任何一个都不尽相同。我们也许可以称之为混合型，就像多半是同期引入开垦地区的新作物。像天主教朝觐者前往圣地一样，新教移民常常一路唱着赞美诗，宗教归属感乃至拯救感让他们热血沸腾。他们和牧羊人一样，带着家畜长途跋涉。他们像名副其实的行商，总是随身携带自己的财产，不论是放在马车里还是打包扛在肩上。他们还像巡回演出的戏班子，每到一个城镇往往都会引起骚动，因为他们的衣着和口音都很奇特，还不停地吟唱。他们也像跑码头的短工，这段旅程连接着一段安定生活与另一段安定生活。短工渴望能自立门户。当移民卸下马车、拍掉身上的尘土，心里想的是在这片土地上安家落户。

迎接他们的是敌意和白眼。尽管他们也像新邻居一样，是农民和手艺人，且大多同为新教教友，但是，他们备受猜疑，遭人厌恶和憎恨，最主要的原因在于为了招徕他们而提供的土地和特殊优惠条件。移民的关键是在新土地上安置新人，从而增加国家的人口，而不仅仅是现有人口的流动。对新移民抱有敌意的并非只有本地居民。政府官员绝不会因为移民的涌入而兴高采烈。当然，人人都知道移民是腓特烈最热衷的事情之一，而布伦肯霍夫这样负责安置的官员则真心实意地热情欢迎某个特定移民群体，尤其是士瓦本和巴拉丁移民。根据官房学派的理论，所有官员本应欢迎这些移民的到来，因为这意味着增加了普鲁士的两足动物资源总量。但在现实中，官员们不停地抱怨：移民群体中暗藏"不良分子"，他们途中遭遇了不幸事故，他们为了路费斤斤计较，他们要么到得比预定日期晚，要么（更糟糕的是）来得太早，新土地还没有准备好。总之，在麻木不仁的官僚看来，移民带来了额外的负担，打乱了惯常的程序。[101]因此，虐待新移民的事件屡见不鲜，这尤为突出地体现了18世

56

纪普鲁士官僚的粗暴。

腓特烈大帝的崇拜者们总是说，这位伟人获悉这类事件之后勃然大怒。[102]这位国王确实对虐待移民以及相关官员的办事拖沓不满，他颁布了一系列政令，这表明他的旨意并未得到遵从。毋庸置疑，腓特烈以极大的个人兴趣关注日常的移民安置问题。不论是波美拉尼亚的一段河堤工程进度滞后，还是波茨坦布莱克贝尔（Black Bear）的奥德布鲁赫移民欠下有争议的账单，国王都要亲自过问。这种事必躬亲的姿态源于两种背道而驰的意向，进而陷入了自相矛盾之中。开垦地的安置计划几乎是拙劣地表达了这样一种愿望：让混乱无序的世界变得有序，确立起机器般的规则。另一方面，所采取的手段却是狂热、暴烈的，这预示着将偏离最初的目标。手段与目的之间的张力对这块土地及其居民产生了影响。

57

有序的一面是显而易见的。“移民表”精巧详尽，账目一清二楚，不妨用下面这个例子来说明：在马迪埃的开支有36231塔勒，新增皇家领地7795摩尔干、贵族领地6543摩尔干，可安置家庭150户或712人。[103]（1摩尔干等于1/2英亩多一点。）在马迪埃或任何其他地方，这些移民安置点安排妥帖，没有任何纰漏。一切都按部就班。彼此保持一定间距的村庄填补了地图上的空白，具体到每一个村庄，举凡房舍、花园、田地、草场和牲畜，直到最小的鹅和山羊，大小、规模和数量都有详尽规定。村庄的格局是清一色的棋盘布局。用得最多的是直线、正方形和十字形，难觅曲线的踪影。[104]新安置点的格局突出表明了开明专制君主对秩序的追求。新安置点成为约翰内斯·库尼施（Johannes Kunisch）所说的“几何思维”的教科书般的范例。[105]几何形状，外加机器属性。同时代人喜欢把宇宙比喻成机器，地球就像“一台庞大的机器”。腓特烈召到柏林的著名知识分子拉美特利（La Mettrie）甚至在《人是机器》一书中预测未来将造出机器人。[106]机器常用来比喻绝对主义国家及其机器人般的臣民。马克斯·贝海姆－施瓦茨巴赫（Max Beheim-Schwarzbach）的语言中或许带有机器轰鸣的背景声，这位19世纪的历史学家用机械术语来描述腓特烈时期的移民潮。他回顾了整个移民潮的进程，国王

腓特烈大帝视察莱茵布鲁赫的新定居点。

去世时，“机器停转，一切戛然而止”。[107]想一想所有那些表格和细账，这个比喻还是言之有理的。

那么，当贝海姆－施瓦茨巴赫将腓特烈的移民政策说成是“狂暴、冒失，甚至是危险的试验”，我们又作何感想呢？[108]听起来这像是全然不同的、风雨飘摇的事业。因此，移民政策将采取何种手段也就在意料之中了。腓特烈总是担心落入官僚体系的罗网。他让官员们内讧，互相牵制，尤其是统治末期，他喜欢临时抽调手下去执行特殊任务。[109]众所周知，一旦法律程序拖拖拉拉，或是法庭裁决不58 合意，他都习惯于指派官员直接进行司法调查。相比其他内政领域，但凡涉及大规模垦荒和移民，腓特烈总是表现出突出的“激荡的创造力”。[110]只要有可能，他都会绕过政府机构，绕过柏林的总理事务院和地方政府官员，认为他们不胜任，没有尽“最大的努力”59 (Les plus Grands eforts)。[111]他直接调派人手，并授予特别权力，这些人听命于他，直接向他汇报。布伦肯霍夫就是一个典型，这个来自安哈尔特－德绍的前军需商是个性格急躁、干劲十足、长于实务的半文盲，他把新边区（New March）和波美拉尼亚的大片沼泽湿地夷为了平地。[112]在东部省份，约翰·弗里德里希·多姆哈特（Johann Friedrich Domhardt）也同样有权便宜行事。像布伦肯霍夫一样，多姆哈特出生于普鲁士之外的地方（布伦瑞克），他与布伦肯霍河之王，黑莱姆则是奥德布鲁赫之王。[113]

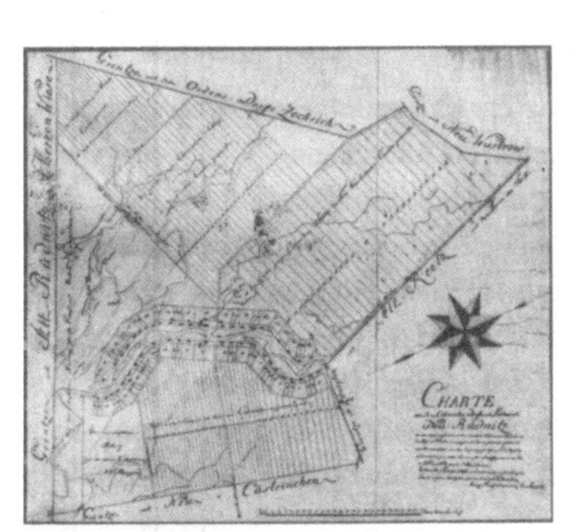

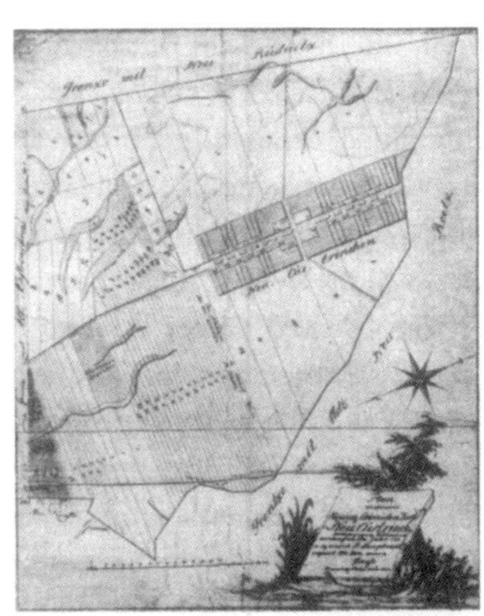

几何形定居点：平面图以及奥德布鲁赫新村庄的航拍照片。

这些协调人发现，相比之前的垦荒，移民安置任务并不轻松。他们大权在握，也面临诸多问题。一个难题是资金。工程都有专门预算，这些钱来自腓特烈的国库和其他来源，包括西里西亚和西普鲁士的盈余。[114]不过，这些拨款很难足额发放，而且不论资金多么紧张，腓特烈从来不愿额外增加拨款。他在文件上有一些很有名的批注："没钱"（non habeo pecuniam）、"我一个多余的子儿也没有"。[115]考虑到国王的心腹享有的自由裁量权以及大刀阔斧的行事风格，他们时不时会陷入财政危机，也就不足为奇了。总理事务院为一份遗失的账目追查了黑莱姆4年，最终逼得他亲自到柏林据理力争。[116]麻烦最大的是布伦肯霍夫，他离柏林更远，在往来账目上十分混乱随意。1780年他死后，查明他经手的资金有10万塔勒不知去向，腓特烈便翻脸不认人，没收了他的家产。

60 从来没有人认为布伦肯霍夫精通财务报表；一位很欣赏他的历史学家甚至把他称作"一个厚颜无耻的投机者，对有条不紊的账目抱有漫不经心的轻视"。[117]布伦肯霍夫是有意作奸犯科，还是惯于公私不分，导致账目乱成"一团糟"？实情很可能是后者，布伦肯霍夫在工程资金紧张时，会先用自己的钱垫付，事后再追补回来。真正的问题在于，为什么腓特烈已经怀疑他在搞"阴谋和欺骗"，却依然给他如此大的自由度，甚至还把他树为榜样激励那些怠惰的官员？[118]答案是：为了达成目的，国王愿意容忍粗率而有效的手段。布伦肯霍夫最终为此付出了代价。新边区和波美拉尼亚地方官员不得不设法解决一个难题，既要"看紧"布伦肯霍夫，又被警告"不得给他设置哪怕最轻微的障碍"。[119]他们的头脑肯定像布伦

约翰·弗里德里希·多姆哈特，腓特烈大帝在普鲁士东部省份的主要协调人。

肯霍夫的账目一样乱成一团。不过，混乱恰恰是垦荒和移民工程的鲜明特征，腓特烈的急功近利与常规的官僚程序直接冲突。即便钱上没有出纰漏，也会有其他问题暴露出来，最终还是归结到钱上。磨坊主们抱怨水路改道的影响，要求当局给予赔偿；在某些情况下，需要拆掉磨坊，另择新址重建。行会抱怨新来的手艺人不公平竞争。王国政府与同样享有开垦地权益的那些人，市民、宗教阶层，尤其是贵族，展开了马拉松式的谈判。当局必须劝说这些阶层像腓特烈在皇家领地上那样，在新土地上迅速建立安置点。国王的全权代表与愤愤不平的地方官员关系紧张，不可能轻而易举地完成任务。当时很多人不知道事情的结局如何，怀疑自己经历的种种“艰辛、苦恼、纠纷和误解”是否值得。[120]

所有这一切构成了移民安置的不和谐背景。奥得河、瓦尔特河、普伦河和其他旷日持久的工程只是为移民安置提供了先决条件。河流进行了裁弯取直，修筑了大堤和堤围（尽管有时半途而废）。填补腓特烈棋盘上方格的任务仍在继续。这意味着要为新农田凿渠筑堤，修建水闸，铲除原有植被，在新水渠两岸种植柳树，改良无法耕作的重质土，修建道路和桥梁，兴建住房、畜牧场和学校，此外还要持之以恒地维护新的水利设施。木材和其他建筑材料都是在其他地方备好，然后用木筏或马车运到工地；虽然新来的移民承担了大部分繁重工作，黑莱姆抱怨说，还是不得不“从各地调集”木匠、伐木工和壮工。[121]战争使得工程难以为继，尤其是奥德布鲁赫。七年战争进入白热化阶段，1756年，雷措和彼得里返回原来的部队，工程指挥权交到锱铢必较的官僚手中，黑莱姆不得不独自承担纷繁琐碎的日常事务。材料不凑手，劳动力供应也枯竭了。

61

与自然环境的斗争十分艰巨，欧洲列强的战争带来了更大的困难。往来交通耗费了大量时间，这还只是其中一个负担。要检查供应物资，还要招募和监督成百上千名工人，建筑物也需要检查，此外还有进度报告要写。布伦肯霍夫曾说过他的工资还不够付马车费和给马夫小费。这多半是不实之词，也是为了自身利益，但真实反映了布伦肯霍夫居无定所、漂浮不定的生活。对此，约翰·伯努利有很深的印象，伯努利在波美拉尼亚见到了布伦肯霍夫，他十分惊讶地发现，这位“伟大的殖民地开拓者”竟然“身材非常臃肿”。[122]彼得里以及之后的黑莱姆在奥德布鲁赫的生活也是如此。多姆哈特在东部省份的辽阔大地上过着“名副其实的游牧生活”。[123]要想不辱使命，就必须四处奔波。一位财务专家曾先后从柏林前去协助多姆哈特和布伦肯霍夫，腓特烈指示他“像一个好汉那样骑马环游”，他回到首都时，人变得瘦而结实，国王可能是想让他把这句话带给肥胖的布伦肯霍夫。[124]

一个情况使局面变得更复杂：移民到来时，新土地还没有准备好，更糟糕的是，如果运气不佳的话，他们到达目的地时，各项准备工作尚未开始。有些移民不得不住在临时住所，处境有点像如今的难民。袖手旁观的下级官员互相推诿，有的移民惊慌失措，变得好斗。还有的移民衣履单薄，难以抵御阴冷的北方气候，有的缺乏必备的靴子，在遍地泥泞中寸步难行。考虑到移民带来的诸多问题，对于布伦肯霍夫、黑莱姆和多姆哈特来说，东奔西走可能反而让他们有如释重负之感，因为每次巡视完工地回到总部，他们总是被移民团团围住。据忠心耿耿的护卫彼得里说，黑莱姆被“从早到晚纠缠不休”的移民折磨得精疲力尽。[125]

62

尽管面临资金与人、战争与自然环境带来的重重困难，大规模移民工程仍然时断时续、忽快忽慢地推进。这些工程让人想起《浮士德》高潮部分描绘的热火朝天的垦荒：“大白天，他们纷纷闹嚷/尖锄铁锹挥动繁忙。”[126]在歌德的这部伟大剧作中，浮士德最终实现了“让大地充满生机”的愿望。人类征服了桀骜不驯的水，新土地成为德国移民的“人间乐园”。这样一种看法并非天方夜谭，腓特烈的垦荒和移民工程让歌德笔下的开拓史诗成为活生生的现实：[127]

田野丰饶，牧场葱绿；
人畜两旺，在这片崭新的土地上各得其趣。

喜乐富足的田野

在《浮士德》中，进步要付出代价。有进步就会有牺牲。腓特烈的“征服”亦是如此。垦荒和移民开辟了一个新世界，同时摧毁了一个旧世界。不妨从人与环境的角度来估量得失。变革为贫瘠土地上的男男女女带来了新的人身安全，也使更多人口面临潜在的不安全因素。弥足珍贵的湿地生态也遭到破坏。该如何权衡得失利弊呢？这绝非易事，因为很难精确评估短期效应与长期效应，许多始料未及的后果使得这种评估难上加难。我们可以赞美现代性的胜利，也可以为失去的世界而惋惜，但是，两者都不能如实反映变革的真实含义。

美好新世界的堤坝、排水渠、风车、田野和牧场，营造出“富裕、近乎荷兰式的清洁整齐”的景观，由此带来的诸多好处是毋庸置疑的：[128]为移民开垦了新土地，粮食供应也增加了。雷费尔特（Rehfeldt）牧师在布伦肯霍夫的葬礼上致悼词时，描绘了昔日的贫瘠之地变成“喜乐富足的田野”。[129]新垦地确实常常是肥沃和高产的，奥德布鲁赫尤其如此。土壤变干之后，不但可以饲养家畜，发展乳品业，还广泛种植适宜的农作物：黑麦、小麦、燕麦、大麦、苜蓿、油菜、香菜，尤其是各种经济作物。[130]以东部为例，布伦肯霍夫在屈斯特林和布隆贝格（Bromberg）之间的山地种植葡萄，试验栽培豌豆和小扁豆，还在新土地上饲养丹麦的牛、英国的绵羊、土耳其的山羊以及顿河河曲的水牛，甚至还有骆驼，奥德布鲁赫几乎成了科学耕作的实验田。[131]奥德布鲁赫的景观已是今非昔比，同时代人痴迷于推行改良作物和轮作制（尤其是英国的）。德国农业科学先驱丹尼尔·阿尔布莱希特·特尔（Daniel Albrecht Thaer）在这一地区安顿下来，也就在情理之中了。1804年，特尔迁居默格林（Möglin），在此地出版了四卷本《合理农艺原理》。[132]日后，来来往往的评论家常常从周围的高地俯瞰奥德布鲁赫（腓特烈当年就是这样做的），为我们描绘了大同小异的景观。这是一个“蓬勃发展的省份”（瓦尔特·克里斯蒂亚尼［Walter Christiani］语，“多沙沼泽里的

63

一块绿洲”“一个美丽的大花园”（恩斯特·布莱特克罗伊茨［Ernst Breitkreutz］语）。[133]特奥多尔·冯塔讷在小说《风暴之前》中描绘了19世纪初的奥德布鲁赫，眼前的景象打动了他，他把奥德布鲁赫与《圣经》故事挂起钩来：[134]

> 漫步在惠特松蒂德（Whitsuntide），当田野的油菜花盛开，即使你站在很远很远的地方，遍地金黄映入眼帘，浓郁的芬芳扑鼻而来，一时间你会忘记自己身处边区，以为到了一个富饶的遥远国度。这块丰饶的处女地让人怦然心动，喜乐感恩之情油然而生，就像雅各的十二个儿子在无人的地方清点上帝赐予的房屋和畜群时的心情。

奥德布鲁赫颇为善待它的居民，这些居民先是耕种，后来至少拥有了新土地。1830年代，奥德布鲁赫的农民已经落得个贪婪的名声，即使按照官员、牧师以及那些认为如此发家致富不光彩的中产阶级评论者的标准，奥德布鲁赫农民的富裕生活也是惊人的。红瓦绿窗的农舍，四轮马车和华丽服饰，抽烟喝酒，玩牌打球，这些都是公认的暴发户标志。最辛辣的讽刺来自于冯塔讷，详见《勃兰登堡边区纪行》以及《梨树下》等小说。不过，冯塔讷深信，“贫瘠、一文不值的沼泽湿地”已经改造成“我们国家的粮仓”。[135]腓特烈的手下在招募移民时的承诺显然已经成为现实。

64　这还不是事情的全部。当时人们没有搞清楚疟疾与“瘴气”的关系，但他们正确认识到草本沼泽和碱沼难逃干系。随着垦荒的推进，疟疾不再频繁肆虐北德平原，而是像一个世纪前的英国沼泽区那样日渐绝迹。这不仅因为消除了蚊虫滋生的死水区，还因为新兴畜牧业和乳品业为疟蚊提供了更好的血源。[136]疟疾的绝迹具有深远意义。这意味着消灭了一种削弱人体免疫系统的疾病，成人更少患上贫血等慢性病，儿童不易患肺炎、胃肠道传染病等致命疾病。像垦荒的其他副产品一样，这个进步标志着“生物界旧秩序的终结”，至少是摧毁旧秩序的开端。[137]

诸如此类的益处，正是现代荷兰垦荒专家保罗·瓦格里特（Paul

Wagret）1959年写下“文明征服沼泽”时所想到的。[138]时至今日，已很难有如此毫无保留的热情，又避免这种征服的代价。腓力门和博西斯这对老夫妇曾经阻挠浮士德的大规模土地开垦工程，腓特烈的移民计划同样也有人反对。昔日的奥德布鲁赫就是十分典型的例子。沼泽里零星分布着少量建在沙质高地上的村落。沼泽地里只有不到170户居民，主要是渔民，他们过着水陆两栖的生活，靠丰富的鱼类资源谋生，这里有鲤鱼、鲈鱼、梭子鱼、鲷鱼、鲃鱼、雅罗鱼、丁鲷、八目鳗、江鳕、鳝鱼和螃蟹。在枯水季节，他们晒制干草、放牧牲畜，用混合了动物粪便的软泥、树枝或柴捆垒成防洪墙；他们还在这些防洪墙上种植西葫芦和其他蔬菜。除了枯水季节和冬季冰封，一年中大部分时间里，他们穿越迷宫般水网的唯一交通工具是平底船。[139]

这种生活方式被打破，虽然并非毫无阻力。顽强的反抗让人回想起一个多世纪前英国沼泽区的情形：[140]

他们想排干所有的沼泽，
还想征服水，
一切都将干涸，我们必死无疑，
为了放养艾塞克斯牛犊……
我们要腾地方
给有角的牲口和畜生（哦，多么悲惨），
除非我们都愿意
拿起武器把他们赶出去。

65

当时英国沼泽区发生了暴动和骚乱；在奥德布鲁赫，如我们说过的那样，破坏活动不仅在工程初期就时有发生，此后也从未间断。1754年春季洪水之后，黑莱姆报告说，堤坝决口并不全是大水所致，“怀恨在心的沼泽居民，或许是由于影响了打鱼收入，偷偷在堤坝上挖了三个洞，防护堤严重受损”。[141]老梅德维茨（Old Mädewitz）的居民，按照汉斯·金克尔（Hans Künkel）的说法，凭借他们的西葫芦堡垒——这大概算不上最佳的战略位置——负隅顽抗。当局再次出动军队镇压，威胁要对违法者处以极刑。[142]在歌德的巨著中，腓力门和博西斯既不肯收钱，也不接受安置，在浮士德失去耐心的时候，他们被梅菲斯特及其手下杀死了。作为补偿，当局向从前的沼泽居民提供新土地，大多数人接受了；他们获得的补偿地是新移民村落中最大的（约55英亩），尽管这比他们曾经拥有的宽阔水域和沼泽小得多。激烈的抵抗结束了，相反，渔民用请愿和诉讼的方式来争取应得的补偿，尤其是针对贵族地主和市镇土地所有者。[143]也有很多人无畏地、艰难地捍卫一个正在消失的世界，他们发现自己很难把渔具换成犁耙，尽管他们的子孙（正如俗话所说）将适应大地（terra firma）的新秩序。

其实，这些沼泽居民此前也是生活在强制之下。他们对领主有各种义务，代役钱、每年交三只鹅、“打渔钱”等等。他们还受到垄断的鱼类加工行会（Hechtreisser，本意是“梭子鱼宰杀者行会”）剥削，行会成员从弗里岑拿走他们捕获的鱼，然后腌制、处理和出售。沼泽地的渔民在茫茫雾霭中过着与世隔绝的生活，他们属于残存的封建制度和发展中的市场经济的一部分。[144]他们所处的恶劣环境以及“除了鱼虾还是鱼虾”的饮食结构，足以抵消任何对其生存状态的理想化描述，尽管所谓的黄金时代神话鼓吹他们过的是一种延年益寿的生活。[145]另一方面，他们的生活既非毫无理性可言，也不是官员和作家们经常臆想的那样，无助地饱受自然力的摧残。他们准确地使经济结构适应正常的洪水周期，垦荒之前，洪水每年春夏爆发。举一个例子，丽塔·古德曼（Rita Gudermann）和许多人穿越北德平原草本沼泽和碱沼，考察了哈维兰和东明斯特兰（Münsterland），发现当地居民逐步找到一些小规模的地方性对策，从而足以在政府的大规模改良措施到来之前，在茫茫水域求得生存，站稳脚跟。[146]我们不应忽视这种灵活应变和独创性，它们被国家权力以及技术上的狂妄自大彻底抹杀了。[147]有些东西失去了，而那正是我们讲述的拓荒史的素材。

66

从前的生活缓慢而又无可挽回地走到尽头，受影响的还不仅仅是沼泽居民。广阔水域还养活了沼泽周边城镇和村庄的许多渔民。

垦荒期间，下奥德布鲁赫皇家领地的430户人家中，有350户是渔民。随着池塘、湖泊与河中鱼梁消失，他们也不得不背井离乡去谋生。弗里岑这样的市镇甚至连市容市貌也改变了。梭子鱼宰杀行会抱怨说："从前渔民撒大网的地方，如今是牧场，有的甚至种上了小麦和其他谷物。"[148]以往势力强大的行会数量锐减，从1740年的42个减少到1766年的28个，1827年时，只剩下13个了，行会会所卖给了政府，被改造成犹太会堂。在弗里岑，酿造和蒸馏业繁荣起来，还举办过一次牲畜展览会，渔业却凋敝了，陈旧的鱼槽破损不堪，废弃的渔船变成一堆堆残骸。[149]

移民代表了未来的方向。前两代移民为日后的繁荣奠定了基础，也付出了高昂代价。疾病和繁重的劳作夺走了许多人的生命；为腓特烈审查而编的移民表上列有很多寡妇的名字。在很多新安置点，由于地基偷工减料，匆匆完工的房屋及其附属建筑倒塌或下陷。在水涝的草场放牧，牲畜容易死于感染。[150]移民当中流传着一句谚语："第一代死，第二代穷，第三代才能富。"[151]（冷酷无情的腓特烈的说法是："第一代移民通常不值一提。"[152]）移民有的远走他乡，有的返回故里，倒霉的鲍尔森（Paulsen）先生就是一个典型。1759年，他来到奥德布鲁赫的诺伊－吕德尼茨（Neu-Rüdnitz），当年他和妻子遭到一帮哥萨克人袭击和抢劫。第二年，他有14头牛病死，3匹马被盗。第三年，他的农田被洪水淹没，杂草毁掉了半数庄稼，鼠灾又毁掉了剩下的。第四年，他再遭洪灾，损失了所有的猪和家禽。最后，他只得变卖家产，踏上回乡的路。[153]

67

当然，所有的移民或边区社会都上演了一部又一部可歌可泣的白手起家的奋斗史。不论是奥德布鲁赫、西部边区，还是"大迁徙"，都传颂着大同小异的不畏艰辛的故事：满怀希望的旅程，考验毅力的挫折，最终人定胜天。这些传说口耳相传，变得越来越精彩，能够经受住时间的考验。不过，它们多半具有鲜明的地域特色，它们的意义也正在于这种地域特色。德国移民遭遇的艰难困苦，成为垦荒代价的重要证据。想想人类和牲畜所患的各种疾病和传染病，肆虐的老鼠，蔓延的野草。这些不仅仅是不幸，更体现了大自然的残酷无情和变幻莫测。环境史学家让我们了解到人类从一个生态系统迁徙到另一个生态系统时遇到的诸多问题；移民以及他们的生物群和病原体来自德国各处和欧洲许多地方：法国、丹麦、瑞典、低地国家、瑞士、皮埃蒙特、萨伏伊。当然，我们还必须加上布伦肯霍夫之流满腔热情、不分青红皂白、成败参半地特意引入新土地的物种。毫不奇怪，有的引种失败了，有的带来传染病，有时候某个“从属物种”变得尾大不掉，泛滥成灾。[154]

这些新垦地在很大程度上避免了常见灾害。肥沃的冲积土（尽管并非每个地方都像奥德布鲁赫那样肥沃）不会出现地力衰竭现象，在其他边疆地区，尤其是山地，倘若开垦成可耕地或是过度耕种，土地肥力就会下降。混合农业派上了用场，与此形成鲜明对照的是，单一种植的德国松树林突然发生了危机。气候与地貌的双重因素，意味着不会再有德国其他地区或美洲大平原那样严重的水土流失，即使（我们将会看到）将来围绕“荒漠化”(Versteppung)——中欧形成的干旱大草原景观——的危险会发生一场大争论。[155]不过，水土流失有一个一目了然的原因：开垦过的沼泽和低洼河谷仍有洪水泛滥成灾。毫不夸张地说，任何时候、任何地方，平原河流都会发洪水。作家们始终坚持把大自然比作被彻底打败的敌人，周期性水灾则表明这个强大的敌人正在“全力挣脱镣铐”。[156]垦荒之后，奥德布鲁赫发生大洪水的年份是：1754年、1770年，1780年代3次（包括1785年的特大洪水），然后是1805年、1813年、1827年、1829年，1830年的洪水造成了严重的灾情，1830年代2次以上，1843年、1854年、1868年、1871年、1876年，1888—1893年间超过3次，进入20世纪后，洪水仍时有发生，最近一次是1997年，恰逢腓特烈治理奥德布鲁赫250周年。[157]在最糟糕的情况下，为了修复原有工程，投入的士兵和工人超过了当初的垦荒工程，而且同样所费不赀。

68

在奥德布鲁赫和其他低地地区，洪水有多种成因。直接起因通常是倾盆暴雨或遥远高原的河流发源地反常的降雪。水利工程的不足和缺乏远见加剧了洪水的危害。河堤高度不够，无法容纳巨大的水量。要么是因为围垦工程半途而废，比如瓦尔特布鲁赫西端，连彼得里上尉这样的同时代人都不看好布伦肯霍夫匆忙间临时拼凑和偷工减料的工程。[158]要么是老问题以始料未及的方式突显出来，如“新奥得河”像所有河流一样，河道被淤泥堵塞。或者是改造工程产生了其他无法预料的后果，比如，水从一地排出，势必加大其他地方的水势，几乎所有地方都在不同程度上出现过这种情形。[159]

过去250年来，人们应对这些挫折的方式已经发生改变。不过，在大多数时间里，改变的只是具体的补救措施，根本性的观念依然如故。每一次重大挫折都引发反思；逐个研究这些有着良好出发点的应对举措，颇有说服力地提醒我们历史学家非常清楚，而水利工程师很难接受的一个事实：技术发展是一个日新月异的持续过程。看看人们满怀信心地为奥德布鲁赫开出的处方，我们不难发现，每当一系列新举措出台，人们都预言将达到预期效果，最终弥补前人的疏忽、工程上的失误或政治上的牵累。直到1983年，韦尔纳·米哈尔斯基（Werner Michalsky）仍然声称，按照东德的计划，“在社会主义条件下实现了人类控制自然力的世纪之梦”。[160]现实是，这些自诩一劳永逸的方案，不论是1770年代水灾之后加高河堤，1830年洪水之后封堵“老奥得河”，还是1850年代的大规模补救措施，蒸汽泵和挖泥船的发明，1920年代使用电动水泵的新计划，一再重组的堤防协会，乃至社会主义条件，都无法阻挡洪水。69 如今，洪水与其说是工作循环的一个部分，不如说对工作循环本身构成了威胁。[161]两个多世纪以来，没有哪个举措能够在这些新垦地区一劳永逸地消除水患。相反，像其他地方常见的那样，洪水的频率最终下降了，但一旦爆发，则更具灾难性，直到1997年仍是如此，当年的洪灾是50年中第二次“百年一遇”的大洪灾。[162]

失乐园?

“让我们学会向自然环境宣战，而不是向我们的同胞开战；学会从混沌之神开俄斯（Chaos）那里夺回——如果可以这样说的话——我们祖先的家业，而不是让他的帝国有增无减。”这是1780年苏格兰哲学家詹姆斯·邓巴发出的战斗召唤。[163]在北德平原，向“混沌无序”的水域开战，也给当地动植物群落带来了严重灾难。垦荒对环境造成了显著影响。同时代人记述了奥德布鲁赫铲除丛生的水下植物的场景。小山似的灌木堆好几个月才干燥，成为各种野生动物的庇难所。最终点燃木头堆时，大火和浓烟之中，鸟儿和动物惊起，成为猎人们唾手可得的猎物。田鼠、野兔、鹿、鼬鼠、貂、狐狸和狼四处逃窜，沼地鸡、野鸭、喜鹊、猫头鹰和老鹰也发出刺耳的叫声，飞离暂时的栖息地。特奥多尔·冯塔讷后来在《勃兰登堡边区纪行》中再现了这个场景，称之为“歼灭战”。[164]

真正的变化远远超出这样的激烈场面；生物多样性遭到日益严重的破坏。湿地有着丰富的生物多样性资源，这个复杂生态系统养

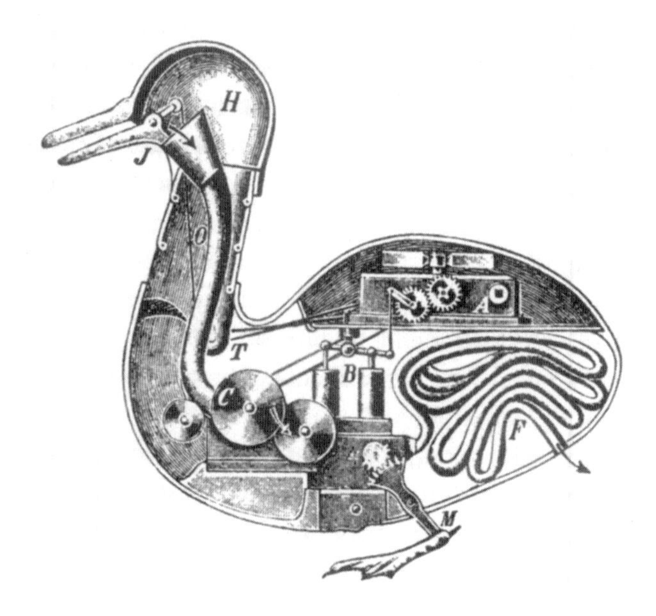

雅克·德·沃康松的机械鸭

育了如今的人们无法想象的昆虫、鱼类、鸟类和动物。随着时间的流逝，相比猎人的扑杀，栖息地的消失造成了更严重的后果，奥德布鲁赫有数量庞大、种类丰富的鱼类，从而成为鹤、鹳、田凫、雁和野鸭的栖息地。[165]1741年，雅克·德·沃康松（Jacques de Vaucanson）展示了著名的机械鸭，这个模型能摇摇晃晃地行走，拍动翅膀，摇摆头部，甚至能够衔起它“消化”和排出的谷物碎粒。这个新奇的玩意儿博得了全欧洲开明人士的交口称赞，还被收入了法国的《百科全书》。腓特烈大帝还想把沃康松请到普鲁士。就在受过教育的人士迷上机械鸭之际，治理后的奥德布鲁赫和其他湿地上的真鸭子绝迹了。[166] 70

18世纪下半叶，人们越来越频繁地提及这样一种观点：一些重要的东西正在消失。在英国，邓巴目睹了一场“战争”，其他人却在计算着损失。华兹华斯写道：“当我看到这种巨变的阴暗面，不禁黯然神伤；”柯勒律治提醒人们：“大自然有她的正当权益。”[167]德国也有人发出了同样的警告。1799年，诺瓦利斯（Novalis）抱怨说，人类的统治把自然界永恒的灵动音乐变成了丑陋不堪的磨坊里单调乏味的轰鸣声。[168]这无疑是巅峰期浪漫主义的挽歌，传达预言的呐喊。但是，感性的悄然转变可以追溯到几十年前。阿纳克里翁风格的诗人哈勒（Halle）用挽歌来歌颂自然之美；萨洛蒙·格斯纳（Salomon Gessner）的《牧歌集》也是如此。[169]当然，这些田园诗中仍可见到达佛涅斯(Daphnis)和克洛伊（Chloe）、宁芙女神和森林女神的踪影，程式化的甜美掩盖了失落感。弗里德里希·克洛普施托克（Friedrich Klopstock）不是这样，他更直接地谈及大自然的“正当权益”：[170]

> 壮哉！自然母亲。
> 美哉！绿色大地上
> 你全部雄伟壮丽的作品。

从很多方面来说，克洛普施托克堪称重量级人物。他是文学名流，影响远远超出以他为首的自然派诗人组成的“森林之神协会”(Sylvan League)。他还是学术协会和读书俱乐部的名人，旅行家、 71

收藏家、植物学者，典型地代表了同时代受过教育的人士，他们从布丰和克洛普施托克本人的观察资料中学会了如何重视自然界的内在属性。克洛普施托克强调美，而不是功利，对丰富多彩的大自然的秩序叹为观止（这两点与1770年代的青年歌德如出一辙），堪称那个时代知识分子的楷模。

克洛普施托克还把卢梭"回归自然"的观点引入德国，他并非唯一这么做的人。德国作家们以同样的热情接纳了卢梭的自然崇拜，这标志着他们对"自然的"英国风景园林（迟来的）热爱，崇尚天然的英国园林与讲求匀称整齐的几何式法国园林和荷兰园林形成了鲜明对比。（约翰·伯努利很欣赏古佐庄园的卷心菜地，也谈到庄园里布局对称的花园有点儿过时了。[171]）约翰·格奥尔格·祖尔策（Jonhann Georg Sulzer）在《自然美谈话录》（1770）中指出，只有"在大自然的学校里接受教育"的孩童，才能保持"可爱的天真和淳朴"，这种天真和淳朴乃是真正的智慧之源。教育改革家约翰·伯恩哈德·巴泽洛（Johann Bernhard Baselow）更进一步，创办了一系列示范学校来宣扬这种自然的真理，1774年，在布伦肯霍夫过去的落脚点安哈尔特－德绍，第一所示范学校建立。[172]

我们思考这些年间特有的对大自然原生态的新认识，首先浮现在脑海中的是山脉和海滩。它们与据称已经变得平整和局促的自然界形成了最显著的反差，登山热和游泳热展现了新兴的"自然运动"热潮。1770年代，德国人发现了阿尔卑斯山，之后不久又涌向海滩。要到下一个世纪开始后很久，沼泽湿地和酸沼才能赢得关注。但是，这些栖息地也没有完全被忽视，也有人关注它们的命运。卢梭划定了主题。像《爱弥儿》一样，关于科学与艺术的第一篇"论文"批评排干沼泽之举本质上属于破坏性介入，有抹杀大地自然差异的危险。[173]像野生森林和诗人偏爱的其他地方一样，"贫瘠的沼泽"也成为德国诗歌吟咏的对象，是诗人展示技巧和寻找孤独的地方。[174]

一个更复杂的例子是歌德的《少年维特之烦恼》。这本书讲述了72 一个为情所困、最后自杀的年轻人的故事，1774年出版后让作者一举成名。书中随处可见害着相思病的主人公关注“大自然内在的、炽热神圣的生命”，包括雾霭茫茫、芦苇丛生的荒凉世界。[175]读者感到惊讶的是，作者并未把洪水比作猛兽，而是以之象征自由。书的前面部分就有一个很好的例子。“为什么，”维特反问道，“天才的小溪很少像洪流一样爆发？”回答是：因为人们冷静而镇定，“如果他们不能及时学会开渠筑坝以应对迎面而来的危险，他们的花园洋房、郁金香花圃和卷心菜地将毁于一旦。”[176]莫非卷心菜地和水渠真的有如此邪恶的作用？为了找一个贬义词来形容身不由己的官僚世界——野性自然（和天才）的对立面，维特选择了大概是直接来自奥德布鲁赫新型农业的实例：“数豌豆和扁豆”的苦役。[177]

一个观念贯穿《少年维特之烦恼》全书并突显出其时代特征，即将未遭破坏的大自然描述成“乐园”。这提醒我们，18世纪晚期的旅行家及其著作的读者接触到了新的世界，加深了对自然多样性的认识。我们很难忽视这个主题，它渗透到同时代人对开垦草本沼泽和木本沼泽的反应之中。它成为一个试金石。当然，同时代人有时用比喻的手法来认可所发生的一切。我们被告知，昔日的哈维兰沼泽是“一块荒凉、原始的土地，与自然之手当初创造它的时候没有什么两样，与南美洲的原始森林极为类似”。至于昔日的瓦尔特布鲁赫，“任何敢进去的人都会以为到了世界上最陌生的地方”。1780年代，一位到过这个地区的丹麦旅行者感到不寒而栗，将原生状态的“加拿大荒原”与治理过的沼泽地区作了比较。他发现，有序、整齐的地方有一种天堂般的美。[178]

然而，一种观念日渐深入人心，即从截然相反的意义上定义乐园，把乐园看成是自然状态的、未遭玷污的东西。福斯特父子从“果敢”号之旅归来，带回关于塔希提岛原始之美的证据，进一步强化了这种观念。儿子格奥尔格·福斯特在《环球航行》一书中宣扬的观念，成为这类专门描述“天堂之岛”的书籍的灵感之源，在这样的地方，动物不会被猎杀吃掉、树上果实自然熟落。[179]父亲约翰·莱茵霍尔德·福斯特可谓是德国的吉尔伯特·怀特（Gilbert White），后者是博物学家，不仅乐见丰富多样的生物形态，而且有生花妙笔。

73 跟随库克航行途中的所见所闻，使老福斯特也呼吁关注卡梅松（Commerson）和普瓦尔夫（Poivre）等曾在毛里求斯待过的法国博物学家担忧的环境因素。他逐步认识到人类“进步”的阴暗面，在日记中愈来愈明显地表露出不祥的预感。[180]乱砍滥伐的危害让美洲人自食其果。一些人士指出，新世界对人类的狂妄自大的严重危害提出了警告。在《北美纪行》一书中，瑞典博物学家彼得·卡尔姆（Peter Kalm）注意到，北美的木本沼泽彻底消失，导致了气候变化和鸟类、鱼类数量的下降，敦促同胞不要“对未来盲目无知”。老福斯特深受这本书的影响，将它译成英文。赫尔德得出了类似的结论，他强调各种生物彼此息息相关，人类“应当谨慎从事，不要改变这种相互依存关系”。大自然是“一个活生生的统一体”；它不应该“被强行征服”。[181]

面对一个日新月异的世界，诗人、博物学家、旅行家不无疑惑，有时甚至有些惊恐。他们的反应形成了德国文化的第一次“绿色浪潮”。当发现和毁灭处于微妙的平衡之际，我们也就好理解为什么一些同时代人会将原生态的自然看作是“绿色乌托邦”或“乐园”。[182]这种观念具有动人的力量。将近两百年后，在谈及祖先生活过的奥德布鲁赫和瓦尔特布鲁赫时，汉斯·金克尔告诉我们，这些地区在开垦前是“大大小小的生物的乐园”。[183]即便是费尔南·布罗代尔（Fernand Braudel）这样冷静的历史学家也表示：“18世纪末，地球上的广大地区依然是野生动物的伊甸园。人类闯入这些乐园实属悲剧性的创新。”[184]

那么，乐园失去了吗？毋庸置疑，18世纪末，人类给自然界带来了巨大的破坏。这种破坏发生在以化石燃料为基础的工业化时代之前，导致北德平原湿地灾难性地丧失了生物多样性。保罗·瓦格利特把这种巨变说成是“文明征服沼泽”，实属误入歧途；相比之下，更合适的说法是“失乐园”。问题是，这种说法同样容易造成误导。失乐园之说源于堕落之说，划分了失乐园之前和以后。在被人类打扰之前，自然界稳定、和谐和自洽，人类的冲击带来了动荡、混乱和失衡。环境史学家和其他人士力主停止侵扰大自然，等于是在效仿浪漫主义者的冲动，浪漫主义者整体上带有浓厚的现代生态思想的色彩。但是，这种观点本身就有问题，一如心不在焉的现代化论者一厢情愿的想法。如果说"改良者"的大幻觉是自以为找到了一劳永逸的技术解决方案，那么环保人士面临一个迥然不同的陷阱，即以为自然状态将永远延续下去。然而，一旦现代生态学家以确凿的证据表明自然体系是一个不稳定的动态体系，这些错觉也就消失得无影无踪了。一些环境史学家明确质疑这些研究结果及其依据的混沌理论，仿佛质疑大自然的有机和谐在某种程度上妨碍了我们判明人类的破坏性活动。[185]然而事实并非如此。在论及人类对自然界的冲击时，我们应当认识到，我们涉及的是两个相互影响的动态系统。

74

事情还不止于此。深入考察这些貌似原始的湿地栖息地，我们必然会面对一个问题：它们究竟在多大程度上是原始的？莫非我们应当追溯到18世纪的评论者，认为这些栖息地真的是"大自然亲手缔造的国度"？不见得。不论是久远的历史时期还是现代，人类系统与自然环境的互动始终在推动这些栖息地的形成和重塑，尽管不如腓特烈大帝在位期间那么显著。垦荒工程就经常发掘出早先人类村落的遗迹。我们甚至无须往回追溯那么远。有证据表明，500年前，小村落就已经出现在不可逾越的北德平原沼泽湿地，由于气候变化和人类活动，尤其是乱砍滥伐的共同作用，引发了毁灭性洪灾，把居民赶到了地势高的地方。[186]在之后几个世纪里，为了适应新环境，以打鱼和采集狩猎为生的人才在奥德布鲁赫和瓦尔特布鲁赫等地开发出自己的微观经济。

这种盛衰无常、时断时续的人类活动的历史，并未削弱腓特烈时代"征服"的重大意义和深远影响，正如许多个世纪里美洲原住民的活动并未削弱欧洲人在美洲征服和移民的影响。但是，它确实冲击了关于原生状态的自然界的观点。移民只是故事的一部分。人类还有许多其他方式来塑造据称是原始的自然界。狩猎就是一个很好的例子。关于旧有生态体系的最佳刻画，莫过于勃布鲁盖尔（Jan Brueghel the Elder）的《森林深处的猎人》。我们的目光被画面所吸

75 引，不应忘记这样一点：没有猎人，首先不会有这林木繁茂的水乡场景[187]，进而不可能有大量野生动物栖息其间。据记载，17世纪，瓦尔特布鲁赫有3000多头马鹿，这既要归功于大自然之手，也有人类的功劳。[188]事实上，在经过治理变成牧场或庄稼地之前，几乎所有的湿地都属禁猎地，这正是为什么有如此多的普鲁士贵族反对沼泽治理的原因。深入考察这些看似处于原始状态的栖息地，究竟有多少应归因于人类直接或间接的干预，也就变得一目了然了。河水的高水位有时是被附近的磨坊抬高的。[189]人类利用高地溪流编木排漂运木材，或是驱动磨坊的动力槌，影响了低地沼泽的水文环境。远方高地的乱砍滥伐造成水土流失，冲积土不断沉积在洪水多发河流的河谷。[190]最后，并不存在一个明确的标准来估量垦荒中“失去”的世界。伊丽莎白·安·伯德（Elizabeth Ann Bird）一针见血地指出：“可以据理反对破坏环境的工艺技术，但不能以它们是反自然的为理由。”[191]

18世纪下半叶，北德平原的湿地地貌有了巨大改观。要理解奥德布鲁赫等地发生的一切，最好是将之视为三条主线相互交织的历史。首先，这是人类干预自然界历史上激动人心的一章，不仅对区域生态造成破坏，也对持续增长的人口产生了错综复杂的影响，姑且不论这些影响是利是弊。其次这种转变也向我们展示了权力的运作：谁为土地排水，谁在抵制，什么样的知识最终脱颖而出？在腓特烈时代的普鲁士，水变土的点金术揭示了晚近绝对主义国家中权力的限度。最后，日渐消失的沼泽湿地象征着注入了人类情感的大自然。这些事件被视为征服，人类制服了危险的敌人，但这也开始被视为人与和谐自然的疏离，被视为人类的失败。

约翰·戈特弗里德·图拉

第二章　驯服莱茵河的人

——19世纪德国河流的改造

普福茨的钟声

一个礼拜日的早上，在莱茵河畔莱默斯海姆（Leimersheim）附近的一个小村庄，渔民们到莱茵河的一条老汊河上收网。他们情绪很高，因为捕到不少鲤鱼、鳊鱼和鳗鱼，他们收起船桨，任由平底小船漂流。这时候，远远传来阵阵钟声，这钟声庄严肃穆，胜过以往听过的任何钟声，他们越接近河心，钟声越响亮。渔民们面面相觑：声音来自水底。胆子最大的汉萨达姆（Hansadam）俯在船边向下望，他盯着水下看了一会，又喊同伴们来看。水面下，一座教堂清晰可见，教堂周围有不多的几间小屋，钟声就是来自教堂的钟楼。小船缓缓漂向教堂钟楼的上方。船上的人害怕翻船，便抓起浆拼命划向岸边。他们急忙收起捕获的鱼，飞快跑回村子，将耳闻目睹的一切告诉村民。他们的话没人信，反而成为了笑柄，直到别的渔民在又一个平静的礼拜日早上经历了同样的事情，人们才信以为真。从此，村民打渔就绕开那个地方。但是，每当河水上涨或洪水来临，村子里依然能够听到钟声。[1]

这是17世纪耳熟能详的传说。在基督教文化中，钟声常常意味着驱赶超自然存在、避邪或是警告即将来临的自然灾害。[2]像德国其他地方一样，莱茵兰以拥有很多关于幽灵钟声的故事而自豪，故事中的钟声要么是劝诫，要么是警告。[3]它们通常取材于真实村庄的命运，上面这个故事就是如此。故事中的渔民来自新普福茨（New Pfotz）；钟声来自他们祖先居住过的老普福茨村。像莱茵河左岸的很多村落一样，建于13世纪末的普福茨是个渔村。将近300年后，它就消失了。村庄位于蜿蜒的莱茵河上一处宽阔河湾，河水持续冲刷堤岸。最终，1535年，村子不得不西移几百码，迁到地势高的地方，更名为新普福茨。老普福茨被遗弃，最后完全没于水下。[4]

不止一个村庄就这样消失了。莱默斯海姆与新普福茨之间的温登（Winden）也被河水吞没。一个世纪后，同样的命运降临到南部的韦尔特（Wörth），1620年代的一场洪水淹没了村庄，村民逃到高处，在废弃的村庄福拉赫（Forlach）重新安家。在上莱茵河的这一小段河道，两个更富裕的村落也消失了。克瑙登海姆（Knaudenheim）有400人，居民从事农业和渔业，1740年的洪水淹死了2个人和50头牛。村庄的防护堤不得不一再后移。1758年，克瑙登海姆遭受更大的洪灾。洪水深达8英尺，淹没庄稼、冲毁地基，村民只好爬到房顶上求生。村民们看到防护堤根本无望修复，便向主教请愿，要求迁到地势较高的河岸安家。新址离原址步行要45分钟，那里“多沙、贫瘠，完全是不毛之地”，但总比原来成天担惊受怕强。胡滕（Hutten）主教批准了村民的请求，条件是新村落必须采用当时最受欢迎的几何布局，并且以他的名字命名为胡滕海姆（Huttenheim）。克瑙登海姆只留下一座纪念碑标示村落的旧址。再来看看德滕海姆（Dettenheim）。这个村落始建于788年，完全靠打鱼为生，是这一段莱茵河上最古老的村落之一。18世纪中叶，该村落频频遭受河水泛滥的威胁。1766年，村民首次提出要搬到安全地带。事情先是因为管辖权纠纷而搁置，接着又遇到了战争，直到1813年，村子才最终得以搬迁，地图上的“德滕海姆”已是徒有虚名。[5]

这些村庄以及其他许多同病相怜的村落，散落在卡尔斯鲁厄（Karlsruhe）与施派尔（Speyer）之间的数十处莱茵河河湾。上游的情形也是如此，上莱茵河的不少村落也是要么毁于洪灾，要么被弃之后在新址重建。15世纪末，莱茵河洪水淹没了一度很重要的贸易城镇诺伊恩堡（Neuenburg），连大教堂的中殿也遭受灭顶之灾。16 79 世纪，莱茵瑙（Rheinau）毁于洪水。栋豪森（Dunhausen）、盖林（Geiling）、戈德绍伊尔（Goldscheuer）、格劳尔斯博因（Grauelsbaun）、格雷费伦（Grefferen）、洪茨菲尔德（Hundsfeld）、伊里格海姆

(Ihrigheim)、穆费恩海姆(Muffelnheim)、普利特斯多夫(Plittersdorf)、泽林根(Söllingen)、维滕韦勒(Wittenweiler),这些村落全都消失得无影无踪,仅仅留下一个地名。[6]

村庄遭弃的原因很多,其中就有瘟疫和战争这对孪生灾难。上莱茵河两岸饱受兵燹之苦,从17世纪的三十年战争、路易十四的战争到18世纪的战争,还常常伴随着瘟疫。在这些欧洲现代早期的战争中,有些村落一再被夷为平地,又像当地星罗棋布的要塞一样在原址重建。由于河流改道,一些村庄就难以维持下去了。这些村子被遗弃,它们的田地、茅舍、房屋、教堂和钟楼全都被水淹没。

这些人类村落如此脆弱,原因并不复杂。地形学和水文学足以告诉我们答案:直到现代,莱茵河始终在上莱茵河低地随机蜿蜒漫流。[7]巴塞尔以上莱茵河河段是向西流,之后在美因茨遇到陶努斯(Taunus)山脉的阻挡,河流改道向北。上莱茵河平原长185英里、宽约20英里,是形成于第三纪的大裂谷。平原两侧都是山脉,东边有黑森林和奥登瓦尔德(Odenwald),西边是孚日山脉(Vosges)和巴拉丁森林。平原就像倒扣过来的拱顶,成为周边高地环绕的中心。莱茵河主宰了这一地区,这个地区的地貌并非莱茵河所塑造,却成为莱茵河入海的走廊地带。这一段莱茵河不再有源头高地河段的瀑布和激流,河道落差很小,河水携带的碎石和沉积物沉积在砂砾石河床。

19世纪前,莱茵河没有固定的河床。在上莱茵河平原南部,砾石堆和沙洲将莱茵河分隔出不计其数的河槽。这种状况是逐渐形成的,莱茵河洪水泛滥、水势最猛时淹没一切,洪水退去后,砾石堆和沙洲就会阻碍河水的流动。数个世纪以来,年年如此,这种循环形成了迷宫般的水网和岛屿,斯特拉斯堡(Strasbourg)下游70英里河道内有1600多个岛屿。这就是19世纪初彼得·比尔曼(Peter Birmann)从伊施泰因(Istein)悬崖上所看到并画下来的莱茵河。[8] 80
画中是一个辽阔、混沌的水世界,一连串潟湖星罗棋布。许多不规则的河道和林木繁茂的岛屿使得观众的视线很难集中到一点,辨认不出莱茵河的主河道。上莱茵河的这一河段称为分叉地带。

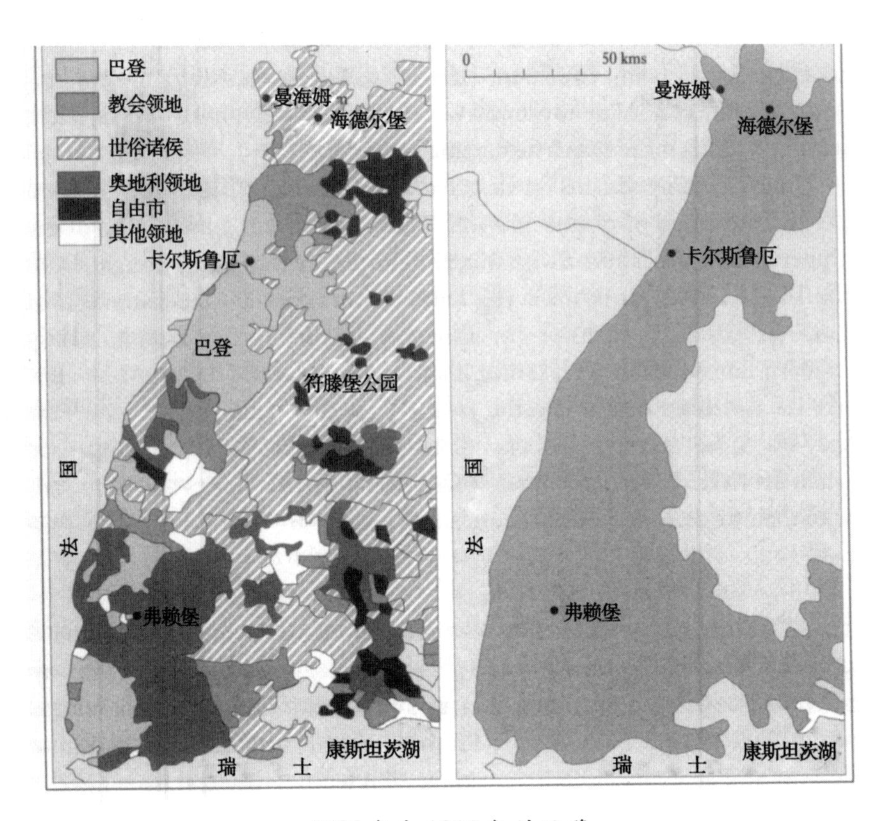

1789年和1815年的巴登

顺流而下，穆尔格河（Murg）汇入莱茵河之后，莱茵河才更像是一条河流。但是，它依然没有单向的河道，而是在泛滥平原上蜿蜒流淌，形成许多大的曲流环。这就是河曲地带。1789年的莱茵河河道地图（见第80页）反映了19世纪初莱茵河河曲地区的景象：主河道迂回曲折，水流缓慢，两边是蛇形蜿蜒延伸的旧河道，就像蛇发女妖的发型。分析河床沉淀物中的花粉，可知最古老的河槽可以追溯到公元前8000年。最近数百年间，这条河流一再改道。基本成因很简单[9]：河水流速缓慢，河湾外侧的水流会加速，冲刷外侧河岸，沉积物淤积在内侧河岸。日积月累，河道曲流日益显著，颈部越来越窄，使得河流几乎循原路返回。一旦河水暴涨，就会漫过颈部河道，之前的主河道变成支流，并最终形成牛轭湖。最近数百年间，洪水的冲刷和流淌再次把支流或牛轭湖变成主河道。当莱茵河

81

水位上涨，河水就会在泛滥平原上随机冲刷出新河床，形成河谷的自然地貌。有些河段的泛滥平原绵延数英里，在漫长的历史上，莱茵河不时泛滥。暴涨的河水也冲刷高耸的河岸，两岸许多不规则的河湾和离堆山即是佐证。

在上莱茵河，许多人类村落都建于陡峭河岸的边缘，俯瞰着泛滥平原。这样的选址既可以利用河流带来的种种好处，不论是动植物还是矿物，也远离洪水的威胁。其他一些村落冒险傍河而建，便于捕鱼、饲养家禽和利用肥沃的冲积土。大多数被水淹没的村庄就是如此。像老奥德布鲁赫零星分布的村庄一样，它们往往建在地势稍高的地方，下方有砾石堆或砂坝。12世纪前后开始，德语中逐渐演化出一系列含义明显不同的术语，这些术语表明人们非常熟悉河流的机制。Altrhein、Giessen、Kehlen、Schlute、Lachen等词汇被用来指代形形色色的支流、狭窄水道、牛轭湖和池塘，Aue、Wörth、

83

彼得·比尔曼从伊施泰因悬崖上看到的莱茵河风光。

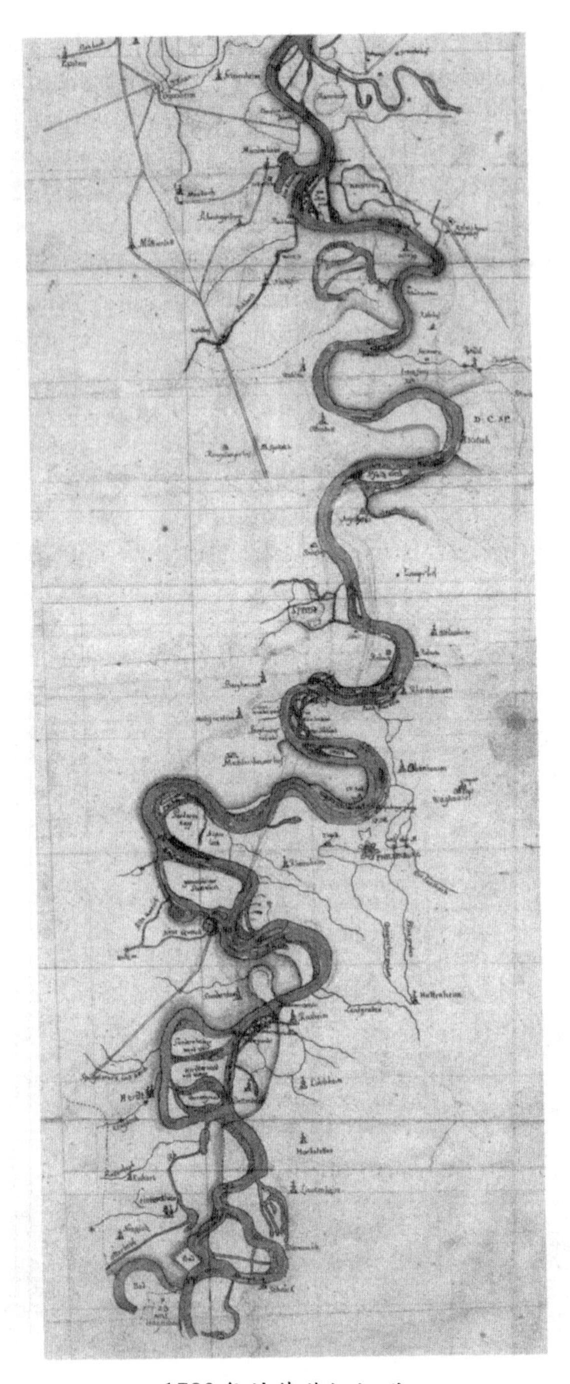

1789年的莱茵河河道

Grund、Bruch等词则用来指代河曲内外干地。但是，正如普福茨的命运所表明的，再多的本土知识也无法防御洪水泛滥。[10]

河边的村民并未放弃抗争。数个世纪里，他们一直用各种方法防御水灾。中世纪以来，当地就开始建造堤坝和排水沟。1391年，人们第一次实施裁弯工程，改变河道流向。到17世纪，河曲地带的人工沟渠与天然的河流岔道一样多。莱茵河两边都有保护田地和牧场的堤坝，有的堤坝规模很大。1660年代完工的新林肯海默(Linkenheimer)堤坝长达600多码。17世纪，开始了忙碌的建设，尽管战争导致了人力、资金和材料的短缺（"过去有8—10个人的地方，如今只有1个人，300辆马车如今仅剩40辆"）。[11]18世纪，随着人口的增长，控制河流的努力也加大了力度。在河曲地带的上游和下游，人们以一种近似疯狂的节奏修筑和重建堤坝。1770－1783年，仅莱默斯海姆一地就用了将近40万个柴笼来加固防护墙。[12]加紧建设势在必行，因为莱茵河的威胁日益严重。原因之一是碎石和沉积物逐步淤积在下游河段，导致河床持续抬升。18世纪末，河曲地带南部的状况开始接近于狂野的莱茵河上游。莱茵河水位上涨，加剧了对陡峭河岸的冲刷，意味着泛滥平原上的村庄必须不断加高堤坝的高度。尽管做出了种种努力，下游地区依然明显面临毁灭的威胁（或者说搬迁的需要）。

气候变迁使情况变得更糟。这些年间，欧洲经历了一个"小冰河期"。无论什么原因或影响，是太阳黑子或火山运动，抑或仅仅是长时期气候变迁的影响，毋庸置疑的是，从16世纪晚期到19世纪，欧洲的气候有别于前后两个时期。树木年轮、冰川运动、农业收成和文字记载的证据都说明了这一点。中欧的冬季降雪更多，春季更冷更晚，夏季多雨。1760－1790年，几乎每年夏季都有异常大的降雨。这种气候变迁不仅导致冰川发育、生长季节缩短，还造成河水水位上升。[13]1730年代后的几十年间，像奥得河一样，更多的冰雪融水和大暴雨给莱茵河带来特大洪水。从1740年"严冬"到1786年洪灾，大约每3年发一场洪水，1799－1808年，几乎年年都发洪水。[14]

84

在800多平方英里的泛滥平原上，靠零敲碎打地加固堤防不可能控制莱茵河。森林越来越少，而脆弱的草场和耕地越来越多。从很多方面来说，这场败局已定的战斗只是让事情变得更糟。用更窄的河道约束河水，洪水来临时只会增强其破坏力。一旦河流决口，由于堤坝的阻挡，泛洪地区需要更长的时间才能退水。1661年，施勒克（Schröck）的田野在水中浸泡了18个星期。[15]一个同样棘手的问题是，保护某地的努力几乎总是会加剧其他地方的水患。17世纪，莱茵河河曲的新普福茨实施裁弯工程，改变河道流向（由于实施得太晚，未能拯救老普福茨），原本向左的莱茵河主河道改道流向右岸的施勒克和林肯海默；为了缓解由此给左岸的莱默斯海姆和赫特（Hördt）带来的灭顶之灾，不得不实行进一步的工程。1756－1763年，赫特开凿沟渠，使河道再次改向，流经德滕海姆的田野，这显然决定了德腾海姆的命运。[16]这种水文工程上的跳背游戏在18世纪更为频繁，反映出左岸的巴拉丁人与右岸的巴登人的实力变化。这个例子最好地表明，零星的局部努力根本无力驾驭日益危险的莱茵河。

19世纪初，形势显著恶化。德滕海姆和克瑙登海姆必须搬迁，地势较高的菲利普斯堡（Philippsburg）也于1801年考虑采取同样的措施，几年后，利多施海姆（Liedolsheim）也考虑搬迁。1740年后的几十年间，河曲地带的村庄几乎全都受到莱茵河的严重威胁，洪灾至少每年一次，通常情况下还不止一次。神圣罗马帝国末年，当地统治者就提出过全面治理方案。但是，当地有太多的统治者，利益之争使事情陷入僵局。在老德意志帝国的西南边陲，政治主权四分五裂。法国大革命的洪流摧毁了神圣罗马帝国，德国政治版图重组，这使得“驯服”莱茵河的大规模计划成为可能。

85

图拉的计划

巴黎蒙马特尔公墓有一座巴登大公委托制作的墓碑。墓碑上有一幅莱茵河地图的浮雕，两边分别是翻到毕达哥拉斯定理那一页的数学书和上面有一个地球仪的拱桥。地图中既有蜿蜒的旧河道，也标明了19世纪“整治”的新河道。[17]石碑标明墓主人是德国西南部邦国巴登的工程师约翰·戈特弗里德·图拉（Johann Gottfried Tulla）。正是图拉构想和推动了莱茵河治理的第一阶段工程。一位现代法国作家称之为“真正的现代莱茵河之父”。[18]在图拉的出生地卡尔斯鲁厄，一座纪念碑上的铭文更加生动地概括了他的贡献：“纪念约翰·戈特弗里德·图拉：驯服莱茵河的人。”[19]

图拉家族有荷兰血统，来自马斯特里赫特（Maastricht）附近的一个小镇。17世纪的三十年战争期间，科利尼厄斯·图拉（Cornelius Tulla）为瑞典军队效力。科利尼厄斯当上了军需官，并在不大的巴登－杜拉赫侯爵领地开创了一个路德宗牧师世家，他的儿子则与养父母一道留在德国。约翰·戈特弗里德·图拉生于1770年，本来也打算做牧师，但是，在卡尔斯鲁厄的吕措伊姆（Lyzeum），他表现出数学和物理天赋。当地的侯爵卡尔·弗里德里希（Karl Friedrich）大力奖掖“有用的科学”，聘请许多杰出的理论和应用科学家在吕措伊姆任教。图拉在那里不仅学习数学理论、三角学和几何学，还学习机械、勘测和绘图等实用技术。老师认为图拉是一个早熟的天才，鼓励他继续求学。多亏了一系列政府津贴，他得以继续深造8年。[20]

这些年恰逢现代德国历史上最狂乱的年代。1789年3月，卡尔斯鲁厄司库收到了图拉的第一份财政资助请求，此时离巴黎召开法国三级会议只有6周。他的实习期与法国大革命的进程同步。1789年7月，巴士底狱陷落，德意志大地上掀起了政治热潮。法国的政治论著很快翻译成德文，引起广泛讨论。克里斯托弗·魏尔兰（Christoph Wieland）和路德维希·蒂克（Ludwig Tieck）等作家纷纷表达了对法国革命的声援，当时还是图宾根大学学生的格奥尔格·威廉·弗里德里希·黑格尔（Georg Wilhelm Friedrich Hegel）也支持革命。“革命朝觐者”启程前往巴黎见证历史，汉堡读书俱乐部引以为荣的人物弗里德里希·克洛普施托克放下手头写了一半的诗篇《美丽的自然母亲》，转而撰写《自由颂》。一些德国统治者也对革命的早期阶段表示赞同，在他们看来，法国革命反对贵族、行会、教士特 86

权，类似于他们自己数十年来的开明施政，等于是在效法他们的所作所为。这些人当中有哥达公爵和布伦瑞克公爵，更著名的是奥地利的开明君主约瑟夫二世。约瑟夫死于1790年，死前一直以为法国人完全是借鉴了自己的观念。

然而，在1792年革命进程急转直下之前，法国的事件在德国激起的反响已经让一些德国统治者感到恐慌。1789－1792年，图拉在卡尔斯鲁厄潜心学习勘测和绘图技巧，莱茵河下游的美因茨、博帕尔德（Boppard）、科布伦茨（Koblenz）和科隆发生了暴乱。莱茵河对岸的莱茵巴拉丁发生了更大规模的骚乱。1792－1793年，美因茨甚至成立了短命的“雅各宾共和国”，参与者中名气最大的就是与库克船长环游世界而闻名遐迩的格奥尔格·福斯特。所有这些事件，包括美因茨共和国在内，并未从根本上动摇德国的社会与政治秩序。在东部，西里西亚和萨克森的乡村叛乱威胁更大，但被军队镇压了。推翻神圣罗马帝国的不是土生土长的革命者，无论是自命为雅各宾派的知识分子，还是挥动着草叉的农民。法国军队终结了神圣罗马帝国，为巴登的约翰·图拉这样的人开辟了新天地。

1792年，巴登当局决定将图拉送到巴登之外的地方完成学业，就在这一年，巴登卷入了与法国的战争。1791年，法国新宪法正式宣告反对征服、放弃使用武力干涉“其他民族的自由”，次年，法国向普鲁士和奥地利的“专制权力”宣战。一些小德意志邦国卷入了战争，其中就有巴登。1792年秋，法军占领施派尔和沃姆斯（Worms）等莱茵河左岸城镇，像以往一再出现的那样，莱茵兰成为主战场。法国革命军队节节胜利，最终迫使普鲁士于1795年单独媾和。同年稍晚些时候，巴登也战败求和。

87

在兵荒马乱的年代，图拉在格拉布洛恩（Gerabronn）师从卡尔·克里斯蒂安·冯·朗斯多夫（Karl Christian von Langsdorf）教授，朗斯多夫是数学家和工程师、安斯巴赫（Ansbach）公国的盐场主管。图拉在导师家寄宿。朗斯多夫一丝不苟地记账，反映了舒适而节制的中产阶级生活方式：上午、下午喝咖啡，午餐有一杯啤酒，晚餐喝本地葡萄酒，“面包可以敞开来吃，但没有黄油，我又没养牛”。医生开的付款收据和五花八门的药品、补品和药粉表明图拉身体不好，日后，他长时间身处潮湿的环境，身体状况更是每况愈下。在格拉布洛恩，图拉进一步深造数学，同时开始学习水利工程方面的知识，并对水利工程表现出浓厚的兴趣。图拉能接触到朗斯多夫本人尚未出版的水利科学著作，这让他受益匪浅，他曾自豪地向卡尔斯鲁厄报告说，这些著作包含了用德语和法语写下的相关论著的“所有新东西”。[21]

两年后，朗斯多夫建议胸怀大志、好学深思的图拉外出游历，加深对水利科学的理解，这样可以认识“艺术如何从总体上影响自然，以及艺术得以施加这种影响的环境”。[22]战争还在延续，卡尔斯鲁厄财政吃紧，但还是同意出资赞助图拉。1794年4月，图拉离开格拉布洛恩，开始了为时两年多的旅行。他的旅程途经下莱茵河、荷兰、汉堡、斯堪的纳维亚、萨克森和波希米亚，在很多地方，战争以及战争引发的社会动荡带来了显著的影响，例如，1794年，萨克森再度爆发了农民骚乱。这两年间，图拉把一部分时间花在正规学习上，尤其是在德国首屈一指的工程学校——动荡不安的萨克森境内的弗赖贝格（Freiberg）矿业学院。他还到哥廷根大学访学，与教授们交谈，还参观了天文台。不过，最重要的是，他深入水利工程现场，结识了工程负责人，了解到他们采用的技术手段。这正是巴登当局所期望的，也是务实的图拉孜孜以求的。[23]

88

在杜塞尔多夫，图拉参观了水利工程总监维贝金（Wiebeking）主持的莱茵河工程，深入研究了莱茵河的动力机制，察看了正在施工的莱茵河支流裁弯工程。这位24岁的年轻人写下的一篇日记，让我们看到未来专家特有的自信：“绝大多数水利技术人员关于水利工程对河流影响的研究还很肤浅。”[24]卡尔斯鲁厄当局看到图拉所学的现实应用前景，便热切鼓励他，图拉继续前往普鲁士境内的克莱韦（Cleve），那里的莱茵河段带来的问题与上莱茵河类似。下一站是荷兰：所有有志成为水利工程师的人的圣地。在荷兰，他摘录最新的荷兰专业文献，风车和斗轮让他大开眼界，当他绘制一艘破冰船的草图时，差点被当作间谍逮捕。此后，他的大旅行继续下去，考察了众多水闸和堤围、防波堤和排水设施。不难想见，1794年7月，他再度写信要钱，“以便购买新外套和其他必备衣物，身上的衣服已经破烂不堪”。[25]

一场热病耽搁了行程，1796年6月，他返回格拉布洛恩。卡尔斯鲁厄当局对他进行考察，考试由朗斯多夫教授主持。考试分两部分，一部分是理论，另一部分包括针对突出的水利问题撰写报告，例如，如何“治理”达克斯兰登（Daxlanden）河段的莱茵河。图拉通过了一系列测试（朗斯多夫兴奋地表示，花在这位年轻工程师身上的钱获得了“百倍的收益”），最后回到卡尔斯鲁厄，参加由公国主要科学家主持的面试，内容涉及旅行日志中的有关笔记、草图和各种计算数字，这些日志是他在两年游历中持之以恒地撰写的。面试于1796年11月举行，图拉同样赢得了考官们的交口称赞。次年，图拉被任命为官方工程师，担任拉斯塔特（Rastatt）地区莱茵河建设工程的首要负责人。他的薪水是每年400荷兰盾，外加2马耳脱黑麦，8马耳脱小麦和8大瓶二等葡萄酒。[26]

漫长的学习期结束了，图拉的事业突飞猛进。1801—1803年，作为对这位后起之秀充分信任的又一个标志，卡尔斯鲁厄当局委派89他前往法国游历，他在法国期间，正值1799年上台的拿破仑忙于从第一执政自命为终身执政（1804年，拿破仑称帝）。图拉在这个时候被派到巴黎，也说明他的祖国的政治风向正在改变。如我们将要看到的，1803年，拿破仑摧毁神圣罗马帝国，巴登是主要的受益者之一，1805年后，巴登成为法国的忠实盟友。在巴黎期间，图拉考察了水利工程，并与法国专家交流。1803年回国后，图拉被提拔为上尉军衔的高级工程师（他的实物酬劳也升格为“一等葡萄酒”），次年，图拉开始负责巴登全境的河流工程。1805年，人们又为他提供了两个职位，都被他拒绝了。他拒绝海德堡大学提供的数学教席，为的是实现自己在实际工作上的抱负，拒绝慕尼黑提供的高级工程师职位，是为了实现治理莱茵河的抱负。这些年间，他带着地图和测量仪器到处奔波，视察最新的建设工地，以布伦肯霍夫般的旺盛精力乘坐轻便马车四处奔走。

图拉在莱茵河各地工作，主持了莱茵河支流维泽河（Wiese）治理工程。他制定了工程计划，并监督计划的实施，1806年工程动工，1823年竣工。维泽河工程开工后的第二年，他收到瑞士的邀请，让他负责一项重大水利工程，同时不必放弃他在巴登的长远抱负。瑞士当局要求他设计一套方案，治理林特河（Linthe）注入瓦伦湖（Walensee）的多洪水、多沼泽的低地河谷。由于战争和法国的勒索，巴登的金库已是空空如也，工程进度慢了下来，几年后，图拉仍向几位工程师同行抱怨，"持续的资源短缺"每时每刻拖累着水利和公路部门的效率。[27]巴登政府欣然同意他接手瑞士的工程，这等于是别国花钱来帮图拉积累宝贵的经验。林特河和瓦伦湖的工程持续了5年，最终花费100万瑞士法郎，这项工程强化了他本已十分强烈的大规模治理的想法。正是在瑞士工程期间，1809年，图拉首次写下了对棘手的莱茵河问题的大规模"整治"方案。[28]

19世纪初，随着经验的积累和专业技术的进步，德国水利工程师们有了自信。在两代人的时间里，丹尼尔·伯努利和莱昂哈德·欧拉等科学家确立的基本原理已经应用到裁弯、改道、修建水闸等河流治理之中。北德平原各地，从东部的奥得河、瓦尔特河，到西部的下莱茵河以及鲁尔河（Ruhr）、尼尔斯河（Niers）等支流，都有此类治理工程。[29]水利专家的水平在实践中不断提升，有越来越多的专著问世。1790年代，普鲁士主要的水利工程师、曾在多项工程中与布伦肯霍夫合作的达维德·吉利（David Gilly）潜心著书立说。1805年，吉利与当时正在改进腓特烈大帝时代奥得河治理计划的约翰·爱特魏因（Johann Eytelwein）合作编写了《水利工程实用指南》的第一卷。[30]当时，坊间有众多作者论及"技术"，这个词汇被1777年德国出版的一本著作首先用作书名。[31]18、19世纪之交，各种工程手册、汇编、辞典和文献目录等如雨后春笋般涌现出来。[32]

90

图拉如饥似渴地阅读这些文献，包括导师朗斯多夫1796年出版的《水利学手册》。图拉的务实倾向也意味着他在荷兰、法国以及德国各地积累了宝贵的经验。19世纪初，德国境内各邦国无须再依靠引进荷兰专家来治理河流，而是拥有了本土专家。吉利和爱特魏因在普鲁士颇具声望。莱因哈德·沃尔特曼（Reinhard Woltmann）负责治理易北河。图拉在访问汉堡期间见过此人，他设计的一件测量水流的仪器给图拉留下了深刻印象。回国后，图拉请卡尔斯鲁厄机械师制作了一件复制品。图拉成为使用沃尔特曼水表测量莱茵河流速的第一人。本土专家当中还有为人傲慢、交游广泛的卡尔·弗里德里希·里特尔·冯·维贝金（Karl Friedrich Ritter von Wiebeking），他的成就最终为他打开了前往维也纳和慕尼黑的大门。1794年，图拉在下莱茵河第一次见到他。1796年，维贝金去了达姆施塔特（Darmstadt），这座建筑精巧的城市是地方统治者的驻在地，与卡尔斯鲁厄不无相似之处。在那里的6年中，维贝金全权负责莱茵河黑森－达姆施塔特（Hesse-Darmstadt）河段治理工程。图拉觉得维贝金十分自大，难以相处。另一位黑森工程师克劳斯·克勒恩克（Claus Kröncke）与图拉惺惺相惜，日后成为图拉的密友以及莱茵河工程的重要合作者。这些人依然是满身泥巴，不停地抱怨开销太大，另一方面，他们与黑莱姆和布伦肯霍夫这代人有很大的不同。91 纵然他们相互竞争，但专业知识和整体技术水平显然高于上一代人。

北德或许是艺术的国度，但是，在巴登，驯服狂野河流的技术手段才是重中之重。对于沿岸国家来说，莱茵河可谓是头等大事，要知道，莱茵河上首次开渠改道的遗迹可以追溯到400多年前。1787年，在庆祝卡尔斯鲁厄吕措伊姆成立200周年的演说中，图拉的老师之一、数学家约翰·洛伦茨·伯克曼（Johann Lorenz Böckmann）反问道："在巴登的土地上，数学和自然科学取得了什么样的进步呢？"在回答这个问题时，他赞扬了同事们最近承担的工程，这些工程能够"防范莱茵河、穆尔格河和其他危险的小河频繁暴发的洪水"。[33]他是对的。如我们所看到的，18世纪晚期上马了一大批工程：堤坝、堤围和裁弯取直。政府对图拉的大量教育投资预示着进一步改良势在必行。就某一特定地点而言，伯克曼的说法更是言之有据的。图拉的莱茵河治理规划中，许多裁弯工程方案之前就已经作为单独的措施提出来过。其中，达克斯兰登的工程方案曾经作为试题考过他。

图拉方案的与众不同乃至惊人之处，在于其规模而不是具体的特定创新。正如他在数年后指出："为了国家，水利和道路工程建设必须出台一份指导性的总体规划，明确每一阶段所应达致的奋斗目标。"[34]1809年，他首次提出自己的设想，三年后，他提交了名为《未来莱茵河工程所应遵循的原则》的备忘录。[35]备忘录的标题平淡无奇，内容却透彻激进。按照图拉的设想，从瑞士边境的巴塞尔到黑森边境的沃姆斯，长达354公里的整个上莱茵河都要治理。莱茵河应该导入单一河道，"顺应原有地势，利用平缓的河湾，在具备条件的地方则开凿直线河道"。[36]人工河道将大大缩短莱茵河河道，加快河水流速，使河流自然冲刷出较深的河床，从而保护两岸居民免遭洪水威胁，并在地下水位下降后把从前的沼泽地变成可耕地。"矫正"后的河流宽度统一定在200—250米。这等于再造一条莱茵河。

1812年，图拉撰写这份备忘录时，还差三个星期就是他42岁的生日；丹尼尔·阿尔布雷希特·特尔撰写第一部著作《论英国农业知识及其最近的实践与理论进展，兼论德国农业的改进》时，要比图拉年长几岁，特尔的著作也很难从标题看出其激进内容。[37]特尔与图拉，一个象征着开垦奥德布鲁赫所体现的新的人与自然关系，一个驯服了狂野的莱茵河，两人的相似之处颇具启发性。两人都认为应当把理论与实践相结合，也都拒绝了传统的学术职位，继而创建了新的教育机构。特尔在默格林推行立足实践的教学法，他起初接受了柏林大学的教席，之后又决定离开柏林大学，从而定下来一条规矩：研究农业的最佳场所在大学之外的地方。图拉拒绝海德堡大学的教职，部分是因为他承诺要培训工程师，1825年他创办了卡尔斯鲁厄工艺学校。[38]至于两人的代表性成就，他们都属于厌恶零敲碎打的集大成者，也都把理论与实际相结合的思想提炼成格言。"农业是一种旨在通过作物和牲畜赚取利润的行业[39]"，特尔的这番话在200年前并没有得到广泛的接受。"所有的河流和小溪，包括莱茵河在内，都只需一条河床"，图拉的这番话所阐述的公理在19世纪初仍然被视为挑衅。

图拉和特尔还有其他共通之处。他们的进步思想并不仅仅局限

92

于技术领域。两人都将德国的旧制度，即他们生于斯长于斯的神圣罗马帝国，看作是技术和经济进步的障碍，这使得他们成为改造现行政治体制的法国革命给德国带来的变迁的象征和受益者。为了应对法国的挑战，普鲁士改革者邀请特尔到默格林施展才华，作为回报，特尔协助起草了解放普鲁士农奴的法令，腓特烈大帝曾在皇家领地和新征服地区解放农奴，但从未扩展到贵族领地。同样，图拉也反对农村的封建束缚，他亲眼目睹过农民被征召到堤坝和堤围工地服劳役。在他看来，封建制度既不平等、也无效率。图拉对“现代”和“理性”的热情超出对新测量仪器的热衷。反之，对于宏伟的莱茵河工程而言，19世纪初变化中的制度和政治环境又起到了决定性作用。如果说技术进步和专业知识的积累催生出莱茵河整治方案，那么，正是法国军队带来的政治震撼使之成为可能。

93

改造上莱茵河

“不可思议的军队”，军事理论家卡尔·冯·克劳塞维茨如此描述法国革命军队以及稍后的拿破仑军队。[40]这是一支战无不胜的新型军队，法国成为一个拿起武器的民族。1792－1806年的战争给德国带来了一系列强加的和平条约，政治景观随之发生剧变。德意志民族的神圣罗马帝国与其羽翼下的上百个小公国一道消失了。边界重新划定，臣民换了君主，旧统治结束，新国家诞生。[41]

巴登是赢家之一。像其他德意志邦国一样，巴登与法国签订了认可法国吞并的和平条约，巴登割让部分莱茵河左岸地区，不过，它也获得了慷慨的领土补偿。19世纪初，就在图拉不断积累经验、提高技能，逐步形成莱茵河大规模整治规划之际，巴登通过不断兼并莱茵河右岸小块领地而膨胀起来，这些从地图上抹掉的帝国城市、帝国骑士领地、教会公国大多是在1803年被吞并的，其余的则是在1806年。巴登的人口增加了6倍，疆域扩大了4倍。巴登侯爵没有像巴伐利亚选侯和符腾堡公爵那样成为正式的国王，但至少成为了一位大公。这种好运是有代价的，那就是要满足法国的财政要求。不过，事实是，巴登从神圣罗马帝国废墟上脱颖而出，不再是一个地方性公国，而是一个重要的、中等规模的德意志邦国，法国最终战败后，巴登成为组成新德国的30多个邦国之一。

1806年，拿破仑建立了一个德意志邦国组织，这个组织既是军事同盟、又是法国主导的制衡普鲁士、奥地利的砝码。他称之为“莱茵同盟”，尽管有些成员（如梅克伦堡）离莱茵河很远。[42]莱茵河本身又怎样呢？那些想改造莱茵河的人希望像拿破仑合理化重组德国版图一样，对莱茵河实施合理化改造，从他们的立场来看，法国主宰欧洲带来的剧变为河流治理提供了动力和机遇。随着早先使莱茵河综合治理功败垂成的数十个当地小政权灰飞烟灭，时机成熟了。相同的命运转折也产生了动力。从前支离破碎的巴登领地如今看上去像一个现代疆域国家；就像拿破仑的其他受益者一样，卡尔斯鲁厄必须设法在新领土和新臣民中塑造一种共同的认同。

94

在随后的年代里，巴登建立中央集权的官僚体制，大力收集有关新知识、新地图、新法典、新税制以及新度量衡的信息。[43]莱茵河整治有如一面镜子，折射出这些变化。我们不妨深入庞杂的档案记录，跟踪工程的进度，从当时的状况中截取一个横截面。莱茵河整治面临所有能想到的问题。劳动力从何而来？柴笼和砂石从何而来？森林提供了必备的柴笼，有必要做出新安排保护森林吗？所有工程项目如何开支？当地人要分担什么责任？如何从速补偿开凿新河道占用的村民土地？反之，如何处置莱茵河整治形成的新土地：全部分给当地村民吗？整治后位于新河道“错误”的一边、不再属于巴登疆域的土地怎么办？[44]事实上，图拉的工程意味着要动员整个国家机器。外交、财政、内政、森林矿产、国土、水利和道路等部门被要求建言献策、积极参与。[45]如果说莱茵河工程成为国家建设模式的缩影，这种模式同样推动了工程的建设。倡导者希望借助莱茵河工程，使得新国家沿着这条主动脉融为一个整体。[46]

法国军事胜利还带来了另一个重要后果。莱茵河大规模整治所必需的外交协调变得简单了。如果神圣罗马帝国还在，莱茵河右岸的巴登要实施任何莱茵河整治项目，都必须先与大大小小的莱茵河左岸统治者磋商：巴拉丁选侯、施派尔诸侯主教、普法尔茨－茨维布吕肯（Pfalz-Zweibrücken）公爵以及三位莱宁根（Leiningen）伯爵。法国吞并莱茵河左岸地区，快刀斩乱麻地让一切问题迎刃而解。如今，巴登可以与法国一对一地交涉。事实上，早在1778年洪灾后，两国就曾经协商，联合整治斯特拉斯堡附近的莱茵河河道。1782年、1791年，两国达成了协议，只是被战争所打断。1796年，巴登与法国单独媾和，和约中的两条条款为两国的合作铺平了道路。[47]

95

莱茵河整治的每一个阶段都会涉及外交，卡尔斯鲁厄当局对这一点有清醒的认识。[48]1801年，图拉被派往法国长期游历，为的就是让他与当地专家建立起有益的联系，并提高法语水平，以备将来谈判之需。此后数年中，巴登试图说服法国接受莱茵河整治工程，作为解决边境问题的方案。这也符合卡尔斯鲁厄的利益，因为可以借此巩固业已扩大的莱茵河右岸领地。不难想见，法国也有这种想法。按照18世纪的法国观念，最好的国家边界是地理上的“自然”疆界，而不是习俗或历史划定的边界。1772年，法国外交部备忘录中有这样一段话：“将小溪、河流、分水岭作为领土边界是恰当的。”[49]1770年代和1780年代，法国以此为基础与邻国签订了一系列条约，杜河（Doubs）划定了法国与符腾堡公爵领地的边界，萨尔河（Saar）则是与特里尔（Trier）选侯划界的标志。法国革命者沿袭了这一观念，并将其应用到莱茵河地区。不过，他们对这个观念有所变更，他们不愿将领土兼并视为“征服”，也很难说占领莱茵河左岸赢得了民众的支持，因此，作为防御性的“自然疆界”，“莱茵屏障”成为爱国者深信不疑的一个念头。

当然，症结在于，自然状态下的河流根本无法确立起固定的边界。革命前后，法国所有的边境线都是如此。这个问题在莱茵河地区最为突出。一位斯特拉斯堡工程师沮丧地写道：

> 人人都认为，所有边界应当尽可能地固定不变；然而，还有比莱茵河中游，也就是莱茵河通航河段更变化无常的吗？莱

> 茵河每年都会改道，有时甚至一年改道两三次。由于洪水的影响，一个在春季还属于法国的岛屿或村落，到第二年冬天就成为德国的，两三年后又回到法国疆域……

简陋的人类工程只会让情况变得更糟，因为 96

> 沿河地带的居民，有时还有毗邻的国家，修筑大坝和河堤，借此把岛屿划入各自的河岸。这些岛屿没有固定和公认的主人，很容易引起混乱。[50]

图拉的方案提供了解决之道，通过驯服“混乱”的莱茵河，使边界固定下来。正是边界问题促使图拉撰写了1812年的备忘录，之后代表巴登呈交给莱茵河委员会。这个委员会是拿破仑于1809年设立的，负责处理瑞士到荷兰的整个莱茵河流域的领土和水利事务。尽管法国人有些疑心，委员会还是采纳了图拉的计划。1812年，巴登与法国达成协议，在克尼林根（Knielingen）与施勒克之间的莱茵河上实施6处裁弯工程。1814年，拿破仑帝国崩溃，协定就此成为一纸空文，莱茵河委员会也随之解散，图拉计划的前景黯淡下来。[51]

根据1814—1815年的欧洲和平条约，除阿尔萨斯外，法国被逐出了整个莱茵河流域。于是，巴登开始与巴伐利亚谈判。巴伐利亚也是在神圣罗马帝国废墟上壮大起来的南德邦国，它兼并了莱茵河左岸的巴拉丁，这段河道正是图拉计划中第一阶段工程的首选。两国的谈判拖拖拉拉，直到1816－1817年大洪水后，才引起谈判者的重视。根据1817年签订的条约，两国同意合作建设5处裁弯取直工程。1825年的协定又增加了另外15项工程。[52]

各方进行了多轮外交谈判。经过谈判，巴登、巴伐利亚和黑森等上莱茵河邦国之间达成进一步协议。普鲁士、荷兰等下游国家也消除了对于新建水利工程可能带来灾害的担忧，最终，1840年《莱茵边界条约》结束了1770年代开始的漫长谈判，使得巴登与法国阿尔萨斯之间的莱茵河河道整治成为可能。

水文与外交成为莱茵河整治中密不可分的两个因素。法国革命

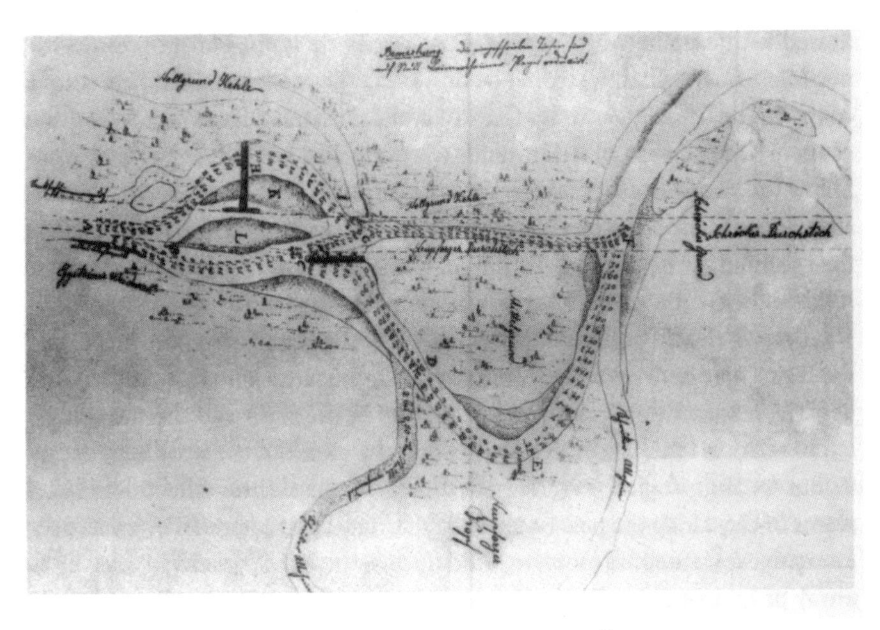

莱茵河在新普福茨河段的“裁弯取直”，1829年

军队和拿破仑军队彻底简化了德国版图，从而为图拉的计划付诸实施开辟了政治空间。正是拿破仑从一开始就划定了现代德国历史的起跑线。[53]这是对莱茵河改造的盖棺定论。但是，拿破仑时代只是一97 个开端，因为工程的时间跨度超过任何一个政治世代。直到1870年代，图拉的理想才最终得以实现。当时，在图拉首次提出驯服莱茵河方案之后6年出生的奥托·冯·俾斯麦再次改变了德国和欧洲的版图。

这是德国有史以来最大规模的土木工程。从巴塞尔到沃姆斯的莱茵河河道几乎缩短了1/4，长度从354千米缩短至273千米。裁弯工程有数十处，清除岛屿2200多个。仅巴塞尔至斯特拉斯堡一段，就开挖了1亿多平方米的岛屿和半岛，修筑了240千米长的干堤，消耗500万立方米材料。[54]1860年代，每年使用的柴笼数量超过80万个。[55]如果将莱茵河治理看作图拉设想的一项大工程，那么各种数据将大得让人瞠目结舌。不过，我们不妨把视线聚焦，来看看工程是如何一步一个脚印地实施的，这样才能更好地理解工程的艰巨性。梅希特斯海姆（Mechtersheim）河段的裁弯工程耗时7年，1837年动工，1844年，河水流入新的河床。这是河曲地带的一项典型工程：先沿着预定线路为莱茵河开凿一条新河槽，人工河槽通常宽18—24米，有的地方稍窄一些。河槽完工后，将河槽与莱茵河相连的两端打通，河水快速通过，最终利用水流冲力拓宽人工河槽。接下来，用柴笼加固新河堤，截断旧河道，如此一来，除非洪水泛滥漫过河堤，否则河水不会再流向原有河道。[56]

无论如何，理论就是如此，将近一个世纪前开凿的居斯特比泽至霍亨－扎滕的新奥得河也是基于同样的指导原则。土质越疏松、水位落差越大、截断曲流的河槽越短，河水拓宽河床的速度也就越快。但是，各地的地质状况千变万化，往往会影响预期的效果。最大的问题是新河床沿线难对付的黏土层。黏土层十分坚硬紧致，必须把河槽挖得更深，人为制造水位差来冲刷河道，否则就只能等待。1817—1878年间，劳特堡（Lauterburg）至沃姆斯的20处裁弯工程，从开凿河渠到新河床最终形成，平均耗时将近9年。昂格霍费（Anglhofer）和弗赖岑海默（Friesenheimer）两处是极端的情况，分别耗时34年和50年。即使除去这两个特例，平均仍需5年时间。[57]在巴登和阿尔萨斯的莱茵河分叉地带，网状河道使得工程更为浩大。这里需要清除不计其数的岛屿和碎石，工程量是莱茵河各河段中最大的。尽管也利用了水流的冲刷，一个阶段的整治工程仍然需要一代人的时间。在弗赖施泰特（Freistett），工程从1820年一直持续到1864年，为加固一条河床进行了裁弯工程，并挖掉了许多大岛（包括当地的一处地标劳尔－科夫）。[58]

不同时代建筑工程的性质决定了工程的进度。18世纪开始，地图、测量仪器、水利工程学都有了长足进步，但开凿沟渠的技术没有进展。至少在整个1850年代，大部分工程还是靠人力来完成的，工具无非是镐、锹、铲、桶。马是另一个主要动力。在这一点上，莱茵河整治类似于奥德布鲁赫排水工程。事实上，它与一千多年前查理大帝功败垂成的连接美因河与多瑙河的运河工程也不无相似之处。793年，查理大帝发动1万多名劳工开挖卡洛林运河（Fossa Carolina）。在莱茵河整治的各个阶段，都有不下3000人在施工，工程还动用了军队（奥德布鲁赫工程亦是如此），在埃根施泰因（Eggenstein），800多名士兵协助开凿了河槽。[59]在机械化施工时代到来之前，图拉的理想就已经大部分实现了，当时恰逢人口迅速增长的时代。因此，像那个时代许多公路和铁路大工程一样，莱茵河整治工程也是由大批劳工用人力完成的。

与腓特烈大帝在奥得河的大工程相比，莱茵河整治还有另外一个相似之处，工程施工往往也得到了小股军队的保护。一些村民担心莱茵河新河道会使本村更易遭受洪水之灾，或是占用宝贵的耕地与森林，因而强烈反对图拉的计划。莱茵河两岸的村落都有抗议活动，这方面的先例是1801—1802年反对法国在奥恩海姆（Auenheim）和莱茵施海姆（Rheinsheim）的裁弯工程。针对图拉计划的抗议运动持续最久的，是今属卡尔斯鲁厄的莱茵河右岸村庄克尼林根。抗议运动开始于1812年，当时，裁弯工程将使莱茵河河道东移，这个村庄在河对岸的土地可能由此成为法国领土。抗议一直持续到拿破仑战争后，1816—1817年达到高潮，因为德意志邦国巴登启动图拉工程时，恰逢农业歉收，乡村中弥漫着恐慌情绪。此时，村民的抗议不再仅限于递交抗议书和四处申诉。他们骚扰勘探人员，拒绝为整治工程提供柴笼和劳动力，还威胁参与工程的邻村村民。1817年9月初，前往工地的30个埃根施泰因村民被赶跑（实际上是被克尼林根人打跑的，数人受伤），之后，陆军小分队进驻村子，取缔了村民集会的权利。[60]

图拉往往把所有的反对意见都视为无知与狭隘的表现。1825年，他在写给志同道合的同事黑森工程师克勒恩克的信中表示：[61]

> 莱茵河治理的困难和阻碍，不在于工程本身，不在于所涉及的河流与地域，不在于庞大的开支，也不在于回报不足或是需要做出超常的牺牲，而是在于大多数人在何种程度上觉得他们的个人利益和集体利益得到照顾，以及主要参与者是否开明和有道德。

100 图拉常常怀疑理性的力量能否驱散偏见的迷雾，在他看来，只有大洪灾的惨痛教训才能让人们醒悟。他一贯语带自信，蔑视那些闭目塞听的人。他的言论是对社会冲突缺乏耐心的德国政府官员的典型，也反映了热切的技术统治论者的观点。“许多事情本应做得更好，”他声色俱厉地表示，“只要那些无知甚至往往是歹毒的人不插手，我能够完全自行其是。”综合治理是“确保河岸地区居民安全的唯一办法”，图拉没空去说服那些不把他的意见当回事的人，比如政客。[62]“那些并非专家的人（指黑森议会的议员）只会提意见，如果意见人士不认真对待专家提出的令人信服的主张，那是十分错误的。”[63]

可悲的是，就连一些专家也不明事理。图拉的一些最尖刻的讽刺是针对工程师同行的，其中之一是莱茵河下游城市美因茨的一位悲观的同行阿诺尔德先生。图拉写道：

> 我想他不会改变主意，因为他几乎不懂河工，也许坚持己见能让他的虚荣心得到满足……一般来说，我认为，想让人们认识远远超出其能力的东西是白费力气。

第一阶段工程的合作伙伴巴伐利亚人也难逃图拉的抨击：施帕茨先生“目光短浅”，以前可怜巴巴的一点成就让他故步自封；他珍视自己建造的“小堤坝”，视之为“永远的孩子”。1825年时，图拉抱怨说，施帕茨说服了资深的巴伐利亚工程师维贝金，结果“几乎完全放弃了莱茵河整治方案”。除了这两位有势力的巴伐利亚专家，还有一个人也持反对意见，那就是冯·雷希曼先生（von Rechmann），“对河工一无所知的人”。如果莱茵河两岸都归巴登管辖，“我们早就大展拳脚了”。[64]

即使在巴登，也有人质疑图拉的宏大规划。财政官员、议员和当地村民表达了各自的担忧，很有影响的资深工程师也是如此。图拉的眼中钉是巴登的工程总指挥弗里德里希·魏因布伦纳（Friedrich Weinbrenner），他是美因茨那位不可救药的阿诺尔德先生的姐夫（如同法国的路桥部门［Ponts et Chaussées］一样，在德国，工程官员这一新兴的职业是世袭的）。“我们的魏因布伦纳先生是世上最自

101

负的人，他自认是最伟大的天才，认为这个世上没有什么是他不会写、不能教的东西。”[65]图拉对魏因布伦纳做出这番苛刻评价的时间是1825年，正是决定莱茵河整治工程是否上马的关键时刻。

1825年底，巴登与巴伐利亚签署第二份协议，工程得以继续推进。图拉的计划最终占上风的原因有很多。老的反对者退休或去世，图拉本人在工程官僚体制中的地位不断上升。1824年的洪灾，起初被质疑者当作攻击图拉的武器，很快就被视为图拉方案必要性的证明，而不是拒绝这个方案的理由。图拉本人也不辞劳苦，奔走游说。他说服了巴登的议员们同意启动最早的裁弯工程。最重要的是，图拉把自己的构想落于笔端。1822年的《备忘录》和1825年的《论莱茵河的整治》谈不上是对水利知识的不朽贡献。它们是出于游说的特殊目的，甚至带有论战性。[66]1825年，大规模整治工程能否启动取决于巴登能否与黑森大公国、法国以及下游的普鲁士和荷兰达成协定。图拉为疝气和风湿痛所苦，身体每况愈下，不得不去巴黎手术，他的性情也越来越急躁。在法国医院接受治疗期间，他依然牵挂着莱茵河的工程。1828年3月底，图拉器重的门徒、年轻工程师奥古斯特·施普伦格（August Sprenger）从巴登前往巴黎照料病重的导师，但是，施普伦格到达巴黎之前，图拉就与世长辞了。[67]驯服狂野莱茵河的声望大半属于死后哀荣。

得与失

图拉生前也曾得到一些赞誉。克尼林根到埃根施泰因河段实施了莱茵河上最早的裁弯工程，尽管克尼林根人抗议，埃根施泰因的居民却欢迎这一举措，因为工程将使埃根施泰因与这条带来威胁的河流保持安全的距离。1818年1月20日下午，人工渠开通，当地有数千人围观。6天后，图拉与一批工程师、士兵路过引水渠，受到埃根施泰因人以及从其他地方赶来的许多显要人物的热情欢迎。一位地方官员伯恩哈德·迪尔曼（Bernhard Dillmann）向图拉献上一首诗：

102

赞誉和感激，此人当之无愧，

他的计划智慧洋溢

如今结出硕果，

把我们从莱茵河中解救出来。

迪尔曼的一行诗赞美图拉："把我们从百年困境中拯救出来"。他的诗以《路加福音》的两节经文结尾：主啊！如今可以照你的话，释放仆人安然去世；因为我的眼睛已经看见你的救恩。当地的市长和市民也通过正式投票表达了对"父亲"——他们就是这么称呼图拉的——的感激之情，图拉"修建了穿越诺伊普福策（Neupforzer）森林的运河，修筑了防范莱茵河的屏障，使之不再像长久以来那样，将我们的土地和市民们辛苦赚来的财产席卷一空"。[68]

图拉念念不忘的主要目标一直是保护土地和财产免遭洪水侵害。早在1805年，他就认为巴登的"文化进步与财产保障主要取决于水利和水文事业"。正是出于这样的信念，他特别尖锐地抨击当地的反对者魏因布伦纳，因为后者对"千百万人民的幸福"漠不关心。[69]图拉的著述贯穿了浮士德式的主题，即让大地恢复生机以及人类主宰自然。人类为了自身的利益决定河流的走向："在田野里，河流和溪水应该像运河那样，水向哪里流由居民做主。"[70]

这个目标基本实现了。图拉的计划并没有在莱茵河建立全面的堤防体系的内容，那是后来形成的。但是，改造上莱茵河平原的莱茵河河道使数十个城镇和村庄不再面临灭顶之灾的威胁。正如图拉预见到的，一个意外收获是心理上的："对于河岸居民而言，他们不再担惊受怕，这一好处无法用数字来衡量。"[71]自信与安全意味着可以在从前的泛滥平原上开垦土地、精耕细作。这对于人口增长、土地稀缺的德国具有重要意义，尤其是巴拉丁，18世纪时已经出现了向美洲、匈牙利乃至腓特烈大帝的普鲁士移民的显著趋势。这里土地很肥沃。一位现代观察家评论说："天遂人愿，这片土地丰饶多产，锦绣前程让人陶醉。"奥古斯特·贝克尔（August Becker）在图拉创造奇迹之后的19世纪写到，莱茵河平原"肥沃富饶，草木繁

103

茂，深耕细作，看上去像一座大花园”。[72]如今，乘坐火车穿行在莱茵河平原，两岸的景色与奥德布鲁赫如出一辙，整整齐齐的农田连绵数英里，看上去就像给大地披上了多彩的锦被，每一个乘客都会感到，正是莱茵河整治工程“把莱茵河平原变成一座生机盎然的花园”。[73]与奥德布鲁赫治理后的情形不同，河流整治并没有给莱茵河平原直接带来耕作农业和经济作物。但是，图拉计划的实现带来了新的土地和安全感，两者都为更多人口的到来创造了条件。时至今日，马克西米利安绍（Maximiliansau）的居民仍然在图拉大会堂庆祝丰收的节日。[74]

“随着越来越多的房屋、财产和收获受到保护，两岸居民的心态与生产力也将相应改善，”图拉写到，“莱茵河沿岸的气候将更加宜人，空气更清新，雾天将会减少，因为地下水位下降了将近三分之一，沼泽随之消失。”[75]他在这个问题上的乐观态度同样有站得住脚的理由。整治之前，上莱茵河平原是疟疾、伤寒和痢疾的温床。[76]1685年，疟疾夺走了巴拉丁选侯卡尔的生命，他是在莱茵河与内卡河交汇处附近沼泽地指挥军事演习时染上疟疾的。[77]教区记录显示，1720年，布克海姆（Burkheim）有100多人死于疟疾。这种病在毗邻的菲利普斯堡和梅希特斯海姆也频繁发作。[78]疟疾在18世纪造成的死亡人数超过了战争。莱茵河改道很快瓦解了生物界旧秩序：1885年后，只出现过零星的疟疾病例。一些人士指出，无论是河流改造工程本身，还是随后不断发展的放牧，或是医疗和营养条件的大改善，都是疟疾绝迹的原因。甚至有人提出，在莱茵河分叉地带，截断干流的岔河为当地提供了非常适宜的养殖基地。大多数人强调上莱茵河两岸居民整体健康状况的改善，像安全和丰饶一样，这是莱茵河综合整治计划带来的又一个好处。[79]

那么，有没有弊端？从后见之明的角度来看，图拉显然引发了一系列远远超出其最初设想的剧变。他是重塑上莱茵河的第一人。此后，主要是出于通航的需要，莱茵河不止一次被改造，逐步成为一条运河密布的现代商业水道，两岸分布着大型港口和工厂。日后所发生的一切，姑且不论好坏，使我们很难对图拉成就的得失利弊

从凯撒施图尔看上莱茵河平原

做出准确的评价。即便如此，还是值得一试。相对于工程给那些不再受洪水侵害的人所带来的幸福，我们不得不指出，还有许多失去的世界。即使在图拉时代的河流工程师看来，改造河道也意味着莱茵河上的渡口、水力磨坊等熟悉的地标要为更大的长远利益让路。它们构成了阻碍；代表未来的是桥梁和曼海姆的大型商业面粉厂。[80]另一个失去的世界所引发的声讨更富戏剧性，当然也更具象征意义：莱茵河上淘了两千年的黄金，连同靠这种贵金属谋生的“淘金者”，彻底消失了。[81]

莱茵河把细小的金粒从瑞士阿尔（Aar）地区冲刷下来。这些黄金与石英、云母、长石一道沉积在河床的砾石堆中，最大最丰富的矿脉位于流速缓慢的中高水位地区。[82]淘金是莱茵河上最古老的职业之一。公元前3世纪，凯尔特人就从事这个行当。大约在基督降生前后，斯特拉波（Strabo）就报道过莱茵河的财富，罗马人大概把太多的莱茵河黄金运回意大利，从而压低了黄金价格。中世纪早期的 105

史料记载了当时依然存在的金矿。1232年，皇帝腓特烈二世发布敕令，规定金矿属于当地领主，但是开采权通常分包出去。[83]人工淘金费时费力，先把矿砂铲进筛子和木板，然后反复淘筛。淘筛大约700吨砂石，才能得到100克黄金。莱茵河河道变动不羁，含金的砾石堆也随之发生位移，有时甚至像那些被淹没的村庄一样彻底消失。一份1721年的报告记载了一个含量高但位置不固定的矿床，格默斯海姆（Germersheim）、施派尔与莱默斯海姆为这个矿床的所有权发生了激烈争执，报告最后以简洁优雅的笔调写道："从那以后，再没人光顾，如今已淹没在水下。"[84]

在图拉带来剧变的前夕，莱茵河黄金依然占有重要的地位。领主们富得流油，他们关注的是偷窃和走私黄金；对于那些淘金者而言，黄金自然成了命根子，围绕有争议的矿脉上演了一幕幕尔虞我诈的把戏。[85]由于建设工程的干扰，老莱茵河最后几年的黄金产量达到可望不可即的高峰之后便一路下滑。在莱茵河左岸，1830—1840年代，巴拉丁每年运往慕尼黑皇家造币厂的黄金约为2千克。1850年代，骤降到不足1千克，1862年只有278克，巴伐利亚宣布放弃对巴拉丁莱茵河黄金的权利。[86]在莱茵河右岸的巴登，1804—1834年的30年间，大约有150千克黄金送到卡尔斯鲁厄造币厂，1830年前后每年有13千克。直到19世纪中叶，黄金产量基本保持在历史最高水平，之后便一落千丈，1860年代每年仅有500克，1870年代初只有不到100克。1874年，莱茵河出产的黄金已是微乎其微，政府不再记录每年的黄金产量。[87]

河道整治工程创造了新的水文环境，沙里淘金的条件不复存在。河道整治后，河水更深，流速更快，只有很细小的沉积物才能沉淀下来。这样一来，在1849年加利福尼亚淘金热与19世纪晚期南非淘金潮之间，延续了两千多年的莱茵河黄金实际上消失了。对于如今大多数人而言，"莱茵河的黄金"只是瓦格纳创作的一部歌剧的名称，这部歌剧于1869年首演，恰逢真正的莱茵河黄金消失之际。那么，留下了什么呢？以黄金命名的地名，如Goldgrund（戈尔德格伦德）、Goldgrube(戈尔德格鲁贝)；而韦尔特（Wörth）、诺伊堡

106

(Neuburg)、赫特、莱默斯海姆、格默斯海姆、松德恩海姆(Sondernheim)、诺伊波茨(Neupotz)、菲利普斯堡、奥伯豪森(Oberhausen)、莱茵豪森(Rheinhausen)、施派尔等地以淘金为生的人口日益凋零。1838年，巴登人口普查表明，仅莱茵河右岸就有400名淘金者。[88]一代人之后，莱茵河两岸几乎再也找不到一个淘金者。1860—1870年代，最后一批全职淘金者放弃了这个行当，像莱默斯海姆最后一名淘金者格奥尔格·米夏埃尔·库恩（Georg Michael Kuhn）一样，悲伤地意识到莱茵河已是今非昔比。施派尔的最后一名淘金者死于1896年，他的淘金工具被巴拉丁历史博物馆收藏。同时代人拍下的照片记录了这个行当消失的时刻，照片中只有几个孤独的老人仍然在莱茵河上的侧槽中搜寻黄金。[89]

新莱茵河彻底改变了河堤上的生活。河川沼泽变成草场，草场变成耕地，肥沃的冲击土变成果园、马铃薯和甜菜地，一些古老的权益被取消了。割芦苇者消失了。捕鸟人也消失了，从前，莱茵河的开阔河湾上布满了密密麻麻的捕鸟场（Vogelgründe）。这里也有所谓的瀑布效应。河道整治工程每到一地，就将捕鸟人赶往下一段河 107

菲利普斯堡的淘金人

道，他们的租约变得一钱不值。[90]像黄金矿脉一样，捕鸟场只是作为历史地名存在下来，表示那里一度有野鸭和猎人出没，如今从卡尔斯鲁厄市中心前往莱茵河的途中，有个繁忙的电车交汇站称作Entenfang。*

渔业的衰落最能反映莱茵河的变迁。渔业是民间传说的素材，就在图拉开始整治工程的那些年，浪漫派知识分子热切地搜集这些传说。从斯特拉斯堡到下游的施派尔，每一个稍具规模的城镇居民点都有买卖兴隆的鱼市，也都有一些地名是以这个行当命名的。莱茵河两岸的渔村为鱼市供应货源。中世纪的渔业行会一直在衰落，渔业却始终兴旺发达。渔业无疑是许多城镇和村庄最重要的收入来源，上莱茵河地区尤其如此。在布克海姆，河流整治前，渔民、船夫及其家属占总人口的一半，渔民行会有90名成员。往北，韦尔特、普福茨和诺伊堡等村庄几乎完全靠捕鱼为生。[91]这些村落一般比较穷，渔妇们挨家挨户卖鱼。即便是莱茵河沿岸那些比较富有、从事多种营生的居民点，渔业也是重要的辅助性收入来源。18世纪，莱默斯海姆有17名在册的渔民，24户农家中有5户把捕鱼当作副业。[92]他们根据季节和水情，在不同的地方捕鱼。莱茵河干流和支流、浅滩和回水湾中、洪水过后留下的溪流、内陆湖和水塘，都有他们的身影。他们还到不计其数的莱茵河岛屿上捕鱼，岛上有莱茵河沿岸随处可见的渔民用木头和芦苇盖成的小屋。1770—1771年，在前往阿尔萨斯游历的途中，歌德曾经到访过这样的一些小屋："我们残忍地把莱茵河的冷血居民放入锅里，用嘶嘶作响的热油煎着吃。"[93]

歌德在阿尔萨斯游历时，上莱茵河及其支流共有45种鱼。[94]一些是在莱茵河生活和繁殖的淡水鱼，如鲈鱼、丁鲷、斜齿鳊、真鲷、鲃鱼和白杨鱼等。另一些属于溯河产卵的洄游鱼类，在海里生活、洄游到河中产卵，包括八目鳗、鳟鱼和白鲑、西鲱和芬塔西鲱（西鲱属于鲱鱼科，与鲱鱼不同的是，它们的习性是在河中产卵）、鲟鱼，当然还有鲑鱼。西鲱有时被称作鲱鱼之王，鲑鱼则是鱼中之

108

* 意思是猎野鸭的地方。——译注

瀕危的莱茵河洄游鱼类。A：八目鳗，B：七鳃鳗，C：鲟鱼，D：鲑鱼，E：鳟鱼，F：白鲑，G：西鲱

王。上莱茵河渔业历史上就有“主渔”（鲑鱼）和“副渔”（其他鱼类）之分。鲑鱼不仅品质最佳，数量也极多。最佳捕鱼季节是鱼群从大海溯游到河中时，每年1月份开始，7月份达到高峰。人们用五花八门的漂网与撒网捕鱼，斯特拉斯堡这样的大鱼市每天能卖出上百条甚至更多的鱼。[95]据说上莱茵河的仆人曾抱怨每周有3天要吃鲑鱼，这几乎可以肯定只是个传说，但从一个侧面证明图拉之前莱茵河中有大量的鲑鱼。[96]

莱茵河整治终结了渔业的繁荣。1831年，格奥尔格·弗里德里希·科尔布（Georg Friedrich Kolb）仍然报道说，迁徙鱼类和本地鱼类的收成都很不错，从那以后就出现了衰落的迹象。之后数十年间，人们的担忧与日俱增。1840年代。施派尔、弗兰肯塔尔(Frankenthal)和格默斯海姆的渔民开始抱怨难觅鲑鱼和鲟鱼的踪迹。[97]莱茵河干流上没有了昔日繁忙的捕鱼景象，歌德熟悉的小岛也消失了。莱茵河从前的一些岔河成为水流平缓的避难所，不像图拉整治过的河道那样水温低、流速急，因而渔获量有史以来第一次增长。这种情形对渔民的影响反映在渔业租赁权的价格上，在整个19世纪晚期乃至20世纪初，渔业租赁权的价格始终很坚挺。[98]但是，许多前景不错的岔河逐一被填平。曾经有丰富鱼类资源的浅水池塘和流向不定的溪流，如鲁斯海姆（Russheim）附近的赫伦巴赫(Herrenbach)，也遭受沉重打击，这些地方的渔业租赁权价格不到20年前的十分之一。[99]渔户竭力维持，直到1860年代、1880年代乃至更晚的时候，仍有人从事渔业。[100]此后，他们改行种地，成为小农或雇工。还有一些人移民，或是参与当地河道整治工程，从事采石等工作，要么进入炼糖厂等莱茵河泛滥平原上的新生行业。

莱茵河渔业的衰落不能完全归咎于图拉，而是有许多长期的因素。工业废水对莱茵河的污染就是其中一个因素，早在1840年代，这个问题就引起了关注。轮船运输的发展以及后来疏浚更深的河道，都严重影响了鱼类的生存。20世纪，克姆布斯（Kembs）等水电站大坝——尽管修建了鱼梯——最终使洄游鱼类无法溯流而上。这就是河流日益梯级化的不断退化过程，这个过程一直持续到1970年代，造成了严重的破坏。[101]这些变化至多只能说与图拉最初的计划间接相关。不过，图拉的整治工程导致莱茵河的自然属性产生了“最早的、对渔业而言最为重大的变化”，肯定对鱼类资源造成了直接影响。[102]建设工程本身的干扰产生了最早的负面效应。整治后河水流速加快、水面缩减，破坏了鱼类栖息地，尤其是浅滩和砾石堆这样最适于鱼类繁殖的地方。[103]这些变化对洄游鱼类的危害尤其大。随着莱茵河改造工程的推进，鲑鱼、鲟鱼、鲱鱼、八目鳗的数量日渐减少并最终消失。1840年、1869年、1885年，莱茵河沿岸各国签署了一系列保护鲑鱼的协议。这些协定反映出人们的担忧，但

110

事实表明事态已无法扭转。建造鱼类孵育场也持续了差不多同样长的时间，但这个方法并不适用于洄游鱼类。1850年，上莱茵河的第一座鲑鱼养殖场在阿尔萨斯投入运营；20年后，巴登也先后建造了一些鲑鱼养殖场。这些养殖场充其量只能延缓变化的到来。19世纪末开始，在上莱茵河、莱茵河其他河段及主要支流，鲑鱼产量无可挽回地一路暴跌。莱茵河成为少数适应性强的鱼类的领地。3种鲤科鱼类（斜齿鳊、欧鲌、真鲷）的数量占到莱茵河鱼类总量的四分之三，梭鲈和鳗鱼也在新环境中茁壮成长。[104]

梭鲈和鳗鱼能告诉我们莱茵河所发生的一切。像北美的虹鳟鱼一样，莱茵河引入梭鲈，是为了代替日渐消失的洄游鱼类。数百万个鲑鱼卵当中只有极少数能孵化长大，梭鲈却并非如此，它们可以很快繁殖壮大，但是这种成功反映出新设计的河流的局限性。[105]鳗鱼有两点值得注意。它之所以像梭鲈一样繁盛，一是因为它能适应不利的新环境，二是因为它的生命周期刚好与鲑鱼和鲟鱼相反。鳗鱼在百慕大与西印度群岛之间的大西洋马尾藻海（Sargasso）海域产卵，幼鳗随墨西哥湾流漂游到欧洲沿海，继而洄游到莱茵河等河流，8—10年后再返回大西洋产卵并死去。[106]因此，它们的繁育地不会受到图拉的工程及其后继举措的干扰。鲑鱼捕捞衰败后，河鳗成为20世纪莱茵河高价值的新鱼种。捕鳗业从莱茵河三角洲扩散开来，1920年代在上莱茵河站稳了脚跟，先是右岸的巴登，后又发展到左岸。莱默斯海姆有一位富于进取的渔民组建了捕鳗船队，1938

111

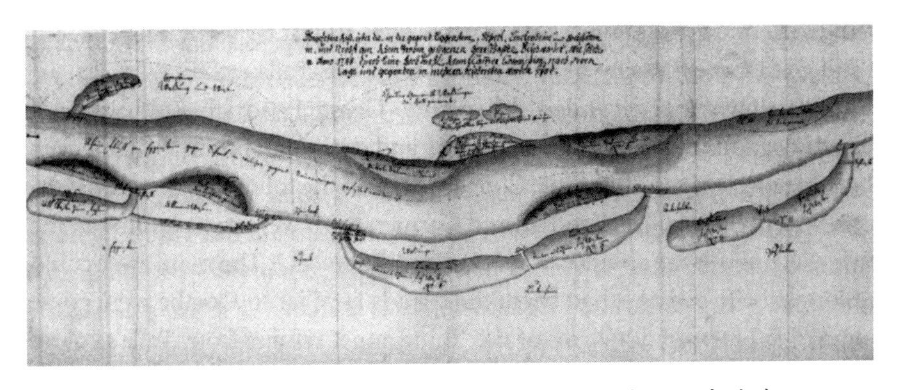

莱茵河上典型的鲑鱼繁殖地，裁弯取直工程使之彻底消失。

年时已拥有12艘渔船。[107]

我们恰巧有关于这个行业的虚构描述：维利·古廷（Willi Gutting）的小说《捕鳗渔民》。[108]古廷是上莱茵河地区的一位中学教师和地方作家，他先是住在赫特，后搬到莱默斯海姆，书中人物基本上都是以他的邻居为原型。古廷描绘了捕鳗者每年的作息规律，5月到10月捕捞向大海洄游的成年鳗鱼，冬季休渔补网。鲑鱼基本从莱茵河绝迹了，只有在春季，捕鳗船偶尔还能打上一些小鲑鱼。文德林·贝克（Wendelin Bäck）仍然“摇着小艇穿梭在回水湾和水道，他擅长打渔，猎物主要有丁鲷、梭子鱼、鲤鱼、白杨鱼和白鲑”，但他的生计要靠村里的商业女首领芭芭拉（Barbara），她是捕鳗船队拥有者鲁德·洛舍（Rud Losche）的遗孀。[109]古廷的小说上起第一次世界大战前，下讫1940年。他在小说中描绘了一个不得不用新的方式适应新莱茵河的村落（他的回忆录表明小说中的描述大部分是准确的）。[110]

112

《捕鳗渔民》还描述了一个更为重大的变迁，它使我们反思上莱茵河历史变迁的长期影响。古廷所住的莱默斯海姆位于水陆之间，村前是莱茵河湿地，村后是耕地。小说一开头便向我们展现了沼泽和森林，那儿的动物“隐藏在密密麻麻的藤蔓植物和黄色灯芯草墙后面”，“硕大的水鸟消失在荒无人烟的苇塘和潺潺流淌的水道”。[111]这片湿地是捕野鸭者汉斯·比特富克斯（Hanns Bitterfuchs）的乐园，从许多方面来说也是这部小说的寓意所在，作者一再描绘“浓密的芦苇和灯芯草”，水生柳树和赤杨，“盘根错节的根茎，简直是小小的原始森林”。[112]这块湿地看上去就像治理前的奥德布鲁赫。这个鹤与鹭的栖息地与奥德布鲁赫同病相怜，也被开垦为耕地。变革的推动者是捕鳗船队的创建人鲁德·洛舍，他的家族世代靠莱茵河生活，如今他却把精力（最终还有他的生命）投入到用排水渠和水泵驯服莱茵河的计划。河边的低地将从沼泽变成耕地，“大地的果实散发出成熟的芬芳”。看着自己的心血结晶，鲁德总结道：“站在一艘船上的感觉很不错，带领一支船队行驶在舒爽清新的夏日更好。最棒的是开垦土地，用远见卓识的卓越计划从强敌那里夺取丰饶的土

在港口过冬的捕鳗船队，莱默斯海姆。20世纪20、30年代，在捕鲑业急剧衰落后，捕鳗业兴盛起来，但它在第二次世界大战后遇到了同样的问题。最后一家捕鳗企业在1966年倒闭。

地。”鲁德成为村里的传奇人物，他的儿子海纳（Heiner）得知父亲是个了不起的魔法师，他“从土地上赶走了水，让水待在该待的堤围里，如今周围的农民都有了旱地和绿草茵茵的牧场”。[113]

小说中指明了鲁德·洛舍垦荒工程的准确时间：1931年。这与图拉有什么关系吗？毕竟图拉的工程早在半个多世纪前就完工了。答案是，图拉第一个让河水“待在该待的地方”，给圩堤后面生活、耕种的人们带来了安全。[114]“人人都赞成进步”，芭芭拉·洛舍（Barbara Loshe）的父亲亚当·豪克（Adam Hauck）在日记中记下了对排水工程的观感。[115]1931年之际，图拉的遗产表明，长久以来人们完全是单线地界定进步，即防洪提供了最大限度的安全。不仅亚当·豪克这样的农民这么看，猎鸭人比特富克斯也是如此，对于将威胁到他的生活方式的整治计划，“像个疯子一样鼓掌欢呼”。[116]

113

然而，表面上一切照旧。1931年，比特富克斯捕鸟的沼泽栖息地上依然随处可见水鸟。同一时期，其他上莱茵河的艺术家也都描绘过类似的田园生活，如施派尔的诗人和画家卡尔·菲利普·施皮策（Carl Philipp Spitzer），风景画家们则把莱默斯海姆附近的韦尔特村描绘成时髦的度假胜地，仿佛韦尔特村是德国西南部的沃普斯维德（Worpswede）。毋庸置疑，这里面有政治因素。第一次世界大战后，法国对德国领土的占领一直持续到1930年，对于“地道的”德国莱茵河景观的赞美很可能促成了这种理想化描述。但这远不是故事的全部。还有一个问题：图拉之前的莱茵河究竟何时变成一条糟糕透顶的水道，究竟何时沦为最近数十年生态学家和环保人士大力抨击的“野外几何学”的符号？[117]答案远在天边近在眼前。1977年，一批环保人士和其他莱茵河专家在施派尔聚会，一些年长的与会者留恋地回忆起20世纪三四十年代他们年轻时看到的莱茵河。[118]1966年，剧作家卡尔·楚克迈尔（Carl Zuckmayer）在回忆录中记下了儿时对老莱茵河的印象。那是在20世纪初，莱茵河干流已经疏浚，“依然可以看到蜿蜒的旧河床，水流缓缓淌过柳树和赤杨林，腐烂的白杨树干以及生机勃勃的次生林。小河、溪流、死水湾、小块沼泽、死水塘、多石的支流交织成未开发的、几乎无法穿越的水网”。[119]不过，追溯到1900年前后，你会发现19世纪伟大的上莱茵河博物学家罗伯特·劳特博恩（Robert Lauterborn）正在哀叹他所挚爱的河流上动植物群的消失。而劳特博恩的19世纪前辈也曾讲述失去世界的故事。[120]这听起来就像是一个经典的黄金时代神话：上一代人的河流总是更原始、更多样化，更少几何形态、更多自然属性。在这个问题上，每一个人都是正确的。从图拉的第一项裁弯工程到1970年代，危险信号已是如此强烈，人们不可能再置之不理，伴随着驯服莱茵河的进程，生态退化日甚一日。如同河中鱼群的变迁一样，生物多样性的丧失始于图拉时代，此后每况愈下、日益严重。

大的框架还是清楚的。一个半世纪以来，上莱茵河85%左右的泛滥平原消失了。仅图拉工程就使2.5万多英亩土地成为人类用地。宽阔的湿地走廊萎缩成通常不超过150码的狭窄地带。与自然形成

114

的泛滥平原一道消失的，还有大多数河滩林(Auenwald)，即橡树、榆林、赤杨、柳树等水滨丛林，野生果树、茂密的灌木丛等特色植被以及沼泽和漫洪平原。时至今日，人们仍可在莱默斯海姆或赫特幸存下来的河滩林中漫步，依然能够感受其魅力；但它们只是昔日广袤的河滩林的遗迹，嵌入农耕平原与运输繁忙的河流之间的带状湿地。随着季节性涨水地区的消失，河水流速不匀的地带也日渐稀少，最终破坏了河流的自净能力。当然，这些变化还意味着栖息地的锐减和分裂，随即导致生物多样性的丧失。许多物种要么消失，要么岌岌可危、濒临灭绝。[121]

生物学家拉格纳·金策尔巴赫（Ragnar Kinzelbach）指出，图拉之后150年，上莱茵河动物群的“剧变”要超过图拉之前的1万年。[122]从昆虫到两栖动物、鸟类和哺乳动物的整个食物链，无不显示了物种数量的下降以及更多物种岌岌可危的状况。入侵物种开始进入受损的生态系统，如斑马贻贝和麝鼠，前者占领了河底，后者抢占了一度属于本土哺乳动物的生态龛。[123]所有这一切与图拉有多大关系？金策尔巴赫分析了造成目前可怕局面的8个原因，最初的莱茵河整治工程只是第一项。有些明显是20世纪的原因，如火电站和核电站排出的冷却水造成河水温度持续升高。(相反，图拉的工程使河水温度降低、含氧量更高，虽然这肯定也会干扰许多物种的生存。)很多实例表明，物种灭绝或濒危另有原因，这些原因通常是晚近才出现的，无论是蜉蝣与毛翅蝇数量的下降，还是水獭的最终消亡，前者离不开干净的水（1900年后莱茵河水质急剧恶化)，后者从上莱茵河消失则是在两次大战之间的年代，是栖息地破坏、污染和人类捕杀等因素共同造成的。但是，我们通常很难弄清楚究竟哪种原因才是真正的罪魁祸首。污染包括排入河中的农业肥料，这是图拉使之成为可能的“生机盎然的花园”的副产品。随着人类村落逐步侵入昔日的泛滥平原，人类的捕杀往往与鸟类及动物栖息地的消失同步，两者的共同作用解释了水鸟（如鹭、野鸭）所面临的威胁，以及19世纪中叶之后只能在上莱茵河的博物馆里见到河狸的事实。对于昆虫、青蛙和很多其他鸟类而言，图拉工程造成的水滨湿地的消失是决定性的。[124]

上莱茵河植物群的变迁有比较完备的记录，不仅有植物学家记录下来的证据，还可以利用地图和植物标本集提供的信息作为补充。整个故事仍然涉及损失与均质性的关系，尽管人们同样很难弄清究竟何时、何种原因导致了损失。每个人都认为，成熟原始森林和从前水滨湿地与草甸的本土特色植被：橡树、赤杨、柳树、各种藤本植物、灌木、开花植物、草本植物和苔藓，经历了一个长期的萎缩过程。对于一些强水敏性的植物而言，图拉之后的变化，即富营养化和污染，显然要对此类物种的濒危负主要责任。但是，对于生存在河滨砾石堆、周期性洪水地区或是如今已成为耕地的漫洪平原的物种而言，19世纪的整治工程显然是造成栖息地破坏的主要原因。我们间或能看到物种灭绝的过程。在1846年的《巴拉丁植物志》中，舒尔策（F. W. Schulz）指出，沼泽剑兰随处可见；到1863年，沼泽剑兰“比较常见”，他觉得最好还是记下具体的位置。[125]19世纪中叶，舒尔策已经在痛惜如今我们称之为湿地的“芦苇地”大面积消失。[126]这再次表明，如果说图拉的工程带来了破坏性影响，他的后继者造成了更大的破坏，即使他们不过是沿着他开辟的道路前进。格奥尔格·菲利皮（Georg Philippi）注意到整治工程导致柳树、芦苇等各式各样的物种萎缩，但他准确地指出，1900年后，物种萎缩加剧了，而且日趋严重。按照菲利皮的观点，“图拉的整治工程减少了河谷低地的数量，部分重塑了河谷，却使河谷低地保留下来。晚近莱茵河的发展切断了莱茵河与河谷低地及其周边地区的联系，结果，大部分河谷低地遭到破坏”。[127]与日后工程的破坏性相比，图拉的工程也只是小巫见大巫了。19世纪整治工程进度缓慢、人类干预较小，这意味着植物有时间适应其他的栖息地，也有更多栖息地可供选择；日后的工程中，留给植物适应的时间和空间都大大压缩了。

上莱茵河整治工程对昔日北部的河曲地带和南部的分叉地带造116 成了不同的环境影响。图拉计划的基本原理是通过加快河水流速来降低水位，从而达到防洪的目的。这个目标实现了，但各地情况不同，而且造成了意想不到的后遗症。在南部巴塞尔与卡尔斯鲁厄之间的地区，河水将河床冲刷得太深，经常是工程刚刚竣工就完成了冲刷过程，甚至造成了始料未及的破坏。在诺伊恩堡，莱茵河河床下降了16英尺（5米），在莱茵魏勒（Rheinweiler）下降了23英尺（7米），相当于两层楼的高度。[128]18世纪，诺伊恩堡一再遭受洪水侵害，如今局势颠倒过来：不是水多为患，而是水少为患。随着地下水位下降，树木与植物面临缺水的困境。在布赖扎赫（Breisach），湿地日渐退化为长满鼠李、石南和荆棘的干旱草场。[129]北方的情形与此形成了鲜明对比。在河曲地带，昔日的湿地、回水湾大多不再与莱茵河相通，白柳、赤杨和爬蔓植物消失了，但发展成为芦苇和水生植物丛生的栖息地，这是图拉工程的一个始料未及的后果，悖谬的是，这些栖息地的植被比幸存下来的河滩林更丰富，而河滩林依然面临受污染的干流洪水的威胁。[130]在上莱茵河南部，回水湾干涸，睡莲就此绝迹了。整治工程之后，某些地方出现了类似于干草原的景观。这是图拉的“定时炸弹”最具破坏性的影响之一。[131]

南部地下水位的骤降是始料未及的。图拉整治工程的另一个潜在后果事先就考虑到了，事实上，图拉的反对者提出了一种颇有说服力的反对理由，即：莱茵河变直、水流变急，下游的中莱茵和下莱茵将面临严重的洪水威胁。莱茵河干流和支流自然形成的洪水是错开的，不会同时发生。莱茵河流速加快之后，这种模式可能会打破，下游发生大洪水的几率大增。图拉的计划是一个“危险的计划”，可能引发“灾难”。至少，这是同时代的批评者弗里茨·安德烈（Fritz André）在1828年的名为《论上莱茵河的整治，兼评该项工程将给中莱茵、下莱茵居民带来的可怕后果》的小册子里提出的观点。[132]住在曼海姆的荷兰水利工程师弗赖赫尔·冯·德·维伊克（Freiherr van der Wijck）以较为温和的口吻表达了相同的观点。在荷兰和普鲁士，早先就有人出于同样的担心反对图拉的计划。普鲁士工程师约翰·爱特魏因就表达了反对意见，关于奥得河的裁弯取直工程引发洪水的问题，爱特魏因有第一手经验。[133]具体到上莱茵河，有一个直接的先例，只不过规模较小。图拉对莱茵河支流金齐希河

117

（Kinzig）的改造始于1814年，结果金齐希河更快汇入莱茵河干流，导致1816年莱茵河克尔（Kehl）河段暴发洪水。[134]

批评者们当时并没有赢得争论，表面上看，历史似乎证明他们是正确的。看一看1882—1883年的毁灭性洪灾，或是一个世纪后的1983年、1988年、1993年、1994年洪水，如今已没有人怀疑科布伦茨、波恩和科隆等下游城市面临的危险大大增加。相比上莱茵河地区，中莱茵和下莱茵历史上较少洪水，因此这些城市都是傍河而建。现在看来，这样的选址使这些城市更易受灾。但是，即便长期后果已是一目了然，因果关系依然不是那么泾渭分明的。1880年代初的洪水过后，工程师们不再把责任推到图拉身上，转而归咎于反常的气候。这是当时的共识，即本能地否认早先工程项目的负面影响。图拉计划的主要辩护者马克斯·洪泽尔（Max Honsell）在这一点上表现得尤为突出，他参与了后期的上莱茵河整治并且自视为图拉的接班人。[135]尽管这种漫不经心的态度容易招致批评，1889年议会关于洪灾成因的质询提出了一种更值得关注、也更合理的观点。这种观点给图拉的整治工程开具了一份无罪证明，因为他并没有把原有的汊河与莱茵河干流完全隔开，从而留下了滞留莱茵河洪水的空间。准确地说，这种状况维持不了多久。20世纪晚期，那些汊河已彻底封闭，以通航为目的的现代莱茵河工程进一步提升了河水流速。1940年代，莱茵河洪水从巴塞尔到达卡尔斯鲁厄附近的马克绍（Maxau），需要65个小时，明显快于图拉之前的时代；40年后，时间缩短了一半多，仅需30小时。这极大地增加了莱茵河及其支流（伦希河［Rench］、金齐希河、伊尔河［Ill］、莫德河［Moder］、绍尔河［Sauer］、内卡尔河、穆尔格河）的洪水在中莱茵和下莱茵灾难性汇聚的可能性。[136]

不应让图拉对他死后一个多世纪的事情负责，就像不能因为纳粹分子以弗里德里希·尼采的名义作恶而指责尼采。但是，就这两个问题而言，最好是在一个确定的层面来认定责任，如果不停变换视角，自然会得出匪夷所思的结论。这样便有两个主要问题突显出来。图拉始终认为，不应把汊河与老莱茵河完全隔断。他的后继者

118

为什么偏偏这样做，而且还建起了明显束缚河流的连续堤围系统？原因在于，图拉承诺保障上莱茵河泛滥平原居民的安全；后人采取的措施旨在充分兑现这个承诺，进一步确保安全，结果却使得下游乡镇面临更大的不安全。我们来看一看，在19世纪，这一切是如何一环扣一环地演变的。档案资料显示，水文状况犹如在跳两步舞，每十年迈一步。一份文件记录了“1844年洪水造成的损失”，另一份文件则是“1851年洪水”。结果呢？“扩建和加强莱茵河堤防”的方案应运而生。接下来，一叠厚厚的文件记录“1876年洪水及其损失”，催生出“扩建和加强”防洪设施的进一步计划。1877年开始了同样的循环，洪水暴发两年后，再次提议“在达克斯兰登、克尼林根和诺伊堡魏尔（Neuburgweier）地区扩建和加强莱茵河堤防”。这一次，加固工程尚未完工，新的洪灾便呼啸而至。随后的应对跟以前如出一辙。于是，又开始了新一轮周而复始的循环，人们徒劳地追求确保安全感，唯一能做的不过是把难题丢给下游。[137]最新举措是再度把泛滥平原的部分地区作为蓄洪盆地，正如埃贡·孔茨（Egon Kunz）指出的，这无异于“新瓶装旧酒”。[138]这些举措旨在安抚“图拉的整治工程所唤醒的河神”（借用孔茨的说法），表明人们认识到最初的计划的负面效应。[139]

图拉之后，莱茵河成为一条航运水道，对此也应当用同样的逻辑来评价，我称之为未预期后果逻辑。那并不是图拉的初衷。诚然，早在1799年，他就起草了一份汽船通航计划（该计划的原件丢失了，只保留下计划内容的说明），但航运从来不是主要目标。[140]直到1831年，第一艘轮船才驶入上莱茵河，此时他已去世3年了。他的设想中根本不包括莱茵河沿岸迅速建立起来的港口和工厂。然而，轮船、港口和工厂来了，它们之所以能够到来，正是因为图拉改变了人们对于这条狂野不羁的河流的态度。我们能够找出比这更严密的因果关系。最初的整治工程带来了一些最严重的副作用，实际上增加了莱茵河通航的困难。在莱茵河分叉地带，河水冲刷河床的效果出乎意料，伊施泰因等地甚至一直冲刷到岩石层，因而必须采取进一步措施来减缓冲刷。河水将冲刷出来的碎石带到下游，对

119

莱茵河干流河道产生了不同的，但同样始料未及的影响。因此，图拉死后进行的疏浚和梯级开发实际上是在“整治”他的整治工程的后遗症。[141]如果说莱默斯海姆的鲁德·洛舍是乡村传说中的魔法师，图拉就是整个上莱茵河最早的魔法师。[142]或许，借用歌德的民谣《魔法师的学徒》，我们最好把他看成是魔法师的学徒。

促成和领导德国第二次北极探险(1869—1870年)的人物,地理学家奥古斯特·彼得曼位于正中央,左边是卡尔·科尔德韦船长。

第三章　黄金时代

——从1848年革命到1870年代

亚德湾

1852年8月，两名普鲁士谈判代表前往德国西北部的奥尔登堡 121 (Oldenburg) 大公国。这二人算得上是奇特的一对："粗鲁而精力旺盛"的萨穆埃尔·戈特弗里德·克斯特 (Samuel Gottfried Kerst) 和外交老手恩斯特·格布勒 (Ernst Gaebler) 博士。[1]克斯特曾经是普鲁士炮兵军官，年轻时曾在巴西待过6年，在1825年爆发的巴西对阿根廷的战争中，他在一艘巴西战舰上服役，担任工程师主管。回到德国后，他在但泽 (Danzig) 的一所技术学院任教，后来作为自由派被选入1848年革命后召开的法兰克福国民议会。与克斯特相比，格布勒是个更为传统的普鲁士官僚，在警察总监卡尔·冯·欣克尔戴伊 (Carl von Hinckeldey) 辖下的柏林警察总署担任高级官员，后者是个实权人物，因掌握了庞大的密探网而声名狼藉。[2]唯一让人意想不到的是，格布勒还是奥托·冯·曼陀菲尔 (Otto von Manteuffel) 的密友。1850－1858年出任普鲁士首相的曼陀菲尔是个保守的现实主义者。从某种程度上说，他的政治观预示着10年后那位更著名的现实主义者奥托·冯·俾斯麦的观点。曼陀菲尔倾向于强化警察权力、镇压自由派，不过，他也蔑视那些对1848年革命无动于衷的普鲁士反动派，准备运用国内政治监视网同时对付左翼和右翼。在1848年革命后的动荡年代，他主宰了普鲁士的政局。

克斯特与格布勒有一个气味相投的地方，两人都热衷于扩张德国海军。克斯特曾任法兰克福议会设立的德国海军部门的负责人，与志同道合者建立起密切的联系，其中就有普鲁士国王的堂兄弟阿 122 达尔贝特 (Adalbert) 亲王。1848年革命后，本来就不太强大的舰队解体，但克斯特对海军的热情不减。他进入普鲁士军队，用各种方式继续为海军游说。[3]格布勒的言行与克斯勒毫无二致，甚至直接向曼陀菲尔进言。[4]克斯特与格布勒志同道合，确定了1852年这次使命的最终目标。此行对外宣称的使命是为普鲁士购买前德意志海军的船只，当时这些船只正在拍卖。还有传言说他们前往奥德贝格是为了商讨移民事宜。两种说法都有点牵强。他们的真正目的是购置一块土地作为普鲁士新海军舰队的北海港口。[5]

200多年来，普鲁士凭借强大的陆军实力成为欧洲强国。17世纪，大选帝侯建立贸易公司；腓特烈大帝在位期间，普鲁士暂时占领北海沿岸的东弗里斯兰，但这些并未改变普鲁士是一个陆上强国的事实。英、法两国在北美、印度进行七年战争之际，腓特烈大帝的普鲁士正在欧洲大陆进行一场战争。英国、普鲁士联手推翻拿破仑法国统治的战争，同样是在欧洲大陆上进行的。普鲁士盛产陆军将领，不出舰队司令。霍亨索伦王朝的立足点依然是陆地而不是海洋。腓特烈大帝本人就曾表示："我们这样的陆地动物不习惯与鲸、海豚、比目鱼、鳕鱼为伍。"[6]

19世纪初，普鲁士两度尝试组建海军，均以失败告终。有评论家指出，普鲁士是"陆上的巨人""海上的侏儒"。[7]1848—1849年革命带来了转机。与丹麦争夺石勒苏益格公国的冲突让德国海军的不堪一击暴露无遗，它竟然敌不过一个二流欧洲强国，德国犹如没有三叉戟的海神。[8]1848年，自由派民族主义者流露出对于建立强大海军的热忱，认为普鲁士可以借此赢得民心，扩充势力。这就是威廉一世（1858年后出任摄政、1861－1888年为普鲁士国王）宣扬的"道义征服"，英国驻柏林大使嘲讽地称之为"迎合民众感情"。[9]购买解散的德意志舰队军舰展示了普鲁士建设新海军的抱负。但是，普鲁士没有北海出海口，只有波罗的海海岸线，很容易遭到封锁。

奥尔登堡的亚德湾让这个难题迎刃而解。1848年，普鲁士就有123 人提议将奥尔登堡作为未来德国海军的理想立足点，这种观点得到克斯特与阿达尔贝特亲王的鼎力支持，因为亚德湾是一个避风的北海港口，基本上算不冻港，还拥有深水航道。与北海沿岸的其他选址相比，亚德湾还有地理上的优势：东侧远离丹麦和英国的黑尔戈兰岛（Heligoland），靠近易北河与威悉河（Weser）河口，西侧靠近埃姆登（Emden），远离荷兰。在阿达尔贝特亲王看来，亚德湾还有一个优势，除了黑彭斯（Heppens）和诺伊恩德（Neuende）两个小村庄外，附近没有城镇，不会影响海军的训练，尽管这里与世隔绝、缺少物质享受，海军上将布罗米（Brommy）和其他海军军官曾在1848—1849年反对亚德湾的选址。对于普鲁士而言再好不过的是，奥尔登堡回应了普鲁士审慎的外交试探，愿意通过谈判达成协议。[10]

8月10日，克斯特抵达奥尔登堡，4天后，格布勒也到了。双方的谈判绝对保密，以防走漏消息，被疑心重重的邻国汉诺威听到风声。普鲁士内阁中只有曼陀菲尔和阿达尔贝特亲王知道详情。9月初，克斯特、格布勒与奥尔登堡谈判代表特奥多尔·埃德曼（Theodor Erdmann）达成了协议的基本框架。双方在具体条款上有分歧，曼陀菲尔又顾虑国内政治压力，事情搁置了下来，克斯特和格布勒大失所望。1853年7月，协议最终达成。（格布勒代表普鲁士签字时表示："这是我一生中最幸福的一天。"[11]）普鲁士内阁有人强烈反对，财政大臣博德尔施文格（Bodelschwingh）提交辞呈，一是担心费用，二是因为自始至终被蒙在鼓里而备感屈辱。两国政府和议会批准了协定，1854年1月正式公之于众。汉诺威提出抗议，表示此事如同"晴天霹雳"，但在德国境内外没有找到支持者。[12]根据条约，普鲁士在亚德湾西岸获得一块380英亩的土地，外加对岸的一小块土地以供修筑炮台。奥尔登堡得到50万塔勒。[13]

1854年11月末，阿达尔贝特亲王前往奥尔登堡，从奥尔登堡大公手中接过地契。在普鲁士和奥尔登堡高级官员的陪同下，他前往未来海军基地的选址，途中遭遇暴风雪，乘农民的马车走完了最后一段路程。沼泽地上搭起一座帐篷，两国完成了正式的交接仪式。普鲁士旗冉冉升起，奥尔登堡旗徐徐降下，停泊在湾内的3艘普鲁士军舰鸣炮21响。仪式完成后，一行人在黑彭斯的埃勒斯（Eilers）酒馆举行了有香槟酒的"简单午宴"。[14]

124

像从前一样，19世纪的德意志各邦国在和平时期经常进行土地交易。如果算上战争侵占和割地求和，前神圣罗马帝国境内许多土地的换手次数多达6次以上。这其中就包括普鲁士如今拥有的奥尔登堡以东弗里斯兰半岛一角。16世纪晚期开始，耶弗尔（Jever）领地先后归属奥尔登堡、安哈尔特－策布斯特（Anhalt-Zerbst）、俄国、荷兰、法国，之后又是俄国，最后回到奥尔登堡手中。[15]领土归属的变更固然十分常见，这次转手却有所不同，因为就在数个世纪之前，此次交易的对象亚德湾还不存在。

亚德湾*之名与珠宝中的翠绿色矿石没有任何关系。它来自弗里斯兰语（和英语）中的“gat”，意思是沙洲之间的通道，水道或海峡。[16]对于亚德湾来说，这个名称再恰当不过了，它是一个嵌入陆地的海湾，有一条狭长的水道，形状就像一个长颈玻璃瓶或花瓶。它是何时、又是如何形成的呢？北海南部海岸线一直处于变动之中。从千年这个极长时段来看，北海海岸线经历了一连串大幅推进和后退，规模最大的一次是公元前6000—公元前3000年，大西洋海侵导致海平面升高，把北海海岸线向南推进了很远，最终淹没了多格滩（Dogger Bank）并形成了英吉利海峡。[17]从最短的时段来看，潮涨潮落间海岸也有细微的变动，海水在某处冲刷陆地，在另一处淤积沙泥。介于两者之间的时段是几十年或数百年，在这个通常用来衡量人类历史的时段，海洋形成并重塑海岸线的轮廓，形成又淹没近海的岛屿。这种规模的变化一般肇因于一场大洪水或一连串洪水。亚德湾就是这么形成的，亚德湾西面的多拉尔特（Dallart）湾和须德海（Zuider Zee）的锯齿状海岸线也有着相同的成因。

如今亚德湾所在的地方曾经是陆地。这里最早的居民与北海沿岸的其他居民没有什么不同。他们垒起圆丘（德语称作Wurten或是Warfen）抵御海潮，这种防御方式沿用了大约1000年，直到11世纪时开始出现系统的筑堤。[18]中世纪时，东弗里斯兰的这一部分称作吕斯特林根（Rüstringen），它不但是陆地，而且还在数个世纪里见证 125 了欧洲历史：它曾被加洛林帝国征服，被维京人劫掠，被萨克森的

* Jade Bay，Jade的意思是翡翠。——译注

“狮子亨利”所觊觎，还曾被不莱梅（Bremen）大主教并入教区。[19]这块陆地沦陷为海湾之前，有农田、牧场、集镇和村庄，多座教区教堂见证了这里的富庶。[20]1164年，圣朱利安洪水在内陆冲刷出一条深得无法再筑堤的水道。此后，1334年的圣克利门洪水、1362年的圣马塞录洪水以及1511年的圣安东尼洪水进一步拓宽了水道。[21]海水冲刷新海湾内部陆地，引发更大的沉降，田野和村落被海水围成孤岛，最终慢慢消失。低潮时，浅水区的被淹地会重新露出水面。奥布拉赫内申（Oberahneschen）平原是一片泥滩，直到20世纪，仍清晰可见14世纪留下的犁沟。[22]普鲁士时代，当海水退去，这里成为猎鸭场。

奥布拉赫内申平原是曾经辉煌一时的阿尔德森（Aldessen）教区的残余。它的命运在数百年间的演变揭示了海洋运动的另一面：海洋不但给予，也夺走一些东西。当海水第一次在内陆冲刷出水道时，阿尔德森是受益的。1300年，它的贸易兴盛起来。后来，洪水不断吞噬土地，最终，1511年的洪水过后，此地只剩下一些孤零零的岛屿。[23]阿尔德森发生的这一幕此后一再上演：过了临界点之后，人们接受了无可挽回的命运，竭力抢救自己的财产后迁离此地，加速了阿尔德森这样的教区的消失。那些陷入绝境的城镇和村庄不可能再重新建造堤坝，成为ausgedeicht（堤坝之外的地方），被笔直的新保护墙隔离在外。残余的建筑也被拆卸，用来修筑新堤坝；教会财产被变卖，支付筑堤开支。这个过程也有戏剧性的时刻，尽管往往是令人痛苦的。村民们有时会在一夜之间逃得干干净净，不过，更多的时候，整个过程是缓慢而无情的。一个世纪前，历史学家格奥尔格·塞洛（Georg Sello）最早关注亚德湾水文及其消失的村落的命运，他指出，编年史上占有重要地位的大洪水是“触目惊心的话题”。[24]他是对的。人类被灾难折磨得筋疲力尽，无力再修复堤坝、夺回失去的土地，在这种情况下，即便大洪水造成了决定性的变化，人类也完全束手无策，只能听之任之。

126

无论如何，中世纪末年，亚德湾已经大致形成了普鲁士人于1850年代见到的样子。如同上莱茵河消失的村庄一样，亚德湾的水

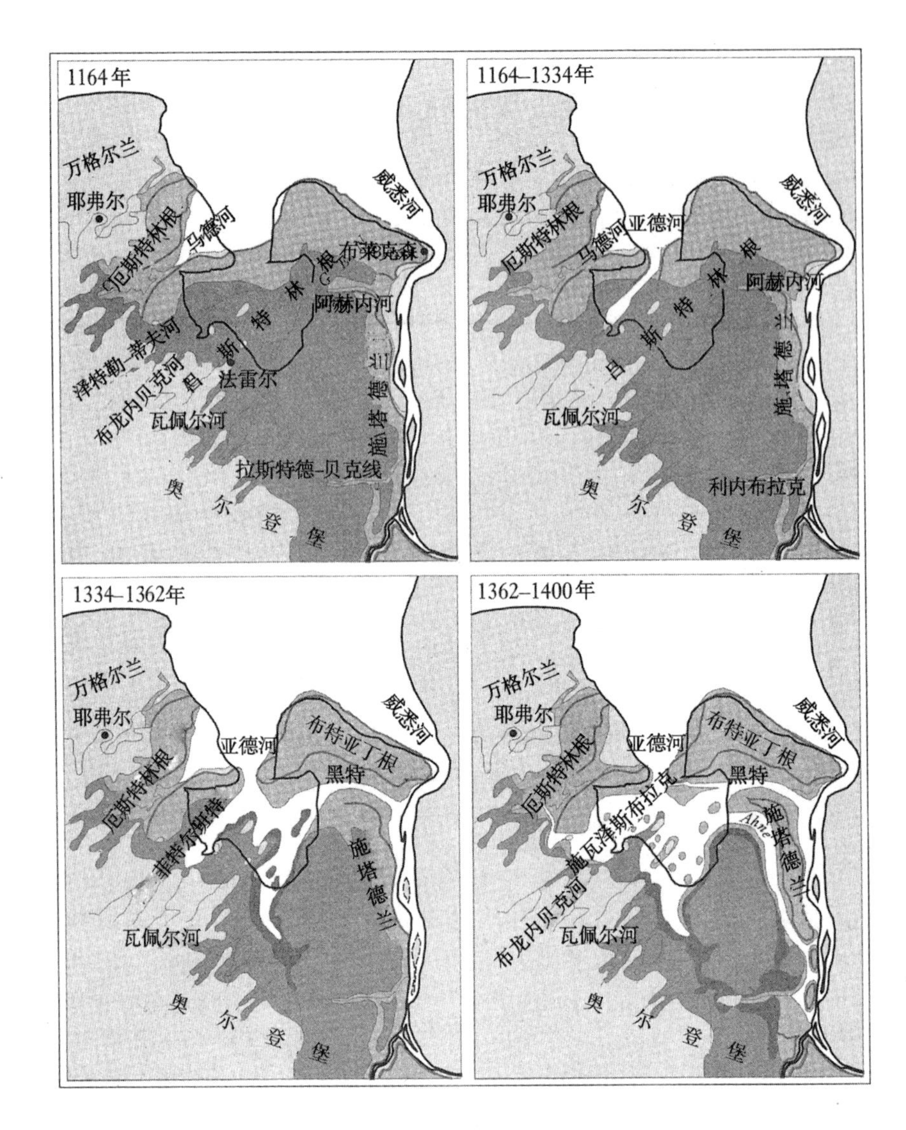

亚德湾的形成

面下散落着被海水淹没的村庄。胡门斯（Humens）位于海军最感兴趣的深水航道的水下。胡门斯的西南方，未来新港口入口的对面，淹没的村庄是道恩斯（Dauens）。亚德湾对岸预留出防御炮台的位置，底下村庄的遗迹曾经是阿尔德森教区的一部分。[25]像莱茵河淹没的村庄以及北海沿岸淹没的其他著名城镇（伦格霍尔特［Rungholt］、

127

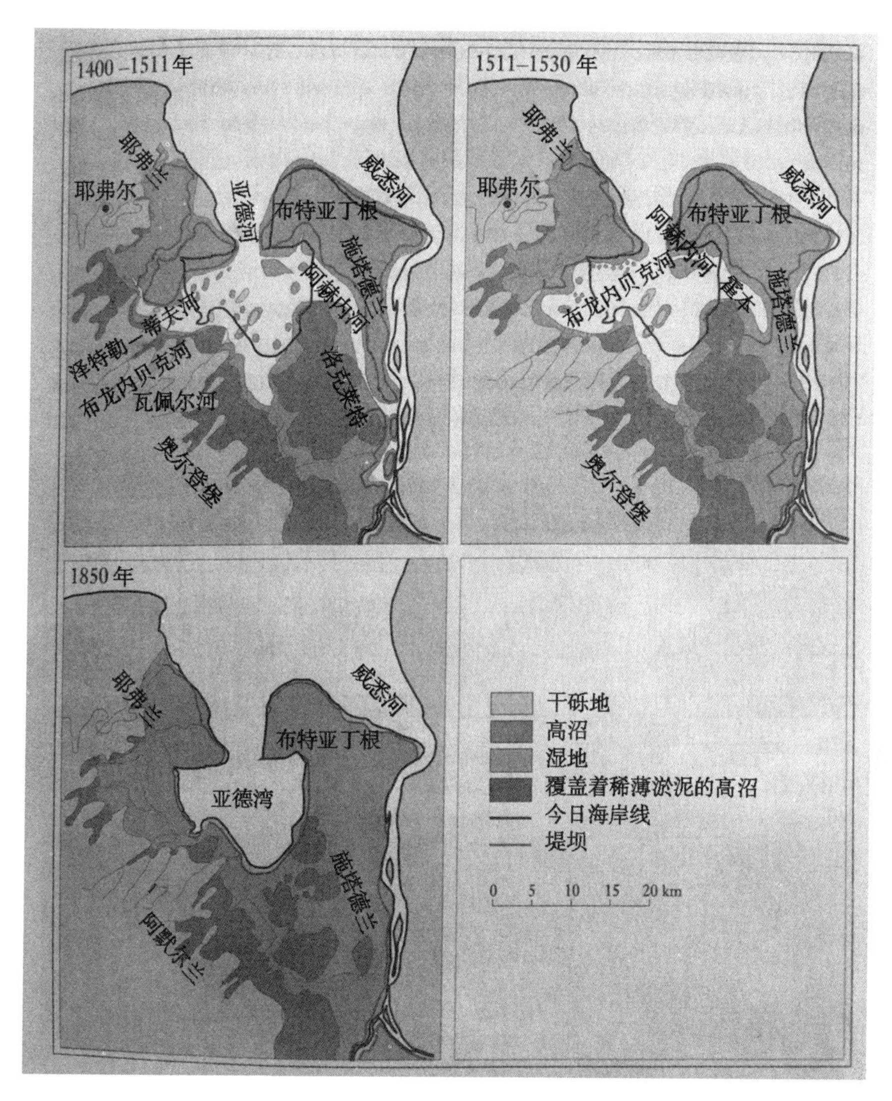

亚德湾的形成

维内塔［Vineta］）一样，消失在亚德湾水下的乡镇也留下了丰富的传说。[26]传说水下曾响起毁于1511年洪水的班特（Bant）教区教堂的钟声，警告新的灾难即将来临，提醒村民们不要忽视修堤筑坝。许多传说表达了相同的寓意：洪水是善恶报应，是对太富有的乡镇或疏于防范大海的乡镇的惩罚。另一类传说与洪水造成的深坑 128

(Kolke) 有关，传说这些深坑定期需要活人献祭。其他一些传说提及，堤坝也需要动物或活人献祭，平息奔腾的洪水。有个故事说，一个又聋又哑的儿童被母亲卖掉，并被当作祭品以拯救施泰因豪泽齐尔（Steinhausersiel）的堤坝。这个孩子突然张嘴说话，高声叫道：“妈妈的心比石头还硬。”[27]从古老堤坝中发掘出来的人类骨骼和狗骨架等考古证据表明，传说或许有事实根据，但这一点很难确证，因为大洪水退去之后，泡胀的尸体必须得找个地方掩埋，而尚未冲垮的堤坝下方往往是唯一干燥的土地。[28]

129 所有的传奇都有一个共同点：人类百折不挠地与危险、邪恶的

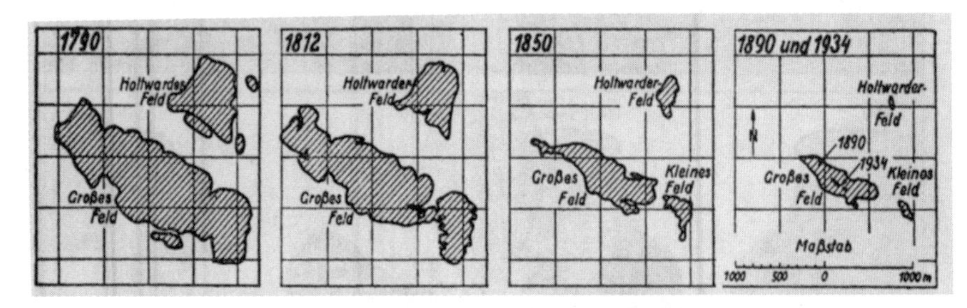

奥布拉赫内申平原逐步缩小乃至消失。

退潮后的奥布拉赫内申平原，中世纪的犁沟依稀可见。

大海搏斗。如同那些“把锁链挣得哗哗作响”的德国河流一样，北海也被人格化为敌人：“拉斯穆斯”（Rasmus）、“闪闪发光的汉斯”。确保堤坝完好无损成为生活的先决条件，既有物质上的必要，也融入了道义紧迫感。“不修堤者不得食”（Wer will nicht deichen, der muss weichen）成为一条铁律。[29]特奥多尔·施托姆（Theodor Storm）1888年的著名小说《白马骑士》即以人与大海的不懈斗争为背景，描绘了海克·豪恩（Haike Hauen）面对自私与冷漠，毅然保护堤坝，最终牺牲生命的英勇事迹。[30]（海克·豪恩与维利·古廷笔下莱默斯海姆的英雄人物鲁德·洛舍颇为相似，两个人物有着相同的结局。）关于沿海防御以及警惕海洋自然灾害的现代作品将英勇气概与掌握了最新技术的自豪感融为一体。[31]

不难想见，洪水造成了灾难性的后果。但是，洪水是否属于自然现象则是一个复杂得多的问题。从许多方面来说，沿海的洪水当然是风浪、潮汐、起伏不定的海平面等自然力引发的。数百年来，最具破坏性的“暴雨洪水”发生在每年11月到次年2月，这种洪水是气候原因所致。北海南部海岸高低潮的潮差更大，使得这一地区的洪灾比波罗的海沿岸和北海东海岸更频繁。[32]有资料表明，在数个世纪的时间里，因为一些与人类活动无关的原因，海平面起起落落，威胁沿岸的乡镇。最活跃的因素是海平面上升，而不是通常认为的“下沉岸”。[33]但是，人类也在不知不觉中作茧自缚。最早的圆丘居民接受了洪水周期性爆发的事实，并利用冲积在沿海沼泽上的肥沃淤泥。他们的村落与治理前奥德布鲁赫的村落没什么两样。最终，他们修筑夏堤，以便扩大可用于农耕的保护区，但这些夏堤不是用来防御冬季的暴雨洪水的。夏堤转变为常住的永久性建筑，恰恰打破了平衡。从那时起，任何没有修筑堤坝的沿海地区将遭受更频繁的洪水泛滥，人们便将各段堤坝连接起来，到13世纪时，弗里斯兰沼泽周边形成了一道“金环”。这样一来，洪水不再向潮汐滩涂后面的沼泽湿地漫延，而是被挡在堤坝外，海浪不断拍打着长堤，130 呈现出我们所熟悉的发怒咆哮景象。土质堤坝十分脆弱，尤其是传染病蔓延或战争期间，未能定期维护的堤坝不堪一击。14世纪，黑死病与吕斯特林根的一场两败俱伤的政治冲突同时爆发，疏于维护的堤坝毁于洪水。[34]一旦堤坝垮塌，海潮奔涌而入，大量海水倾泻进千辛万苦排干的圩田。此时更加危险，因为排水之后，圩田地面会下陷。由于不再有新的淤泥沉积下来，地面时常低于海平面。滚滚洪流从决口倾泻而下，沿着冲刷出来的水道，冲到许多个世纪以来洪水从未到达过的内陆腹地，直抵多沙的干砾地和泥沼地。由于挖掘泥炭，那里的地面同样下陷，因而与圩田一样易遭水淹。[35]这就是让许多观察者目瞪口呆的"漂浮的酸沼"的成因，它们支离破碎，连同树木和灌木，漂浮在水面上。[36]

人类凭借聪明才智，在水陆两栖的地区划出一条明确的界线。结果，每次洪水泛滥都带来了问题，而每一场大洪水都造成了毁灭性破坏。堤坝外侧是压力积蓄的海水，内侧是凹陷的圩田，两者的结合无疑意味着一旦海潮冲垮堤坝，将迅速冲进内陆。须德海、多拉尔特湾和亚德湾全都形成于人类大力修筑堤坝的第一个世纪，这并不是巧合。

1511年圣安东尼洪水之后，亚德湾的面积达到最大值。随之而来的，是我们在从低地国家到石勒苏益格的沿海地区都曾目睹过的进程。围海造地持续了数个世纪，海水后退，土地开垦。堤坝的设计与建筑材料都得到改进。随着战争和疾病造成的人员伤亡下降，堤坝有了更好的定期维修和养护。[37]政治环境也发生了改变。崛起的领土国家雄心勃勃地要求获得新土地，霍亨索伦王朝就要求获得勃兰登堡及以东地区的大片木本沼泽。所有这些因素都在亚德湾的形成过程中产生了作用，亚德湾的面积慢慢缩小，19世纪时逐步形成圆形、对称的轮廓。在亚德湾西面、靠近日后的威廉港（Wilhelmshaven）的黑水（Black Water），堤坝截断了早先洪水冲蚀出来的深而不规整的水道，土地逐步排水。[38]垦荒过程也是一波三折。领土野心推动了新工程，统治者之间的争端又打断了工程进展。奥尔登堡伯爵与东弗里斯兰伯爵围绕黑水筑堤的长期诉讼仅仅是其中的一个例子。[39]随着17世纪垦荒速度加快，农民、堤坝利益集团和领土诸侯为开支和责任争吵不休。（"沼泽居民总是因为堤坝

131

大打出手”，彼得·萨克斯比［Peter Saxby］于1637年写道。[40]）北海沿岸特有的早期劳工运动也阻碍了施工，这种劳工行动称作Lawai，即大型或紧急工程招募的新型计件工人的自发罢工。[41]洪水过后，百废待兴。洪水退去，一片狼藉：七零八落的堤坝、遇难者的尸体、溺毙的动物、被淹的土地和绝望的灾民。由于物资匮乏，人们相互指责，激化了原有的社会冲突。[42]

16世纪到19世纪初，土地开垦过程中不时发生洪水泛滥。光是大洪水就有4次之多。1570年万圣节，洪水袭击了从加莱到斯堪的纳维亚的海岸，造成数千人死亡。普鲁士将修建海军基地的黑彭斯和诺伊恩德教区有147人丧生。[43]1634年又发生了一场大洪水，17年后的圣彼得节暴发的洪水直接地影响了亚德湾周边海岸。[44]与1717年圣诞节的洪水相比，17世纪的这两场洪水就小巫见大巫了。1717年的水灾是北海沿岸有史以来最具破坏性的暴雨洪水之一。洪水14天后方才消退，沼泽中到处是人和动物的尸体。有些尸体仍然用带子拴在一起，这是为了防止家人被冲散。尸体被冲到壕沟里，堆积起来，有座桥墩下竟然有30具尸体。有的尸骸被野狗或其他动物撕咬。伊费·迪克斯（Iffe Diercks）没有让妻子遭受这样的屈辱。迪克斯夫妇爬上苹果树避难，几小时后弗劳·迪克斯（Frau Diercks）就冻死了。丈夫散开她的头发，用头发将她绑在树上，等洪水退后把她的遗体体面地安葬。迪克斯本人在3天后获救，不过脚趾全都冻坏了。[45]圣诞节洪灾总共造成了9000人死亡，从某种程度上说，正是堤坝愈高愈安全的观念造成了惨重的伤亡。在亚德湾两岸，耶弗兰和布特亚丁根（Butjadingen）教区有80%的人死亡，黑彭斯和诺伊恩德共有400多人丧生，邻近的克尼普豪森（Kniphausen）死了375人。这场浩劫对整个灾区的人口造成了深远的影响。洪水还造成牲畜损失6万多头。[46]1717年圣诞节的“惊骇恐怖之夜”成为衡量此后所有洪水受灾程度的参照。

1825年2月的洪水造成800人死亡、损失4.5万头牲畜，尽管损失比不上1717年洪灾，但水位却超过了后者。像以前的洪水泛滥一样，这场洪水也是猝不及防的。1824年深秋常有狂风暴雨，冬季倒 132

是平安无事，次年2月3日，一场暴风雨席卷沿海地区。与1717年洪灾一样，倾盆大雨也是午夜时分开始下的，所以洪水暴发时人们还在睡觉。教堂的钟响了一夜，海水从堤坝的溃穴奔腾而出，人们不得不爬到最高的房顶上，有的房顶上竟然挤了50个人。洪水退去，目击者看到的是“丰饶绿野上的沙漠”，从内陆到海边的两个小时路程之内的地方，成为满是沙砾和卵石的荒野。大片沼泽泥炭被冲得七零八落，高高地堆积在一起，望上去就像是沙漠中露出地表的岩石。[47]

洪水造成的损失和重建成本给沿海地区沼地居民带来了重大的社会影响。贫困的小农被淘汰了，失去土地的农民要么变成农业工人，要么迁徙。富裕的农业精英阶层由此壮大起来。亚德湾西岸的土地落入富裕的农业世家手中，如黑彭斯的伊普斯（Irps）、哈肯斯（Harkens）、格德斯（Gerdes）、米勒（Müller）等家族，诺伊恩德的安德烈埃（Andreae）、古梅尔斯（Gummels）家族。他们处在社会金字塔的顶端，属于这一阶层的还有靠投资土地发家致富的商人。这些商人来自邻近的马林齐尔（Mariensiel）和吕斯特齐尔（Rüstersiel）等城镇，这些城镇起初建于为草本沼泽和酸沼排水、同时阻隔海水的大水闸附近，此后逐步发展成港口和贸易中心。[48]

这些人就是1853年划归普鲁士版图的土地的所有者。有一组摄于1855年的照片，照片中的这些大地主身着燕尾服，看上去十分富有，事实上，他们很像19世纪中叶奥德布鲁赫的富裕农民。[49]1855年，他们完全有理由感到心满意足，因为他们刚刚从普鲁士政府那里得到了好处。普鲁士海军部委托奥尔登堡当地一个名叫马克西米利安·海因里希·吕德（Maximilian Heinrich Rüder）的律师（像克斯特一样，他也是法兰克福议会的老自由派）购买建设军港所需的土地。海军部非常谨慎，为了抑制哄抬地价的投机，吕德在协议公开之前的1853－1854年冬季就开始征地。吕德以自己的名义买下了第一块地皮。最终，买下土地所有权所花的钱同购买亚德湾主权的费用不相上下。还没有动工，普鲁士就已经在亚德湾花掉了一百万塔勒。[50]

最早考虑在亚德湾开发港口的，既不是民族主义热情高涨的1848年德国议会，也不是1850年代的普鲁士，而是另有其人，最早可以追溯到三十年战争期间的曼斯费尔德（Mansfeld）伯爵。1681年，兼领奥尔登堡公爵的丹麦国王克里斯蒂安五世（Christian V）开始在亚德湾南部靠近法雷尔（Varel）的地方建造港口，由于技术难度太大、费用太高，12年后克里斯琴堡（Christiansburg）工程被放弃了。所有已建设施全部拆除。法国大革命和拿破仑战争期间，亚德湾相继引起了交战各方的关注。1795年，俄罗斯在黑彭斯周围勘测，也因庞大的工程花费而退缩。法国占领该地区后，在亚德湾对 133

亚德湾地主的合影，他们的土地被普鲁士政府收购，兴建新的北海港口。

岸的埃克瓦尔登（Eckwarden）进行了一些勘探工作，同时强行招募了200名工人在黑彭斯修建炮台。据说拿破仑曾断言亚德湾“前途远大”，但他并未制定任何有关亚德湾的计划。[51]对于1850年代的普鲁士而言，这些事件传达的信息可谓是喜忧参半。喜的是由此可以确定亚德湾是个理想的选址，忧的是让所有人都望而却步的工程难度和资金投入。德国的海军狂热分子往往宣扬伟大的拿破仑对海军的热情，即便是他们也承认港口设施是“吞钱的无底洞”，法国的例子就很能说明问题，建造瑟堡（Cherbourg）军港历时56年，耗资2800万法郎。[52]

1868年9月，即威廉港正式命名的前一年，当地创办了一份报纸。《黑彭斯新闻》（*Heppenser Nachrichten*）的创刊号上刊登了一些诗歌，其中有一首出自诗人弗朗茨·波佩（Franz Poppe）之手。波佩开头描绘了亚德湾海水吞噬陆地的阴郁场景，接下来切换成一种截然不同的风格：[53]

而你，黑彭斯，也将消失
连同你的草地和牧场，
被发怒的大海吞噬，
直到英雄现身，拯救者降临。
一位渴望建功立业的年轻巨人，
普鲁士在德意志大地上崛起。
总有一天，我们的舰队将在此停泊，
一座港口从我们手中诞生。

这听上去很像卡尔·霍伊尔对奥德布鲁赫排水工程的赞美诗，而且这两个相隔一个世纪的工程不无类似之处。威廉港也是霍亨索伦王朝意志的体现，是一座“样板城镇”。像奥德布鲁赫的“征服”一样，这个亚德湾沿岸港口和城镇的建设带有一种让人回忆往昔的英雄色彩，因为需要与自然力展开艰苦卓绝的斗争。这并不是“在酸沼和草本沼泽中变出一座城市”那么简单。[54]

规划阶段就一波三折。汉堡和伦敦的两位著名港口设计师提交了方案，普鲁士海军部认为根本行不通（约翰·伦德尔［John Rendell］爵士的方案造价高得离谱）。最终只好采纳了本国设计师的方案。之后，人事问题又导致开局不顺。短短两年内，地方当局的主要负责人和港口施工的两位主管相继离职。[55]亚德湾很难招募和留住文职人员，原因在于此地与世隔绝，而且出了名的多雨、多风、多泥（很快就有了“泥城”的绰号）。[56]那些迫不得已前来的官员把在此地工作看成是流放。他们的妻子更不高兴。1859年，一位海军军官的妻子路易斯·冯·克龙（Louise von Krohn）来到这里，住的是潮湿破败的农舍，她后来撰写了关于这段“早年艰辛岁月”的回忆录。[57]她认为自己有责任安慰那些同病相怜的人，如一位年轻军官的妻子格蕾特，被大惊失色的丈夫告知必须搬出柏林选帝侯大街（Kurfürstendamm）的漂亮公寓，搬到泥泞、热病肆虐的亚德湾，这个消息“太过可怕，她简直不愿意相信”。[58]亚德湾的名声比哈德逊湾（Hudson's Bay）还糟糕。

135

港口工程总管克里斯蒂安森（Christiansen）和瓦尔鲍姆（Wallbaum）很快就另谋他就，并不单纯是因为亚德湾的坏名声和恶劣环境。他们还面临从未遇到过的难题，这些难题将继续困扰继任

一个与世隔绝的地方：尤利乌斯·普雷勒尔的水彩画用深褐色的色调描绘了日后威廉港所在地区的风光。风车上方可以看到黑彭斯村落，在亚德湾水线上方，可以看到奥布拉赫内申平原。

者海因里希·格克尔（Heinrich Göker）。一个问题是此地与世隔绝。未来的威廉港就像“一个与外界切断了联系的岛屿”。[59]与柏林的通信需要4—5天时间。所以，当务之急是修建一条通往内陆的道路，136 与最近的大道连通。即便如此，路上耽搁的时间也长得让人难以忍受。由于普鲁士与奥尔登堡在路线和费用分摊上没有达成一致，铁路建设迟迟不能上马。汉诺威的蓄意阻挠让事情变得更糟糕。直到德国统一前夕，各邦国之间的这种睚眦必报历来是德国特色，同时代人称之为“割据状态”(Kleinstaaterei)。事实上，正是这种乡土观念推动了这些年间自由民族主义的兴起，尽管它最终把许多自由派民族主义者吸引到普鲁士这个显然是最强大、最有可能统一德国的德意志邦国。

铁路直到1867年才完工。因此，在工程早期阶段，绝大多数建筑材料和其他物资需要靠船运。这样一来，建设者们要应付来自海上的麻烦。普鲁士人到亚德湾不久，就遇上了1855年新年暴风雨，这是1825年以来的第二大洪水，紧接着，1858年2月和1860年1月两度暴发洪水。洪水大大阻碍了首期工程的进度。海水卷走桩基，侵蚀未来港口周边的堤坝，延误了卸货码头的建设。有时洪水冲入建筑工地，将所有建筑材料席卷一空。如何保护围堰成为最棘手、最让人泄气的难题，本来这些围堰是用来保护未来港口主入口的。在当地官员看来，这个问题有如屡教不改的“问题儿童”。[60]用泥土填在平行的两列桩基之间，就形成了一道围堰，但桩基被船蛆蛀透，继而在1860年暴风雨中坍塌。重建了保护墙之后，工程得以继续进行。结果，一截保护墙被潮水卷走，威胁到船运。日后，一位海军部官员不动声色地称之为“对北海洪水的持久战”。[61]

对于未来港口至关重要的深水航道成为重中之重。由于海潮把泥沙由西向东搬运，随着时间的流逝，荷兰和弗里斯兰沿岸的其他海湾自然淤塞了。对于普鲁士海军部而言，1855年洪水来得尤其不是时候，因为它蹂躏了近海岛屿旺格奥格（Wangerooge），岛上居民逃到大陆，岛屿西端浸入北海，洪水甚至还影响到亚德湾。第二个问题是，奥尔登堡大公计划在亚德湾南部和东部进一步围海造地。

这势必会削弱冲刷海湾的海潮，从而威胁到深水航道。很难测得可靠的水深数据，恰恰表明航道远远谈不上稳定。[62]

工程初期的挫折，进展缓慢，长期的淤塞危险，节节攀升的费用，所有这一切使工程不可避免地成为口诛笔伐的对象。这种口诛笔伐不同于腓特烈大帝的官员对移民计划的牢骚，倒更像图拉在巴登议会中遇到的反对，巴登议会是1848年前德国境内最自由、最直言不讳的议会之一。实际上，普鲁士人抨击亚德湾工程是财政上的“无底洞”，这比图拉遇到的任何批评都尖锐。工程建设恰逢普鲁士自由主义政治复兴的时期，这一阶段始于1850年代晚期，高潮则是1861年进步党的成立。当时，国王与议会因为新的军事议案发生激烈冲突，这场“宪政斗争”曾使威廉一世一度考虑退位，成为奥托·冯·俾斯麦上台的前奏。

137

在这段困难时期，除政界和媒体的批评外，行政部门也出现了质疑之声，亚德湾工程前途未卜。[63]普鲁士打赢了对丹麦与奥地利的战争，为德国的统一奠定了基础，即使在这样有利的环境中，对工程的声讨仍未平息。1864年，一名普鲁士议会议员提出了淤塞问题。“大自然”，他提出，在亚德湾“设置了重重障碍”，由于1853年条约的限制，地方当局无力解决这些问题。实际上，1853年时就对条约进行了修订，扩大了普鲁士的领地范围，当普鲁士接手保护旺格奥格，劝说奥尔登堡停止在亚德湾围海造地时，也提出了淤塞问题。工程进展加快了，尤其是1864年对丹麦的战争结束之后。不过，反对意见并没有销声匿迹。1868年，当局暂停财政拨款，大批建筑工人被短期解雇。[64]

当时，工地上已经有一支庞大的施工队伍。1861年超过1000人，1864年增至2000人，到1868年8月实施为期4个月的短期解雇之前已有2500人。次年，工程重新启动，施工人数达到有史以来最高，有将近5000人。1869年，港口设施收尾工作结束之际，有半数工人是技工。[65]但是，在最后几年之前，工人绝大多数是粗工（1864年前甚至没有统计技工人数），正是他们使亚德湾得到了原始的边疆地区的名声。同时代人的回忆中一再将亚德湾比作淘金热时期的加利福尼亚城镇，它是一个“小美洲”，吸引那些想飞黄腾达之人和胆大妄为之徒。[66]在19世纪五六十年代，这种特质并不会让亚德湾脱颖而出。同一时期，萨尔的煤矿无序发展，因而得到了一个绰号 138 “黑加利福尼亚”（因煤而得名）；发展更快的鲁尔是德国的“蛮荒西部”。[67]这些地区与亚德湾的不同之处在于，建设海港城镇的劳动力队伍是流动的。正是因为这一点，加上当地特殊的困难，工人的生活条件远比不上兴旺的煤矿。

建筑工人都是临时工。一些人是当地人、季节性农业劳力和以前受雇筑坝的工人。其余的来自普鲁士东部，包括波兰人和立陶宛人。很多外乡人属于流动的工人队伍，他们从一个大工地奔向下一个工地，除了一柄铁铲、一双及膝长靴之外一无所有。昨天他们可能还在修筑铁路或运河，今天就来到港口工地。对于绝大多数人而言，繁重的体力劳动和长工时（夏季从黎明一直工作到日暮，中间只有一个小时的午饭时间）已是家常便饭。[68]但是，亚德湾的自然环境异常严酷。港口的入口、通向主要设施的运河、码头等都要靠人力挖掘。工地的土层让挖掘工作举步维艰。港口入口处是泥滩。海湾内部的工地比正常的高潮水位低2英尺，地表先是数英尺厚的黏土层，下面是一英尺厚的泥炭，再往下是5英尺混合着芦苇根的淤泥，最后是沙土层。[69]工人挖掘泥土，用手推车沿着跳板运到倾倒点，泥土层层堆积，以抬高未来城镇的地势。工人们推着手推车在跳板上穿梭，就像排成一列纵队行军的士兵，他们喊着号子以保持步调一致，只要有一辆手推车滑倒，就会让整个队伍陷入停顿。只有到终点，人力才被机械所取代，工人把泥土倒入铁轨上的翻斗车，这种翻斗车被称为“跑狗”（“谁来喂狗？”柏林的一位官僚如是说）。[70]

由于当地的地形，所有的堤坝、闸门、干船坞和码头都要先打桩。直到1860年代中叶，蒸汽打桩机才出现在工地上，当时许多最艰巨的工程已经竣工了。原始的“泥巴大王”用人力把桩基打入地下。威廉港的施工方法与威尼斯和阿姆斯特丹如出一辙。150年前，圣彼得堡也是用同样的方法在泥泞的三角洲上建造起来的，成为不惜一切代价实现政治意志的典型。不过，将两者做一番比较，还是能看出差异。彼得大帝的“面向欧洲的窗口”牺牲了1万人的生命。普鲁士在亚德湾的抱负所造成的人员损失少得多。官方统计数字显示，1857—1872年共有247名建筑工人死亡，尽管这一数字可 139 能比实际低。[71]死亡者中有1/10是死于事故，另外将近1/10是自杀或酗酒，其余的死于疾病，尤其是肺结核、胸膜炎和肺炎。这些疾病和流感成为这个时期德国工人的主要杀手，由于体力透支与不卫生的生活环境，工人们普遍虚弱不堪。在亚德湾，工人们长时间在潮湿环境中工作，住的工棚十分拥挤，吃得很差，为了御寒又拼命喝酒，发病率和死亡率居高不下，也就不足为奇了。[72]

还有疟疾，又叫“沼泽热”或“打摆子”。这种病在周边的沼泽地带很猖獗，建筑工地上不计其数的水洼成为疟蚊的理想繁殖地。[73]像泥巴一样，疟疾成为工人们日常生活的一部分。20世纪初，亲历者告诉一位依然为根除这种疾病而奋斗的医生，在1860年代的亚德湾，“几乎人人都得过疟疾”。[74]疟疾患者的死亡率不高，亚德湾的工人更多是死于斑疹伤寒，但是，患疟疾的人多得惊人，而且患上疟

1860年代威廉港工地

疾之后就很容易感染其他疾病。疟疾病例总计将近1.8万例，发病的高峰期总是夏季的几个月。1868年8月，30%的工人患上疟疾，9月，发病率上升到36%，患者超过1000人。[75]疟疾的肆虐在世人的心里打下了不可磨灭的烙印。[76]不论是上流社会，还是普通工人，都有可能感染疟疾。对于路易斯·冯·克龙而言，疟疾是生命中的“劫难”。她本人、她的女仆和丈夫全都患上了这种病。奎宁只能阻止发热，不能根治热病，尤利乌斯·冯·克龙在此后数年中饱受疟疾复发的痛苦。[77]

140

疟疾还不是早年间亚德湾一小撮军官、官员和商人所面临的唯一难题。[78]当然，他们的待遇远非建筑工人能比。他们不用胼手胝足，吃得很好，住的是上等的永久住宅（1864年，克龙夫妇从漏雨的农舍搬进新建的曼陀菲尔街的新居）。不过，生活条件仍然是很艰苦的。普鲁士当局接到无数投诉，工地尘土飞扬，让人睁不开眼睛，不仅落得满身都是，还从窗户缝隙钻入室内，家具上积了厚厚的一层。当时采取的办法是用淤泥盖住沙土，再在泥上铺稻草。[79]但是，淤泥非但不能解决问题，反而带来了更大的麻烦。整个地区一片泥泞，尤其是雨后，而此地平均两天下一次雨。出门必须穿高筒靴，不管是去教堂礼拜，还是欢迎例行视察的阿达尔贝特亲王，或是踩着跳板去参加埃霍隆格酒馆举办的舞会。[80]雨水还不是导致泥泞的唯一原因。地下水位从一开始就很高（有时埋在坟墓中的棺材都能浮起来），工程又破坏了当地的排水沟，致使街道和房屋进水。1860年代，常住居民人数缓慢增加，到这个十年结束时达到3000人，此外还有4000名建筑工人，需要修建更多的房屋。问题随之而来，因为新建筑是建在从前的漫洪平原和沼泽地上，房屋地基下陷也就是预料中的事了。[81]

《古舟子咏》*本该注意到一个悖论：水多为患的地方，缺乏饮用水会成为一个老大难问题。这个问题既有地质因素，也有人力不逮的原因。1862年、1864年，当地打了两口自流井，但水量难以满足需求。勘探人员也无功而返。1877年，才在城镇6英里外沙质干

* 英国诗人柯勒律治的名诗。——译注

砾地区找到充足的水源。水井的出水量很小，凌晨4点，水管前就排起了长长的队伍，男人在前，妇女在后。居民也从当地第一座监狱附近的小水塘取水，或是从工人们洗刷沾满污泥的靴子的壕沟取水，对于水面上不时漂浮的死猫死狗视而不见。在旱季——这个阴雨连绵的地方居然也有旱季，必须用船从不莱梅运水，然后用水桶分给各家各户。[82]新乡镇的其他物资也供应不足。日用品既少又贵。按照最初的协定，只允许商人供应未来的海军基地，禁止商人在亚德湾的城镇经商。但是，港口的需要远远超过最初的设想，尤其是新建了一座造船厂以及常住人口增加之后。1864年，奥尔登堡取消了限制，新建街道两边开始出现商店，凯瑟琳·施万豪泽（Catharine Schwanhäuser）在编年史中满怀深情地记录了这些商店的名称。[83]但是，1870年代前，除基本生活必需品外，其他商品仍要到耶弗尔购买，这意味着往返一趟需要两天一夜的时间。

141

阅读俱乐部、惠斯特之夜、舞会等社交活动将新兴城镇的居民凝聚在一起。流传至今的回忆录记述了这些雅事。但是，作者们似乎更乐于回忆那段日子的艰难困苦，记录下所经历的风雨交加、遍地泥泞、疟疾肆虐和物资匮乏。他们最津津乐道的是一座名为“灰驴”的房子，它既是酒馆又是商店，屋顶上铺着油毛毡，因其阴暗的外观而得名。回忆录还带着某种屈尊俯就的姿态描绘了建筑工人“放荡的生活”：酗酒，赌博，打架，在安德雷酒馆又叫又跳（尽管那里没有妓女）。[84]平静地回忆过去，早年的困苦时光成为自豪的源泉、孕育出开拓者们坚忍不拔的创业神话。

1854年朴素的仪式上，亚德湾第一次升起普鲁士国旗。15年之后，这里举行了隆重的仪式。这些年间局势有了很大变化。1866年，普鲁士对奥地利（以及绝大多数德意志邦国）战争的胜利，标志着德国统一的“小德意志”方案进入关键阶段。这场胜利为1867年组建北德意志联邦奠定了基础，进而为1871年德意志帝国的建立铺平了道路。1869年6月17日，很快就将成为德国皇帝的普鲁士国王威廉一世乘火车从奥尔登堡抵达亚德湾。威廉一世的随行人员有宗室成员、高级官员和大臣，俾斯麦也一同前来。此外还有赫尔穆特·冯·毛奇（Helmuth von Moltke）为首的总参谋部成员。1857年起，毛奇一直担任总参谋长，他重视铁路的战略功能，在很大程度上保证了1866年普鲁士打败奥地利及其德意志盟友。

142

威廉一世一行穿过两道用云杉专门搭建的凯旋门，前往港口，陆海军大臣阿尔布雷希特·冯·罗恩（Albrecht von Roon）作简短致辞，宣布了由威廉一世为新城镇钦定的名字。当时业已退休的恩斯特·格布勒曾写信提醒国王，阿达尔贝特亲王希望把城镇命名为索伦(Zollern)，但国王最终还是决定命名为威廉港，以纪念已故兄长、前国王腓特烈·威廉四世（Frederick William Ⅳ）。威廉一世登上维多利亚女王派来表示祝贺的“米诺陶”号护卫舰，舰上鸣礼炮致敬。接下来的行程是参观港口设施，威廉一世为新的驻地教堂奠基。[85]但是，官员们不想让国王看到太多的现实。他们特意将视察的时间安排在大潮的日子，这样国王便不会看到茫茫的大片泥滩。即便如此，一名退休的海军部官员在多年后写道，威廉一世给城镇命名时，“他举目四望，只看到一片不毛之地”。1869年7月前来视察的王储腓特烈必定也有同感，据说他曾茫然不解地惊呼：“此地有什么东西值得国王陛下来剪彩?”[86]

又过了10年，荒地上才出现一座城镇。1873年，威廉港成为一个普鲁士行政区，不再归海军部管辖。变化更大的是城镇的面貌。火车站已经像个真正的车站，不再是用几根木头撑起一块大帆布的临时车站，像一个巨大的帐篷或是超越时代的概念艺术品。[87]1870年代，统一后的新德国掀起了热火朝天的建设浪潮，威廉港也在这一时期拥有了煤气厂、自来水厂、学校和政府大楼等基础设施。还修建了道路将以前的几条主干道串联起来。大规模建设改变了早期居民所熟悉的地形。水坑和溪流被填平，海克舍牧场（Heikesche Cow Pasture）上建起了俾斯麦广场（Bismarckplatz），周围则是居民区。绿化与城市公园改变了城镇的自然景观，合唱俱乐部改变了社会风貌。昔日边疆村落的这种“文明化”也有其阴暗面。当地自然排水条件差，大规模建设使情况变得更糟，排水仍然是悬而未决的难题。城内及城外的“聚居地”很快建起很多船厂工人的宿舍，却缺乏现代卫生设施。这些地区纵横交错的死水沟里堆满了生活垃圾和排泄物，对居民健康构成了严重威胁。20世纪初，疟疾依然时有发生，尽管路易斯·冯·克龙坚称它已经彻底“根除”。[88]

143

20世纪初的回忆录作者迫不及待地想与过去划清界限，将污泥与疟疾说成是早先时代的东西。然而，一种既非异想天开、又不单纯是地方性的爱国主义观点认为，40年来，威廉港已经成为一个独特的象征。它不再是与世隔绝的流放地，造船厂吸引了德国各地的工人。人们最初将亚德湾比作淘金热中的美国城镇，如今则老生常谈地把亚德湾比作“熔炉”。最重要的是，海军基地使威廉港成为活力与时代的象征。这座城镇的主宰是海军基地，它与统一的德国日益膨胀的海军和帝国野心同步发展。舰船进出港和新船下水仪式赋予这座城镇的生活以韵律。它们使得这里的居民从心理上与外面的世界联系起来。1878年，德国著名的非洲探险家格哈德·罗尔夫斯（Gerhard Rohlfs）在威廉港的维多利亚旅馆（Viktoria）发表演讲；1880年代是德国第一次建立海外帝国的十年，威廉港举办了一场大型的艺术、工业品和园艺展，展品包括中国画、牙雕和热带鸟类，其中绝大多数是由海军官兵提供的。[89]

最能够体现威廉港在新德国的地位的，莫过于得到了刚愎自用、孤芳自赏的威廉二世的垂青，1888年，将近而立之年的威廉二世即位为德国皇帝。1888年9月，威廉二世即位刚刚三个月，便于海军演习期间造访了威廉港，第二年7月再度来视察。此后的岁月中，唯有威廉港的姊妹港基尔（Kiel）才能如此频繁地得到皇帝的青睐。路易斯·冯·克龙记下了1889年7月这次访问引起的“疯狂骚动”，其实这种情绪在德国中产阶级当中相当普遍，并非威廉港所独有，但威廉港在德国皇帝的“世界政策”[90]中扮演了尤为重要的角色。1898年后，德国着手建造新舰队，威廉港的造船厂忙碌起来。海军基地和城镇都在扩建。1897年，制订了打通威廉港第三个入口的计划（这项计划造成了一个附带后果：拆掉了几乎所有始建于1850年代的建筑），同年，蒂尔皮茨海军上将颁布了第一个海军法案。“我们的未来在海洋”，皇帝如是说，而威廉港的命运与他的自吹自擂息息相关。[91]

相对人类在亚德湾沿岸定居的久远历史，事实证明，皇帝、海军协会（Navy League）和“海军专家”翘首以盼的威廉港不过是昙花一现。第一次世界大战期间，德国舰队的失败证明其毫无战略价值，1918年11月初，基尔和威廉港水兵起义引发了革命。钳工、一等兵伯恩哈特·库恩特（Bernhardt Kuhnt）成为短命的奥尔登堡和东弗里斯兰社会主义共和国的总统。[92]威廉港完全依托海军基地，由于失去了作战舰队，在1920年代遭受严重打击，德国军舰大部分移交给战胜国，精锐舰只则在斯卡帕湾（Scapa Flow）被凿沉。尽管努力发展其他工业（包括拆船业，1920年代初，威廉港的拆船业在欧洲首屈一指），但早在1929年华尔街大崩盘引发大萧条之前，威廉港造船厂就有数千人失业。这就给业已获得小业主、低级官员和失业船厂工人强烈支持的纳粹主义以可乘之机。1932年7月的德国议会选举中，纳粹党人在威廉港赢得了近半数选票（在工人占优势的城外地区得票少一些），远高于纳粹党人在整个德国的支持率。第三帝国重整军备，使威廉港再度成为一个繁华都市，第二次世界大战前夕，威廉港的造船厂有将近3万名工人。这也带来了灭顶之灾，战争后期，威廉港几乎被盟军飞机的轰炸夷为平地。就在普鲁士购买亚德湾90年后，海军基地寿终正寝。

开发酸沼

1933年纳粹上台的前一年，奥尔登堡本土作家奥古斯特·欣里希斯（August Hinrichs）回忆起1880年代教室墙上悬挂的地图。这幅地图描绘了他家乡的小世界，他清楚地记得图中的颜色。最上方是蓝色的北海，右边亚德湾形如“一只肥肥的火腿”。接下来用三种颜色分别代表奥尔登堡和东弗里斯兰半岛的三种栖息地和景观：绿色是草本沼泽，黄色是沙质干砾地，褐色是内陆的高位酸沼。[93]现代地图仍有这些颜色，但标示开垦和人类居住地区的颜色比例大大增加了。欣里希斯注意到了他有生之年所发生的变化。其实，变化一直在发生，只是有的时候更显著，有的时候则是渐变的。

145

我们不妨想象一下，在欣里希斯出生的1878年，如果有一位旅行者从威廉港一路向西，他肯定能看到这些变化。也是在这一年，埃姆斯—亚德湾运河动工兴建，建成后的运河流经奥里希（Aurich），把威廉港与埃姆登（Emden）的港口连接起来，因此，胆子大的旅行者完全可以沿着工程师设计好的运河线路走。[94]行程将首先穿过地图上的绿色区域。那里是沿海的草本沼泽地区。过去数十年间，只有这里的地貌变化最小，因为它在很大程度上已经开垦了，修筑了海堤和纵横交错的排水渠。用绿色来代表给沼泽地农民带来财富的肥沃耕地和牧场，当然是再合适不过了。前行大约10英里后，地势逐步升高（运河建设者们用一系列水闸来解决这个问题）。这就进入了沙质干砾地带。“干砾地”（geest）一词的意思是“贫瘠”：土壤多沙，植被多为石南类植物。横亘于奥尔登堡－东弗里斯兰半岛上的山岭与东部更广为人知、地势更高的吕讷堡酸沼（Lüneburg Heath）

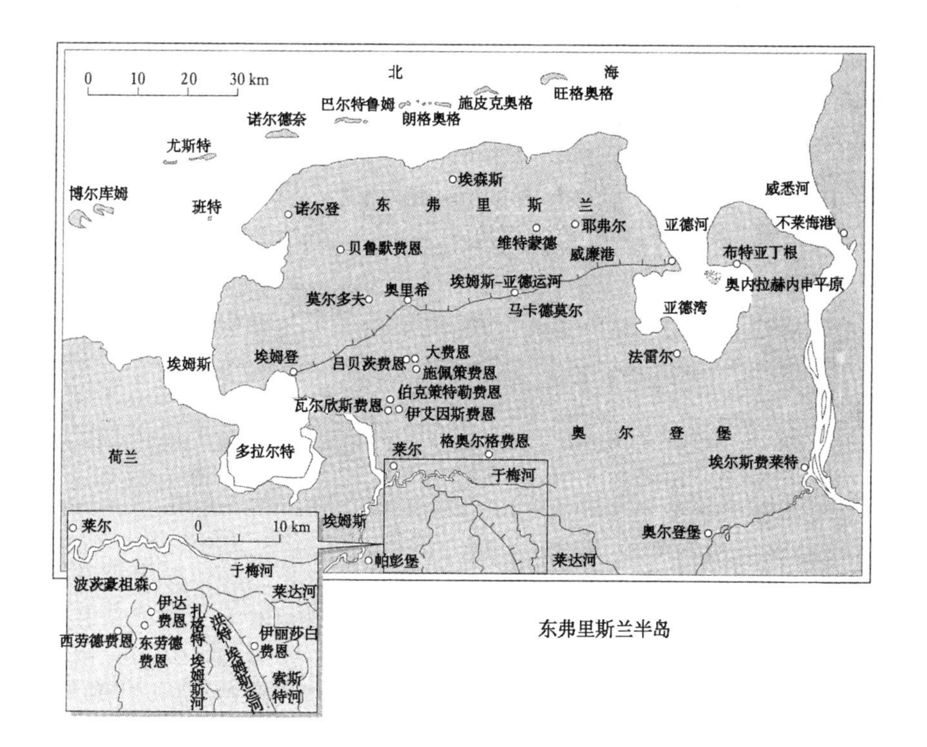

东弗里斯兰半岛

属于同一山脉。这里曾经有茂密的森林，我们依据出土物和花粉得知，早在公元前3000年，此地就已有人类开垦。长期的垦殖导致乱146砍滥伐。中世纪农业造成的破坏尤甚。过度放牧以及为了种植农作物而铲掉草皮，地表裸露出来，大风吹走表土，露出下面的沙地。在沼泽农民富起来的年代，干砾地为羊群提供了牧场，小农在贫瘠的土壤上种植黑麦维持温饱，靠纺织和制作木屐补贴家用。到19世纪第三个25年，景观再一次改变。人们竖起灌木篱笆作为挡风墙，开始使用粪肥，种植速生松树固定流沙。如今干砾地带农田的独特地貌开始形成。[95]

从沿海平原上升到干砾地带，前行6英里之后，地貌再次改变。未来的运河将径直穿过“荒无人烟的酸沼”，半岛上的酸沼地带从奥里希延伸到弗里德堡（Friedeburg），向南绵延50英里。[96]这片广袤荒野的部分地区属于低位酸沼，尤其是莱达河（Leda）和于梅河（Jümme）河谷，其特点是由水泽逐渐过渡为陆地。低位酸沼类似于腓特烈大帝排干的草本沼泽。另一方面，高位酸沼完全位于地下水位以上，因而自成一体，例如奥里希与弗里德堡之间的地区。高位酸沼形成于降雨量大而蒸发慢、排水条件差的地区。地表上生长着海绵状苔藓或泥炭藓。苔藓根部死亡后不能完全降解，因为水隔绝了空气，也没有多少能促进其分解的微生物。天长日久，地表下形成了黑色、酸性、水浸的泥炭沼泽。数千年间，半岛上的酸沼不断扩大，通常深达30英尺。[97]德国西北部沿海的气候和水文为酸沼的形成提供了适宜的条件。它们的面积占到奥尔登堡和东弗里斯兰的1/4，高于德国其他任何地区。[98]

开凿埃姆斯—亚德湾运河的数百名波兰劳工可以作证，高位酸沼危机四伏。现代排水技术投入应用之前，穿越酸沼绝非易事。现代排水技术成功排干了沿海的草本沼泽和其他低地，很久之后才开始应用于高位酸沼。史前时代的证据表明，人类曾经用一劈两半的圆木铺路穿越酸沼，但这些路最终还是为沼泽所吞噬。[99]沼泽吞人事件也时有发生。穿越酸沼，不仅像诗人安妮特·德罗斯特－许尔斯霍夫（Annette Droste-Hülshoff）所说的那样让人“毛骨悚然”，而且有生命危险。18世纪末，不莱梅的新教牧师约翰·威廉·赫纳特（Johann Wilhelm Hönert）关于酸沼的警告是："无路可通，进去后要面对种种艰难险阻。"如果要修路，先得小心翼翼地铺设柴笼（赫纳特将之比作筑堤），再铺上"一脚厚"的沙子，这条路可以维持一年。[100]即使到了19世纪，仍有旅行者在酸沼失踪，只要他们离开安全地带，就有可能陷入地下。[101]事实上，19世纪之前，很少有人会去做德罗斯特－许尔斯霍夫做过的事情，或是出于兴趣和好奇穿越酸沼。酸沼地带人迹罕至，荒凉贫瘠、危机四伏。地表变幻莫测，有茂密的草丛、低矮的蕨类，偶尔可见矮小的桦树以及没有任何鱼类的死水塘，还能听到地下传来的"酸沼雷鸣"。[102]19世纪晚期开始的现代酸沼考古发掘出许多保存完好的早期村落遗址，这些村落要么位于低位酸沼的湖边，要么是在高位酸沼的边缘。[103]数个世纪以来，奥尔登堡和东弗里斯兰半岛的居民小心谨慎地与酸沼共处，站在干燥的地方挖泥炭当燃料。

147

我们假想的那位1878年的旅行者，沿着未来运河的线路进入酸沼，前行数英里后，便可以看到人类是如何用其他方式利用这片无人区的。向南部和西部走不远，有许多傍河而建的沼地定居点，其中最古老的可以追溯到17世纪，其他的则是晚近修建的。[104]星罗棋布的"高位酸沼定居点"大多建于18世纪下半叶。最大（也最有名）的是莫尔多夫（Moordorf），离此地有20多英里，靠近奥里希。最后，就在这位旅行者所站的未来运河附近的地方，将建起马卡德莫尔（Marcard's Moor）定居点，这是将1870年代的"德国高位酸沼文化"付诸实践的尝试。早期的居民点当中，有些只留下地图上的痕迹，有些则比较成功。这些居民点使得上千年来一直在难以觉察地缓慢变化的景观发生了彻底改变。

人类首次系统地驯服酸沼的尝试始于17世纪。"费恩"（Fehn）一词既指低位酸沼村落，也指高位酸沼村落。这些居民点是为了采掘泥炭而建的，三十年战争使当地的泥炭供应中断，泥炭价格上涨。要建沼地定居点，首先要挖掘引水渠，把附近的河水引到酸沼的边缘；然后，开凿一条贯通整个酸沼的干渠，再沿着干渠的垂直方向挖掘许多支渠。最后，有时还要在支渠上进一步分叉，开挖一系列汊渠以便采集泥炭，这些汊渠称作Inwieken。开采泥炭时，先把表层不易燃烧的白泥炭挖开并堆到一旁，然后用特制的铁锹挖出黑泥炭，一堆一堆地晾干后运到市场出售。采完黑泥炭后，再将表层的白泥炭与沙子混合成底土，形成种植农作物的腐质土层。理论上说，随着泥炭的逐步开采，移民能够相应扩大耕地面积。

148

像其他许多湿地开发举措一样，沼地定居点也借鉴了荷兰人的做法。德国的第一个沼地定居点是1631年在埃姆斯兰（Emsland）建立的帕彭堡（Papenburg）。随后，私人公司在东弗里斯兰建立了一系列沼地定居点，其中有许多是埃姆登商人仿效真正的先驱、荷兰格罗宁根（Groningen）商人的做法建立的。大费恩（Great Fen）始建于1633年，之后是吕贝茨费恩（Lübberts Fen）、霍克泽费恩（Hookser Fen）、伯克策特勒费恩（Boekzeteler Fen）和伊艾因斯费恩（Iherings Fen）。18世纪兴起了新的开发浪潮，相继建立了瓦尔欣斯费恩（Warsings Fen）、新费恩（New Fen）和施佩策费恩（Spetzer Fen），所有这些居民点都集中在早先的居民点附近。只有两个大的居民点例外。劳德费恩（Rhauder Fen）始建于1769年，埃姆登商人曾开发过此地，20年前放弃了。劳德费恩的土地是从没落的耶路撒冷圣约翰骑士团(即通常所称的马耳他骑士团)手中获得的，这也成为时代的一个标志。劳德费恩在同类居民点中脱颖而出，十分兴旺。北边的贝鲁默费恩（Berumer Fen）也颇为繁荣，它有一点与众不同，开发公司自己经营，而不是租赁给移民开采泥炭、耕种土地。[105]

这些都是私人项目，以赢利为目的。政府没有什么行动，原因在于沼地定居点需要投入庞大的启动资金（普鲁士政府其实曾经在施佩策费恩开凿过运河，后来为了节省支出，将工程卖给了私人公司）。19世纪，政府采取了主动，目的是为了缓解社会问题，为持续增长的人口开垦新土地，否则这些人就会跑到荷兰当季节工，或是移民美洲寻求全新的开始。汉诺威王朝统治时期，1820年代，东弗里斯兰新建了北格奥尔格费恩、南格奥尔格费恩（George's Fen）、霍尔特费恩（Holter Fen）三个沼地定居点。[106]普鲁士也掀起开发热潮，这与德国统一进程密切相关。1860年前后，有人建议将大费恩向西扩展到亚德湾。汉诺威对普鲁士建造威廉港一事始终耿耿于怀，百般阻挠这个动议，这也成为小国坐井观天的又一个例证。[107]解铃还须系铃人，只有政治手段方能解决政治阻碍。对于普鲁士而言，1866年军事胜利的一个附带收获就是打败了汉诺威，重新吞并了东弗里斯兰。 149

1866年战争胜利后不久，普鲁士农业部一个叫马卡德（Marcard）的狂热分子起草了大规模开凿运河、建立沼地定居点的方案。普鲁士当局用普法战争中的战俘，在靠近普鲁士边境的埃姆斯河左岸地区开凿了一条南北向纵贯布尔坦格尔酸沼（Bourtanger Moor）的运河。1867年，普鲁士与荷兰签订的一项条约为一系列支渠的开凿奠定了基础，这些支渠将与荷兰现有的运河网相连。将大费恩向西面的亚德湾扩展的方案再度启动，不过有所变通：向东扩展的是施佩策费恩，又新建了奥里歇尔－维斯莫尔费恩（Auricher Wiesmoor Fen），扩建工程于1878年竣工。1880年代又建成了两个居民点，威廉费恩（Wilhelms）I号和II号，马卡德的方案宣告完成。此时，普鲁士开发酸沼的方向已经改变。[108]

开发酸沼最积极的是奥尔登堡。相比东弗里斯兰，奥尔登堡较少受荷兰的影响，而且历来缺钱，所以，两个世纪以来，这个国家一直关注着邻国开发酸沼。19世纪中叶，奥尔登堡加入改造酸沼的热潮。1840年代起，奥尔登堡开凿贯通酸沼的运河，沿河建起了居民点：1850年代有奥古斯特费恩（August Fen），1860年代有伊丽莎白费恩（Elisabeth Fen），1870年代有莫斯勒兹费恩（Mosles Fen）。1881年，这些居民点的占地面积已达2500英亩。1865年建起的伊达费恩（Ida Fen）属于私人项目。在一代人的时间里，奥尔登堡成功建立起了运河密布的酸沼居民点网络，这种网络在更西面的地区早已是十分常见。[109]

运河是沼地定居点的生命线。酸沼排水，运出泥炭和农产品，运进肥料和建筑材料，都要靠运河。用历史学家的话来说，帕彭堡是“运河城镇”，此话也适用于此后兴建的所有居民点。[110]沼地定居点没有市中心或集市市场，沙土路通常是沿河而修，运河是交通主动脉，间或有平转桥横跨河上，这种桥梁也是从善于创新的荷兰学来的。运河的重要性远远超出单纯的经济层面，它是与世界相联系的标志。1847年，路德维希·施塔克洛夫（Ludwig Starklof）出版了致友人的四封信，生动有力地描述了运河的作用，尽管其标题《洪特与埃姆斯之间的酸沼运河与酸沼居民点》难以展现作者对运河与沼地定居点发展前景的乐观态度。[111]

施塔克洛夫是奥尔登堡人，资深的政府官员，同时又是游记作家、历史小说家和业余画家，他负责筹建了奥尔登堡的第一座公共戏院，并且兼职管理这家剧院达十年之久。[112]施塔克洛夫属于典型的1840年代的自由派官员，小国令人窒息的政治环境让他心灰意冷，但依然关注“社会问题”。1846年，施塔克洛夫写了一部小说《阿明·加洛尔》，抨击奥尔登堡的时政。结果，尽管他为政府工作了35年，还是被奥古斯特大公无情辞退。第二年，他出门游历，考察拟议中的洪特—埃姆斯运河沿线地区。像许多志同道合者一样，施塔克洛夫把运河（还有铁路）视为进步的象征。他在写给友人的信中坦陈己见，还自嘲是个“运河狂”。[113]在信函的开头几页，他记述了扎格特－埃姆斯河（Sagter Ems）和索斯特河（Soeste）流域混乱的水文状况，未来笔直穿过酸沼的运河将与这两条河流交叉。他和同伴想方设法找到了正在勘测的测量队，测量员菲门（Fimmen）和助手克塞尔（Kessel）先生，还有一位不知其名的人扛着测量链，美观精确的测量仪器（由卡塞尔的布赖特豪普特[Breithaupt]制造）让施塔克洛夫一行惊叹不已。[114]一路上，施塔克洛夫经常遇上志同道合的知音，例如，有位老人说：“在洪特和埃姆斯河间修

路德维希·施塔克洛夫

运河？先生，你做得很对！我们早就该这么干！东弗里斯兰与奥尔登堡之间就缺条运河！我都等了40年，那可是了不起的事！不管是谁修了运河，都将造福子孙。”[115]

施塔克洛夫在信中呼吁兴建沼地定居点，奥尔登堡当时在这方面还是一片空白。他把落后的奥尔登堡与进步的东弗里斯兰做了一番对比。当他和同伴骑马穿过莱达河上波茨豪森（Potshausen）桥的边境线，“犹如魔杖一挥”，眼前的一切都改变了。奥尔登堡一边是肮脏、冒烟的小屋和贫困；东弗里斯兰居民的生活则是“阳光明媚，他们看上去整齐清爽，就像刚剥壳的熟鸡蛋”。[116]施塔克洛夫（像大多数游客一样）对劳德费恩印象深刻。他描述了精心维护的房子，小巧的前庭花园，干净整齐的房间，塞得满满的食品柜，有的甚至还有黑森林时钟，房屋后的耕地和草场一直延伸到尚未开采的泥炭酸沼。这些场景有如荷兰静物画，“一幅进步、前进、发展的图画”。至于当地的妇女，她们的牙齿非但没有脱落，还非常洁白。[117]这种有序和繁荣从何而来呢？施塔克洛夫给出了答案：“我们如今所在的地区有运河，有买卖贸易，有大商号。这一切有如伸出强壮臂膀的巨人。适宜通航、精心设计、开凿运河的水道以其令人振奋的力量净化了这里的居民、这里的房屋，他们变得洁净，不让污垢丛生，不会失去活力。”[118]施塔克洛夫一语中的，道出了运河的意义。贸易和货运乃是关键所在：“哪里有泥炭，那里就有运河。”水道是沼地移民通往世界的“生命线”。[119]他相信奥尔登堡也将大展宏图，只不过万事开头难。

151

1847年，施塔克洛夫希望洪特－埃姆斯运河来年年初就能动工，但是，1848年春却爆发了革命。群众聚集在奥尔登堡城，请愿书如雪片般飞来，工匠聚会表达对生活的不满，自由派政治家呼吁建立代议制政府。与普鲁士或巴登等南部各邦相比，奥尔登堡的革命没有那么激烈，乡村没有叛乱，城镇也没有发生街垒战，但革命的诉求是毫无二致的。人们要求实行宪政、议会选举、新闻自由、法律改革，要求采取措施应对“社会问题”。奥尔登堡大公迫于压力做出让步，任命了改良的“三月内阁”，它与1848年春德国各邦组建的政府如出一辙。随后，奥尔登堡举行了议会选举和法兰克福国民议会选举。施塔克洛夫参加了议会选举。他吸引了一批追随者，坚信可以通过革命官复原职。但是，他言辞激进，得罪了很多老自由派友人，大公也不肯重新起用曾冒犯过自己的人。

施塔克洛夫参选，却没有被选入新的奥尔登堡议会和法兰克福议会。失望之余，他前往法兰克福，为不莱梅一家报纸报道重大事件。他报道了围绕宪法和民族问题的争论，这场争论的背景是，1848年秋天之后，普鲁士和奥地利开始了反革命镇压，后续的起义时有发生。1849年夏，他见证了巴登革命最后的起义，之后像许多政治流亡者一样前往瑞士。当年秋天，他返回了奥尔登堡，仍念念不忘夺回自己的职位。政府中的朋友替他向大公说情。但是，施塔克洛夫真正渴望得到的职位是掌管奥尔登堡内部拓殖事务的新机构，这个请求遭到粗暴的拒绝。壮志未酬的苦闷，加上女儿日益显现出精神病的迹象，让他陷入彻底的绝望。1850年10月11日，施塔克洛夫突然失踪。3周后，人们在洪特河上找到了他的尸体。[120]

152

施塔克洛夫数十年如一日忍受种种政治和社会不公，只为他着眼于未来。当未来就要来临之际，他却结束了自己的生命。奥尔登堡的政治生活逐步走向开明，施塔克洛夫推崇的经济政策也付诸实践。作为广泛经济联系的热情倡导者和亲普鲁士的民族主义者，他没能在有生之年看到奥尔登堡于1853年加入德意志关税同盟和亚德湾协定（一位老自由派友人，马克西米利安·海因里希·吕德代表普鲁士海军部购置了黑彭斯的土地）。最具讽刺意味的是，他在洪特河投水自尽5年后，他渴盼的洪特—埃姆斯运河正式上马了。1855年，工程开工，但进展缓慢。1871年后，施工方购进了一艘霍奇斯式挖泥船，机械挖掘酸沼，不过进度依然不快，因为表层的白泥炭还是得靠人力来清除。此外还要架桥，修水闸，将引水渠延伸到酸沼腹地。直到1890年代，运河才开通。[121]不过，施塔克洛夫遇到勘测队的那一段河道很早就竣工了。1860年代，首批移民迁入伊丽莎白费恩，1870年代第二批移民迁入。这些沼地定居点形成了从酸沼中央穿过的新村落走廊，被公认为样板工程。它们甚至吸引了荷兰移民，这无疑是最高的荣誉。

19世纪中叶的沼地定居点证明了路德维希·施塔克洛夫等自由主义者对进步的无限向往是完全站得住脚的。这些年间，许多居民点日益繁荣，有些有了突飞猛进的发展。大费恩就是其中之一。在建立两个世纪之后的1833年，大费恩有居民1200人。19世纪中叶，居民人数超过2000，1880年已达3000人。[122]经营公司的固定资产大大增加，这一点很关键，因为这使得居民点扩展和技术改进成为可能。劳德费恩的繁荣也就顺理成章了，贝鲁默费恩也是如此。但是，其他的居民点，伊艾因斯费恩、吕贝茨费恩和伯克策特勒费恩，基本没有什么发展，有的显然陷入了危机。1840年代，即使是乐观的路德维希·施塔克洛夫也认为南格奥尔格费恩遇到了大麻烦，那里移民的悲惨处境“让我心急如焚”。愁眉不展、提心吊胆的佃户住的是简陋小屋，吃的是烂土豆，这让他感到自己“被流放到了爱尔兰的茅舍”。[123]在接下来的年代里，此地的境况依然“十分悲惨”。许多移民迁往奥尔登堡的新村落奥古斯特费恩，有的则移民到美国。[124]这个例子（伊达费恩是另一个例子）充分表明，虽然酸沼已经被运河“征服”，胜利果实也并非唾手可得。 153

20世纪初的大费恩

这种差异该作何解释呢？为什么南格奥尔格费恩的发展远远落后于北部的居民点？或者说，为什么伊达费恩明显比不上邻近的劳德费恩？日后，内部移民的倡导者一再将责任归咎于移民的素质。即便我们承认一些新来者不能很好地适应他们的新家，这个解释也是过于笼统的。无论如何，正如同样一批评论者反复指出的，成败更多取决于新移民所面对的条件和环境。由于条件和环境极为恶劣，早先的沼地定居点未能茁壮成长，新的定居点自然只能吸引那些（用一位普鲁士官员的话来说）“一贫如洗”的人。[125]这些条件包括家业多寡、收支状况、租金、劳役费（如“水闸钱”）、盖房或农耕的筹备。由于每一个因素都可能对其他因素产生影响，这些条件哪怕只有十分细微的不同，经过长期的发酵，也将产生重大的差异，换言之，初始条件在很大程度上决定了后果，也就是所谓的“蝴蝶效应”。其实，有差异的还不只是法律和财政状况。不同地区有不同的水文条件，泥炭开采的难易程度和质量也不尽相同。南格奥尔格费恩之所以在数十年间毫无建树乃至逐渐衰败，很大程度上正是由于诸如此类的困难：很难采到优质泥炭、偷工减料的运河以及频繁的洪水。[126]

154

航道往往是发展的关键。汉斯·普夫卢格（Hans Pflug）在纳粹时期赞美帕彭堡“穿过酸沼旷野的笔直的运河”。[127]这是高度理想化的说法。即便是帕彭堡的运河也没达到荷兰的标准。[128]如果说18世纪的沼地定居点总体上发展得比17世纪好，那是因为干渠不再小心翼翼地止步于酸沼的边缘，航道网也覆盖了更大的地区。[129]在东弗里斯兰，私人开发的沼地定居点几乎总是比政府兴建的定居点发展得好，奥尔登堡的情形正好反了过来，主要原因在于好的运河带来成功。相反，如果出了什么问题，根子通常在于运河的缺陷，要么太窄，要么太浅，要么维护不善，河道淤积、杂草丛生。[130]（1857年，一种入侵物种加拿大水草从柏林植物园流出，带来了一个显著的现代问题：1870年后，这种植物壅塞了德国西北部的航道。[131]）夏季的低水位问题最严重，即使是吃水很浅的泥炭船也不得不减少负载才能通行，每趟航程的收益下降。水闸也是一个重中之重的问题，因为要蓄水后方能开闸，在枯水的夏季，一艘船可能要等上数个小时，等另一艘船一起过闸。

所有的人工水道系统都面临保持水位的问题。正是为了保持运河水位，奥尔登堡政府修建了支渠；19世纪末，保持运河水位的需要推动了水坝建设。[132]与荷兰沼地定居点相比，东弗里斯兰和奥尔登堡的运河支线太少，问题显得尤为突出。汉渠越多，酸沼中排出的废水就越多，这有助于保持水道网的高水位。支渠不足，还意味着泥炭须经更长距离的陆上运输方能抵达最近的运河，既增加了生产成本，对产品质量也毫无益处。东弗里斯兰定居点还有更大的问题，汉诺威和普鲁士政府修运河的速度太快，挖出来的泥炭和沙土来不及运走，顺手堆在一边，久而久之形成了一堵墙，横亘在居民点与通往外部世界的生命线之间。普鲁士政府矫枉过正，斥巨资修建穿过布尔坦格尔酸沼的样板运河，选址却是错误的。“只要有梦想，凡事可成真”所体现的坚定信念在这里并不适合，换言之，放宽视野来看，运河超越了当时的时代。由于附近没有市场，与荷兰运河相连又有时间差，居民点很难吸引到移民。1891年，阿尔弗雷德·胡根贝格（Alfred Hugenberg）愁眉苦脸地报告说：“大多数时候运河上没有一艘船，路上也空无一人。”[133]

155

沼地移民（Fehntjer）永远不可能像奥德布鲁赫农民那般富裕。他们及家人集三种不同的职业于一身：泥炭工、农民和船夫。或许这就是沼地移民备受推崇的原因，他们甚至得到路德维希·施塔克洛夫那样热衷于征服酸沼、自命现代的人士的尊敬。沼地移民即便驯服了自然，也带有手艺人的性质，他们三位一体的生活方式像是在嘲讽现代劳动分工。[134]姑且不论沼地定居点的成败，矛盾之处在于，沼地移民和谐的生活方式并不值得羡慕。沼地定居点衰败，意味着移民要向商人或泥炭船船主借债，实际上沦为了为他人谋利的泥炭挖掘工。有的人去以泥炭为燃料的炼铁厂当日工，加工沼铁矿。如果定居点没有或只有少量的注册泥炭船，也会出现类似的情形。不过，即便沼地居民点能够立住脚，三种不同行业也是分开的。最明显的标志是船运业兴起，成为新的经济增长点。虽然运河并不可靠，到19世纪中叶，在有的沼地定居点，移民十之八九靠船运业为生。[135]1869年，帕彭堡有150艘海船，还有70艘泥炭船；1882年，东、西劳德费恩共有90艘海船和180艘泥炭船。[136]远洋纵帆船在直抵埃姆登的酸沼地带穿行，这场景让人啧啧称奇，有如船舶行驶在新开通的苏伊士运河上，远远看去像是穿行在沙漠中。船运业带来了繁荣，尽管它没有延续多长时间。19世纪末，沼地定居点的海船数量骤降。[137]不过，即使船运业繁荣，也不是人们所认为的沼地定居点成功的原因，船运业仍只占原有的份额，泥炭业后来居上，农业介于两者之间。

156

19世纪第三个25年是沼地定居点的全盛时期。老定居点有了前所未有的发展，新定居点大量出现。经过两个半世纪的发展后，沼地定居点逐渐不再成为一种开发理念：现有村落保存下来，但已不能激励后来者。初看起来，原因似乎一目了然。当初修建定居点的动因是为了大规模开采泥炭，如今这个行当已经走到了尽头。“煤国王”是未来的燃料，通用的替代燃料。威廉港的海军部门打算通过埃姆斯—亚德湾运河运输的，不是泥炭，而是鲁尔的煤炭。[138]这些都是事实。不过，泥炭依然有需求，主要（但不全是）用于家庭燃料，19世纪下半叶，泥炭价格通常高得足以获得满意的回报，同时又低得具有竞争力。至于需求，泥炭属于非再生资源，煤炭以及后来为威廉港的巡洋舰提供动力的石油亦是如此。见多识广的特奥多尔·冯塔讷对勃兰登堡低位酸沼的泥炭开采情有独钟，他在这个问题上的见解一如既往地深刻：“出售的并非酸沼的产品，而是酸沼本身：泥炭。”[139]东弗里斯兰一些定居点的泥炭资源接近枯竭，但大多数地区并非如此，1850—1880年间，贝鲁默费恩的开采量翻了一番还多。[140]1880年代，尽管海船的数量下降，帕彭堡和东弗里斯兰定居点的泥炭船数量（约750艘）却比以往任何时候都多，这表明泥炭储量仍然很充足。同时，奥尔登堡酸沼的开发带来了新的泥炭资源。19世纪时，仅伊丽莎白费恩就拥有120艘泥炭船。[141]在泥炭枯竭或需求下降之前，就已经不再开建新的定居点了。当然，煤炭代表了未来趋势的观点也起到一定作用。普鲁士官员也对近期的进展感到失望，尤其是布尔坦格尔酸沼的运河工程半途而废。最重要的原因在于，就建立农业村落的目的而言，定居点发展太过缓慢，尤其不再有船运之利时。

1870年代，酸沼开发出现了新模式，毫不夸张地说，这种新模式是在老的开发方式的废墟上形成的。酸沼烧荒是17世纪从荷兰传入德国的又一个舶来品。[142]烧荒的几个环节是：先用锄头将酸沼地表大致翻一遍，晾干后再锄一遍，继而在最后一次霜冻后的5月份用火烧一遍。在草灰中种下荞麦，10—12周之后种子就发芽了。农作物一般能维持3—4年的好收成，而且这种火耕方式几乎不需要任何投资。第一个采用火耕的定居点（像第一个沼地定居点一样）出现于埃姆斯兰。村落的名字叫皮卡第（Piccardie），是以其创立者、一位来自荷兰的医生命名的。[143]酸沼烧荒定居点花费极为低廉，因而扩展速度要比沼地定居点快得多。奥尔登堡各地都有这样的定居点，更重要的是，它们是1765年腓特烈大帝颁布土地开垦敕令后由东弗里斯兰的普鲁士当局建立的首批定居点，这些定居点的总数超过80个。[144]

157

新开凿的洪特—埃姆斯运河边的伊丽莎白费恩

酸沼烧荒在科学界和农业改良倡导者当中不乏支持者。英格兰著名的阿瑟·扬（Arthur Young）就是其中之一。烧荒在英格兰西南部的酸沼地带十分盛行，以致被称为“德文郡习俗”。在英格兰和苏格兰其他地区，酸沼烧荒也十分常见，而且得到官方的许可（“没有火的帮助，不可能将沼泽长满苔藓的泥炭土从自然状态改造成耕地”）。[145]丹麦人和荷兰人也用这种方式开荒。但是，如果单靠烧荒后的草木灰，不添加粪肥，土壤难以保持肥力，东弗里斯兰的普鲁士人定居点采取的就是这样一种刀耕火种的耕作方式。[146]这些定居点几乎没有任何筹备，完全是杂乱无章地拼凑而成。它们根据的还是那个熟悉的观念：安置新的人口能够从“偏远的荒野”获得收益。[147]像18世纪七八十年代迁到新开垦土地上的移民一样，酸沼移民有许多来自外部。不过，这大概是两者唯一的共同之处。与奥德布鲁赫或瓦尔特布鲁赫相比，这些酸沼村落毫无规划可言，绝非腓特烈大帝的行事风格。有论者认为，这或许是因为普鲁士对东弗里斯兰有一种“后妈”态度，或是腓特烈没有全力督促当地官员尽职尽责。[148]不管是什么原因，结局都造成了生态灾害和人类灾难。

158

长远来看，很难否认沼地定居点也属于德国人所说的Raubbau（滥采）：对自然资源的掠夺式和破坏性开发。毕竟要挖开酸沼，中止酸沼的发育，运走酸沼的泥炭。但是，沼地定居点通常建立了可持续的农业。酸沼烧荒与荞麦种植则属于粗放的开发。最多7年时间，土壤的养分就消耗殆尽，而恢复地力需要30年。由于缺少追肥，火耕农民不得不搬迁，前往下一片酸沼烧荒耕种，直到地力彻底衰竭。时至今日，航拍照片清晰反映了烧荒的长期后果。烧荒引发野火，春季滚滚烟霾笼罩在德国西北部地区上空，烟霾还随风飘荡，最远飘到遥远的圣彼得堡或里斯本。[149]对于一穷二白的移民而言，烧荒是一种孤注一掷的生活方式。荞麦易受高位酸沼常见的晚霜侵害，那里通常年份只有两个半月的无霜期。[150]庄稼歉收意味着贫困。移民们发现，他们不用向国家缴纳任何租税的“免税年限”到期之日，恰好是庄稼地里长不出任何作物之时。[151]高位酸沼定居点开始与乞讨、犯罪联系在一起，也就不足为奇了。这些新出现的下层阶级寻求周边干砾地带村落的帮助，成为周边村民眼中的“祸害”。最大的一个定居点莫尔多夫成为贫穷的代名词。这些“荒野开拓者”住在风雨飘摇的茅舍中，过着一贫如洗的生活。大人和小孩都跑到奥里希的街上乞讨，像“吉普赛人”一样遭人嫌弃。[152]

1815年后，汉诺威占领了东弗里斯兰，开始兴建新定居点。在新定居点完工之前，制定了大规模计划，招募当地干砾地带农民的后代当移民。但是，由于地租定得太高，效果并不理想。在“饥饿的”1840年代，新、老村落都穷困潦倒。如同西里西亚的手工纺织业一样，东弗里斯兰（还有奥尔登堡）的荞麦种植定居点成为贫穷的温床，促成而不是延缓了1840年代及以后德国大规模境外移民的浪潮。[153]1871年，在目睹了高位酸沼定居点的悲惨状况之后，一位普鲁士官员愤愤不平地总结道：“很难想象还有比这更不负责任的移民。”[154]1866年，普鲁士重新获得了东弗里斯兰的控制权，组建了一个调查委员会研究对策。1876年，设立中部酸沼委员会；次年，不莱梅建立了酸沼研究所，由普鲁士和不莱梅城邦联合赞助。经过这一轮的反思，政府决定继续兴建高位酸沼定居点，只不过是通过新的、更“科学”的方式。德国高位酸沼文化就此诞生。[155]

159

莫尔多夫

这方面并非毫无先例可循。19世纪中叶前后，在奥尔登堡的高位酸沼村落，移民开垦酸沼时就没有采取杀鸡取卵式的火耕。他们获准烧荒，“只是作为合理耕作的准备阶段”，并且一块地不得连续耕种两年。当局还提供购买肥料和种子的贷款。[156]这是一个新趋势，就像奥尔登堡对沼地定居点的新投资。这并不是酸沼研究所和专家们追求的自觉的科学耕作。他们提倡的是全面排水，然后清除酸沼表面植被，用石灰或碱性肥料来中和土壤酸性，使底土变得肥沃。布尔坦格尔酸沼被选为主要的试验点：在普罗文奇阿尔莫尔(Provinzial Moor) 投入了40万马克公共资金，运用公认的现代耕作方法，并对移民生活的各个方面做出了详细规定。由此建立了一个成功的高位酸沼村落，村落划分为农业和畜牧业两个部分。[157]

160

这是该地区酸沼移民的未来吗？新修的埃姆斯—亚德湾运河沿线的情况表明事实确实如此。这条运河有一个首要的战略用途。按照当初的设想，这条运河要运送鲁尔的煤炭供应威廉港的舰队，由于航道太浅，这个目标从一开始就落空了。这是一次“对大自然的粗暴干涉”，一些地方被深挖35英尺，到头来成为“巨大的投资黑洞”。[158]但是，运河确实开发了大片的酸沼地区：它本应成为新沼地定居点的重要通道，这正是路德维希·施塔克洛夫构想的未来。相反，当局做出的决定是推行高位酸沼开垦模式，这一模式最早是在普罗文奇阿尔莫尔形成的。马卡德莫尔定居点建在公路而非运河沿线，它是以多年担任中部酸沼委员会主席的普鲁士官员的名字命名的。定居点立足于农业，用化学肥料使酸沼土壤变肥，出产的是土豆，而不是泥炭。公路、房屋和未来的公共建筑在移民到来之前就已经建好了，建筑材料先是通过运河，然后用轻轨运到工地。新定居点引领了德国各地兴建类似定居点的浪潮，但它本身的新奇之处在于使用罪犯劳动。据说罪犯建造的房子质量很好（“好得过头了！”有批评者嗤之以鼻地挖苦道）。昔日烧荒种植荞麦的定居点有把人变成罪犯的名声；如今又在高位酸沼使用罪犯劳动建设新定居点。[159]

马卡德莫尔建成之际，酸沼景观有了日新月异的变化。在定居点之外，建立了许多酸沼大庄园，它们雇佣大批季节工开采泥炭。这种情形在一些沼地定居点已经出现过，只不过规模要小一些。大庄园类似于1859年特奥多尔·冯塔讷在勃兰登堡武斯特劳酸沼看到的“国外分店”(Faktorei)，上千名季节工为“泥炭主”干活，他们在泥炭工头（这种角色在他的小说和《边区纪行》中频频出现）监督下从事计件劳作。[160]大的泥炭公司生意兴隆，它们通常开设在各个酸沼的边缘，这样的公司有：法雷尔的鲁什曼公司、拉姆洛赫(Ramsloh)的兰韦尔公司、奥尔登堡的迪特默－基里策公司。[161]这些大型资本主义企业利用十分廉价的劳动力。1870年代后，就连荷兰的泥炭开采工也加入进来，扭转了昔日德国工人前往荷兰打工的状况。

161

非人力动力也开始投入使用。机械化的切割机、打包机、泥炭模具和泥炭混合物的工业化流程，成为推动酸沼产品工业化生产的要素。但是，对酸沼消失的速度影响最大的或许是另一种机器，一种能够深入地下、将丰富的地下矿藏翻上地表的机械。相比蒸汽机车、轮船等蒸汽时代的象征，蒸汽引犁发明得晚一些，投入应用后对酸沼产生了重大影响。

轮船的胜利

路德维希·施塔克洛夫遇到的那位对洪特—埃姆斯运河表现出极大热情的老人，应当还记得18世纪末奥尔登堡城的情景：城门外就是深可没膝的沼泽。施塔克洛夫说，这位老人应该看到城镇已是旧貌换新颜。如今修了公路，城区也扩展到老城门外，面积是原来的两倍。尤其重要，也是思想进步的施塔克洛夫为之骄傲的是，在奥尔登堡与埃尔斯弗莱特河（Elsfleth）间的洪特运河上有轮船往来穿梭。[162]即便是10年前，这样的事情也是难以想象的，因为河道浅而曲折。1835年后，洪特河实施了一系列“裁弯”工程，这些工程就像约翰·图拉宏伟的上莱茵河工程的缩微版。轮船随之而来。威悉－洪特轮船公司（施塔克洛夫是董事会成员之一）的轮船将奥尔登堡不断发展的首府与威悉河、埃尔斯弗莱特河和布拉克河（Brake）左岸的小港口，进而与不莱梅和不莱梅港连接起来。这标志着一个全新的开端。19世纪五六十年代，除了1857年短暂的经济萧条让贸易发展有所迟滞，奥尔登堡的轮船运输业稳步发展。[163]

德国这一落后地区所发生的一切成为时代的象征。德国各地都在进行河流整治：有的是为防洪，有的为开垦新耕地，越来越多的则是出于航运的需要。莱茵河整治提供了一个样板。在19世纪的第 162 三个25年，图拉的上莱茵河整治工程一直没有中断。1851年，普鲁士莱茵省首府科布伦茨成立了莱茵河工程局，着手治理“浪漫莱茵河”，即美因茨与科布伦茨之间的岩石峡谷河段，对于航运而言，游人眼中的每一个景点都意味着安全威胁。工程师们要对付圣戈斯豪森（St Goarshausen）的旋涡、巴哈拉赫（Bacharach）的“大回旋”以及恶名昭著的宾根暗礁（Bingen Reef），这处暗礁在枯水期导致许多船只触礁沉没。人们用炸药将宾根山口拓宽了3倍，两岸山石间从此有了安全的河道。像上莱茵河一样，河中的岛屿消失了。工程改变了支流入河口的位置，以便支流以更陡的角度入河。干流河床按照统一的深度进行疏浚；最新设计的防波堤使河道保持统一的宽度。[164]

莱茵河带头，其他河流跟进。随着河流治理的理论和经验日益丰富，在工程师们的努力下，河道的曲流和岛屿、岩石暗礁和浅滩一一消失。不过，各地河流的治理有不同的时机和节奏。东部的奥得河与西部的莫泽尔河综合治理起步比较晚。鲁尔河治理较早，因为它是一条重要的运煤水道。工程的重点放在莱茵河和多瑙河这样的国际水道，其次是易北河和威悉河等河流，当洪特河和阿勒河（Aller）这样的小河提上议事日程，表明河流治理已经全面铺开。[165]同时代人将德国河流的全盘运河化视为进步，视之为19世纪五六十年代的主要标志，那些深情回忆过去的作家也视之为时代的成就。20世纪初，瓦尔特·蒂策（Walter Tietze）对比了治理前后的奥得河，“浪花拍岸”的狂野奥得河如今被“人类的进步之手限制和约束”。[166]

当时，最开明的德国人认为，人类能够、也应当“改进”大自然。人们热衷于人类聪明才智的技术结晶，而且这种热衷带有一种无与伦比的道德激情。没有什么比几乎是不可思议的蒸汽动力更能表达这种振奋人心的乐观主义了，蒸汽动力不仅可以驱动火车，也能推动轮船。工程师恩斯特·马特恩（Ernst Mattern）回忆19世纪中叶的那些年代，将轮船描绘成英雄。他的说法颇具启发性。马特恩认为，河流治理的兴起“恰逢轮船运输诞生之时，人们对于与新兴文化生活相关的期望大大增加，更加关注自然水道，为了普遍的幸福开发这些水道所蕴藏的财富”。[167]的确，轮船不仅是时代的主要象征，也是改变德国河流面貌的关键。

163

轮船并非一夜之间就主宰了河流。普鲁士的统计表明，1849年，全国有4万多家内河运输企业，其中绝大多数是仅有一人一船的企业，12年后，运输企业依然有将近3.6万家。[168]19世纪中叶，不计其数的印刷品和版画描绘了船舶往来穿梭的繁忙景象。这些作品描绘的莱茵河或是易北河，不仅有油漆鲜亮的高耸烟囱中冒着黑烟的轮船，也少不了帆船和小船组成的船队。所有船只都汇聚在德国境内治理得更直更深的河流上，蒸汽拖船、马拉驳船以及在莱茵河、易北河、奥得河和维斯杜拉河顺流而下运输圆木的大木排（重达3000吨）使得河面拥挤不堪。[169]1845年，维克多·雨果描绘了莱茵河上的混乱场面：[170]

> 每时每刻都有新奇事物映入你的眼帘，有时是一艘驳船，上面密密麻麻挤满了农民，看上去十分可怕……接着是轮船和船上的锅炉工，或是一艘双桅帆船，船上堆着货物，沿莱茵河顺流而下；警觉的舵手、忙碌的船员、倚着舱门喋喋不休的女人……河岸上有成行的马匹拖着满载的驳船，或是一匹马奋力地拽着一艘拱船，看上去就像一只蚂蚁拖着一只死甲虫。突然间，河流拐了一个弯，你会看到一列巨大的木排从纳梅迪浩浩荡荡地直冲而下。300名放排工操纵着这个庞然大物；从头到尾，木排上有无数长橹同时划水……这庞大的圆木平台简直能

装下整个村子。

所有船只都有权在河上航行，但它们还是有高下之分的。小船主或许在数量上继续主宰德国的水道，尤其是他们的船（如东弗里斯兰的平底泥炭船）非常适应本地河流。但是，在治理过的大江大河，轮船占有明显的速度优势，更能摆脱自然力的束缚，尤其是逆流航行时。1840年代后，螺旋桨取代了明轮，轮船更易于操纵，进一步巩固了优势。蒸汽拖船对马拉驳船构成了巨大冲击；新建的深水内河港口有固定码头，大型船只可以直接停靠在货仓边，从前把货物从船上转运到岸上的小驳船就失去了用武之地。伴随着这些经济和技术变革，还有一个变动中的法律背景：大江大河（莱茵河、易北河、奥得河）的航行协定废除了地方航运垄断和通行费，消除了以前为维护航运行会的特权而形成的商业瓶颈。这也让轮船经营者受益。[171]失业的船夫只得另谋出路，要么成为领航员，要么成为大船上的二等水手。有时，他们会毁坏可恨的轮船，以发泄心中的不满，最有名的一次破坏行为发生在1848年革命期间的美因茨。[172]

164

放木排这个行当可以追溯到14世纪，在18世纪下半叶和19世纪上半叶出现了“二度繁荣”。[173]首先，浅滩和湍滩的消失对筏运是有益无害的，这些浅滩和湍滩的存在使得放排人虽然获利丰厚，却随时有可能丧命。[174]如今，这些漂浮的村落面临新的危险。特奥多尔·冯塔讷描述了奥得河的蒸汽拖船是如何捉弄放排人取乐的，放排工做饭、睡觉的地方都被轮船掀起的浪打湿了。这场景就像骑马把路边行人溅了一身泥水。波兰和捷克放排工跑来跑去抢救炊具和衣物，更让德国拖船船长们乐不可支。（冯塔讷以其一贯的敏锐注意到，蒸汽拖船也时常搭救遇到麻烦的小船，包括被困在木排中的船只，但这样的帮助很少被人感激，不仅因为救援费用昂贵，还因为拖船船长表现出幸灾乐祸的傲慢，他们既是“救世主又是暴君”。）[175]不过，筏运面临比争强好胜的蒸汽拖船船长更致命的问题。木材开始转由铁路运输，北海和波罗的海的造船厂也开始制造铁壳船和钢壳船。1860年，曼海姆的平转桥为通行木排开启的次数是405

次，1869年是368次，此后就日渐稀少了。1890年，只有10列木排通过曼海姆；10年后，木排就完全销声匿迹了。[176]

如果我们扫视一下19世纪五六十年代德国大江大河的航运，不难看出一个变化中的社会：一个融合了过去、现在与未来的复合体。河面上的船只形形色色，只有轮船或蒸汽拖船能后来居上，之后将是柴油动力船舶的天下。这种更新换代可以从两个方面来看。一个方面是不为人注意的大宗货物运输，鲁尔煤炭由杜伊斯堡－鲁罗尔特（Duisburg-Ruhrort）的大港口输出，蔗糖则运抵河边的精炼厂。内河航运的发展与迅速的工业化互为因果，它不仅引起了商会的兴趣，至今依然是经济史著作的重要主题。维克多·雨果与埃伯哈德·戈泰因（Eberhard Gothein）想必都注意到了这一点，雨果曾指出，莱茵河不再是一条“牧师巷”，而是一条“商人巷”；戈泰因则兴奋地谈论“改天换日的19世纪的所有转变都与莱茵河航运有关”。戈泰因写下这番话时（1903年），他的看法无疑是正确的。一组简单的统计数字就能说明蒸汽动力使欧洲这条最繁忙水道的航运发生了天翻地覆的变化。1840年，莱茵河下行货运量是上行货运量的3倍，到1907年，这一比例颠倒过来。[178]不过，这是一个长期的过程（其他河流需要更长的时间）。1840—1870年间，德国内河航运吞吐量翻了一番，内河航运在内陆运输中所占的份额却下降了，因为铁路运输发展得更为迅猛。1870年后，完全是由于河流整治和运河的庞大投资，内河航运才重新获得了更大的份额。[179]

165

所有这一切对于19世纪中叶的民众来说并不重要。他们真正感兴趣的是蒸汽客轮。客轮通常与火车一道被视为进步和解放的象征，蒸汽机的“力量和可靠”让人类“在与大自然的搏斗中胜出”。这番话出自一位作曲家的长子马克斯·马利亚·冯·韦伯（Max Maria von Weber），出版商认为韦伯开创了“科技小说”的先河。韦伯作品集的编订者马克斯·耶恩斯（Max Jähns）用同样华丽的言辞赞美蒸汽机：“我们的时代拥有新的强劲马达，远胜骏马或战车、船桨或风帆。”[180]同样的溢美之词也出现于面向家庭读者的周刊之中，如1850年代创办的《园亭》《图片世界新闻》《漂洋过海》等，这些对蒸汽机的赞美与德国人“内向”、不喜欢机械文明的传统观念迥然有别。民众对新交通方式的兴趣与日俱增，出行更便捷，人们得以进入更广大的世界。正如铁路在短工和农民中迅速普及，以致出现了铁路歌谣，每周两班往返于奥得河畔法兰克福与斯德丁的奥得河轮船也不再仅仅运送商人和不动产拥有者，还有赶集的日工和工匠。[181]

轮船的登场亮相总是能吸引人们驻足观望。早在1816年，科隆就出现过这样一幕情景：大批人群跑到河边观赏一艘从伦敦驶往法兰克福的英国轮船。从鹿特丹到科隆的航程以往耗时6周，如今只需4天半——不久后，这就是慢得不能再慢的速度了。[182]1844年，奥尔登堡人第一次见到轮船。当时，一艘比利时船驶入港口，引起了一阵“大骚动”，路德维希·施塔克洛夫记载了这件事，当时他正打算租船前往埃尔斯弗莱特河和布雷克河。[183]如同新火车站落成典礼一样，定期轮船航班的开通仪式也有代表致辞、彩旗招展、欢呼雀跃的场面。更让人意想不到的是，每当定期航班的轮船准时抵达港口，总能吸引热情的人群围观，他们或者以此为生，或者纯粹是欢迎外面世界的新闻、游客和新鲜事物。根据特里尔的历史学家记载，在19世纪第三个25年，人们从四面八方涌来观看莫泽尔轮船。[184]特奥多尔·冯塔讷写道，他乘坐的轮船在奥得河上拐了一个大弯，便看到了一座栈桥和老木桥，老木桥上挤了数百人。轮船刚一停稳，人群“蜂拥向前，传来嗡嗡的问候声，钟声也响了起来”。船抵达的城镇是施韦特（Schwedt）。[185]

166

莱茵河上又是另外一番景象。这倒不是说莱茵河上没有“喧闹”的场面，英国旅行者迈克尔·奎因（Michael Quin）就是用“喧闹”一词来描述1842年某天早上的科布伦茨码头：“到处是冒着黑烟的轮船，有些刚刚抵达，有些准备起锚驶向莱茵河上游或下游。”[186]这种场面在莱茵河上是司空见惯的。1827年，普鲁士－莱茵轮船公司（后来是科隆－杜塞尔多夫航运公司）借助“协和号”客轮开通了科隆至美因茨的客运业务，当年共运送乘客1.8万人。到迈克尔·奎因到访之时，客运量已经上升到将近70万人；20年后超过100万人。另外，同一条航线还有其他客轮公司竞争。[187]统计数字尚不能充分展现莱茵河轮船带来的冲击。让人眼前一亮的，并不是孤零零一艘轮船靠岸或离港，而是河面上同时有8—10艘轮船。迈克尔·奎因和维克多·雨果都谈到这种“奇观”。[188]不过，有一位游客说得最准确：轮船本身就是奇观。露西·希尔（Lucy Hill）是一位年轻的美国妇女，19世纪中叶的一个秋天，她作客科布伦茨附近的席勒研究所，并在《莱茵河漫游》一书中记述了这段经历。[189]露西·希尔经常结伴旅行，到过柯尼斯温特（Königswinter）、拉恩施泰因（Lahnstein）、美因茨以及中莱茵河沿岸的许多名胜古迹。她每次出行都乘轮船，乘船成为她叙述的中心：赶船、差点误船、船上就餐、与同船乘客一起“冒险”。为了与她的书的宗旨相吻合，书中有4幅描绘莱茵河著名景点的插图，每一幅图上都有轮船。长时间的户外经历使露西·希尔具备了一种洞察力，这一点在她偏于感性的文字中清晰可见：[190]

167

> 我们担心轮船会早到几分钟，那样我们就看不到它了。谢天谢地，没有错过；我们还等了一会儿。当它缓缓驶入视线，人们异口同声地赞叹：“哦！多么漂亮！真像仙女一般！”这是一艘双层甲板的美国船，是当时莱茵河上唯一一艘该型号的船；甲板上挤满了乘客，他们看上去沉醉于眼前的景象，根本

在莱茵河科隆段，汽船成为主角，这幅插图取自露西·希尔的《莱茵河漫游》。

> 没意识到自己也是这一场景中的重要角色。整艘船的船体，明亮的大厅，挤满乘客的甲板，船上的旗帜和高耸的烟囱，乘客朝岸上的我们挥动手绢，所有这一切都真真切切地倒映在水面上。

闪烁的灯光与水中的倒影交相辉映，散发着“神奇的魅力”，轮船则是光彩照人的主角。

相反，传统的看法是：从轮船上看到的景象才是“全景”。全景观念，即人类视觉观赏大自然的安排，如同这些年间的进步观一样，属于精神空间的点缀。[191]18世纪的旅行者收藏矿物标本和鲜花，19世纪的旅行者则收集风景和心境。当我们说现代交通开辟了新的全景，通常首先想到的是铁路。[192]其实，轮船也起到了同样的作用，甚至更大，因为乘船航行使旅行者有更充裕的时间。冯塔讷认为轮船是欣赏“风景优美的”(这是他最喜欢的词汇之一）景致的最佳场所。中莱茵河上的旅行者相继记录下类似的感触。维克多·雨果认为巴哈拉赫就像一个展示藏品的“大古玩店”。迈克尔·奎因建议逆流而上的旅行者观赏沿途的景致，因为“在我看来，当你凝神望去，全景总是在轮廓和细节上更为完美”。即便是那些持怀疑态度的人，也很难避开这一术语。卡尔·伊默曼（Karl Immermann）另类地宣称，他认为中莱茵河“单调乏味”，但他也承认“美因茨的全景”让人赏心悦目。[193]

168

莱茵河之所以与众不同，完全是因为游人的数量、国籍构成(英国人尤其多）以及“浪漫莱茵河”无与伦比的神秘感。[194]科布伦茨至宾根的莱茵河岩石峡谷，用迈克尔·奎因颇具启发性的话来说，正是“莱茵河开始像莱茵河”的地方，也就是说，开始像导游指南所描绘的莱茵河。[195]

很多人像奎因这样，用著书立说的方式促成了这种程式化的反应。弗里德里希·恩格斯讽刺了这种做法，他描述一位英国人约翰·布尔从鹿特丹到科隆一直待在船舱里，“到了科隆才登上甲板，因为他认为从科隆到美因茨才是莱茵河的精髓，他的莱茵河之旅是从科隆开始的”。[196]在这一河段，莱茵河两岸的玄武岩和页岩有着清晰横纹，让人叹为观止的自然地貌引发无限文学遐想，如德拉亨费尔斯（Drachenfels）和洛雷莱（Lorelei），此外还有葡萄园和破败的城堡。人们将这一河段精心塑造成蛮荒的哥特式形象，与此同时，轮船、旅行指南、导游手册、旅馆、客房和搬运工等等使得旅行越来越舒适。

但是，莱茵河的与众不同只是因为其规模和观感。莱茵河上发生的一切迟早也会在其他地方出现，只不过是以比较和缓的方式。快捷可靠的运输手段促进了全国各地的休闲产业。第一本贝德克尔旅行指南（公司设在科布伦茨）仅限莱茵河地区，但是，印有轮船时刻表和火车线路图的红皮书*很快就涵盖了德国其他地区。[197]莱茵河独特地融风光、传奇和文学联想于一体（在莱茵河宣传者的眼里就是如此），其他地方也在大力发掘本地景观和文化优势。具有讽刺意味的是，德国统一前的数十年，日趋完善的交通将未来的民族国家更紧密地联结在一起，与此同时，形成地方认同的趋势也不断增强。[198]

169

不妨以温泉小镇为例，它们是这些年间最热门的旅游目的地之一。[199]在19世纪第三个25年，游客数量大幅增长。莱茵河当然有得天独厚的条件：在德国，没有哪条河流像莱茵河这样能够直抵沿岸或附近名噪一时的矿泉疗养胜地，如威斯巴登（Wiesbaden）、巴德－埃姆斯（Bad Ems）和陶努斯山脉中的温泉。每到旺季，科布伦茨和美因茨的栈桥人头攒动。其他一些河流也发挥了同样的作用，只是规模要小一些。就连冯塔讷乘坐的奥得河轮船也搭载了前往西里西亚温泉浴场的游客。[200]德国境内有300多处矿泉疗养地。这些地方绝大多数不是以赌场、文艺名流和皇家来访者著称的国际聚会场所。它们很低调，适合中产阶级，那里没有轮盘赌，没有或真或假的英国人，供应的是Frühstück（德式早餐），而不是Breakfast（英式早餐）。[201]这些地方构成了新的旅游和休闲文化的主体。不仅如此，像每一个想招徕游客的城镇或地区一样，它们不仅提供常见

---

* 贝德克尔指南的封皮始终是红色的。——译注

的必备品（时刻表、导游手册），还大力宣传引人入胜的地方特色，这些特色要么是矿泉水的功效，要么是独特的风光。简言之，浪漫莱茵河的模式被广泛地模仿。

火车和轮船在新兴旅游业中占据了举足轻重的地位。事实上，它们的时刻表是相互协调衔接的。但是，除了中莱茵河之外，还有两类地方是例外，那里是轮船的天下。一个地方是湖区。在整个18世纪，德国湖泊地区唯一的娱乐活动是贵族庄园举行的假面舞会和模拟战斗。[202]19世纪中叶，湖泊开始被视为休闲胜地。德国南部边境的康斯坦茨湖（Lake Constance）就是一个典型的例子。1850年后，康斯坦茨湖德国一侧先后发展起农嫩霍恩（Nonnenhorn）、瓦塞尔堡（Wasserburg）、于博林根（Überlingen）、梅尔斯堡（Meersburg）和博德曼（Bodman）等度假小镇，它们都有常见的基础设施：湖滨大道、饭店、宾馆，还有栈桥。1827年，轮船第一次出现在康斯坦茨湖。为了吸引更多的游客，轮船将乘客载到康斯坦茨湖瑞士一侧，乘船游览“花之岛”或是开展月光之旅。对于这个地区的魅力而言，轮船与焰火表演或晴天眺望阿尔卑斯山一样重要。[203]轮船对于吸引游客到北海岛屿旅游起到了更大的作用。诺尔德奈（Norderney）始建于1797年，数十年来一直是精英人物的游乐场，因为普通人没有条件去。19世纪中叶，火车把游客带到海边，加之开通了轮渡，这里的游人开始增加。1830－1870年，朗格奥格（Langeoog）、尤斯特（Juist）、博尔库姆（Borkum）和巴尔特鲁姆（Baltrum）等东弗里斯兰岛屿兴建了海滨浴场。同时，石勒苏益格－荷尔斯泰因海岸的弗尔（Föhr）和叙尔特（Sylt）也向游人开放。[204]

像北弗里斯兰的岛屿一样，莱茵兰也颇受游人青睐。这两个地区吸引了大量国际游客，乃至曾有人抱怨说，叙尔特变得“有点像新美国”。[205]两地也吸引了德国游客，因为它们对于民族事业而言具有象征意义。19世纪上半叶，民族主义作者将莱茵兰描绘为典型的“德国”景观，这是为了强硬回应法国对莱茵河左岸地区的领土要求。在1840年的战争恐慌中，民族情绪达到高潮。[206]1848年后，叙尔特岛和弗尔岛也被赋予了“德国”属性，因为它们紧邻有争议的石勒苏益格和荷尔斯泰因公国。恩斯特·阿道夫·维尔科姆（Ernst Adolf Willkomm）在《北海、波罗的海纪行》（1850年）一书中对这两个岛屿的记述明显流露出这种情怀。[207]

岛屿和湖畔度假村、内陆温泉小镇以及莱茵兰还有其他的共通之处。它们代表着德国人对水的“治理”。游人在旅途中的所作所为等于是用另一种方式“征服”了水。无论是乘轮船航行、泛舟水上、饮用矿泉水和瓶装水、温泉沐浴、凝望风光秀丽的水域全景，还是（像俾斯麦在诺尔德奈时一样）猎捕海豹与海豚，莫不是征服了水。[208]这些多少是无害的娱乐活动得益于日趋健全的基础设施，以减少旅途疲惫，更悠闲地欣赏自然景观。温泉小镇想尽办法保护游人，防范洪水和岩崩，同时修建道路（甚至缆索铁道）通往适宜的全景区。1850年后，对北海岛屿的投资不仅用于栈桥、海滨大道和洗浴设施，还修建海塘和防浪堤，防止大风巨浪侵蚀没有防护设施的岛屿西端。[209]

众所周知，有钱人到海边或湖畔度假，是想逃避发展中城市的喧嚣生活。如今，无须抛家离业，也可享受让自然乖乖就范的人造工程的益处。19世纪中叶后的繁忙年代，新的财富、市民的自豪感 171 与乐观态度重塑了德国的中心城市。它们就像路德维希·施塔克洛夫的奥尔登堡，只是规模更大，而且很快就突破了原有城墙和城门的限制，铁路时代的到来以及对更大空间的渴望彻底改变了城市。新的林荫大道有煤气灯照明，街道两侧是住房、商业大楼以及作为文化进步象征的博物馆和植物园。[210]这些变化的开端往往是治理惹是生非的水。1860年代之前，莱比锡老城中心以西的地区仍是沼泽湿地，一旦埃尔斯特河（Elster）和普莱瑟河（Pleisse）泛滥，这里就会遭灾。当时一首流行歌谣的第一句这样写道：“在了不起的海滨城市莱比锡，发过最可怕的洪灾。”（最有名的一句是：“一个老头坐在房顶上，焦急又彷徨。”）1860年代，埃尔斯特河沿岸开凿了运河，沼泽地被排干，开发了漂亮的居民区，成为统一后德国最高法院的所在地。[211]同一时期，布雷斯劳的奥勒河（Ohle）被填平，改建为街道。[212]汉堡的阿尔斯特湖（Alster）周边地区也有类似的扩建工程。治理阿尔斯特湖不但清除了隐患，还增加了公共资源。在德国各地的新城市中心，河畔大道和公园潜移默化地提升了城市商业和文化的品位，如果尚未进行治理，便会变戏法似的出现人工水体。与此同时，城郊不断扩展，远郊湖泊也成为城市居民的好去处。关键在于，水提供了新的娱乐方式：在公园水上有序和体面的娱乐，城内河流沿岸及城外湖畔更耗体力、也更有乐趣的娱乐。小船从商业水道上消失，却在城中湖泊找到了用武之地。渔民忙于应对河流整治的影响，城市里周末垂钓者却日渐增多。这些年也是德国人热衷于组织各种俱乐部的年代，划船者和船员开始创办自己的组织。浴场一个接一个地开业。19世纪末，海因里希·齐勒（Heinrich Zille）描绘了柏林各个浴场的游泳者以及吸烟斗的职员，这样的场景之前就已经屡见不鲜了。

轮船在水上游乐场派上了用场，尤其是大柏林地区。那里有适宜的轮船运营条件。一方面，不能通航的自然水道沿线不断兴建新的人工水道；另一方面，城市外围不断扩展，将许多湖泊囊括进来。这些优势让企业家的能量释放出来。1840年代末，“西里西亚门（Schlesisches Tor）附近为绅士创办的马斯洗浴场”的业主开通了从 172 岛桥（Island Bridge）始发的中等规模的轮渡航班。1859年，路易斯·萨克塞（Louis Sachse）接管了这家企业，将运营范围扩大到施普雷（Spree）至特雷普托（Treptow）。5年后，他又与斯德丁的两名投资者联手创办了柏林—克佩尼克轮船公司。轮渡始发站是杨诺维茨桥（Jannowitz Bridge）边的浮动栈桥，4艘长60英尺、载客120人的轮船往返于连通东部与东南部郊区的水道。1866年，这家公司名称简化为“柏林轮船公司”，已经拥有13艘船。柏林的贝尔恩特（A. H. Berndt）经营柏林西部的定期轮渡，拥有“命运女神”（Fortuna）号、“克拉德拉达奇”（Kladderadatsch）号和“特里奥”（Trio）号3艘轮船，来自波茨坦（Postdam）的造船商奥古斯特·格布哈特（August Gebhardt）则竞争同一条航线。经过一番报纸广告战之后，格布哈特最终胜出，买下了对手的船队。以柏林为中心，

万湖的游泳者，1916年。

轮船航班通向四面八方：向东，经过特雷普托和克佩尼克，可达米格尔湖（Müggelsee）、埃尔克纳（Erkner），进而到达施蒂岑湖（Stietzensee）；东南方向，经克佩尼克直抵达默（Dahme），再到沙米策尔湖（Scharmützelsee）；向西，经波茨坦可达内德利茨（Nedlitz）和帕雷茨（Paretz）；向北，到达海利根湖（Heiligensee）、尼德菲洛（Niederfinow）以及鲁皮纳湖（Ruppiner See）。[213]

“没有什么比边区游轮之旅更具柏林特色的了”，新闻记者哈里·施莱克（Harry Schreck）在1929年写道。在他看来，乘船旅行属于一个无暇顾及传统的时代留下来的淳朴而传统的乐趣。怀旧完全可以理解，但它在很大程度上是出于一种错觉。20世纪，休闲活动本身越来越有组织、越来越商业化，以及——在纳粹时期——政治化。好坏姑且不论，边区的游轮之旅意味着与过去彻底决裂，象征着现代新事物的开端。[214]

173

乘胜追击

1844年9月，德国自然科学家与物理学家协会在不莱梅举行年会，地方分会的主席在会上响亮地宣布，这个时代是属于他们的“黄金时代”。[215]协会的成员从来就不乏信心。25年后，物理学家、生理学家赫尔曼·冯·赫尔姆霍尔茨（Hermann von Helmholtz）在开幕辞中表示，一个信念将他们紧密联系在一起，科学将“使无理性的自然力服务于人类的道德目标”。科学家、教师、有影响力的政界人士以及“这个国家的开明阶层”，“期待我们乘胜追击，取得更大的文明进步”。[216]

不莱梅是宣布黄金时代来临的最佳地点，这个城邦位于德国北海海岸，面向更广阔的世界。19世纪中叶乐观主义的源头是全球出现的新技术。人们相信，海底电缆可以像电报影响一个国家那样影响全世界。蒸汽动力也被寄予了厚望。轮船是“万能交通工具”，“让人类足迹遍布全球每一个角落”。[217]果真如此，那么不莱梅就是最突出的典型。这座汉萨同盟城市，连同新建的不莱梅港外港，是德国面向世界的窗口，而这个世界似乎每年都在变小。1860年代，横渡大西洋需要44天，而蒸汽动力船舶只需2周；1880年代，航程进一步缩短为10天。1847年6月19日，“华盛顿”号抵达不莱梅港，从此开通了欧洲与美国之间的定期航班。此后数十年中，由于轮船航运大幅节省了横渡大西洋的费用和时间，不莱梅港成为联系德国与美洲最重要的纽带之一。轮船满载棉花、烟草、稻米和咖啡，从美洲横渡大西洋。它们返程运载的是精炼蔗糖、精制大米、啤酒，还有移民。1840年代至第一次世界大战期间，400万德国人漂洋过海前往美国。从不莱梅港出发的移民比其他任何港口都多，仅1854年就有7.7万人。1857年，不莱梅建立的北德意志－劳埃德海运公司（Norddeutscher Lloyd）成为世界上最大的船运公司之一。美国内战结束后，该公司每周有8艘轮船前往纽约。北德意志－劳埃德海运公司的航线覆盖了全世界，加利福尼亚、印度、香港和澳大利亚等地均可见到该公司的船只。[218]

174

这一切都拜持续不断的创新所赐。不莱梅港开通仅仅20年，为了停泊大型船舶，在1847－1851年间修建了一座新港口。1858年，港口再度扩建。像威廉港一样，不莱梅港定期疏浚，只不过工程更轻松、更快速。新型灯塔船、灯塔、浮标、导航站等设施保障了主航道和威悉河入口的安全畅通。1868年，汉堡设立了北德意志海洋气象台（North German Marine Observatory）。[219]码头的规模和导航浮标的配置，这些听起来像是只有痴迷于古文物的历史学家才喜欢的东西，如今就像收藏爱好者收集的公共汽车票一样成为街谈巷议的对象：同时代人异常热衷于诸如此类的细节，这些细节也总是被用来论证事物正在变得更大、更强、更快。面向年轻读者的图书也传递了这种信息，例如恩斯特·施里克（Ernst Schick）的《对著名建筑、遗迹、桥梁、公用设施、水利工程、艺术品、机械、工具、发明以及现代和最近各项事业的详细说明，适合成熟青年的有益娱乐》。施里克对灯塔或港口的介绍可是不吝笔墨。[220]

除了北海沿岸的浮标和导航站，在19世纪第三个25年，国际航线也更加安全，航程大大缩短。我们最好还是对当时人的兴趣做好心理准备，因为他们展现出来的狂热可能让我们目瞪口呆。在1868年出版的一卷本《普通地理学》中，恩斯特·卡普（Ernst Kapp）赞美穿越海洋的航海“大道”，称之为“心灵对水体的胜利”。这番话写于苏伊士运河开通前一年，他坚信“这项整治工程符合全世界文明人类的共同利益，它的竣工标志着人类智慧终将克服大自然千百年来的关山阻隔”。卡普所说的“整治”，与过去常常用来描述莱茵河和其他德国河流改造工程的术语如出一辙。卡普使用这个词并非偶然。他相信，鉴于苏伊士运河（将来还有巴拿马运河）连接的大洋浩瀚广袤，开凿一条地峡犹如清除河中碍航的礁石，不过是小事一桩。[221]

175

对于人类主宰地位的自信在当时十分普遍，对此该作何解释呢？其中至少蕴含着三股思潮。首先，进步信念意味着对未来的政治和文化抱有殷切的希望。在路德维希·施塔克洛夫这样的进步主义者看来，轮船与火车都象征着不再有严苛桎梏的新社会，弗里德里希·哈尔科特（Friedrich Harkort）慷慨激昂地阐述了这个观点，他不无夸张地说："火车就是把绝对主义和封建主义送入墓地的灵车。"[222] 这种论调在1840年代十分常见。海因里希·海涅（Heinrich Heine）的作品就常常流露出这种笔调。1846年，为了回应罗特克（Rotteck）和韦尔克（Welcker）合著的自由主义圣经《政治学百科全书》（*Staats-Lexikon*），卡尔·马蒂（Karl Mathy）专门撰写了一篇文章《铁路与运河、轮船与蒸汽动力运输》，表达了如出一辙的乌托邦乐观主义。这些强大的新势力将给田野带来丰收，给工厂注入活力，马蒂如是说，"最底层的人能够通过访问异国他乡而自学，能够在很远的地方找到工作，能够在遥远的矿泉疗养地或海边度假村恢复健康"。[223]这种乐观主义并没有随着1848年革命的结束而消失。恩斯特·卡普本人就是革命者，革命之后他移居美国，在德克萨斯盖了一所房子，1860年代返回德国前始终不渝地宣扬进步观念。[224]

1850年代的政治冰期结束后，自由派乐观主义在1859年后再度迸发。一个标志是进步党的建立。另一个标志是全德自然科学家与物理学家协会上的豪言壮语。发表捍卫进步的演说最多、言辞最激烈的，莫过于医生、科学家、科普作家、进步党政治家和勇猛的反教会斗士鲁道夫·菲尔绍（Rudolf Virchow）。[225]菲尔绍的最后一个身份很重要。德意志各邦国政府的权威主义挥之不去，天主教会的宗教"蒙昧主义"(1864年的《邪说汇编》，1870年的教皇无谬论)死灰复燃，很好地说明了进步主义者在这些年间大声疾呼的原因。火车和轮船就是武器，可以用来打击诅咒现代社会的教会。自由主义者和进步主义者发现自己是在两条战线作战：一是束缚人类的大自然，二是同样有桎梏作用的"守旧"之人。[226]

这些观点中渗透着民族主义，统一的德国将把罗马的阴谋诡计和狭隘的地域观念一扫而光。德国人对现代科学成就溢于言表的自豪感还有另外一层意义，即解释了德国人言过其实地强调人类驾驭自然的又一个原因。德国长期以来自视为、同时也被其他国家看作是"诗人和思想家的国度"：耽于幻想、形而上、不切实际。对科学和技术发明的热切颂扬是对这种成见的回应。政治家、科学家以及

176

其他受过教育的中产阶级大张旗鼓地支持轮船和进步，等于否认了德国人沉湎于幻想，抛弃了另一个由来已久的民族形象：温和的、戴着睡帽、不谙世故的"德国米歇尔"。菲尔绍、黑尔姆霍尔茨和卡普笔下的主人公个个干劲十足。《园亭》等家庭周刊和其他赞美现代技术的出版物也是如此。奥托·施帕默（Otto Spamer）的《自助》描绘了一批"积极进取的人士"，尤其重视科学研究者、发明家和工程师。这些人值得尊敬，因为对"文化、知识积累和人类进步"做出了贡献，他们"开创性的新思想""犹如阵阵清风，吹拂着当今的世界"。[227]

同时代人对人类驾驭自然的成就惊叹不已，还有最后一个原因。从反面来说，这种惊奇感本身就表达了对于影响人类事务的自然力的重视。如今的人们对这种观点，至少是对这种观点在19世纪的表现形式很隔阂，所以，我们需要展开想象力，去理解那些相信地理决定论的人（以及我们正在谈论的人）。无论是地理学家卡尔·里特尔（Carl Ritter）、哲学家兼地理学家恩斯特·卡普，还是历史学家海因里希·冯·特赖奇克，他们的著述中都贯穿了一条主线：地理特征（还有气候）决定了群体和民族的命运，里特尔言简意赅地表示："地球的外部特征影响历史进程。"[228]这些杰出人士和成千上万的读者深信山川河海决定了人类社会的演进，因此津津乐道于人类聪明才智所创造的挣脱大自然束缚的工具。里特尔兴奋地记下了蒸汽动力使得航行时间大幅缩短到原先的六分之一，乃至七分之一，人类还能开凿打通地峡的苏伊士运河。他总结道："随着人类智慧建立起更广泛、更牢固的统治，整个地球的自然环境被改变了。"[229]

这些年间一个耳熟能详的话题是地球变得越来越小。人们可以在100天内周游世界，这一时间很快又缩短为80天。蒸汽动力航行 177 还使人们能够到达以前从未涉足的地方。奥托·施帕默非常仰慕那些到海外探险，在地图上标出不为人知或（欧洲人）很少了解地区的德国人。探险及其给探险家带来的声望都不是什么新鲜事了。半个世纪或更早之前，出于同样的天性，卡斯滕·尼布尔（Carsten Niebuhr）前往阿拉伯半岛，亚历山大·冯·洪堡（Alexander von

Humboldt）前往奥里诺科河（Orinoco）探险，格奥尔格·福斯特则环游世界。最近的一次著名探险是1845年路德维希·莱哈尔特（Ludwig Leichardt）首次穿越澳洲大陆，3年后，他在穿越沙漠时遇难。[230]在19世纪第三个25年，各种探险活动日益丰富，探险的宣传也越来越有力。

这种内心的帝国主义展示了突然迸发出来的文化自信心，预示着1880年代后德国盛行一时的政治和经济帝国主义。它还传达了对“异国情调”的痴迷，这种迷恋正是19世纪中叶大行其道的进步观的“另一面”。陌生与差异被看作是挑战。当时的德国人对两个地方充满向往。一个是非洲。1849—1855年，由古典学者改行的地理学家海因里希·巴特（Heinrich Barth）走遍了赤道以北非洲，成为第三个进入廷巴克图（Timbuktu）的欧洲人。巴特的《北非和中非纪行和发现》初版是5卷本，后来又发行了普及本，尽管欢迎巴特从非洲归来的主要是“科学家”。[231]公众更熟悉的是格哈德·罗尔夫斯（Gerhard Rohlfs），他在1860年代穿越撒哈拉沙漠，然后完成了从的黎波里到几内亚湾（Gulf of Guinia）的横穿非洲之旅。罗尔夫斯是一名医生，日后的苏丹之行为他赢得了“德国的利文斯顿医生”的美誉，他还曾在法国外籍军团服役，这是利文斯顿都没有做过的。19世纪六七十年代，前往非洲的德国探险家不计其数，其中包括格奥尔格·施魏因富特（Georg Schweinfurth）、卡尔·毛赫（Karl Mauch）、爱德华·莫尔（Eduard Mohr）和奥斯卡·伦茨（Oskar Lenz）。他们的足迹遍及非洲大陆的每一个角落，包括非洲西海岸和内陆，尽管绝大多数探险的目的地是撒哈拉。[232]

如果说非洲在德国人的心目中代表酷热和“黑暗”，寒冷、白茫茫的北极则有着截然相反的形象。德国人也热衷于前往北极水域探险和考察，行程范围远远超出了从北海港口出发的德国捕鲸船。最早推动北极考察的是奥古斯特·彼得曼（August Petermann），1865年，他曾在法兰克福召开的全德地理学家会议上发表演说，受到热烈欢迎。政局动荡耽误了行程，不过第一支德国北极探险队还是于1868年启程了。考察队乘坐的轮船是80英尺长的“日耳曼尼亚”

178

极地冰川中的“日耳曼尼亚”号

(Germania) 号，卡尔·科尔德韦 (Karl Koldewey) 担任队长，他们在北极地区停留了4个月，收集了不少研究数据，但是没有重大的地理发现。随后立即组织了第二支探险队，计划于次年出发。探险队乘坐两艘船（“日耳曼尼亚”号和帆船“汉萨”号），仍由卡尔·科尔德韦领导，成员包括6名科学家，还携带了大批科学仪器。1869年6月15日，探险船队从不莱梅港启程，荣幸地得到威廉一世和俾斯麦亲临送行，两天后，威廉一世和俾斯麦前去参加威廉港的正式落成典礼。探险队考察了格陵兰岛东海岸并绘制了地图，在浮冰群上度过了一整个冬天。1870年9月，“日耳曼尼亚”号的船员返回了威悉河，发现普法战争正打得如火如荼。“汉萨”号失踪，不过船上的人在春天的融冰中活下来，最终全部安全返回。他们在一大块浮冰上待了整整237天，经历足够写成一部英雄传奇。在欢迎两组船员归来的宴会上，探险委员会主席发表祝酒词：“现在我们能够怀着自豪和喜悦的心情来看待船员和科学家们取得的成就，他们卓越地展现了德国人的航海能力、德国人的毅力以及德国人为推动科学进步而做的努力。”[233]

这是一个崇尚科学的时代。1840年代到1870年代成立的博物学、自然科学和地理学社团超过了19世纪其他任何一个时期。[234]不莱梅的酸沼研究所、汉堡的北德海洋气象台都是时代的典型产物。但是，探险航程中得失攸关的不只是科学。前往林波波河（Limpopo）和北极水域的探险队传递了一个更深刻的时代信仰：人类能够摆脱自然界的束缚。探险家为“黄金时代”画上了一个大大的惊叹号，这个时代见证了一座新的海军基地从沼泽中拔地而起，通过内部移民进一步征服酸沼，用河流整治和轮船驯服德国的各条河流。1860年，路易斯·托马斯（Louis Thomas）出版了面向年轻读者的《神奇的发明手册》，他为本书写了一篇题为“人类，地球的主人”的导言。托马斯先是描述了人类如何凭借卓越的聪明才智和技术，战胜了其他在力量、听觉或视觉上优于人类的物种，他接着写道：[235]

> 因此，人是万物之王，地球本身已经证明人类是地球的主人。他探索它的内部结构，在它的表面种植各种作物；他在温和的气候中种植热带植物；他的运河、他的铁路通遍全球，他用炸药开道，炸开岩石；他在最高的山上开路，他凿开巨大的地峡，将大洋连接起来，还在荒原建起林立的城镇和富饶的田野。大风、暴雨和严寒不能阻挡他，关山阻隔不再是不可逾越的障碍，海洋也不能让他止步不前。

当然，这种观点从很多方面来说是片面的。威廉港的建设者们很清楚事情并非如此简单。托马斯这样的狂热文章可以一挥而就，战胜泥浆、制服北海却要花多年的时间，而且没有取得最终的胜利。洪特－埃姆斯运河的工程师也有相同的感触，当然还有东弗里斯兰和奥尔登堡的沼地移民。为了征服难以驾驭的水，人类付出了代价，付出代价的是那些满身是泥、健康受损的人，而不是赞美进步的诗人。人类有时还要付出更惨重的代价，例如，早期轮船经常发生锅炉爆炸，早年间横渡大西洋的船舶海难频仍：1838—1878年，有144艘轮船葬身北大西洋海底。激进诗人费迪南德·弗赖利格拉特（Ferdinand Freiligrath）为了戳破富裕者的自鸣得意，一语道破了一个更让人难堪的事实：乘客的安全系于在甲板下忙碌的司炉工和技师，他们见不到阳光，也无法欣赏风景，如果他们执意要看的话，船就会炸上天。[236]

轮船驶离码头时总是排出滚滚浓烟。酸沼烧荒的烟雾日渐稀少，部分是因为一些社团让烧荒不再受法律保护，取而代之的却是轮船烟囱里冒出的浓烟，这种“烟灾”和其他污染一样，都是为进步付出的代价。[237]另一种污染是排入河流的家庭与工业废物，有害物质威胁到人类的健康和水生生物的生存。1875年，当地一家报纸描绘了埃姆舍河（Emscher）的情形：“乌黑的脏水散发出恶臭，河水被氨和焦油毒化了，死鱼蟹和青蛙漂浮在水面上。”[238]污染问题蔓延到鲁尔煤矿区。1877年，萨克森140个行政区就水污染提出抗议。90%以上的控诉是针对工业污染。[239]工业化（以及“工业化”农业）造成的德国河流退化开始让世人警醒。人们组建各种社团，与污染作斗争。科学家们争论德国河流的自净能力是否能承受史无前例的污染。1884年，威廉·拉贝（Wilhelm Raabe）以一个真实的诉讼案件为原型，创作了小说《普菲斯特的磨坊》，讲述了一家很受欢迎的乡村酒馆的故事，上游的制糖厂排放的污水使这家酒馆濒临倒闭。[240]

这些都是人类为进步付出的代价，但是，人类之外的物种又付出了何种代价呢？弗里德里希·尼采厌恶那些自大的进步鼓吹者，总是另辟蹊径地提出不合时宜的观点，他曾论及人类对待环境的态度：“我们人类对大自然的整个态度，我们借助机器以及技术人员和工程师冒失的发明扰乱大自然的方式，属于彻头彻尾的狂妄自大。”[241]在尼采写下这番话的1887年，进步的种种弊端已经引起了广泛的关注。河流整治和轮船通航造成栖息地消失、繁殖地面临威胁，植物学家和动物学家为此惋惜不已。有人大声疾呼要保护酸沼。巴伐利亚矿物学家弗朗茨·冯·科贝尔（Franz von Kobell）指责泥炭开采和酸沼排水导致当地鸟类种群的毁灭。“人的所作所为像是世界只为他们而存在一样，”他们将酸沼的鸟类赶尽杀绝，“仿佛他们有权改造天地万物。”“要不了几百年，”他在1854年时担心，酸沼就会“名存实亡。”[242]事实证明科贝尔过于乐观了。濒危的鸟类引起了急

切的关注。弗朗茨·冯·科贝尔担心达绍（Dachau）酸沼一度繁盛的
181 鹬逐渐消失，植物学家、酸沼保护的先驱卡尔·阿尔伯特·韦伯（Carl Albert Weber）提醒人们关注雄黑琴鸡和麻鹬的数量日益减少。还有人指出，随着湿地的消失，白鹳离开了，鸟类赖以生存的青蛙也不见了。[243]德国各地都出现了不容乐观的情形。教师、鸟类学专家卡尔·特奥多尔·利贝（Karl Theodor Liebe）在40年间坚持观察记录家乡图林根的鸟类，他在1878年写道，许多当年能够看到的鸟类已经绝迹了。同年，他创建了"德国鸟类保护协会"，这是19世纪第一个鸟类保护组织，此后又成立了4个独立的鸟类保护机构。在公众压力的推动下，1888年颁布了《帝国鸟类保护法》。[244]

不光专业人士，业余爱好者也发出了警告。当时不仅是业余考古学家层出不穷的时代，也是业余博物学家的黄金时代。官员、牧师、教师纷纷拿起捕网和记录本，到野外搜寻，记录、搜集见到的一切并为之忧心忡忡。这是进步文化的另一面。科学的魅力、重视细致观察和无可动摇的事实，让博物协会的成员跑到田野乡间，搜寻化石，观察生物。他们在一个领域的发现会影响到另一个领域。对于专业科学家而言，这两个领域是相通的，尤其是1859年达尔文的《物种起源》出版后，这部著作在德国产生了重大反响。灭绝物种的命运驱使人们思考现有物种的前途以及两者之间的关系。1866年，在进化论的启发下，生理学家恩斯特·哈克尔（Ernst Haeckel）出版了一部普通生物形态学著作，他在书中创造了"生态学"一词，把这门学科界定为研究有机体与外部环境（"生存环境"）的关系的科学。[245]

德国科学家对于现代生态观念的兴起发挥了关键作用。这种观念又得益于对水生生物及其栖息地的研究。1850年代末，动物学家、科普作家、软体动物专家阿道夫·罗斯梅斯勒（Adolf Rossmässler），不遗余力地推动水族馆的建设，水族馆确实是人工环境，但能够微观地展示不同生物之间微妙的相互依赖关系，罗斯梅斯勒满腔热情地投入这项教育事业之中。1864年，汉堡建立了德国的第一座水族馆。水族馆的创办者是生态思想的关键人物奥古斯特·

麦比乌斯（August Möbius）。麦比乌斯是海洋生物学家，也是软体动物专家。他曾经研究过基尔湾的动物群落，撰写了关于牡蛎繁殖地的开创性论文，指出了过度捕捞的危险。他的声望主要是因为他发明了术语biocoenosis（生物群落），长期以来这是一个欧洲术语，因为早期的美国生态学家用的术语是living community（生命群落）。之后的10年中，曾与麦比乌斯合作过的弗里德里希·荣格（Friedrich Junge）发表了《作为生命群落的乡村池塘》。这部著作是整体研究生物群落的开山之作，他所创立的方法很快就广泛应用于其他栖息地的研究，如酸沼（卡尔·韦伯［Carl Weber］）、森林（卡尔·盖尔［Karl Gayer］和湖泊（奥古斯特·蒂内曼［August Thienemann］）。[246]这些论著达成了一致的结论：某一物种或某一部分生态系统的失调将造成连锁反应，人类不应该鲁莽地介入错综复杂的生命之网。

182

如果察觉到不利影响的那个物种是人类，那环境失调就最容易引起恐慌。污染是个首要问题，但并非唯一的问题。世界各大洋往来穿梭的交通日益频繁，带来了一个后果，即我们如今所说的“生物入侵”。横渡大西洋的不只是人口、棉花和烟草，其他物种也作为偷渡者走过了这段旅程，它们要么藏身于货仓中，要么附着在船体上。在刚刚统一的德国，引起极大恐慌的入侵物种是来自北美的两个不速之客：危害葡萄树的葡萄根瘤蚜和危害马铃薯的科罗拉多甲虫。一位政府官员负责处理这些威胁德国农业的害虫，后来在回忆录中不无讽刺地描述了对这两种昆虫和其他害虫发动的“灭绝战”。[247]但是，幽默在当时并不时兴。入侵物种到来之际，恰逢法国人在德国西部边境虎视眈眈，另一方面，以“文化斗争”（Kulturkampf）闻名的反天主教会运动正如火如荼，这位反教会的官员把葡萄根瘤蚜和科罗拉多甲虫与耶稣会和“帝国的其他敌人”相提并论。[248]这是有意在语言上抹杀人类与非人类物种的差异。天主教徒的非人格化成为他们受迫害的前兆，与此相仿，1870年代末德国兴起了新的、基于伪科学的反犹主义，其追随者将犹太人称作“杆菌”或“寄生虫”。

藻类、鱼类、软体动物等其他物种也被带入德国的河流，如莱茵河里的斑马贻贝，它们在业已遭到破坏的生态系统里站稳了脚跟。[249]1840年压载水舱发明后，情况更加严重，压载舱装水时把许多物种吸入舱内，到达数千英里之外的目的地之后排放出来。1880年前后，压载水舱开始广泛推广，加速了某位论者所说的水生生物入侵的“生态轮盘赌”。[250]

19世纪中叶后，另一个引令人注目的问题浮现出来。酸沼开183垦、将河流严格控制在一小部分泛滥平原上、以越来越快的速度排干池塘和沼泽，这就引发了一个问题：德国“正在变干吗?”持续不断地排干湿地，让河水更快地从积水盆地流入海洋，可能引发各种危险。最终可能导致地下水位降低，对气候、野生动物以及人类需求产生长期影响。19世纪五六十年代，好几个国家的学者提出了这个问题，其中最著名的是1864年新英格兰人乔治·帕金斯·马什（George Perkins Marsh）出版的巨著《人与自然》。[251]法国的雅克·巴比内（Jacques Babinet）也提出过类似问题。在欧洲德语地区，从奥地利人古斯塔夫·韦克斯（Gustav Wex），到对于图拉工程引起的莱茵河沿岸地下水位下降感到担忧的植物学家，也关注这个问题。[252]在德国，与马什地位相仿的是巴伐利亚植物学家卡尔·弗拉斯（Karl Fraas）。像帕金斯一样，生活在地中海沿岸的弗拉斯也思考一度丰饶的农业用地的前途。这使他像帕金斯一样担忧人类对气候和环境造成的破坏性影响。1847年，弗拉斯出版了《各个时代的气候和植物界：对历史的贡献》。卡尔·马克思是该书的热心读者，他在1868年给恩格斯的信中写道，弗拉斯表明了资产阶级文明如何“留下了荒漠”。[253]但是，直到20世纪初，防止德国变成“大草原”的呼吁才变得广泛而迫切。

“人与自然”是乔治·帕金斯·马什的著作之名。同时代德国人对人类的自大所导致的后果发出警告时，用的术语也是“自然”，而不是“环境”。不过，每个人对于“自然”的理解是不同的，它是将各持己见的人联系在一起的纽带。有人将自然视为启示真理的源泉，提供了对付宗教对手的精神力量，黑里贝特·劳（Heribert Rau）的

《自然的福音》成为这些人的圣书。劳追随卢梭、歌德以及其他泛神论作家，强调必须把自然奉为生命之源。19世纪五六十年代，这种观点在德国引起的共鸣超过19世纪的其他任何时期，它最初是为了回应科学家以及其他把自然界视为一系列自然力的人所信奉的唯物主义。相反，那些把自然视为“神殿”的人有各种机构作靠山：有《自然》这样的刊物；有1859年为了纪念亚历山大·冯·洪堡诞辰100周年建立的洪堡协会；还有探索物种相互依赖关系的科学家，他们的整个分类体系非常接近于劳所强调的人与自然和谐一致的观点。这些人以这种方式看待自然，因而把达尔文主义看成是重要的促进因素，时常对有组织的宗教抱有怀疑态度。他们有许多属于异端组织，如新教的“光明之友社”、与罗马教廷决裂的“德国天主教 184 会”。哈克尔号召用“淳朴的自然宗教”来取代天主教教义。事实上，他认为生态思想的非人类中心主义更接近佛教而非天主教，天主教强调人类是万物之灵，有别于而且优于其他物种。[254]

然而，东正教也为哀叹邪恶的人类对大自然造的孽提供了依据。无论《创世记》是如何描述“征服”和“统治”自然界的，基督教传统中总是有其他的思想资源。[255]弗朗茨·冯·科贝尔表述过这类思想，指责那些自以为能够改造大地万物的人。鸟类学家卡尔·特奥多尔·利贝也重申了同样的观点：上帝不仅创造了人类，也创造了植物和动物，因此，上帝的所有造物都值得尊重。[256]这些观点源自终极因的原则：宇宙的每一个造物都有存在的理由，也都在神性计划中占有一席之地。1850年代或1870年代提出这样的观点是很自然的，只有那些认为19世纪中叶的德国思想生活已经完全“世俗化”的人才会感到惊奇，实际上，在当时出版的著作中，每六本就有一本是神学著作。在这个进步和“唯物主义”的时代，新教或天主教保守派备受排斥。他们哀叹失去的大自然，仿佛是在追悼他们所珍视的一切——各种观念和社会关系，以及熟悉的历史古迹——都岌岌可危的世界。

1880年，保守的音乐教授恩斯特·鲁多夫（Ernst Rudorff）发表了题为《论现代生活与自然之关系》的文章。[257]这篇文章的起因是他反对在莱茵河德拉亨费尔斯河段为游客修建观光缆车，但文章的立意摆脱了就事论事的窠臼。鲁多夫鞭挞将自然视为工具的态度，认为这是当代文化堕落的征兆。他还斥责旅游业带来的玩世不恭的效应，抨击技术统治论者为了眼前利益整治每一条河流、破坏了鸟类栖息地，从而为了功利牺牲了美。鲁多夫的控诉起因于对现代生活的深切厌恶，他主要关注景观之美，虽然也隐约流露出对生态的关注，例如，鲁多夫认为，河流整治实际上增加了洪水泛滥的危险。他的文章标志着现代德国自然保护运动的开端，因为文章强调保护真正的天然景观。部分由于鲁多夫的努力，19世纪末，德国中产阶级建立了致力于这项任务的组织。但是，在1880年前的数十年，人们已经在哀叹正在失去某些东西。如果说鲁多夫是站在一场新运动的起点，他也借鉴了威廉·海因里希·里尔的早期作品，里尔原本是艺术史家，后来成为最早的人种学家。同鲁多夫一样，里尔也厌恶游客，珍爱湿地。换言之，他兼具我们赋予不同政治派别的观点。里尔是个保守派，反感工业化，抵触进步崇拜，哀叹家长制价值观的消失。然而，他抨击"几何型"的水道，呼吁保留"荒野"，其观点被具有生态意识的植物学家所采纳，一些人甚至称他为现代绿党的先驱。[258]这种政治上的模棱两可将始终贯穿于德国的自然保护运动。

185

同时代人对大自然的失落感并不仅仅是狭隘守旧的、"反现代"的反弹。1850年后数十年的文学作品中也弥漫着这种情绪。正是从那时起，阿达尔贝特·施蒂夫特（Adalbert Stifter）、特奥多尔·施托姆、威廉·拉贝、特奥多尔·冯塔纳等作家开始用细致的笔触来描述自然景观，他们好像意识到这些景观危在旦夕。[259]冯塔纳在勃兰登堡之行的游记中明确表达了对景观的脆弱和消失的认识。他描述了常去的沼泽湿地正在发生的变化，一再流露出感伤情绪，仿佛沼泽地也能体会到他的哀愁。他告诉我们："布里瑟朗（Brieselang）已是风烛残年，不复昔日的面貌，也失去了特色"；12月的哈维兰看上去更像从前的样子，让人"再度梦回往昔"。[260]接下来，冯塔纳记述了从伍斯特劳到奥德布鲁赫的旅程，喜忧参半地记下了正在消失或已经消失的地点和物种，以及取而代之的绿色田野和牧场。“绿色的低地”“绿色的阔野”“绿色的地毯”是丰饶的，但是，这些新绿未免有些“千篇一律”。[261]

冯塔纳并不是反现代主义者，而是温文尔雅、见多识广的城市居民，他认识到世界已经改变，却依然流露出对于失去的世界的感伤之情。威廉·拉贝亦是如此，在晚期小说《懒蛋》(*Stopfkuchen*)中，叙述者故地重游：[262]

> 我记得那地方有个池塘，准确点说是一片沼泽，就在雷德河河堤路的右边，大概有四百到五百平方米大小。当我回来时，它已经消失了。
>
> 那里曾经藏着大自然的秘密，如今已经变成普普通通的肥沃的马铃薯地，当然，田地是很有用的，不过，这个地方还是从前更美丽，也更有“教益”。我诧异地四望，想找到蛙池（我们这样称呼它）,可非常遗憾的是它已经不见了。多好的伙伴，多难得的老朋友！池塘边长满了香蒲、芦苇、柔荑花，不时可以看到青蛙、蜗牛、龙虱，蜻蜓轻盈地盘旋，蝴蝶翩翩飞舞，四周柳树环绕……“天晓得，他们本可以让此地保留从前的样子，他们应该如此，”我嘟囔着说，“他们又何必在乎为自己或牲畜多打的几袋粮食。”
>
> 但是，他们认为有这个必要，你对此无能为力。我也只能面对这个损失。

186

讲述者的屈从感使得字里行间的悲怆越发浓厚，这与小说开头对“自然母亲”的描述形成了反讽。[263]

当时的人们都是用讽刺的口吻来描绘失去的自然。危在旦夕的自然擦亮了观察者的眼睛。他们用文字、绘画，偶尔也用相机，描绘岌岌可危的景观，比如，亚德湾的奥布拉赫内申平原逐渐淹没在水中，成为热切关注的对象。[264]更具讽刺意味的是，人们之所以了解到湿地和物种的消失，很大程度上正是借助预示着它们消亡的新型交通工具。人们游历越广，就越是要寻找“完好无损的自然美”。

火车、轮船把冯塔讷带到布里瑟朗和哈维兰，拉贝笔下的爱德华也是乘坐远洋轮船和火车，从西南非洲一个兴旺的农场回到儿时的故土。在湿地消失之际，它们显得如此珍贵、如此亲切。数年后，伟大的酸沼之友、沃尔普斯韦德画派（Worpswede）画家奥托·莫德松曾经说过，人类应当效法"自然"，接着又补充说，他是"在横跨运河的桥上"产生这个想法的。[265]

站在运河的桥上能看到怎样的"自然"呢？当然，莫德松或冯塔讷记录的是自然的片段：某一特定时刻的自然。至少150年来，人类的介入已经彻底改变了沃尔普斯韦德的艺术家和作家为后代所描绘的酸沼地带。巴伐利亚艺术家笔下的达绍酸沼也经历了同样的命运。[266]灾难不可避免地降临。牧师和植物学家清点着物种的数量，哀叹物种的消失，也记录下长期演变进程中某一阶段的状况。

弗里茨·马肯森是沃尔普斯韦德画派画家，他的《托伊菲尔斯莫尔的木屐匠》（1895年）不仅表现了酸沼对于人类情感的强烈影响，也表明了居民在何种程度上让景观呈现出笔直的线条，画中有泥炭船航行的运河以及跨越运河的道路。运河对岸有一棵桦树，有朝一日会用来做木屐。

他们大为惋惜的许多物种的消失，其实是前人的活动造成的，比如干砾地带灌木树篱中栖居的鸟类和其他物种。纯天然的地方有时就像长满了杂草的遗迹，带有岁月所赋予的古色古香。[267]里尔及其德国后继者用的术语是“荒野”，但德国并没有真正意义上的荒野；有的只是或多或少被人类出于不断变化的目的利用过的历史景观。[268]19世纪中叶后出现了“黄金时代”，不论是德国北海海岸、西北地区的酸沼，还是德国任何一个地区的河谷和湿地，无非是人类对自然的利用更为深入。这些利用比早先的人类介入破坏更大，尽管比后来的要轻。相比一百年前，莫德松笔下的酸沼“失去了自然本性”，不过其景观如今几乎完全消失了。

187

昆虫遇到了水坝，恩斯特·康代泽书中的插画。

第四章　筑坝与现代

——从1880年代到第二次世界大战

技术奇境

1911年，波西米亚西北部的德国城镇布吕克斯（Brüx）的市议 189
会议员决定兴建一座饮用水水库。水坝于1914年6月26日完工。两天后，弗朗茨–斐迪南（Franz-Ferdinand）大公在萨拉热窝遇刺，因此竣工典礼一直没有举行。直到本地两名工程师出版了一本书，介绍这个象征着“不可阻挡的进步”[1]的工程，它才得到应有的赞誉。另一项规模更大的工程也有同样的遭遇，这座水坝位于如今黑森州的山地，当时属于普鲁士与瓦尔德克公国（Waldeck）交界的边境地带。埃德塔尔（Edertal）水坝的蓄水区绵延17英里，淹没了河谷里的三个村庄和数十个农场。1914年，历时6年的工程宣告竣工，2亿立方米的蓄水量使它成为当时欧洲最大的水坝，直至今日仍是德国第三大水坝。德国皇帝和皇后、瓦尔德克大公和大公夫人，以及商界、政界和文化界名流，都收到邀请参加盛大的落成典礼。不过，预定的典礼日期定在了1914年8月5日——第一次世界大战爆发后的两周。[2]与布吕克斯的同行一样，埃德塔尔水坝的建筑师们失去了参加庆典的机会，不过，他们颇感慰藉的是，最显赫的客人曾两度光临，一次是1911年8月，德国皇帝和皇后带着维多利亚·路易丝（Viktoria Luise）公主在此地举办了野餐会，来了满满6车人；第二年，皇帝皇后再度来到此地，在喝茶前还与负责工程的工程师交谈。[3]

我们很清楚埃德塔尔水坝正式庆典的程序，因为不久前刚刚举行过另外两座大型水坝的落成典礼。1913年7月，索斯特（Soest） 190
附近的默讷（Möhne）水坝正式落成；8个月前，德国皇帝参加了西里西亚境内博贝尔河（Bober）上的毛尔（Mauer）水坝的落成典礼。至此，数十个大大小小的类似仪式（雷姆萨伊德城[Remscheid]为了庆祝埃施巴赫[Eschbach]水坝竣工，竟然举办了5次以上的庆典）已经形成了固定的庆典流程：致辞、歌咏、祝酒、盛宴、彩旗、烟花和孟加拉烟火。如果人工湖的水面足够宽阔，还会举办喜庆的摩托艇表演。[4]1903年5月，森巴特（Sengbath）水坝的建筑师正式呈献给索林根城（Solingen）一首打油诗，典型地反映出这些庆典所传达的情绪：[5]

回报了所有对你的关注，
实现了人们所有的愿望，
你坚不可摧地屹立在岩石之上
将恒久的祝福撒向山城的土地！

诗文字里行间流露出来的口吻同样适用于开垦奥德布鲁赫或图拉的新莱茵河庆典。在这种场合，人们往往把新水坝的落成说成是人类征服自然的长期斗争的又一个胜利。委婉的说法是，大自然创

1893年6月，雷姆萨伊德大坝落成典礼。

造了天然的山川湖泊，它没有创造的地方是唯有靠“人类双手来完成”的岩石盆地。[6]更常见的态度是毫不掩饰地敌视自然。拦河建坝是“给大自然的礼物戴上镣铐，使之为我们服务”，“驱使自然力为经济服务”，“强行将自然界无序的水文循环纳入有序的水道”，“驯服并有效利用”山区河流的能量等等，诸如此类的说法有十几种之多。[7]强行、驱使、驯服、镣铐，这些都是针对危险敌人的词汇。正如人们用军事术语来描述与奥得河和莱茵河的搏斗，可恶的河谷也成为“伟大的战场”。这个词是恩斯特·马特恩（Ernst Mattern）在1902年出版的一本关于水坝的著作中使用的。他提醒读者，关于火，席勒已经说过：人类控制时有利，失去控制时可怕。水亦如此。[8]几年后，雅各布·青斯迈斯特（Jakob Zinssmeister）不赞同关于水坝侵害自然的言论，他反驳说，批评者大概忘了“从根本上说，人类支配自然，而不是服膺于自然”。[9]

这些关于人类主宰地位的表态十分常见。不过，水坝建设时代也引发了新的回应。排干酸沼或是改变河流方向虽然也改变了景观，但人类主宰地位的这些新象征更加引人注目，或者说更富戏剧性。新奇正是魅力所在。一位匿名作者在1913年时回忆说，即便是早期的中等规模的水坝，“所引发的惊奇超过如今规模大10倍或20倍的水坝”，因为它们是“最早的水坝”。[10]事实的确如此。不过，水坝的规模也是很重要的，水坝越大，引发的轰动越大。第一次世界大战前10年，随着水坝越修越大，评论者不得不频繁地使用大同小异的形容词。水坝是“巨大的”“雄伟的”“庞大的”。[11]1905年埃菲尔河上的乌夫塔尔（Urfttal）水坝竣工前夕，卡尔·科尔巴赫（Karl Kollbach）参观了建设工地，并向家庭杂志《漂洋过海》的读者描述了自己的感触。科尔巴赫远远望见“一道巨大的堤坝从河谷底部拔地而起，大小有科隆大教堂一半大”，敬畏感油然而生；走近些以后，可以看清水坝有着“巨大的瀑布”“庞大的坝体”；抬头仰望，坝顶上的工人像蚂蚁大小，而作者不禁感到晕眩。将来会有成千上万的来访者目睹这个“宏伟的现代科技奇迹”。[12]甚至在竣工之前，192 这座水坝就已经以“巨型水坝”而闻名，这部分要归功于卡鲁斯

(V. A. Carus) 编辑的插图本小册子《格明德与海姆巴赫之间埃菲尔河巨型水坝指南》。[13]坊间著述频频把水坝比作新出现的庞然大物，这表明人们认为唯有将水坝比作神话人物，方能准确表达惊奇感。主坝体通常被比作独眼巨人。在一篇关于默讷水坝的文章中，赫尔曼·申霍夫（Hermann Schönhoff）一开头便风趣地将水坝比作民谣中创造了大陆的巨人。如今的水坝是“庞然大物”，耸立在陆上景观中的“欧洲最大的水坝”，“德国人进取精神的鸿篇巨制”。[14]

有人觉得这种自吹自擂不太得体。不难想见，这些人当中有雅各布·青斯迈斯特猛烈抨击的人文学者和教授们，不过也有工程学领域的人士。就在现代德国水坝建设如火如荼之际，阿道夫·恩斯特（Adolf Ernst）出版了一部名为《文化与技术》的著作。作为斯图加特理工学院的工程学教授（他是起重装置专家），恩斯特质疑现代的技术狂妄。恩斯特的结论是：“教育不完备的人片面地主宰自然力”是危险的，不应错误地认为“如今我们实际上正在成为万物的主宰，至少，自然科学与技术正在追求这个难以企及的目标”。[15]恩斯特并非唯一一位谴责狭隘的物质主义观点的业内人士。汉斯－柳德格尔·迪内尔（Hans-Liudger Dienel）甚至认为，相比其他人，比如自然科学家，这个时期的工程师实际上还不是最妄自尊大的。例如，水利工程师就直接领教过傲慢的危险，因而倾向于凭直觉来看待大自然，而不是低估大自然。[16]当时的争论中确实有这类观点，因为尽管建立了更大、更复杂的河流模型，如1890年代胡贝特·恩格斯（Hubert Engels）在德累斯顿理工学院建立的开创性河流实验室，人们对河流力学的许多方面，包括湍流和沉积物沉降仍然一无所知。[17]至少，有反省精神的人并不想否认，工程师在尝试让复杂系统变得有序时也会出错。[18]

这依然只是少数人的观点。大自然通常被视为人类的仆人甚至敌人。[19]这是试图从哲学上为技术辩护的彼得·恩格尔迈尔（Peter Engelmeier）和埃贝哈德·伊斯希默（Eberhard Ischimmer）的坚定信193念，也是绝大多数在日常工程中奔波劳碌之人的态度。恩格尔迈尔是一位在德国工作、用德语写作的俄罗斯工程师。他曾出版过发明手册，对列夫·托尔斯泰回归自然的观点持批评态度，他对“技术帝国”深信不疑，因为它是驱动“人类发展的伟大时钟的动力”。伊斯希默是图拉常去的卡尔斯鲁厄理工学院的工程学教授，他在《技术哲学》(1914年) 中指出，技术的目的就是驾驭自然、摆脱自然的束缚，让人类获得自由。[20]这些观点代表了同时代职业工程师撰写的数百种关于水坝的书籍、小册子与文章的观点。无论如何，这是我读过其中200多部著述之后得出的结论。我们知道这些著作是出自工程师之手，因为这是在德国，他们的名字后面有各自的头衔和资历。他们的严肃文体表明，他们为水坝的社会实用性而自豪，很少有不自信的时候。

从阿布斯霍夫 (Abshoff) 到齐格勒 (Ziegler)，工程师们从事的是一个蒸蒸日上、日新月异的行业。1906年，德国工程师协会成立15周年之际已拥有2万名会员。[21]几年前，H. F. 布本代 (H. F. Bubendey) 教授在协会杂志上发表了一篇文章《20世纪初德国水利工程的方法与目标》。他对比了1900年与1800年的不同：以往有极少数“天才”，如今则出现了“训练有素的工程师队伍”。[22]1899年，享誉国际的德国理工学院获得了博士学位授予权，到1911年，这些学院每年毕业1.1万名学生。[23]罗特希尔德 (Rothschild) 曾经开玩笑说：“三件事会让你破财：女人、赌博、工程师。前两个还好办，最后一个肯定能让你破财。”[24]如今，这样的时代早已成为过去。1894年，彼得·恩格尔迈尔自信地指出：“我们的同行在社会阶梯上越爬越高。”[25]他是对的：再没有人认为工程师是放荡和靠不住的人。

的确有人认为工程师缺少受过人文教育才有的开阔视野。但是，同时代人关于教育的激烈争论以及天主教政治领袖恩斯特·利贝尔 (Ernst Lieber) 在议会中的嘲笑 (“工程师水平越高，视野越窄”)，只会增强工程师的职业信心。[26]这种信心增强的一个表现就是工程师开始使用人文学者的语言。工程师们宣称自己的工作并非只是与机械打交道。他们的成果是创造性的，有自己的“灵魂” (Geist)；所以，工程师也是文化的捍卫者。当然，这是为了回击利贝尔等人的批评，不过至少也提出了一种主张。文化是个有魔力的 194

词。关于水坝的书籍和文章不仅认为这些巨大的新建筑驯服并驾驭了自然，还把它们说成是“文化工程”。[27]第二次世界大战前，这种趋势已十分显著，1922年，德国工程师协会的刊物改名为《技术与文化》，标志着这股潮流达到了高潮。

水坝建设专家是否面向更广大的公众？在很多情况下，我们显然只谈及工程师彼此之间的交流。《丁格勒工艺杂志》《乌兰技术周刊》《水力工程师》以及20多种同类出版物上刊登了许多有关水坝的文章，这些刊物的读者多半是工程师、官员、科学家和商人。他们没有接触过更广泛的中产阶级公众：律师、大学教授、教师、牧师和医生，唯一的例外是水坝饮用水质量问题引发了一场大争论。他们肯定也没有面向职员和低级官员这一庞大的下层中产阶级读者，这个阶层正在如饥似渴地阅读通俗科技书籍以及“电力文化”之类五花八门的流行读物。

这个更大的读者群是从其他渠道了解水坝的。《评论》《社会评论》《普罗米修斯》《旧世界与新世界》《魔法石》等出版物，以及发行量很大的周刊《漂洋过海》和《园亭》，都登载了许多有关水坝的语言生动的非专业文章。日报副刊和地方刊物也不时发表类似的文章。这类文章大都是介绍某一座水坝，通常是新近落成的。文章可能提到美索不达米亚或埃及作为铺垫，重点则是这些现代技术奇迹将带来的好处。“巨大”“庞大”一类的词汇在此类文章中随处可见。文章客观介绍了水坝及其环境，总是不由自主地流露出这个崭新奇观所带来的激动和兴奋。

借用约翰·施陶登迈尔（John Staudenmaier）的话来说，这些作者是技术的说书人。他们向读者展现了天衣无缝的过去和光明的未来。[28]一些作者是专门为广大读者写作的工程师，另一些则是受过人文教育但热衷于技术的人士。柏林的里夏德·亨尼希博士（Richard Hennig）就是一个很好的典型。第一次世界大战前，亨尼希就发表 195 了多部关于德国及其非洲殖民地的水坝建设和水资源治理的著述。[29]1911年，他出版了面向“青年和成人”的《著名工程师》，其中专门有一章介绍德国著名的水坝建设者。[30]该书告诉我们，当时正是工程师生平传记这一体裁的全盛时期，年轻人是主要的读者群。亨尼希的出版商是莱比锡的奥托·施帕默，他出版了许多针对年轻读者的大众科学读物。另一位将读者区分为年轻人和成年人的作者是汉斯·多米尼克（Hans Dominik）。他为《园亭》撰文介绍了水利工程的壮举，并于1922年出版了《技术奇境：青年必知的杰作和新成就》。[31]书中有一章“让人自豪的技术时代”，将埃德尔水坝和默纳水坝与汽车、飞机和无线电相提并论。这些成就“让我们这个时代超越了前人，我们坚信，尽管会经历种种考验与磨难，人类将不可阻挡地向更高的目标和发展阶段前进”。[32]用“考验与磨难”来描述第一次世界大战的影响恐怕有点过于轻描淡写，如我们将要看到的，战争对德国的水坝建设有多方面的影响。像其他作者一样，多米尼克在20世纪二三十年代继续以讲述英勇事迹的鼓舞人心的风格讲述德国水坝的故事。

历史学家戴维·奈伊（David Nye）用“美国的非凡技术成就”来描述胡佛水坝这样的建筑给同时代人带来的强烈冲击和敬畏感。[33]这是美国历史上由来已久的一个话题。[34]然而，奈伊坚持认为这是美国例外论的例证：欧洲创造敬畏感和奇迹的能力还停留在伊曼努尔·康德和埃德蒙·伯克（Edmund Burke）的时代，欧洲没有步入现代，从未像美国一样心甘情愿地讴歌人类驾驭自然。这种说法并不正确，就像其本身成为一个话题一样荒谬。像美国一样，德国也有质疑者，但大量证据表明了新技术奇迹的魅力。民众密切关注柏林地铁的隧道工程，津津乐道地谈论齐柏林飞艇的每一段航程，为汉堡—美国航线的大型远洋邮轮“皇帝”号的首航而欢呼。[35]1906年，弗朗茨·本特（Franz Bendt）告诉《园亭》的读者：“专业技艺使现代披上了技术色彩，确立了现代的主旨。”[36]人文学教授弗里德里希·鲍尔森（Friedrich Paulsen）也注意到同样的趋势，只不过不是主动地接纳，而是被动地接受：“人们的注意力不是投向文学或美学，而是制服自然力和征服地球。这已经影响了年轻人的思想。我们为此 196 感到懊悔吗？懊悔有用吗？”[37]

正如齐柏林飞艇和远洋邮轮的首航要举办庆典，水坝也有落成仪式。不同的是，水坝不动如山，任由人们参观和描绘。1904年，《评论》杂志刊登了一篇有关乌夫塔尔水坝的文章，编辑加上了对传统旅游指南的抱怨:

> 贝德克尔和迈尔之类的旅游指南不应偏颇地只关注没有多大历史价值的零散的残垣断壁，或是出自不知名的大师之手的斑驳壁画。旅游指南应当改弦更张，与我们时代的新兴趣相吻合。

乌夫塔尔水坝属于名副其实的“技术与艺术的结晶”，编辑将读者的兴趣引向卡鲁斯关于“巨型水坝”的著作。[38]事实表明，文章和旅游指南的作者指向哪里，大众就跟到哪儿。从一开始，水坝就吸引了大量观光者。参观本地的第一代水坝，可以徒步或搭乘当地交通工具；前往更远的巨型水坝要靠大肆宣传的铁路，然后再转乘汽车。[39]每年有成千上万游客前去参观水坝。米格（W. Mügge）在1942年时回忆说，过去很少有建筑工程能够吸引这么多观光者。[40]

很难说清楚人们为什么去参观水坝，又从中得到了什么，但相关证据给出了两种解释。一方面是敬畏感，作者们反复强调的那种让人着迷的强烈体验。水坝出售的一些明信片突出了它们与新奇和激动人心之间的联系。以1920年代一张印有未来的格勒塔尔(Glörtal)水坝的明信片为例，水坝上空聚集着飞机、热气球、齐柏林飞艇，还有一条想象的单轨铁路。[41]这种把水坝与航空相提并论的手法并非个例。在1938年的纳粹出版物《民族与世界》中，飞行员与气球驾驶者阿贝尔克龙（W. Abercron）从飞行员的角度赞美水坝，从空中拍摄了水坝形成的开阔水域，摩托艇在水面犁出长长的尾波。[42]对于那些只能从地面欣赏的人而言，参观新落成的水坝也是一次惊奇的体验。水坝也有平凡的乐趣。这从另一个侧面解释了参 197 观者究竟从中得到了什么。莱奥·西姆菲（Leo Sympher）清楚表明了这一点：埃斯巴赫水坝“成为水坝爱好者真正向往的朝圣地”，但对于绝大多数人而言，它是个“很多人去过的消遣场所”。[43]埃斯巴赫水坝作为“远足”的目的地，很快就大获成功，从而形成了一个模式。[44]新的人工湖吸引了徒步旅行者和垂钓者；如果没有限制（如饮用水水库的规定），夏季划船和冬天溜冰也很受游人的欢迎。一些大型水坝，如乌夫塔尔水坝、埃德尔水坝和默讷水坝（后者有普鲁士西部省份最大的人工湖），吸引了更多游人，他们乘轮船航行、光顾点心摊位、购买纪念明信片。[45]

这些远远谈不上是汉斯·多米尼克所说的技术奇境，但一路走过的历程也讲述了过去的故事。德国水坝出售的廉价旅游纪念品越来越多，这就像齐柏林飞艇带来的震撼转化为香烟和擦鞋膏包装上的齐柏林伯爵头像。[46]奇迹变成了商品，驯服自然被浓缩成雪茄烟盒或默讷水坝的假日明信片上的画像。如果说征服自然的一个标志在于其成就似乎是不证自明的，那么它也可以衡量现代德国水坝建设在轰轰烈烈而又迟疑不决的启动后前进了多远。

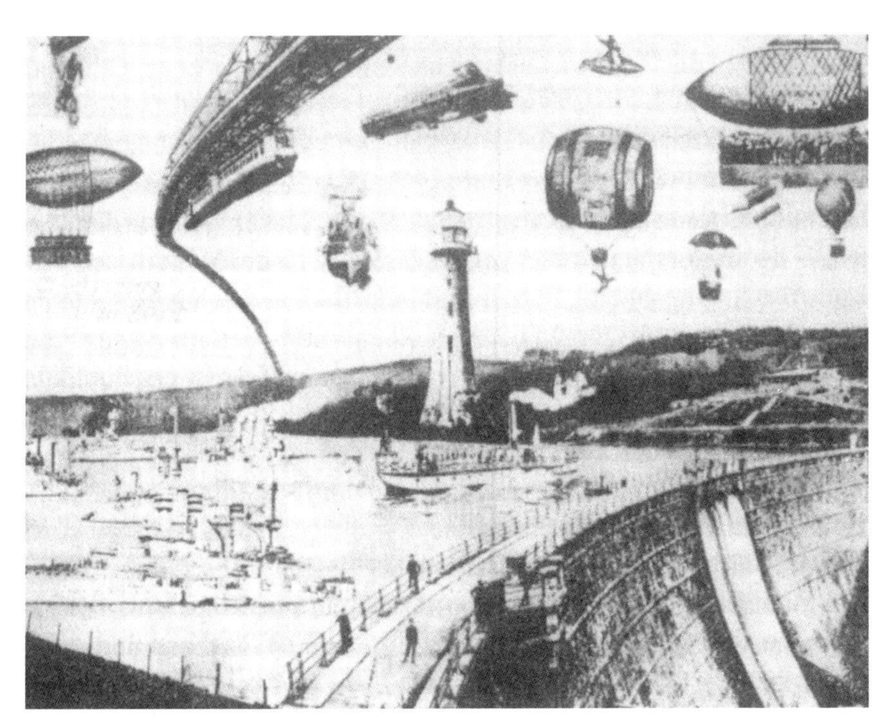

1920年代的一张明信片描绘了未来的格勒塔尔水坝。

奥托·因策：德国筑坝大师

198 拦河筑坝与文明一样古老。建造水坝通常是为了拦蓄年年泛滥的洪水，然后在枯木期放水灌溉农田。1885年，德国探险家格奥尔格·施泰因富特（Georg Steinfurth）发现了一处最古老的水坝遗址：埃及开罗以南20英里阿勒旺（Helwan）的卡发拉（Kafara）水坝，它大约建于公元前2600年，用于拦截东部山地下来的洪水。[47]现代德国水坝的倡导者常常称赞古埃及、亚述和中国的成就，它们给当代技术专家统治论的热情盖上了历史印章。

欧洲德语地区修筑水坝的历史要短得多，但依然可追溯到700年前的下萨克森法恩泰赫（Pfauernteich）水坝，这座水坝大概建于1298年以前，坝长约200米、最高处约10米，供应当地手工业用水。在整个现代早期，德国兴建了众多大小不等的小水坝。德国水坝建造的第一个重要时代始于1480年代，此后一直持续了300年。这个时期的水坝主要位于哈尔茨山（Harz）和厄尔士山脉（Erzgebirge）的中部山区，采矿业主用水位差产生的水力来给矿坑排水，以便开采银、锡、铜等矿产。水坝还可为捣碎机提供动力。这个时期的水坝大部分是由维伦·德·雷特（Willem de Raedt）这样的荷兰水利专家建造的。水坝的数量很多（仅哈尔茨山就有100多座），一些最大的水坝非常壮观，如厄尔士山脉的翁特雷–哈特曼斯多费尔（Untere Hartmannsdorfer，1572年)水坝和哈尔茨山的奥德泰赫（Oderteich，1720年代)水坝，蓄水量是现代德国筑坝时期最早建造的水坝的3倍。当然，这些水坝也十分精巧：奥德泰赫水坝由花岗岩建成，坝体中特别设计了（橡木制成的）排水管。18世纪，水坝建造理论有了长足发展，当时的出版物已经勾勒出山岳形态学的基本思路：坝址选择在深窄河谷，以便用合理成本以更小的水坝拦蓄更多的水。[48]

进入现代工业化时代后，虽然一些有历史意义的水坝继续运199 转，但蒸汽为矿井排水提供了更便捷的动力。著名的萨克森矿业学校位于厄尔士山区的弗赖贝格（Freiberg），它在其他领域保持了领先地位，但是，现代水坝建设的接力棒已经传到了英国人，尤其是法国人手中。从夏齐伊（Chazilly，1837年）和格罗布瓦（Grosbois，1838年）到布泽（Bouzey，1881年），19世纪标志性的圬工坝都是在法国建造的，而关于建造这些更薄的重力坝的重要理论著作都是出自德·萨齐伊（de Sazilly）和德娄克（Delocre）等法国工程师之手。像其他领域的先驱一样，法国也付出了代价。夏齐伊和格罗布瓦水坝有明显的设计失误，布泽水坝不得不在1880年代两度翻修，最终还是于1895年坍塌了。[49]当然，法国工程师设计的水坝绝大部分没有垮塌，正是在这种不确定的背景下，德国开启了水坝建设的新时代。这个时代起始于一项与法国有关的工程。

在阿尔萨斯的孚日山脉，东向的河谷比西向的河谷降水少，这在欧洲各地是很常见的现象，其成因是大西洋低压系统带来的盛行风。这些陡峭河谷的降水——我们至今仍谈及年降水量79英寸——汇聚成山间溪流，像其他地方的山涧一样，它们的水量时大时小。每年既有山洪暴发（一般从每年10月到12月以及夏季暴雨期），也有涓涓细流。像多勒尔河（Doller）这样的河流，高水位与低水位、丰水期和枯水期的水量比大约是400∶1。[50]这是自然循环的一部分；进入现代后，高山山谷的乱砍滥伐导致这个循环变得紊乱，因为林木及其根系相当于平衡季节性水流的蓄水系统。水坝为我们提供了又一个实例，即建造水坝是为了替代被早期人类活动所破坏的自然机制。为了让河谷居民有更平稳的水流灌溉农田、驱动水车，19世纪中叶，法国工程师着手制订方案，在业已成功提升自然湖泊水位的基础上，修筑水坝拦截水量不稳的溪流。但是，财政困难、用水者之间的争执、水坝下游居民的担忧，这些问题交织在一起，意味着阿尔萨斯于1871年并入德国之前，水坝建设不会有任何进展。[51]

“帝国领地”（Reich Lands）的新统治者想为不情愿的新臣民做点事情。1881年，出台了在多勒尔河和费希特河（Fecht）河谷建造一系列水坝的方案。两年后，工程开始动工，1887年，阿尔费尔德（Alfeld）的第一座水坝竣工。此后又建造了4座水坝，1894年，劳赫河（Lauch）河谷的最后一座水坝竣工，标志着整个计划全部完 200

成。政府负担了100万马克多一点的开支，受益的纺织企业自愿捐助了16万马克。[52]无论是什么原因——它们位于从前的法国领土，(与大多数德国早期水坝不同）它们是由公共资金建设的，而且整个计划相对独立——这些水坝在现代德国水坝的权威历史中基本没有什么地位。许多作者甚至没有提及它们。

事实上，相对于之后建造的水坝，阿尔萨斯地区的水坝既典型又另类。首先，它们的地理位置是特殊的。排干沼泽、整治大江大河以及酸沼移民都属于低地平原工程；水坝建造在高地河谷。这些水坝并不是建在主动脉的大江大河上，甚至也不是次要河流上，而是建在次要河流的支流上。在阿尔萨斯，多勒尔河和费希特河是伊尔河（最终汇入莱茵河）的支流。后期的水坝将建在默讷河而不是鲁尔河、埃德尔河而不是威悉河、洛尔河（Roer）而不是莫泽尔河上。始于孚日山区的水坝建设将延伸到德国其他山区：绍尔兰、贝尔吉施山区（Bergisches Land)、埃菲尔山、哈尔茨山和厄尔士山脉。在另一个截然不同的方面，阿尔萨斯的水坝也具有典型性：它们是政府协调各方利益冲突的产物，在阿尔萨斯，“激烈争吵”的双方是农业与工业用水者。[53]

用水权之争将推动和影响德国各地水坝建设的进程。孚日山区的情况是阿尔萨斯地区的水坝显得另类的一个因素。事实证明，这些水坝非常成功，符合当地人的愿望，但并不是每一个地方的水坝都能成功。这些工程主要是由当局而非个人投资，因而无须收回很高的启动成本。新水坝在维持多勒尔河和费希特河河谷人口方面发挥了重要作用，而邻近河谷的居民不断减少。早先的观察者感到吃惊的是，工业与农业用水者也能在一定程度上和睦地分享水源，考虑到19世纪末年德国工业与农业关系普遍恶化的背景，这种和睦就越发显得难能可贵。[54]随着工商业在德国经济中占据主导地位，这些令人担忧的关系预示着德国水坝建设的前景。这正是孚日山区水坝显得另类的原因。它们是德国第一次也是最后一次主要为了农业灌溉而建造的水坝。事后看来，日后的水坝建设模式将使这些水坝显得很特别。

201

莱茵兰-威斯特伐利亚繁荣工业区的需要，使水坝建设迎来了1890年代的“黄金岁月”。[55]鲁尔河和乌珀河（Wupper）沿岸工业城镇上游的山谷，借用恩斯特·马特恩的说法，成为“现代德国水坝的发源地”。[56]新时代的第一个重要标志是为雷姆萨伊德提供饮用水的埃施巴赫水坝。自古以来，雷姆萨伊德居民的饮用水源一直是井水、泉水和蓄水池里的水。但是，迅速增长的人口（1850－1875年间翻了一番，到1890年代又翻了一番）使得饮用水严重不足。干旱年份，人们必须天不亮就跑到河谷，用提桶舀取积攒了一夜的苦咸水，或是花高价向幸运地拥有私人水井的人买水。地方议会就开支问题激烈争论之后，雷姆萨伊德决定仿效其他120多个德国城镇，建设一座中心自来水厂。[57]1884年，自来水厂投入使用，水源来自地下水和附近小河中截流的地表水。但是，不但用水户数持续增加，用水量也迅猛增长。仅过了3年，自来水厂的供水量就达到了上限。专家们事先曾对这种状况提出过警告；事实上，议会中有远见的人士希望出现这种局面，这样一来，他们就可以借机提出自己属意的方案：建造一座水库。这个提议先前就提出过，因为财政原因放弃了，如今重新提上日程。[58]1889年5月，埃施巴赫水坝动工，1891年11月竣工，水库蓄水量超过100万立方米。它是莱茵兰－威斯特伐利亚同类水坝中的第一座，也是德国第一座为提供饮用水而建的水坝。慕尼黑的德国科技馆陈列了这座水坝的实景模型。[59]

埃施巴赫水坝是一个里程碑。1909年，里夏德·亨尼希视之为德国水坝建设“热潮”的真正开端。[60]在建设过程中，就有络绎不绝的工程师和市政官员前来参观施工现场。[61]水坝被广泛报道；它顺利建成投入使用，消除了一些（不是全部）与圬工坝有关的担忧和不确定性。[62]值得注意的是，直到1898年，《评论》杂志的一位作者仍然觉得有义务向普通读者解释水坝的特性（他宣称，这个问题“非常简单”，只需3句话就能讲清楚，结果他用了3个极长的句子）。[63]埃施巴赫证明了一切，成为一个“模板”，日后的水坝都按照这个模板建造。到20世纪初，同类水坝在鲁尔河和乌珀河的汇水盆地“如雨后春笋般涌现”。[64]人口密集的德国中部工业区也如法炮制。这里对 204

丹
麦
北
海
汉堡
梅克伦堡-什
奥尔登堡
不莱梅
易北河
威悉河
荷
兰
利珀河
不伦瑞克
4
安哈尔特
鲁尔河
3
科隆
比利时
图林根
达姆施塔特
莱茵河
2
摩泽尔河
卢森堡
黑森
特里尔
巴伐利亚-
巴拉丁
巴伐利亚
阿尔萨斯-
洛林
多瑙河
巴登
符腾堡
莱茵河
慕尼黑
法国
1
7
伊恩河
瑞士

典
波罗的海
东普鲁士
但泽
西普鲁士
克伦堡-施特
利茨
维斯杜拉河
布格河
波森
奥得河
瓦尔
塔河
俄 属 波 兰
布雷斯劳
北河
6
维斯杜拉河
多瑙河
奥 匈 帝 国
建造水坝的地区
1. 孚日山脉
2. 埃菲尔山脉
3. 绍尔兰和贝尔吉施山区
4. 哈尔茨山
5. 厄尔士山脉
6. 利森山脉
7. 巴伐利亚阿尔卑斯山区
0 100 200 km

统一后的德国

水坝的需求远远超出其他地区，因为采矿业以及大量的生活和工业用水导致地下水位大大降低。工业对地表水的污染也使得生活用水受到限制。建造水坝拦截高地水流比抽取深层地下水更可取，因为后者成本高昂。[65]1894年，艾恩西德尔（Einsiedel）水坝建成投入使用，之后又兴建了4座水库，为克姆尼茨（Chemnitz）和茨维考（Zwickau）供水。在萨克森和图林根，先后建造了数十座水坝，这一地区对饮用水水库的依赖程度远远超过德国其他地区。[66]

早期的水坝均是出自一人之手。这个人设计了埃施巴赫水坝以及莱茵兰－威斯特伐利亚地区几乎所有的第一代水坝。1904年去世时，他设计的水坝已有12座投入使用，10座正在建设中，未来还将有24座水坝根据他的图纸建造。这个人就是奥托·因策（Otto Inze）。鲁尔河梅舍德（Meschede）附近的亨内塔尔（Hennetal）水坝有纪念他的匾额，正如卡尔斯鲁厄的莱茵河两岸有纪念图拉的纪念碑。[67]我们完全有理由将因策与图拉相提并论。因策也是所在领域的巨擘，可能还更有创造性。在《著名工程师》一书中，里夏德·亨尼希将因策与诺贝尔、马可尼、莱特兄弟并列。[68]当时及后来的作者都异口同声地推崇因策是德国水坝建设的“佼佼者”“大师”“巨匠”“开拓者”“先驱”。[69]他影响巨大，成就了这个领域前无古人的业绩。借用下一代水坝权威莱奥·西姆菲的话来说：“因策设计、建造或协助建造的水坝意义重大，与之相比，这个领域从前的所有成就都相形见绌，事实上几乎被人遗忘了。”[70]

1843年5月，奥托·阿道夫·路德维希·因策出生于沙质平原梅克伦堡，此地与使他日后一举成名的西部多雨的绿色河谷相去甚远。[71]他的父亲在拉格小镇当医生，母亲是猎户之女。少年时的因策进入居斯特洛（Güstrow）的一所非古典中学求学，之后到波罗的海沿岸工作了两年半时间，在承建里加－迪纳堡（Riga-Dünaburg）铁路的英国公司做制图员。1862年，19岁的因策回到德国，进入汉诺威的理工学院学习，4年后以优异成绩毕业。因策先是在霍尔茨明登（Holzminden）的土木工程学校短暂任教，1867年，进入汉堡水利、道路和桥梁部门任职。3年后，年仅27岁的因策接受了新成立的亚

205

奥托·因策

琛理工学院的土木工程学教席。1866—1870年间正值德国走向统一的阶段，早熟的因策也从优秀学生成长为全职教授。他下半生一直住在亚琛，成为著名学者（后来曾担任系主任），同时从事繁忙的建筑工程实践。

因策在许多领域都很活跃。他设计了亚琛校园的实验大楼，并监督了整个建设过程。在私人业务方面，他为德国、俄国、瑞典和智利客户设计了工业建筑，他在设计中融入了他关于防震建筑的研究成果。他在用钢铁作建筑材料方面也是专家，他与弗里德里希·海因策林（Friedrich Heinzerling）合著的书籍成为这个领域的权威之作。1880年代初，他还设计了灵活、轻便的新型钢制水罐和气罐。此后20多年里，仅在德国就修建了500多座因策水塔（国家专利号为23187）。

为现场监督水塔的安装，因策曾经到过邵尔兰、贝尔吉施山区和埃菲尔山，日后他设计的著名水坝大多位于这些地区。不过，他对水坝建设的理论与实践的兴趣要早于这个时期。他曾做过数百场关于水坝的讲座，第一场讲座是1875年在下莱茵与威斯特伐利亚建筑师与工程师协会所做的《所谓的水坝的用途与建造》。[72]在1875年的德国，水坝还停留在“所谓的”阶段；但其他国家并非如此。因策研究了经典的西班牙水坝；他还参观了比利时阿登（Ardennes）山区的吉勒佩（Gileppe）水坝，这座水坝于1876年投入使用，刚好横跨亚琛边境，而且有意竖立了一座纪念物：坝顶上立着一尊43英尺高的石狮，而狮子是比利时的象征。[73]因策对两地的水坝都不以为然。法国工程师建造的水坝尽管发生过不幸事故，却给他留下了更深的印象。1878年，因策代表普鲁士公共工程部参观了巴黎世界博览会，考察了博览会展出的水坝设计方案，回国206后，他宣称德国能够赶上法国的水平。孚日山区的水坝证实了这个看法，这些水坝施工期间，因策曾前去考察并且赞赏有加。随后，他积极投身于水坝的规划、推广和建设。

按照里夏德·亨尼希的说法，因策“在现代科学和技术的基础上融入了古代知识”。[74]实际上，他所做的就是在德国推广法国德·萨齐伊和德娄克开创的轻质圬工坝。这种坝体积最小，因而所需的材料和成本最少。英国的兰金（W. J. M. Rankine）和美国的爱德华·韦格曼（Edward Wegmann）等工程师进一步改进了技术，到19世纪末，它已经成为大都市自来水厂的标准模式，如纽约的克罗通（Croton）水坝以及丹佛的切斯曼（Cheeseman）水坝。[75]这种水坝细长的设计正是因策欣赏的阿尔萨斯水坝的特点。他本人计算受力后设计的方案也有类似的轮廓：典型的因策水坝是一座优美的弧型圬工建筑。然而，他的水坝有鲜明的特征：水坝上游有楔形的土堤（“因策楔”），为了防止水坝墙体渗水，他使用很厚的沥青防水涂层，还有火山灰、石灰浆和莱茵河石英砂搅拌成的砂浆（“因策混合料”）。他坚持尽可能就地取材，使用当地的石料，认真测量汇水盆地的降水量和下泄流量，通常使用他自己设计的仪器。正是因为这些技术成就，当今的工程师认为因策揭开了德国水坝建设“现代时期”的序幕，并以之作为划分前后两个时代的标准。[76]

因策被誉为“德国现代水坝建设的真正动力”，一个主要原因是他给水坝建设事业注入了非凡的能量。[77]水坝本身让人们树起信心。但是，因策“不知疲倦的鼓动”也有助于“消除广泛存在的对于人工水坝大量蓄水的担忧”。[78]他研究了近来美国和欧洲的溃坝案例，指出这些灾难的成因是糟糕的设计、低劣的材料和工程师的渎职，有的则是三者兼而有之。[79]他认为水坝是必需的，也是十分安全的。因策发表公共演讲和著书立说，开展“透彻的启蒙工作”。[80]因策具有进行“有感染力的宣传”的天赋。[81]不过，成功的关键在于他在许多不同群体中都享有很高的地位。作为德国工程师协会的活跃分207子，他是同行中无可争议的水坝专家。他最重要的合作者和学生，巴赫曼（Bachmann）、马特恩、林克，继承了他的热切观念，引领德国进入了20世纪二三十年代的混凝土坝时代。[82]因策的名字逐渐变得家喻户晓。1897年，《园亭》的一篇文章宣布他是“德国最受尊敬的水利工程师”。[83]同时，因策与政界和经济界精英也建立了良好的关系。1890年代，他升任普鲁士枢密院顾问，成为普鲁士建筑学会的成员，还当选为普鲁士贵族院议员。因策曾经3次在不同场合为皇帝威廉二世开设私人讲座，后者总是痴迷于新奇的技术，无论是汽车、军舰还是水坝。[84]此时，因策已是功成名就的显赫人物，完全是一个持重自信、年高德劭的老人（他有大胡子和饱满的额头，长得很像查尔斯·狄更斯）。

不过，他最早的坚定支持者来自完全不同的阶层——用水车作动力的小工厂主。这正是因策成就的最大悖论：引人注目的新技术的提倡者最初却支持一种濒临消亡的生产方式。几个世纪以来，德国高原地区都是用水车来锯木、漂洗布匹、推动风箱、驱动铁锤以及锻打金属。[85]在贝尔吉施山区和邵尔兰，小纺织厂和金属加工厂分布在水流湍急的溪流边。乌珀河曾经被称为“欧洲最勤劳的河流”。[86]我们往往没有注意到，这种早期工业化在煤炭与蒸汽时代继续存在了很长时间。1860年代初，普鲁士每千名居民仍拥有一座水力工厂；直至1870年代末，在德国某些地区，水力仍比蒸汽动力普及。[87]不过，不祥之兆已经出现，尤其是对乌珀河与鲁尔河支流上的小工厂主而言。鲁尔重工业区靠煤炭生存，以蒸汽为动力，而且交通便捷，因而威胁到高地河谷的水车。[88]在这样的背景下，水车在夏季“低潮期”转得很慢或者彻底停摆，就不单纯是令人恼火了。[89]它事关整个河谷的生计。

1880年代，在建造埃施巴赫水坝之前，乌珀河、伦讷河（Lenne）和恩内佩河（Ennepe）河谷的几个小工厂主就曾找过因策。因策建议建造水坝，调节四季的水量，让水车长年运转。小纺织厂与金属制造厂的业主对这种可以防止鲁尔抢走生意的“迂回出击”很感兴趣。[90]然而，因策的方案用了10年时间才得以实现。拖延的症结在于如何让那些有望从水坝中获益、但拒绝出钱的业主分

208

摊建坝费用。不解决搭便车的问题，水坝只能停留在图纸上。

经过当地官员不断催促，因策也在柏林一些大臣阻挠时表示了强烈支持，最终通过立法变革的方式找到了创造性解决方案。1891年5月，普鲁士修改了旨在扶持地方农业合作社的立法，将其涵盖范围扩大到乌珀河汇水盆地的水坝工程，这些法令规定所有潜在受益者必须参加农业合作社（日后这一规定扩大到其他河流）。这样一来，乌珀河河谷水坝协会应运而生。协会成员包括使用水力的中小企业和当地自来水厂，它们分担费用，共同受益。1890年代，该协会在乌珀河盆地出资建造了多座因策设计的水坝。[91]

鲁尔河的情况更复杂，许多不同的利益群体为了不稳定的供水争得不可开交。这里的条件喜忧参半。有利的一面是，鲁尔河有着与其汇水盆地面积相称的丰富水量，实际水量可与阿尔卑斯山区的河流相媲美，因为邵尔兰的很多支流有很大的降雨量；不利的一面是，季节性的高低水位落差巨大，比德国中部高地河流的落差还要大。高地的乱砍滥伐加剧了这种极端情况。[92]如同乌珀河的情形一样，鲁尔河的小水力工厂发现，因为水文条件所限，自己在与大企业的竞争中处于劣势。下鲁尔河的小工厂很不幸处在水资源利用链条的末端，苦于城市自来水厂、矿山和重工业从鲁尔河抽走大量的水。正是由于这些因素的综合作用，19世纪末鲁尔河流域出现了普遍的水荒。鲁尔河夏季水位最低时，在有些地方不湿鞋子就能过河。鲁尔河与莱茵河交汇处甚至出现了莱茵河河水倒灌鲁尔河的现象。德国工业化一个鲜为人知的成就在于能够让水向高处流。[93]怎么会发生鲁尔河这种事？因为鲁尔河承担着整个地区日益增长的用水供应。乌珀河已严重污染，工业排放也将利珀河（Lippe）变成一条咸水河，而埃姆舍河成为专门排放工业废水的牺牲品。[94]这还不是事情的全部。随着通常称为鲁尔区（Ruhrgebiet）的煤田向鲁尔河以北地区扩展，采矿造成地下水位不断下降，带来了更大的麻烦。因此，让鲁尔河地下水位下降的不单是鲁尔河流域的用水户。供应其他河流沿岸城镇的自来水厂也从鲁尔河河谷抽取了数量惊人的地表水，到1890年代，鲁尔河河谷四分之三的面积已经永远消失了。采

209

矿、冶金和化学工业的清洗、冷却和加工从鲁尔河直接抽取了大量的水。埃森（Essen）的克虏伯工厂和新的工人居住区都严重缺水，这还只是更大范围水荒的一个缩影。[95]

水坝被认为是解决水荒的良方。多亏1891年的立法，1894—1896年，鲁尔河盆地建造了最大的两座水坝。它们横贯两条支流的河谷，即菲尔贝克河（Füelbecke）和海伦贝克河（Heilenbecke）。两座水坝均由因策设计，它们在各个方面都很小：坝体小，资金由小合作社提供，这些小合作社由小线轧厂、锻造厂和市政小自来水厂联合组成。这种模式将来无疑会吸引更多的追随者。不过，数年前就有迹象表明，鲁尔河将掀起大规模的水坝建设浪潮，建造大型水坝，以完全不同的方式筹集资金。这一次动力仍然是来自不满的“小人物”。1890年代初，鲁尔河下游水力工厂的业主开始向杜塞尔多夫的普鲁士地方当局提出抗议，他们抱怨自来水厂的耗水量影响了他们的生意，要求政府控制取水量，或是在鲁尔河盆地高处建造水坝，确保有足量的水流入鲁尔河。[96]可以预料，地方政府会邀请因策提出专家意见；更好判断的是，他必定坚决支持建造水坝。他还建议召集各方共同协商，制定确保长期用水需求的方案。[97]

一晃4年过去了，事情毫无进展。普鲁士当局既不想出钱，也意识到各方用水权纠缠不清，因而只是停留在征求意见的层面，没有采取任何实际步骤。[98]1890年代中叶的多雨年份暂时缓解了困境（尽管从鲁尔河截留的水量继续增加）。1897年，鲁尔河下游两位依靠水力的小工厂主，克特韦希（Kettwig）的约翰·沙伊特（Johann Scheidt）和布罗伊希（Broich）的赫尔曼·福斯特（Hermann Vorster），用法律手段控告多特蒙德城（Dortmund）及其自来水厂。这个案件将成为一个判例。鲁尔河不能通航的上游河段被纳入私人河道法律的管辖：自来水厂取水无须经过允许，尤其是抽取地下水而非河水时。城镇供水也符合公共利益，政府不能从法律上加以限制。多特蒙德用这种公私分明的组合拳来为自己辩护。原告则援引一条私人河流法律条款指出，从河流中取得所需的水之后，必须回注等量的水，而许多自来水厂都违反了这一规定。他们还进一步提出，多特

210

蒙德抽取地下水将不可避免地导致河流水位下降。法庭判决原告获胜，并召集因策（他支持原告的论点）作为专家证人评估损失。然而，法律程序被压了下来。当局始终密切关注事情的进展，此时决定介入，召集当事各方协商解决问题。[99]

1897年夏，鲁尔区所属的杜塞尔多夫行政区高级官员弗赖黑尔·冯·莱茵巴本（Freiherr von Rheinbaben）在哈根（Hagen）召集了一次会议。出席会议的有阿恩斯贝格区（Arnsberg）的高级官员以及普鲁士相关部门的代表，因策也出席了会议。因策重申了水坝规划的必要性，指出主要用水大户应该分担建设费用，并答应提交一份备忘录。1898年1月，在埃森又举行了一次会议，这次会议仍由莱茵巴本主持，召集了利益冲突各方代表参加。莱茵巴本软硬兼施，成功说服了与会者一致同意因策的宏伟设计方案：沿整个鲁尔河流域修建水库以提高水位。尽管因策的乐观估计使得小工厂主也承担了一部分费用，但大部分资金是出自自来水厂和工业用水大户。1899年4月，鲁尔河河谷水坝协会（Ruhrtalsperrenverein，简称RTV）成立。[100]RTV成为帝制时期德国经济界、政界有资格用简称的强大利益集团（如BdI、BdL、CVdI、HB、RHV）的一员。因策本人被誉为“鲁尔河河谷水坝协会之父”。[101]

协会为水库建设注入了新的活力。1904—1906年，先后有7座因策设计的水库投入使用。它们全都是由各地方协会建造，RTV资助的。乌珀河流域也组织了类似的地方团体，将小型锯木厂、冲压厂、造纸厂联合起来，有时还有市政自来水厂加入。[102]通过RTV提供了绝大多数资金的鲁尔河用水大户也有回报，这些水坝维持了下游的水位。1904年，协会决定凭借自身力量修建水坝——更大的水坝，协会章程也做了相应调整。这种转向的第一个成果是李斯特水坝（1912年）。2200万立方米的蓄水量使李斯特水坝成为鲁尔河盆地最大的水库。仅过了一年，它就被1908年开工建设的默讷水坝比了下去。[103]鲁尔河盆地北端的这座巨型水坝能容纳1.3亿立方米的水，超过了鲁尔河和乌珀河20多座水坝的总蓄水量。[104]它也是对那位已故“大师”的献礼。因策的得意门生恩斯特·林克（Ernst

Link）于1904年离开普鲁士政府，专职为RTV工作，主持建造默讷水坝。[105]

防洪、通航与“白煤”

弗赖黑尔·冯·莱茵巴本迈出建立RTV的脚步数周后，整个德国东部和中部地区突然面临一个截然相反的水文问题。这次的问题不是水太少，而是水太多了。1897年7月28到30日，由于连降大雨，西里西亚、萨克森、安哈尔特、勃兰登堡、奥地利和波西米亚洪水泛滥成灾。如此广大的地区同时遭受惨重的生命和财产损失，“使得这次洪灾带有国难的性质”。[106]洪水来自西里西亚、萨克森和波西米亚交界的中部高地，最终注入奥得河与易北河河网。这种河流系统使得洪水的破坏性更强，尽管奥地利阿尔卑斯山区的许多山间河流也冲破了河岸，弗朗茨·约瑟夫皇帝喜爱的避暑胜地巴特伊施尔（Bad Ischl）有很长一段时间与外界断绝了联系。这些洪灾属于夏季山洪，不同于春季积雪缓慢融化造成的洪水，因而更加难以预测。许多地方的洪水都是半夜袭来，增加了人员伤亡。新闻界追踪报道灾难，报刊上充斥着死难者及获救者的报道，获救的人被困在屋顶或树上长达18—24小时，拼命摇着白手绢求救。当然也有英勇的救 212 援故事，但是，洪水“夺走了父亲和家庭顶梁柱的性命，只留下哭泣的孤儿寡母”。[107]桥梁、道路、铁路线和工厂被冲毁，尚未收割的农田里满是淤泥碎石。奥得河的支流博贝尔河（Bober）爆发了百年一遇的大洪水，其破坏范围一直延伸到下游奥得河河谷中部。在上易北河的施平德米尔（Spindelmühle）河段，河水重新流入整治后废弃的旧河床，“皇帝旅馆”上百名客人惊慌失措，因为洪水冲垮了旅馆一侧，压死了一名餐馆仆童。滔天洪水还威胁到易北河下游的德累斯顿，一年一度的民间节日不得不取消。[108]

像其他德国报刊一样，《园亭》向读者募捐救助灾民，并宣传柏林组建的国家赈灾委员会。它还强调应该采取措施防止灾难卷土重来。风雨是不可控的，但肯定应当在山区建造能够防止、至少是削弱洪水的蓄水盆地。[109]这个想法并非空穴来风。所有早期水坝都考虑到要兼具防洪功能。因策本人就很强调这一点。1897年的洪灾使得防洪成为重中之重。因策专门撰文讨论这个问题。[110]爱出风头的皇帝亲自过问防洪问题，让因策为他作私人讲座，介绍防洪的补救措施。解决之道当然是修筑水坝。[111]1900年《普鲁士防洪法》预示着将在西里西亚山区湍急的奥得河支流建造系列水坝。因策设计的第一座水坝建在奎斯河（Queiss）的马克利萨（Marklissa），水坝于1901年开工，1905年竣工，而此时因策已经去世一年了。随后，在博贝尔河上的毛厄尔河建起第二座水坝。最终，奎斯河、博贝尔河、卡茨巴赫河（Katzbach）和格拉茨尼斯河（Glatzer Neisse）上兴建了14座水坝，均由普鲁士政府和西里西亚省共同出资。[112]

因策当面向皇帝介绍情况以及在西里西亚防洪项目上发挥积极作用，可能与他被任命为枢密院顾问、入选普鲁士贵族院有很大关系。他显然把这些看成是自己的主要成就。他为普鲁士公共工程部参加1904年圣路易斯世界博览会的图片展撰写了文字说明，重点介绍了西里西亚的水坝；同年2月，他在人生最后一次讲座中再度提213及这些水坝。[113]当时，因策还能一睹即将完工的另一项著名工程，“巨大的”乌尔夫特（Urft）水坝，这座水坝于1905年竣工，主要功能是防御洛尔河和乌尔夫特河洪水。[114]20世纪初年，因策已是声名远播，被公认为能够驯服狂暴洪水之人。他应奥地利政府之邀，设计波西米亚的水坝，1897年洪水也给那里造成很大的破坏。当地按照他的设计建造了一系列水坝，希望至少能降低洪水的破坏；他的光临给年轻的波西米亚工程师维克托·切哈克（Viktor Czehak）留下了深刻的印象，切哈克曾参与了因策建造的3座水坝，直到30年之后，当切哈克以专家身份批评一座水坝的可怕失误时，依然自豪地提起这段缘分。[115]1897年洪水的其他灾区也对西里西亚模式产生了兴趣，在萨克森围绕水坝建设的争论中，防洪功能开始成为主要的考量。[116]

防洪功能最能证明水坝是人类向自然“开战”的象征。里夏德·亨尼希就是以这种语气介绍因策的生平事迹。现代文明能够控制或驯服很多自然力，包括闪电、火和传染病，在有些事情上仍有些力不从心，比如洪水。人类正在学会让这些“不羁的自然力”变得无害，一个“神奇的手段”就是建造水坝。接下来，他向读者介绍了这个领域“贡献最大的人”。[117]亨尼希用这样的笔调介绍因策的生平，还是受因策本人的启发。1902年马克利萨水坝奠基时，因策两度提及一个精心选择的比喻：[118]

> 在对付水量很大的河流时……必须将水引入精心选择、人类能够战而胜之的战场。与自然力作战的战场应该是大型水库。

这是一场与自然力针锋相对的战斗吗？从某些方面来看，答案显然是肯定的。洪水的成因在于地形、水文和气象的相互作用。这里有源于厄尔士山脉、巨人山脉（Riesengebirge）、伊塞山脉（Isergebirge）等中部高原地区的山区河流。这里还有欧洲大陆最出名的低压槽，德国气象学家称之为“候鸟路径”（Zugstrasse Vb），214 每年夏季，整个欧洲北部和西北部都处于低压带，在山麓形成倾盆暴雨。奥得河盆地的夏季山洪就是由此引发的。山洪暴发难以预测，带来实害；这不是再正常不过的自然现象吗？[119]

然而，我们至少能够指出三个因素，证明洪水是人类活动造成的。长期的乱砍滥伐导致大暴雨的降水更快地从河谷倾泻而下。无论是中部高地，还是埃菲尔山和更西面的鲁尔河，都是如此。河流整治使得河水更顺畅地流向下游，起到了雪上加霜的作用。整治过的水道吸引了密集的人口在两岸定居，放大洪水造成的灾害。这些原因说明了为什么大洪水的频率从百年一遇变成几十年就爆发一次。18世纪末之前，博贝尔河几乎没有大洪水的记录；而在19世纪就有4次大洪水。[120]值得注意的是，很多同时代人倾向于将洪灾的成因全部归咎于人类。这些人并不是急于指出进步的代价的怀疑论保守派（虽然有一些人确实这么做了），而是眼光紧盯未来、聚焦于水坝技术的作者。[121]许多作者都提出了用水坝加植树造林来弥补早先失误的方案，我们来看其中的两位。齐格勒（P. Ziegler）一针见血地抨击乱砍滥伐与河流整治的“负面影响”。他认为，既然“无法恢复从前的环境”，在山区河流修筑水坝就能够补救现有的破坏。[122]克里斯蒂安·努斯鲍姆（H. Christian Nußbaum）教授的观点也同样旗帜鲜明。努斯鲍姆希望政府制定大规模规划，在每一个具备条件的河谷拦河筑坝（1907年时，他的预算已经计算到2012年），这是国家的“义务”，因为乱砍滥伐与河流整治造成了极其“可悲的局面”。[123]换言之，到20世纪初，杰出的水利工程师已经认定洪水灾害起因于不明智的人类行为，而且把建造水坝作为矫正过去错误的手段。

齐格勒曾说人不可能让时光倒转，他指的是现代内河航运的发展是不可逆转的。在绝大多数关于水坝功能的预测中，航运利益始终占据举足轻重的地位。这不足为怪。水坝的一个主要用途是调节河水水量的季节分布，维持夏季的最低水位，这是航运利益集团梦寐以求之事。毕竟，德国政府为了改善内河航运投入了大量资金，1890—1918年间大约有15亿马克。河流进行了疏浚，可以通航载重600吨的船舶（莱茵河通行船舶的载重量超过1000吨）；新建运河也挖掘到同样的深度。[124]

215

像德国经济的许多方面一样，“运河”时代姗姗来迟。英国早在18世纪就进入典型的运河时代，美国进入运河时代是在19世纪初期。在19世纪的欧洲大陆，法国是运河与水坝建设的领头羊。不过，凭借持续的投资，德国逆转了其他国家（包括英国、美国和法国）普遍出现的货物运输转向铁路的趋势。1875—1910年，德国内河航运货物吞吐量增长了7倍，而且在与铁路的竞争中表现出色。[125]航运支持者们将航运业以几十年前“做梦也想不到的速度”发展看作是德国经济增长的根源。[126]航运业成为德国工业活力的标志，成为经济的发动机，见证了德国经济赶超英国。

历史上早有以蓄水方式辅助航运的先例。人们很久以前就在高地河流上筑坝蓄水，由此形成的水位差可以漂流木排，这产生了始料未及的灾难性后果，因为木排恰恰见证了引发洪水的乱砍滥伐。[127]但是，蓄水助航的现代模式是外国人发明的。19世纪的许多法国水坝是为航运而建。美国工程师在密西西比河上游建坝也是出于同样的目的。[128]正如饮用水水坝替代了劳民伤财的抽取地下水，通过水库向河流注水似乎要比不停运转的挖泥船更可取。[129]河流工程走完了一个循环，起初，图拉在莱茵河实施的河流整治，让河水冲刷河床，之后又需要提高水位来消除之前河流整治的弊端，最终将建造防洪坝，完成整个循环。[130]运河浪费水源的方式带来了尤为严重的问题。每次船只过闸时，水都会溢出运河河道，造成浪费。[131]必须从天然河流为运河补水，这意味着天然河流需要有其他的水源来补充。

补水正是建造埃德尔河谷水坝的主要目的，这座水坝于1914年竣工，在1960年代前始终是德国最大的水坝。在该地建造水坝的想法早已经过充分论证，最初是作为威悉河支流埃德尔河的防洪措施。但是，人们期望未来的工程能够促进航运，这一点起到了决定性作用，使得事情朝有利的方向发展。[132]争论的焦点是所谓的米特尔兰运河（Mittelland），它最终将把西部的莱茵河－鲁尔河与东部 216 的易北河连接起来。1886年，相关方案首次提交普鲁士议会，是否开凿米特尔兰运河成为当时最有争议的政治问题之一，德国工业界和航运界强烈支持，东部农业利益集团则坚决反对，他们担心运河将使廉价的外国粮食长驱直入，还会导致劳动力进一步流向工业。双方都把这场争端看成是“生死之争”。[133]运河成为一个重大的象征性问题，双方围绕德国从农业国向工业国转型的必然性与有利条件展开了激烈争论。[134]最终，农业派的抵抗失败。1905年，向东扩展运河网的动议获得通过。埃德尔河谷水坝是整个计划的有机组成部分。埃德尔水坝的蓄水量高达2亿立方米，将与小一点的迪梅尔（Diemel）水坝一起取代威悉河的补水作用，威悉河要为莱茵河—埃姆斯河—威悉河运河以及直到汉诺威的整个河道提供水源。[135]唯有建造埃德尔水坝才能实现这些目标，向普鲁士政府提出这个建议的不是别人，正是奥托·因策。[136]

作为终极的“巨型水坝”，埃德尔水坝成为两个重要观念的象征。它是对不利的地貌进行调节的关键：北德平原从西向东伸展开来，但是平原上有着众多南北向的河流。此外，作为米特尔兰运河必不可少的辅助设施，埃德尔水坝用有形的方式表达了未来的“工业”德国最终战胜了过去的“农业”德国。

德国战前建造的每一座大型水坝，不论是乌尔夫特水坝和默讷水坝，还是埃德尔水坝，都有一个额外的x功能。乌尔夫特水坝是防洪+x功能，默讷水坝是为鲁尔河补水+x功能，埃德尔水坝是辅助通航+x功能，各座大坝的x功能是完全相同的：水力发电。这3座水坝先后竣工的10年间（1905－1914年），没有哪项新技术像水力发电这样激起了如此高涨的热情。专业领域出现了以《涡轮机与白煤》为名的刊物。《工程科学手册》甚至增加了一卷《水电的应用》。[137]这个信息很快就被广大读者所接受。1906年，阿尔格米森（J. L. Algermissen）还担心《社会评论》的读者不知道“白煤”一词代表水力发电。[138]两年后，特奥多尔·克恩（Theodor Koehn）兴奋地谈论“举国上下都开始对如何又快又好地让水力为公共利益服务感兴趣”，这当然是个夸张的说法，考虑到当时源源不断地发表关于这种前途无量的能源的文章，这种夸张也就不难理解了。[139]蒸汽世纪让位于电气世纪，而白煤在其中起到了关键作用。[140]

217 许多人主张开发水电这一“山中的资源”。[141]有人认为它是未来的能源。煤炭消耗急剧增长而且储量有限，石油也是如此。煤炭价格快速上涨，煤炭用户的利益往往被供应者绑架。水电不但可以在德国没有煤矿的地区开发，如其倡导者所宣称的，它还是取之不竭的再生能源，不受政局动荡的影响。它提供了“强大、持续、廉价的能源，不受罢工、煤业辛迪加和石油集团的控制”，注定将成为“未来的主要能源”。[142]过去，水电有着水力资源利用的一个重大缺陷：它只能在现场投入使用。1870年代，一位工程师计算出，由于缺乏机动性，单位水电的价值仅为同等蒸汽动力的一半。新世纪之初，计算的结果就改变了。[143]

我们可以精确确定转折点的日期：1891年8月24日。就在这一天，日后德国最重要的水电倡导者、36岁的巴伐利亚工程师奥斯卡·冯·米勒（Oskar von Miller）首次演示了一地发电供另一地使用。内卡尔河（Neckar）劳芬（Lauffen）水电站发出的电力，经由陆路输送到100多英里外的法兰克福电力技术博览会现场，点亮电灯（还驱动一座人工瀑布)。这次戏剧性演示收到了预期效果。特奥多尔·克恩后来写道:“水电应用的新时代开始了。”[144]与此同时,涡轮机技术在19世纪有了突飞猛进的发展,它的原理最初是丹尼尔·伯努利和莱昂哈德·欧拉等科学家提出的。法国的伯努瓦·富尔内隆(Benoit Fourneyron)、德国的卡尔·亨舍尔(Carl Henschel)、英国的詹姆斯·弗朗西斯(James Francis)、美国的莱斯特·佩尔顿(Lester Pelton)以及奥地利的维克托尔·卡普兰(Viktor Kaplan)等工程师都潜心研制涡轮机,他们不是改造机轮,而是改造水轮。到1890年代,涡轮机效能大幅提高。[145]

谁来利用水电?德国的达尔文主义者提出了经济达尔文主义的观点。水力是“国家财富”,德国输不起。[146]我们的老朋友里夏德·亨尼希警告说:“那些新崛起的国家很快就将带来激烈的竞争,它们拥有丰富的水电资源,经济前景十分广阔。”[147]周边国家纷纷取得了成功。在开发阿尔卑斯山资源(“欧洲水力发电的‘黄金国’”)以及境内莱茵河资源方面,瑞士总是一马当先。[148]另外还有意大利和斯堪的纳维亚国家。[149]接下来是美国。1895年投入使用的尼亚加拉瀑布(“戴镣铐的尼亚加拉”)大型水电站让德国人十分入迷。[150]有人眼光更敏锐,羡慕地关注美国远距离传输电力的真正发源地加利福尼亚,1890年代,旧金山太平洋煤气与电力公司开始开发内华达山脉(Sierra Nevadas)的水电资源。[151]美国的发电量把德国远远甩在了后面:1905年尼亚加拉大瀑布的发电量是德国全部装机容量的两倍。[152]欧洲提供了更切实可行的参照。德国的作者喜欢用表格来显示德国与竞争对手的实力对比,尽管恩斯特·马特恩指责这些统计数字并未经过严格审查就被不同的作者一再引用。[153]虽然这些数据不够精确,却表明德国其实并不落下风。战前,德国的水电开发占可开发资源的五分之一,仅次于瑞典。[154]

218

德国水力发电的心脏地带是缺煤的南部。1914年前,巴伐利亚成为水力发电的领头羊,虽然最雄心勃勃的工程项目尚停留在图纸上。工程由奥斯卡·冯·米勒设计,利用瓦尔岑湖(Walchensee)的水力发电,输送到全国电网巴伐利亚工厂(Bayernwerk)。工程于

1891年的法兰克福电力技术展览会，陆地传输的电力为人造瀑布提供动力。

219 1918年开工，1924年投入使用。[155]符腾堡也有工程在施工，米勒最早就是在这里成功地将水电输送到海尔布龙（Heilbronn）。不过，与相邻的巴登地区相比，这些工程的规模就相形见绌了。巴伐利亚拥有南部德国最丰富的水电资源，按面积和人口计算发电量最高的则是巴登——这其实是与瑞士相比，因为两者在社会、政治上颇多相似之处。德国单独或与瑞士合作开发的莱茵河电力资源成为最大的电力来源。一位卡尔斯鲁厄工程师自豪地表示，这是“真正的莱茵河黄金”。[156]莱茵河、穆尔格河和金齐希河都是一个世纪前图拉挥洒汗水的地方。如今，工程师出于不同的目的，再度让河流改变了模样。[157]

南部德国对水电的热情听起来往往带有浓厚的挑战意味。奥斯卡·冯·米勒曾谈及电力对于“争取经济生存的斗争”的重要性，他指的是巴伐利亚的斗争，不是德国的斗争。[158]巴登也有人表达过类似的情绪，他们意识到自己被扔在这个国家的“西南边陲”。[159]一位“普鲁士”财政大臣提出帝国要增加电力税收，引起了南部的疑虑；

有人甚至预测南北之间将会发生经济战。[160]事情有可能进一步发酵。南方人主张开发水电的许多观点带有社会乌托邦色彩，这似乎反映了南部德国特有的自由主义氛围，从厌恶“垄断”和“煤炭巨头”，到相信电气化将使农民和工匠受益。[161]在符腾堡，德国自由主义政党中最进步的人民党带头支持开发水电。[162]南部大声疾呼要求将水力发电收归国有（瑞士已经这样做了），防止它落入既得利益集团的手中。

初看上去，这个观点很有吸引力，证实了我们先前关于德国以美因河为界存在南北差异的观点。其实，德国任何地区都有支持水电的乌托邦潜流。不像浓烟滚滚、尘土飞扬的煤炭，“白煤”廉价、清洁、卫生而且现代。[163]（这与1960年代对核能的热情很相似。）就连每千瓦小时的电力计算单位似乎也象征着与陈旧和过时的能源决裂（“工程师若是以一匹马的花费来衡量水电设施的未来，未免会错得离谱”[164]）。最重要的是，无论北部还是南部，廉价的水力发电 220 被视为解决德国社会问题的途径。各方众口一词，它将帮助技工和本地工人等“小人物”对抗大企业，通过鼓励分散化生产，遏制人口向城市流动，解决农村劳动力短缺问题，还能缩小城乡差别。[165]一些社会民主党人士随即加入了大合唱。[166]难怪有些冷静的人士对这些“过分热切的”希望、“无节制的”热情乃至“狂妄自大”泼冷水。[167]

征服了水，打开了冲突之门

不只是水力发电助长了乌托邦思想：水坝工程本身就带有梦幻般的特质。归根到底，人们认为水坝能够灌溉农田、储备饮用水、驱动水车、抵御洪水、辅助内河航运，还能发电。水坝真的能做到这些？任何一座水坝都能同时发挥这么多功能？当然能，专家们说。因策总是强调全能的水坝用途广泛，有人认为这是贯穿其设计的“红线”，他的观点得到权威人士的支持。[168]在齐格勒看来，水坝可以解决“几乎所有的重大水源问题”，因此他把水坝称为很多事业的“合伙人”。[169]诚然，没有人否认会出现棘手的问题，建造水坝意味着当地水文的根本改变，往往会影响到上游与下游的用水权益。对于饮用水水库或水电站而言，如何协调现有的渔业、制造业和农业的利益呢？哪一方需要补偿，补偿多少，补偿资金由谁出呢？齐格勒最关注的是这些“相互敌视的利益集团”。他写道：“征服了水，打开了冲突之门。”[170]大量文献试图对现有河道的所有权进行评估，依据这些河道是否开发，是以购买、租赁、继承还是通过拍卖方式获得。[171]无独有偶，水坝建设不仅推动普鲁士于1891年修订了有关合作社的法律，还促进了水法的全面修订。这些年间，所有的大邦国都修订了相关法律：巴登是在1899和1908年、符腾堡是1900年、巴伐利亚是1908年、萨克森是1908年、普鲁士是1913年。

这就为解决私人赔偿问题提供了法律依据，包括水坝建设直接221影响到的人：家园被蓄水淹没的河谷居民。事实证明，更棘手的是如何协调未来受益者的利益，因为这些利益实际上彼此冲突。饮用水水库有卫生要求，这就限制了其他用途，如果兼顾不同功能，将带来额外开支。农业在夏季急需用水，其他领域也需要用水，自然会引发谁有优先权的争论。同时，水坝利用水位差发电，从而与航运业的利益相冲突，后者需要平稳的水流。最棘手的问题是如何协调防洪与其他用途，尤其是发电需求之间的冲突，人们期望通过发电收益来收回投资（至少冲抵一部分成本）。为了拦蓄可能来也可能不来的洪水，西里西亚的水库要空出一半的库容，这从财政上说不划算；不这样的话又与当初建造水坝的宗旨背道而驰。[172]

不同利益集团彼此争执不下，把政府也卷入了冲突。这是必然的，因为水坝在很多方面打破了公私利益的界限。一条河流的（不能通航）私有河段水势的变化势必会影响到下游（可通航）公共河段。建造默讷或埃德尔这样的大型水坝需要搬迁公路、铁道，甚至连车站都有可能被淹没在水下。因此，关键问题在于谁来出资兴建这些耗资巨大的工程？政府要权衡财政节流（早先还有对新技术的疑虑）与发展经济的需求。随着水坝成为国家形象的代表，在国际博览会升起国旗的机会也成为考虑的因素。[173]最后，如果水坝旨在为“全局利益”服务，如防洪、改善通航性，则由德国各邦和各省出资兴建，而市政当局通常出资建造饮用水水库。如果水坝是为了当地企业利用水力，或是服务于鲁尔河河谷水库协会的更大目标，则由各相关利益集团分担建设费用。为了发电的水坝则由各级政府、市政当局、私人公司以及混合合伙人承建。[174]不过，即便水坝是私人出资修建，政府也会参与，乃至有些工程师抱怨官员们的“官僚主义”和“墨守成规”。[175]政府负责协调利益各方（如鲁尔河的情形），提供贷款，派遣官员，并在需要的时候积极配合搬迁公路、铁路以及居民。[176]

另一个潜在的冲突影响了现代德国的水坝建设。这就是大与小的冲突。如果大工程能够带来大回报，一小撮小生产商在乌珀河的侧谷建造小水坝还有必要吗？许多工程师认为地方性水坝是浪费宝贵的资源。为水坝建设早期阶段“随意”“无序”地利用水力感到痛惜的，不只是恩斯特·马特恩一个人。[177]格奥尔格·亚当（Georg Adam）认为，当地利用水力的方式毫无计划可言，甚至几乎是“随机的”。[178]如果涉及水力发电，工程师的态度更为急躁。奥斯卡·冯·米勒为首的一大批人担心零敲碎打的小项目会危及大规模工程（米勒在这里特指瓦尔岑湖的工程）的成就。[179]马特恩清楚指明了这些批评背后的思路：

> 工程师必须排除日常琐碎事务的干扰，敢于制定数年乃至数十年的水电发展方针，这个方针不会束缚水电的发展和创造力。

水电需要的是“大规模计划”。[180]集中化、组织化、最重要的是合理化：这些术语在战前呼吁对水资源实施集中规划的著作中反复出现。[181]在这些急不可耐的技术专家统治论者看来，小的绝不是美的。

这场多方角逐的复杂游戏如何收场？1920年代末以后逐步形成了清晰的模式。当时离雷姆萨伊德水坝破土动工已经有40年，水坝建设已经有了“惊人的规模”：在建的水坝将近90座，另有30多座水坝列入规划。[182]姑且不论水坝在德国各地拔地而起的事实，最引

222

人注目的是建造水坝的初衷发生了改变。很多人依然在赞美水坝能够服务于（并且协调）许多不同的利益，但谁是赢家谁是输家是一目了然的。

小水电厂的业主败下阵来。以乌珀河和鲁尔河河谷为例，那里的筑坝热潮很快就降温了。小业主将新技术视为对抗鲁尔大煤矿企业的救命稻草，事实证明是找错了对象。水坝建得太小，蓄水量低于预期，在少雨的夏季仍然会干涸。因策也判断错误。[183]这些水坝的经济情况因此改变，用水要付出高昂的代价，这招致了怨恨。与此同时，鲁尔河河谷水库协会也忙于对默讷水坝这样的工程追加投资，未能向起初合资建设的小型水坝提供援助。最终只能寻求政府的帮助和司法解决。[184]这种情形直到战后也没有改善；实际上，1920年代，主要为提供水电而建的水坝逐步转为其他用途，通常是供给饮用水。[185]

农业的境遇也好不到哪里去。这是农业利益集团在新的工业时代日渐衰落的标志，也是其政治代表如此喧嚣不已的原因。孚日山区的水坝仍然是德国唯一主要用于灌溉的水坝。这与其他温带国家形成了鲜明对比，如邻近的法国，或者美国。期望与现实的反差始终大得让人失望。几乎每一座水坝都要兼顾农业利益。这些目标几乎从未实现过。恩内佩河水坝下游的土地所有者以前还能用河水灌溉，水坝建好后，他们被禁止使用水库的水。[186]乌尔夫特水坝被大肆宣扬将造福农业，但农业灌溉功能从未发挥效应。埃德尔水坝是个少有的例外，它为农民土地供水，但浇灌面积和效益都比不上建坝之前。总而言之，德国只有2%的灌溉区由水库供水。[187]即使是那些原本支持农业的人士或组织也不反对将水坝视为工业或航运利益集团的产物，他们对待农业的态度也变得十分苛刻。他们在演说中呼吁农业应该摆脱对关税的依赖，并且欣然接纳水坝。这些批评者表示，农业“搬起石头砸了自己的脚”，过于“进展迟缓”，而且缺乏“必要的启蒙”来抓住机遇。[188]

毋庸置疑，农业为关税所困，而且势必把抱怨变成一种政治生活方式。不过，至少它还有抱怨的对象。库尔特·索格尔（Kurt

Soergel）在1929年的深入研究证明了他的尖锐看法是站得住脚的：虽然水坝推广时“异常慷慨地承诺了可望而不可即的幸福明天”，实际上农业的资产负债表大多是负数。[189]落空的不只是灌溉的需求。提高地下水位以惠及农民的承诺到头来也是一场空：农业用水需要“精打细算”，水坝却可以“大手大脚”放水，最好的情况下也不过是不再限制农业需求。另一方面，对于农民来说，水坝的防洪功能是实实在在的好处，虽然也带来了一些新问题。[190]

索格尔虽然支持农业，但并未因此全盘否定水坝及防洪，这表明他持论公允。鉴于支持水坝的狂热人士叫嚣水坝能让洪水永远“一去不返”，他的克制显得尤为难得。[191]事实上，无论狂热人士的观点对早期水坝推广发挥了多大作用，从一开始就有人对水坝持反对态度。一些人坚持老观点，认为河流整治依然是防洪的最佳途径；其他人则阐述了战前就有人提出过的“现代”观点：居住在地势低洼的泛滥平原上的人是自讨苦吃，水坝也不能让他们摆脱困境。(J.L.阿尔格米森曾经说过，“在德国东部”，人们习惯于“恸哭”和“传递募捐箱”，如此直言不讳并不是很明智，对于一个科隆人而言尤其如此，因为莱茵兰人很快将成为这方面的专家。[192]）反对者包括工程师、地理学家以及气象学家卡尔·费希尔（Karl Ficher），他不无沮丧地评论说，棘手的实际问题也不大可能“阻止水坝建设的凯歌行进”。[193]

224

即使在1918年，也有很多人质疑斯普利特格贝尔(Splittgerber）宣称的水坝是防洪领域的“伟大成就”。[194]1920年代，德国东部与西部又发生洪水，反对派势力抬头。现有水坝的防洪效益有高下之分：埃德尔水坝的防洪效果很好，乌珀河盆地支流上的水坝比较差，而鲁尔盆地、萨克森和西里西亚的水坝有好有坏。[195]西里西亚是个真正的测试场。1926年洪水时，因策设计的水坝似乎发挥了一定的防洪作用。[196]不过，那年洪水造成的“毁灭”仍让因策的一位前合作者怀疑能否找到“满意的答案”。[197]1927年，巴赫曼撰写了一篇尖锐的批评文章，指明了问题的症结所在。并非任何地点都适合建造水坝，在一地建造水坝将使其他地方面临更大的威胁。博贝尔河和奎斯河上的水坝实际上只能拦截最大洪峰四分之一的水量。真正的症结在于，一方面要防范小而频繁的洪水，另一方面，最初的目标是抵御罕见的灾难性大洪水，两重目标很难调和。这种情况在库容已满的时候经常发生，除非提前有步骤地紧急放空蓄水，但这将导致下游蒙受严重损失，人们一听到警报声就心惊胆战。

这些问题的背后有一个根本性的事实：水库不蓄水就不能发电。安全第一还是经济效益优先？所有号称具备防洪功能的水坝都面临这种冲突，奥得河支流的气象和水文条件使得这种困境尤其严重。[198]巴赫曼的质疑是深刻而持久的。直到1938年，他依旧攻击乐观派：洪水问题“不像看上去那么容易解决”。[199]他的结论与现代风险评估专家的意见殊途同归：“以水坝作为控制洪水的工程措施是有疑问的。”[200]这种观点在两战之间的德国引起了足够的重视，建设防洪坝的热情冷却下来。因策的现代崇拜者提出，因策在建造防洪水坝时是很谨慎的，这或许表明这种观点已是根深蒂固。如果事实果真如此，那么因策想必是用奇怪的方式来表达的。[201]

无论修筑水坝是出于什么样的原因，航运业总是赢家。航运业长期以来一直是强大的利益集团。战前，航运业游说集团在农业利益集团的支持下，成功阻止了因策制定的在东普鲁士戴梅河（Deime）和普雷格尔河（Pregel）修建水电站的计划，他们担心由此对航运产生不利影响，这也是因策职业生涯中罕有的受挫。[202]战前建造的埃德尔水坝是航运利益集团的样板工程。魏玛共和国时期也建设了类似的工程。最大的是图林根地区萨勒河的布莱洛赫（Bleiloch）水坝，它建于1925—1932年，库容量为2.15亿立方米，比埃德尔水坝还大。颇有象征意义的是，最初的水坝方案在战前是作为防洪措施提出的，战后年代里改为助航用途。布莱洛赫水坝可以为易北河以及米尔特兰运河补水。[203]同一时期建成的还有尼斯河上的奥特马绍水坝（Ottmachau），它为奥得河补水以满足西里西亚的工业用水。它只有布莱洛赫水坝一半大，但体量仍然超过了绝大多数德国水坝。奥特马绍水坝是顶着巨大舆论压力上马的，当地土

布莱洛赫水坝。

地淹没的居民以及普鲁士农业部都强烈反对。[204]这些水库的水十分昂贵，尤其是奥特马绍水坝。为了维持奥得河理想的最低水位，每天要耗费10万马克。[205]即使在当时，也有批评者指出补水效果"微乎其微"，抬高的水位"只有区区几厘米"。[206]在最理想的情况下，埃德尔水坝放水使河水水位升高了15厘米左右，这只能说是聊胜于无。[207]不过，支持者也意识到这些水坝在改善航运上的作用不尽如人意。他们能想到的唯一办法就是为德国缺水的河流和运河注入更多的水，尽管这听起来有点难以置信，但埃德尔水坝、布莱洛赫水坝、奥特马绍水坝一共拦蓄了5亿立方米的水。[208]

日新月异的工业城市对水的需求也是永无止境的。在整个1920年代及以后，德国建成了一座又一座水坝，这些水坝旨在满足双重需求：饮用水以及工业生产用水。这不是期望的结果。早期的支持者只是想解决缺水问题，而不是持续不断地修建水坝。有人声称，原本勉强维持1万居民饮用水的汇水区域可以支撑百万人口城市的用水需求；由水库供水的城镇"永不缺水"。[209]绝大多数情况下，"永不"是指10—15年，如果遇上非常干旱的夏季，时间更短。

1893年，伦内普（Lennep）城建造了一座水坝，8年后不得不扩建。1902年，雷姆萨伊德的埃施巴赫水坝还被指望“在很长一段时间内领先”，6年后，新的奈厄河谷（Neye）水库破土动工。在巴尔门（Barmen），两座水坝的间隔时间仅有11年。[210]各地的情况大同小异，无论战前还是战后。新水坝一座比一座大。[211]

“持续增长的需求”，克姆尼茨自来水厂的主管指出，起因于不断增长的城市人口，越来越多的城镇采用集中供水，对水库的依赖程度也就越来越高。[212]不为人知的是，第一代水库的计算有很多不精确和随意的评估，总是过于乐观。因策再次成为罪魁祸首。[213]况且，没有哪个地方采纳巴尔门的反对建坝者的建议安装计量仪。[214]
227 自负的市政府高级官员更愿意赞扬水库“让全体居民不再用水紧张”。[215]在日益工业化的德国，非生活用水的持续增加并不奇怪，因为清洗每吨煤大约需要3000升水，而生产一吨生铁的耗水量要多4倍。法国占领鲁尔区以及1929－1933年大萧条证明了工业用水量之大，这两个时期的用水量都骤然下降。不那么明显的是，各地几乎普遍决定不兴建独立的生活和工业供水设施（奥伊斯基申（Euskirchen）却反常地分别供水），对供水产生了深远的影响，可以说既增加了成本又导致了浪费。[216]

鲁尔区的情况很典型，持续增长的用水需求迫使人们建造更大的水坝。新水坝依旧要承担大规模工业和生活用水的双重任务，尤其是饮用水开始直接从河里抽取，过滤后作为“伪地下水”排回地面。[217]1897年，抽取的河水有1.35亿立方米，1913年时变为4.55亿，1929年时6.68亿，大萧条后用水量再度急剧上升，1934年达到了10亿立方米。[218]结果，鲁尔河河谷水库协会总是不得不开足马力才能满足需求。原本希望默讷水坝能够一劳永逸地解决问题；但是，到1921年（大旱之年），协会又面临同样的问题，继而建设了佐尔佩水坝（Sorpe）（1926—1935年），还没等这座水坝竣工，又一个大旱年催生出在下费尔泽河（Lower Verse）建造新水坝的计划，该工程在第二次世界大战后最终完成。到那时，人们又在筹划新的巨型水坝。[219]

第一次世界大战后，白煤成为水坝建设的首要动因。[220]1913－1927年间，用电量增长了4倍多，而《凡尔赛条约》使德国失去了40%的煤矿。褐煤起到了一定的弥补作用，水力发电则发挥了决定性作用。除了莱茵河与其他河流的低水头发电站之外，德国各地纷纷建造新的发电水坝：巴伐利亚、黑森林、西里西亚，甚至多沙的普鲁士东部也在施托尔佩河（Stolpe）、拉杜埃河（Radue）、雷加河（Rega）上建起了填埋水坝。尽管水电仍然被宣传为小人物的朋友（如今甚至是“家庭主妇的好帮手”），但是，战前年代的美梦破灭了。[221]乡村电气化的经济性意味着电不会便宜，即使在“近水楼台”的地方。[222]技工被鼓励购买电动车，对于电力供应商来说这是发财的机会；大萧条不期而至时，他们发现自己深受其害、负债累累。对于小企业的中产阶级而言，问题并非在于，如人们时常指出的那样，他们总是“朝后看”，而在于他们太超前。[223]他们的命运类似于乌珀河盆地上信任因策的那些小工厂主。 228

战前年代的其他两个期望，即希望将水电收归国有以及在“南德”发展水电，也遇到了挫折。1919年，一份在全国范围内推行电力社会化的提议遭到现有电力系统公、私所有者的联手抵制，最终不了了之。相反，一批大联合企业整合了电力供应。它们既有公立和私营企业，也有公私合营企业，如埃森的莱茵－威斯特伐利亚电力公司（Rhenish-Westphalian Electricity of Essen, 简称RWE）。[224]这类机构是类似于战前瓦尔特·拉瑙（Walter Ranau）倡导的“有计划的资本主义”，还是更像战后维尔纳·桑巴特（Werner Sombart）鼓吹的“德国社会主义”，尚有争议（姑且假定两者确有很大的差异）。[225]发电水坝的批评者不断谴责“最新的资本主义经济方式”，好像电力的控制权落入了1914年前通常被妖魔化了的“美国寡头”式的德国人手中，尽管德国工业的所有制结构表明这些指控是站不住脚的。[226]也就是说，最能代表本土寡头形象的是组建了RWE的胡戈·施廷内斯（Hugo Stinnes）。像其他两个立足普鲁士的国有电力公司一样，RWE奉行积极向南扩张的政策，由于竞争太激烈，不得不在1927年谈判划分业务范围，达成了所谓的“电力和平”。这种商业进取的背后，是尝试整合南部水力发电与北部的燃煤发电，从而可以根据季节变化实现两个发电体系的转换。[227]这一战略的成功让那些一度对水电寄予厚望的南方人大失所望。到1920年代末，巴伐利亚和巴登的大量水电资源属于以鲁尔和柏林为基地的联合企业。

对环境和景观的影响

第一次世界大战前，德国进入了高坝时代。20世纪二三十年代，高坝陆续落成，先后建成了布莱洛赫水坝、尼德瓦特水坝(Niederwarth)、斯科佩水坝（Scorpe)、索塞水坝（Soese）以及施瓦梅瑙尔水坝（Schwammenauel)。根据1930年的分类法，这些都属于高度为60—100米的“高坝”。但也仅此而已：德国最大水坝的高度几乎都在60—70米左右。相比国际标准，它们都不是特别大，而且随着时代发展，它们越来越相形见绌。“国际水坝委员会”（简称ICOLD)包含北美、苏联和第三世界国家的许多高坝（超过100米）。德国没有这么高的水坝。库容差距更为明显。胡佛水坝(1936年)蓄水量几乎是埃德尔水坝或布莱洛赫水坝的200倍。20世纪五六十年代建成的卡里巴水坝（Kariba)、沃尔特水坝（Volta）以及阿斯旺水坝等标志性水坝，库容高出德国水坝将近800倍。[228]1914年前，一些德国人就注意到国内的“巨型水坝”实际上是侏儒。美国以及英国人早先建造的阿斯旺水坝*通常是参照对象，这种比较总是让人心有不甘。[229]不止一位作者，里夏德·亨尼希就是其中之一，期望德国能够在非洲殖民地兴建巨型水坝，而第一次世界大战战败让这种可能性化为泡影。[230]第三帝国仍然以极大的敬意来看待阿斯旺水坝。[231]然而，回过头去看，正是由于没有建造20世纪所特有的巨型水坝，也由于气候原因，德国避免了最具灾难性的环境后果。像水坝本身一样，德国水坝带来的环境影响并不大，但肯定不容忽视。

过去数十年间，大型水坝已经显露出负面影响的迹象。以阿斯旺水坝为例，本意是想防御尼罗河洪水，蓄水可以灌溉和发电。这

229

* 这里指的是英国人于1898年兴建的阿斯旺老坝。——译注

些目标都已实现，但出现了始料未及的可怕后果。水坝建成后，尼罗河不再形成淤积；发电用来制造化肥，而化肥的副作用是废水污染。水坝形成了极为庞大的水体（库区水面比康斯坦茨湖大12倍），造成大量的蒸发。盐碱化本是灌溉体制的祸患，如果没有一年一度洪水的冲刷，将变得更为严重，而埃及的灌渠成为携带血吸虫的钉螺繁殖地，血吸虫病侵害人的肝脏、肠道和尿道，目前已影响到当地居民。由于没有了淤积，尼罗河三角洲日渐萎缩，地中海也缺少养分，影响了沙丁鱼捕捞业和捕虾业。这很难说是当初承诺的“持久繁荣”。[232]同样的悲剧在一个又一个的国家上演，只是具体情况不同而已。这还不够，最近30年来，已有令人信服的证据表明，水坝不但易遭地震破坏，而且还引发地震。水坝诱发地震的观点出 230 现于1930年代，1973年起，联合国教科文组织就建议对水坝进行地震监测。世界各国至少已经记录了90个相关案例，地震活动通常与初次蓄水有关，水库蓄水急剧下泄时也偶有发生。[233]

与其他国家相比，德国较少出现这些问题。但是，水坝诱发地震并不遥远，甚至非常小的水坝也会引发地震，临近的瑞士、法国以及意大利阿尔卑斯山区都已出现过这种情况。这些地区以前都不是地震活跃带。不过，迄今为止德国境内的水坝还从未出现过类似现象。[234]德国也没有出现盐碱化，德国的水坝建设很少考虑灌溉，因而很少有由水库提供水源的大规模灌溉工程，也就没有由此引发的弊端。农业可能受一些影响，不过这其实是不幸中的万幸，事实证明德国的本地化小规模灌溉更具可持续性，一些同时代人已经敏锐地看到这一点，他们指出了美国西部过度灌溉导致的灾难。蒸发确有发生，但蒸发率（约为5—10%）低于干旱国家的水坝。蒸发总是意味着珍贵水资源的丧失，同时也造成当地气候的变化。[235]这让当时的一些批评者感到担忧。[236]事实上，由此带来的气候变动在很大程度上是良性的，调节气温并且对植被生长有利。水汽在寒冷的季节可以防止霜冻；在降水少的时节露水可以保持湿度。[237]讽刺的是，在上莱茵河被视为祸害的水汽，如今在高地河谷大受欢迎。更讽刺的是，水坝形成了人工湖，缓和了河流整治以及成千上万自然湖泊、酸沼、草本沼泽被排干所造成的德国土地变干的长期效应。[238]另一方面，修筑水坝也加速了干燥的过程。一些工程通过岩石隧道把水从某个河流盆地调到另一个盆地。一个始料未及的后果就是隧道从上游地区输水，降低了那里的地下水位。哈尔茨山地区的问题尤其严重，20世纪初的一项工程被放弃，不是因为环境原因，而是担心巨额的赔偿要求。[239]

水坝对下游水情有何影响呢？在德国，同样有坝前淤积的问题：最终所有的水坝都偏离了建造时的初衷。德国水库的淤积通常比非洲、美洲、亚洲（或西班牙）的水坝慢得多。[240]不过也有一些 231 例外，从乌珀河到阿尔卑斯山区都有淤积速度很快的水坝。因此，下游农民的潜在损失增加了，尽管由于实施了河流整治，损失要小一些。[241]每一座水坝都彻底改变了下游水流的动力机制和沉积物沉降。在德国，水坝最严重的影响类似于图拉整治莱茵河所造成的后果。轻质的碎石和沉淀物积聚在坝前，河水冲刷河床，地下水位下降，两岸植被消失。在一些巴伐利亚河流，河水深深地切入河床，骤然穿过渗水岩，陡然下降数米——一种水文上的中国综合征。[242]筑坝河流最下游所受的影响在其注入的海洋体现出来，全球入海河流的1/6属于筑坝河流，当河流大（如尼罗河）而海洋小时，这种影响尤其显著。在德国，筑坝河流几乎全都注入北海、波罗的海或是北地中海。[243]水坝的影响值得研究，我们知道，斯堪的纳维亚地区的240座水坝改变了注入波罗的海的季节性淡水水流，从而影响了从前波罗的海与北海之间淡水与海水的交换。[244]

与沃尔特河（Volta）到第聂伯河（Dnieper）的最糟糕的例子相比，德国水坝对环境的不利影响是比较小的。德国的气候不同，水坝规模也较小。但是，用于尔根·施韦贝尔（Jürgen Schwoerbel）的话来说，它们依然“大规模地扰乱了河流形态与生态结构”，其影响波及整个河流盆地。[245]水坝坝址附近的变化最为显著。当时的人们认为发生了“剧变”，生存环境“有了天翻地覆的变化”。[246]事情必然如此。库区是通过挖掘、爆破、钻探和封闭而形成的。库区清除了树木、杂草和腐殖土，就像“修补过的破浴缸”。[247]水库蓄水后成了一个看上去像是湖的东西，然而它不是湖。水库与自然湖泊之间只有很少的共通点，比如都有湖面波动（Seiches一词源自法语），都会影响当地小气候。[248]但两者之间的差异远大于相似。自然湖泊的最深处通常在中央，而水坝的最深处是坝前。水库有着不同的温度结构，水位的变化也要频繁得多（如果建了发电站，自然湖泊也是如此，如瓦尔岑湖）。水位变化上的差异是决定性的，这意味着将形成典型的"梯级效应"，没有一个固定的滨水地带，动植物群落无法生存。[249] 232

湖泊与水库的水中生物也有所不同。水坝引入德国之际，正值以湖泊为研究对象的湖沼学成为一门独立学科。奥古斯特·蒂内曼考察了自然湖泊和人工湖。他是博物学家，也是早期生态思想的重要人物，率先用全新的方式思考生物群（德国人称之为"生物群落"）与栖息地或群落生境之间的关系。[250]他的研究证实水库属于一种十分新奇的水体，这样的群落生境有利于能够适应不断变动的环境的生物。[251]换句话说，水库带来的影响与图拉整治莱茵河的影响如出一辙。在这两个例子中，鱼类都是环境变化的最可靠的见证。当地的研究表明，随着水温、水位、繁殖条件变化，新环境导致水库及下游的优势物种发生骤变。梭子鱼和鲈鱼从埃德尔水坝下游消失了，迪梅尔水坝下游的河鳟也绝迹了。这还只是德国河流工程造成的一个后果。还有另外两个后果。当然，水坝也是数量锐减的洄游鱼类的主要敌人。事实证明，水库不像当初许诺的那样对渔业有益。它们起初能带来一点益处，却是以牺牲其他河段的鱼类资源为代价的。随后，水库本身的鱼类储量往往呈下降趋势，只能靠人工饲养来维持，全世界的水库都是如此。[252]

蒂内曼区分了如今我们很熟悉的两类水体：自然的贫营养水（有机物少，含氧量高）与有害的富营养水，后者富含有机物或矿物营养，导致水藻生长和死亡，消耗了水中的氧。在德国水坝建设的古典时代，这些过程还鲜为人知，就连最重要的博物学家也不理解。1921年，蒂内曼首次使用瑞典生物学家发明的术语"贫营养"与"富营养"。[253]时至今日，这些术语在德国水库的相关报告中占据了突出地位，因为许多水库变得富营养化，甚至重度富营养化。富营养化是生活废水与农业化肥排放到河流中造成的，在水浅的水库造成了格外严重的后果。尤其是乌珀河河盆地和萨克森，浑浊的污水和疯长的水藻表明了问题的严重性。当然，自然湖泊也有可能出现富营养化，也确实发生了，但水库更容易发生这种情况，特别是水位很低时。因此，鱼类的多寡不再取决于经济或休闲需要，而是取决于“生物调控”在多大程度上弥补了损害。人们希望通过培育那些以小浮游生物为食的物种，增加大浮游生物的比重，从而改善水质。鲑鱼和鲦鱼成为这种生态工程的救星，而斜齿鳊、欧鳊、梭子鱼等鲤科鱼类的繁盛往往意味着水生世界失控了。[254]

233

河流筑坝的生态效应也并非全都是负面的。水库的河口地带形成了新的湿地，营造出宝贵的小生境。水生昆虫在新栖息地十分兴盛。1930年代初，一位昆虫学家考察了乌珀河水坝附近地区，兴奋地报告说当地有丰富的昆虫种类。最让他高兴的是在贝弗水坝（Bever）附近的马粪中找到了一种稀有的蛆虫 Arricia erratica，他高兴主要还是因为水坝建后数十年间甲虫数量剧增。甲虫适宜于潮湿、淤泥、石块和苔藓的环境，在冲刷到岸边的废弃物上大量繁殖。[255]不过，水库的新水体对鸟类最具诱惑力。博物学家找到的鸟类有野鸭、苍鹭、鹳、鹗、翠鸟、田凫等，偶尔还会发现孵卵的鸟。春秋两季，许多水库都有大量鸟类，它们已成为候鸟迁徙的必经之地。[256]这种矛盾的后果让那些认为人类的侵扰只会给环境带来灾难的人士吃惊不已。毕竟，即便像索尔顿湖这样真正的生态灾难——加利福尼亚沙漠中部的一片有毒荒野，它是河流工程出现重大失误导致的结果——也成为太平洋候鸟迁徙路线上的主要停歇地，鸟类数量远远超出美国其他地方。[257]德国水库同样成为始料未及的避难所，而且不只是鸟类的避难所。因策根本没意识到这个问题，但相关人士很快就发现水坝周围是得天独厚的自然保护区，这个概念在第一次世界大战前就已经很流行了。[258]到1930年代，这已经成为常识，如今，水库周边地区的生态管理像水坝本身的“绿化”一样无可争议。[259]

不过，70年前的价值观尚不能与今天同日而语。第一批水坝建成后的数十年间，即使水坝的批评者也鲜有从生态角度来看待水库造成的后果。[260]大自然本身就是目的。蓬勃发展的自然保护运动控诉水坝威胁到“美丽”“自然”和“浪漫”的地区。[261]未开发和“未受破坏”的地区，如布莱洛赫水坝建成之前的萨勒河谷，犹如“优美风景的珍珠”，而今“有着不可名状之美的景观正在遭到破坏”。[262]批评者想保留的是作为理想化景观的大自然。他们抱怨大片的水域主宰未来的景观，明显蕴含着审美上的考虑。这种考虑在对水库将吸引“寻欢作乐之徒”的哀叹中表现得更为显著。难怪阿尔诺·瑙曼（Arno Naumann）将自己这样的自然环境保护者说成是“景观审美价值的卫士”。[263]

234

我们要问的是，他们的事业何以鲜有成功，换言之，为什么实际上直到1980年代德国才停止建造水坝。这有两个解释。首先，只有在懂得谈论发展的极限的社会，在水坝带来的环境问题日益突显之际，反对意见才能发挥决定性作用。其次，以审美考虑保护景观往往十分主观。它没有明确的原则，甚至能够用来证明有选择地破坏自然是合理的。举例来说，保罗·舒尔策–瑙姆堡（Paul Schultze-Naumburg）等杰出的自然环境保护者愿意牺牲部分他判定与审美要求无关的景观（“在一连数千米的景观一成不变的地区，如果河谷有部分变成水库，这不能说是不可挽回的损失”）。[264]工程师能接受这种观点。即使像埃米尔·阿布斯霍夫（Emil Abshoff）和恩斯特·马特恩等坚定的进步观念倡导者也认为，未来能够既保留“富于诗意的河谷”和“天然之美”，又保障经济发展。[265]另一位工程师在回应自然保护主义者的批评、为瓦尔岑湖工程辩护时，承认某些“侵入的”工程项目冲击了“壮丽的荒野”。但是，“对天赐的自然之美的冒渎”并非无可挽回：好在事情还有回旋余地，“可以尽可能保留风光绮丽的景观”。[266]

结果可想而知。人们达成共识，如果能够和谐地融入周围环境，水坝就不会破坏景观的价值。默讷水坝“奇妙地与自然风光融为一体”；乌珀河流域的水坝也被用大同小异的语言称赞为“罕见的和谐”。[267]类似说法不胜枚举。[268]在水坝设计方案的角逐中，“融入”当地景观成为重要的评价标准（有别于水坝的工程学设计）。以默讷水坝为例，有72个方案参加竞争[269]，这些方案在具体细节上有差异，也有许多共同点：建筑的美观应该在设计时就予以考虑，而不是最后竣工时再作美化；应当避免装饰；水坝不应掩饰自身的人工特性，但应当与周边的自然环境相协调。

235

纳粹主义者还有另外一些怪癖：不喜欢用混凝土作建筑材料（混凝土是希特勒的眼中钉），憎恨现代实用建筑观念，反对任何与“自然的德国景观”格格不入的事物。[270]不过，纳粹思想的广泛含义及其对装饰的厌恶、对“真实”的赞美、对水坝与自然环境保持和谐的强调，都是以1930年代早已存在的共识为基础的。正是由于这种共识，景观的审美标准成为筑坝者与自然环境保护者争论的焦点，因此，问题不在于“是否应当修建水坝”，而是“应该如何建造水坝”。

以这样一种方式来界定水坝与自然的关系，势必会引发其他的问题。假如水坝不但没有损害、反而增进了自然之美呢？毫不奇怪，这样的问题来自汉诺威举行的德国水库协会的会议，其他相关团体也提出过类似问题。[271]而这种观点显然很有市场，起初得到了舒尔策-瑙姆堡这样的自然环境保护者的认同。[272]事实上，这种观点十分普遍，一个例证是我们发现当时的医生不耐烦地提醒说，无论饮用水水库能增添多少景观之美，也不是当初修建它们的初衷。[273]水库能让自然变得更美的观点往往吸引人们关注水库形成的新水体，尤其是在缺乏自然湖泊的地区。在批评者看来不堪入目的水体，支持者看到的却是波光粼粼、环山倒映、“烟波浩渺”。[274]这或许可以称之为水库浪漫主义，休闲杂志《故乡》时常刊载这样的文章。

一篇典型的文章将贝弗水坝说成是“贝尔吉施山区最具浪漫风情的水库之一”。文章还附有布鲁歇尔（Brucher）河谷水坝的图片，图中是黄昏时分倒映在水中的云朵和树林，文字说明是“布鲁歇尔河谷水坝的黄昏”。[275]《贝尔吉施故乡》月刊中甚至有篇短篇小说的标题就是“水库浪漫主义”。扬·保利（Jean Pauli）在小说的开头描述了水库“一派安静祥和的奇妙景象”。从水面上的落日余晖到傍晚教堂的钟声，各种老掉牙的描写手法一应俱全。保利笔下的主人公对水库依依不舍，因为“它有如天堂之美，幽远而宁静”。他到湖上泛舟，发现了一只苍鹭，然后看到了——又怎么可能？——两条美人鱼。她们其实是两位年轻健康的浴女。在笑声中，三人唱着歌儿，“沐浴着月光回家了”。[276]

236

淹没的村落，坍塌的水坝

水库美学的金科玉律就是河谷看上去不能有“淹没感”。[277]但是，被淹没的河谷确实有一种“淹没之美”，鲁道夫·贡特（Rudolf Gundt）就是这样描述布莱洛赫水库所淹没的萨勒河河谷的。[278]有人认为新景观更美，也有人觉得是大煞风景。无可否认的是，人们曾经耕作的田野和生活的农庄如今沉入水底。男女老幼被迫搬出河谷里的家园，成为小说家们为之着迷的主题。英国、法国、比利时、奥地利、捷克都有此类作品问世。[279]最有创意的是以甲虫、蚂蚁和蟋蟀担任主角的作品。《水坝：一只昆虫的悲剧和冒险史》出自一位比利时人恩斯特·康代泽（Ernst Candèze）博士之手，主题是吉勒佩水坝的影响。该书于1901年翻译成德语，到1914年时已经重印了3版。[280]书中用拟人化的手法，从昆虫受害者的视角委婉讽刺了人类驾驭自然的抱负。

《水坝》一开头，花花公子般的龙虱菲力·卡普芬施特歇尔（Phili Karpfenstecher）与最好的朋友长角甲虫韦伯讨论为什么昔日青青河谷中的水消失了，河谷变成“荒地”。昆虫大会决定派出一队人马到岩石河床调查。历经人类和其他捕食者造成的种种不幸之后，幸存者发现了问题所在：一道巨大的墙把河谷拦腰截断。蚱蜢约瑟夫·约阿希姆·盖格尔（Joseph Joachim Geiger）遇到一只来自库区的蚱蜢，并得知土生土长的黑蚁、带蛾毛虫和蟋蟀被人类修好那道墙后发生的大洪水“赶出了家园”。[281]一对老蟋蟀讲完了余下的梦魇般经历。（它们“像腓力门和博西斯一样”面对节节上涨的洪水，不过在这个版本的浮士德故事中，它们活了下来。[282]）两周后，昆虫回到家中，坏消息是“专横的人类”永远剥夺了它们的水源。由于诉讼未果（一只蟑螂痛苦地控诉人类利用他们的法律欺压弱者），唯一的选择就是韦伯的建议：集体搬迁。在书的结尾，昆虫们打算移居到水库高处的山坡上。

237

康代泽笔下的昆虫经历了每一部水库小说共有的事件和情感发展脉络：惊惶、混乱、怀疑、屈从、毁灭、逐出。这一切肇始于带着公文包、地图和测量仪器的陌生人走进村落之时。康代泽让那对老蟋蟀诉说了这一“命运攸关”的时刻，昆虫们田园诗般的音乐之夜与外来者忙乱的活动形成了鲜明对比。乌尔苏拉·科贝（Ursula Kobbe）的《与水坝搏斗》以1930年代为背景，也描述“不速之客”引发的惊恐，他们在布伦陶（Bluntau）的蒂罗尔（Tyrolean）河谷建起了胡萨（Hussar）水坝。这些虚构的故事与我们所知的官员第一次出现在埃德尔河谷的情形如出一辙。[283]接下来，布伦陶发生的一幕更具侵扰性，河谷变得“面目全非，成为一个大工地”。[284]这里既指人，也指机器。据说埃德尔河谷的居民分不清哪一个更惊人，是让建筑拔地而起的“地精般”的施工“大军”，还是庞然大物的机器。[285]甚至在1914年前，大型水坝工程就由德国最大的土木工程公司投标承建，他们动用重型机械，如挖掘机、碎石机、蒸汽绞车和自动机车；1920年代，混凝土搅拌机、翻斗卡车、传输带和吊车也出现在工地上。这些公司通常还安装自备的发电机。工地上各种噪音不绝于耳。爆破的声音最大，埃德尔河谷一共打了1万个炮眼，使用了2.4万千克硝铵炸药。过去熟悉的地标被夷为平地，河谷中有纵横交错的轻轨，到处都是成堆的建筑材料，唯有孩子们觉得这是个玩耍的好地方。[286]

默讷、埃德尔和乌尔夫特水坝工地都有上千人在施工；即使小一些的奈厄河谷水坝也有800人。在大多数工程中，许多工人是外国人：波斯尼亚人、克罗地亚人、波兰人、捷克人以及无处不在的意大利人，他们都是技术熟练的泥瓦匠。他们住的临时生活区有宿舍和食堂，规模比将要淹没的那些历史悠久的村落还要大。[287]

战后，“皮肤晒得黝黑的外国工人”见不到了，因为水坝很少是圬工坝。[288]不过，填土坝和钢筋混凝土坝仍然需要大量劳动力。埃格尔（Agger）河谷水坝的工人人数超过1000人。从1920年代末开始，建筑工人通常从日益膨胀的失业队伍中招募。[289]村民与工人之间会有冲突吗？这是意料之中的事情。即使建筑工人没有恶名声，这些运河挖掘工都是远离家乡的年轻人，在11小时轮班后必然要找乐子。在乌尔苏拉·科贝的小说里，建筑工人在当地酒馆里喝酒吵闹；一个意大利好色之徒抛弃了当地一名年轻女佣及其孩子。不过，埃德尔水坝和默讷水坝施工队伍的规模很大，他们比虚构的布伦陶河谷的同行更能自给自足，从而减少了与当地人打交道的机会。[290]雇用德国失业劳动力也是潜在的导火索。毕竟，大萧条达到顶峰之时，失业者团伙夜间跑到乡间抢劫的传闻让德国乡村地区惊恐不已，他们从地里偷走甜菜和卷心菜。如今这些人有工作了，而且他们经常乘坐专线火车回家度周末。即使地方上有恐慌或冲突，那也从未见诸报道。

238

在那些注定要毁灭的村落，村民们似乎普遍抱以逆来顺受的态度。总体上看，帝制时代和魏玛共和国时期的德国乡村在政治上并不消极。农业危机以及与城市利益集团的争端引发了大量抗议运动，甚至是直接的暴力冲突。如果面对的是一个不受欢迎的小群体，比如吉普赛人，德国村民一再用武力将“外来者”赶出自己的地盘。但是，没有发生过直接针对建筑工人或官员的事件。在瓦尔德克，有人在议会中抗议埃德尔水坝让当地人背井离乡，1920年代还有广泛反对奥特马绍水坝的运动。[291]不过，很少有水坝项目被否决，即使有，也不是因为地方的抗议，而是因为部长们担心费用和优质农业用地的损失。[292]有一个能够反证规律的例外。1925年，电力联合企业RWE宣布了一项计划，在德国与卢森堡边境的乌尔（Our）河谷修建水坝，这项工程需要移民1000人，其中绝大多数是卢森堡人。这等于是要求卢森堡人“为了德国经济做出牺牲”，结果引发了一片哗然。谈判僵持了4年，最终RWE放弃了计划。直到1950年代初，水坝才动工兴建，不过规模已经压缩，政治环境也大不相同了。乌尔河谷水坝之所以迟迟不能开工，正是由于触怒了卢森堡人的民族情绪，而且最初的计划要拆迁维安登城堡(Vianden)，这座城堡不仅是“大公国的明珠”，还是颇受欢迎的旅游胜地。[293]

这些并未阻止普通德国人居住的河谷被淹没。人们著书立说，239 哀叹将要失去的一切，如埃德尔塔尔的村落，连同村中的房屋、教堂和历史，这里的一座女修道院保存有12世纪美因茨大主教所写的一封保护信。这些著作不会有不得体的丧失感和哀伤感，因为作者都是出自受教育人士，他们住在河谷之外，却非常了解这些河谷。他们很难接受河谷的命运，但也都接受了官方的观点，即为了更大的善，必须做出痛苦的牺牲。“日耳曼母亲需要这小小的德国土地，造福成千上万，乃至上百万子民”，卡塞尔的牧师卡尔·黑斯勒(Carl Heßler) 如是说。这只是慰藉之辞。[294]要求牺牲的言辞在这些著作中比比皆是；失去的村落甚至被描绘为献给水坝的供品或还愿祭品。[295]黑斯勒和弗尔克 (H.Völker) 等人是以回忆录作者的身份写作，而不是号召抵制水坝。他们的口吻是宿命论的：“不得不这样”，“唉，别无选择”。弗尔克对埃德尔河谷“命中注定的”结局徒唤无奈，村落和田野将“在当局的命令下消失”。[296]

当局的命令——这是关键。这些工程开工之前没有征询公众的意见，当局随时可以用强制购买权来对付不愿协商出售土地的人。水坝越建越大，被淹没的村落和农田越来越多。筑坝者与当地人的冲突主要因为赔偿问题。购买土地的费用要占整个建坝成本的很大一部分。根据一位专家计算，土地补偿金要占到四分之一。[297]有时甚至更高。埃德尔河谷的土地补偿金有900万马克，占全部建设成本的45%；默讷水坝也不低于这一比例。[298]有些工程因为购地费用过高而超支，因此，建造方往往进行“慎重的”初始调查以防止哄抬地价。[299]双方相互猜疑，谈判举步维艰。建造方认为土地所有者贪得无厌；而土地所有者认为土地估值过程存在舞弊行为，一些地方官员也持这种看法。在默讷和恩内佩河河谷，将近四分之一的土地最终是用强行收购的方式获得的，这激起了很大矛盾，进而引发了多起诉讼。[300]

土地收入用来重新安置那些“背井离乡”之人。[301]移民人数相当多：默讷河谷有700人，埃德尔河谷900人，萨勒河谷950人。埃德尔河谷的情况为我们提供了关于这些人的身份及去向的确凿证据。那里有阿泽尔（Asel）、贝里希（Berich）、布林格豪森（Bringhausen）3个村落彻底消失，另外两个村落也部分被淹。[302]工程于1908年开工，当地居民有3年时间搬迁。1908年，牧师卡尔·黑斯勒出版了关于这个河谷的书，如实记载了3个村落村民的姓名、职业、家庭成员状况以及每个人打算去的地方。他们大多数是农民、农业工人，还有少量技工、客栈主人以及教师、警察之类的低级职员。布林格豪森还有一位乐师和两名女乞丐。在那个阶段，大多数村民名下的未来居处一栏都是“未定”或疑问号，尽管最小的村落贝里希不是这样。贝里希的村民决定另择新址重建家园。[303]其他两个村子必定做出了同样的决定，因为新阿泽尔和新布林格豪森都建在能够俯瞰未来水坝的地方。尽管如此，村民们的未来居住地惊人地分散，不仅有人到附近的瓦尔德克和黑森安家，更有人远至萨克森和威斯特伐利亚。有人在东部省份波森（Posen）买下了“安置”农场，似乎没有人采纳水坝建造方莱奥·西姆菲（Leo Sympher）提出的移民到德国殖民地的建议。[304]

早在1908年，就有村民陆续迁离河谷；其余的人在1909年春夏陆续离开。然后是最后的告别仪式，在堆满了木材的农场前姿势生硬地照相，为那些留下来的人举办最后的告别晚会。布林格豪森在1910年仲夏举行告别晚会：“尤其是老人，一想到最终与房屋和农场、家和灶台分别的时刻越来越近，无不深感悲伤。”[305]死者已经迁坟，重新葬在新的安息地。然后是活着的人搬迁，他们把老教堂的一部分物品带到新村落，作为香火延续的象征。倘若告诉村民们，数十年来整个河谷的人口一直稳步下降，这会使搬迁更顺利吗？反之，他们如果意识到他们的被逐是发生在“德国最长的和平年代”，这会使搬迁变得更难吗？[306]这是路德维希·宾（Ludwig Bing）的质问，他的孩提时光就是在河谷中度过的，他的这番话是在1973年回

240

首往事时说的，当时他已经历了两次世界大战。

修建大型水坝需要数年时间，建好后水库蓄满水也要数年时间。注定消失的河谷缓慢地消亡，使人们额外有切肤之痛。H. 弗尔克的写作是在埃德尔水坝的缓慢蓄水过程中，他意识到很快会有什么样的结局，这构成了其作品哀怨的主旋律。他写道，那些仍未找到新家的人，在不断上涨的蓄水逼近老家前必须抓紧时间。稍后他又指出，在赫茨豪森（Herzhausen）以下，湖面已变得非常宽阔，尽管水依旧很浅。接下来，在回顾当地的历史之后，他意犹未尽地回到主题："从现在起要不了多久，埃德尔河谷美丽的、或许是最美的部分将从地球上消失；一个巨大的湖泊将把它吞没，波浪将拍打山坡和岩石。以后来此的游客将会追忆早先的岁月。"[307]他在书中数次提及游客，邀请游客在还来得及的时候前来欣赏河谷，或者参观贝里希的威廉·勒泽卡默（Wilhelm Lösekammer）酒馆，想象将来湖水会比这幢古老的两层建筑顶部还高出2米。读者能感受到这种渴望时光停滞的心情的情感力量及其特殊魅力。在维安登城堡，乌尔

埃德尔河谷的埃泽尔村，拍下这张照片后不久，这个村庄就被淹没了。

河河谷水坝计划公布之后，据说《厨师之旅》将组织前来城堡的旅行。当地一份报纸反问道："对于不想看到一个城镇从地球表面消失的那些人而言，这个城镇是一厘米一厘米慢慢地没入水中吗？"[308]不过，维安登城堡早已为游人所熟悉。弗尔克认为，对于埃德尔河谷而言，辛辣的讽刺在于，它还几乎不为人所知，鲜有游人光顾。恰恰是水坝本身带来了新的生活和人口，不光是修建水坝的建筑工人，水库本身也很快将"新的人流注入浪漫的河谷"。[309]

河谷蓄满水需要很长时间，但是，人们对于溃坝的担忧会持续更长的时间。正如被淹没的教堂和房屋的残垣断壁在大旱的夏季露出水面，每一次溃坝事故的报道都引发了新的恐惧。[310]水坝像其他新技术一样：惊奇感与恐惧带来的战栗感是一枚硬币的两面。水坝建设的惊人规模（以及惊人速度）大大强化了这两种情绪。[311]有充分的证据表明这种恐惧感的存在，尤其是在坚称这种恐惧毫无道理的工程师们的著作之中。[312]通俗文章和自然环境保护运动都助长了这种忧虑。很多早期的水坝支持者纷纷强调人类修筑水坝有久远的历史，这或许是想安抚人们。但标榜水坝历史悠久能否真的让人安心则是另外一回事。因为人类历史上有记载的溃坝事件有2000多次。正如里夏德·亨尼希在1909年写到，水坝的历史有多长，溃坝的历史就有多长。[313]德国兴起水坝热的19世纪，发生过惊人的溃坝事故。1802年，西班牙的普恩托斯（Puentos）水坝溃决，夺走了600多人的生命；英国在维多利亚时代中期发生过一系列水坝事故，最大的是1864年设菲尔德附近的戴尔水坝（Dale Dyke）坍塌事件，造成250人死亡；法国本土的水坝也发生过安全事故，此后阿尔及利亚的阿尔哈布拉（Al Habra）水坝溃坝则造成200人死亡；1889年，美国宾夕法尼亚州约翰斯顿（Johnstown）的南福克（South Fork）水坝溃决，夺走了2000多人的生命（德国两篇不同的报道中记录的死亡人数分别是4000人和5000人）。对于德国工程师而言，约翰斯顿灾难来得最不是时候。同样的情况还有法国莫泽尔河上的布泽重力坝，该坝建于1881年，由两名最杰出的法国工程师设计，建成14年后坍塌。[314]这些灾难发生于德国水坝建设最艰苦的第一个

242

十年间。此后，就在埃德尔水坝和默讷水坝施工过程中，宾夕法尼亚州（奥斯汀河谷）另一座水坝坍塌成为耸人听闻的头条新闻，与埃德尔、默讷以及德国此前的水坝一样，这座水坝也属于重力坝。[315]

因策及其同仁们非常理解公众的担忧。他们采取了许多应对举措。首先是技术的空前发展给人以十足的信心；而溃坝只是因为劣质工程。在很大程度上确实如此，对约翰斯顿和布泽溃坝进行的调查已经证实了这一点。同样，许多溃决的水坝属于填土坝，英国和美国广泛采用这种坝型，德国没有（盛衰无常的历史导致德国对这类水坝有强烈的偏见）。不过，最先进技术的观点也颇不诚实。1900 243 年前后数年间，土木工程师当中围绕重力坝建造原理的争论格外激烈，这与过去50年来的情形没有什么两样。当时的批评者认为压力计算没有把浮力、剪切应力以及砌体结构的张力考虑进去。[316]这些批评意见后来被完全采纳。在此我们有了另外一个实例，证实了贯穿奥得河沼泽和莱茵河治理历史的某些问题。每一代工程师都宣称

克莱因布鲁门贝格的村民在住宅前留影。

掌握了前所未有的知识，殊不知上一代人做过如出一辙的声明。有时我们甚至发现同样的一批人在重复着相同的咒语。1929年，恩斯特·马特恩回顾了德国水坝建造40年来的历史，承认在早期“基本没有考虑过”浮力和剪切应力。1929年时的马特恩漫不经心地承认以前的“缺陷”“知识的有限”“粗略的计算过程”以及“理论上的不完备”。他承认，重力坝“崩塌”的危险“并未总是得到充分的认识”。[317]1902年的马特恩自然没有指明这些缺陷，当时他认为，尽管德国的水坝建造“仍然很年轻”，但工程专业知识的完备保证了“十足的信心”。[318] 244

马特恩还表示，以前的工程师通过保守的设计弥补了理论知识的不足。这是事实；同样真实的是，水坝刻意的过度设计，即使它们比理论要求的更坚固，并不仅仅是出于谨慎或持重，也是为了缓和公众的恐惧感。这一点在西里西亚表现得很明显。几乎所有的德国专家都认为马克利萨（Marklissa）水坝过度建设，包括它的设计者因策。他们将之归咎于焦虑的公众。因策抱怨说，坝顶额外的加固是“过分地顾及居民的恐惧”，“西里西亚居民的紧张”迫使他加固结构以应对子虚乌有的危险。[319]工程师同事也加入其中。一是众口一词地指责“西里西亚居民的恐惧”；二是认为水坝“表现出过分的谨慎”；三是恼火地宣称“不论水坝的安全责任如何重大”，马克利萨水坝是公众的担心导致“过度安全措施”的“诸多实例”之一。[320]并非只有德国专业人士才认为必须安抚无知的公众。美国垦务委员会（后来的美国垦务局）的负责人弗雷德里克·海内斯·内韦尔（Frederick Haynes Newell）曾表示，他领导的机构欣赏牢固的水坝，“希望水坝建筑不仅要坚固可靠，而且要看上去坚固可靠”，所有的设计规划都要求“不仅要安全，还要看上去安全”。[321]

因此，我们应该将马特恩的话修正为：完全是因为审慎，早期的德国水坝建筑师过度设计了工程。不过，他在其他事情上是正确的：在德国，水坝建设过程的每一个阶段都付出了巨大的心血。这贯穿了从最初的勘测、基础挖掘到原材料质量控制的全过程。如果有任何偷工减料的迹象，严密的现场监督将使之难以得逞。普鲁士各地工程的执行情况让人印象深刻，萨克森则更加严格。从最初的设计规划就开始监督，此后贯穿于材料检验和现场检查的每一个环节。即使工程竣工，也并不意味着监督的结束。德国人是在水坝坝体中预留观测通道的发明者，通过这一结构，可以实时监测水坝的运行状况，而且检查机制有严格的规定（genaue Vorschriften），为此德国的文官体制时常遭到讥讽。[322]这种严格的体制孕育出狂妄自 245 大，这种狂妄使得工程师们对公众顾虑做出另一种回应：不是“如今这个时代不可能发生”溃坝，而是“德国不会发生”溃坝。水坝安全问题与民族情感息息相关，因为这事关一个更大的问题，即水坝是国家的形象工程。20世纪初专业人士围绕水坝类型（填土坝、重力坝还是拱形坝）以及选用何种材料（圬工坝还是混凝土坝）的激烈争论就已经带有民族主义的色彩。1906年，库尔特·沃尔夫（Kurt Wolf）评论说：“当今工程师建造的水坝，尤其是德国工程师建造的水坝，非常安全，人们对它们的牢固性完全可以放心。”[323]在另外一些场合，德国人更是锋芒毕露，因为这涉及德国和法国两国工程师之间的激烈争论。法国人认为德国人古板固执、创新不足，德国人认为法国人过分倾向于“理论化”。[324]

在德国人看来，他们与美国人之间的对比最为鲜明。德国人的看法就像欧洲人用鄙夷眼光来看待文明世界无法无天的边缘地带。正如英国工程师认为澳大利亚水坝的外形让人“毛骨悚然”，德国工程师也对美国的水坝工程震惊不已。看看德国工程师对于1911年奥斯汀河谷水坝溃坝的看法，就可略知一二。不论当时还是后来，没有人反对德国工程师的结论，即奥斯汀水坝事故起因于拙劣的设计、错误的选址、劣质材料以及监管不力。但是，德国工程师的语气让人不由侧目：“无可名状的玩忽职守”导致溃坝，“不可原谅”“难以置信”地未能注意到种种危险信号。恩斯特·林克（Ernst Link）以痛苦而难以置信的态度写道：“如今，在美国大多数州，个人或公司可以在任何时间和地点以他们愿意的任何方式修建水坝，这在我们德国是难以想象的。”[325]奥斯汀河谷灾难仅仅过去6天，威斯康星州黑河瀑布（Black Falls River）上的两座水坝又先后坍塌。

这两座水坝都是拉克罗斯水力公司承建的，建筑质量很差，泄洪道严重不足，一阵大雨就足以冲垮。一名尖刻的柏林工程师（他的名字是帕克斯曼［Paxmann］）列举了这两座水坝本应采取但没有采取的措施，接着尖锐地指出："所有这些安全措施当然需要……或多或少地在费用或工期方面做出牺牲。"[326]也有一些德国人承认美国"开创性地修建了一些大胆的水坝"，但是德国人认为这种开创作用已经被管理不善抵消了。这不禁让人想起马克斯·韦伯，他以真正的钦佩之情论及未受官僚体制束缚的美国资本主义的活力，然而因为 246 在人力成本上的漫不经心而受到排斥。韦伯判定，美国公司发现，相比采取严格的安全措施，赔偿偶然事故受害人的花费更少。[327]第一次世界大战后，德国工程师的自尊中又增添了自怨自艾："国外的人，尤其是法国、英国和美国，不了解或不想了解德国水资源管理和我们的水坝建设情况"。[328]

直到20世纪末，这样的情绪始终未能彻底消散。德国的自怜消失了，连同造成这种自怜的原因。即使残留的对美国达尔文主义的资本主义的厌恶也很难用到水坝上，因为美国的水坝如今因为环境原因被拆除，而且建立了堪称典范的安全检查体制。然而，美国的安全检查揭示出的状况令人担忧。1977—1982年间进行的一系列检查发现，900座水坝中有300座"不安全"，超过三分之一的水坝存在严重安全隐患。[329]那么，德国水坝过去与现在的安全状况如何？回答是能够矗立数百乃至上千年，但是许多水坝让这种信心受挫。一些水坝坝址的选择证明是不太理想的，有时是因为其他原因而选择的，譬如费用。透水的软质石灰岩嵌入硬质页岩，会出现渗水。长时间渗水还会蚀掉圬工建筑的灰浆，除非进行修补，否则将威胁水坝的安全。最后，因策修建的水坝以及其他1914年前建造的水坝忽视了浮力的作用，浮力使水坝向上拱，按照阿基米德定律，水坝如同"水上的船一样"，从而减少了坝体的实际重量。对于重力坝而言，坚固与否的关键在于水坝的规模而不是形状，浮力就将产生严重的后果。用一位现代专家的话来说，这属于重力坝的"先天缺陷"。[330]

一些水坝几乎刚一启用，就需要密切注意其安全性，如因策为哥达（Gotha）公国建造的林格泽（Lingese）河谷水坝和塔姆巴赫（Tambach）水坝。图林根的探矿者爱德华·德尔（Eduard Döll）是一位知名专家，他巡视中欧的水坝，能发现人们发现不了的渗水，因而可以及时封堵渗水源头。[331]早年是用数千袋硅酸盐水泥封堵地下河和渗漏。后来用动力灌浆法解决渗水和灰泥侵蚀问题。有些水坝无法修复。1905年启用的亨纳（Henne）水坝于1949年永久性废弃，因为坝体不稳；还有的水库水位急剧下降，因而只能用于休闲。[332]最近20年间，许多较老的水坝需要进行耗资巨大的修复工程：固定坝体、将水泥浆注入坝体和岩基、修复坝顶、修建新的出水口和泄洪道。官方并不公布缺陷的真实情况，"当然是为了避免恐慌"，一位苛刻的工程师如是说。[333]没有任何技术能让水坝固若金汤。系统分析计算表明，每200座水坝中将有一座会在投入使用后70年内垮塌。全世界水坝坍塌的高发期正好是20世纪，共有200座水坝发生事故，1918—1953年间，仅美国就有33座水坝溃决。[334]然而，由于采取了保守设计、认真施工、严格检查以及好的运气，在一个世纪前开始的现代水坝建设时代，德国没有发生过一起水坝溃决事故。只有一个例外，即战时的蓄意破坏。

247

水坝在战时容易遭受攻击，这种担忧久已有之。1914年，德国各地都有水库被投毒的谣传；甚至在此之前，就有人担心水坝可能会成为破坏活动的对象。[335]第一次世界大战以及随后的国际紧张局势，让欧洲人不再有任何天真的幻想。乌尔苏拉·科贝的《与水坝搏斗》的一个中心环节就是蓄意破坏布伦陶河谷水坝和水电站。在捷克斯洛伐克边境城镇维拉诺夫（Vranov）（从前是奥地利的弗赖因[Frain]），1923年的水坝建造计划"出于军事原因"严格保密。遭破坏的危险是当地市民反对在德国－卢森堡边境的乌尔河谷建水坝的理由之一。（法国军事情报机构一位代号"波吕丢克斯"的上尉认为这座水坝是纳粹的阴谋，将来有可能成为纳粹入侵的基地，他的上司倒不相信这一点。）[336]空军大大增加了水坝受到破坏的可能性。从空中看水坝一览无余，成为再理想不过的攻击目标。西班牙内战

溃决的默讷水坝，1943年5月17日下午，蓄水仍在下泄。

期间，弗朗哥将军企图摧毁毕尔堡（Bilbao）附近的奥敦特（Ordunte）水坝。第二次世界大战期间，德国有人建议袭击阿斯旺水坝，而苏联红军在1941年撤退时炸毁了第聂伯河水坝。[337]3年后，埃菲尔河上的一连串水坝对于美国第一集团军在莱茵河地区的推进具有战略意义，关键问题是摧毁还是占领这些水坝，以防止水库蓄水被用作对付美军的武器，最终，对乌尔夫特河和鲁尔河河谷进行了猛烈轰炸并爆发了激烈战斗。[338]

第二次世界大战前，德国当局就预料到水坝可能遭到袭击。1935年，在制定皮尔纳（Pirna）水坝规划时，进行了模拟试验，测试水坝被炸毁将对仅仅10英里外的德累斯顿造成何种影响。实验结果令人满意，危险也从未发生。[339]德累斯顿可能会毁于大火，但不会毁于洪水。洪水袭击了其他地方。1943年5月17日凌晨，皇家空军第617中队的兰开斯特轰炸机从林肯郡的斯坎普顿（Scampton）基地起飞，轰炸了德国的3座大型水坝。这次“惩戒行动”中，炸弹直接命中了属于填土坝的索尔佩水坝，没有炸开缺口。但对埃德

248

默讷水坝溃决后，洪水冲毁了厂房，大约700名被迫在德国军火企业劳动的俄国妇女被淹死。受害者中包括劳动营医生米哈伊洛娃和她的两个外甥女。

尔和默讷水坝的袭击成功了。当时这两座水库将近最高水位。洪水以每秒8000多立方米的流量从溃口奔泻而出，形成一道影响波及数百英里之外的水墙。25小时后，默讷大坝洪水到达莱茵河，河流水位立即暴涨4米。洪水于上午10点抵达距埃德尔水坝40英里的卡塞尔，此后水位一直上涨，下午3点时已远远超出1841年大洪水的水位，直到下午5点洪水才开始消退。[340]

第二天清晨，德国军备部长阿尔伯特·施佩尔（Albert Speer）飞到两座河谷上空，目睹了可怕的破败景象。在埃德尔河谷，房屋、谷仓被毁，地表土壤被冲走，化为淤泥堆积在残垣断壁中。47人丧生，主要是大坝下游的阿福尔登（Affolden）、吉福里茨（Giflitz）、黑姆富特（Hemfurth）的村民。数百头牲畜被淹死：洪水中牲畜的叫声以及第二天牲畜尸体散布于河谷的惨状让许多目击者觉得分外恐怖，更有让许多第一次世界大战的老兵难以忘怀的死马。洪水对狭窄的鲁尔河谷造成了更大破坏。1000户家庭被毁或受损，还有几十座工厂、桥梁和水电站受损。6000多头牲畜淹死，1284人死亡。其中700多人是作为奴隶劳工在内海姆－许斯滕（Neheim-Hüsten）军工厂工作的俄国妇女。英国政府和新闻界将袭击视为使鲁尔工业区瘫痪的胜利，《伦敦插图新闻》宣称这是一次“沉重的打击”。[341]炸毁的默讷水坝的放大照片空投到德国各地。纳粹当局从其他工程中征调了数千人抢修，水坝在当年

249

就修好了。德国新闻界被告知对此事的报道要轻描淡写，以免影响士气，但消息仍然很快传开。但是，空袭也被用于宣传。戈林抨击英国皇家空军的“罪恶的恐怖主义”，而轰炸水坝的提议者是伦敦的一名犹太流亡者。[342]

1941年波兰占领区的德国“移民”

第五章　种族与拓荒

——纳粹主义在德国与欧洲

暗黑荒野

1930年代，普里皮亚特沼泽横跨波兰与苏联交界的边境地带。 251 这片沼泽约有10万平方英里，是（至今仍是）欧洲最大的湿地。这一地区遍布草本沼泽、酸沼以及正在演变为酸沼的湖泊，主要植被是柳树与芦苇，间或点缀着沙丘或者松树、杨树、赤杨林带，这个地区的波兰语名称“波里西亚”（Polessia）或“林地”就得名于这些林带。施托克霍德河（Stochod）等普里皮亚特河的支流有“百道河”之称，它们从四周高地汇入浅盆地。这些蜿蜒的河流成为这个地区独有的特征。每年3、4月份，凌汛以及融化的雪水致使河水暴涨，漫过浅滩，淹没周边的土地。随后形成的水乡泽国与排干之前的奥德布鲁赫极为相似，只不过面积要大得多。狼与野猪出没于丛林地区，野鸭与大雁铺天盖地，蚊虫更是找到了理想的繁殖场所。几艘以木材为燃料的轮船从平斯克（Pinsk）的港口出发，搭载乘客或是拖曳大木排，穿梭在普里皮亚特河和霍林河（Horyn）等大江大河上。小河只能通行平底木船。普里皮亚特沼泽的大部分地区只能冬天前往，因为那时浅水的湖泊与水道都已结冰。[1]

1930年代的游客被这里的景色迷住了，美国地理学家路易斯·博伊德（Louise Boyd）就是其中一位。1934年，她参加华沙举行的国际地理学家大会，曾来过这一地区，还写了一篇关于这片“荒凉偏 252 僻”的沼泽的颇具浪漫气息的报道。她注意到那里“一片寂静，偶尔传来的桨声或汽笛声才会打破沉寂”。她还对那里的居民很感兴趣，钦佩地谈及他们的足智多谋和乡土知识。[2]德国地理学家马丁·比格纳（Martin Bürgener）来自但泽，为人不苟言笑。1939年，他出版了一部关于普里皮亚特沼泽的书。他曾于1930年代中期走遍了这个地区的每一个角落，也被这里的美丽风光所打动。不过，他将这个地区说成是“欧洲最落后、最原始的地区”，这听上去不像是赞美之词。[3]比格纳在这片“暗黑荒野”看到的是一大堆问题：混乱的水道，昆虫害兽猖獗，以狩猎、捕鱼或原始农业为基础的脆弱的经济，以及“不可救药地冷漠，浑浑噩噩”的居民。[4]毕竟这里是——大概是——斯拉夫人的发祥地（Urheimat），无论如何，德国斯拉夫语言文化学者马克斯·法斯默（Max Vasmer）的这个观点得到当时许多德国学者的赞同，比格纳就是其中之一。[5]在两战之间年代政治意味浓厚的学术争论中，斯拉夫人种可能来自于这片“荒野”的观点并非无足轻重，它支撑着另一个更靠不住的观点：新石器时代晚期，最先踏上北欧平原的是现代德国人的直系祖先——白肤碧眼的条顿部落。条顿民族（Urgermanen）理论始于40年前考古学家古斯塔夫·科辛纳（Gustav Kossinna），到1930年代已成为德国正统观念的一部分。比格纳对普里皮亚特沼泽的描述十分巧妙地蕴含着这种理论的中心论点。在他看来，这片土地上唯有保留着早期“条顿民族”遗迹的几处地方才摆脱了“混乱”的居住模式，唯有后来的德国移民耕种过的土地才能看到“示范”农业的痕迹。[6]

比格纳看到了问题，也提出了解决办法。这些方案包含常见的现代德国水利目标，而且是激进的目标。他建议，普里皮亚特河及其支流应该实施整治。开凿合适的排水渠，排水后河谷中的冲积土可以建立起堪与荷兰、丹麦相媲美的养牛场和乳制品业。开垦后的草本沼泽可种庄稼；酸沼中开采的泥炭将提供宝贵的能源。比格纳无视日益下降的地下水位，眼里只有光明的前景。“我们坚持认为，”他自信地断言，“全面改造波里西亚，最终将增加至少500万英亩的农业用地。”[7]

254

那么是谁阻碍了这一美好前景呢？比格纳将责任归咎于3个对象：斯拉夫人、犹太人以及波兰政府。他的著作始终立足于一种种族假说：普里皮亚特沼泽的斯拉夫居民软弱、被动，“束手无策”，“注定不懂真正的耕作”，无力改造周围环境。[8]这种陈腐观念沿袭了

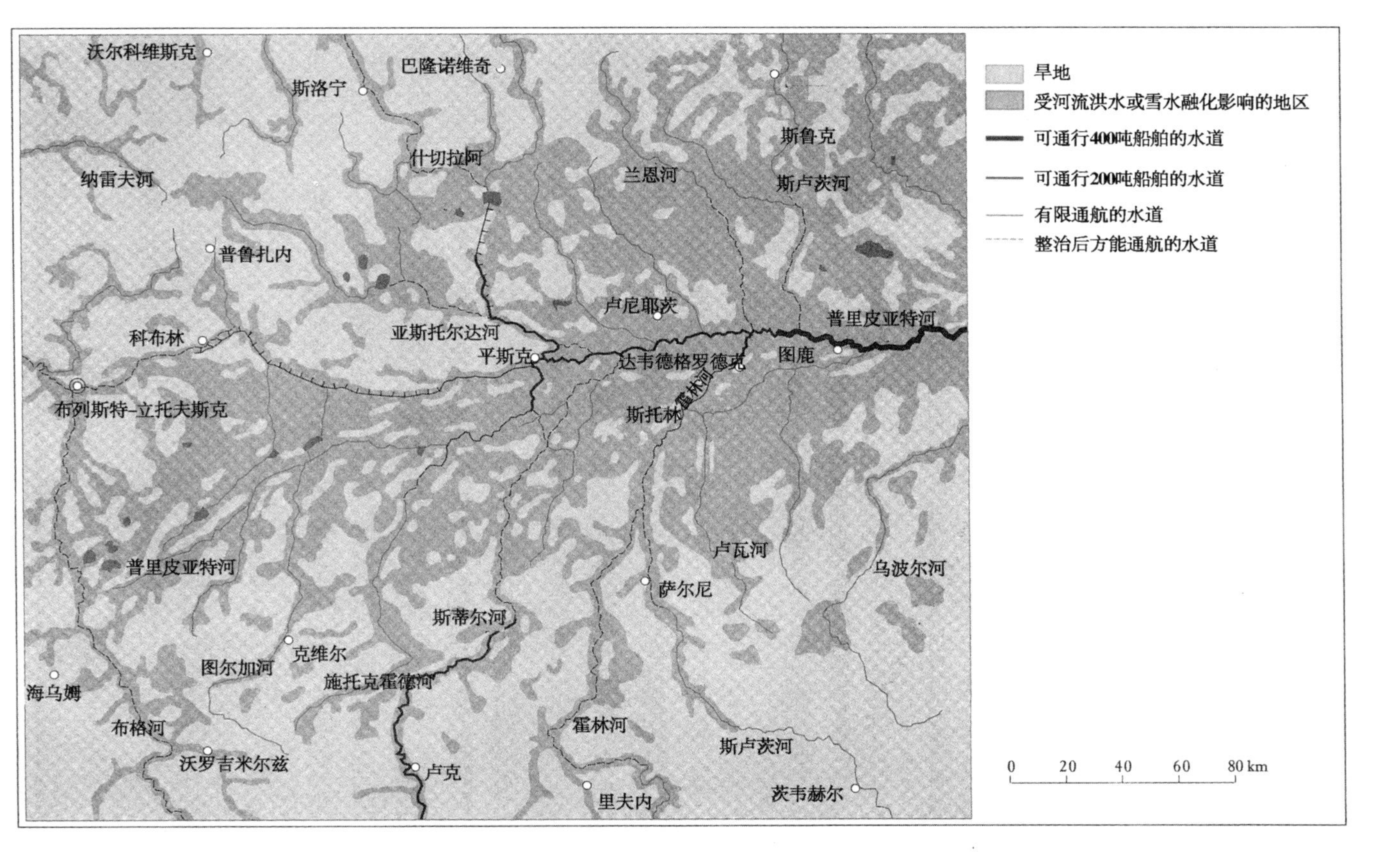

1939年的普里皮亚特沼泽

19世纪的陈词滥调，即德国人“强壮”“进取”，而斯拉夫人“软弱”“消极”。另一种由来已久的旧观念认为，沼泽就像试金石，证明技艺精湛的德国人远胜懒惰的斯拉夫人。在比格纳之前80年，最杰出的德国历史学家海因里希·冯·特赖奇克描述了条顿骑士如何“跟变幻莫测的维斯杜拉河做艰苦卓绝的斗争”：[9]

> 维斯杜拉河与诺加特河之间的回水湾有大片沼泽，每年春季这里都会成为一团糟，冰雪融化，洪水泛滥，淹没了密不透风的芦苇。徒步信使带来了大祸临头的消息，更让人恐慌的是，洪水漫延虽然缓慢，最终将淹没大片的森林……奥得河……靠数代人的劳动，驯服了凶悍的河流。两岸修筑起连绵的堤坝，这些堤坝受严格的堤坝法规保护，农民堤坝监督员和巡视员负责维护。

就这样，维斯杜拉河下游的土地得以开垦、受到保护，变成富饶的粮仓。1772年瓜分波兰后，腓特烈大帝在西普鲁士兴建排水工程，恢复了日耳曼人昔日的荣耀，“正如最早的日耳曼征服者从急流中拯救维尔德（Werder）的玉米地，如今，内策省（Netzegau）从繁荣的布隆贝格附近的沼泽中崛起”。[10]

特赖奇克的著述直到20世纪仍有大量读者。特赖奇克的同时代人、如今已鲜有人知的马克斯·贝海姆·施瓦茨巴赫（Max 255 Beheim-Schwarzbach），也将“勤劳德国人营造的新绿”与波兰的“湿地和沼泽”作了一番诗意的对比。[11]1870年代后，坊间出版了数百本关于霍亨索伦王朝殖民者及其中世纪先辈的著作，德国人与波兰人的差异已是老生常谈，反映了对东部的成见。德国人种庄稼、养牲畜，斯拉夫人生活在多水的基耶茨（Kietz），靠捕鱼为生。凭借“有步骤的排水工程和修堤筑坝”，“先进的德国边区村落”取代了“林地和湿地”；通过“移民持之以恒的努力”，斯拉夫人“危险、偏远的沼泽水涝荒地”被改造成“生机盎然、欣欣向荣的牧场”。[12]一些著名的历史学家（第一次世界大战前是卡尔·拉姆布雷希特［Karl Lamprecht］，战后有卡尔·哈姆佩［Karl Hampe］和赫尔曼·奥宾［Hermann Aubin］）整合了关于德国移民的地方性研究，创造出德国优越性的主流话语。德国游记作家的作品中融入了这样的观点，使读者相信历史上东部的德国人是“文化的使者和承载者”（Kulturbringer und Befruchter）：他们创造了“文化”（指绿色的田野和牧场、城镇和行会），让土地变得富饶。[13]坊间出现了大量描写东部移民的虚构作品，这些作品往往借助一成不变的老套角色讲述着大同小异的英雄故事。

同类文学作品数量更为可观。古斯塔夫·弗赖塔格（Gustav Freytag）的《借方与贷方》就是其中之一，该书于1855年出版，到20世纪依然畅销，书中关于19世纪波森的章节向读者展现了波兰荒野与德国阡陌纵横的耕地的鲜明反差。小说的主人公安东·沃尔法特（Anton Wohlfarth）刚到波森时，眼前是一片“荒野”：单调乏味的平原上布满沙砾，大大小小的死水塘星罗棋布。在一处破败的庄园，他见到自己要管理的几户孤零零的德国居民，他们已经栽了树，还用篱笆围出了花园。他组织抵御威胁他们的波兰人（始于1848年革命期间），重拾之前东部德国移民的老本行，“在酸沼中开沟挖渠，在空地安置人口”。回到德国心脏地带后，他满意地回忆起自己在东部的成果：“他成功地将新生活的初绿萌芽带到了未开发地区；他协助建立了本民族的新定居地。”安东的业绩也有贵族芬克（Fink）的功劳，后者提出了一个大胆的计划，将一条河流改道，“把贫瘠的沙地改造成绿色的牧场”，德国工程师们和数十名志愿者实现了这个计划，他们用锄头和铁锹唤起了人们对“荒野中的水和绿色牧场”的向往，虽然他们没能击退不守规矩的斯拉夫人。[14]德国人喜欢用颜色来解读景观。斯拉夫人的颜色是灰色，而代表德国人的总是绿色。[15]这些成见在马丁·比格纳那一代人看来具有不言而喻的含义。[16]

256

针对沼泽地带斯拉夫人的成见中充斥着种族歧视。“斯拉夫洪流”便是其中之一，这个词既带有敌意、也表达了恐惧，第一次世界大战前在受教育的德国中产阶级当中广为流传。[17]但是，作为时代的代表，比格纳在这个方面走得更远。他接受了1930年代多产的种族理论家汉斯·君特（Hans Günther）的观点，将普里皮亚特沼泽的斯拉夫人划为典型的“圆头型”或“东波罗的海”人种，因而“不具备拓展生存空间的实力或力量”。[18]这种纳粹式种族主义伪科学坚称血统决定一切。用另一位地理学家威廉·格罗特吕申（Wilhelm Grotelüschen）的话来说，景观就是“民族文化的镜子”。[19]比格纳显然也采纳了这种观点，它是1930年代德国地理学经历“重大思想转变”的典型产物。[20]地理学家们很快采用了纳粹主义的话语：血统、土地、生存空间以及最重要的——种族。比格纳可能比有些同事要克制一些，与汉斯·施雷普弗（Hans Schrepfer）不同，比格纳从未把希特勒看成是种族和环境领域的权威。不过，他关于波里西亚斯拉夫人起源的看法，明白无误地表示“有必要考虑有意识地控制这一劣等种族堕落的繁殖力”。[21]这番充斥着恫吓的话语为我们提供了一个例证，从中不难看出比格纳是如何将旧的种族成见融入纳粹主义种族思想的。比格纳提及繁殖能力，让人想起长期以来将斯拉夫人等同于“沼泽居民”的观点，这是带有强烈性暗示的联想（娼妓是“沼泽之花”，她们是“沼泽地”和“湿地”的居民）。[22]比格纳笔下的“控制”所用的字眼是Eindämmung（拦蓄，限制），这个术语通常用于修建大坝或围堰防御危险的洪水，这让人不禁想起“斯拉夫洪流”。不过，他将这个术语与“堕落的繁殖力”和“劣等种族人口”混用，表明它蕴含着现代的、伪科学的、必定是危险的纳粹思 257 想。我们由此想到，希特勒否认身患不治之症的人也有生存权利，还要“竖起一道大坝来阻隔性传播疾病的进一步扩散”。[23]比格纳将旧的偏执与新的种族思想交织在一起，用萧条、混乱和无政府状态来描述这片土地和居民。这种毫不掩饰的表述方式向读者传达了这样一种观念：需要清理（Säuberung）的不只是普里皮亚特沼泽的水道。

谈及这一地区的犹太居民时，比格纳的口吻变得更加肆无忌惮。这部分人口大多集中在城镇和村落，约占总人口的10%。比格纳将他们说成是“与景观格格不入的一小撮寄生者”，靠寄主生活的“另类”。[24]到1939年，这种说法和观点已经成为德国人著作的固定套路。在涉及所谓的东欧犹太人（Ostjuden）时尤其刻薄。即使在第一次世界大战前，这些来自俄罗斯的犹太人也获准穿越德国前往不莱梅，再从不莱梅前往新世界，但必须待在密闭的火车车厢里。[25]1917年后，许多德国中产阶级民族主义者谴责犹太人散播共产主义“病菌”。两战之间的年代里，德国作家（一个少有的例外是阿尔弗雷德·德布林［Alfred Döblin］，他到波兰重新找回了自己的犹太人身份）用“寄生的”“外来的”等字句来描述波兰的变化。[26]这种情况在当时很普遍，库尔特·弗赖塔格（Kurt Freytag）在东部游记中就是以这种口吻记录轶事、描绘景观。其他一些作者，如罗尔夫·温根多夫（Rolf Wingendorf），或许会偶尔对波兰国家的“舶来品”表示赞赏。在特奥多尔·奥伯伦德（Theodor Oberländer）和彼得-海因茨·泽拉菲姆（Peter-Heinz Seraphim）这样的经济学家、人口学家看来，针对东欧犹太人的种族偏见与波兰的“人口过剩”和农业问题息息相关。[27]比格纳的著述与奥伯伦德和泽拉菲姆的著作最相似。它们都带有明确的“学术”目的：犹太人阻碍了普里皮亚特沼泽的“改造”，然而，比格纳的语言极为刻毒，听上去仿佛已经精神失常。这篇文章刊登在德国最古老的地理杂志，刻意要让读者产生不寒而栗的恐惧（我们也确实感到震惊，尽管是出于不同的原因），让人想起纳粹宣传影片《永远的犹太人》（*Der ewige Jude*）中的场景。“体态臃肿、蓬头垢面的女人”坐在小巷的门前，她们“抱着老大不小的孩子，让他们冲着街边水沟大小便”。[28]路易斯·博德认为平斯克的犹太市场丰富多彩，洋溢着节日气氛，比格纳在“波里西亚的耶路撒冷”看到的只是污秽和混乱。比格纳的文章中充斥着憎恶的词句：犹太人“从他人的劳作中获益”，犹太人的“东方生活方式”，犹太人“油腻的夹克”和从没洗过的脚，犹太商人带着“泛着油花的烂纸板盒，以及又大又乱的用希伯来文报纸包着的包裹”，仅仅是犹太人的名字就让作者顿生鄙夷（“哈伊姆［Chaim］、摩西［Moshe］以及其他诸如此类的名字”）。[29]这种种族主义的愤怒情绪似乎与大规模改良工程风马牛不相及，但两者其实相去不远。比格纳总结了普里皮亚特沼泽的需求，他用了很长的一个句子，以排水

258

计划开始，以“系统解决犹太人问题的方案”结尾。[30]

联系数年后发生的事情，以及普里皮亚特沼泽未来的变化，才能更好地理解马丁·比格纳对斯拉夫人和犹太人的看法。要理解为何比格纳如此抨击波兰国家，亦是如此。从1772年瓜分波兰到第一次世界大战，普里皮亚特沼泽始终属于沙俄帝国的版图，著名的1916年勃鲁西洛夫（Brusilov）攻势的战场就在此地。俄国革命后，波兰军队与布尔什维克军队争夺过这一地区，1921年签订的《里加条约》将此地割让给波兰。战争使这片土地满目疮痍。1920年代，一个国际贵格会组织在波里西亚南部的施托克霍德河开展救济，经常受阻于横贯沼泽的铁丝网和旧战壕。沙土慢慢填平了战壕，厚密的植被也覆盖了铁丝网。河道频繁改道，有时候会露出成堆的骨骸，有传言说，深水塘里的梭子鱼重达60磅，它们以战争期间遗留的尸骸为食。[31]新波兰的东部疆域远远超出战争结束之际西方列强最初划定的寇松线。这个地区始终是有争议的领土，波兰政府在这一边境地区对其邻国和国内少数民族都十分警惕。

比格纳主要关心的是华沙当局在东部边境地区的所作所为——或者说没有做的事情。他谴责波兰忽视普里皮亚特沼泽，炮制出混杂着种族歧视、政治仇恨和地缘狂想的大杂烩。这是一种有毒的混合物。毋庸置疑，波兰在波里西亚的水利建设存在很多不足，如果目标是有计划地排水的话（这确实是华沙当局公开宣布的政策）。[32]最早的排水工程始于沙皇统治时期的1870年代，不过，新的波兰国家起初并没有将俄国人的工程继续下去。1928年，在布列斯特-立托夫斯克（Brest-Litovsk）成立了农业改良部门，但由于预算不足，10年间并未取得多大的成绩。此时，俄国工程师开凿的排水渠大多已经淤塞。在比格纳看来，这是一个糟糕的记录。如同波兰境内维斯杜拉河整治工程进展缓慢（这种批评是两战之间的德国作家津津乐道的主题）一样，波兰当局在排水方面的不作为被用来证明一个极端的结论：“波兰人不能胜任东部拓殖任务。”[33]因此，按照比格纳的观点，居住地边界总是向那些并未真正开发的兼并地区移动，这是一条“自然法则”，在欧洲，这条边界线是由西向东推进；华沙未能

259

应对“东进”（Drang nach Osten）的挑战，普里皮亚特沼泽始终是游离于波兰主体之外的“死角”，“波兰国家机体上的死肉”。[34]排水和拓殖再次与种族不可分割地交织在一起：波兰未能在乌克兰人、白俄罗斯人、犹太人为主的地区安置波兰移民，或者说未能在这个地区推行它的意志。随着比格纳的讨论逐步深入，他的真实意图暴露出来。他罗列了名副其实的拓殖民族的职责：这个民族应该牢记在东部的“使命”，应该全面开垦沼泽，应该有足够的胆识认识到这意味着为斯拉夫民族找到“符合生物学的正确解决途径”，还要找到“系统解决方案”解决犹太人“问题”。[35]显然，在比格纳心目中，这个民族绝非波兰人。

这里面明显有政治上的考虑。事实上，像这些年间每一个论及波兰的德国人一样，比格纳也关注西部边境地区，波森、西普鲁士和西里西亚等“割让”的德国领土，以及把东普鲁士与德国其余部分分隔开来的波兰走廊。对于但泽的德国人而言，波兰走廊尤其是一个眼中钉。因而，比格纳声称波兰急于同化西部新的“德国”领土而忽视了东部领土时，政治营利手段是一目了然的。[36]这里还有另外一层含义，即质疑波兰政府的能力甚至合法性，把矛头间接指向波兰“瓜分”德国。比格纳附和不计其数的小册子作者、政治家、游记作家和历史学家的腔调，20余年来，这些人把怨恨的矛头指向波兰，要求修订《凡尔赛和约》。某种程度上说，这些人几乎全都论及当时司空见惯的主题：向全世界表明是德国人清理了林地、排干了沼泽、治理了河流、开辟了田野和牧场，总而言之，是德国人建造了“花园”，而这花园如今正在波兰人手中走向毁灭。埃里希·吉拉赫（Erich Gierach）过甚其词地表示：“证明东部德国人公民身份的，不是一张泛黄的羊皮纸……而是他们从荒蛮大自然夺取的充满欢笑的牧场和丰饶的田野。”[37]这些一厢情愿的观点是为了支持德国的领土诉求，也反映出德国人对东部拓殖的根深蒂固的幻想。

比格纳的著作处处隐含着对波兰的恐吓。他告知读者，普里皮亚特沼泽的前途，不论是经济上还是种族上，“都不再是单纯的波兰内部事务，而是一个欧洲问题”。[38]从奥伯伦德和泽拉菲姆关于波兰

260

的著作中，我们也能看到同样的观点。同样，这种观念反映了当时的政治：德国觊觎东部，敌视德国与苏联之间脆弱的独立国家。它也揭示出德国1930年代主流的地缘政治思想。这种思想最显著的标志是“空间”（Raum）一词的滥用，Lebensraum（生存空间）、Grossraum（大空间）、Europäischer Raum（欧洲空间），以至于掩盖了这个词的本来意义。地理学家瓦尔特·克里斯塔勒（Walter Christaller）——从某种程度上说他是地理学科的局外人——尖锐地指出了这个“流行”词汇被神话的过程：“完全是因为空间业已成为我们这个时代的渴求……它甚至诱使学者们用‘空间’口号来解释和涵盖一切事务。”[39]他继续写道：

> 人们很容易接受这样一些口号，空间中发现的力量，或是它迸发出来的力量，空间的狭小，空间的统治，空间的魔力等等。空间并不是巫术或超自然的存在。

比格纳在文章的结尾确实提出了一些克里斯塔勒所说的不自然和半神秘色彩的观点。他编织了一幅未来欧洲东部空间的幻象。我们被告知，波里西亚位于东部与西部、南方与北方的十字路口。这个地区尚未开发，成为波罗的海与黑海乃至黎凡特、东非、印度之间交通的障碍。普里皮亚特沼泽是建立内河航运和陆桥的关键，这些航道和陆桥将波罗的海的但泽、里加、默默尔与乌克兰粮仓、顿涅茨河（Donetz）盆地工业基地和高加索油田连接起来。只要再加上纳粹规划者喜欢在地图上标识的动态大箭头，比格纳的宏大规划就能完美地融入随后几年纳粹制订的德国东部开发总体规划。[40]

261

这一“带来解放”的发展前景为什么未能成为现实？比格纳早有答案，它之所以受阻，“完全是因为欧洲违背自然规律的政治结构，尤其是东欧的空间”。[41]这是一个不详的、却又是预言性的观点。就在这本书出版的那一年，东欧的空间彻底重组。1939年8月23日，纳粹德国与苏联签订了互不侵犯条约，整个外交界为之震惊。这份条约包含瓜分波兰的秘密协定。9月1日，德国从西线入侵波兰，两周后，苏联从东部进攻波兰。9月底，波兰就被占领并被两大国瓜分。两国都无情地着手改造新攫取的领土。波里西亚落入苏联手中。1941年，这一地区再度被纳入德国的计划之中。此时，普里皮亚特沼泽成为马丁·比格纳的观点引申为种族灭绝的地方。

种族、拓荒和种族灭绝

闪电战大获全胜之后，德国侵占的波兰领土被分成大致相等的两个部分。并入第三帝国的西部地区成立了波森省（后更名为瓦尔特兰省）和但泽－西普鲁士省，余下部分划入现有的两个德国省份。这些“合并”地区的居民主要是波兰天主教徒和犹太人，德国扩张的范围远远超出第一次世界大战后“割让”给波兰的领土。这个新兴的贪婪帝国与苏联边界之间的地区被命名为波兰总督辖区(General Government of Occupied Polish Areas)，这个地区有1000万人口，华沙也在其中。这个残余的波兰人国家完全由德国人控制，纳粹律师汉斯·弗兰克（Hans Frank）从克拉科夫（Cracow）的古老城堡中发号施令。波兰总督辖区旨在为第三帝国提供劳动力和原材料，并且作为德国“不受欢迎”种族的收容所。[42]1939年10月初，希特勒授命党卫队头目海因里希·希姆莱“强化大日耳曼民族”(希姆 262 莱立即自封为“强化大日耳曼民族帝国专员”，他的这一头衔从未受到质疑)。希特勒给希姆莱的指令主要有两项内容。一方面，希姆莱要从国外召回纯种日耳曼人，并把他们以及“老帝国”*居民安置在新吞并地区的农业居留地。另一方面，他还负责清除对帝国和人民构成“威胁”的“异族”的“有害影响”。同样，这一任命依然特别针对新兼并的地区，在这些地区，需要处置的“异族”实际上占人口的大多数。[43]这双重任务启动了在东部实施大规模人口迁移和种族灭绝计划。

当时的德国人经常谈论“东方热”(Ostrausch)。这个术语非常流行，乃至从一些纳粹党人口中说出来带有挖苦意味。投身这场狂热的不但有那些从“老帝国”前去报道东线德国军事胜利的记者，

* 即1938年前的纳粹德国。——译注

还有成千上万的年轻女性：女学生、德国女青年联盟（League of German Girls）的领导人、幼儿园教师、学校辅导员，她们纷纷奔赴东部，为民族事业做贡献。与我们熟知的希特勒统治下的德国妇女形象截然不同，她们往往掌握了一定的权限。[44]不过，年轻的男性官员和专家更深地卷入这场狂热，东部为他们提供了在国内难以企及的无限机会施展抱负。他们或是直接在东部地区任职，或是从柏林的办公室前往东部巡视，就像约两个世纪前腓特烈大帝手下的协调人。这种将全世界踩在脚下的气势最足的，莫过于希姆莱"强化大日耳曼民族帝国专员署"的规划官员。他们的负责人康拉德·迈尔（Konrad Meyer）将新吞并地区说成是"处女地"。乡村规划师赫伯特·弗兰克（Herbert Frank）亦是如此。[45]艾哈德·梅丁（Erhard Mäding），负责整体景观规划的两名官员之一，激动不已地表示自己的任务有如在一张白板上书写，因为"东部景观的改造毫无先例可言"。[46]另一位官员海因里希·维普金-于尔根斯曼（Heinrich Wiepking-Jürgensmann）向一群德国年轻人演讲时宣称，他们要承担德国东部的"紧迫任务"，景观规划者将迎来一派美好"春光"，这一千载难逢的大好时机"远超出了我们当中最热切的人的想象"。[47]
263 弗里德里希·卡恩（Friedrich Kann）热切鼓吹"生存空间"的扩大给德国带来了"历史上前无仅有"的机遇。[48]除了狂热，很难找到更贴切的词汇来形容了。

凡是看过纳粹的东欧景观改造方案的人，必定首先震惊于其规模。康拉德·迈尔团队不屑于零敲碎打的改造，而是要彻底改变陆地的景观。规划文件反复使用气势宏伟的词句："通盘规划""综合措施""景观改造""空间的有机设计"。[49]这些方案包含了一些关键词。"建设"（Aufbau）就是其中之一，它很快成为纳粹分子的常用术语，诸如"东部的建设工程"。另一个关键词是Gestaltung，意为"设计"或"造型设计"。阿图尔·冯·马胡伊（Artur von Machui）的文章充分诠释了纳粹时代沉闷的建筑风格，他在文章中赞扬"景观塑造"的提法。为什么呢？因为"'塑造'一词表达了全面创新的意志，这是最强有力的要素"。[50]在短短三页篇幅的文章中，艾哈德·

梅丁21次使用Gestaltung及其派生词。[51]这个词仿佛成了护身符，这一点与“空间”一词的使用情况并无二致。它象征着德国人全面重塑东部景观的抱负。这种抱负体现于东部的公路、铁路和航道规划。庞大的规划方案无所不包，不仅包含新村落（主村和“卫星”村）的选址和布局，也涉及村落的农舍、农场建筑和公用设施，以及村落之外的田野和牧场。不论是用功效研究的方法来设计样板农家厨房，用中心地理论来布局新居民点，划定农田的形状（每块田地四角的角度都大于70度！），按照南北东西纵横轴向种植树木和灌木，疏浚瓦尔特兰“杂草丛生”的排水渠，还是绘制北极到里海之间整个东欧的土壤分布图，无不表明，事无巨细，一切都在规划者的考虑范围之内。[52]

这一切的终极目标是营造出适宜的景观，满足即将来到的德国人的需求。这意味着什么呢？不妨来看一看1942年希姆莱签署的“景观塑造诸原则”。条顿-日耳曼人与自然的关系“至为重要，乃是生存的前提”，因此，必须重新安排被“异族”荒废的景观：[53] 264

> 在他的故乡和他凭借种族力量垦殖并世世代代耕耘的地区，农场、城镇、花园、居民点、田野和景观的和谐画面构成了他生命的印记。田野错落有致，间以森林、杂树林、灌木丛和树木，因地制宜地利用土地与水、绿化(Grüngestaltung)和居民点，成为德国人工景观的主要特色……如果移民要把新的生存空间变成新家园，基本的先决条件就是对景观进行贴近自然的精心规划。这是确保大日耳曼民族繁盛的基础之一。仅仅在这些地区安置我们的种族、铲除异族还不够。确切地说，这些空间必须呈现出与我们的生存特性相吻合的特色……

真正的德国景观是生气勃勃、特性鲜明、整齐有序的，最重要的是它将是“繁荣的”。[54]土地与人之间存在着纽带，生物的纽带。海因茨·埃伦贝格（Heinz Ellenberger）——他的两个专业领域是德国农舍样式和植被制图——用耸人听闻、简单空洞的词句概括为：“大日耳曼民族与景观：鲜血与土地！”[55]为实现“强化大日耳曼民族帝国专员”幻想的那些规划者们，大概是把这句话当成座右铭的。

希姆莱手中关于“移民”的原始资料来自波罗的海诸国、波兰沃利尼亚（Volhynia）和东南欧等地的境外日耳曼人，这些地区在1939年后落入苏联手中。1939年到1940年，党卫队和纳粹党组织进行了大规模的后勤组织，50万境外日耳曼人被带回“帝国的怀抱”，他们的农场和生意则由德国政府根据未来的粮油供应状况给予补偿。他们满怀憧憬，仅仅带着家具前往他们之前并不了解的第三帝国。1939年秋，第一批爱沙尼亚和立陶宛移民乘坐属于纳粹休闲娱乐组织“乐力会”（Strength through Joy）的汽船，离开里加和雷维尔（Reval）。他们的目的地是什切青、默默尔、但泽和格丁尼亚（Gdynia，现为戈滕哈芬［Gotenhafen］），为欢迎他们的到来，高音喇叭播放着赞美荒野之花的煽情歌曲，身着制服的德国女青年联盟成员则献上面包卷。之后，他们被送到收容营，再被转送到各个长期观察营地，在那里他们被逐一拍照并标注种族血统。[56]伴随着人口迁徙，发生了最早的蓄意屠杀，先是在但泽、什切青和斯维内明德（Swinemünde）等港口城市，之后在一些内陆城镇，至少有1万名精神病人被杀害，他们被送上毒气货车毒死，目的是为中转营腾出空间。[57]

265

1939—1940年冬出现了更大规模的移民潮，规模之大足以给宣传部长约瑟夫·戈培尔提供影片资料，13.5万名境外日耳曼人从沃利尼亚和加利西亚撤离，他们坐满了100列火车和1.5万辆马车。1940年1月，第一辆沃利尼亚德裔移民的马车抵达桑河（San）上的普热梅希尔（Przemysl）桥，希姆莱顶风冒雪亲自前往欢迎。[58]随后是5万名立陶宛人、第二波爱沙尼亚和拉脱维亚移民，1940年秋又有13万名比萨拉比亚人和布科维纳人（Bukovina），这些境外日耳曼人要么经陆路，要么租乘多瑙河上的汽船。总共大约有50万境外日耳曼人“归国”，他们被送往“境外日耳曼人联络处”（Ethnic German Liaison Office）管理的1500座营地（这些营地使用以前的夏令营营地、疗养院、废弃的工厂以及没收的教堂建筑），他们焦急不安地等待穿白大褂的医生和“人种专家”开出“甄别”证书，判定他们是否属于正宗日耳曼人，如果是的话，他们会拿到标有字母O的彩色编码卡（O代表东方，意思是他们的种族血统适于前往东部定居），另外一些人会拿到带有字母A的卡片，代表他们是被分配到“老帝国”的劳工。纳粹往往把这个过程称作Durchschleusung（过闸），这是借用水力学术语的比喻说法，本意是船只正在通过水闸，这尤为突出地反映了纳粹所使用的委婉语的特征。[59]最终，大约有33万人被安置在新“家园”，其中，70%的人被送到新建立的瓦尔特兰省。他们搬进原先属于天主教和犹太教波兰人的农场、房舍和商铺。“移民安置”完全靠暴力驱逐原有主人，而且没有任何补偿。

德国的暴力与野蛮并非是始于希姆莱的移民安置计划。1939年德国的胜利就伴随着围捕和杀害，9月和10月初，就有多达1万名平民遭到杀害。这些屠杀主要针对新政权潜在的反对者和波兰知识分子：教师、学生、作家、牧师、专业人士、贵族。德国人的暴行包括随意的大肆杀戮，这可能是为了报复波兰人在战争爆发的“流血星期日”当天在布隆贝格杀死德国平民。在波兰各大城市，犹太人遭到袭击和杀害，他们在犹太教会堂和其他建筑被枪杀甚至活活烧死。恐怖行径唤起了一些国防军军官的良知，甚至促使少数人公开指责这些暴行。[60] 266

在强化大日耳曼民族计划的推动下，天主教和犹太教波兰人遭到持续的、惨无人道的驱逐和“疏散”。在城镇，他们被集中驱赶到临时营地；在乡村，党卫队和警察在境外日耳曼人的帮助下，乘着夜色包围整座村庄，限令村民在45分钟之内离开家园，每人只准携带最少的个人财物。农户被勒令赶着马车前往最近的市镇，然后被有刺铁丝网圈起来，他们的马车则被用来运送新来的“定居者”到清理一空的农场。如果一切顺利的话，一队德国女清洁工会赶在移民到来前清除所有仓促离开的迹象，不过，新来者往往会发现未及整理的床铺和餐桌上还没来得及吃完的食物。在有些地方，波兰农户眼睁睁地看着——有些人转过头去不忍心看——卡车载着德国人开进原本属于他们的农场，然后同一辆卡车带着真正的主人离开家园。受益者按照社会背景和意识形态信仰取得了不劳而获的财产，心满意足者有之，得意洋洋者有之，但也有人拒绝接受或是充满内疚。[61]无论是否感到羞愧（或忧虑），正如一位拉脱维亚德裔所说，安置给移民带来了物质条件的“大飞跃”。不过，另一位来波罗的海国家的境外日耳曼人兴高采烈地表示，“山墙上飘扬着万字旗的房舍将成为德国农民在德国收复的东部地区的堡垒”，流离失所的原居民被迫前往更远的东方，只能随身带一个手提箱和20兹罗提*。[62]

在这个时期，更远的东方只能是一个地方：波兰总督辖区。希姆莱在1939年秋明确提出、次年又不断重申一个目标，要驱逐新吞并领地的所有犹太人（大约55万人），并且为境外日耳曼人腾地方需要“疏散”同样多的波兰人，两者合计至少有一百万人。希姆莱、莱因哈德·海德里希（Reinhard Heydrich）及其主要副手阿道夫·艾希曼（Adolf Eichmann）制定了一系列短期和应急计划，将这些不受欢迎的人送往波兰总督辖区。1939年12月，第一列货运列车开往东部。到1941年3月，这条野蛮的运输线向汉斯·弗兰克的辖区输送了40多万人。1940年，波兰总督辖区的犹太人被赶进犹太人区，为波兰人腾出空间，而波兰人被逐出家园则是为了给德国移民腾地方。然而，实际运送的人数自始至终远远低于纳粹当初定下的狂妄目标。原因部分在于后勤跟不上，运力不足成为瓶颈，因为不仅要运送境外日耳曼人，还要把其他波兰人运回西部做帝国的强迫劳工。不过，政治因素也是阻碍，从一开始，弗兰克就千方百计阻止把这些一无所有的人口输送到波兰总督辖区。[63]

267

弗兰克这样做绝非出于人道主义的顾虑。弗兰克及其下属只是对输送计划带来的现实“问题”不胜其烦，运送计划通常混乱不堪，经常临时变更，而且往来穿梭运输需要昼夜兼程8天时间才能到达目的地，由此带来的种种烦难也就可想而知。1942年年底，弗兰克曾经以自怨自艾的口吻对身边同事回忆起早年的经历：

> 当时有人幻想在波兰总督辖区安置成千上万犹太人和波兰人。你还记得那可怕的几个月，货运列车昼夜不停地开进波兰

* 波兰货币单位。——译注

> 总督辖区，每列车都塞满了人，有的车厢几乎要被挤爆。那几个月简直如同梦魇一般，每个区的负责人、所有乡村和市政官员都疲于奔命，从早忙到晚地处置这些如潮水般涌来的在帝国不受欢迎的人以及突然被驱逐的人。

简而言之，波兰总督辖区被当作“可以把帝国所有的垃圾扫进来的粪堆”。[64]弗兰克的抱负是把自己的辖区变成经济繁荣的地区，而不是无足轻重的垃圾场，这种观点得到戈林乃至波兰总督辖区内党卫队高层的支持，后者在当地任职，看到了柏林上司的政策所带来的“弊端”。

在整个1940年，双方隔一段时间就较量一次。更多境外日耳曼人被遣送回国，在转运营苦苦煎熬，希姆莱希望驱逐更多的波兰人。此外，由于分派给德国人的农庄面积要远远大于现有的农庄，这就意味着每来一个德国人就要赶走2—3个波兰人。这位强化大日耳曼民族帝国专员还想为前线退伍的士兵留出土地，并把3万名辛提人和罗姆人（Sinti and Roma）赶出帝国。最重要的是，按照希姆莱的长远计划，将有55万犹太人被赶出占领区，由于境外日耳曼人被赋予掠夺农地的优惠政策，这就意味着波兰人将是被送往波兰总督辖区的人群的主体，而瓦尔特兰省的犹太人则被赶进犹太人区，268 其中就有臭名昭彰的罗兹（Łódz）。但是，弗兰克及其下属不肯妥协，在戈林的支持和希特勒的默许下，波兰总督辖区已经有所发展，不再是1939年10月时的旧模样。在桑河上的卢布林（Lublin）附近建立犹太人“保留区”的计划已经放弃，向东部输送人口的速度不断放慢。戈培尔嘲笑希姆莱的总体规划遭受挫败，但希特勒在柏林主持了一连串紧急会议，并未做出任何决定。[65]

入侵法国迅速胜利后，东部问题一时间有望打破僵局。颇具讽刺意味的是，解决方案最初是由1930年代波兰反犹政府提出的，之后，关注“犹太人政策”的纳粹政府部门也曾经讨论过这个方案：将犹太人送到马达加斯加岛。这是一个皆大欢喜的方案。在希特勒和帝国保安总部（Reich Security Main Office）的海德里希和艾希曼看来，正如艾希曼在1940年7月所说，这是一个“彻底解决犹太人问题的方案”，而且此时时机也已成熟，德国已经控制了越来越多的犹太人。[66]希姆莱出于同样的原因也欢迎这一想法，认为它能解决占领区的燃眉之急，他面临这些地区纳粹省长的压力，他们要求赶走辖区内的犹太人。这一方案对汉斯·弗兰克也颇具吸引力，他想借此摆脱波兰总督区的大量犹太人，起初有大约130万人，虽然居高不下的死亡率已经使犹太人区的人口有所下降。1940年夏，方案出台，提交了报告，军队和外交部也进行了讨论。[67]显而易见，路途辗转意味着实施马达加斯加计划将造成很高的死亡率，而这一点正中纳粹分子的下怀。后来，计划胎死腹中，因为它是以德国控制地中海航线为前提，而1940年未能击败英国使得这种可能化为泡影。马达加斯加计划留下了一个思路，即需要一个“实施最终解决的地方”（海德里希语），用1940年12月艾希曼提交给希姆莱的简报中的话来说，需要“一个待定的地方”来处置犹太人。[68]大约在1941年初，希特勒明确指令海德里希负责起草“疏散”德国控制区内所有犹太人的方案，以替代马达加斯加计划。至此，普里皮亚特沼泽又回到了我们的视野。

1941年年初的几个月里，帝国保安总部和强化大日耳曼民族帝国专员署继续分头制订各自的计划，戈林和国防军也是如此。显然，“待定的地方”位于东部某地，因为把犹太人（和波兰人）赶到更远的东部始终是预设的立场。但是，长远看，不可能一直把波兰总督辖区当作目的地，虽然整个2月份一直在向波兰总督辖区输送人口。阻碍不只来自弗兰克。希特勒于1940年12月18日签署了第21号令（“巴巴罗萨计划”），国防军开始着手入侵苏联的准备，因而也强烈反对这一方案。把更多人赶往波兰总督辖区，势必会分散和消耗军事调动所需的宝贵铁路运力。正是由于这个原因，1941年3月最终停止了向弗兰克的辖区输送人口。然而，如果说行将进攻苏联关闭了一扇门的话，它打开了另一扇门。苏联境内辽阔的国土——关于“下一场战争”的德国通俗小说频繁地提及这一点——可以作为战败的波兰人的遣散地，也可以作为“处置”犹太人的潜在地点。[69]我们不难看出，这些方案实际上是1939年10月艾希曼实施的小规模的尼斯科（Nisko）计划的放大版，当时，数千名维也纳和波西米亚-摩拉维亚保护国的犹太人被送往波兰总督辖区东部边境的卢布林地区，他们被承诺可以在当地居留和受雇。他们抵达卢布林后，年轻力壮的修建营地、挖掘排水沟，其余人则在倾盆大雨中穿越水草地，到达桑河河畔，他们被告知必须越过边境前往苏联领土，否则就地枪毙。这一不协调的临时安排很快取消了，因为希姆莱决定，驱逐维也纳和波西米亚-摩拉维亚保护国的犹太人，必须让位于为新来的境外日耳曼人“寻找空间”。[70]

从1940年春到1941年夏的18个月里，艾希曼、海德里希和希姆莱所考虑的“领土解决”开始指向当时苏联境内的地区，当德国如愿以偿地迅速击败红军、布尔什维克崩溃之后，这些土地将唾手可得。有两个地方经常被提及：北冰洋和普里皮亚特沼泽。[71]1941年春，康拉德·迈尔领导的强化大日耳曼民族帝国专员署规划部门委托帝国区域规划局（Reich Office of Regional Planning）提交一份关于波兰总督辖区交界地区的报告。报告将普里皮亚特沼泽描述为“尚未开发的可耕土地”。[72]毫无疑问，像此前的马达加斯加计划一样，该报告提出将犹太人作为强迫劳工“安置”在普里皮亚特沼泽或北极圈，实质上是一个种族灭绝的方案。 270

尽管党卫队未雨绸缪地制定了打败苏联后的安排（这仅仅是康拉德·迈尔不断更新的“东部总体规划”[General Plan for East] 的一小部分），弗兰克也在酝酿自己的计划。1941年3月，也就是最终停止向波兰总督辖区运送人口的那个月，希特勒向弗兰克保证，在不远的将来他的辖区将“摆脱掉犹太人”，希特勒还含糊其辞地表示波兰总督辖区可能向东扩展。弗兰克开始为吞并普里皮亚特沼泽所在的白俄罗斯地区做准备，届时可以将波兰总督辖区的犹太人驱赶到那里。[73]目前还不清楚他是否知道党卫队也在草拟类似的计划，他在当年春季和初夏经常回柏林，似乎不大可能对党卫队的计划一无所知。[74] 7月，德国对苏联的攻势势如破竹，陶醉在战无不胜的气氛之际，弗兰克与手下年轻的经济专家团队大力推进把普里皮亚特沼泽划入波兰总督辖区。在7月18日的一次会议上，弗兰克要求克拉科夫的区域规划局负责人汉斯尤利乌斯·舍佩尔斯（Hansjulius Schepers）准备一份论证波兰总督辖区东扩的报告："我们的目标是将普里皮亚特沼泽地区和比亚韦斯托克（Bialystock）地区划归波兰总督辖区。普里皮亚特沼泽将提供大量招募劳工的机会，有助于推进垦殖工程。"[75]19日，弗兰克又致函帝国总理府办公厅主任汉斯-海因里希·拉默斯（Hans-Heinrich Lammers）进行游说。他随信附上了舍佩尔斯关于普里皮亚特沼泽"殖民使命"的报告，并告知拉默斯，舍佩尔斯将到柏林当面汇报。[76]我们不清楚舍佩尔斯是否真的当面向拉默斯做了汇报，但有一点是确定无疑的：舍佩尔斯的报告与发表在《地缘政治学杂志》（*Zeitschrift für Geopolitik*）上的文章卑鄙地剽窃了马丁·比格纳的著作。舍佩尔斯描绘了当地"原始的"采集-狩猎经济，"大自然依然是这一地区居民的绝对统治者"，他还大肆吹嘘300多万英亩泥炭沼所蕴含的机遇："此地每年可出产200万吨泥炭，可持续开采100年。"这些数据和显而易见的乐观情绪都是从比格纳的著作中照趸来的。[77]

另一位年轻新人赫尔穆特·迈恩霍尔德（Helmut Meinhold）（他 271 年仅28岁，舍佩尔斯32岁）也被征调参与这一计划的制定。迈恩霍尔德是德国东方研究所的高级经济规划师和人口专家。1941年初到达克拉科夫后，他很高兴能够"发挥所长，开创新的局面。这尤其让我跃跃欲试"。他也把东部看成是一块白板，这与艾哈德·梅丁如出一辙。[78]7月，迈恩霍尔德提交了名为《波兰总督辖区的扩张》的备忘录，他还撰写了一篇文章，主张把波兰总督辖区当作"过境地"。他也提出利用犹太人（和波兰人）开垦普里皮亚特沼泽，还描绘了一幅更宏大的前景，这一地区发展起来之后，将成为打通东西、连接南北的主要运输枢纽，这个观点依然是（未公开承认）对比格纳观点的进一步发挥。[79]里夏德·贝吉乌斯（Richard Bergius）是又一位参与到普里皮亚特沼泽前途之争的同时代人，他着手研究排干沼泽的技术问题，对比了过去的失败教训与"墨索里尼领导的新 272 兴意大利"排干波河河谷和庞廷（Pontine）沼泽的成功经验。贝吉乌斯承认，即便修建辅助运河并采用大功率水泵，波里西亚的复杂

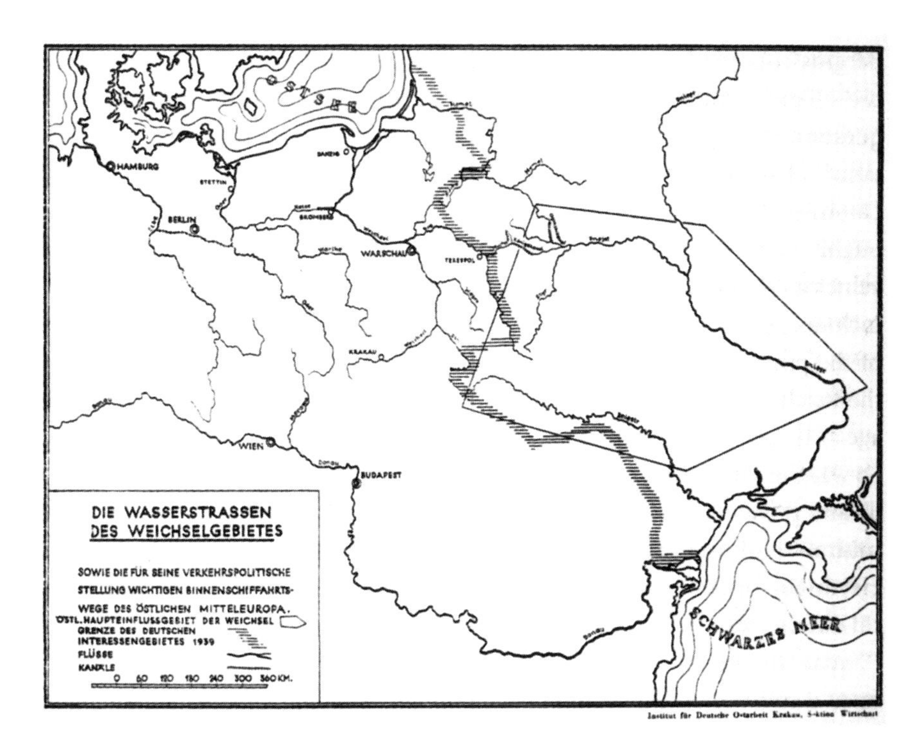

赫尔穆特·迈恩霍尔德1941年绘制的东欧地图

图中有纳粹规划者偏爱的大箭头，这个箭头表示普里皮亚特沼泽是东西交通要道。

地势也让人望而却步。“对于农业水力技术人员而言，改良普里皮亚特沼泽是一个光荣而艰巨的任务”。[80]这也是弗兰克对这一地区所有期盼的重心所在。弗兰克在写给拉默斯的信中说：“目前看来，该地区没有多大价值，不过，通过全面实施排水和开垦计划，势必将开发出可观的价值。我之所以建议将这一地区纳入波兰总督辖区，主要是因为我认为可以把某些特定的人口（尤其是犹太人）投入为帝国服务的生产活动之中。你很清楚，在这方面我绝不会因为劳动力不足而发愁。”[81]最后一句话让弗兰克的丑恶嘴脸暴露无遗。他还在信中流露出对犹太人生命的公然漠视。无论是公开场合还是私人谈话，弗兰克从来不掩饰对于“这个亚裔混血人种”的憎恶。[82]从这点来看，他与希姆莱或海德里希实属一丘之貉，在对待犹太人问题上，他们之间只有政治权力之争，从来没有任何意识形态上的分歧。

纳粹党人竞相提出开发普里皮亚特沼泽的计划，也表明种族与垦殖之间明显有心理联系。正是基于同样的思维定式，数年前马丁·比格纳就已经提及“筑坝防御”斯拉夫人，特奥多尔·奥伯伦德呼吁在波兰推行农业改革，以之作为消耗过剩的波兰和犹太农业人口的“排水渠”。[83]1940年，康拉德·迈尔手下的规划人员赫伯特·摩尔根（Hebert Morgen）巡视了新吞并的瓦尔特河地区，归来后表达了对波兰人忽视水文学的蔑视：“波兰人在河道整治上毫无建树。瓦尔特河与维斯杜拉河日渐淤塞，大面积的洪泛区随处可见。”[84]类似论调在那些自命有责任重塑东部自然景观和种族构成的人当中屡见不鲜。例如，规划师艾哈德·梅丁评论说，波兰人居住的“不毛之地和退化地区”“笼罩在茫茫水雾和毒气之中，到处是令人作呕的水渠，使人仿佛置身于阴森诡异的阴曹地府，而非人间的人类栖息地”，在这个地方，德国“高级文明”创造出来的绿色花园业已消失得无影无踪。[85]梅丁的景观设计同行海因里希·维普金-于尔根斯曼在1942年为党卫队刊物《黑衫队》撰写的文章中也表达了同样的观点。他的着眼点是冰川时代末期形成的北欧平原上“被水所覆盖的荒漠”。后退的冰原揭示了“不同人种在景观上投入的精力简直有云泥之别”。273 大草原上蝗虫般的寄生民族过于懒惰，无力防止洪水冲刷土壤、风沙把地表沙化，而日耳曼民族“自觉地重塑地表、土壤和水文系统，还竭尽所能地改造气候”。他们任由肥沃的黑土地干裂荒废；“我们让河流改道，在低于海平面的地方修筑起高产的圩田，排干沼泽与荒原……最终给景观打上人类的印记，带有我们自己的面貌”。[86]这种人种分类法从景观中读出了斯拉夫人的“惰性”和犹太人的“寄生性”，与之形成鲜明对比的则是日耳曼民族健全的开拓本能。这种观念构成了纳粹思想的基石。战争期间，格尔达·鲍曼（Gerda Bormann）在写给时任纳粹党秘书长和元首私人秘书的丈夫的信中，谈及一个名叫施特德（Stedde）的纳粹党县党部头目的演讲。她历数了施特德所说的种种常见的种族形象（德国农夫、游牧的斯拉夫人、寄生的犹太人），接着写道：“县党部领导人说，我们必须像坚固的大坝一样巍然挺立，如若不然，洪水会卷走我们开垦出来的土地，摧毁我们的祖先创造的一切。”[87]

莱因哈德·海德里希的言论最突出地表明了种族与筑坝和开垦之间的联系，因为海德里希通常被视为集“冷静、理性、技术专家的客观”于一身。[88]在被任命为波西米亚-摩拉维亚的帝国保护者之后的首次演讲中，海德里希用这样的比喻来描述日耳曼民族在东部的使命：

> 我们现实中要治理的空间，就像在沿海地区筑坝造田一样，应当在东部修筑一道武装农民（Wehrbauern）的防护墙，把这片土地保护起来，一劳永逸地抵御亚洲的暴雨洪水。然后再用横墙把这片土地加以分隔，以便我们逐步开垦。随后，我们在远离纯种德国人开拓的真正的德国边界的地方，慢慢地建造起一道又一道日耳曼人的防护墙。日耳曼血统的德国人民得以建立德国定居点，不断向东方挺进。

这些“圩田”将从波西米亚-摩拉维亚开始，扩展到大波兰，最终直抵乌克兰。[89]这些话再清楚不过地表明了种族与开垦的关系，以及对于非日耳曼种族的非人性化观点。

在预定的普里皮亚特沼泽排水计划中，有一个附带的、明目张胆的凶残目的：强迫劳动将导致人口的“自然损耗”。这是纳粹思想的又一个不变特点。各方在这个问题上达成了共识，马达加斯加计划是这样，德国关注的焦点转向“东部”时仍是如此。1939年10月，波兰总督辖区推行强迫劳工制，1941年进一步强化。无论是犹太人区还是苦役营，犹太人都必须从事艰苦的劳作，缺吃少穿、没有房子、得不到休息。1941年1月22日，弗兰克洋洋得意地表示：“犹太人只要活着，就得工作，当然肯定不是用从前那样的方式。”[90]事实上，到当年夏天，关注“产出”的波兰总督辖区经济学家得出结论，在现有条件下，犹太强迫劳动“没有收益”。[91]不过，同样真实的是，远在杀光欧洲犹太人的决定出台之前，东部的很多地方已经建立起犹太人区。这些犹太人区的存在完全是因为它们的产品增值了。比亚韦斯托克的犹太人区是如此，就连罗兹也是如此，后者 274

位于希姆莱打算实施“日耳曼化”的瓦尔特兰省。[92]被榨取血汗的并非只有犹太人区的劳工。1941年9月到1942年初，犹太人作为强迫劳工修筑了四号公路（Durchgangstrasse IV），这条公路将公路与铁路连接起来，从加利西亚的利沃夫（Lvov）直抵乌克兰南部，不仅为东线提供支援，还将把未来从波兰到克里米亚半岛的德国定居点串联起来。[93]

不只是公路建设，沼泽也吸引了纳粹分子的注意力，他们认为可以把犹太人赶到沼泽地从事苛重的劳作。1939年11月，在随同弗兰克的副手阿图尔·赛斯-因夸特（Arthur Seyss-Inquart）巡视期间，党卫军上校施密特指出，桑河分界线沿岸地区“因其典型的沼泽地势……可以作为犹太人保留区，这个举措可能会导致犹太人大批灭绝”。[94]波兰总督辖区的苦役营和犹太人区劳动队经常从事河流治理和土地开垦工程。即使在党卫队帝国最黑暗的地方奥斯维辛集中营，情况也是如此。这座集中营建于上西里西亚的沼泽地。按照集中营司令鲁道夫·赫斯（Rudolf Höss）的说法，希姆莱在1941年3月初前来视察，下令将集中营建成东部最大的集中营，“尤其要将囚犯投入最大规模的农业改良工程，以期使整个维斯杜拉河沼泽和冲积平原变成沃野”。[95]日后，普里莫·列维（Primo Levi）将奥斯维辛称作“德国人世界的终极排水点”，他是从施害者的角度说这番话的，在这些施害者看来，排水既是比喻，也是现实。[96]

275

所有纳粹头面人物的想法中都混杂了种族、开垦与强制劳工的考虑，蓄意杀戮成为这些想法的交汇点。犹太人的“自然灭绝”，按照海德里希在1942年1月的万湖会议上的说法，就成为一个明确的目标。[97]但是，强迫劳动的产出，无论是直接还是间接的，并不只是事后的想法。征服波兰以及预期中的摧毁苏联有着许多不同的动机。这些动机既有对“生存空间”的渴望，也有建立在蔑视“劣等”种族基础上赤裸裸的种族主义乌托邦，以及地缘政治的天命观。另一方面，这些动机中很难说没有包含大肆掠夺、为德国的利益占领和盘剥东部的成分。希特勒就是这么想的，这也是与东部有利害关系的德国政府部门的共同看法，这些机构和部门包括占领地区的纳粹省长、为“四年计划”而设的戈林办公室、阿尔弗雷德·罗森堡（Alfred Rosenberg）的东方占领区事务部（East Ministry）、修建高速公路（Autobahnen）的托特组织（Todt Orgnization）、为了强化垄断引入的私人公司、国防军军需官、波兰总督辖区以及气焰遮天的党卫队。他们为鸡毛蒜皮的事争吵，为推销各自的策略争执不下，为了争夺管辖权限更是不惜大打出手，但在一个核心问题上他们始终保持一致，即东部将为德国提供源源不断的粮食、纤维、能源、居住地和强迫劳动力。纳粹分子公开表达了对产出的重视。1941年7月中旬，希特勒强调东部居民必须“从经济上为我们效力”。他把东部比作一块大蛋糕，德国的任务是“切这块大蛋糕，以便我们能够首先占有它，然后管治它，最后加以利用”。荒谬的比喻并未掩盖希特勒赤裸裸的意图，让人感到不寒而栗。戈培尔擅长炮制名言警句，把对俄国的战争称作“为了粮食与面包的战争，是为了一日三餐餐桌上都能摆满丰盛食品而战”。[98]在纳粹省长阿图尔·格莱泽尔（Arthur Greiser）看来，瓦尔特兰省的任务就是生产“粮食、粮食以及更多的粮食”。[99]汉斯·弗兰克的经过窜改、但足以自证其罪的38卷工作日记中有一条主线，那就是他对波兰总督辖区的产量自豪不已：一年之内，波兰总督辖区为第三帝国输送了60万吨谷物、3亿只鸡蛋，数千吨油脂、蔬菜和种子，为德国国防军提供了大量补给。弗兰克厚颜无耻地吹嘘说，他管辖的这个地区“实现了一个奇迹”。[100]

1941年春夏之交，不论是战争还是大屠杀，都到了关键时刻，党卫队和波兰总督辖区的规划者已经提出了排干普里皮亚特沼泽的宏大计划。他们的方案糅合了信条（种族与开垦之间的心理关联）、对犹太人“自然损耗”的企盼，以及德国统治被专家们一致看好的地区的前景，这个地区具备潜在的生产能力，而且是至关重要的地缘政治枢纽。 276

计划并未付诸实施。相反，普里皮亚特沼泽成为杀戮之地，而不是人员损耗的夺命场。8月中旬，奥托·拉施（Otto Rasch）仍然主张“对过剩的犹太人很好地加以利用和消耗，用他们来开垦普里皮

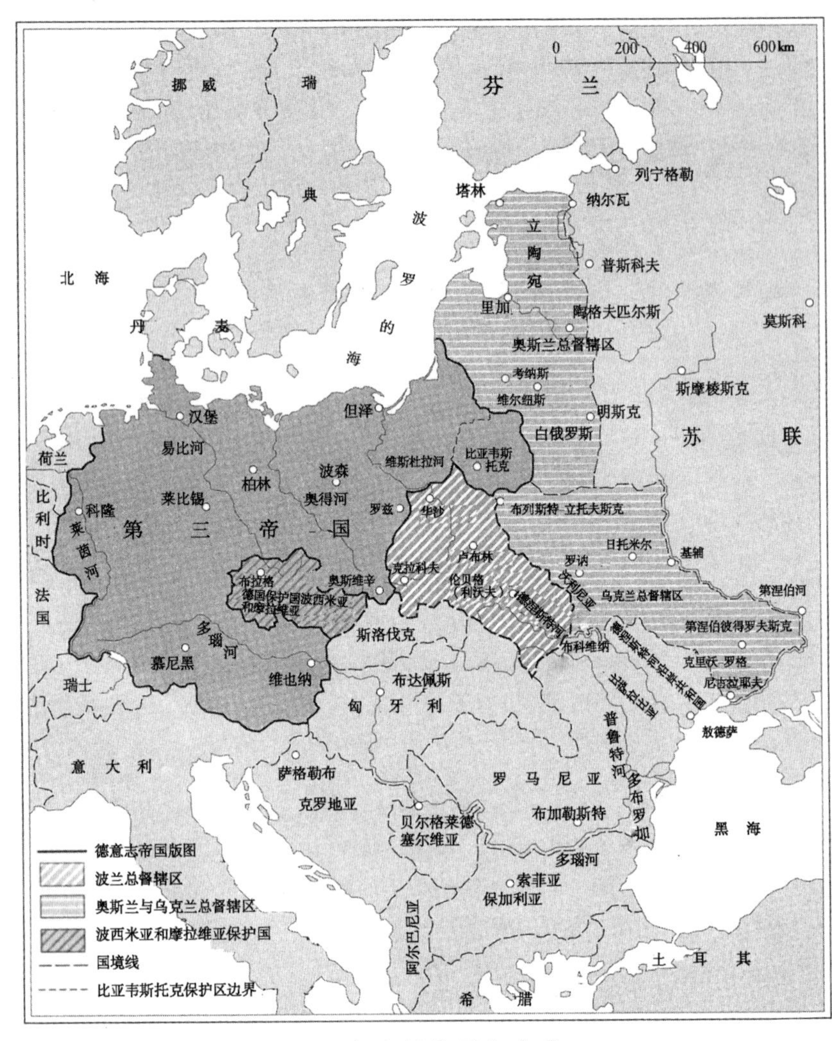

1941年末的德国和东欧

277 亚特大沼泽”，[101]拉施是特别行动队C支队（Einsatzgruppe C）的指挥官，这是党卫队下设的4个流动屠杀分队之一。但他的想法已经过时了。[102]两周之前，党卫队首领已经下达了截然不同的命令。在这一地区对传闻中的游击队实施“清除行动”的党卫队高官邀请希姆莱前来视察，7月31日，希姆莱抵达普里皮亚特沼泽北端的城镇巴拉诺维奇（Baranovitchi）。第二天，希姆莱发出一封无线电报：

“党卫军全国领袖命令：所有犹太男人一律枪毙。犹太妇女赶入沼泽。”党卫军骑兵旅指挥官赫尔曼·费格莱恩（Hermann Fegelein）报告说，沼泽里水太浅，无法淹死妇女，但到8月中旬的时候，该旅在巴拉诺维奇和平斯克之间杀害了1.5万人，其中95%是犹太人。在一些地方，他们只杀男人，在另一些地方，男人、妇女和儿童无一幸免。[103]德国陆军对这些屠杀没有直接责任，但显然与党卫队沆瀣一气，因为国防军军官乐于把所有年龄和性别的犹太人都看成是游击队的线人。[104]德国国防军在8月的普里皮亚特沼泽大屠杀中难脱干系，但与这支军队在随后的“巴巴罗萨行动”中的野蛮行径相比，这次共谋纯属小巫见大巫了。在对苏战争中，德国国防军容忍了党卫军特别行动队，执行杀害被俘的红军政治委员的“帝国专员命令”，残暴虐待苏联战俘（到1942年2月，有150多万苏联战俘死亡），搜捕游击队的行动远远超出军事行动的范畴，凡此种种，都被说成是反对“犹太-布尔什维克”的斗争。[105]

1941年秋是大屠杀政策出台的关键时刻。特别行动队加快了杀戮的步骤，制订了扩建奥斯维辛和其他死亡集中营的计划，12月初，在切姆诺（Chelmno）进行了毒气车的试验。在杀戮手段准备就绪之际，“把人赶进沼泽”依然被当成是死亡的委婉说法。希特勒在这年秋天长篇大论的演说中反复提及这个说法。其中有两次最为突出。10月25日，他大肆攻击犹太人，（“这个罪犯的民族造的孽导致了两百万人死亡的世界大战，如今又有成千上万人死亡。不要跟我说我们不能把他们赶进沼泽！”）希特勒的这番话通常被视为一个证据，表明他完全知晓希姆莱8月1日从巴拉诺维奇发出的命令。[106]不到两周之后，希特勒一如既往地表达对“一窍不通的教授们”的蔑视时，再度重提这个话题：“两千年之后，他们会认为我们是来自沼泽，他们绞尽脑汁地试图找到生活在乌克兰的那些人的源头，而事实是，我们把原住民赶进了普里皮亚特沼泽，以便我们自己在这块肥沃的土地上安居。”[107]在这两次演说中，“赶入沼泽”的含义都是不言而喻的。1942年，土地开垦的想法开始付诸实施，当年夏天，3000名犹太人被从东加利西亚的德罗戈贝奇(Drohobycz)运到贝 278

乌热茨（Bełzec）死亡集中营，公开的说法是送他们去“开垦普里皮亚特沼泽”。[108]即便是打着这个幌子，押运人员也“不应该谈论”所运送的货物。[109]

保护与征服

普里皮亚特沼泽不仅是杀戮之地，也为灭绝营里的屠杀提供了掩护。这一点是毋庸置疑的。不那么清楚的是，为什么纳粹放弃了开垦沼泽的计划。这并非是由于灭绝营不再使用犹太强迫劳动，也不是纳粹不再以人口损耗的方式杀害犹太人。犹太人仍然在修建造成大量死亡的四号公路，在罗兹犹太人区依然“有效”运转时，仍然修建了切姆诺灭绝营，杀害罗兹的“不事生产的”犹太人。最合理的解释是希特勒亲自否决了开垦计划。他为什么这么做？这不仅因为普里皮亚特沼泽为军事行动提供了理想的环境，还因为排干普里皮亚特沼泽会对当地气候产生不利的影响，导致“荒漠化”。这种解释最说得通，但我们并没有十足的把握。很多决策的源头是希特勒，但我们并没有确凿的书面证据，因而必须排除干扰来分析推断。希特勒数次谈及不想“征服沼泽”，先是在8月份，9月时又再次提及，但措辞十分模糊（模棱两可始终是希特勒讲话的典型特征）。[110]1942—1943年，奥斯兰总督辖区（Reich Commissariat Ostland）规划师戈特弗里德·米勒（Gottfried Müller）和阿图尔·赛斯-英夸特——他曾经在波兰总督辖区担任汉斯·弗兰克的副手，当时担任荷兰占领区总督——都重提排干普里皮亚特沼泽的大规模计划，这个事实使事情变得更加扑朔迷离。两人都提议大量雇佣荷兰移民到波里西亚开垦和定居，两份方案也都保留了1941年方案的技术乌托邦成分，虽然如今要面对沼泽地区日益增多的游击队活动。[111]

279 但是，如果我们同意这样一种看法，即希特勒至少部分是出于环境原因放弃了最初的1941年计划，那么就要解答一个问题：纳粹党政策如何平衡征服自然与自然环境保护的关系，两者与种族和军事征服又有何种关系。难道说纳粹党人本质上是真正的自然环境保护者，是今日德国绿党的残暴的先驱？如果真是这样，难道种族灭绝与生态敏感之间存在某种有悖常理的关联，这种生态敏感使得纳粹分子渴望拯救湿地和森林，同时又计划毁灭这些地区的人类同胞？[112]这是个十分棘手的难题，答案要到德国人的东方观中去找。

德国的自然保护主义与纳粹主义有许多无可争辩的相通之处。两者都厌恶大城市和“冷冰冰的”实利主义，强调“接近自然”和“传统”的美德，谴责威胁到自然之美的不受约束的自由资本主义。两者甚至有着共同的厌恶对象：混凝土，因为这是一种非德国的建筑材料；广告，因为它会“损害”乡村风貌；“非原生的”树种和灌木。对“异族”元素的一致敌视预示着更邪恶的共同点。自然环境保护者通常支持魏玛共和国时期保守派中普遍存在的反犹主义，一些最重要的自然环境保护者，如瓦尔特·舍恩尼申（Walter Schoenichen）、汉斯·施文克尔（Hans Schwenkel），都不加掩饰地从种族和生物学角度论及日耳曼民族植根于乡土，与大自然和谐一致，而城市“漂泊者”对大自然构成了威胁。1932年，这场运动的另一位著名人物保罗·舒尔策-瑙姆堡（Paul Schultze-Naumburg）以纳粹党党员的身份进入德意志帝国议会。大多数重要的自然环境保护者对于希特勒在次年上台执政持欢迎态度。[113]

自然环境保护者对纳粹党的热情，既是出于对纳粹的认同，也是不无理由地自认为得到了纳粹的认同。瓦尔特·达利（Walther Darré）就是一个例证，他之前是一个养猪人，后成为“帝国农民领袖”（Reich Peasant Führer）、粮食和农业部部长。达利并没有指责“犹太人、有色人种、罪犯和心智不健全者”对德国血统造成威胁，而是鼓吹自给自足的有机农业以及“自足经济”的长处。[114]达利与鼓吹“鲜血与土地”的纳粹党高层有很多问题上想法相同：经济的非集中化，禁止使用化学杀虫剂，采取措施保护动物、鸟类和森林。这些纳粹党人包括海因里希·希姆莱和希特勒的副手鲁道夫·赫斯。希姆莱、赫斯和戈培尔都是素食者；其他纳粹党头面人物也对利用风能和太阳能很感兴趣。纳粹党内甚至有阿尔温·塞弗特（Alwin Seifert）这样将新兴的生态化运动辞令挂在嘴边的讨厌鬼，他原先 280

是园林建筑师，也是负责高速公路工程的弗里茨·托德（Fritz Todt）的门徒。[115]此外，德国最重要的素食者和自然之友是元首本人，希特勒芜杂的观点和多变的兴趣在很多方面典型反映出纳粹对于自然的看法。江山易改，本性难移。希特勒经常流露出对自然的尊重，视之为“生存斗争”的主战场，其种族主义世界观滥用了达尔文的思想。他的动物观既包含这种固执的观念（对“掠食性”动物的尊重），也体现出让人倒胃口的感情用事。[116]希特勒向退休的鸟类保护组织领导人琳娜·亨勒（Lina Hähnle）（“德国鸟类之母”）保证，他将“把他的保护之手伸进灌木篱笆”，并且“希望有更妥善的鸟类保护”。[117]这方面既有口头的承诺，也有实际的行动，纳粹党在上台后的两年半时间里集中制订了一大批相关立法。1933年4月到11月，先后通过了关于动物屠宰和禁止虐待动物的法律，之后又制定了全面的动物保护法。实际上，这些法律中的第一项（针对宰杀动物的仪式）一直是强硬的德国反犹主义者长久以来的要求，最早可以上溯到1880年代。但这些举措整体上确立起新的标准。用动物从事科学实验有了更严的限制，反对虐待动物的法律得到强化，“不必要的残忍”取代了之前的“审慎的残忍”。[118]1934年1月，又颁布了一部保护林地的法律。1935年出台了开拓性的《帝国自然保护法》，该法在战后的两个德国长期成为自然保护领域的基本法律框架。[119]

这些足以打动我们吗？自然环境保护者汉斯·克洛泽（Hans Klose）协助起草了1935年法律，后来曾夸口说到1940年已经建立起800个自然保护区。但是，这些保护区中至少有一半是纳粹上台前就已经有的（受早先的普鲁士法律保护）。[120]帝国自然保护署（Reich Office for Nature Conservation）人手不足，大多数工作由无薪的地方专员承担，他们通常是退休的官员或教师，力图抵制商业利益和规划机构侵入保护区，他们没有执行权，往往连打字员和文书都没有，在遇到问题时束手无策。[121]德国东北部沃尔特曼斯贝格（Woltermannsberge）的沃伊斯滕泰希（Weustenteich）的情况就很能说明问题。这片湿地是大量鸟类的栖息地，1936年被划为保护区。到1943年，该地有50英亩大小的一块地方已经完全被天然气工业所破坏。[122]一些重大工程上马时，往往不向自然环境保护人士咨询。在其他方面，理念与实践也时常发生冲突。纳粹主义在学校课程中增加了自然和景观保护的内容，同时又不断建造大型水坝发电，高速公路工程也纷纷上马。不论是修筑水坝还是高速公路，自然保护被边缘化，仅限于审美上的考虑：这些工程应该确保尽可能协调地“与和谐的景观融为一体”。[123]环境因素让位于军事需要，优先考虑提供战争支柱的经济计划。1936年开始实施赫尔曼·戈林主持的“四年计划”之后，情况尤其如此。在所有人当中，恰恰是戈林扮演了双重角色，事实上，他本人成为利益冲突的焦点，既要推动经济发展，又要保护自然。一旦自然保护与工业利益冲突，如同时常发生的那样，总是前者做出让步。

自然保护与把土地投入生产的目标之间的冲突更尖锐。冲突的结果与过去毫无二致。土地开垦，或者说“内部移民”，是纳粹政策的核心。1919年的《凡尔赛条约》割让领土之后，德国已经加快了土地开垦的步伐。第三帝国时期，土地开垦再度加速。草本沼泽和酸沼被排干，在北海沿岸围海造地。1936年，《园亭》杂志用如今耳熟能详的政治术语来描绘新的人与海洋的斗争：

> 对于一个急需土地、立意拓殖的民族而言，如今比以往更有必要用和平的武器，凭借不屈不挠和艰苦工作，拓展祖国狭窄的边界，海洋是适宜的对象，修筑堤坝是可靠的方法。

如今与往昔的不同在于“从海洋夺取土地”的步骤加快了。在石勒苏益格的蒂姆劳（Tümmlau）海湾，你可以看到“身强体壮的人们在恶劣气候下施工……鹤嘴锄和铁锹有节奏地起落，大坝不断抬高”。900多人在工地施工，开垦出赫尔曼·戈林圩田。[124]三年后，汉斯·普夫鲁格（Hans Pflug）用同样带有浓厚意识形态色彩的措辞谈及埃姆斯兰的大规模酸沼排水工程：[125]

> “埃姆斯兰”一词足以代表德国经济和政治重建的纲领。在酸沼的不毛之地生活，在偏僻的营地从事繁重的体力劳动，并非惬意之事，但是，与工人一起劳动可以消除分歧，未经耕作

融入景观:这些照片表明了第三帝国是如何把运河浪漫化的。上图取自帝国和普鲁士运输部新闻处,描绘了为西里西亚工业带服务的阿道夫·希特勒运河。下方照片摄于1936年,几名希特勒青年团成员在一条不知名的运河上眺望一艘游艇。

的荒地有朝一日会变成丰饶的田野和牧场。

从大自然手中夺取土地的古老传奇披上了新的政治外衣，被纳粹政权当作强大的宣传工具。[126]

埃姆斯兰工程主要是由德国劳动服务队（Reich Labour Service）承担的。这个机构是魏玛共和国总理海因里希·布吕宁（Heinrich Brüning）于1931年为应对大规模失业而建立的，纳粹上台后加以扩充，使之成为征召青年的准兵役组织，1939年时规模达到34万人。如今，劳动服务队被赋予了促进“民族共同体”的任务。用这个组织的“领袖”康斯坦丁·耶尔（Konstantin Hierl）的话说，在祖国的大地上劳动，将“培养出国家社会主义的新人，恢复我们民族的鲜血与土地之间的联系”。[127]党的经济理论家戈特弗里德·费德尔（Gottfried Feder）和弗朗茨·拉瓦切克（Franz Lawaczek）已经阐明，吸引德国人迁离城市和鼓励农业移民是一个

希特勒出席石勒苏益格-荷尔斯泰因的赫尔曼·戈林圩田竣工仪式。

284 乌托邦式的目标。劳动服务队的意识形态乃至官方歌曲都渗透了这种精神。一首歌曲的歌词写道："上帝保佑这项工程和我们的开工，上帝保佑元首和这些时代。在我们开垦新土地时支持我们，让我们全心全意随时为德国效力。"在另一首歌曲中，工人们唱道："我们的铁锹是光荣的武器，我们的营地是沼泽中的岛屿，我们从荒野中开垦农田，扩大我们父辈的土地，让祖国远离饥饿。"[128]即使这些歌词的表述含糊其辞，有两点是很清楚的。首先，纳粹坚信内部移民是必要的，因为与其他国家相比，德国的"生存空间"狭小，属于"没有空间的民族"——汉斯·格林姆（Hans Grimm）1926年出版的著名畅销书使得这一说法不胫而走。另一个动力是尽可能增加粮食生产，尤其是工业、高速公路和军事用途不断挤占农业用地时。纳粹推行自给自足的经济政策，粮食供应在走向战争的过程中有了更加重要的意义。[129]

这些目标意味着要牺牲湿地。自然保护事业严重缺乏资金，劳动服务队在1934—1937年间却获得了将近10亿德国马克。按照"四年计划"，1937—1940年还将拨付10亿马克，目标是开垦500万英亩土地。[130]这种狂热行动无疑要大规模涉入那些至今尚未拓殖的地区。在奥尔登堡的高地酸沼，劳动服务队建立了6个劳动营，这些营地在很大程度上要对下面这个事实负责，即1934年之后的10年间，奥尔登堡的未开垦高地酸沼面积缩减了三分之一。在奥尔登堡以南的北威斯特伐利亚省，1万英亩白泥炭酸沼被排干，通过河道整治，埃姆斯河和利珀河河谷也得到改造。在萨克森-安哈尔特(Saxony-Anhalt)，德勒姆林沼泽排水工程最早在腓特烈大帝时代就动工了，大部分完成于希特勒统治时期。[131]所有这些让自然环境保护人士备感失望，乃至有上当受骗之感。按照一位自然环境保护人士的说法[132]，他们真可谓是"血泪斑斑"。瓦尔特·舍恩尼申这样的人只能怏怏不乐地屈从；大坝必须修建，高压电线横穿大地，因为工厂企业需要能源；自然环境保护人士"无论如何也不想成为阻挠工业发展的绊脚石"，他的这番话颇有揭示性。[133]但是，舍恩尼申难以割舍"荒野的魔力"，认为湿地的日渐缩小和河流整治让荒野不堪重负。德国劳工服务队留下的排水渠和裁弯取直的河道只会使“德国景观呈现出几何形，而且是混凝土造就的”。[134]这种痛惜之情十分普遍。自然环境保护人士纷纷撰文，还试图从希特勒的言论中搜寻能够支持他们意见的“元首语录”——这并不是很难，因为希特勒常常喜欢含糊其辞地谈论阳光下的一切事物。因此，一些自然环境保护人士直接向元首提出请求。[135] 285

大规模开垦和整治工程甚至催生出一个新的德文词汇：Versteppung（荒漠化）。这个概念的基本含义是指水文控制降低了地下水位，它最早出现于19世纪末，第一次世界大战后，科学家发出更严厉的警告，不仅形成了把水视为宝贵的国家资源这样明确的水资源观，还表达了生态关注。在1922年出版的《我国面临干涸的危险》一书中，地质学家奥托·耶克尔（Otto Jaekel）预言，如果不改弦更张，德国前途将一片黑暗。德国将会出现“大面积的干涸”，后人将不得不承受由此产生的恶果，“我们的大多数草场变成耕地，沼泽和湖泊变成草地，而我们的大部分农田将干旱”。[136]可见，荒漠化概念本身并不新鲜。但“荒漠化”一词是新的，它所蕴含的负面的“东方”形象也是新的，这里的“东方”暗指“亚洲”大草原。1934年时，“荒漠化”一词尚未被收入词典。使之进入词典的是阿尔温·塞弗特，他是弗里茨·托德手下30位“景观辩护士”的首脑，他们要求高速公路依照地势自然起伏，沿途种植原生植被，从而使之具备环境敏感性。塞弗特是一个文化保守派，对生态学有浓厚兴趣。部分是受美国1934年尘暴的促动，1936年，塞弗特在巴登的自然环境保护人士集会上首次提及“荒漠化”。同年稍晚时候，他在工程学刊物上发表了《德国的荒漠化》一文。文章引起了轰动，数千册单行本被索要一空，此后又收入论文集中两次重印。[137]

塞弗特发出警告，如果人类活动导致地下水位持续下降，德国也将出现尘暴。他大肆抨击魏玛共和国的自由资本主义及其“机械论”自然观，也同样严厉地批评帝国劳动服务队的所作所为。这无疑使得他的介入极具争议。文章甫一刊出，立刻引发了激烈争论。巴伐利亚电影制片厂甚至考虑把塞弗特的警告拍成电影《拯救大自然》。政治家、工程师、气象学家和劳动服务队负责人纷纷对塞弗特口诛笔伐。塞弗特被指责无知、夸大其词和“玄学”思维，就连一些同情者也认为塞弗特过于危言耸听了。[138]他也获得了来自传统的自然保护人士、地质学家以及奥古斯特·蒂内曼（August Thienemann）等生态学家的支持，后者与另外5位大学教授联名发表声明，声称塞弗特的文章“表达了联名者多年来的观点和看法”。“狂人阿尔温”（这是那些反对他的工程师给塞弗特起的绰号）认为自己是正确的，不屈不挠地继续宣扬自己的主张。[139]塞弗特并未如愿以偿，但得到了两位巴伐利亚同乡鲁道夫·赫斯和弗里茨·托德的政治庇护。[140]后来，即使失去这两位良师益友，塞弗特依然幸存下来，1941年5月，赫斯谜一般地驾机飞往苏格兰，托德则在9个月后死于飞机失事。

到那时候，形势已经改变。然而，直到战争爆发，不论自然环境保护人士如何反复警告荒漠化和尘暴的危险，这样的大声疾呼没有激起多大反响。自然保护让位于两个并举的当务之急：“生存空

阿尔温·塞弗特环保文集中的一张照片，记录了奥格斯堡附近经过治理的莱西河。在照片的说明文字中，塞弗特哀叹河流不复自然形态，林立的电线杆取代了水滨湿地森林，这是“资本家剥削人民不可剥夺的财富的典型例子”。

间”和“生产竞赛”。大片新征服的东方领土打破了这种局面。德国农业专家如今例行公事地论及欧洲“农业的重组”。[141]正如攫取奥地利和挪威意味着掌握了丰富的水电资源，波兰和苏联可以为德国提供居住和粮食生产的土地。[142]东部能够起到安全阀的作用。1941年，自然环境保护人士克劳斯和明克尔（Münker）在《自然保护》（*Naturschutz*）杂志发表文章，敦促重新考虑开垦国内的沼泽，因为如今德国在东部已经拥有一些“发展空间”。瓦尔特·舍恩尼申也谈及抓住机遇，为“古老的文明国度”减轻负担。[143]1941年2月，入侵苏联的计划以及决定普里皮亚特沼泽命运的方案都在紧锣密鼓地制定之际，希特勒签署了一份沼泽法令，指示帝国总理府办公厅主任拉默斯，表示希望保护现有的德国沼泽，因为它们能够带来有利的气候效应，“更何况这场战争已经使我们获得了大片新森林和充足的耕地”。阿尔温·塞弗特在弗里茨·托德那里看到了这份明显是禁止开发沼泽的命令，不禁大喜过望，汉斯·施文克尔等自然环境保护人士也很高兴。[144]消息明朗后，农业和经济部门态度消极。某个部门断然否认排干沼泽会带来有害的水利或气候效应，另一个部门则坚持认为泥炭是重要的原材料。到来年，此事最终不了了之，期间有传闻说法令已经撤销（实际上从未公开）。[145]但是，这场争论清楚揭示了战争与湿地的关系，也表明希特勒对有关荒漠化的争论持开放态度。

287

随着东方征服节节推进，在德国国内放缓“生产竞赛”被列入议事日程。这甚至让自然环境保护者瓦尔特·舍恩尼申设想在奥地利和东欧德占区建立大型国家公园，这种前景对奥地利出生的阿图尔·赛斯-英夸特也颇具吸引力。它被称为“自然保护帝国主义”。[146]一个突出例子是，赫尔曼·戈林对波兰比亚洛维茨（Bialowies）的荒野和林地产生了浓厚兴趣，这位帝国狩猎事务主管（Reich Master of Hunting）很想到那里猎野牛，“四年计划”的首脑居然对锯木厂和松节油工厂感兴趣。[147]不论是比亚洛维茨还是普里皮亚特沼泽，也不论哪一方在争论中占了上风，最终都是专横的占领者说了算。从这个意义上说，环境考量，如同种族灭绝一样，乃是征服的副产品。

德国的东方规划者总是强调希望平衡现代经济之需与自然保护举措的关系。1943年，康拉德·迈尔为东方占领区临时发行的《乡村新景观》撰写前言，呼吁将“传统与变革、自然与技术”融为一体。[148]这两个因素在各种规划方案都有所体现。技术的魅力是显而易见的。这部著作自始至终贯穿了自觉的现代笔调。艾哈德·梅丁像许多规划者一样，对于不切实际地留恋“田园风光”的景观理论颇为不屑。梅丁认为，富于浪漫色彩的景观固然很好，但往往掩盖了老化和衰败的问题。东方的工程有不同的追求：[149]

288

人为设计的景观较少田园风光，其线条、色彩和轮廓也更简单。它的规模更大。与过去开发的景观不同，它的外观看上去不再像是自然的产物。它使人们认识到，它在很大程度上是出自人类的头脑，是一种文化形态，一件艺术品。

赫伯特·弗兰克也有类似的看法，他表示，规划者一直尽力完善“焕然一新的形式”，以应对技术时代乡村定居点的挑战，他接着把高速公路和桥梁设计作为仿效的榜样。[150]为了把这种技术观付诸实践，康拉德·迈尔的部门汇集了各个领域的专家：工程师、建筑师、区域规划师、地理学家、社会学家、人口学家、土壤专家、林业学家、生物学家、植物遗传学家。[151]事实上，他们描绘了东部无限广阔的现代化前景。高速公路将把列宁格勒到高加索的德国定居点联结成一个整体，乡村电气化将为挤奶机提供电力。热带病研究所将试验彻底扑灭疟蚊的新方法，植树造林和水资源管理将成为“气候控制”的现代化手段。[152]

水文工程将发挥关键作用。海因里希·维普金-于尔根斯曼在接受《鲜血与土地》月刊采访时表示：“排水是最重要的工程领域之一”，因为它影响到许多其他事情。他指出，必须治理河流、开凿和修复排水渠、修建水库。[153]提升河流通航性是规划者关注的另一个重点。马丁·比格纳是提出改造维斯杜拉河河谷方案的专家之一。[154]灌溉工程常常能激发人们对未来的幻想，自有其拥护者。依据很不可靠的统计数据，乌克兰等地的水果产量将显著提高。[155]最后，但肯定不是最不重要的，人们总是寻求新的水电资源。1941年7月，希特勒在弗里茨·托德原有的多项职务之外，又任命他为水与能源总监，其主要任务之一就是在占领区开发能源，供应德国军火工业。[156]1939年10月，德国人接手波兰总督辖区的水资源管理之后，立即着手兴建水利工程。河流治理、土地围垦、灌溉、防洪以及开发喀尔巴阡山水电资源的计划相继出台。通过汉斯·弗兰克的工作日志，我们可以追踪这些计划的进展，这位总督听取布格河和维斯杜拉河工程进展的报告，视察1941年9月竣工的罗兹诺夫（Roznow）大坝，以及贝乌热茨、索比堡（Sobibor）和特雷布林卡（Treblinka）等地正在施工的大坝工地。[157]1943年10月，弗兰克和顾问们收到了1939年以来的工程进展报告（排水575000英亩，新建堤防140英里，整治河道700英里，开凿排水渠2250英里，罗兹诺夫大坝投入运转），这份报告是约瑟夫·布勒（Josef Buhler）提交的，他代表弗兰克参加了1942年的万湖会议。[158]

东部成为德国的实验场。像英国和法国的海外殖民地一样，东部成为各种新思想的实验场所。这正是规划者所期盼的，他们认为新型的村落布局、建筑材料或景观设计最终将输出到“老帝国”。[159]既然如此，那么自然环境保护者的思想也将在此得到验证。这正是康拉德·迈尔所说的将自然与技术融为一体的另一层含义。与新东方的整体景观规划关系最为密切的人是维普金-于尔根斯曼和艾哈德·梅丁，他们的大量著述表明两人都坚信应当把自然与技术有机结合起来。他们认为，真正的德国景观既应当是现代化的，反映最新的科学和技术进步，又应当贴近自然。维普金赞扬日耳曼民族历史上修建的圩田和河流改道工程，强调对大地的塑造应该与自然保持和谐一致，日耳曼民族在这方面负有特殊使命：“凭借这种浮士德式的渴望，我们实现了伟大的成就，创造了我们的世界，正如歌德所说，我们的生活离不开植物和动物，我们与植物和动物共存。”[160]梅丁的思路与维普金如出一辙，甚至还引证了一些相同的例证。过去，德国人驯服了沼泽荒野，同时“与景观的自然生态保持了和谐的关系”；这也是德国在东方的任务，大地的塑造应当与“生命世

1942年的“东部规划与建设展”，康拉德·迈尔（左二）向省长弗里茨·布拉赫特（右一）展示一个村落模型。

界”相一致。这样做有何收获？德国规划者“遵循自然，获得的回报是更好地驾驭自然”。[161]这种双重视角正是规划文件中反复出现“景观维护”（Landschaftspflege）、“土地保护”（Landespflege）等字眼的原因。它们表明了一种态度，景观既要有“设计”，又要有“保护”。[162]

这种自觉的环境意识渗透到各种规划之中，不仅体现在每个村落都留出保留地、每个区域都建立保护区的方案，也体现在更重要的指导原则上。对植树造林的极度关注，对单一栽培农业的强烈厌恶，希姆莱关于“仔细权衡水文工程后果”的命令，所有这些都旨在防止水土流失以及塞弗特所提出的“荒漠化”。[163]“大规模绿化计划”也体现了同样的思维，该计划旨在把贫瘠土壤、坡地和陡坡退耕还草，反映出这样一种信念：德国农民“需要绿色农庄，担忧、厌恶沙化的草原”。[164]有鉴于此，自然环境保护者汉斯·施文克尔于1943年抱怨说，虽然在东方采取了植树造林和其他防止水土流失的措施，“老帝国”的森林和树篱却不断遭到破坏。[165]

施文克尔抓住了要害。征服东部原本是为了缓解德国不断加剧的土地压力。结果，东部反倒反客为主，希姆莱的规划者潜心设计带有乌托邦色彩的景观，其原则日后才在“老帝国”得到应用。这些方案最终也未能在东部实施，因为东线战场形势逆转，大多数方案停留在纸上谈兵阶段。移民专家留下的成果只是大量的书面文件，少量的缩微模型以及寥寥可数的样板村落。因此，我们无从得知自然与技术的“融合”在现实中是如何落实的。但是，即使规划者能够把想法大规模付诸实施，也很难将他们挂在嘴边的“和谐”落到实处。一个事例很清楚地表明了环境观念的命运。1942年，希特勒热衷于用分散的风力发电作为取代输电网络的电力生产方式，这个想法最终不了了之，因为能源需求极为紧迫，希特勒也缺乏持久的热情，这种情形与沼泽法令如出一辙。[166]“大规模绿化计划”与“粮食、粮食、更多的粮食”方针相抵触；植树造林计划倾向种植落叶树木，这会挤占速生树种用材林的种植面积。在这两个问题上，规划者的意见都遭到反对，反对方是那些把实际产出放在首位的机构：国防军、戈林办公室、工业利益集团以及新吞并地区的纳

291

阿尔温·塞弗特1943年的环保文集中收录了这张“狄尔绍附近的维斯杜拉河”，图片的说明是“大草原的河流”。

粹省长。[167]出于同样的原因，监督水文工程这样雄心勃勃的目标很难落到实处，起码比希姆莱自以为是地在集中营引入筑巢的鹳要难得多。[168]

康拉德·迈尔的手下受到了双重保护。首先，他们是在希姆莱强有力的保护下工作，其次，他们所钟爱的规划方案从未面对现实的考验。他们所做的只是偶尔弥合审美情趣与客观需求之间的差距，前者要把景观塑造成“整体的空间艺术品”，后者则注重经济开发。[169]但是，即使在一些根本性问题上，他们的规划也与现实背道而驰。他们几乎时时不忘把景观挂在嘴上，却很少涉及几个尴尬的问题。正如特立独行的阿尔文·塞弗特直言不讳地指出的，波兰和苏联已经建设了防风林，还采取了其他措施防治水土流失，纳粹理论如何面对这一事实呢？没有回答。[170]德国人控制东部的数年间，如果生态意识浓厚的波兰总督辖区林业官员对乱砍滥伐和荒漠化的危险提出警告（他们确实这么做了），结局又将如何？对此问题的回答会绕回到这样一种论调：要很长时间方能弥补波兰人“管理不善”造成的破坏。[171]然而，塞弗特、施文克尔、舍恩尼申和其他自然环境保护人士提出了一个最尖锐的问题：如果“绿色村庄”的理念深深融入了德国农民的血液之中，“老帝国”又怎么会面临荒漠化的危险呢？对这个问题既无法置之不理，也无从辩解，纳粹规划者通常给出这样的回答：第三帝国确实存在结构性问题（“过度”城市化，小农户过多，“唯利是图的资本主义”时代遗留下来的对农村的态度），但东部移民安置将提供解决方案。对于传说中的种族与景观的联系而言，这种看法无疑是莫大的讽刺。它也使东部规划带有更大的象征力量，使之成为日耳曼民族“复兴”的终极源泉。

东部的人还提出了更尖锐的问题。希姆莱的鹳提醒人们，纳粹规划中蕴含的自然保护倾向，与其技术至上倾向一样，从根本上说是基于彻头彻尾的种族主义和残忍。两者都是更大范围的种族灭绝计划的组成部分。为了建造上西里西亚扎伊布施（Saybusch）地区的模范农庄，之前生活在那里的17万名波兰居民遭到驱逐。[172]在成为精心选择的工业化屠杀地点之前，奥斯维辛是围垦工程的典范。

纳粹指斥东部占领区“混乱”“衰败”，把那里说成是恶臭的沼泽和贫瘠的草原，不是太潮湿就是太干旱，这等于否认了当地原住居民的权利。德国人一再把东部说成是“白板”“处女地”，其险恶用心正在于此。这些异乎寻常的委婉语表明，占领者内心深处把活生生的居民从景观中彻底抹去。纳粹不但声称东部“渺无人烟”，还宣称日耳曼民族将使之“复兴”，这样就炮制出另一个经久不衰的神话：欧洲东部是德国永远的边疆和民族活力的源泉。如同其他的纳粹观念（其他的边疆神话）一样，这种观念部分掺杂了历史–种族因素，部分是出于政治因素，根本站不住脚。

293

边疆神话与“狂野东部”

“让伏尔加河变成我们的密西西比河”，希特勒于1941年夏叫嚣道。希特勒从年轻时代起就迷上了美国边疆，入侵苏联之后，美国边疆成为他滔滔不绝演说时津津乐道的一个主题。[173]“欧洲，而不是美国，将成为孕育无限机遇的地方”，他在另外一个场合强调。在一次典型的希特勒式演说中，针对当代美国文化的机械化和种族混合，希特勒咆哮道：“但有一件事情是美国人具备而我们正在丧失的，那就是广阔的空间感。因此，我们渴望拓展我们的空间。德国人一度丧失了这种意识，但它会回来的，倘若我们不具备起码的关于辽阔空间的意识，我们靠什么立足？”[174]

希特勒的白日梦部分源自他读过的卡尔·迈（Karl May）的著作。并非只有希特勒一人接受了卡尔·迈的观点，卡尔·迈也不是唯一论及美国边疆、使之进入德国人想象之中的德国作家，但他是这些作家当中名气最大的。[175]迈的前辈包括：亨利埃塔·弗勒里希(Henriette Frölich)、查尔斯·希斯菲尔德(Charles Sealsfield)、尤利乌斯·曼(Julius Mann)、约翰·克里斯托弗·比尔纳茨基(Johann Christoph Biernatzki)、巴尔敦·默尔豪森(Balduin Möllhausen)、奥托·鲁皮乌斯(Otto Ruppius)，此外还有冒险故事《密西西比河上的海盗》的作者、多产的弗里德里希·格斯泰克尔(Friedrich Gerstäcker)，后者至今拥有众多的读者。[176]美国边疆还会出现在让人意想不到的地方。特奥多尔·冯塔讷告诉《勃兰登堡边区纪行》的读者，冒雨乘船穿越武斯特劳沼泽时，他和旅伴感到“仿佛我们是穿行在堪萨斯河或遥远西部的大草原”。来看看古斯塔夫·弗赖塔格的《借方与贷方》，日后的评论者多把目光集中在小说对布雷斯劳的反犹主义的描写，却忽视了这样一个情节：书中人物（贵族芬克）先是在美国边疆找回了自我，之后才帮助男主人公安东把生机勃勃的德国文化带到波兰“荒野”。[177]弗赖塔格的这本畅销书告诉我们，德国文学即使涉及西部边疆，其主题依然既面向德国，也意指美国。美国边疆犹如一面镜子，而且往往是一面失真的镜子。许多虚构作品、游记以及面向潜在移民的指南书（如格斯泰克尔的《到美国去!》）也反映出德国人对美国的兴趣，在整个19世纪，有400多万德国人移居美国。[178]纳粹文献自豪地描述（还大量地虚构）了德国移民坚忍不拔的事迹，痛惜充满活力的民族成员“流失”海外，因为德国缺乏留住他们的“生存空间”。[179]这是希特勒津津乐道的另外一个主题，由此我们发现了边疆神话进入纳粹党固有观念的另一条渠道。

历史上著名的边疆理论是弗雷德里克·杰克逊·特纳（Frederick Jackson Turner）于1893年首次提出的，其基本内容是：美国的拓荒者对荒野开战，形成了独特的边疆生活方式，从而决定性地影响了美国的价值观和制度。从那以后，美国历史学家逐步削弱了特纳的命题，推翻了他的许多观点，但一个多世纪之后，他的理论在关于美国西部的争论中仍有参考价值。在美国，特纳学说的影响并不局限于学术界，还具备公众意义和政治意蕴。[180]边疆观念在欧洲也激起了广泛共鸣，尤其是在德国。特纳的学说不仅引发了同时代德国人的兴趣，也受益于德国人的著述。特纳受益于弗里德里希·拉策尔（Friedrich Ratzel）关于地理在历史上的影响的著作，日后还曾与拉策尔的美国学生艾伦·丘吉尔·森普尔（Ellen Churchill Semple）合作。至于拉策尔，他发明了生存空间这一术语，把阐明美国西进扩张的动态效应归功于特纳。[181]美国的经验（或者说想象中的美国经验）给德国人留下了很深的印象，因为看上去美国西部明显对应于德国东部。1893年——特纳就是在这一年首次发表自己的观点——经济学家马克斯·泽林（Max Sering）写了一本书讨论德国“东部的内部殖民”，1880年代以来，东普鲁士的波兰人地区一直在尝试日耳曼化。像拉策尔一样，泽林也到过美国。他在书中一再把北美居民当作吃苦耐劳、发奋进取的典范，是德国人开拓东部边疆的榜样。[182]与泽林同时代的名人古斯塔夫·施莫勒（Gustav Schmoller）明确将德国东部与美国西部相提并论。另一位重要的公众人物、社会学家马克斯·韦伯则含蓄地将二者加以比较。[183]在第一次世界大战后的年代，德国人一直对美国的开放边疆念念不忘：特奥多尔·吕德克（Theodor Lüddecke）颂扬美国“一望无际的辽阔”（“美国的空间需要百折不挠的活力。它有待人们去征服”），奥托·毛尔（Otto Maull）赞赏“白人征服种族的创造力”。[184]边疆观念与德国东部之间的联系依然是共同的主线。这条主线将各色人等绑在了一起：以卡尔·豪斯霍费尔(Karl Haushofer)为首的地缘政治观鼓吹者、马丁·比格纳那一代地理学家，以及路德维希·克劳斯(Ludwig Clauß)这样赤裸裸的种族主义思想的传播者，后者对于“日耳曼民族的空间意志”和“日耳曼民族的远见”赞不绝口（“他们开辟了空间和距离；他们塑造了空间和距离”）。[185]

295

德国的边疆在东部。它形成于何时？简短回答是：它的辉煌时代在于过去和未来。对于第一次世界大战前后的德国人来说，现状让人失望。1914年之前10年，即使在自己的国境内，德国人也似乎要输掉与波兰人的达尔文式生存竞争。因此，泽林、韦伯和很多人都对“日耳曼化”运动未能阻挡“斯拉夫洪流”备感失望。随着1914—1918年东线的军事胜利，德国人一跃成为数百万人的主宰，营造出未来德国支配和安排的诱人前景，但战后的安排使德国边界进一步萎缩。[186]为此，德国人怨气冲天，认为战后安排全然不公，因而比1918年之后任何一个时期都更痴迷于东部边疆观念，为德国的领土主张辩护。东部边疆的鼓吹者念念不忘过去的两个历史时期：11—14世纪日耳曼人的东扩以及哈布斯堡王朝和霍亨索伦王朝在东部的殖民。关注当下的作者回溯从前，把当代的目光投注到过去：在中世纪和现代早期欧洲，朝气勃勃的日耳曼拓荒者将文明的疆界向后推。这些人从内心深处把理想化的德国“东进”运动与同样理想化的美国边疆社会等量齐观，催生出情绪化的文本，要求推翻《凡尔赛条约》、“重振”德国在东部的势力。

不论是学术著作还是通俗作品，每一种可能的文体都用来表达这种诉求。埃里克·凯泽尔（Eric Keyser）注意到这一特征，他是著名论文集《东方的德国人居住地》的作者之一，这部论文集汇集了历史学家、考古学家、地理学家和人种学家的文章，断言德国对广大东欧地区享有道义权利。凯泽尔写道，中世纪日耳曼移民把东部看成是“寄托向往之地，如同现代美洲成为许多厌倦了欧洲的人的希望之地，因为美洲远离苛政猛于虎的祖国，那里不仅收入高，吸引辛勤劳作的穷人，而且来自本国的资本也可以从投资土地和栽培谷物中获利。”[187]边疆神话的要素在于这样一种观念：自由和机遇向勇敢勤劳、不畏艰险的人敞开了大门。中世纪史学家纷纷研究拓荒者和边疆居民的历史。[188]18世纪的历史也备受重视。1934年，乌多·弗罗泽(Udo Froese)出版了有关腓特烈大帝的拓殖及其留给第三帝国的“遗产”的著作，指出移民体现了独特的“拓荒精神”，如果没有移民，腓特烈大帝的事业“将一事无成”，“如同中世纪的移民一样，他们受到征服精神的激励和驱策，无法忍受祖国狭小的地域空间，形成并表达了前往德国东部广阔空间的意愿”。[189]艾克哈特·施塔里茨(Ekkehart Staritz)在《德国历史上的东进运动》中也表达了类似观点：如果东部像时常宣扬的那样是“天堂”，日耳曼民族就会“沉沦下去，因生活无忧和好逸恶劳而窒息”；东部的环境需要俭朴、勤劳的移民，他们乐于“奉献，用辛勤的汗水换取面包”。[190]1920年代和1930年代的游记也不乏边疆精神的痕迹（拉脱维亚的日耳曼移民是波罗的海地区“广阔空间”的“拓荒者”），以汉斯·费纳蒂尔(Hans Venatier)的畅销书《福格特·巴尔托德》（*Vogt Bartold*）为代表的“移民小说”，更是以此作为主要情节。在费纳蒂尔的笔下，13世纪西里西亚的德国移民坚忍不拔，他们“在一望无垠的东部土地上”眺望波兰平原，仿佛“身处世界的边缘”；他们历

296

经磨难，最终驯服了“荒野”。[191]

1933年之后，这种吃苦耐劳的理想化移民形象被纳粹党大肆宣扬，通过学校课程、歌曲以及经过审查的文学、历史和种族著作广为传播。它也渗透到纳粹领导人的思维当中。在希特勒看来，“如同征服美洲一样”，德国人可以在东部复制12世纪日耳曼人的成就，新的东部边疆将孕育出一个“强壮的种族”，避免德国人陷入“温柔乡”中不能自拔。[192]希姆莱自青年时代起就抱有类似观点，日后又使之成为党卫队训练的核心内容。康拉德·迈尔也重申了同样的看法，对于未来日耳曼民族而言，“美洲”不在大洋彼岸，而是在东欧，日耳曼人的“使命和义务”乃是重现昔日的辉煌。[193]1942年，在加利西亚的纳粹党集会演说中，汉斯·弗兰克愤愤不平地反驳东部德国人无所事事抽雪茄的说法（尽管“老帝国”的一些人认为这个说法颇具吸引力）：波兰总督辖区不是殖民地，而是移民安置的空间，“不论定居区向东拓展多远，始终会有德国人、德国的男子和妇女从早到晚劳作，因此，他们是健康的、强壮的，而且决意保卫他们的农庄”。[194]

297

这种边疆神话经久不衰。神话的鼓吹者是否真的对此深信不疑呢？没有简单的答案。当然有些人属于投机钻营之辈：东部的中间商，抓住机遇向上爬的技术专家。这些人最有可能抛弃官方的移民意识形态，只要这种意识形态妨碍了切身利益。在纳粹党最高层，戈林始终公开表示对希姆莱的总体规划不感兴趣，而戈培尔则对强化大日耳曼民族帝国专员的巨大开支冷嘲热讽。另一方面，希特勒和希姆莱是这一神话的忠实信徒，党卫队高层和其他在东部担任要职的人（如阿尔弗雷德·罗森堡）也是深信不疑的。至于那些为了替这场新的“东进”运动造势而炮制出这一神话的历史学家，则尚无结论。他们的脑力劳动肯定带来了地位和专业优势，如使用劫掠来的藏书，或是像赫尔曼·奥宾那样，凭借在德国东方研究所的地位，以名副其实的德国教授做派，上位成为布雷斯劳前同事的领导。[195]（克拉科夫的布雷斯劳历史学家小圈子类似于以瓦尔特·埃梅里希[Walter Emmerich]为首的汉堡经济学家小圈子。[196]）不过，有很多人改变了观念。例如，奥宾在1933年前向学生和普通民众积极宣扬德国东部的神话。[197]如果说边疆神话是一种合法的意识形态，用J. G. 梅基奥尔(J. G. Merquior)的话说，它既是托词，又是伪装。[198]将所有占领者维系在一起的是一种绝对信念：德国种族优越，有权统治东欧。除此之外，我们发现，对于边疆居民的英雄形象，各色人等有不同的态度。有人视之为名副其实的推动力量，也有人认为它是有用的虚构，但无关紧要，只要它不阻碍现实的经济和政治目标，还有人在这两种立场之间摇摆不定。

这种模棱两可的态度集中体现在两位更加玩世不恭的纳粹党领袖身上。戈培尔不时公开嘲笑希姆莱，认为移民规划只有潜在的宣传功能，但他的日记表明他在思想上认同这个计划。在1940年3月的日记中，戈培尔提及正在拍摄一部关于境外日耳曼人移民安置的电影，他不仅对电影效果赞不绝口，还称赞了移民安置计划："洛伦兹拍摄了沃利尼亚日耳曼人艰苦跋涉的感人场景。这场现代民族迁徙确实令人赞叹。"当年稍晚一些时候，他用肯定的口吻记录了一次最高层会议的情况："希姆莱汇报了移民安置计划。他已经取得很大进展，但还有很多事情要做。让我们接着干吧，因为我们必须在东部的真空地区安顿下来。"[199]汉斯·弗兰克的态度也飘忽不定。他曾经声称他的领地是"一块保护地，一个突尼斯"，其价值完全在于其"殖民地特性"；之后，他口风突变，转而强调波兰总督辖区不是殖民地，而是移民安置地区。是什么使弗兰克的态度前后判若两人？1940年德国在西线大获全胜之前，弗兰克一直找理由证明波兰总督辖区是经济发展地区，而不是垃圾倾倒场。希特勒批准把这一地区纳入推行"日耳曼化"的边疆地区，波兰总督辖区的正式名称中去掉了"波兰占领区"的字样，这标志着波兰总督辖区性质改变。希特勒开了绿灯之后，弗兰克内心深处冒出一个幻想：有朝一日，维斯杜拉河河谷像莱茵河河谷一样成为德国人的天下，要实现这一目标，事实上只有靠源源不断地输入新移民。这需要多长时间，50年还是100年？没有时间表，但应该是"战争结束后"的某个时刻。1942年，弗兰克对希特勒青年团和德国女青年联盟成员表示，波兰总督辖区将成为他们“真正的家”，他们“将成为德国新生存空间的强壮根系”，那么，弗兰克本人相信这一套说辞吗？[200]事实上，在短暂的德国占领期间，波兰总督辖区始终是旨在推行最赤裸裸的经济剥削的殖民地，始终是漏洞百出的罪恶机制，充斥着腐败和任人唯亲。虽说它吸引了赫尔穆特·迈因霍尔德（Helmut Meinhold）和瓦尔特·埃梅里希这样能干的专家，但也成为藏污纳垢之地，到处是鲁道夫·基珀特(Rudolf Kiepert)这样的官员，后者原在“境外日耳曼人联络处”柏林分部任职，1943年因为财务和两性关系上的不当行为被解职，随后被发配到克拉科夫。[201]

不论哪种政治制度都会存在言语与现实的差距，但纳粹主义表现得尤为显著。边疆农民就是最好的例证。他们被说成是民族复兴的希望所在，因为他们是“优秀的日耳曼人”：年轻、强壮、子女多、牢牢扎根于土地。然而，这种形象与率先回归第三帝国并移民东部的波罗的海日耳曼人完全不符。这批人年龄偏大，家庭人口比德国家庭的平均规模要小，职业分布头重脚轻，有太多的律师和药剂师。比萨拉比亚日耳曼人也与理想形象有不小的差距。[202]毫无疑问，公开宣传往往关注马车上的沃利尼亚日耳曼人，“数年前前往东部广阔空间的农民”。[203]但那只是故事的一半。公开报道、报刊文章和歌曲全都用过去的样式来描绘东部的移民安置，仿佛大迁徙与现代技术毫无关联。实际情况是，移民通常是乘坐火车和卡车搬进新家的，如果希姆莱的东部远景规划能够从康拉德·迈尔的纸上谈兵变为现实，数百万新移民的安置，如我们已经看到的，具体到粪堆的位置和厨房里的生活设施，事无巨细，无一不有周详的安排。按照规划者的远景设想，移民安置点将沿着未来连接东欧与波罗的海和克里米亚半岛的铁路和高速公路延伸开来，形成所谓的“保龄球道网络”。[204]村落和干线公路环绕中心地分布，构成多个同心圆，定居点的布局也精心规划成几何形，这种未来主义的乌托邦与沃格特·巴尔托德笔下13世纪的西里西亚毫无相似之处，也远非一百年前从密苏里一路向西横穿美洲大陆的西进小径，倒像是腓特烈大帝时代拓殖运动的邪恶翻版。

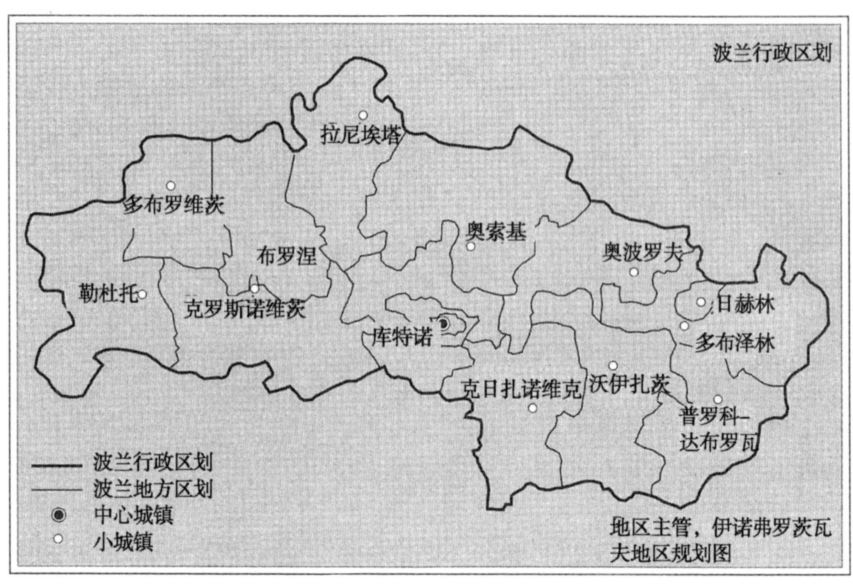

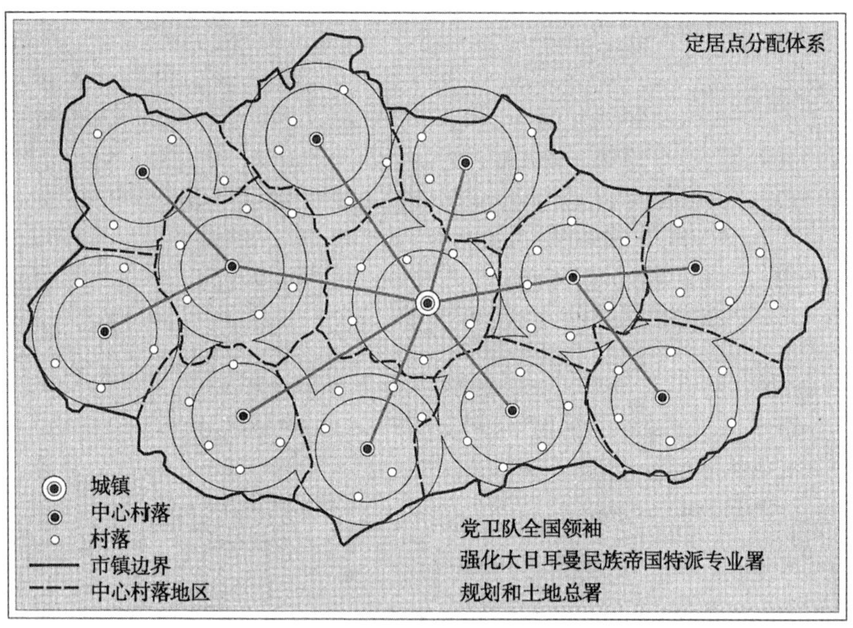

纳粹规划：库特诺规划之前和之后

新移民也远不是纳粹花言巧语描绘的精力充沛的拓荒者。这有两层含义。当然，移民是野蛮的占领当局的受益者，获得了从他人那里攫取的土地和资源。新来的家庭在照相机前摆好姿势，表明他们簇拥着鲜花、糕点和咖啡（还有元首的画像和一本《我的奋斗》），照片讲述的故事是德国人享受到“优等民族”的待遇。[205]但代价是完全丧失了自主。开始时，他们身上别着数字编号的标签，辗转于不同的营地，接受盘查和甄别，（如果得到批准）提交将他们派往东部的蓝色文件。接着，他们被分派到他们并不拥有所有权的农庄，靠党卫队提供的设施和物资生活，他们的家务、养儿育女和“精神面貌”都受到“安置研究中心”（Settlement Research Unit）派出的志愿者的密切监视。移民如同实验室的白鼠，彻底丧失了“自立”，而这既是边疆神话的核心，也是鼓吹者视为德国“内部殖民”必备的品质。希姆莱最清楚不过地表明了谁才是掌控者，他告诉移民，第三帝国“给予”了他们所拥有的一切：新家的安全、孩子的未来以及元首领导下日耳曼民族国家的欢乐生活。所有这一切，他不祥地补充道，“要求归国的日耳曼人有组织地服从大日耳曼帝国的秩序和纪律”。[206]

境外日耳曼人在前往东部一事上别无选择。“老帝国”的居民亦是如此，但他们可以用脚来投票。东部边疆的神话能够在德国人当中引起共鸣吗？会有足够多的移民前往东部吗？大多数德国人大概都喜欢叙述德国人边疆事迹的史诗故事，这些故事散见于学校教材、通俗历史、移民小说和政党宣传材料之中。毕竟，这些故事迎合了大多数人视之为理所当然的日耳曼种族优越论。这并不意味着他们会心甘情愿地奔赴新边疆。过去，德国境内的“内部殖民”也不总是成功的，其鼓吹者通常抨击“移民素材”。如今，强化大日耳曼民族帝国专员下达的指标大得惊人。按照“东部总规划”，在20—30年的时间里总计需要安置移民3345805人。作为这个异常精确的人数的来源，规划划定潜在的移民接近600万人，其中三分之二来自“老帝国”。[207]希特勒对于吸引移民颇为乐观，不仅有国内的移民，还有来自斯堪的纳维亚和低地国家等欧洲其他地区的“日耳曼人”移民。1941年9月的一个晚上，他告诉一群忠实听众说：

> 如果我在东部（为农民）提供土地，那里将会出现蜂拥而至的人潮，因为农民眼中美丽的景观是富饶的景观。20年之内，欧洲移民将流向东部，而不是美洲。[208]

希姆莱也期待幸福时光的到来：德国移民驯服了黑土地带“一望无际的原始森林”和“泥沙淤积的河流”，使之成为“一座乐园，一个欧洲的加利福尼亚”。[209]汉斯·弗兰克也有大同小异的说法。

然而，就连这些未来幻想的始作俑者似乎也不无疑虑。希特勒在《我的奋斗》中有一个有意思的说法，他写道，日耳曼民族将“认识到”，他们的未来取决于“德国犁铧的辛勤工作”。[210]这番话很难说是自信满满的，即使在最乐观的战时年代，也始终弥漫着难以消解的焦虑感。对于德国人可能太“软弱”的担心，成为希特勒和希姆莱论调中的反调。毫无疑问，让拓荒者前往东部边疆的全部意义就在于借此使第三帝国恢复活力。但是，如果第三帝国的居民未能应对挑战怎么办？其他人也表达了类似的疑虑。1942年，阿图尔·冯·马丘伊（Artur von Machui)写了一篇关于东部“景观塑造”的文章。初看上去，这篇文章充斥着乐观的夸夸其谈；仔细品味之下，它更像是一份不利因素的清单。战争结束后，德国青年人和其他人将“应召”前往东部，农民将“挣脱”固有的方式，从而“在这个广阔空间释放出活力”。这就要求“教育、秩序和指导”，因为一个世纪的虚假繁荣已经使德国乡村社会过分舒适，沉溺于“僵化的传统”。马丘伊接着列举了向东部输出“日耳曼民族的活力洪流”需要改变的东西：工作标准、家庭模式乃至古老的习俗。[211]听上去马丘伊像是在说一个不可能完成的任务。与此同时，汉斯·弗兰克正在鼓吹“培训‘东部狂’的演讲术，他们能在第三帝国为东部做宣传”。[212]像弗兰克经常表现出来的那样，他的这番话流露出东部的自怨自艾之情，怀疑“东部的使命”并未受到应有的重视。

在东部，这种咄咄逼人的自怨自艾是司空见惯的。它是悲情的边疆神话的一部分：远离本土、易受攻击，但坚韧不拔。年轻时海因里希·希姆莱在1919年的一则日记很好地反映了这种情绪（还有故作多情）："我为实现我的日耳曼女性理想而努力，有朝一日，我将与之携手到东部生活，以远离美丽德意志的日耳曼人的身份而战斗。"[213]纳粹关于东部移民安置计划的种种幻想中，妇女也占有一席之地，在过去不计其数关于勤劳的东部移民的故事中，女家长像男性家长一样有地位，一代接一代地构筑起德国的未来。1940年代，年轻的未婚德国妇女也在东部扮演了重要角色，她们代表移民中心监视境外日耳曼人移民，或是担任教师和新闻记者。她们甚至形成了自己的网络组织。[214]尽管如此，边疆的悲情带有强烈的男性气质。如同40年前的泛日耳曼主义者（"男人最具日耳曼特性"），希姆莱这一代人喜欢自比为充满敌意的东部的"壁垒"或"要塞"。[215]但是，即使是最坚定的边疆男人，有时也不免心生疑惑；实际上，身处险境的不寒而栗正是悲情的一部分。赫尔曼·福斯（Herrmann Voss）是新建的帝国波森大学的解剖学教授，"狂野东部的故事"让他激动不已，他在日记中透露了内心的想法："狂野东部让人大伤脑筋。有朝一日它会毁了我们。"[216]

303

"狂野东部"的狂野源自何处？答案是荒凉的环境。纳粹歌曲歌颂前往东部的马车，其中有一句歌词把东部称作"陌生的荒野"。[217]以这种方式看待东部的，并非只有种族主义作曲家（以及景观规划师）。下级官员、游客和士兵也都习以为常、条件反射地这么看问题。奥古斯特·豪斯莱特(August Haussleiter)描写东部前线的小说为这种陈词滥调注入了程式化的风格，在他的笔下，德国士兵被描绘成"荒野中的鲁滨逊·克鲁索……身处荒无人烟的平原、沼泽和森林"。[218]环境如此恶劣，那里的民族充满敌意。在这种扭曲的世界观之下，原住民被一笔勾销，被斥之为"几乎没有历史的民族"，不算真正的欧洲人，只是"游牧民族"，而非这块土地的耕耘者。德国人认为原住民的品性与不开化民族或"野蛮人"没有什么两样：迟钝、幼稚，尤其是狡猾、残忍以及发自内心地憎恶"优等"民族。简而言之，他们与印第安人毫无二致。

印第安战争

1941年10月，希特勒一如既往地口吐狂言，宣称德国人在荒凉的东部开辟了花园、田野和果园。他叫嚣道，对于那里的居民，德国人根本无需有任何良心上的不安：他们是劣等民族，必须从沉睡中唤醒这块土地。为了让自己的观点更有说服力，希特勒用了一个令人震惊的比喻："任务只有一个：着手将这块土地日耳曼化，引入日耳曼人，把原有居民看成是印第安人。"[219]

这种边疆主题由来已久。腓特烈大帝将新攫取的波兰西普鲁士与加拿大相提并论，把"邋遢的波兰废物"比作易洛魁人。[220]按照腓特烈的指令，开垦了瓦尔特河沼泽，那里的地名变更反映了实情。斯拉夫渔民被德国农夫所取代，多水的基耶茨（Kietz）被几何形布局的德国村庄所取代，新的定居点被冠以佛罗里达、费城和萨拉托加这样的名称。[221]在整个19世纪，德国人始终将斯拉夫人与印第安人划等号，这成为"普鲁士政治家热衷的主题"。一位普鲁士政治家宣称，就像"北美印第安人"一样，波兰人注定要毁灭；正如新世界的印第安人被赶到"一望无际的荒野"并在那里自生自灭，波兰人"被普鲁士文明所取代，也应该被赶出城镇、剥夺土地"。[222]

304 比较既有直接的，也有间接的。历史上讲述无畏的德国移民东欧经历的传奇故事，总是把土著居民描绘成残忍、奸诈的化身，他们住在简陋的沼泽茅屋和森林小屋，偷窃牲畜、烧毁农庄，危害优秀文化的承载者。[223]1864年，波兰作家路德维克·波维达奇（Ludwik Powidaj）发表《波兰人与印第安人》一文，难怪他要在文中追溯美洲印第安人的命运，并提出质问："波兰人为什么不正视自己国家的危险处境?"[224]

从负面意义上把波兰人与印第安人划等号，当然会惹来非议。尤利乌斯·曼所著《美洲的移民》可谓是这类观点的集大成者，他声称"面对文明的欧洲人的优势，野蛮人要退到更远的地方"。[225]但是，也有德国人从更正面的角度来看待印第安人。19世纪上半叶，前往美洲的德国上流社会旅行家透过浪漫主义的棱镜来看待土著居民。像法国贵族夏多布里昂一样，他们寻找并且发现了“高贵的野蛮人”，并以之抨击新兴的美国式民主的唯利是图。有人甚至找出了印第安人与古代条顿人的相似之处。[226]秉持这种立场的既有小说家也有旅行家，他们往往斥责安德鲁·杰克逊（Andrew Jackson）等边疆英雄推行的印第安人政策。到19世纪末，卡尔·迈发展了这种浪漫化观点，在小说《温尼托》（*Winnetou*）中，德国主人公认识到，真正的贵族是他的朋友温尼托这样的印第安人，而美国佬则是靠不住的投机分子。[227]卡尔·迈的书是希特勒百读不厌的，这肯定会使纳粹党的东欧“印第安人”观念变得更为复杂。

当然，卡尔·迈的魅力部分源于一个事实，高贵的印第安人成为抨击盎格鲁–撒克逊人“伪善”的手段。同样，纳粹作家毫无顾忌地抨击美国奴隶制，虽然他们对美国黑人的现实处境并无同情之心，不难预见，美国社会的“黑鬼文化”（Verniggerung）将成为纳粹党人攻击美国时一再针对的对象。然而，卡尔·迈的吸引力还不止于此。德国主人公与温尼托共同具备所谓的高贵品质，烘托出一个古老的德国主题、一种文化保守主义的陈词滥调：日耳曼人优于平庸的、一切向钱看的盎格鲁–撒克逊人。展现给读者的是一种理想化的另类生活方式，以取代他们所憎恶的“美国精神”（日耳曼人的精神正在“美国化”）：商业主宰一切、迷信物质成就、机械化、拥挤的城市以及文化或心灵的空虚。[228]这就是第三帝国对于美国的刻板印象。希特勒长篇大论的演说中充斥着这些内容。那么，用什么来替代可恶的现实呢？理想化的高贵野蛮人是一个途径，同样理想化的边疆精神是另一个。像往常一样，希特勒脚踏两只船，他还会阅读卡尔·迈的著作，同时又告诉追随者，要像对待印第安人那样对待波兰人和乌克兰人。纳粹通俗作家也用同样的方式来描述美洲的德国移民，一方面表示他们与印第安人有更为密切的关系，另一方面赞扬德国移民捍卫莫霍克河谷（Mohawk Valley）和卡罗来纳边疆的“英勇行为”。[229]但是，这两个神话无法合而为一，最终证明边疆神话更有魅力。它引人注目地讲述了移民给德国社会注入活力的故事，合理解释了为什么要赶走那些成为绊脚石的“几乎没有历史的民族”——部落民（Stämme）。[230]

谈论印第安人意味着打算推行种族灭绝。1942年，在莱姆贝格（利沃夫）的纳粹党集会上，汉斯·弗兰克用一种即使在纳粹党首脑人物中也十分突出的尖刻粗野口吻说道：[231]

> 我不是在谈论我们这里还能见到的犹太人；我们将惩罚这些犹太人。顺便说一句，今天我还根本没看到这种惩罚。这意味着什么？毕竟，这类扁平足的印第安人在这个城市里应该有成千上万人——除此之外，这里也没有什么可看的了。我希望你们没有对他们做什么坏事？（大笑）

前一年，在小一点的场合，希特勒一本正经地说过一番挖苦话。他宣称，从来没有听说哪个德国人在吃面包时因为出产面包的土地被利剑所征服而感到不安。他接着说道：“我们也吃加拿大小麦，却不会想到印第安人”——这或许是、也仅仅是为了向卡尔·迈的《温尼托》致意。[232]纳粹领导人就是用这种眼光来看待“狂野东部”。一旦德国的政策遭遇抵抗，就越发加深了他们的偏见。将斯拉夫人和犹太人等同于印第安人，只不过暴露出他们的本来面目。1942年8月，希特勒表示：“在此地与游击队作战就如同北美的印第安战争。”三周之后，他又夸口说，游击队员都将被“绞死”，“这将成为一场名副其实的印第安战争”。[233]这两场战争确实有相似的地方。在德国东部，如同美国西部一样，征服者对原住民实施了驱逐和种族灭绝，也都宣称自己的使命是使那个国度变得“开化”，从而给受害者打上“仇恨”和“原始的残忍”的标记。然而，两场战争的进程截然不同：一个延续了很长时间，另一个只有短短数年。战争的结局也不尽相同。戈培尔把沃利尼亚日耳曼人移民拍成了电影，但他永远没有机会拍摄一部“征服东部”的电影。

306

1941年，希特勒仍在谈论“印第安人”与小麦种植的关系。到第二年，游击队活动成为希特勒谈话的主题。这种转变反映了当地的形势。1941年，围剿游击队通常成为赤裸裸屠杀犹太人的幌子，到1942—1943年，武装抵抗力量发展壮大。东线的军事形势逆转，在很大程度上推动了游击队的发展壮大，这不仅有心理上的激励作用，还因为苏联为反德抵抗运动提供了越来越多的援助。1942—1943年的斯大林格勒战役以及红军随后的反攻，在东部产生了类似于1944年诺曼底登陆对西线法国抵抗运动的影响。德国的政策也是游击队发展的一个原因。围剿犹太人和犹太区的杀戮使得少数犹太人，尤其是青年人，逃往森林和沼泽。波兰人、乌克兰人和白俄罗斯人也加入进来，以逃避德国日益野蛮的搜罗强迫劳工输送第三帝国的政策。1942—1943年，占领者加大了搜捕力度，城镇中听音乐会的人群遭到包围和抓捕，村庄中所有适龄村民（很多人其实没到工作年龄）都被抓走，然后送往德国。仅乌克兰一地，就有150万人被送到德国，占人口的1/40。驱逐也直接导致了游击队人数的增加。[234]为了建立德国定居点无情驱逐原住民，造就了一个流离失所的阶层。有一个典型的例子，1942—1943年冬，在波兰总督辖区的扎莫希奇（Zámosc），纳粹暴力驱逐了10万名波兰人，这几乎立刻引发了对德国移民的报复。当地德国官员苦涩地指出，移民安置政策使波兰人变成了“匪徒”。[235]这是德国移民政策的党卫队设计师与

德国人驱逐扎莫希奇地区的波兰居民。

汉斯·弗兰克发生冲突的导火索，前者短期内首先考虑的是波兰人默认德国的统治。

在德占东部地区，安全问题日益突出。“如果是长距离独行或是夜晚外出，最好是带上武器”，1943年版的波兰总督辖区的《贝德克尔指南》警告说。[236]德国人的生命和财产面临日益严重的威胁，这清楚地表明德国征服者实际上人数很少，而且十分脆弱。铁路、邮政和林业官员的情况也是如此，他们的岗位远离相对安全的城镇。移民更是如此，尽管希姆莱曾夸下海口，波兰人和其他人永远不可能伤害他们。在波森安家的立陶宛日耳曼人奥尔利克·布雷科夫（Olrik Breckoff）在50年后回忆说，在“骚乱地区”，他的叔父总是随身带着枪，孩子们被警告不要去当地森林玩耍，那里不仅有鹳，还有游击队出没。[237]武装农民在希姆莱驯服“狂野东部”的幻想中占有重要地位，在整个1944年，仍在对移民灌输相关宣传信息。[238]但是，移民无力自保，德国军队和保安部队也很快发现，甚至无法保护黑格瓦尔德（Hegewald）这样的“安全点”，它是位于乌克兰的一个德国移民安全岛。1943年后，随着苏联红军的挺进，游击队活动增加，德国移民被赶回西部，先是从乌克兰和白俄罗斯，接着从加利西亚，最终从维斯杜拉河谷和新吞并地区。[239]

森林和沼泽为逃避德国当局的那些人提供了藏身之所，也成为游击队的天然基地。正如山地为希腊和南斯拉夫的抵抗运动提供了掩护，森林和沼泽也为游击队提供了理想的，他们从这里出击，袭击德国士兵、军火仓库和铁路设施。1943年，沼泽和森林里汇聚了逃亡犹太人、逃避驱逐的年轻人、开小差的协警、共产党人、波兰和乌克兰民族主义者、罪犯以及带着武器和给养跳伞前来的苏联专家。普里皮亚特沼泽成为抵抗运动的中心。马丁·比格纳早就意识到，从战略角度看，未排水的沼泽“易守难攻”。[240]他考虑的是正规的军事行动，但沼泽在游击战中发挥了更大的作用。在波里西亚，德国人暴行的一个始料未及的后果就是游击队稳步壮大。伯恩哈德·基亚里（Bernhard Chiari）逼真地再现了这种局面是如何在地方上逐步形成的。在北部沼泽的巴拉诺维奇（Baranovitchi）25英里的地方，有一个名叫扎马科维奇（Smakovicí）的混合村落，一次次围捕犹太人，一次次抽调劳动力前往第三帝国，一个又一个陷入贫困的家庭，越来越多被德国人逼入绝境的当地协警，这些都使越来越多的人加入地下组织。军事报复也产生了同样的效果。用基亚里的话说，德国士兵和官员“打开了抵抗运动的潘多拉之盒”。[241]

1942—1943年冬之后，德国国防军和党卫军装甲部队在波里西亚不断实施“清除”行动，但收效甚微。德军宣称的战果也是含糊不清的。1943年，以巴赫-泽勒维斯基（Bach-Zelewski）为首的党卫军装甲部队实施了“二月行动”，以包庇游击队的罪名处决了7000多人，还杀害了将近4000名犹太难民。但是，考虑到德军只有很小的伤亡，缴获的武器也很少，德军宣称在战斗中打死了2200名游击队员的战果是值得怀疑的。无论如何，1943年春，希姆莱不得不从白俄罗斯撤出了1万名境外日耳曼人，因为党卫队、警察或陆军无法保护他们的安全。[242]当年入冬之际，国防军依然相信有足够的兵力包围和消灭游击队，但战地指挥官逐渐认识到，非正规军的流动性使得这一任务不可能完成，并相应缩减了搜寻行动的规模。[243]当地地势对德军心理造成了几乎难以估量的不利影响。毕竟，正如里夏德·贝吉乌斯在回忆1941年的好时光时所说，这里是“可怕的普里皮亚特沼泽”。[244]1942—1943年，德国人重新启动了普里皮亚特沼泽排水计划，大规模雇佣荷兰劳工施工，这与当时的战略态势直接相关。但是，这些白日梦全都化为泡影。[245]相反，冒险进入这片水乡泽国的德国人发现要面对无数小说、历史著述和民族主义宣传册所召唤的幽灵，遭到了逃避“优等”种族、进入沼泽和森林的本地居民的袭击。条顿骑士团当年在这一地区寸步难行，如今重蹈覆辙的是德国国防军。在普通德军士兵眼中，普里皮亚特沼泽是“神秘莫测、让人不寒而栗的荒野”。[246]

309

军事情报估计，1943年6月，波里西亚有大约4.5万名游击队员，10月，游击队人数增加到7.6万人。普里皮亚特沼泽掩护了东欧最大规模的游击队。这些游击队中有装备精良的营级游击队（大约有800人），如乌克兰共产党人西多尔·科夫帕克（Sydir Kovpak）领导的游击队。大多数游击队规模较小，属于地方性的抵抗者，其中大约4000人是犹太人或半犹太人游击队。[247]在小说《更待何时?》中，普里莫·列维绘声绘色地描述了这些游击队的活动。[248]他十分熟悉普里皮亚特沼泽，曾在当地待过两个月，他在《停战》一书中描述了从奥斯维辛集中营迁回返回故里的漫长旅途。[249]这很好地解释了他对这块土地的感情以及沼泽的植被与抵抗运动的关系，例如，对于游击队员来说，冬季是最难熬的，失去了树木枝叶的掩护，生火取暖又很危险，水面结冰使得摩托化的德军更易行动。《更待何时?》一书的开头有一个场景：1943年7月，犹太游击队员列昂尼德和默默尔徒步寻找“沼泽共和国”诺夫泽尔基（Novoselki）：[250]

> 路越来越难走，时不时有池塘挡在路前，他们不得不绕道，这让他们疲惫不堪。这些池塘清澈见底，波澜不兴，散发出阵阵泥炭的气息，又厚又圆的叶子漂浮在水面上，还有鲜嫩的花朵，偶尔还能看到鸟蛋……他们一路走来，地平线从未显得如此广阔。广阔而阴郁的地平线，笼罩着芦苇丛散发出来的浓浓的阴森气息。

这就是1939年马丁·比格纳恶意地加以描述的普里皮亚特沼泽及其居民。时间才过去4年，沼泽依然如故，却已成为生存和抵抗之地。

瓦尔特布鲁赫的水渠

第六章　战后的景观与环境

我们心中的花园：东部“失地”

311 年届九旬、几乎双目失明的达尼埃尔·施普雷姆贝格（Daniel Spremberg）站在自家农舍的外面，迷迷糊糊地盯着他蔑视的对象。倘若他的曾孙在附近，他会要孩子帮着看看他想看的东西：“孩子，过来帮我看看，风车有没有转！”如果风车没动，老人就很高兴。老天爷今天没有刮风。也许当地的土地所有者决定放弃栽培新奇的作物，重新饲养“金蹄子的羊”。[1]达尼埃尔·施普雷姆贝格是个牧羊人，1778年，他在瓦尔特河河谷的山丘上获得750英亩土地，当时养羊在格宁（Gennin）是主要行当。不过，到新世纪之交，他的女婿奥古斯特·威廉·金克尔（August Wilhelm Künkel）已经让格宁发生了天翻地覆的变化。土地变成农田，羊的数量已是微乎其微。1840年代，金克尔建起了一座磨坊，加工自家和邻居的谷物，这成为对达尼埃尔最后的伤害。[2]

这个磨坊的插曲在汉斯·金克尔（Hans Künkel）的家族史中有着重要地位，这部家族史写于1950年代，在金克尔死后出版。1896年，金克尔生于瓦尔特河畔的兰茨贝格。第一次世界大战期间，他参军服役，退役后一直当教师。1946年，去世前10年，他被委任为新教牧师，继续从事他的天职，在沃尔芬比特尔（Wolfenbüttel）建立并管理一所孤儿学校。自成年后，他一直笔耕不辍，著有关于命运和生命历程的通俗心理学书籍、历史小说以及赞美家乡景观的《故乡》。[3]他的这些兴趣集中体现在这部家族史之中。金克尔家族世代变迁的故事围绕着“新时代”展开。[4]磨坊、碎石路以及铁路，火 312 车载着百无聊赖、不了解农村的乘客飞快地驶过，所有这些都是新时代的象征。柏林也是如此，这座生机勃勃的首都位于奥得河西岸。交通系统使世界变得越来越小，“没有人能够单独生活在18世纪的绿色牧场”。金克尔的挽歌抨击一切向钱看的信条改变了人与土地的关系。他写道，“如今”——指19世纪末——“人们开发而不是尊崇大地”。[5]这本书中有3个人物俯瞰着这个美丽新世界。一个是达尼埃尔·施普雷姆贝格，金克尔没赶上这位双目失明的长辈生活的年代；另外两位是金克尔的祖父母，他们是以“兄弟会”(Herrenhüter)闻名的新教教派的教徒。不过，大地才是真正的主角。格宁的大地承载着延续与永恒，呈现出自然的韵律。它目睹了变幻莫测的政治、战争以及互相厮杀的军队。附近的屈斯特林要塞落入拿破仑之手，当地村庄被法国士兵占领，它在那儿；当赫尔曼·金克尔（Hermann Künkel）从俾斯麦的战争退伍返乡，它依然在那儿；当失去一只手臂的作者从第一次世界大战的战场返乡，它带来了慰藉。汉斯·金克尔和家族成员一样，相信人应该“植根于大地”。[6]崇敬大地，就能够获得拯救。

313

这种逐出乐园和丧失纯真的故事并不新鲜。过去两百年来，这种故事的现代翻版有着大同小异的叙事线索。但这个故事不像初看

格宁的金克尔家族农舍

上去那么简单。金克尔家族故事开始的时间和地点与本书如出一辙：18世纪未开垦前潮湿、荒凉的奥得河和瓦尔特河沼泽。奥古斯特·威廉·金克尔最初来自奥德布鲁赫从前的渔村阿尔特－梅德维茨（Alt-Mädewitz），他放弃了捕鱼行当，心有不甘地前往腓特烈大帝开垦工程所创造的新世界。他住的地方是新开垦的瓦尔特河河谷之上的山丘，格宁庄园在那里有牧场。我们可以想象他的曾孙汉斯·金克尔会对这些失去的世界产生共鸣，在某种程度上说他也是如此。汉斯·金克尔充满向往地描述了业已消失的芦苇和藤本植物、鱼类和野生鸟类，这种描述手法并不罕见。但这只是故事的一半。金克尔也颇为赞赏沼泽地开垦出来可作耕地和牧场的土地，以及新的绿色植物。归根到底，格宁才是这个家族编年史的情感中心，而不是从前栖息着野鸭和野猪的湿地。对于金克尔来说，有害的不是18世纪的开垦工程，而是随后而来的心不在焉的"实利主义"。像许多涉及德国的大自然和德国故乡的作者，尤其是20世纪的保守派作者，金克尔赞美的"不变的"景观并非真的一成不变。[7]这本书中描述了一个让人伤感的时刻，使读者有了感同身受的认识。金克尔负伤后回到家乡，格宁的牧场成为他中意的隐居地。这座牧场是三角形的，野花盛开，蝴蝶飞舞，大树浓荫蔽日，这样的土地成为康复的象征。那么，这座牧场何以有如此奇怪的形状呢？答案是：瓦尔特河沼泽排水时开凿的纵横交错的水渠造成的。[8]我们应当还记得奥托·莫德松，当他站在横跨运河的桥上时，脑海中浮现出以自然为师的念头。[9]

金克尔版本的失乐园带有一种模糊性，这个特征贯穿了他的家族史。1945年后德国东部国土——"失地"——的命运，使之更加含糊不清。金克尔撰写家族历史之际，他已经带着91岁高龄的母亲逃到西部，而德国的瓦尔特河也已变成波兰的瓦尔塔河（Warta）。金克尔本人并没有谈及1945年时的情形，故事只讲到第二次世界大战之前，他就去世了。该书的编辑告诉我们，他的母亲逃离东部，314 他有两个儿子在战争中阵亡（编辑没有告诉我们，金克尔曾为1939年出版的一本纪念希特勒50诞辰的书撰稿）。该书的编辑是致力于保存德国东部"故乡"记忆的哥廷根研究小组的法学教授，他在导言中明确谈到“目前忍受着波兰人统治”的故乡。[10]这种失落感成为贯穿始终的主线。1944—1948年间，有1200万德国人像金克尔和他的母亲一样，要么在红军到来前逃离，要么被赶出了在东欧和东南欧的家园。数十万人死去（有人估计死亡人数高达150万）。[11]大多数难民和被驱逐者逃到很快就分裂的德国西部地区，他们的人数占西部地区人口的四分之一。在年轻的联邦德国，这些“新公民”成为一股强大的势力。他们组织“同乡会”（Landsmannschaften），致力于培养东普鲁士人、西里西亚人和苏台德德国人的集体认同感，得到了政治家，尤其是康拉德·阿登纳（Konrad Adenauer）的基督教民主联盟的支持。他们坚持对“失地”的权利，开展政治游说，举办年度集会和展览，出版形形色色的出版物。这就构成了辛辣的讽刺：从前在莱茵兰或巴伐利亚的德国人从未表现出如此强烈的德国东部观念。正是由于逃难的教授、中学教师、神职人员、新闻记者和“故乡”热心人士的不懈努力，奥得河和尼斯河以东的德国领土在不再属于德国之后才真正为同胞们所熟悉。[12]这是希特勒无意中带来的一个荒谬的后果。

在难民作家的回忆中，德国东部成为理想化的地方，而记忆是恒久不变的。红砖砌成的哥特式教堂以及条顿骑士的城堡属于东部辉煌记忆的组成部分，大德意志帝国修建的塔楼景观同样如此。[13]究竟是哪一种景观：自然的或开发的，未经加工的还是被篡改了的？像汉斯·金克尔一样，大多数难民作家呈现出来的是模棱两可、兼而有之的景观。他们回想起湖泊和森林，波罗的海沿岸的细浪与沙丘，冬天的皑皑白雪，春天散发着芬芳的菩提树，东普鲁士的野牛与麋鹿。他们总是强调德国人驯服了大地，使大地变得丰饶多产。保罗·费希特（Paul Fechter）追忆东部景观的“魅力”，把“鸟类的乐园”德劳森湖（Drausensee）与下维斯杜拉河“辽阔、葱绿、平坦的荷兰式牧场景观”相提并论。[14]卡尔海因茨·格尔曼（Karlheinz Gehrmann）在1951年出版的文集《没有德国人的德国家园》中更直截了当地谈到了东普鲁士。德国人与土地造就了一个“奇迹”，“东普鲁士成为耕地，同时又完全保留了自然形态。文明与自然再度和

316

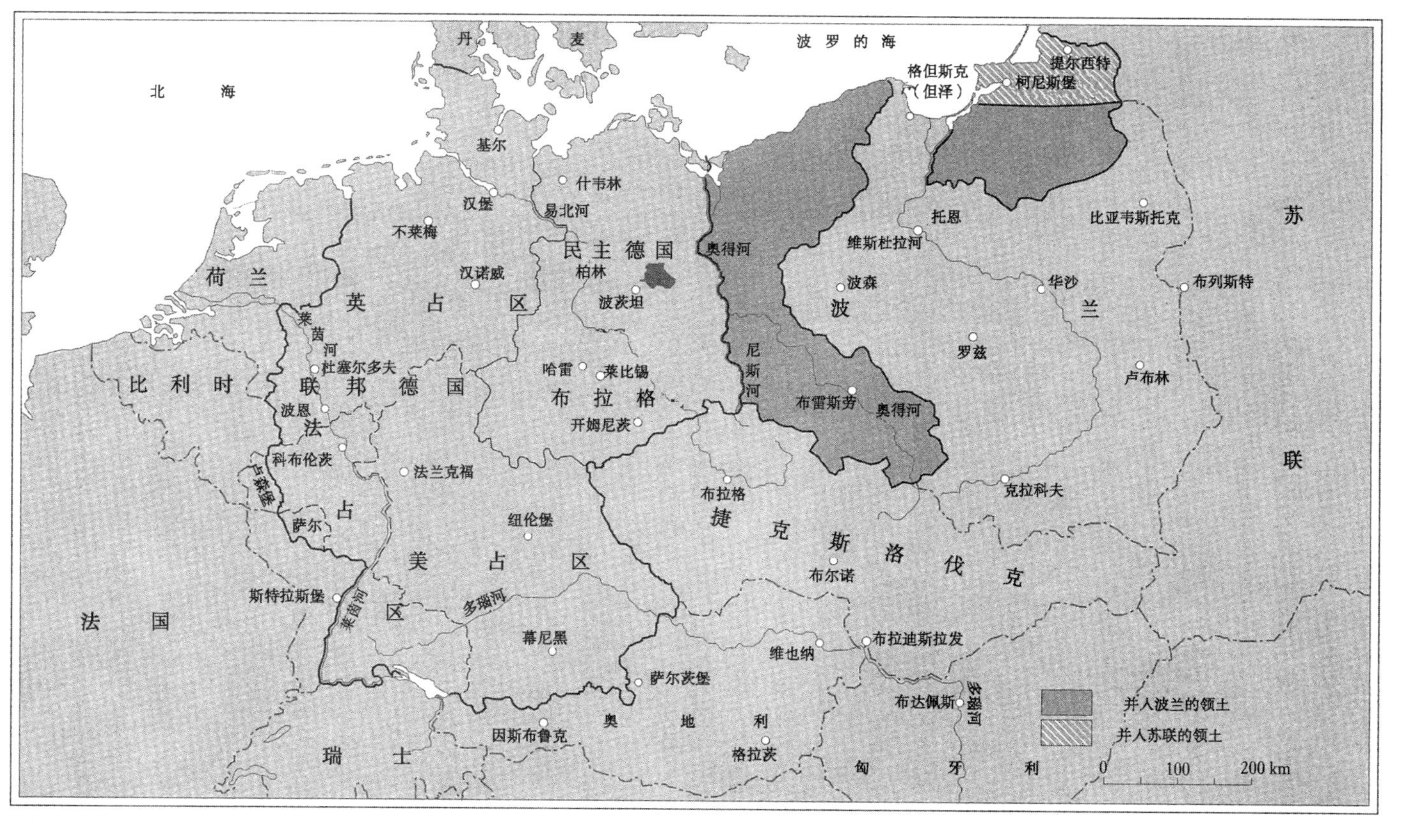

北　海
丹
麦
波 罗 的 海
格但斯克
（但泽）
提尔西特
柯尼斯堡
基尔
什韦林
汉堡
易北河
不莱梅
民主德国
柏林
波茨坦
汉诺威
荷　兰
英　占　区
莱
茵
河
杜塞尔多夫
比　利　时
联　邦　德　国
哈雷
莱比锡
布　拉　格
开姆尼茨
波恩
法
科布伦茨
卢森堡
法兰克福
占
萨尔
纽伦堡
美　占　区
斯特拉斯堡
莱茵河
区
多瑙河
幕尼黑
法　国
萨尔茨堡
因斯布鲁克
奥　地　利
格拉茨
瑞　士
奥得河
尼
斯
河
布雷斯劳
奥得河
托恩
维斯杜拉河
波森
波
华沙
兰
罗兹
比亚韦斯托克
布列斯特
卢布林
克拉科夫
苏
联
布拉格
捷　克　斯　洛　伐　克
布尔诺
维也纳
布拉迪斯拉发
布达佩斯
多瑙河
匈　牙　利
并入波兰的领土
并入苏联的领土
0　100　200 km

战后德国的分裂与“失地”

阿格内斯·米格尔

谐共存，而不是彼此为害”。[15]德国东部的神话有两个层面的含义，换言之，添枝加叶的难民作家希望这个神话包含两个层面：德国人对自然特别有感情，同时又具备塑造大地的特殊才能。后一个论点和前者一样令人怀疑，但更有助于重申德国对于东欧的主权要求。战后的作家一再重复着大同小异的故事，这些故事的内容自1930年代以来（甚至可以说自19世纪以来）就很少变化，讲述的都是德国人如何发现了一片“荒野”，然后使之变得富饶繁荣。故事里甚至有着相同的色调：勤劳的德国移民让“清一色的灰色”变成“多彩的颜色”和生机勃勃的绿色。[16]德国东部一度是个绿色花园，如今在思乡的难民笔下成为“我们心中的花园”。[17]

东普鲁士诗人阿格内斯·米格尔（Agnes Miegel）给这些情绪染上了悲怆色彩，这个例子也更好地说明了这种情感是如何被政治所牵累的。米格尔1879年生于柯尼斯堡，起初作为抒情诗人而声名鹊起。她的诗歌、短篇小说和散文表达了对故乡景观的深厚情感，这种情感饱含历史的沧桑，这历史是条顿骑士以及德国移民的历史，也包括她家族祖先在内的萨尔茨堡人。[18]阿格内斯·米格尔自视为“绿色平原”的后裔，这是她的作品中反复出现的主题。[19]自传性散文《塔的问候》是对“翠绿”大地的赞歌。米格尔深情地回忆了普雷格尔河（Pregel）沿岸的水渠、谷仓和桥梁，磨坊的水道以及在惠桑（Whitsun）的家庭散步中见到的开花的苹果树。看着父母沐浴在夕阳中，她“奇特地与大地、太阳和有着春天般芬芳气息的绿地融为一体”。[20]就在写下这些文字的1936年，米格尔应邀加入纳粹夺权后清洗过的普鲁士科学院，还在东普鲁士的家里接待希特勒青年团

317 的访问团。像汉斯·金克尔一样，她后来也撰稿纪念希特勒的诞辰，加入了纳粹党，并在新设立的德国瓦尔特省举行诗歌朗诵会。她的辩护者日后坚持认为，米格尔可能是出于政治上的无知才与纳粹走到一起，但她的作品完全属于用德国东部的富饶景观来证明文化优越的传统。[21]1940年，她出版了战时诗集《东方大地》，收录的著名诗篇基本延续了之前的风格：[22]

风儿吟咏着绿色东方大地的
永恒之歌，命运之歌
神圣的使命：
一望无际平原上的壁垒和堤防。

日后，米格尔逃往西部，被誉为“东普鲁士母亲”，成为东普鲁士人“同乡会”的名人。她写下了带有浓厚悲伤色彩的《为了纪念》《过去的大地》，歌颂“绿色的故乡土地”的和平与丰饶。[23]被驱逐者团体树立的正是这种理想化形象，似乎直到苏联红军向西进军之前，一切都是田园诗般地和谐，大批德国人逃亡仿佛是从蔚蓝清澈的天空坠落。

这种形象传达了十分清楚的信息：像他们开垦的富饶土地一样，德国人是受害者。《过去的大地》不断被收录进各种难民出版物，典型地表达了这一点：[24]

噢！冷风吹拂在空旷的大地，
慢慢吹散了灰烬和沙尘，
废弃的门口满是荨麻
田野边缘的蓟长得更高。

这类文学作品有一个常见的表现手法：德国人被驱逐之后，东部的景观便日渐衰败。在《难民》一诗中，沃尔夫冈·保罗（Wolfgang Paul）描述了一对年轻夫妇，他们抛下东部的甜菜地和农舍、只身逃到西部，但他们在西部过得并不幸福，与此同时，在东部，“大地变成丛林”。在卡尔海因茨·格尔曼的笔下，失地重新变成荒野，大草原向西推进，砂石淤塞了河流，河堤决口，洪水在低地泛滥。[25]洪水成为最常用的比喻，反映出长久以来德国人对混乱无序的斯拉夫人的印象。“噢，淹没的世界！”赫伯特·霍尔纳（Herbert Hoerner）哀叹道；约阿希姆·赖芬拉特（Joachim Reifenrath）的《荒凉的村庄》的第一行诗句是：“仿佛世界都淹没在水下。”[26]或许是出于同样的心理反应，保罗·费希特和阿格内斯·米格尔不约而同地提到“被淹没”的中世纪城镇特鲁索（Truso）。[27]

318

在联邦德国，德国东部难民的命运通常被视为禁忌。这种情形与他们的各种组织的政治影响以及获得的大笔公共资金不相称。西德各地修建了成百上千座纪念碑；许多道路和学校以阿格内斯·米格尔的名字命名。[28]各式各样的“同乡会”很快就抱怨受到了忽视；他们指责西德领导人虚伪，一方面鼓吹人权，一方面又漠视德国被驱逐者的权利。不过，这些团体的人权诉求更虚伪。它与德国长期以来对东部的领土诉求有着藕断丝连的关系，这种领土诉求乃是基于种族和文化上的优越感，当战后的作家继续描绘毁于“亚洲”入侵者之手的天堂般景观时尤其是如此。执迷不悟地用睁只眼闭只眼的方式看待历史，无疑削弱了被驱逐者团体的道义力量。他们建构起一种受害者心理，仿佛“驱逐”“恐怖”“残暴”只针对德国人。[29]随着社会的变迁以及1970年代初维利·勃兰特（Willy Brandt）政府推行“东方政策”（Ostpolitik），“同乡会”在联邦德国的存在趋于边缘化。但是，难民和被驱逐者团体依然故我，与世隔绝地封闭在自己的小圈子里。这种自我封闭带来了一个后果，官方机构之外的作者以截然不同的方式纪念德国东部。这些作者包括君特·格拉斯（Günter Grass）、霍斯特·比内克（Horst Bienek）、彼得·黑尔特林（Peter Härtling）、齐格弗里德·伦茨（Siegfried Lenz），他们只记住了失去的一切。他们的作品更具道义力量，因为他们承认德国人在东部犯下的罪行，这是大规模逃亡和遭驱逐背后的原因。他们笔下的东部景观也更为真实，这些景观不是德国人与自然互动、其他民族被排斥在外的永恒静止画面，而是公正地对待错综复杂的种族和语言现实。官方机构漠视这些作品，有时组织人马对这些作品口诛笔伐。官方如此神经过敏倒是有充足的理由，因为其他难民也在向冰封的记忆世界发起挑战。这是一场文学和政治的争论。君特·格拉斯在小说中描绘了战前的但泽及其腹地，那里有着水乳交融的不同文化，是一个不再有感情用事的“故乡”的世界。格拉斯受到被驱逐者代言人的羞辱，格拉斯反过来指责这些代言人编造了“老年人在西部有无家可归感的谎言”。这种“记忆破裂的景观”在昔日的联邦德国十分普遍。[30]

319

1989年11月，就在世界发生巨变的前夕，联邦德国出版了大批历史照片和明信片。海因茨·萨尔纳（Heinz Csallner）的《维斯杜拉河与瓦尔特河之间》典型反映了官方认可的关于德国东部的记忆如何在冰封数十年之后开始解冻，但是，如同难民们时常谈及的东部河流在春季解冻，记忆的解冻也是不均匀的。萨尔纳令人困惑地既有公正的姿态也有陈旧落伍的世界观。他在导言中谈及“种族疯狂”以及犹太人和波兰人受到的虐待，但这样的内容只有短短4行的篇幅，而且立即就在道德天平上找到了平衡（“德国人为此付出了巨大的代价，他们的家园、他们的过去都已荡然无存”）。他对于“瓦尔特省”一词与波兰人之间的负面关系十分敏感。但是，他随意地使用这个术语，理由是德国人在那个地区有很长的历史；因此，书中唯一的一幅地图是纳粹德国的“瓦尔特兰省”（Reichsgau Wartheland）。[31]《维斯杜拉河与瓦尔特河之间》低调但言之凿凿地颂扬德国的文化成就：腓特烈大帝开垦内策河和瓦尔特河河谷；繁荣的城市和蒸蒸日上的村庄，如内策布鲁赫（Netzebruch）的黑尔多夫（Helldorf）（“人们能够从照片中看出‘故乡’的含义”），以及瓦尔特河上的轮船。轮船和桥梁象征着德国技术创造的世界，成为许多照片的主题。一张照片是维斯杜拉河莱斯劳（Leslau）河段的桥梁，配的文字说明是：站在岸上看到的景致“让许多新移民兴奋不已”。[32]其他桥梁照片的文字说明告诉读者，这些桥梁于某时某刻被波兰人破坏，却并未说明为什么波兰人要破坏这些桥梁。

这是在1989年。次年，两德重新统一，德国承认奥得河—尼斯河边界；之后，苏联解体了。战后世界发生了变化，被驱逐者团体也相应改变。各团体成立宣言的措辞作了修订，也开始与从前故乡所属的那些国家进行交流，尤其是波兰。新的出版物在描述被驱逐者的苦难时，也会提及当时的历史背景，纪念碑不仅纪念受害的德国人，也纪念被德国人迫害的人。（在西部，这种做法已经延续了很长时间，在纪念遭轰炸的德国城市的仪式上，会特意放一些鹿特丹和考文垂遭轰炸的照片。）这种“从对抗到合作”的转变，按照维斯杜拉河－瓦尔特河“同乡会”的说法，在1995年纪念大规模逃离东部50周年之际已经很明显了。[33]这些团体曾经塑造、或者说扭曲了难民和被驱逐者的集体记忆。如今，它们开始迈步向前。然而，很多人很难放下过去的包袱。一位美国人撰写了研究普鲁士的著作，其中收录了曾在莱茵巴拉丁生活的一位被驱逐者在1990年代末的一番谈话。这个人当时已年届八旬，坐在现代化的别墅里，解释了从前的故乡究竟意味着什么：[34]

320

> 双脚一踏上那块土地，你就知道这是属于你的土地，美丽的田野和精心养护的森林呈现出来的面貌，是因为你的家族以那样一种方式“塑造”了它们，这就是我心目中的故乡……时时刻刻准备为它而死！这就是我对普鲁士的理解。对我的家庭而言，那里的土地就像海绵。它饱含我们的鲜血和汗水，它就像沙漠绿洲一样繁盛。

血泪牺牲的主题属于纳粹主义意识形态的残余；德国人把荒野变成绿地的观念，如我们已经看到的，有着年代久远的谱系。

退休教师黑尔穆特·恩斯（Helmut Enss）也将近八旬高龄，1998年，他出版了一本关于下维斯杜拉河的家乡村庄马里瑙（Marienau）的书。[35]这本书属于德国人通常所说的Heimatbuch（乡土志），这是一项乐在其中的工作，编纂者更多的是编年而不是撰述历史，它是收录了各式各样文献的大杂烩，包括历史文献摘录、地方传说、名录、农庄介绍、个人回忆和照片。坊间这样的书不计其数，它们通常是由退休教师编纂的，记录了德国城镇和村庄的盛衰往事。本书的独特之处在于，50多年前马里瑙就不再属于德国，作者自那以后也从未到过这座村庄。《马里瑙》最初的动因是，东、西德国重新统一后，许多健在的村民再度重逢。这本忧郁的书记录了失去的故乡，是应属于1950年代的出版物。

马里瑙坐落于维斯杜拉河三角洲，属于保罗·费希特描绘的绿色景观的一部分，那里富裕的农场主，如同开垦后奥德布鲁赫的农场主一样，素以享受生活中的美好事物而著称。[36]巧合的是，费希特也很熟悉马里瑙。1890年代，年轻的费希特住在埃尔宾（Elbing）附近，经常与朋友到马里瑙游览，他一位朋友的叔父和侄儿就住在马里瑙。夏天，他们一道散步，欣赏纵横交错的水渠之间的肥沃牧场和丰饶农田。冬天，他们乘火车到村子里，不久前那里刚刚通车。为什么冬天也去那里？马里瑙有家很出名的乡村旅馆，费希特可以在那里大快朵颐——“最地道的老东部”。[37]恩斯解释了这个村落如此富裕的原因，他讲述的是大同小异的故事：中世纪时坚持不懈地修筑河堤，使维斯杜拉河下游地区变成“上帝的花园”，在波兰人统治时期则备受冷落，洪水泛滥，随后的德国移民再次开垦了沼泽地区，1772年瓜分波兰使得西普鲁士重新回归井然有序的普鲁士方式。[38]海因里希·冯·特赖奇克想必很赞赏这种叙述结构。毕竟，特赖奇克自己就不惜笔墨来构建这种叙事结构。他想必还会认可黑尔穆特·恩斯讲述整个19世纪历史的方式，在俾斯麦执政时期的普鲁士/德国，河流整治保障了三角洲上村庄的安全。对于马里瑙这样的村落而言，洪水是生死攸关的威胁。1900年，这个威胁彻底消失了，或者看起来是消除了。[39]

321

之后，这个世界，德国人的世界，走到了尽头。恩斯划分了这个世界解体的阶段：《凡尔赛条约》把三角洲的村庄划归但泽自由邦，1939年波兰战役后短暂地“回归第三帝国”，然后是东线战场的命运转折，以及最终的逃亡。这些煞费苦心收集起来的资料讲述了家庭离散、失去亲人、背井离乡的绝望故事，让人很难不生同情之心。苦难降临到每一个人的身上；他人承受的痛苦并不能减轻你的痛苦。是否应该承认还有其他层面的历史，是否应该承认这些历史与1944—1945年间分崩离析的世界相关？这本书丝毫没有提及德国的种族迫害，没有提及集中营，没有提及被杀害的波兰人和犹太人。有的只是波兰人的顽抗使得德国人的种种努力化为泡影，于是德国在忍无可忍的情况下走向战争，之后又为了自卫进攻俄国。可见，冰封的记忆并未解冻。在这本书的最后一页，恩斯引用了阿格内斯·米格尔战后发表的一首诗。[40]这些诗行特别适合马里瑙这样的三角洲村庄，虽然主导的隐喻业已成为东部德国人的第二天性：

> 我站在仍属德意志的土地上，
> 远离故乡和我的亲族，
> 凝望着危在旦夕的河堤。

河堤确实在战争末期溃决了，但那是德国人自己毁坏的。1945年3月，德国国防军在撤退时炸毁了维斯杜拉河河堤，深达4英尺的洪水淹没了三角洲。在一个多世纪的时间里，抵御“斯拉夫洪流”的河堤和大坝不仅象征着德国人的种族优越，也折射出德国人的焦虑。如今，如黑尔穆特·恩斯所说，形势所迫，必须用“洪水抵御洪流”。本是一场“人祸”的决堤，居然变成了“幸事”，因为它“阻挡了杀人放火、奸淫掳掠的游牧民族”。[41]

322

“经济奇迹”与生态学的兴起

玛丽昂·登霍夫（Marion Dönhoff）伯爵夫人是1945年初逃往西部的数百万人中的一个，她骑马逃离了东普鲁士的家族庄园，日后成为德国备受尊重的自由派周刊《时代》的出版人。玛丽昂·登霍夫很清楚究竟是什么导致了1944—1945年的大灾难。她和她的小圈子蔑视纳粹主义。她的密友、另一个东普鲁士家族的海尼·莱恩多夫（Heini Lehndorff）参与了反希特勒的七月密谋，事败后惨遭杀害。她直言不讳、实事求是地记述了逃往西部的经过，直到地方当局已经瓦解，纳粹官员还在阻挠本来可以拯救德国人生命的撤离。对于失去故乡，登霍夫的反应是现实主义的。她的书出版于1962年，她在前言中写下了痛苦的结论：除了接受失地的现实之外，别无他途：[42]

> 我选择承受说“是”所带来的惨痛牺牲，因为说“不”即意味着报复和仇恨。我认为，一味仇视占领故乡的人，诋毁支持和解的人，并不能表达对故乡最高的爱。每当我想到东普鲁士的森林和湖泊，宽阔的草原和古老的林荫道，我确信它们现在与作为我的家园时一样，依然无与伦比地美丽。或许这就是最高的爱：非占有性的爱。

景观在这本书中占有极为重要的地位，她后来出版的回忆录《东普鲁士的童年》亦是如此。在回忆逃亡经历时，景观会在某个时刻以出人意料、引人驻足的方式浮现出来。登霍夫回忆了这样一个时刻：“普鲁士的景观如同一部奇妙电影的布景，从我们眼前掠过，速度非常慢，就像慢镜头，仿佛画面要再次留下印记。”在历史名城埃尔宾和马林堡（Marienburg），大炮轰鸣，火光映红了天空，成千上万的难民就像一部大戏中穿着戏服的临时演员。[43]在其他人关于逃亡的叙述中，我们也能找到这种向景观告别的情绪，而且景观突然间带有一种超现实感。[44]1945年，德国战败的混乱导致了许多荒诞不经之事，它们讽刺乃至推翻了所有“驾驭”自然界的看法。纳粹“乐力会”的快乐之船，数年前还在耀武扬威地载着纯种德国人“回到帝国的怀抱”，如今被临时征用，把难民从波罗的海港口运到安全的地方。许多船只葬身大海，如“威廉古斯特洛夫”号（Wilhelm Gustloff），连同船上的9000名乘客一道沉入海底，是“泰坦尼克”号灾难死亡人数的6倍。[45]1945年5月，德国的港口和码头设施遭到严重破坏。90年前从亚德湾的污泥中拔地而起的威廉港被夷为平地，不仅港口和船坞被毁，学校、医院、教堂、市政厅和图书馆也毁于一旦。将近37000幢民房被毁，500名平民丧生。[46]德国城镇被炸毁，供水全面中断，妇女们用提桶从紧急供水管接水；不需要水的地方却到处是水，弹坑里满是积水，无家可归者栖身的地窖也被水淹没。[47]“只有河流是完好无损的”，约翰·勒卡雷（John le Carré）笔下的人物在回忆这些年时如是说。[48]其实这个说法不对。1945年，德国大江大河的干流都堵塞了。直至今日，河道里仍有沉船残骸和国防军撤退时炸毁的桥梁废墟，这些桥梁废墟成为象征着

323

天翻地覆的世界的不朽形象，最著名的或许是科隆坍塌的霍亨索伦桥。这座桥“屈膝跪在水里”，马克斯·弗里施（Max Frisch）在日记中写道。[49]

遍地瓦砾、残垣断壁的景象触目惊心。面对自然环境的无助感推动了战后的重建，人们必须首先满足物质需求，根本无暇顾及对自然界的影响。不过，战败和毁灭的悲惨境地也把人们引向一个相反的方向。它引导人们去寻求慰藉，而大自然就是带来慰藉的地方：被理想化的“故乡”的大自然。德国城市被夷为废墟，“只有自然和景观依然是我们生活的坚实基础”。[50]这番锥心之语表明，对于景观和带来安慰的大地的认同，还有另外一重心理功能：德国人借此自认为是受害者。[51]无论如何，在分裂后的德国西部地区确实有这种心态。东部是否也是如此就很难说了。新政权竭力压制民众对“故乡”和自然的依恋，不论“故乡”还是自然，都与一个自觉反法西斯的现代中央集权国家背道而驰。有证据表明，这种情感还是延续了下来，只不过转入了地下。[52]在西部，这种情感肯定没有被忘却。1945年德国的衰败引发了两种反应，一方面是想要获得物质保障，另一方面是把大自然理想化，这两种针锋相对的情绪贯穿整个战后年代，表现得最显著的莫过于来自前德国东部的“失地”的数百万难民。

324

大多数难民住在德国西部地区，即未来的联邦德国，他们对1950—1960年代被誉为“经济奇迹”的繁荣发挥了重要作用。现代德国历史上从来没有过如此高的经济增长率，德国的河流和湿地也从来没有过如此巨大、如此迅速的变化。在战后重建的压力和繁荣的推动下，业已延续了两个世纪的改天换地进程加速了。难民成为这种转变的首要原因：原生状态的泥沼地彻底消失了。为了解决社会问题，昔日以“内部移民”的方式开垦了这些泥沼；后来，人们又认为这些泥沼地可以拯救“没有空间的民族”。如今的人口流动兼具之前两个时代的特征，泥沼地开发为安置难民和被驱逐者提供了安全阀，他们被安置在下萨克森州和巴伐利亚州等西德乡村地区，通常不受当地居民欢迎。下萨克森州的奥尔登堡安置了25万人，接

325

1945年科隆莱茵河上被炸毁的霍亨索伦大桥

近当地人口的三分之一。[53]为了给西里西亚人和波西米亚人提供新住宅，德国西北部仅存的高位酸沼也消失了。到1950年，首批6个安置点建成；随后，埃姆斯兰计划兴建了更多的安置点。阿申多夫莫尔（Aschendorfmoor）、韦祖威尔莫尔（Wesuwermoor ）、祖斯特鲁默莫尔（Sustrumermoor）、黑泽佩莫尔（Hesepermoor）瓦尔丘姆（Walchum）等地安置点已初具规模，填补了早先安置点之间的空白，整个下萨克森州只剩下3块不大的、孤立的原生泥沼地。[54]

酸沼在战后不久就彻底消失，这反映了时代的特征。泥沼地可以提供迫切需要的土地；在粮食和燃料恢复正常供应之前，它们还提供了粮食和燃料。从更长的时段来看，战后泥沼地的开发与之前有所不同，但同样具有新时代的特征。泥炭生产还在延续，并日益机械化，产品主要是园艺方面的泥炭混合物或隔热材料，而不是作为燃料。在其他地方，底土被翻到酸沼的表层，改良成需要施人工肥料的耕地。[55]这其实是整个联邦德国农业生产的缩影，就连下莱茵河平原这样的肥沃地区也是如此：平原上推行了大规模的机械化，彻底改造了现有排水系统，更加精耕细作，更多灌溉，更多化肥和杀虫剂。好消息是日趋缩减的农业部门养活了日益增长的城市人口。坏消息是改造成混凝土暗渠的小河数量激增，不那么引人注目、但危害更大的是含有硝酸盐的水排入河流、渗入地下水。这就是联邦德国为了让超市货柜有充足的商品所付出的长期代价，经济部长路德维希·艾哈德（Ludwig Erhard）在1957年大选中提出的"所有人的幸福"的另一面。[56]

人工肥料还只是日益严重的西德河流污染的一个来源。金属沉积物是工业繁荣的副产品；一些水道堆积起12英尺高的泡沫。油脂排入河流和近海；生活废水则含有氨和磷酸盐。即使是小溪小河也受到污染。莫尔道河（Moldau）发源于奥登瓦尔德（Odenwald），最终汇入上莱茵河，对这条河流的长期跟踪研究表明，到1960年代末，农业、生活废水和工业污染破坏了河流的自净能力。其他河流也是如此。巴伐利亚的河流再没有发生鱼类大量死亡的事件，因为河里已没有多少鱼了。[57]大江大河最终也出现了严重的污染，河水携带种种有毒物质流入大海。1950年代，莱茵河每年捕获的鲑鱼数量只有可怜巴巴的数千条（第一次世界大战前，每年的捕获量还有16万条），这样的鱼食用也不安全。1970年代初，宾根（Bingen）以下浪漫峡谷的莱茵河段比过去更脏，污染更严重，尽管这一河段的有毒废水没有最终穿越下莱茵河平原流入荷兰的河段那么多。多年来，人们心安理得地认为，莱茵河能够稀释农业溢流和工业废水，或是把废水冲入内卡河（Neckar）、美因河和鲁尔河等支流。这种美好愿望化为了泡影。在很长一段时间里，莱茵河从生物学上来讲已经濒于死亡。[58]

在四分之一个世纪的强劲增长之后，1973—1974年，第一次欧佩克石油危机冲击了联邦德国。在联邦德国，水资源滥用已经到了极限。19世纪以来将德国河流转变成有机机器的工程措施仍在延续，但开发速度加快了。这意味着继续进行河床整治，已有水电站的河流要建设新的发电站，在之前未受控制的（并非原生态的）河流上兴建水电站。摩泽尔河工程是其中之一，按照法国、卢森堡与联邦德国达成的协议，1956—1964年对摩泽尔河进行了梯级开发。新河道包括13道船闸和大坝，可全年通航1500吨级的船舶。德国境内的河道修建了11座水电站，工程总造价高达7.7亿德国马克，但这笔金额并未算上给摩泽尔河穿上"技术紧身衣"(海因里希·门克语)，或是给当地动植物群落带来的负面影响。[59]摩泽尔河改造表明了德国水资源面临双重压力。一个压力是通航的需要，到1980年代，联邦德国的内河航运已经占到运输总量的四分之一。[60]那些属于更大的西欧运输网组成部分的河流，尤为强烈地要求实施进一步的河流整治。(这方面有一个最直观的证据，不妨数一数莱茵河上悬挂荷兰和瑞士旗帜的船只数量。) 第二个潜在的问题是，工业用电量增长，家庭生活日益依赖于洗衣机、烘干机和洗碗机等家用电器，能源利用的增长速度远远超过了人口增长速度。解决途径是在巴伐利亚阿尔卑斯山区、黑森林（Black Forest）地区和平原河流流域建设水力发电站，尽管"白煤"不再像早先年代那样被视为魔法般的技术手段。[61]核电站接替了"白煤"的角色，1950年代后，核电站获得了自然环境保护人士的交口称赞，他们把核电站视为水电站的替代选择，可以保留山川河谷的自然美，站在后见之明的立场看，他们的赞美真是一个讽刺。[62]

327

大坝建设并未就此止步，反而以前所未有的速度推进。1900年前后是德国大坝建设的古典时代，单纯从数量上看，真正的黄金时代当属1950后的30年。新大坝大多既能发电，也能提供饮用水。这些大坝包括德国有史以来最大的水坝，如巴伐利亚州莱希河（Lech）的罗斯豪普滕（Rosshaupten）大坝，邵尔兰的比格河谷（Bigge Valley）大坝，搬迁移民达2500人。[63]即使在当时，水库也仅仅提供了联邦德国饮用水的八分之一。不得不调动其他水源来供应缺水的大都市。为了给莱茵河－美因河地区的350万人供水，需要通过管道从黑森沼泽（Hessian Ried)、施佩萨特山（Spessart）和福格尔斯山（Vogelsberg）等地下水资源丰富的高地调水，这导致这些地区的地下水位严重下降，以1970年代的黑森沼泽为例，大量抽水和连续的夏季干旱造成了地面塌陷。有些地方的地面下陷了12英尺之多，从而威胁到农业、森林和大约价值1400万马克的建筑物。怎么办？甲方案是在陶努斯山脉修建一座新水库，但被抗议者所阻止。乙方案是抽取黑森沼泽的地下水，结果导致地陷。丙方案同样引发了争议，按照这个方案，需要投资3.3亿马克，在莱茵河的比贝斯海姆（Biebesheim）兴建净水厂，用管道将净水厂净化过的水抽送到高地，再陆续渗入地下，以维持黑森沼泽的地下水水位，这样，一旦再出现旱情，便可以从黑森沼泽抽取额外的地下水，“节约”施佩萨特山和福格尔斯山脉的水资源。[64]

这项传奇般的计划有两层含义。一方面，它回溯了长期以来水利工程总是造成始料未及的后果的历史。这样的例子不胜枚举，不论是奥得河还是莱茵河水利工程都是如此。防洪措施引发了新的洪水威胁，“整治”河流导致河水出乎意料地冲刷河床，大坝带来了始料未及的副作用，抽取地下水造成地下水位灾难性地下降，所有这些工程都是搬起石头砸自己的脚。然而，困扰着莱茵河－美因河地区的严重供水问题也带来了新东西：严肃的反对意见。水利工程师的每一项建议，不论是在陶努斯山脉兴修水库，在山上建造水泵站，还是在莱茵河建设净水厂，都招致了批评以及替代性建议（其中包括水源保护，分开供应饮用水和其他用水）。这并不是孤立的事件，也不是这场特殊争论有什么时间上的巧合。正是在1970年代，战后年代争议最大和最被低估的10年，德国，至少是西德，开始转变对待水资源的态度。

328

这种担忧本身并不是什么新鲜事物。战争刚一结束，水污染就曾引发争议，鱼类大量死亡的照片尤其触目惊心。1951年，“德国水资源保护联盟”成立，联盟对德国环境现状发出了警告，远远早于新闻周刊《世界报》宣布莱茵河是“德国最大的下水道”。[65]河流整治和新上马的水利项目也招致了反对。巴伐利亚州自然环境保护人士与强大的能源联合企业BAWAG展开了旷日持久的斗争。不知疲倦的奥托·克劳斯（Otto Kraus）在将近20年间领导当地环保人士奋力抗争，他后来自豪地宣称，仅在巴伐利亚州一地就曾迫使10多项工程下马，虽然他们通常只能让工程推迟或是压缩原方案的规模，全国各地的环保运动基本都是如此。摩泽尔河梯级开发招致了环境、渔业和旅游团体的抵制（因为担心运河运输的竞争，铁路部门也加入了反对者的行列），它们共同争取到有限的让步。[66]相比大量死鱼和几何形状的河流，湿地开垦和过度抽取地下水没有那么惹人注目，但也有人士注意到、并且公开了这些工程对地下水位的影响。“荒漠化”威胁这一长期主题依然备受关注。安东·梅特涅（Anton Metternich）提醒人们关注“荒漠的威胁”，埃利希·霍恩斯曼（Erich Hornsmann）发出警告：最基本的生活要素正在成为“短缺商品”。[67]

在联邦德国，1950年代是家长式的、保守的10年，但在涉及自然界的问题上没有丝毫自鸣得意。事实上，批评者秉持的保守观念恰恰成为焦虑的源泉。他们不喜欢“支配”大自然，正如他们厌恶共产主义和美国摇滚乐。他们对自然景观的担忧与更广泛的关注一脉相承：维护家庭、守望德国“故乡”、捍卫“基督教西方”、抵御粗俗的实利主义和苏联“极权主义”。保守主义者抨击经济奇迹的阴暗面，通常斥责技术上的妄自尊大（“自大狂”，用安东·梅特涅的话说）。[68]延续至今的理想化德国景观形象成为核心的参照物，也就不足为奇了。1955—1965年间，“自然保护协会”会员人数稳步增长，他们喜欢争论说，景观的破坏就是过度“机械化”“美国化”的“大众”社会的明证。1950年代出版了一大批书籍，用宗教启示的措辞表达了这一中心思想，如霍恩斯曼的《另类的崩溃：大自然对于其法则遭滥用的反击》（1951年）、安东·伯姆（Anton Böhm）的《魔鬼的时代》（1955年）、君特·施瓦布（Günther Schwab）的《魔鬼的舞蹈》（1958年）。[69]这种文化保守主义的源头可以追溯到1945年之前的年代。一些预言家有着可疑的政治伙伴（施瓦布在1960年代与新纳粹组织德国国家民主党关系密切），也否认不了“鳄梨综合征”的现实：表皮是绿色的，内核是“褐色的”（指纳粹）。[70]战后，很多第三帝国时期活跃的环境保护人士恢复了活动，却没有反省和忏悔。如果说他们公开表达了什么遗憾，那就是怀念战前的美好日子，当时像他们这样善意而博学的人士享有（他们自称）很大的影

329

响力，获准从事保护自然的事业，不会受到无聊政治争论的打扰。他们的著述和演讲几乎毫不掩饰地流露出权威主义倾向，其中不乏可以直接追溯到1930年代的观念。“全国公园协会”主席自负地表示，这些观点有着重要的“民族－生态”意义，因为祖国的土地对于种族生命力来说是必不可少的。这些人当中绝大多数（他们几乎全都是男性）都会深情地回忆1935年的《帝国自然保护法》，视之为“非政治”立法的典范。这些不可救药之人当中有我们的老朋友阿尔温·塞弗特，他通过了非纳粹化的审查，继续从事景观设计和自然保护事业，成为摩泽尔河梯级开发（这是他的诸多抨击目标之一）的主要批评者。1962年，他出版了一部自传，起了一个自鸣得意的书名：《景观的一生》。此前一年，塞弗特与其他著名人物汇聚330康斯坦茨湖，发表了《迈瑙绿色宣言》(Green Charter of Mainau)，这是战后西德环境思想发展的里程碑式文献，至少事后来看是这样。[71]

许多环保人士的政治背景可疑，这并不意味着他们所说的一切都毫无价值，我们也不应忽视这样一个事实：他们的观点往往包含令人信服、理由充分的生态学考虑。尘暴的威胁并非天方夜谭，阿尔温·塞弗特早就发出过警告。[72]无论如何，在1950—1960年代的联邦德国，敲响警钟的并非只有塞弗特、克罗泽、克劳斯以及第三帝国环境保护运动的其他幸存者。有些直接受到冲击的利益集团，如渔业和旅游业，也发出了各自的声音。许多科学家也大声疾呼，他们当中有地质学家、生物学家和动物学家。他们对环保运动的“生态化”发挥了重要作用，联邦德国建国之初，“大自然就是德国人的家园”的观念就有大批支持者。过去50年来，水文生态学家奥古斯特·蒂内曼始终提倡生态学视角，强调每一条河流都是“统一的整体、大自然的支流，都是一个‘小天地’、一个与周围景观有着内在相互作用的小世界”。[73]政治领导人也振作起来。1952年，当局成立了一个超党派的工作小组，地方和全国性政治家呼吁更妥善地管理水资源和其他自然资源。《迈瑙宣言》签署者的身份反映了环境关注的广泛程度，它也是德国最早使用“自然环境”一词的文献，要到

1960年代，“环境”（Umwelt）一词才逐渐受到人们的重视。

回过头去看，各方的大力倡导只产生了微不足道的公众影响和政治影响，未免让人有些不解。霍恩斯曼和施瓦布的著作确实是畅销书，而且早于引起轰动的蕾切尔·卡逊（Rachel Carson）的《寂静的春天》德文版（1962年）。与此同时，新闻媒体也乐于曝光吸引眼球的突发性生态灾难。有什么能比莱茵河里的死鲑鱼更触目惊心呢？埃内·安德森（Arne Andersen）认为，自然环境保护人士不光彩的过去削弱了他们所作预言的力量，这种看法没有什么说服力。[74]这些预言不仅与保守派在其他问题上的关注步调一致，也来自许多政治清白的人士。这些预言未能产生重大影响的原因可能很不起眼。环境危机意识的社会基础太过薄弱，针对某项工程的舆论动员不够广泛，持续时间也不够长。新闻媒体对环境问题的关注也是时断时续，虽然有些新闻报道（如1959年《明镜》周刊关于水资源的一篇长篇报道）内容翔实、态度严谨。[75]环境警告的呼声未能撼动当时的主流观念：经济增长将无限持续下去，不会产生长期的损害。

331

变革来临之际，局面迅速改观。1970年9月，只有40%的西德公众了解“环境保护”这一术语；1971年11月，这一比例上升到90%。[76]这种情形有点像水骤然间变成冰或水蒸气，不仅自然界有骤变，人类社会也时有发生。环境保护问题上的骤变起因于高层政治变动。我们甚至可以给出一个具体日期：1969年11月7日。是年秋天，社会民主党和自由民主党组成的执政联盟上台，卫生部的一个下属部门划归汉斯－迪特里希·根舍（Hans-Dietrich Genscher）领导的内政部管辖。这个部门有个累赘的名称：“水资源保护、清洁空气维护和噪音防治署”。11月7日的会议上，有人建议更名为“环境保护署”。根舍同意了。[77]但是，1969年11月的这个象征性变革只是表面文章，关键在于解决实际问题。这次起作用的恰恰是政党政治的好处。自由主义的自由民主党是执政联盟中较弱的一方，因而把环境保护作为他们可以当家做主的事业；执政联盟中占主导地位的社会民主党则关注如何迎合社会各阶层。不过，这也并非全然出于政治计算。根舍是严肃对待环境问题的。社会民主党主席维利·勃兰特（被人称作“环境维利”）也是如此，他在1961年大选时就提出要防治空气污染，重现“鲁尔的蓝天”，1969年上台后又承诺制定新的环境法。[78]锐意改革的社民党－自民党联盟召集行政官员、科学家以及相关领域的团体，提出了一项政治倡议，1970年代初政府创造了良好的氛围。新法律提高了环境保护的地位，1974年，设立了联邦环境署，相关研究也得到资金资助。同一时期全球范围的环保浪潮也增强了民众的环保意识。欧盟委员会把1970年定为自然环境保护年。美国庆祝了第一个地球日，斯德哥尔摩召开的联合国会议准备把1972年定为世界环境年。1972年，罗马俱乐部发出了“增长的极限”的警告，报告很快就译成德文。环境问题峰回路转。波恩的332 环境政治吸引了新闻媒体持续报道，人们开始关注之前那些活跃但各自为战的环保人士。[79]

环境保护主义进入到西德政治争论之中，成为议会、新闻界和街谈巷议的焦点。市民掀起了抗议浪潮，反对污染和耗尽土地的高科技工程，最大的抗议行动是反对在莱茵布赖斯高（Rheinish Breisgau）的维尔（Wyhl）和下易北河的布罗克多夫（Brokdorf）建造核电站。学生运动的参与者和议会之外的左派开始加入这一事业，他们在1960年代从来没有关注过环保问题。（要知道，切·格瓦拉曾告诉自己的孩子“要发奋学习，掌握驾驭自然的各种技术”。[80]）1970年代末，形形色色的环保人士、马克思主义团体、女权主义者以及无政府主义组织“激进分子”（Spontis）组建了绿党。正是在这10年间，自然环境保护演变为生态意识，而且很快从右翼阵营转到左翼阵营。一系列问题引发了持续的争论，不仅有原子能、酸雨、全球气候变暖等长期威胁，也包括一些突发事件，如巴塞尔附近山德士（Sandoz）工厂化学品泄漏事故，1986年秋的这起泄漏事故污染了莱茵河，离切尔诺贝利灾难刚刚过去6个月。勃兰特政府推行新政策后的20年间，涌现出一大批环境题材的书籍、小册子和虚构作品。许多联邦德国最著名的公众知识分子相继介入了这一问题。卡尔·阿梅里（Carl Amery）出版了《作为政治的自然》，汉斯-马格努斯·恩岑贝格尔（Hans-Magnus Enzensberger）致力于“生态社会主义”，艺术家约瑟夫·博伊斯（Joseph Beuys）用生态螺旋来表达乌托邦理想，君特·瓦尔拉夫（Günter Wallraff）不再揭露通俗小报《图片报》，转而草拟了一份环境宣言，谴责人类“宰割”自然界。他还联合莱茵兰同乡海因里希·伯尔（Heinrich Böll），共同呼吁建立“绿色人民阵线”。[81]知识阶层表达的环保意识仅仅是更广泛的认识转变的缩影，尤其是年轻人环保意识的增强。小出版社出版的环保宣传手册、流行民谣歌手的歌曲、另类杂志登载的城市“风光”所传达的信息、大学生酒会上的谈话以及城市中共同生活的“合租宿舍”（Wohngemeinschaft）的日常惯例，无不反映出环保意识的深入人心。此外，相比其他发达国家，在联邦德国，自然和生态意识与其他重大问题更紧密地交织在一起，如战争威胁、大公司权力、妇女权益。

一切朝着好的方面发展，民众参与环保的积极性也提高了。联邦法律法规、土地使用规划程序、环境影响评估、在法庭上质疑大型工程的新机会，所有这些都改变了环境保护的前景。新举措给德国的水体带来了惊人的效果。污染大幅下降，建造了先进的污水处理厂，实施更严格的污水排放限制，彻底禁止磷酸盐基清洁剂等污染物。1970年代后，尽管农业生产以及山德士工厂事故这样的突发事故仍然排放硝酸盐，但联邦德国的河流比以前干净得多。河水含氧量上升了，昆虫、软体动物和鱼类逐渐恢复生机。同一时期，西德成功地让水（还有空气）变得干净，其他的富裕西方社会也实现了同样的目标。[82]煤炭和钢铁工业的衰落使得这一进程比预想的要顺利。让人印象深刻的是，联邦德国通过更有效地利用现有能源，加大对替代能源的投资，能够既放弃原子能，又相应缩减水力发电规模。替代能源的最佳典范是莱茵河卡尔斯鲁厄的风力发电机（每年可以满足约50户家庭的能源需求），这些风力发电机的位置离19世纪改造莱茵河的约翰·图拉的纪念碑不远。[83]1970年代后，西德很少上马新的大坝；像其他影响环境的项目，如新机场、高速公路扩建以及核电站一样，大坝建设也遭到了抵制。如今，人们自觉地“绿化”现有大坝的周边环境；管理饮用水水库时设立生态目标，对浮

333

游生物和鱼类数量进行“生物调控”，以达到治理富营养化的目的。[84]

这种方式旨在“恢复原貌”。这个目标是否切实可行？对于那些深度开发的河流而言，恢复原貌是否所失甚大、所得甚小？这种做法有许多潜在的效益：审美（混凝土涵洞和运河网消失）、生态（让小生境休养生息，消失的物种就会回来）以及现实的益处（恢复湿地作为洪水的泛滥盆地）。[85]经济利益也在考虑之中。保护热带雨林栖息地的一个动因是将来可以从“生物开发”中获益，德国提倡恢复河流生态的倡导者都注意到生态退化的经济代价。托马斯·蒂蒂策（Thomas Tittizer）和法尔克·克雷布（Falk Kreb）指出，以1985年为基数，莱茵河能够产出60倍的经济效益，价值超过7000万马克。[86]1970年代末以来，德国的大江大河都尝试以这种方式恢复原貌；一些小河已经全面恢复了原貌。但是，消除河道治理的后遗症远比清除污染物困难，效果也更难预料。审美和生态目标往往彼此抵触，大多数生态学家怀疑“人造曲流”不能解决问题。保护要比“修复”强，更适当的做法是保护那些等得起、也只能等待的东西，而不是误入歧途地试图“制造自然”。[87]在莱茵河这样的水道，恢复湿地泛滥平原将带来尤其严重的后果，因为这些湿地将要连通的干流虽然比30年前干净得多，但流速也要比当初快得多。河流曲流地带新形成的群落生境能够得到保护吗？[88]最大的问题在于，每一条交通大动脉的大多数河段几乎没有多大的回旋余地，因为人类居住区、农业和工业已经占据了大部分泛滥平原。莱茵河及其支流实施的“鲑鱼2000”项目充分说明了问题的症结所在。通过持续保护和恢复鲑鱼繁殖地，在水电站大坝建造鱼梯，向河里投放鱼卵，最终让鲑鱼重返莱茵河，但鲑鱼的种群数量尚未达到足以自我维持的程度。[89]

334

工程师和生态学家争论“恢复原貌”和恢复湿地栖息地问题，这本身就突出表明剧变已经发生。河流工程不会再用开沟挖渠的老方法。关于泥沼地、草本沼泽和沿海滩涂的讨论同样如此，沼泽和滩涂的维护者不再孤立无援。如今，问题不再是这些沼泽滩涂是否需要保护，而是如何更好地加以保护。1980年代，在能源、回收利用、土地规划等问题上的公众辩论，环境因素已经成为一个重要议题，其重要性是其他大国无法比拟的（虽然联邦德国比不上一些小国，如斯堪的纳维亚国家和新西兰）。所有政党都重视公众和媒体的环境诉求。作为一种政治存在，绿党也带来了同样的效应。一场政治巨变导致赫尔穆特·科尔（Helmut Kohl）的基督教民主党重新执政，但环境政策并没有实质性转变，这一政治巨变使得德国的右派有别于罗纳德·里根时期的美国右派和玛格丽特·撒切尔时期的英国右派，科尔遣词造句的方式受到知识阶层的大肆嘲弄，但与那位美国总统不同，他从来没有说过污染是树木造成的，也无法想象他会甘冒公众的反对，像福克兰危机时期那位英国首相一样宣布："当你从政时有一半时间都花在环境等无聊问题上，你会很高兴能够处理一场真正的危机。"[90]在西德，从来没有人如此轻视环境问题。巴登－符腾堡的基民党总理洛塔尔·施帕特（Lothar Späth）等技术现代化派强调，如果联邦德国加速向以信息化为基础的后工业化经济过渡，对环境是有利的。[91]1990年，社会民主党总理候选人奥斯卡·拉方丹（Oskar Lafontaine）准备将环境问题作为当年大选的中心议题，直到他和他的党意外遭逢民主德国的崩溃。

335

德国对大自然的改造

民主德国崩溃的一个意外结果是其灾难性的环境状况暴露出来。9000多个湖泊遭酸雨破坏，地下水严重污染，一些河流成为欧洲污染最严重的河流。事态何以严重到如此地步？答案要到民主德国40年的历史中去找，但最关键的时期是1970年代，当时正是东德环境史的转折点，而东德未能实现转变。

在两个德国对峙的头20年里，它们相互攀比，"一片废墟的年代"之后，两个德国进行了最初的重建，此后出现了持续的经济发展，联邦德国固然发展得快一些，另一个德国的发展速度也足以让人们谈论"社会主义经济奇迹"。两个德国盲目的工业发展都付出了景观和环境的代价。当然，两国有着截然不同的意识形态：西部是自由市场资本主义的"创造性破坏"，东部是极端的苏联式计划经济发展模式。马克思曾经指出，废除资本主义制度将消灭人剥削人的现象，人类得以自由地利用自然。换言之，借用1960年代一位苏联规划者的典型说法，自由地“克服大自然的错误”，他这番话是指让336鄂毕河（River Ob）改道，修建一座比里海还大的水库，融化北冰洋冰帽，进而改变日本洋流的方向，提高苏联东部的气温。[92]东德的规划者倒没有去关注极地冰帽，但他们的所作所为反映出同样的态度。奥托·默勒（Otto Möller）在《苏联对大自然的改造》（1952年）中赞美斯大林时代末期苏联的宏伟计划。这种热情并不仅仅停留在理论上。1951—1953年，莱因霍尔德·林纳（Reinhold Lingner）草拟了“德国改造大自然实施纲要”，这份规划仿效几乎同名的苏联1948年规划，内容包括大规模河流整治和改道、灌溉布局和改变局部气候。林纳的方案并未全面付诸实施，但苏联式的自大狂妄自始至终主导了民主德国的规划。奥得河两岸加速建立像埃森许滕施塔特（Eisenhüttenstadt）这样的新城市，过分执着于提高煤、铁、钢的产量，对不规范的农田和水道看不顺眼。例如，农业集体化以“反法西斯”的名义没收大地主的土地；但它也力图证明大的就是美的，大块农田可以用苏联拖拉机耕作，从空中喷洒杀虫剂，远胜个体农民的小块土地。“没有土地改革，就没有景观改造”，景观规划师格奥尔格·贝拉·普尼奥韦（Georg Bela Pniower）如是说。[93]

最能说明问题的是赋予大坝的象征意义。我们选取的样本是博德河（Bode）和维佩河（Wipper）盆地建造的一系列大型水坝，其中最早的是1952年开工的索萨（Sosa）“和平大坝”。对于拥护者而言，水坝的大小是最重要的，事实上，举例来说，拉普博德大坝（Rappbode）的挡土墙是两个德国所有水坝中最高和最大的。[94]这些大坝宣扬了“和平建设”和社会主义计划的优越性，实现了资本主义制度的经济矛盾所阻碍的“合理、进步的思想”。[95]尤为重要的是，这些大坝证明了人类意志和规划能够“驯服和控制水的力量”，目标是“大规模地塑造景观”。用工程师克里斯蒂安·魏斯巴赫（Christian Weissbach）的话来说，“我们不但要改变自然，还要利用自然和驾驭自然”。[96]

1963年，僵化的中央集权计划让位于“新经济体制”（NöS）。像捷克斯洛伐克和匈牙利的类似体制一样，新体制的核心是下放决策权，通过价格机制建立市场激励机制。新经济体制遭遇重重阻碍，1968年“布拉格之春”被镇压下去后，这个体制于1970年代初因政治原因停止执行。[97]它是否实现了预期目标，如果说它是成功的，又产生了什么样的影响？人们对这些问题的看法有分歧。新经济体制在一个关键点上仍然跟着苏联的指挥棒转，也就是说，它痴迷于科学技术带来的机遇。迪特尔·施塔里茨（Dieter Staritz）称之为“救世主式”体制。[98]当然，1960年代，西部德国也对技术（包括原子能技术）表现出了同样的热情，英国首相哈罗德·威尔逊（Harold Wilson）对“技术革命浪潮”欣喜若狂，与之相仿，联邦德国的一位政治领导人大肆夸耀人造纤维。不过，对于东德领导人瓦尔特·乌布利希（Walter Ulbricht）来说，苏联才是东德的榜样和指路明灯。奥得河畔法兰克福的居民区改造后，被命名为“宇航员区”，日后生产的轻型轿车命名为“卫星牌”，这个商标是用宝贵的硬通货从瑞士商标持有人那里买来的。[99]

337

1950年代修建的巨大的拉普博德水坝。

不论是中央集权计划，还是1960年代寄希望于科学技术的改良体制，大自然都被赋予了相同的角色。大自然将被打败，向人类投降。到实地走一走，能够更好地理解这个角色的含义。记者海因茨·格拉德（Heinz Glade）知道如何讲好一个故事，并确保有正确的政治导向。1970年代，他发表了关于奥得河沿岸地区的系列随笔，过去25年间他常常到这一地区旅行和采访。随笔的内容我们不难想见，他向读者介绍了埃森许滕施塔特的建设情况以及奥得河畔法兰克福的复兴，还特意提及那里的半导体工业。他花了不少篇幅介绍奥德布鲁赫，那里大规模的现代土地开垦始于腓特烈大帝时代。格拉德肯定了过去的做法；但如今，社会主义的德国摆脱了普鲁士军国主义和目光短浅的资本主义的束缚，洪水的威胁最终成为“历史”，由于成立了合作社，辅以“技术和科学手段”，集体化农业使这个地区欣欣向荣。[100]格拉德一再提及奥得河，他的文集（或是克里斯蒂安·魏斯巴赫关于大坝的书）看上去像是出自1900年前后那些痴迷于“技术奇境”的作者之手，只是对进步的热情如今披上了社会主义的外衣。[101]就连对规模的赞赏也如出一辙。下菲诺（Niederfinow）运河船闸是“巨大的”，证明了“科学技术的进步”，表明“人类凭借聪明才智战胜了大自然”。格拉德讲述了大自然通常是如何被人类智取的。奥得河的新圩田表明人类为了自身利益“赢得与土地和水的斗争”；破冰船将“对抗自然力的斗争”继续下去；河流工程意味着“奥得河，这条常常被视为桀骜不驯的狂野河流，被驯服了”。[102]

这种工具性态度造成了我们耳熟能详的后果。无节制的工业增长、施用化肥的集体化农业、大规模排水和围垦工程以及现代河流整治，所有这一切带来了一连串问题，不仅有污染、水库富营养化、地下水污染，还有水土流失和地下水位下降。一旦出现死鱼、藻类丛生、湖水污染、地面下沉等等看得见的现象，情况就无法再隐瞒下去。当然，按照官方的说法，这些都是资本主义的邪恶副作用；民主德国是不会有这些问题的。如果非常不幸出现了这些问题，那么完备的机制将及时防止类似情况再度发生。原则上说（关于东方集团国家的一个黑色幽默，虚构的“埃里万广播电台”总是以“原则上说”开始广播)，东德的环境受到严厉的法律和政治机制的保护。1970年，民主德国引入了全面的环境政策，西德勃兰特政府在环境问题上转向也是在这一年，这并非巧合。1971年，民主德国建立了“环境保护与水资源管理部”，比联邦德国相应的部级机构要早15年。生产企业在制订计划时纳入了环境考虑；大量实施细则纷纷出台，规定了各级政府机构的义务；还指派了相关的科学家。[103] 不幸的是，这些举措几乎没有任何成效。有一些好的变化：1970年代末开始，化肥和杀虫剂的使用范围缩小，1980年代设法压缩工业用水，广泛实行废物循环利用。但是，在共产党政权的最后20年，整个国家的环境破坏是灾难性的。1989年，工业城市比特菲尔德

339

东德的“惊人”污染：图为1960年代哈尔茨的翁特尔韦伦伯尔恩的一家冶金工厂。

(Bitterfeld)（“欧洲最脏的城市”）地下水的pH值达到1.9，这个酸度介于蓄电池酸液与食醋之间。[104]

两个德国何以会出现如此惊人的反差？尤其是勃兰特政府推行著名的“东方政策”，两德关系缓和，在包括环境治理在内的一系列问题上进行合作。答案部分在于双方关系正常化本身。民主德国领导人总是面临着与捷克或匈牙利同志不同的压力：另一个德国就像一个标尺。经济上“赶超”或“超越”联邦德国，成为乌布利希时代民主德国魂牵梦萦的目标。1971年5月，埃里希·昂纳克（Eric Honecker）从被废黜的乌布利希手中接掌大权，对西方的敌意一如既往，但政策悄悄发生了改变。满足东德消费者的需求成为重中之重，有越来越多的人拥有了电视机，几乎所有人都能收看西德电视频道，对两边的现状做出比较。1970年代，民主德国退回到更加中央集权的计划经济，东德人买东西往往要排几个小时的队，连牙刷这样的物品都时不时短缺，炸鱼条也成为奢侈品，因此，大批民主德国公民被日用消费品所诱惑不足为奇。[105]在富裕的联邦德国，节制个人消费（在某些阶层当中）正在变成一种时尚；而在民主德国，以保护生态的名义厉行节约很难说是合时宜的。当然，就个人消费对环境造成的压力而言，东部的确要比西部低得多，公寓小，汽车少，包装简单，民主德国家庭产生的废弃物仅仅只有西部同胞的三分之一。[106]但是，为了维护社会稳定，东德当局推行大量补助能源消费和公共交通的政策，对环境产生了负面效应。基于同样的原因，政府满足消费需求的努力，同时补贴基本的食品和房租，使得经济极为缺乏创新所需的投资。1970年代，投资水平开始下降，甚至很高的借贷水平也开始超过民主德国对西部的债务。

1970年代，东德未能调整经济结构，推迟了包括西德在内的西方国家曾经经历过的痛苦转型。[107]这种大肆宣传而实际并未发生的事情——歇洛克·福尔摩斯的狗在夜间没有吠叫——带来了重大的后果。它甚至开始削弱政权的基础。一个后果是，1970年代的决策（或者说不决策）使得环境的前景更加恶化。陈旧的冶金、纺织和造纸企业不断污染南部工业化地区的空气和水。1960年代，东德的化学工业接近世界领先水平，但也成为污染大户，在1970—1980年代造成了可怕的环境污染，标志着技术落后的差距逐渐拉大。哈雷（Halle）的橡胶工厂每天向萨勒河排放大量的汞。[108]穆尔德河（Mulde）、易北河和威拉河（Werra）等河流的污染要稍微轻一点。1970年代的能源危机也对民主德国造成了危害性后果。苏联提高石油价格，民主德国不得不更多使用褐煤，以弥补石油缺口，褐煤是这个国家主要的化石燃料，造成了惊人的水生污染和酸雨。1980年代初，民主德国80%的地表水被定为“污染”或“重度污染”，这与褐煤的广泛使用直接相关。[109]这个国家的水资源本来就匮乏（欧洲最缺水的国家），使得事态更加严重。工业企业要反复利用定量供应的水，在萨勒河这样的极端情况下，要反复利用10余次之多。[110]

341

环境运动是1970年代没有吠叫的另一只狗，或者说虽然叫了，但没有咬人。政党领袖没有遇到联邦德国那样由环保人士施加的政治压力，因为这类独立的运动被明令禁止或者（在共产党政权的末年）不断受到干扰。这种镇压模式从一开始就成形了。自然环境保护组织在苏占区被解散，当局负责景观的机构明确拒斥阿尔温·塞弗特等环保主义者的观点，比如“荒漠化”。考虑到塞弗特在纳粹时期的所作所为，这也情有可原，虽然民主德国也雇用了第三帝国时期活跃的景观设计师，因为他们是唯一可用之人。[111]然而，民主德国执政党从意识形态上拒斥景观概念，虽然这个概念作为“故乡”的载体，在战后联邦德国广泛传播，成为早期环境保护抗议行动的基础。民主德国当局认识到有必要培养社会主义的“故乡”认同感，批准组建了自然保护协会，如同垂钓者和鸟类学家的组织一样，它们受到官方的严密控制。[112]接下来就是关键的1970年代。这10年是联邦德国的转型期，民主德国却没有出现任何能与之匹敌的环境思想和组织，只是建立了专门从事植树等“建设任务”的党控制的车间和邻里组织。两个德国在这方面的反差十分显著，犹如它们在工业调整上的差距。

官方政策也并非没有受到质疑。持不同政见的知识分子从乌托邦社会主义的角度关注生态问题。沃尔夫冈·哈里希（Wolfgang

Harich）的《没有增长的共产主义？》（1975年）回应了罗马俱乐部的《增长的极限》，批评昂纳克追随西方的“消费模式”。两年后，鲁道夫·巴罗（Rudolf Bahro）的《变通》呼吁“恢复生态稳定，不再为了物质生产而利用大自然，而是适应自然循环地生产”。1980年，持不同政见的科学家罗伯特·哈韦曼（Robert Havemann）出版了论文集《明天：十字路口的工业社会》。他在书中描述了资本主义无力应对、“现实的社会主义”不会去应对的“生态危机”。[113]这三本书都是在西德出版的，因为无法在东部公开出版。哈里希和哈韦曼都因为自己的书和其他离经叛道的观点遭到迫害，巴罗在书出版后不久就去了联邦德国，在那里协助组建了绿党。

342

这些批评者的著作始终未能在民主德国公开出版，我们很难对其影响做出评估。由于一个不同的原因，我们也很难评估一批获准公开发表意见的人士的影响，这些人就是效忠现政权的科学家。许多科学家讨论了这个国家面临的环境问题。例如，萨克森科学院的一个专家小组探讨了“社会进程与自然过程的关系”。小组发表的论文指出了以“破坏环境”“破坏生物圈”方式发展经济带来的“始料未及的副作用”。这些后果包括水污染、农业造成的硝酸盐排放污染了地下水，植物群落的消失，缺乏对物种的保护造成鱼类种群的“根本改变”。地理学家认为，大规模规划往往忽视了地方特性：应该有更高的鉴赏力，“对景观规划的口头重视”必须转化为行动。[114]水生生物学家迪特里希·乌勒曼（Dietrich Uhlmann）更为直言不讳。1977年10月，他在论文中谨慎地用恩格斯的话作为自己的保护伞：[115]

> 我们不要过分陶醉于我们对自然界的胜利。对于每一次这样的胜利，自然界都报复了我们。每一次胜利，起初确实取得了我们预期的结果，但是往后和再往后却发生了完全不同的、出乎预料的影响，常常把最初的结果又取消了。

作为对人类狂妄自大的警示，恩格斯的这段话很难被超越，虽然它显然不是苏联规划者牢记在心的辩证法。乌勒曼提出，恩格斯的批评仍是有效的。波罗的海的水污染就是证明；“人工生态系统”水库 343 也是如此，只是污染的途径不同而已。人们时常宣称水库能够“克服大自然的缺陷”，乌勒曼反驳说，仿佛自然生态系统有着可比的目标，但自然界并没有这样的目标。[116]乌勒曼对水库特别有兴趣，他的论文大多是关于污染物和富营养化问题的。[117]他还抨击过度使用化学杀虫剂和酸雨。“生态系统的缓冲作用”不足以抗衡所面临的压力；悬而未决的问题越来越多。乌勒曼呼吁采取措施——在这里他援引卡尔·马克思作为根据——确保“日趋激烈地利用自然资源不会导致后人的生存状态恶化”。[118]乌尔希曼的结论是：“尽管科学在进步，目前没有人能够确切了解生物圈稳定的限度，必须在全球范围内保护生物圈的稳定，以保护我们的子孙后代。”乌尔希曼认为，很难想象一家复杂的化学工厂是建立在尝试摸索的基础上，但那正是大的生态系统中正在发生的事情。[119]

这些警示复杂而急切。有关科学家其实没有跳出重视物质生产的窠臼：“最大限度地改善社会生产和生活条件。”（民主德国的说法则是“全体人民的幸福”。）[120]这种观点认为环境破坏造成浪费和低效，完善的规划可以预先考虑到始料未及的后果。除了术语明显不同之外，尚不清楚这种观点是否真的与联邦德国科学家的思维取向分道扬镳。东德科学家肯定读过并且引用了西方（德国、英国和美国）同行的著作。他们常常关注西方的类似项目，不论是绘制精确的土地利用示意图还是水库的生物调控。其实，双方的思想并没有多大差别；差异仅仅在于一方有政治和公众争论的背景，一方则没有这种争论。一些科学家担任了领导职务，迪特里希·乌尔希曼是“数学与自然科学顾问委员会”的成员。[121]他们提出的一些批评无疑收到了实效：化学杀虫剂用得越来越少。不过，从执政党的角度看，他们的作用仅限于提出“建设性”建议。归根结底，党的上层人物十分清楚污染和地下水污染是棘手的问题。科学家们如果不想丢掉自己的饭碗，就不要幻想有独立活动的空间。他们的论文可以发表在专业杂志，但不允许公开讨论环境问题。1982年，环境破坏的资料突然被归入机密，因为它们所反映的实际情况实在太恶劣 344

了；官方许可的关于环境问题的公开争论则变得不痛不痒。[122]忧心忡忡的科学家会在私下里发牢骚。1980年代，一位西方学者采访时发现，民主德国知识分子阶层中有名副其实的环境保护主义者，他们组成了有着共同目标的团体。但是，它们一直处于秘密状态。[123]

这种严格限制也有少数例外，民主德国出现了新教教会庇护下的小规模草根环保运动。这一运动可以追溯到1970年代，维滕贝格（Wittenberg）的“教会研究中心”开始关注环境问题。它组织讲座，举办巡回展览，日后又出版了关于“人与自然之争”的内部通讯。[124]教会还为独立人士提供庇护。教会享有一定程度的自治，从而可以为太过脆弱、难以生存下去的组织提供庇护。教会提供聚会场所、古老的油印机，甚至为失去工作的环保人士提供养家糊口的工作。与西部的环保组织相比，这些组织显然受到重重限制。它们发行内部通讯，不定期举办公众活动，揭露某个特定的环境丑闻。个人成员也在生活中采取堪与西方环保人士追求的替代性生活方式媲美的“小步骤”。他们在日常生活中尽量少使用化学产品，开展有机园艺，有意限制消费。德累斯顿的一家生态组织在其内部通讯中改写了“十诫”，使得这样的个人行为具备了公共形象。（新的十诫包括：“我们必须改变我们对待尘世之物的态度，以便与环境可持续性保持一致。”）[125]不过，这些组织规模很小，彼此缺乏联系，公众影响也不大，在很大程度上属于一个专制社会所能提供的个人满足（在环境问题上是禁欲主义的）。

在民主德国的最后数年间，环境反对派势力有所抬头。1983—1984年间，与联邦德国高涨的环境与和平运动相呼应，东德也建立了许多新组织。切尔诺贝利事件给环保运动带来了更大的紧迫性。1986年，柏林的锡安教堂地下室建立了“环境资料馆”，为诗歌朗诵、音乐会和西方来访者的嘉宾讲座提供场地，这些讲座能够吸引多达300名听众。东德环保人士加强了与绿党政治家和西德媒体的联系，也与东欧以“绿色走廊”（Greenway）而闻名的环保网络加强联系。1988年，一个自称“方舟”（Arche）的组织脱离了以“环境资料馆”为中心的松散网络，转而采取更激进的路线。当局对环保

345

运动采取软硬兼施的手法。它试图把环保运动纳入官方支持的“自然与环境协会”。到1986年，这个“沟通党与社会的桥梁”共有6万名个人会员，但未能阻止独立环保组织的发展势头。环保人士受到骚扰，内部通讯被没收，这一政策的高潮是1987年突然搜查“环境资料馆”。但是，赤裸裸的镇压反而扩大了环境组织的知名度，尤其是相关新闻被西德媒体报道后传回民主德国。在这个政权的最后几年，民主德国秘密警察有计划有步骤地采取渗透政策，旨在促成环保运动分裂，从内部破坏环境保护运动。

民主德国崩溃之后，随着秘密警察档案解密，残酷的真相暴露出来。“环境资料馆”内部有秘密警察安插的“非正式合作者”；秘密警察的“楔子行动”甚至促成了“方舟”组织的分离。直到政权崩溃之后，秘密警察的渗透才终止，其影响延续下来，因为每一次揭露秘密警察的卑鄙伎俩，都扰乱和削弱了德国统一转型期的环保运动。[126]

尾　声　一切开始的地方

347　1995年，君特·格拉斯出版了一部有争议的作品《说来话长》（*Ein Weites Feld*）。[*]这部关于德国重新统一的小说用650页的篇幅涵盖了近200年的德国历史，小说采取了双重叙事结构，一是德国重新统一后贪得无厌的物质主义，与之平行的线索是1871年德国统一之后的投机风潮。将这两个时代串联起来的人物是19世纪小说家和游记作家特奥多尔·冯塔讷。《说来话长》一书的书名来自冯塔讷笔下人物的口头禅，而格拉斯笔下的主人公与冯塔讷这位“不朽之人”有强烈的共鸣，乃至他的朋友全都叫他“冯提”。主人公名叫提奥·武特克（Theo Wuttke），一位年届七旬的前东德档案管理员，他思想独立，对党内的权力倾轧不屑一顾，他不时为文化协会做些关于冯塔讷的讲座，拐弯抹角地批评第一个德国工人和农民的国家。

格拉斯这部著作的核心是景观和德国的历史记忆。他借助特奥多尔·冯塔讷之口，向读者展示了大地上的历史印记。我们跟随提奥·武特克在1950—1960年代到东德各地开办讲座，与他的女儿一道徒步远足或是乘船旅行。我们可以沿着冯提的足迹，前往冯塔讷小说的背景地以及《勃兰登堡边区纪行》极为关切并加以艺术描绘的地方，驰骋想象，神游一个世纪之前的景观。随着德意志人民民主共和国灰暗而熟悉的景观消隐，武特克/冯提踏上了穿越今日德国与往昔普鲁士的旅程，前往诺伊鲁平（Neuruppin）、诺伊哈登贝格

*Ein Weites Feld，语出冯塔讷的作品《艾菲·布里斯特》，老布里斯特每当遇到难题时，总习惯说“这事说来话长”。本书中译本名为《辽阔的原野》。——译注

(Neuhardenberg)以及波罗的海岛屿和斯普雷瓦尔德（Spreewald）的水乡。冯提很多时候是与霍夫塔勒（Hoftaller）一起旅行，后者是冯提的跟踪者和保护者、前东德秘密警察。一天，两人开着霍夫塔勒的卫星牌汽车，“一幅寒酸相的车”，前往奥得河。他们眺望波兰境内的奥得河，造访冯塔讷的第一部小说《风暴之前》的故事发生地奥德布鲁赫，这是“一部巨著，就像奥得河三角洲一样，有太多的分叉”。[2]站在德国与东部分界的奥得河西岸，冯提遥指那些塑造了德国历史的名胜。北面是屈斯特林，一座曾经守卫奥得河的废弃要塞，腓特烈大帝曾被他的父亲拘押于此。东南方是西里西亚和奥得河的发源地巨人山脉。正东方是“失去的维斯杜拉河地区”。两位老人复述了关于德国与东方关系的各种常见争论，还为了这些争议是否已经划上句号而争辩起来。听他们争辩的不是窃听者，实际上并非人类听众：“奥得河在倾听，这条河在干旱的夏季之后水位很低，缓缓流淌。”[3]

348

近年来，有关奥得河的著述中弥漫着这条东部界河引发的忧思。1992年，摄影家约阿希姆·里肖（Joachim Richau）出版了一部奥得河黑白摄影集，收录了大量桥梁废墟和废弃的海关检查站的照片，例如奥德布鲁赫北部边缘的措尔布吕克（Zollbrücke）（几年前我骑车经过时，仍可见到废弃的检查站）。“这里只长出了很薄很薄的一层皮肤掩盖战争的创伤”，沃尔夫冈·基尔在书评中写道。[4]1945年4月最后的柏林之战中，奥得河西岸的这块土地成为欧洲最血腥的杀戮战场之一。关于泽洛高地的战争回忆录、至今仍时有发现的战死者的骸骨，都提醒人们不要忘记过去。埃尔温·科瓦尔克（Erwin Kowalke）把寻找和辨别这些骸骨当作毕生的工作，已经掩埋了数千具牺牲者的遗骸。[5]1990年之前，奥得河之所以被东德人视为忧郁之河，还有另外一个原因。它划定了民主德国的东部边境，当然，这条边境线不像将他们与西德隔绝开来的西部边境那样严密封锁，但仍然是束缚的象征，人们总是不由自主地用看待另一条边境线的眼光来看待奥得河，正如沃尔夫冈·基尔所说，“边境地区的景观成为一个特殊地带，每一个进入的人无不焦虑万分”。从德国境内高耸的奥得河堤岸朝对岸望去，波兰一侧的垂钓者有一种在德国找不到的悠闲自得。偶尔驶过的驳船看上去像是来自“域外”。水泥杆涂成红黑黄三色以及象征民主德国主权的标志，对这条变幻莫测的河流表示敬意。“经过它们下到河面的人，会不由自主地想自己是否在做违禁之事。只有鸭子、凤头䴙䴘、白鹳和苍鹭对政治一无所知。”[6]

349

沃尔夫冈·基尔记忆中的奥得河是一条狂野之河，野生鸟类在河面上翱翔。克丽斯塔·沃尔夫（Christa Wolf）出版于1970年代的小说《童年典范》（*Kindheitsmuster*）也描绘了同样的奥得河形象，如同30年后君特·格拉斯的小说一样，沃尔夫的书将历史、回忆与景观融为一体。自传性的女主人公渡过奥得河，前去自己童年的城市“G市”（即大波兰地区戈茹夫［Gorzów Wielkopolski］），那里从前是“L市”（即德国城市瓦尔特河畔的兰茨贝格）。在返程的路上，她“眺望消失在牧场和柳树林背后的奥得河——一条东方的河流，狂野不羁，淤塞严重”。[7]德国重新统一后，奥得河这种“狂野不羁

屈斯特林的森林，1997年

的”“东方”形象延续了下来。1999年11月，卡尔·施勒格尔（Karl Schlögel）在《法兰克福汇报》发表了关于奥得河的长文。[8]一幅屈斯特林要塞废墟的大幅照片定下了整篇文章的基调，“追忆奥得河与瓦尔特河沼泽之间的普鲁士”，如今被长满芦苇的水面包围和覆盖。像格拉斯一样，施勒格尔追随特奥多尔·冯塔讷，后者的《勃兰登堡纪行》描述了奥得河上往来穿梭的船只，以及奥得河畔法兰克福繁忙喧闹的码头。但今非昔比了；轮船和驳船已不见踪影，其他表明人类主宰地位的东西也消失了：

350

> 大自然回到了这条河流，数个世纪以来的公共工程和工业曾经把大自然驱逐出去。如今只有少量特许的轮船驶过，这是只有在东欧的维斯杜拉河、默默尔河以及亚马孙河才能看到的景观。苍鹭、鹤、白头海雕和其他稀有动物在附近嬉戏。不过，映入我们眼帘的并非“纯粹的自然”。乐园还是晚近的事情。荒野形成的前提是人类灾祸所导致的荒废。人类先退出，大自然才能回来。湿地扩展到人类撤出的地区。

“亚马孙式的景观”过去常常用来描述未开垦的奥得河沼泽，它是作者特别喜爱的一个概念，以至于他在文中两次提及。从前，这种景观在奥得河两岸随处可见，但正是在这里，腓特烈大帝掀开了现代德国土地开垦的历史篇章。如果施勒格尔的说法可信，等于又回到了起点。

然而，不论过去还是现在，所谓的荒野并不存在。由于从未间断的“整治”工程，如今的奥得河要比18世纪时缩短了100英里，奥得河上的工程从来没有停过。当然，1945年以后，河上的运输严重萎缩了，就连数百艘失事船只的残骸最终也运走了，1939年前德国有力控制下的商业枢纽地位也永远一去不返了。不过，基本上是出自普鲁士水利工程师之手的奥得河通航河段，至今仍然在运输工业产品，船只从波兰西里西亚顺流而下，直抵波罗的海的港口城市什切青（Szczecin），即从前的斯德丁。东德还曾通过奥得河运送向斯大林的工业化进贡的物资，埃森许滕施塔特就坐落于奥得河－施普雷河运河附近的奥得河畔。再向下游，奥德布鲁赫的北部边缘，各类船只在奥得河与菲诺（Finow）运河穿梭往来，战后实施的清淤工程使航道更顺畅。[9]下奥得河流经奥得河沼泽的边缘，它最为接近克丽斯塔·沃尔夫和卡尔·施勒格尔笔下“狂野不羁”的东方河流。在河边散步或骑车，能看到各种各样的野生鸟类以及星星点点的小渔船，河上一派宁静的氛围，与莱茵河或德国西部的大江大河有天壤之别。要眺望奥得河的景致，必须站上高高的河堤；这条更加“天然的”河流其实是彼得里运河，250年前为了排干奥德布鲁赫而兴建的大规模裁弯取直工程。这是一条人造水道，只是因为年深月久，才有了一种天然的色彩。

351

奥德布鲁赫大体上也是如此。德国重新统一之后，“纯天然景观”始终是一个独特卖点。奥德布鲁赫依然保留了“原封不动的自然状态”，1992年出版的一部摄影集如此说。[10]“如果想寻求未遭破坏的大自然”，应该到奥德布鲁赫来，3年后，埃尔温·尼佩特（Erwin Nippert）写道，因为这里是“东德最后的河流湿地景观之一”，堪称“无与伦比的天然乐园”。[11]几乎所有的旅游宣传册都提到这里春季有大片盛开的黄色金盏花，大多数宣传册还会提及稀有的黑鹳和长脚秧鸡。不过，这些印刷品也会告诉你，18世纪，腓特烈大帝下令排干了奥德布鲁赫，虽然不会告诉你金盏花并非本土植物，而是被移植到这个“天然乐园”的欧亚属植物。今日的奥德布鲁赫是人类造就的景观。许多环保主义者希望保护它的自然美，他们大概是希望看到“用栅栏把小小的绿地圈起来”，就像将近两个世纪前卡尔·伊默曼希望的那样。[12]然而，还是让我们开门见山吧。这里面临危险的并非“未遭破坏”和“原封不动”的大自然，而是如何让奥德布鲁赫“回归自然”的问题：这意味着什么？又将发展到何种程度？虽然细节上会有差异，但在根本问题上与莱茵河的规划者、工程师、农场主、生态学家和旅游官员所面临的境况如出一辙。

德国重新统一之后，这些问题突显出来。民主德国时期，奥德布鲁赫不惜代价地发展集约化农业。湿地保护退居次要地位。库尔特·

克雷奇曼（Kurt Kretschmann）在巴德赖因瓦尔德（Bad Freienwalde）领导着一家自然保护机构，他主要关注的是“美化”：弗里岑一家养鸡场的景观，阿尔特弗里岑和诺伊克斯特林岑（Neuköstrinchen）乡间绿地上观赏花园的布局。这里没有长脚秧鸡和黑鹳；事实上，克雷奇曼奉命美化景观，也就意味着要处置湿地，为此他在1970年代得到了党报记者海因茨·格拉德的赞扬。[13]1980年代，情况有了改观，鸟类学家马丁·米勒（Martin Müller）协助在奥德布鲁赫建立了国家级湿地保护区，保护了许多候鸟的迁徙路线（包括大约8万只春秋两季在此落脚的北方大雁）。[14]在民主德国日渐衰落的年代，普伦茨劳贝格（Prenzlauer Berg）的知识分子、赞同环保人士目标的艺术家和作家前往奥德布鲁赫，成为永久或暂住居民。[15]共产党政权垮台后，一些棘手的问题暴露出来。农村的集体农庄消失了，失业率上升。1990年代，失业率高达21%，包括妇女在内，有三分之二以上的人失业。年轻人很少有机会，当地人口呈现下滑趋势。在新的分配体制下，奥德布鲁赫如何重新定位呢？[16] 352

一个途径是调整农业基础结构，自250年前开垦奥德布鲁赫以来，农业始终是当地经济的支柱。结构调整意味着缩减马铃薯和甜菜种植面积，腾出土地来栽培油料作物和豆类。[17]农业生产的专业化程度不断提高，成为新的私有制的标志。然而，也有人认为应该抓住机遇，彻底从耕作农业转型，沿河地带应该转而发展牧业。这种观点的背后，其实是认为应该恢复水滨湿地，使之与现有保护区连成片。农业利益集团的压力使得这种绿色梦想化为泡影。[18]1994年，当地人士组成的行动小组转而采取折中路线，即强调“环境可持续农业作为主导性的经济活动方式”，辅以农业加工业，鼓励发展小企业以及旅游业为主的新型服务业。当局利用勃兰登堡州和欧洲联盟提供的资金，扶持当地手工业，使奥德布鲁赫能够吸引更多游客。如今，由于疏浚了运河，从柏林到奥德布鲁赫，人们可以一路乘船游览，无须再经陆路。自行车道拓宽了，旅游咨询处开门迎客，为了帮助游客辨识让人晕头转向的平原景观，竖起新的引导标识。昔日象征着苏维埃时代的拖拉机站如今改作马厩；从前的办公楼变成了旅馆。[19]

1997年，这种将振兴农业与审美改造融为一体的明智之举面临洪水这一宿敌的威胁。[20]1997年的洪水属于“百年一遇”，上一次“百年一遇”的洪灾是在1947年，距今刚刚50年；这一年恰逢18世纪腓特烈大帝开垦工程的250周年纪念，最近这次奥得河洪水使得欢庆的气氛荡然无存。19世纪评论家瓦尔特·克里斯蒂亚尼曾经说过，这条河流正在“挣脱镣铐”。[21]1997年洪水的直接起因是捷克和波兰境内的奥得河汇水盆地于7月初突降特大暴雨。由于乱砍滥伐和河道整治，丘陵地区的水流加速汇入奥得河干流，在排干奥德布鲁赫之前和以后，这种情形都是十分常见的。7月10日，捷克共和国和波兰大片地区受灾，数千人无家可归，39人死亡。这场洪水最终淹没了1200座城镇和村庄，死亡人数超过100人。7月13日，洪峰流量达到最高，淹没了弗罗茨瓦夫（Wrocław，从前的布雷斯劳）。翌日，濒临奥得河的勃兰登堡地区发布了最高级别警报。7月17日，尼斯河与奥得河交汇处的拉茨多夫（Ratzdorf）的洪峰水位高达6.2米，比正常的夏季水位高出将近3.5米。“抗洪斗争”持续了3个多星期，丘陵汇水盆地的大雨形成了第二次洪峰。[22]

353

勃兰登堡境内的奥得河河堤将近100英里，最近一次加高加固是在1982年。尽管河堤状态良好，但此时要承受高达每平方米6吨的水压。河堤都是土方工程，逐渐浸透了水，有些地方开始解体。河堤出现了数百条小裂缝，10多处地点还有彻底崩塌的危险。有两处地方确实决堤了。两处溃口都位于奥得河畔法兰克福南部，第一处是7月23日在布里斯科-芬肯赫德（Brieskow-Finkenheerd），溃口有200英尺宽，很快扩大到650英尺，第二天，奥里特（Aurith）又发生新的坍塌。齐尔滕多夫（Ziltendorf）河谷被洪水淹没，好在居民已经提前疏散了。7月27日，历史最大洪峰到达法兰克福，人们用沙袋拯救了城市。奥德布鲁赫成为关注的焦点。因为整个地区就像一个巨大的圩区，地势要低于奥得河的正常水位，一旦干流河道决堤，奥德布鲁赫将重演齐尔滕多夫河谷发生的一幕，只不过规模要大得多。7月末的最后几天，主要抗洪力量投入此地，有3万名联邦国防军和2万名平民，直升机把沙袋空投到有决堤危险的薄弱河堤，具体位置在奥德布鲁赫南部赖特维恩（Reitwein）附近，以及北部的霍亨武岑（Hohenwutzen）。奥德布鲁赫北部地区进行了疏散，7月31日，霍亨武岑多处河堤出现局部坍塌，不垮堤的可能性仅有十分之一。但是，河堤撑住了。这就是所谓的“霍亨武岑奇迹”。人们拼命抢修顺坝和格坝，以防万一主河堤决口；8月9日，6500名撤离奥德布鲁赫的人获准回家。

这场与“自然力”的斗争中涌现出两位英雄人物：被奉为现代“堤防大师”的勃兰登堡环境部长马提亚斯·普拉策克（Matthias Platzeck），“洪水将军”汉斯–彼得·冯·基希巴赫（Hans-Peter von Kirchbach）。[23]新闻媒体广泛报道了这场有史以来最大的自然灾害，354 大批公众捐赠如潮水般涌来。晚间电视新闻的报道把与洪水搏斗3周的胜利归功于拆除了（至少是暂时地）依然把德国东部人与西部人隔开的“内心的藩篱”。军人和志愿者的努力得到永久承认，为此修筑了一座纪念碑，1998年8月，马拉提斯·克尔纳（Matthias Körner）设计的“势均力敌”纪念碑在奥德布鲁赫的诺伊兰福特村（Neuranft）落成。不过，除了带有沾沾自喜意味的如释重负感之外，1997年7月的洪水还有黑暗的另一面。洪水没有造成德国人丧生，但洪水退去之后留下了一个烂摊子，死鱼、受污染的水、800万只沙袋、倒塌的房屋以及浸在水中的农田，全部清理工作需花费6亿马克，折合3亿欧元。[24]一些人所说的“千禧年洪水”也给未来提出了严峻的问题。如何才能防止洪水再度泛滥？仅仅修堤筑坝就足够了吗？

当今的英雄、环境部长普拉策克给出了再清楚不过的回答。勃兰登堡十分幸运，这一次“侥幸没有丢人现眼”：[25]

> 这次之所以能避免真正的大灾难，完全是因为奥得河上游河段有65万公顷的土地遭灾。倘若没有这种无意中的滞洪，水位还将显著升高。勃兰登堡受洪水威胁的地区将不会有哪怕最轻微的机会。我们承受了这样一个事实的后果，即过去一百年

来，奥得河上的滞洪区缩小了80%，从78万公顷下降到7.5万公顷。

下奥得河国家公园的滞洪盆地（就在奥德布鲁赫下游一点的地方）经受住了考验，证明了其存在的价值。在下奥得河河谷，凡是洪水能够随意流淌的地方危险都很小，危险最大的地方则是直接在河流两岸修筑的堤坝。这种观点并非普拉策克一个人所独有，也不是只有环保人士才坚持这种立场。洪水退去后不久，勃兰登堡州议会通过决议，“我们必须竭力使我们的活动与自然环境和谐一致”。[26]这种“竭力”的程度有多高？1997年7月洪灾之后，勃兰登堡州政府有关部门开始认真考虑“牺牲”原本被人类占用的泛滥平原齐尔滕多夫河谷，甚至可能包括奥德布鲁赫。让齐尔滕多夫河谷回归河流合乎情理，因为那里的农田和房屋已遭毁坏。地势低洼河谷的3个村庄已经在安全的地方重建（说到底，这不外是过去的通行做法，要修造水库，搬迁势在必行）。此举消除了将来再遭洪水的危险，也减轻了其他地区的压力，与长期效益相比，代价还是比较小的。[27]

355

这种激进方案也遇到很多阻碍。政治家们担心耕地和建筑用地转化为湿地草场势必要支付巨额补偿。还有人提及政府形象问题。洪水泛滥的危急关头，政府曾做出承诺，尽快让人们返回家园，很快一切就能恢复正常。这就使得日后政府几乎没有任何回旋余地。就连环保人士在洪水期间的所作所为也受到指责。在下奥得河，生态学家和生态保护主义者不仅在堤坝上四处奔波，在保卫奥德布鲁赫时用沙袋加固河堤，这些举止都是可以理解的；一些人起初还谈及“自然灾害”不可避免，由于乱砍滥伐和山区河道整治，洪水如此迅速地抵达勃兰登堡实属“自然”，恰恰是人类对奥得河束缚得最紧的地方，洪水的威胁最大。[28]

1997年洪水过后，当局推行双管齐下的政策，一方面重修河堤，另一方面逐步采取与自然环境相协调的防洪措施。受损河堤很快修复，接着又制定了一项计划，全程加固勃兰登堡境内100英里河堤。2004年8月，工程已完成2/3，大约耗资1.25亿欧元。预计整个工程将于2006年完工。南至赖特维恩、北达霍亨扎滕的奥德布鲁赫段河堤已经竣工，虽然工期推迟到2000年，因为施工时发现了第二次世界大战遗留下来的大量炸弹，其中一些至今没有引爆（“你无法修复满是炸弹和手榴弹的河堤”），[29]此外还找到了33具士兵的遗骸。新河堤设计可防两百年一遇的洪水，而河堤顶部的出水高度表明，它们甚至能抵御千年一遇的洪灾。

第二种政策，即环保人士赞同的更为“自然的”防洪措施，也开始起步。2002年，勃兰登堡州环境部部长马提亚斯·弗罗伊德（Matthias Freude）宣布，在奥得河畔法兰克福南部的奥得河－施普雷河地区，将靠近诺伊策勒（Neuzelle）和奥里特的河堤后移，形成一块面积大约为1500英亩的湿地，将来亦可作为行洪区。第二年，工程开工建设。[30]这是第二处放松对奥得河的束缚的地方，第一处是奥德布鲁赫下游的下奥得河国家公园，5前年曾得到马提亚斯·普拉策克的称赞，在1997年7月的洪灾中，当局明智地在这个地区分洪，减轻了其他地方的压力。[31]这种具备环境敏感性的防洪措施得到广泛认可，近年来也一直在实施。从多瑙河到荷兰，欧盟在欧洲各地资助基于生态理由恢复河流湿地，建立滞洪盆地的项目。在德国，易北河洪灾之后，也开始推行这样的政策。[32]2003年，联邦环境基金会把“洪水和自然保护”列为核心项目，与广泛支持的联邦和各州政府合作，把恢复水系自然形态作为实现这双重目标的手段。基金会的试点项目遍及德国全境，从西部的约翰·图拉常去的莱茵河和金齐希河，到前民主德国的各条河流。[33]这是一项有吸引力的政策，既可以消除之前数代水利工程师造成的有害影响，又能够提升防洪能力。不过，正如我们在莱茵河的例子中看到的，这种举措也有陷阱和误解，即使是联邦德国这样环境敏感的国家，也不得不面对过去形成的种种限制（历史的包袱）。

356

奥德布鲁赫就是一个很好的例子。它在某种程度上犹如一个绿色天堂，所谓“绿色”，是指现代意义上的环境友好。10年前，当地期望以“环境可持续性”方式建设基础设施的政治家成立了“领袖行动小组”，它重视生态远景，发展生态旅游业。勃兰登堡州政府认为，奥德布鲁赫地区具有“极为重大的自然和景观保护价值”，因而设法恢复这一地区水道的自然形态。[34]2002年，水利咨询企业“水资源规划与系统研究所”接受了提高利佩尔（Lieper）圩田地下水位的项目，这项工程旨在抵消干涸效应——不能再称之为“荒漠化”——并在当地水域找到弊端较少的替代保水方法。[35]作为联邦教育与研究部资助的“区域创新计划”（InnoRegio）的一部分，当局开始执行一项为期5年的促进当地就业的计划，该计划重视奥德布鲁赫的生态政策，把引导当地年轻人养成生态意识列入议事日程。357 计划涉及有机农业、替代能源、“各种环境技术”的试点项目以及“环境和经济可行的社群项目”。千篇一律的官样文章中也透露出绿色信息：关于交往行动的结构、创新动力以及在“加速变化的社会”维护地方认同。[36]柏林创办的“青年协会”致力于在德国青年人中培养环境意识，派人前往奥德布鲁赫北部的威廉绍埃（Wilhelmsaue），参加讨论会并领取“生态文凭”。[37]

这是一个自立自足的绿色天堂。当腓特烈大帝欣慰地俯瞰奥德布鲁赫治理后形成的一片葱绿，或是恩斯特·布赖特克罗伊茨（Ernst Breitkreutz）为这片“绿色的土地”而欢呼雀跃，他们所说的“绿色”是指另一层含义：绿色乐园，肥沃而富饶的土地。时至今日，奥德布鲁赫的现状仍是如此：87%的土地是农业用地，不论是领袖行动小组还是勃兰登堡当局都无法忽视这一点。州政府指出，这里有肥沃的土壤，形成了“具有重要历史和经济意义的耕作景观”，接着又补充说：“恢复水路的自然形态必须适应已开发耕地的现状。”[38]问题是大部分农业耕作并非有机农业，由此带来的后果就是当地水道的污染。老奥得河看起来一派田园风光，这片水网是保留下来的腓特烈开垦工程的遗迹，赋予奥德布鲁赫以独特个性；但大量化肥废水和生活废水排入了这片水网。这里水流缓慢，又没有干流的冲刷，因而情况更糟。20世纪初，景色如画的老奥得河要比莱茵河脏一些。泽洛与诺伊特雷宾（Neutrebbin）之间的水质为二到三级（排入了大量污染物），诺伊特雷宾与弗里岑之间的水质略有改善，达到二级（中度污染）；从弗里岑直到注入奥得河干流，老奥得河的水质始终是三级，属于“重度污染”。[39]

对于奥德布鲁赫地区而言，腓特烈时代还有另外一个让很多人感到困惑的贡献。从一开始，开垦后的奥德布鲁赫就成为一个试验场。不同民族的人和不同种类的动物从欧洲各地汇聚于此；这里实验了新的牲畜和农作物品种以及轮种制，还仿效18世纪英国的新兴示范农业。德国科学农业先驱丹尼尔·阿尔布莱希特·特尔迁居奥德布鲁赫，并不是心血来潮，这里的农田种植苜蓿、油菜和香菜以及各种新豌豆品种。[40]我们不妨把腓特烈时代对农艺的热忱比作现代的基因改良作物试田，也就好理解奥德布鲁赫何以会成为转基因作物的试验田。1990年代末，巴德赖因瓦尔德南部的农业公司TIBO的所有者齐格弗里德·曼泰（Siegfried Manthey）种植了从美国跨国公司孟山都购买的基因改良玉米。这个品种的玉米注入了一种名为苏云金芽孢杆菌（Bacillus thuringiensis）的细菌，可以防治在联邦德国各地玉米地里为害的玉米螟。

358

潜在的收益是显而易见的，就连科学环保主义的首要倡导者爱德华·威尔逊（Edward O. Wilson）也承认，转基因作物“几乎可以肯定将在（农业生产的）可持续绿色革命中发挥重要作用”。[41]新技术的支持者表达了对德国和欧盟禁止向公众出售转基因食品的抗议，指责“生态原教旨主义”阻碍了人道主义的科学奇迹的传播。[42]然而，德国环境部长于尔根·特里廷（Jürgen Trittin）以及联邦自然保护署负责人哈特穆特·福格特曼（Hartmut Vogtman）的顾虑是有道理的。两人提出的问题类似于巴尼姆反基因技术行动小组等奥德布鲁赫环保主义者的疑问。[43]与早先的杂交品种不同，基因工程涉及的是判然有别的不同物种，转基因粮食或饲料的后果难以预料。转基因作物至少有可能存在始料未及的次生效应，比如成为过敏源和致癌物质的基因。尽管人们尝试设立隔离带，转基因仍有可能从基因改良作物进入到同属的野生品种，从齐格弗里德·曼泰的5英亩改良玉米地流入他名下的其他1000英亩玉米地，或是奥德布鲁赫其他3.1万英亩作物。转基因杂交品种是否能够压倒野生品种，尚在未知（从过去杂交品种与野生品种竞争的经验看，答案是否定的），但问题依然悬而未决。唯一可以确定的是，基因改良玉米会破坏生物多样性，苏云金芽孢杆菌随风飘到黑脉金斑蝶幼虫食用的植物上，导致它们的数量急剧下降。像以往一样，凭借想象做出的努力造成了始料未及的后果，现今自信满满的承诺可能要在未来付出沉重代价。正是基于这一点，爱德华·威尔逊担忧基因改良作物可能将使我们“卷入浮士德式的交易，威胁到自由和安全”。[44]

359

这个警示值得奥德布鲁赫认真对待，因为它正是起源于18世纪的一场浮士德式的奋斗：“让大地充满生机。”奥德布鲁赫是一个泛滥平原，人类的一切作为都是暂时性的。离开了奥得河的庇护，奥德布鲁赫的景观以及各种不同生活方式都将不复存在。农场主与环保活动家、齐格弗里德·曼泰与其反对者巴尼姆行动小组，都生活在堤坝的阴影之中。这就是为什么勃兰登堡州谨慎地主张，恢复水道的自然形态“只能逐步推进，而且必须确保防洪的需要”。官方调查报告提及“生活在那里（奥德布鲁赫）的居民完全依靠坚固的堤防”。[45]这并不十分确切，或者说不是全部事实。威胁奥德布鲁赫的洪水源自上游，不论是否威胁到奥德布鲁赫的生存，都取决于奥得河上游涨水的情况。1997年7月，河堤决口，淹没了面积不大的齐尔滕多夫河谷，直接导致了下游水位的下降。1997年时奥德布鲁赫的真正救星，如马提亚斯·普拉策克指出的，正是捷克共和国和波兰境内“治理”过的奥得河泛滥平原。如果洪水不是流入这片面积达27万英亩的地区，就肯定会淹没奥德布鲁赫。工程师估计，如果不是上游洪水泛滥，勃兰登堡的最高水位将比实际洪峰水位高6英尺。[46]德国人救助洪灾的慈善捐助中有半数以上捐给了捷克和波兰受灾者，这真是体现了自然的正义。[47]

彼得·约亨·温特斯（Peter Jochen Winters）认为，这场灾难“加深了德国人与波兰和捷克共和国邻居的认同感”。[48]从直接的、人道的角度看，这种说法无疑是正确的，但1997年洪灾也埋下了冲突的种子。在原民主德国地区，普遍存在着对于“德波和平边界”另一侧邻居的优越感。团结工会（Solidarnosc）时代的党魁心照不宣地鼓励这种情绪。统一不但没有消除这种情绪，反而强化了它。另外一个因素是波兰对洪水做出的回应。波兰制订了"奥得河2006"计划，内容包括加高河堤、疏浚河道，进一步整治河床以改善通航性，同时采取新措施开发奥得河的能源。勃兰登堡运输和环境部长立即提出强烈抗议：进一步约束中奥得河，将不可避免地加快河水下泄的速度，一旦再次发生大洪水，就将席卷德国领土。环保组织也敌视波兰人的计划，造成了敏感的政治局势。勃兰登堡环境部长普拉策克和当时的联邦环境部长安格拉·默克尔（Angela Merkel）与波兰同仁在温泉疗养地缅济兹德罗耶（Miedzyzdroje）会晤，试图解决双方之间的分歧。普拉策克提到"与波兰方面艰难的讨论"。[49] 360

这是对老故事的新歪曲。从历史上看，喜欢谈论"征服自然"的恰恰是德国人。腓特烈大帝在排干奥德布鲁赫等沼泽湿地之后，也都是用日耳曼农民取代斯拉夫渔民。19世纪、20世纪的德国人喜欢自视为筑坝者，自认为优于"不中用"的斯拉夫人，后者据说无法塑造属于自己的景观，这股文化逆流最黑暗的一面就是纳粹主义种族灭绝所表现出来的狂妄自大。[50]当今这种反波兰的诋毁中隐含着昔日对波兰的蔑视，每一个生长在东德的人都很熟悉这种蔑视态度，即把经济管理不善说成是"波兰经济"（polnische Wirtschaft）。如今，波兰的筑坝和河流整治计划搅得柏林的舆论骚动不安，因为担忧——理由相当充分——这将导致未来的洪水威胁到德国的土地和生灵。这或许不过是旧主题的新变种。在伯恩哈德·胡梅尔（Bernhard Hummel）看来，德国的反应折射出"沙文主义潜流"，其根基在于一种未明言的信念：德国的开垦地终究要比波兰的宝贵，所以后者应当继续做出"牺牲"以保全前者。[51]

德国方面有不容否认的沙文主义潜流（尽管并非只有德国才有）。但是，与本书所涵盖的过去250年历史中的大多数时期相比，当代围绕奥得河（也是希望之源）的争议在很大程度上弥合了昔日的分裂。当今的世界舞台上并非只有民族国家这一个角色，人们能够听到其他角色的声音。一个声音来自国际行动委员会"奥得河的时刻"（Zeit für die Oder），这是一个由德国、波兰和捷克共和国的30多个环境、生态保护和休闲组织组成的联盟。它将柏林的团体以及德国境内奥得河沿岸的组织，与弗罗茨瓦夫（Wrocław）、奥波莱（Opóle）、耶莱尼亚古拉（Jelenia Góra）、杰钦（Decin）和俄斯特拉发（Ostrava）的团体联合在一起。联盟呼吁采取环境友好的防洪措施，最重要的是恢复水滨湿地，恢复河流的自然形态。它抵制“奥得河2006”计划，认为该计划不过是陷入了另一个技术陷阱，只是361把风险转嫁给下游，将给后代留下新的问题。[52]“奥得河的时刻”呼吁转变观点，最后还敦促人们支持另一个跨国组织欧洲联盟的指导方针。这同样颇具讽刺性。将近50年前，1956—1964年，恰恰是欧盟初期的成员国，德国、法国和卢森堡，不顾自然保护人士的呼吁，合作开凿了摩泽尔河的运河网。[53]如今，欧盟已经扩大到东欧，并且秉持大为不同的河流管理观念，成为关键的协调人，负责规划奥得河河谷环境可持续的未来，打破水文交替发展的循环。1997年，勃兰登堡州总理曼斯弗雷德·施托普（Mansfred Stople）正确地指出，这是“欧洲的挑战”。

在欧洲联盟内部，“保护奥得河国际委员会”进行了磋商，3个相关国家也展开多边会谈，解决方案的轮廓日渐清晰。新举措将不会是任何一个国家单独行动，不论是德国、波兰还是捷克共和国，也不再是基于把奥得河视为有待征服的敌人的观点，强行把奥得河纳入更坚固、流速更快的河道。新方案要求采取两个措施。首先，也是更重要的一个措施将在奥得河山地汇水地区实施。一个世纪之前，奥托·因策等土木工程师曾经设想过，在中欧高地修筑大坝才是根治洪水之道：因策的思路是在人类选定的“战场”迎战危险的洪水。但是，正如我们已经看到的，即便是在1920—1930年代，这个“解决之道”也遇到了言之成理的广泛质疑。[54]人们早就认识到，更好的办法是实施大规模的植树造林，吸收更多的强降水，而不是像如今这样，任由降水迅速下泄到低地平原。停止对山区河流的整治也能收到同样效果。高地下泄的水依然会导致水位升高；实际上水位会在更长的时间内升高。但洪峰水位会比较低，因为河水需要更长时间才能抵达低地地区。在奥得河（以及其他河流）中游和下游，将采取第二个措施：河堤或其他防洪工程原地后移，以恢复泛滥平原部分地区的自然形态。早在1890年代的中欧洪灾之后，就已经有少数有识之士提出过这种方针，但遭到工程师们的拒绝；如今，这个被工程师们斥为“异想天开”的想法已经成为常识。河堤向后退的代价极为高昂，据说德国环境部用的是一个非外交辞令sauteuer（昂贵）。人们期望联邦政府和欧盟支付大部分账单，金额高达数十亿欧元。[55]之前数代人的技术梦想也十分昂贵，而且因为它们的安全承诺一一落空，账单也一再到期。当然，资金问题尚不是唯一的困难。在奥得河中游和下游，泛滥平原上已经有了农业、工业和居民财产，难道就牺牲掉这些利益？就在不久前——这是按照本书的时间跨度——改道的河流将村庄夷为平地还是司空见惯的现象，例如上莱茵河淹没的村庄，又如奥布拉赫内申的田野缓慢地消失在亚德湾的水面之下。但是，这些是属于“自然的”、随机的现象。河堤位置后移，有意地淹没村庄或者已经耕耘了数代的土地，这是另外一回事。这无非是以环境可持续的防洪措施的名义建立滞洪盆地，这种做法与有意淹没村庄形成水力发电的水库，究竟有什么区别呢？ 362

我想试着回答这个问题，提出某些结论性的看法。过去那些导致村庄消失的“自然”事件，并不总是像看起来那样自然。它们往往是人类活动的间接结果，最明显的是乱砍滥伐，或者是某个村庄为了“自身的”堤防安全，决定把风险转嫁给下游的另一个村庄。它们始终是把城镇或村庄建在危险地点的后果。有人认为，这种危险如今已不复存在，现代的河流整治和修堤筑坝已经能够保障人的安全。事实证明这种看法太过乐观了。如本书反复表明的那样，大规模技术工程往往是出于与狂妄自大难分伯仲的自信，也造成了许多始料未及的后果。对于人类和环境来说，这些后果的代价和意义直至今日才完全显现出来。酸沼移民、修筑大坝以及德国人耗尽地下水、污染江河的其他方式同样也是如此。

所有这些事实并未使人们轻而易举地主动放弃土地和人类村落，即使是为了更明智的河流管理和防洪措施等自鸣得意的目标。本书关注的是人类如何塑造环境，人类营造出来的景观具备强有力

的历史和情感联想。我讲述的历史始于奥德布鲁赫，始于开垦奥德
363 布鲁赫的戏剧性事件。开垦工程付出了生命的代价，还损害了更多的挖掘工和早期移民的健康。从某种程度上说，不论过去还是现在，都很难对开垦工程的结局做出合理的评价，一个面积不大、人口稀少的地区完全处于一条河流的正常水位之下，它的生存肯定始终面临着威胁。然而，250多年之后，这块新土地有了岁月的沧桑，形成了自身的某些权益。它的景观蕴含着历史的联想和人类奋斗的足迹，它不情愿地成为1945年春在此激战的德国人和俄国人的坟场，它有一种（至少在我看来）荒凉的美。我不希望它回复到开垦之前的“荒芜的水乡泽国”，即便这种情形是有可能的。当然，“荒野”显然是个人类概念，而且往往是误导性的。远在腓特烈大帝下令“征服”之前很久，奥得河沼泽就已经有了人类活动的印记。开垦无非意味着用一种人类利用方式取代另一种人类利用方式。这样，问题就成了是否应该以及如何重新恢复生态平衡。有足够的空间来兼顾人类的粮食生产和筑巢的鹳的需求，环境可持续农业的需要与采取渐进步骤使某些水滨地带恢复湿地栖息地的自然形态也可以兼顾，这并非环保人士的乌托邦梦想，而是切实可行的。

奥德布鲁赫似乎不太可能作为滞洪盆地（如今，那里北部和南部的一些区域就是为这个目的服务的）而被蓄意淹没；问题在于，这种政策一旦落实，其他地方的圩田将被淹没，生活在那里的人们将蒙受损失。他们的不安全感最终将会消除，但完全是因为他们迁离了家园。倘若告诉他们，如今推行的政策不但对环境更友好，也会给奥得河两岸的大多数人带来更大的安全感，这虽然是事实，对他们而言却几乎没有什么慰藉。同样不大可能安慰他们的是——虽然事实确实如此——只有在欧洲联盟的庇护下，德国、波兰和捷克共和国达成一致，这种政策才有望获得成功。然而，这两个事实足以让其他人感到欣慰，因为在本书涵盖的大多数时间里，德国的主流观念是应该给大自然带上镣铐，而德国的“征服自然”与征服他人其实是密切交织在一起的。

缩略语表

AAAG　Annals of Association of American Geographers《美国地理学家联合会会刊》

AdB　Archiv der 'Brandenburgia' Gesellschaft für Heimatkunde der Provinz Brandenburg 勃兰登堡省乡土协会“勃兰登堡”档案

Afk　Archive für Kulturgeschichte 文化史档案

Afs　Archive für Sozialgeschichte 社会史档案

AHR　American Historical Review《美国历史评论》

ANW　Alte und Neue Welt《旧大陆与新大陆》

AS　Die Alte Stadt《古镇》

BA　Bautechnik-Archiv 建筑技术档案

BdL　Berichte zur deutschen Landeskunde《德国国情报告》

BeH　Bergische Heimat《故乡山城》

BH　Badische Heimat《故乡巴登》

BIG　Bayerisches Industrie- und Gewerbeblatt《巴伐利亚工业与工艺通讯》

BSW　Bauen/Siedeln/Wohnen 建筑、垦殖、居住

BZN　Beiträge zur Naturdenkmalpflege《自然遗产保护文集》

BzR　Beiträge zur Rheinkunde《莱茵河文集》

CEH　Central European History《中欧历史》

DA　Deutsche Arbeit《德国就业》

DeW　Deutsche Wasserwirtschaft《德国水资源管理》

DG　Die Gartenkunst《园林艺术》

DLKZ　Deutsche Landeskulturzeitung《德国文化报》

DSK　Das Schwarze Korps《黑色军团》

DT　Deutsche Technik《德国技术》

DW	Die Wasserwirtschaft《水资源管理》
EH	Enviornment and History《环境与历史》
EHR	Environment History Review《环境史评论》
EKB	Elektrische Kraftbetrieb und Bahnen《电力运营与铁路》
ER	Environment Review《环境评论》
FAZ	Frankfurter Allgemeine Zeitung《法兰克福汇报》
FBPG	Forschungen zur Brandenburgischen und Preussischen Geschichte《勃兰登堡与普鲁士历史研究》
FD	Forschungsdienst 研究服务
GG	Geschichte und Gesellschaft《历史与社会》
GI	Gesundheits- Ingenieur《健康工程师》
GLA	Badisches Generallandesarchive Karlsruhe 卡尔斯鲁厄巴登国家档案馆
GLL	German Life and Letters《德意志生活与文学》
GR	Geographical Review《地理评论》
GSR	German Studies Review《德国研究评论》
GWF	Das Gas- und Wasserfach《气体与水体》
GZ	Geographische Zeitschrift《地理评论》
HGN	History of Geography Newsletter《地理学通讯史》
HM	History and Memory《历史与记忆》
HHO	Heimatkunde des Herzogtums Oldenburg 奥尔登堡公国的乡土课程
HPBI	Historishc-Politische Blätter für das katholische Deutschland 天主教德国的历史、政治刊物
HWJ	History Workshop Journal《历史学刊》
HSR	Historical Social Research《历史社会研究》
HZ	Historische Zeitschrift《历史评论》
JbbD	Jahrbuch des baltischen Deutschtums《波罗的海德国侨民年鉴》
JbN	Jahrbuch der Naturwissenschaften《自然科学年鉴》
JbHG	Jahrbuch der Hafenbautechnischen Gesellschaft《港口工程公司年鉴》
JHG	Journal of Historical Geography《历史地理学杂志》

JMH Journal of Modern History《现代史杂志》
Kjb Klinisches Jahrbuch《临床医学年鉴》
KuT Kultur und Technik《文化与技术》
LJbb Landwirtschaftliche Jahrbüch《农业年鉴》
MCWäL Medicinisches Correspondenzblatt des württembergischen ärztlichen Landesvereins《符腾堡医疗协会药物名录》
MGM Militärgeschichtliche Mitteilungen《军事史通讯》
MLWBL Mitteilungen der Landesanstalt für Wasser- und Lufthygiene《联邦水与空气净化署通讯》
NB Neues Bauerntum《新农民》
NBJ Neues Bergisches Jahrbuch《新山地年鉴》
NDB Neue Duetsche Biogaphie《新德国生物制药》
NSM Nationalsozialistische Monatshefte《国家社会主义月刊》
NuL Natur und Landschaft《自然与风景》
NuN Naturschutz- und Naturparke《自然保育与自然公园》
OJ Oldenburger Jahrbuch《奥尔登堡年鉴》
PGQ Political Geography Quarterly《政治地理学季刊》
PHG Progress in Human Geography《人文地理进展》
PJbb Preussische Jahrbücher《普鲁士年鉴》
PlP Planning Perspectives《规划透视》
PÖ Politische Ökologie《政治生态学》
PP Past and Present《过去与现在》
PVBI Preussisches Verwaltungsblatt《普鲁士行政管理杂志》
RAZS Rheinisches Archiv für Zivil- und Strafrecht 莱茵河地区民法和刑法档案
RKFDV Reichskommissariat für die Festigung deutschen Volkstums 巩固德意志民族性全国委员会
RTV Ruhr-Talsperrenverein 鲁尔河河谷水坝协会
RTW Rundschau für Technik und Wirtschaft《技术与经济评论》
RuR Raumforschung und Raumordnung《空间探索与规划》
SB Schweizerische Bauzeitung《瑞士建筑》
SVGN Schriften des Vereins für Geschichte der Neumark《纽马克历史协

	会文集》
TC	Technology and Culture《技术与文化》
TM	Technologisches Magazin《技术杂志》
TuW	Technik und Wirtschaft《技术与艺术》
ÜLM	Über Land und Meer《陆地与海洋》
UTW	Uhlands Technische Wochenschrift《乌赫兰技术周刊》
VfZ	Vierteljahresheft für Zeitgeschichte《当代历史季刊》
VuW	Volk und Welt《民族与世界》
WK	Die Weisse Kohle《白煤》
WMB	Wanderungen durch die Mark Brandenburg(Theodor Fontane)《勃兰登堡边区纪行》(特奥多尔·冯塔讷)
WuG	Wasser und Gas《水与气》
YES	Yearbook for European Studies《欧洲研究年鉴》
ZbWW	Zentralblatt für Wasser und Wasserwirtschaft《水与水资源管理文摘》
ZfA	Zeitschrift für Agrarpolitik《农业政策杂志》
ZfB	Zeitschrift für Bauwesen《建筑杂志》
ZfBi	Zeitschrift für Binnenschiffahrt《内河航运杂志》
ZfdgT	Zeitschrift für das gesamte Turbinenwesen《涡轮机杂志》
ZfG	Zeitschrift für Gewässerkunde《水文学杂志》
ZfGeo	Zeitschrift für Geopolitik《地缘政治学杂志》
ZfO	Zeitschrift für Ostforschung《东进杂志》
ZfS	Zeitschrift für Sozialwissenschaft《社会科学杂志》
ZGEB	Zeitschrift der Gesellschaft für Erdkunde zu Berlin《柏林地理学会杂志》
ZGO	Zeitschrift für die Geschichte des Oberrheins《上莱茵河历史杂志》
ZGW	Zeitschrift für die Gesamte Wasserwirtschaft《水资源管理杂志》
ZHI	Zeitschrift für Hygiene und Infektionskrankheiten《公共卫生与传染病杂志》
ZöIAV	Zeitschrift des österreichischen Ingenieur- und Architekten-Vereines《奥地利工程师与建筑师协会杂志》
ZVDI	Zeitschrift des Vereins Deutscher Ingenieure《德国工程师协会杂志》

注　释

导言　德国历史上的自然与景观

1　Thomas Lekan, *Imagining the Nation in Nature: Landscape Preservation and German Identity, 1885-1945* (Cambridge, Mass., 2004), 74.

2　August Trinius (1916), cited in William H. Rollins, *A Greener Vision of Home: Cultural Politics and Environmental Reform in the German Heimatschutz Movement, 1904-1918* (Ann Arbor, 1997), 246.

3　Clarence Glacken, *Traces on the Rhodian Shore: Nature and Culture in Western Thought from Ancient Times to the End of the Eighteenth Century* (Berkeley, 1967), 600.

4　Reinhold Koser, *Geschichte Friedrich des Grossen*, 3 vols. (Darmstadt, 1974), vol. 3, 97; Walter Christiani, *Das Oderbruch: Historische Skizze* (Freienwalde, 1901), 46.

5　Freud, "Thoughts for the Times on War and Death", *The Penguin Freud Library*, vol. 12 (Harmondsworth, 1991), 62, 64.

6　Walter Benjamin, "The Work of Art in the Age of Mechanical Reproduction", in Benjamin, *Illuminations*, transl. Harry Zohn (London, 1973), 242.

7　P. Ziegler, *Der Talsperrenbau* (Berlin, 1911), 5.

8　Jakob Zinssmeister, "Industrie, Verkehr, Natur und moderne Wasserwirtschaft", *WK*, Jan. 1909, 14.

9　Professor [Heinrich] Wiepking-Jürgensmann, "Das Grün im Dorf und in der Feldmark", *BSW* 20(1940), 442.

10　Goethe, *Faust*, Part II, line 11, 541.

11　最近出版的杰作，如 John McNeill, *Something New under the Sun: An*

Environmental History of the Twentieth Century (London and New York, 2000)。

12 关于"鸡蛋效应",请见 Stuart L. Pimm, *The Balance of Nature: Ecological Issues in the Conservation of Species and Communities* (Chicago, 1991), 258-9。

13 Wolfgang Welsch, "Postmoderne: Pluralität zwischen Konsens und Dissens", *AfK* 73 (1991), 193-214 (quotation, 211),概括了以下两人的主要观点, Theodor Adorno and Max Horkheimer, *The Dialectic of Enlightenment* (New York, 1972),首次出版的书名是 *Dialektik der Aufklärung* (New York, 1944)。

14 K. Blaschke, "Environmental History: Some Questions for a New Subdiscipline of History", in Peter Brindlecombe and Christian Pfister (eds.), *The Silent Countdown: Essays in European Environmental History* (Berlin, 1990), 68-72; William C. Cronon, "The Uses of Environmental History", *EHR* 17 (1993), 1-22; T. C. Smout, "Problems for Global Environmental Historians", EH 8 (2002), 107-16, esp. 112, 116. Cronon 与另一位重要的美国环境史家理查德·怀特十分深入地阐述了这个问题, Joachim Radkau 和 Franz-Josef Brüggemeier 等德国学者也思考了这个问题。

15 Richard White, *The Organic Machine: The Remaking of the Columbia River* (New York, 1995), 112.

16 Ernst Candèze, *Die Talsperre*, translated from the French original (Leipzig, 1901). 康代泽笔下的拟人化昆虫当然不能替代生态学记录,但作者高超的技巧和移情作用使得他的叙述有助于我们理解其他的资料。关于汤因比,见 McNeill, *Something New under the Sun*, xxii-xxiii。

17 Donald Worster, "Thinking like a River", in Worster, *The Wealth of Nature* (New York, 1993), 123-34.

18 这是 Hansjörg Küster 著作的中心论点,见其所著 *Geschichte der Landschaft in Mitteleuropa* (Munich, 1995). Helmut Jäger, *Einführung in die Umweltgeschichte* (Darmstadt, 1994), 229,把这一观点应用于北海沿岸的泥质潮滩。

19 Henry Makowski and Bernhard Buderath, *Die Natur dem Menschen untertan: Ökologie im Spiegel der Landschaftsmalerei* (Munich, 1983), 226.

20 Becker cited in Wolfgang Diehl, "Poesie und Dichtung der Rheinebene", in Michael Geiger, Günter Preuß and Karl-Heinz Rothenberger (eds.), *Der Rhein und die Pfälzische Rheinebene* (Landau i. d. Pfalz, 1991), 384.

21 Götz Großklaus and Ernst Oldemeyer (eds.), *Natur als Gegenwelt: Beiträge zur Geschichte der Natur* (Karlsruhe, 1983); Joachim Radkau, "Was ist Umweltgeschichte?", in Werner Abelshauer (ed.), *Umweltgeschichte. Umweltverträgliches Wirtschaften in historischer Perspektive: Acht Beiträge* (Göttingen, 1994), 11-28, esp. 14-16.

22 Marcus Aurelius, *Meditations*, bk. 4, sect. 43; Machiavelli, *The Prince*, ch.25. 又见 Roger D. Masters, *Fortune is a River* (New York, 1999), 10-11。

23 Hans Boldt (ed.), *Der Rhein: Mythos und Realität ernes europäischen Stromes* (Cologne, 1988).

24 H. C. Darby, "The Relations of Geography and History", in Griffith Taylor (ed.), *Geography in the Twentieth Century* (London, 1957), 640.

25 Ibid., 641.

26 Marc Bloch, *The Historian's Craft* (Manchester, 1954), 26.

27 Joshua Meyrowitz, *No Sense of Place: The Impact of Electronic Media on Social Behaviour* (Oxford, 1989). 又见 Marc Augé, *Non-Places: Introduction to an Anthropology of Supermodernity* (London and New York, 1995)。

28 Georges Duby, *History Continues* (Chicago, 1994), 27, 28.

29 Hartmut Lehmann and James Van Horn Melton (eds.), *Paths of Continuity: Central European Historiography from the 1930s to the 1950s* (Cambridge, 1994); Jürgen Kocka, "Ideological Regression and Methodological Innovation: Historiography and the Social Sciences in the 1930s and 1940s", *HM* 2(1990), 130-7 ; Willi Oberkrome, *Volksgeschichte: Methodische Innovation und völkische Ideologisierung in der*

deutschen Geschichtswissenschaft 1918-1945 (Göttingen, 1993); Peter Schöttler, "Das "Annales-Paradigma" und die deutsche Historiographie (1929-1939) ", in Lothar Jordan and Bernd Korländer (eds.), *Nationale Grenzen und internationaler Austausch: Studien zum Kultur- und Wissenschaftstransfer in Europa* (Tübingen, 1995), 200-20.

30 William Vitek and Wes Jackson, *Rooted in the Land: Essays on Community and Place* (New Haven, 1996).

31 "Land und Leute"是 Riehl 的 *Die Naturgeschichte des Volkes als Grundlage einer deutschen Social-Politik* 第 1 卷,英文版为 *The Natural History of the German People*, transl. David Diephouse (Lewiston, NY, 1990). 关于里尔, George L. Mosse, *The Crisis of German Ideology: Intellectual Origins of the Third Reich* (London, 1966), 关于里尔; Celia Applegate, *A Nation of Provincials: The German Idea of Heimat* (Berkeley, 1990), 34-42, 78-9, 217-18; Jasper von Altenbockum, *Wilhelm Heinrich Riehl 1823-1897* (Cologne, 1994)。

32 Stephen Pyne, *Vestal Fire: An Environmental History Told through Fire, of Europe and Europe' s Encounter with the World* (Seattle, 1997), 我在第一章和第三章中借用了其内容。这是 Pyne 的"Cycle of Fire"系列的第 5 卷。又见 Johann Goudsblom, *Fire and Civilization* (London, 1992)。

33 Rita Gudermann, *Morastwelt und Paradies: Ökonomie und Ökologie in der Landwirschaft am Beispiel der Meliorationen in Westfalen und Brandenburg (1830-1880)* (Paderborn, 2000); Sabine Doering-Manteuffel, *Die Eifel: Geschichte einer Landschaft* (Frankfurt/Main, 1995); Horst Johannes Tümmers, *Der Rhein: Ein europäischer Fluss und seine Geschichte* (Munich, 1994); Mark Cioc, *The Rhine: An Eco-Biography 1815-2000* (Seattle, 2002); Rainer Beck, *Unterfinning: Ländliche Welt vor Anbruch der Moderne* (Munich, 1993). 又见下书参考文献列出的条目 küster, *Geschichte der Landschaft*, and Norbert Fischer, "Der neue Blick auf die Landschaft", *AfS* 36 (1996), 434-42。

34 Heinrich Wiepkmg-Jürgensmann, "Gegen den Steppengeist", *DSK*, 16 Oct. 1942. 又见 Mark Bassin, "Race contra Space: The Conflict be-

tween German *Geopolitik* and National Socialism”, *PGQ* 6 (1987), 115-34。

35 H. H. Bechtluft,“Das nasse Geschichtsbuch”, in W. Franke and G. Hugenberg (eds.), *Moor im Emsland* (Sögel, 1979), 40-59.

第一章 征服蛮荒

1 Koser, *Geschichte*, vol. 2, 247.

2 Hugh West,“Göttingen and Weimar: The Organization of Knowledge and Social Theory in Eighteenth-Century Germany”, *CEH* 11 (1978), 150-61.

3 Johann [Jean] Bernoulli, *Reisen durch Brandenburg, Pommern, Preussen, Curland, Russland und Pohlen, in den Jahren 1777 und 1778*, 6 vols.(Leipzig, 1779-80).

4 Bernoulli, *Reisen*, vol. 1, 31-8. 贝壳，尤其是罕见和“非本土”的品种，颇受18世纪收藏家的青睐，因为它们迎合了同时代关于美和精致的观念。这些藏品漂亮夺目，既能够修身养性，又可以作为消遣，见Bettina Dietz,“Exotische Naturalien als Statussymbol”, in Hans-Peter Bayerdörfer and Eckhardt Hellmuth (eds.), *Exotica: Inszenierung und Konsum des Fremden 1750-1900*(Münster, 2003).

5 Bernoulli, *Reisen*, vol. 1, 26-31, 38-9.古佐改良的主要事迹，见Antje Jakupi, Peter M. Steinsiek and Bernd Herrmann,“Early Maps as Stepping Stones for the Reconstruction of Historic Ecological Conditions and Biota”, *Naturwissenschaften*, 90 (2003), 360-5.

6 Bernoulli, *Reisen*, vol. 1, 39.

7 Theodore Fontane, *Wanderungen durch die Mark Brandenburg* [*WMB*], Hanser Verlag edition, 3 vols. (Munich and Vienna, 1991), vol. 1, 550;Christiani, *Das Oderbruch*, 13. *Oekonomische und staatswissenschaftliche Briefe über das Niederoderbruch und den Abbau oder die Verteilung der Königlichen Ämter und Vorwerke im hohen Oderbruch* (Berlin, 1800), 28.

8 Dr Müller,“Aus der Kolonisationszeit des Netzebruchs”, *SVGN* 39

(1921),3.

9 Anneliese Krenzlin, *Dorf, Feld und Wirtschaft im Gebiet der grossen Täler und Platten östlich der Elbe: Eine siedlungsgeographische Untersuchung* (Remagen, 1952), 10-15; Margaret Reid Shackleton, *Europe: A Regional Geography* (London, 1958), 242-63.

10 Shackleton, *Europe*, 252.

11 这幅版画见 Matthäus Merian, *Topographia Electorat Brandenburgici et Ducatus Pomeraniae, das ist, Beschreibung der Vornembsten und bekantisten Stätte und Plätze in dem hochloblichsten Churfürstenthum und March Brandenburg*, facsimile of 1652 edn. (Kassel and Basel, 1965)。

12 参见 Bernd Herrmann, with Martina Kaup, *"Nun blüht es von End' zu End' all überall". Die Eindeichung des Nieder-Oderbruches 1747-1753* (Münster, 1997), 32-5,关于冯塔讷的讨论见第35—40页。

13 Johann Christoph Bekmann, *Historische Beschreibung der Chur- und Mark Brandenburg* (Berlin, 1751), Fontane, *WMB*, vol. 1, 566.

14 Fontane, *WMB*, vol. 1, 568; Hermann Borkenhagen, *Das Oderbruch in Vergangenheit und Gegenwart* (Neu-Barnim, 1905), 8; Werner Michalsky, *Zur Geschichte des Oderbruchs: Die Entwässerung* (Seelow, 1983), 3-4; Erwin Nippert, *Das Oderbruch* (Berlin, 1995), 92; Herrmann, *"Nun blüht es von End' zu End' all überall"*, 63-4.

15 Glacken, *Traces*, 476, Norman Smith, *Man and Water: A History of Hydro-Technology* (London, 1976), 28-40. 关于遍布北欧的荷兰移民,见 Max Beheim-Schwarzbach, *Hohenzollernsche Colonisationen* (Leipzig, 1874), 418,荷兰移民"在土地耕作,尤其是改造和排干湿地和沼泽方面展现出非凡的才华"。

16 一座名为"新荷兰"的城镇被作为礼物送给腓特烈·威廉的新娘露易丝,同年,Jobst von und zu Hertefeld建立了另一座新荷兰,日后也落入王室之手。见 Beheim-Schwarzbach, *Colonisationen*, 36-8; Jan Peters, Hartmut Harnisch and Lieselott Enders, *Märkische Bauerntagebücher des 18. und 19. Jahrhunderts* (Weimar, 1989), 18-26。

17 关于Kloeden对哈维兰沼泽的描绘,见 Fontane, *WMB*, vol. 2, 105。

18 Fontane, *WMB*, vol. 1, 568; Christiani, Das Oderbruch, 34.

19 Fontane, *WMB*, vol. 1, 569; Peter Fritz Mengel, "Die Deichverwaltung des Oderbruches", in Mengel (ed.), *Das Oderbruch*, vol. 2 (Eberswalde, 1934), 292-3; Borkenhagen, *Oderbruch*, 8-10; Herrmann, *"Nun blüht es von End' zu End' all überall"*, 65-72. 关于1694-1736年间的9次大洪水: Heinrich Carl Berghaus, *Landbuch der Mark Brandenburg*, 3 vols. (Brandenburg, 1854-6), vol. 3, 27 (table VIII).

20 Erich Neuhaus, *Die Fridericianische Colonisation im Netze- und Warthebruch* (Landsberg, 1905), 30.

21 Noeldeschen, *Oekonomische Briefe*, 29-30; Fontane, *WMB*, vol. 1, 568-9; Herrmann, *"Nun blüht es von End' zu End' all überall"*, 72-3 .

22 Gerhard Ritter, *Frederick the Great*, transl. Peter Paret (Berkeley, 1968), 26-31.

23 Leopold von Ranke, *Zwölf Bücher preussischer Geschichte*, vol. 3 (Leipzig, 1874), 127, cit. Heinrich Bergér, *Friedrich der Grosse als Kolonisator*(Giessen, 1896), 5; Rudolph Stadelmann, *Preussens Könige in ihrer Thätigkeit für die Landescultur*, vol. 2 (Leipzig, 1882), 5-6; Heinrich Bauer, *Die Mark Brandenburg* (Berlin, 1954), 128.

24 Letter from Rheinsberg, 12 Sep. 1737: Bergér, *Friedrich der Grosse*, 6.

25 Bergér, *Friedrich der Grosse*, 70; Henry Makowski and Bernhard Buderath, *Die Natur dem Menschen untertan* (Munich, 1983), 64.

26 Koser, *Geschichte*, vol. 2, 246.

27 Koser, *Geschichte*, vol. 3, 184.

28 Simon Leonhard von Haerlem, "Gutachten vom 6. Januar 1747", reprinted in Herrmann, *"Nun blüht es von End' zu End' all überall"*, 88-121 (quotation: 107); Albert Detto, "Die Besiedlung des Oderbruches durch Friedrich den Grossen", *FBPG* 16 (1903), 165.

29 Matthias G.von Schmettow, *Schmettau und Schmettow: Geschichte eines Geschlechts aus Schlesien* (Büderich, 1961), 379-80.

30 普劳恩运河将哈韦尔河与易北河联接起来。像奥得河-菲诺河运河一样,它也完工于1746年。按照Wolffsohn的说法,这条运河的开凿属于运河建设的"第一阶段"(1740—1746年),与排水、垦荒和移民没有任何关系。见 Wolffsohn, *Wirtschaftliche und soziale Entwicklungen in Brandenburg, Preussen, Schlesien und Oberschlesien in den Jahren 1640-1853* (Frankfurt/Main, Berlin and New York, 1985), 40-2。

31 Herrmann, *"Nun blüht es von End' zu End' all überall"*, 80, 86, 122-3.

32 "Eulogium of Euler", in *Letters of Euler on Different Subjects in Physics and Philosophy Addressed to a German Princess*, 由 Henry Hunter 自法文版翻译, 2 vols. (London, 1802), lxv. 亨特(Hunter)也将欧拉与牛顿相提并论, 见 Preface, xxiii。

33 Karl Karmarsch, *Geschichte der Technologie seit der Mitte des 18. Jahrhunderts* (Munich, 1872), 13-14; Robert Gascoigne, *A Chronology of the History of Science* (New York, 1987), 71-3, 421-3, 507-9.

34 *Letters of Euler*, xxxiii-liii, 187.

35 "Eulogium of Euler", xxxvi-xxxvii; Bernoulli, *Reisen*, vol. 5, 10; Roger D. Masters, *Fortune is a River*, 132. 关于伯努利和欧拉, 见 Günther Garbrecht, *Wasser: Vorrat, Bedarf und Nutzung in Geschichte und Gegenwart* (Reinbek, 1985), 178-81。

36 *Letters of Euler*, 187

37 Text report in Christiani, *Oderbruch*, 82-9 and Herrmann, *"Nun blüht es von End' zu End' all überall"*, 124-9.

38 Christiani, *Oderbruch*:诗文选自该书末尾未分页的页码。

39 Photo in Nippert, *Oderbruch*, 100. 关于奥德布鲁赫(在 Neuhardenberg, Letschin, Neulewin, Neutrebbin Güstebiese, Altrüdnitz)对腓特列大帝的诸多纪念活动, 见 Rudolf Schmidt, "Volkskundliches aus dem Oderbruch", in Mengel (ed.), *Oderbruch*, vol. 2, 111。

40 "Fragen eines lesenden Arbeiters", *Die Gedichte von Bertolt Brecht in einem Band* (Frankfurt/Main, 1981), 656-7.

41 有关叙述见 Fontane, *WMB*, vol. 1, 569-74; Christiani, *Oderbruch*, 36-40; Detto, "Besiedlung", 163-72; Ernst Breitkreutz, *Das Oderbruch im Wandel der Zeit* (Remscheid, 1911), 11-26; G. Wentz, "Geschichte des Oderbruches", in Mengel (ed.), *Das Oderbruch*, vol. 1 (Eberswalde, 1930), 85-238; Borkenhagen, *Oderbruch*, 10-12; *Das Oderbruch im Wandel der Zeit*, 14-18。

42 关于18世纪专业的Teichgrabers,见Ludwig Hempel,"Zur Entwicklung der Kulturlandschaft in Bruchländereien", *BdL* 11 (1952), 73; 关于普鲁士不断提高的工资,见Neuhaus, *Colonisation*, 39-40。

43 Michalsky, *Zur Geschichte*, 5; Detto, "Besiedlung", 167-71; Udo Froese, *Das Kolonisationswerk Friedrich des Grossen* (Heidelberg, 1938), 17.

44 Ulrike Müller-Weil, *Absolutismus und Aussenpolitik in Preussen* (Stuttgart, 1992), 107.事实上,大规模常备军的士兵被广泛用来替代警察、消防员、海关官员,他们还是手艺人和劳工。

45 Haerlem and Petri to Retzow, 18 July 1753; Detto, "Besiedlung", 171.

46 Fontane, *WMB*, vol. 1, 547; Christiani, *Oderbruch*, 46; Koser, *Geschichte*, vol. 3, 97.

47 Fontane, *WMB*, vol. 1, 570.

48 Stadelmann, *Preussens Könige*, vol. 2, 63-72. Fontane, *WMB*, vol. 2, 103-7.

49 Frederick to East Prussian Kammerpräsident von Goltz, 1 Aug. 1786: Stadelmann, *Preussens Könige*, vol. 2, 655.

50 Neuhaus, *Colonisation*, 33. 关于腓特列与弗劳·冯·弗雷希, Fontane, *WMB*, vol. 1, 894-907.

51 关于Brenckenhoff,见August Gottlob Meissner, *Leben Franz Balthasar Schönberg von Brenkenhof* (Leipzig, 1782); Benno von Knobelsdorff-Brenkenhoff, *Eine Provinz im Frieden erobert: Brenckenhoff als Leiter der friderizianischen Retablissements in Pommern 1762-1780* (Cologne and Berlin, 1984)。

52 Alice Reboly, *Friderizianische kolonisation im Herzogtum Magdeburg* (Burg, 1940),关于马格德堡平原; F. Hamm, *Naturkundliche Chronik Nordwestdeutschlands* (Hanover, 1976), 103 ff.,以及第三章,关于埃姆斯兰; Hermann Kellenbenz, *Deutsche Wirtschaftsgeschichte*, 2 vols. (Munich, 1977-81), vol. 1, 324,关于多瑙沼泽。

53 Keith Tribe, "Cameralism and the Science of Government", *JMH* 56 (1984), 163-84; David F. Lindenfeld, *The Practical Imagination: The German Sciences of State in the Nineteenth Century* (Chicago, 1997),

11-45.一份关于18世纪官方学派的书目收录了1.4万部著述，见 Magdelene Humpert, *Bibliographie der Kameralwissenschaften*(Cologne, 1937)。

54 Bernard Heise, "From Tangible Sign to Deliberate Delineation: The Evolution of the Political Boundary in the Eighteenth and Early Nineteenth Centuries", in Wolfgang Schmale and Reinhard Stauber (eds.), *Menschen und Grenzen in der frühen Neuzeit* (Berlin, 1998), 171-86; Anne Buttimer, *Geography and the Human Spirit* (Baltimore, 1993), 105.

55 Müller-Weil, *Absolutismus*, 307-15.

56 Henning Eichberg, "Ordnen, Messen, Disziplinieren", in Johannes Kunisch (ed.), *Staatsverfassung und Heeresverfassung in der europäischen Geschichte der frühen Neuzeit* (Berlin, 1986), 347-75.

57 Hamm, *Naturkundliche Chronik*, 122.

58 Knobelsdorff-Brenkenhoff, *Eine Provinz*, 56-7, 158强调了这一点。

59 Beheim-Schwarzbach, *Colonisationen*, 266.

60 René Descartes, *Discourse on Method and Related Writings*, transl.Desmond M. Clarke (Harmondsworth, 1999), 44; Georges-Louis Leclerc, Comte de Buffon, *Histoire Naturelle*, 44 vols.(Paris, 1749-1804), vol. 12, 14. Glacken, *Traces*, chs.3-4, 是有关这一主题的绝佳指导。

61 关于弗里岑/奥德布鲁赫1664年的大火，参见 C. A. Wolff, *Wriezen und seine Geschichte im Wort, im Bild und im Gedichte* (Wriezen, 1912), 41-2; [anon], Aus Wriezen's Vergangenheit (Wriezen, 1864), 3-6。

62 Stadelmann, *Preussens Könige*, vol. 2, 224-5; E. L. Jones, *The European Miracle: Environments, Economies and Geopolitics in the History of Europe and Asia* (Cambridge, 1981), 143-4.

63 Stephen Pyne, *Vestal Fire*, 203.

64 Pyne, *Vestal Fire*, 186-99; James C. Scott, *Seeing Like a State* (New Haven, 1998), 11-12.

65 Frederick to Voltaire, 10 Jan. 1776: Stadelmann, *Preussens Könige*, vol. 2, 43.

66 Ibid., 51, 57, 60-1.

67 Friedrich Engels, "Landschaften" [1840], in Helmut J.Schneider (ed.), Deutsche Landschaften (Frankfurt/Main, 1981), 477.

68 Keith Thomas, *Man and the Natural World* (London, 1983), 274 中的相关文字。关于"不光彩的行当", Werner Danckert, *Unehrliche Leute: Die verfemten Berufe* (Berne, 1963).

69 Stadelmann, *Preussens Könige*, vol. 1, 172-6, vol. 2, 220-2.每年杀死的麻雀多达35万只。Keith Thomas, *Man and the Natural World*, 274, 1779年,林肯郡的一个村庄就消灭了4152只麻雀,1764—1774年,贝德福德郡的一个村庄消灭了14000只麻雀。

70 Franz von Kobell, *Wildanger* (Munich, 1936 [1854]), 121, 136; Makowski and Buderath, *Natur*, 132.

71 Stadelmann, *Preussens Könige*, vol. 1, 171-2, vol. 2, 81, 222-3.

72 Frederick to Kammerdirektor von der Goltz, 24 June 1786: ibid., vol. 2, 651.

73 Ibid., vol. 2, 52.

74 Barry Holstun Lopez, *Of Wolves and Men* (New York, 1978). 英语的类似描述见 Thomas, *Man and the Natural World*, 40-1, 61。

75 Makowski and Buderath, *Natur*, 132; Hamm, *Naturkundliche Chronik*, 106-18; Kobell, *Wildanger*, 119-24, 139, 147.

76 Manfred Jakubowski-Tiessen, *Sturmflut 1717: Die Bewältigung einer Naturkatastrophe in der frühen Neuzeit* (Munich, 1992). 另见本书第三章。

77 Neuhaus, *Colonisation*, 28-9. Hamm 在编撰关于西北德国的著作时利用了相同的编年史料,见 *Naturkundliche Chronik*。

78 Berghaus, *Landbuch*, vol. 3, 27 (table VIII); Christiani, *Oderbruch*, 28-33; *Aus Wriezen's Vergangenheit*, 11-14; Herrmann, *"Nun blüht es von End' zu End' all überall"*, 68-72.

79 Jones, *European Miracle*, 137-47.

80 Glacken, *Traces*, 604-6, 659-65, 670, 680-1, 688-9, 702-3; Franklin Thomas, *The Environmental Basis of Society* (New York, 1925), 230-2; Yi-Fu Tuan, *Passing Strange and Wonderful: Aesthetics, Nature and Culture* (Washington DC, 1993), 61, 68, 76-7.

81 Paul Wagret, *Polderlands* (London, 1968), 46-7; Breitkreutz, *Oderbruch*, 6.

82 1776年6月7日的法令: Stadelmann, *Preussens Könige*, vol. 2, 81。

83 Meissner, *Brenkenhof*, 80-1.

84 Johanniter-Ordens-Kammerrat Stubenrauch, in 1778: Neuhaus, *Colonisation*, 8-9.

85 Bergér, *Friedrich der Grosse*, 10-11.

86 Beheim-Schwarzbach, *Colonisationen*, 289-97; Detto, "Besiedlung", 180-1; Bergér, *Friedrich der Grosse*, 9-19; Reboly, *Friderizianische Kolonisation*, 10-11, 30-40, 76-7; Froese, *Kolonisationswerk*, 8-9; W. O. Henderson, *Studies in the Economic Policy of Frederick the Great* (London, 1963), 127.

87 Otto Kaplick, *Das Warthebruch:Eine deutsche Kulturlandschaft im Osten*(Würzburg, 1956), 80-1.

88 Beheim-Schwarzbach, *Colonisationen*, 369. 这2712户家庭(11486人)的总资产只有不足283000泰勒。

89 根据Bergér, *Friedrich der Grosse*, 91 (Anhang Nr. 7: "Verze-ichnis der im Jahre 1747 nach Pommern abgegangenen Pfälzer-Transporte")计算。我认为,一批移民中农民与工匠的比例与这批移民的财富之间没有什么关联,虽然以农民为主的移民(也是人数最少的)带的现金最多。

90 Bergér, *Friedrich der Grosse*, 90 ("Specification", Anhang Nr.6).

91 P. Schwarz, "Brenkenhoffs Berichte über seine Tätigkeit in der Neumark", *SVGN* 20 (1907), 46. 关于移民所携带的财产,另见Beheim-Schwarzbach, *Colonisationen*, 573; Neuhaus, *Colonisation*, 90; Froese, *Kolonisationswerk*, 24-5。

92 Beheim-Schwarzbach, *Colonisationen*, 330-1.

93 Bergér, *Friedrich der Grosse*, 81.

94 Siegfried Maire, "Beiträge zur Besiedlungsgeschichte des Oderbruchs", *AdB* 13 (1911), 37-8.

95 Alfred Biese, *The Development of the Feeling for Nature in the Middle Ages and Modern Times* (London, 1905), 286.

96 关于早先的萨尔茨堡移民，见 Mack Walker, *The Salzburg Transaction: Expulsion and Redemption in Eighteenth-Century Germany* (Ithaca, 1992)。

97 Detto,"Besiedlung", 183.

98 Brekkreutz, *Oderbruch*, 53-7; Detto,"Besiedlung", 180-2.

99 Carsten Küther, *Räuber und Gauner in Deutschland* (Göttingen, 1976).

100 Wolfgang Jacobeit, *Schafhaltung und Schäfer in Zentraleuropa* (East Berlin, 1961), 99-111.

101 Neuhaus, *Colonisation*, 29.

102 例如, Beheim-Schwarzbach, *Colonisationen*, 396。

103 Ibid., 371.

104 Froese, *Kolonisationswerk*, 47-8(图片见后页)。

105 Johannes Kunisch, *Absolutismus: Europäische Geschichte vom Westfälischen Frieden bis zur Krise des Ancien Regime* (Göttingen, 1986), 911.关于村庄的几何布局，另见 Müller-Weil, *Absolutismus*, 315-22。

106 Simon Schaffer,"Enlightened Automata", in William Clark, Jan Golinski and Simon Schaffer (eds.), *The Sciences in Enlightened Europe* (Chicago, 1999), 139-48; Horst Bredekamp, *The Lure of Antiquity and the Cult of the Machine* (Princeton, 1995), 4; Carl Mitcham, *Thinking through Technology*(Chicago, 1994), 206, 289.

107 Beheim-Schwarzbach, *Colonisationen*, 446.

108 Ibid., 271.

109 H. C. Johnson, *Frederick the Great and his Officials* (London, 1975).

110 语出 Gerhard Ritter, *Frederick the Great*, 155.

111 Müller-Weil, *Absolutismus*, 267.

112 关于 Brenckenhoff (有时拼作 Brenkenhoff 或 Brenkenhof), 见 Meissner, *Brenkenhof*, and Knobelsdorff-Brenkenhoff; *Eine Provinz*。关于 Brenckenhoff 是半文盲，见 Dr Rehmann's "Kleine Beiträge zur Charakteristik Brenkenhoffs", *SVGN* 22(1908), 106, 利用普鲁士军官 Johann Georg Scheffler 的材料证明 Brenckenhoff 不识字: 他拼写起来极其吃力，唯一能写的是他自己的名字。

113 Koser, *Geschichte*, vol. 3, 342-3, 把 Brenckenhoff 说成是"白手起家的人"。Hans Künkel 则称之为"美国式"的任务, 见 *Auf den kargen Hügeln der Neumark: Zur Geschichte eines Schäfer- und Bauerngeschlechts im Warthebruch* (Würzburg, 1962), 26。

114 Ritter, *Frederick the Great*, 151-3; Müller-Weil, *Absolutismus*, 267.

115 Beheim-Schwarzbach, *Colonisationen*, 275.

116 Breitkreutz, *Oderbruch*, 82-5; Detto, "Besiedlung", 183.

117 Koser, *Geschichte*, vol. 3, 343. 又见 Knobelsdorff-Brenkenhoff, *Eine Provinz*, 59-63; Rehmann, "Kleine Beiträge", 101-2。

118 Knobelsdorff-Brenkenhoff, *Eine Provinz*, 80("intrigues and deceptions"); Koser, *Geschichte*, vol. 3, 202, 关于西里西亚官员受命监视 Brenckenhoff 在内策河和瓦尔特河沼泽的工程("你们将看到很多好事和有用的事情")。

119 Knobelsdorff-Brenkenhoff, *Eine Provinz*, 79 ("紧盯着他"); Müller-Weil, *Absolutismus*, 270 ("不得给他设置哪怕最轻微的障碍").

120 Beheim-Schwarzbach, *Colonisationen*, 269.

121 Haerlem and Petri to Retzow, 15 Aug. 1754: Detto, "Besiedlung", 174.

122 Rehmann, "Kleine Beiträge", 111.

123 Koser, *Geschichte*, vol. 3, 342.

124 Ibid.

125 Petri to Retzow (写于 Liezegöricke), 31 May 1756: Detto, "Besiedlung", 183-4.

126 Goethe, *Faust*, Part II, lines 11, 123-4. 又见 Marshall Berman, *All That Is Solid Melts into Air: The Experience of Modernity* (Harmondsworth, 1988), 60-5; Gerhard Kaiser, "Vision und Kritik der Moderne in Goethes Faust II", *Merkur* 48/7 (July 1994), 594-604。

127 Goethe, *Faust*, Part II, lines 11, 541, 11, 563-4.

128 Fontane, *WMB*, vol. 1, 560.

129 Rehmann, "Kleine Beitrage", 115.

130 Christiani, *Oderbruch*, 92-100.

131 Schwarz, "Brenckenhoffs Berichte", 记录了谷物和牲畜。

132 *Grundsätze der rationellen Landwirtschaft* 第一卷出版于1809年，第2—4卷出版于1810—1812年。1806年，默格林成为德国最早的农业科学研究机构的所在地。关于特尔，又见H.H.Freudenberger, "Die Landwirtschaft des Oderbruches", in Mengel (ed.), *Oderbruch*, vol. 2, 200-3。

133 Christiani, *Oderbruch*, "Vorwort"; Breitkreutz, *Oderbruch*, iii, 116. 关于瓦尔特布鲁赫是一个"鲜花盛开的花园"，见Künkel, *Auf den kargen Hügeln der Neumark*, 32。

134 Theodor Fontane, *Before the Storm*, ed. R. J. Hollingdale (Oxford, 1985), 123-4 (first published as *Vor dem Sturm* in 1878). 这是对数十年后奥德布鲁赫的描述，Fontane把它与拿破仑战争年代的景象颠倒了顺序。

135 Fontane, *WMB*, vol. 1, 559-60.

136 William H.McNeill, *Plagues and Peoples* (New York, 1976), 218.

137 Fernand Braudel, *Capitalism and Material Life 1400-1800* (London, 1974), 37-54.

138 Wagret, *Polderlands*, 45.

139 Fontane, *WMB*, vol. 1, 574-81.像后来的许多文献一样，Fontane也利用了Pastor S. Buchholtz的 *Versuch einer Geschichte der Churmark Brandenburg*, 2 vols. (Berlin, 1765)。Noeldeschen, *Oekonomische Briefe*, 28-37; Wentz, "Geschichte des Oderbruches", 88-92; Christiani, *Oderbruch*, 11-25; Breitkreutz, *Oderbruch*, 3-6; Krenzlin, *Dorf, Feld und Wirtschaft*, 68-9; Herrmann, *"Nun blüht es von End' zu End' all überall"*, 11-32.

140 Fred Pearce, *The Dammed* (London, 1992), 32-3. 又见H. C. Darby, *The Draining of the Fens* (Cambridge, 1940)。

141 Breitkreutz, *Oderbruch*, 14-15; Borkenhagen, *Oderbruch*, 16. 关于早先英国沼泽区排水工程的骚乱和混乱，见Wagret, *Polderlands*, 91。

142 Künkel, *Auf den kargen Hügeln der Neumark*, 54. 关于1754年6月腓特烈颁布的严厉法令，见Breitkreutz, *Oderbruch*, 15。

143 Christiani, *Oderbruch*, 40; Detto, "Besiedlung", 198-200.

144 Noeldeschen, *Oekonomische und staatswissenschaftliche Briefe*, 69;

Fontane, *WMB*, vol. 1, 565; Rudolf Schmidt, *Wriezen*, vol. 2 (Bad Freienwalde, 1932), 20-1; Herrmann, *"Nun blüht es von End' zu End' all überall"*, 25-32.

145 引文见 Fontane, *WMB*, vol. 3, 578 (Buchholtz之后)。

146 Gudermann, *Morastwelt und Paradies.*

147 Scott, *Seeing Like a State.*

148 Schmidt, *Wriezen*, vol. 2, 21.

149 Ibid., 7, 11-12, 31. 又见 Herrmann, *"Nun blüht es von End' zu End' all überall"*, 170-1。

150 Breitkreutz, *Oderbruch*, 36; Froese, *Kolonisationswerk*, 24; Schwarz, "Brenckenhoffs Berichte", 60; Knobelsdorff-Brenkenhoff, *Eine Provinz*, 86.

151 "Die ersten haben den Tod, die zweiten die Not, die dritten das Brot": Peters, Harnisch and Enders, *Märkische Bauerntagebücher*, 53.

152 To Amtsrat Clausius, 1779, 关于莱茵鲁赫的新殖民地，参见 eheim-Schwarzbach, *Colonisationen*, 277。

153 Breitkreutz, *Oderbruch*, 87-8.

154 语出 Alfred Crosby, *Ecological Imperialism: The Biological Expansion of Europe, 900-1900*(Cambridge, 1986), 22。

155 见本书第三章、第五章。

156 Breitkreutz, *Oderbruch*, 117.

157 Christiani, *Oderbruch*, 49-66; Borkenhagen, *Oderbruch*, 15-16, 19. 关于1997年见后文尾声。

158 Stadelmann, *Preussens Könige*, vol. 2, 52-4; Kaplick, Warthebruch, 14-15.

159 腓特烈·威廉一世在上奥德布鲁赫的工程对下奥德布鲁赫产生了相反的效应。黑莱姆在屈斯特林附近的奥得河筑堤,导致河流决口,造成地势较低的瓦尔特河洪水泛滥。有时候,问题是被"转嫁"了,例如,旨在防御来自德勒姆林以南和以西的阿勒尔河洪水的工程,会对汉诺威和布伦瑞克造成影响,见 Hamm, *Naturkundliche Chronik*, 116, 120-1。

160 Michalsky, *Zur Geschichte*, 12. 关于东部德国人对最终驯服奥得河的

信念，见本书第六章。

161 参见 *Die Melioration der der Ueberschwemmung ausgesetzten Theile des Nieder- und Mittel-Oderbruchs* (Berlin, 1847); Wehrmann, *Die Eindeichung des Oderbruches* (Berlin, 1861); Christiani, *Oderbruch*, 49-81; Mengel, "Die Deichverwaltung des Oderbruches", in Mengel (ed.), *Oderbruch*, vol. 2, 299-389; Hans-Peter Trömel, *Deichverbände im Oderbruch* (Bad Freienwalde, 1988)。

162 之所以是第二场，是因为1947年爆发了一场严重的洪灾。

163 Dunbar, *Essays on the History of Mankind in Rude and Cultivated Ages*, cit. Glacken, Traces, 600.

164 Fontane, *WMB*, vol. 1, 585.

165 Karl Eckstein, "Etwas von der Tierwelt des Oderbruches", in Mengel (ed.), *Oderbruch*, vol. 2, 143-74; Herrmann, *"Nun blüht es von End' zu End' all überall"*, 176-80; Martina Kaup, "Die Urbarmachung des Oderbruchs: Umwelthistorische Annäherung an ein bekanntes Thema", in GünterBayerl, Norman Fuchsloch and Torsten Meyer (eds.), *Umweltgeschichte-Methoden, Themen, Potentiale* (Münster, 1996), 111-31.

166 Siegfried Giedion, *Mechanization Takes Command* (New York, 1948), 34-6; Bredekamp, *The Lure of Antiquity and the Cult of the Machine*, 4; Schaffer, "Enlightened Automata", 142-3.

167 Thomas, *Man and the Natural World*, 91, 285.

168 Novalis, "Die Christenheit oder Europa", cited in Rolf Peter Sieferle, *Fortschrittsfeinde? Opposition gegen Technik und Industrie von der Romantik bis zur Gegenwart* (Munich, 1984), 46.

169 Biese, *Feeling for Nature*, 238-45; Jost Hermand, *Grüne Utopien in Deutschland* (Frankfurt/Main, 1991), 35. The Anacreontic poets included Johann Peter Uz, J. W. L. Gleim and Ewald von Kleist.

170 Biese, *Feeling for Nature*, 251.

171 Bernoulli, *Reisen*, vol. 1, 38-9.

172 Hermand, *Grüne Utopien*, 36.

173 Götz Großklaus, "Der Naturraum des Kulturbürgers", in Großklaus and Oldemeyer(eds.), *Natur als Gegenwelt:* 171; Glacken, *Traces*, 594.

174 Wilhelm August Schmidt 居住在施普雷瓦尔德，与未排水前的奥德布鲁赫和瓦尔特布鲁赫很相像。见 Schneider (ed.), *Dentsche Landschaften*, 51。

175 Goethe, *The Sorrows of Young Werther* (Vintage Classics, 1990), 65.

176 Ibid., 15.

177 Ibid., 49.

178 Fontane, *WMB*, vol. 2, 104-5(引自 Klöden);Neuhaus, *Colonisation*, 8-9 (引自 Stubenrauch); Künkel, *Auf den kargen Hügeln der Neumark*, 33 (引自一位不知名的丹麦教授)。

179 Hermand, *Grüne Utopien*, 36. 一个例子是 Adolph Knigge 所著 *Dream of Herr Brick* (1783)。

180 Richard Grove, *Green Imperialism: Scientists, Ecological Crises, and the History of Environmental Concern, 1600-1860* (Cambridge, 1994), 314-28.

181 Glacken, *Traces*, 541-2; Grove, *Green Imperialism*, 328.

182 关于第一次"绿色浪潮"，见 Henning Eichberg, "Stimmung über die Heide-Vom romantischen Blick zur Kolonisierung des Raumes", in Groβklaus and Oldemeyer (eds.), *Natur als Gegenwelt*, 217; 关于"绿色乌托邦"，见 Hermand, *Grüne Utopien*。

183 Künkel, *Auf den kargen Hügeln der Neumark*, 30.

184 Fernand Braudel, *Civilization and Capitalism*, vol. 1(London, 1981), 69-70.

185 例如，影响很大的美国学者 Donald Worster 所著 *The Wealth of Nature* (New York, 1993)；与我所表达的观点接近的看法，见 William Cronon, "The Uses of Environmental History"; Michael Williams, "The Relations of Environmental History and Historical Geography", *J HG* 20(1994), 3-21; David Demeritt, "Ecology, Objectivity and Critique in Writings on Nature and Human Societies", *JHG* 20(1994), 22-37; Joachim Radkau, "Was ist Umweltgeschichte?"混沌理论对生态学的影响，见 Pimm, *Balance of Nature*, 99-134。

186 T. Dunin-Wasowicz, "Natural Environment and Human Settlement over the Central European Lowland in the 13th Century", in Peter

Brindlecombe and Christian Pfister (eds.), *The Silent Countdown:Essays in European Environmental History* (Berlin and Heidelberg, 1990), 90-105; B. Prehn and S. Griesa, "Zur Besiedlung des Oderbruches von der Bronze- bis zur Slawenzeit", in H. Brachmann and H.-J. Vogt (eds.), *Mensch and Umwelt* (Berlin, 1992.), 27-32.

187 这幅画及其分析收录于 Makowski and Buderath, *Die Natur*, 158。

188 Neuhaus, *Colonisation*, 4.

189 Bruno Krüger, *Die Kietzsiedlungen im nördlichen Mitteleuropa* (Berlin, 1962), 109 详细分析了磨坊是如何提高河水水位并"改变部分景观的"。

190 Makowski and Buderath, *Die Natur*, 172-3; Glacken, *Traces*, 698-702.

191 Elizabeth Ann R. Bird, "The Social Construction of Nature: Theoretical Approaches to the Study of Environmental Problems", *ER* 11 (1987), 261.

第二章 驯服莱茵河的人

1 Nikolaus Hofen, "Sagen und Mythen aus der Vorderpfalz", in Michael Geiger, Günter Preuß and Karl-Heinz Rothenberger (eds.), *Der Rhein und die Pfälzische Rheinebene* (Landau, 1991), 396-7.

2 Hans Biedermann, *Dictionary of Symbolism* (New York, 1994), 36-7.

3 关于勃兰登堡的类似传说，见 Bauer, *Mark Brandenburg*, 57。

4 Heinz Musall, *Die Entwicklung der Kulturlandschaft der Rheinniederung zwischen Karlsruhe und Speyer vom Ende des 16. bis zum Ende des 19. Jahrhunderts* (Heidelberg, 1969), 53, 57, 69, 78.

5 Ibid., 44, 54-6, 67-8, 160-1.

6 Tümmers, *Der Rhein*, 139-40; Fritz Schulte-Mäter, *Beiträge über die geographischen Auswirkungen der Korrektion des Oberrheins* (Leipzig, 1938), 27-9, 59, 77.

7 关于莱茵河的地貌和水文，见 Jean Dollfus, *L'Homme et le Rhin: Géographie Humaine* (Paris, 1960), 10-32; Michael Geiger, "Die Pfälzische Rheinebene - Eine natur- und kulturräumliche Skizze", in

Geiger, Preuß and Rothenberger (eds.), *Der Rhein und die Pfälzische Rheinebene*, 17-45; Thomas Tittizer and Falk Krebs (eds.), *Ökosystemforschung: Der Rhein und seine Auen - Eine Bilanz* (Berlin and Heidelberg, 1996), 9-21; Cioc, *The Rhine*:11-36。

8 这幅画名为《从伊斯泰因悬崖向上游眺望巴塞尔》(*Blick vom Isteiner Klotz rhemaufwärts gegen Basel*)，现藏于巴塞尔艺术博物馆。

9 关于河流动力学的上佳之作，见 Luna B.Leopold, *A View of the River* (Cambridge, Mass., 1994); E. C. Pielou, *Fresh Water* (Chicago, 1998), 80-148。

10 我在此处尤其借鉴了 Musall, *Kulturlandschaft*。

11 Ibid., 121.

12 Ibid., 152.

13 Emmanuel Le Roy Ladurie, "Writing the History of the Climate", *The Territory of the Historian* (Chicago, 1979), 287-91; Christof Dipper, *Deutsche Geschichte 1648-1789* (Frankfurt/Main, 1991), 10-18; Brian Fagan, *The Little Ice Age* (New York, 2000).

14 Musall, *Kulturlandschaft*, 151; Josef Mock, "Auswirkungen des Hochwasserschutzes", in Hans Reiner Böhm and Michael Deneke (eds.), *Wasser: Eine Einführung in die Umweltwissenschaften* (Darmstadt, 1992), 176-84.

15 Musall, *Kulturlandschaft*, 120.

16 Ibid., 119, 161-2.

17 Heinrich Cassinone and Heinrich Spiess, *Johann Gottfried Tulla, der Begründer der Wasser- und Strassenbauverwaltung in Baden: Sein Leben und Wirken* (Karlsruhe, 1929), 41-2; Hans Georg Zier, "Johann Gottfried Tulla: Ein Lebensbild", *BH* 50(1970), 445.

18 Dollfus, *L'Homme et le Rhin*, 118.

19 Heinrich Wittmann, "Tulla, Honsell, Rehbeck", *BA* 4 (1949), 14; Cioc, Rhine, 54.

20 关于图拉的早年生活和学习时代，见 Cassinone and Spiess, *Tulla*, 1-17。

21 Zier, "Lebensbild", 390-3.

22 Zier,“Lebensbild”, 394.

23 Cassinone and Spiess, *Tulla*, 8-14.

24 Zier,“Lebensbild”, 398.

25 Ibid., 399.

26 Cassinone and Spiess, *Tulla*, 15-17; Zier,“Lebensbild”, 380, 406-13.

27 *GLA*, Nachlass Sprenger, 6: Tulla to Landbaumeister Winter, 30 Aug. 1814.

28 Cassinone and Spiess, *Tulla*, 20-32 ; Zier,“Lebensbild”, 417-29 ; Wittmann,“Tulla, Honsell, Rehbock”, 7.

29 关于尼尔斯河，见 Josef Smets,“De l'eau et des hommes dans le Rhin inférieure du siècle des Lumières à la pré-industrialisation”, *Francia* 21 (1994), 95-127；关于奥得河，见第一章；关于 1790—1791 年 Bellinchen 和 Lunow 等村庄进行的 3 次裁弯取直，见 Berghaus, *Landbuch*, vol. 3, 4。

30 David Gilly, *Grundriß zu den Vorlesungen über das Praktische bei verschiedenen Gegenständen der Wasserbaukunst* (Berlin, 1795); David Gilly, *Fortsetzung der Darstellung des Land- und Wasserbaus in Pommern, Preussen und einem Teil der Neu- und Kurmark* (Berlin, 1797); David Gilly and Johann Albert Eytelwein (eds.), *Praktische Anweisung zur Wasser- baukunst* (Berlin, 1805). 关于 Eytelwein 的计划，见 Walter Tietze,“Die Oderschiffahrt: Studien zu ihrer Geschichte und zu ihrer wirtschaftlichen Bedeutung”, dissertation, Breslau 1906, 23-7; 关于爱特魏因对图拉的影响，见 Wittmann,“Tulla, Honsell, Rehbock”, 10。

31 Johann Beckmann, *Anleitung zur Technologie* (1777). Mitcham, *Thinking through Technology*, 131.

32 Karmarsch, *Geschichte der Technologie*, 863; Wilhelm Treue, *Wirtschafts und Technikgeschichte Deutschlands* (Berlin and New York, 1984), 221.

33 Zier,“Lebensbild”, 383.

34 Ibid., 431-2.

35 J. G. Tulla, *Die Grundsätze, nach welchen die Rheinbauarbeiten künftig zu führen seyn möchten; Denkschrift vom 1.3.1812.*

36 Cited in Tümmers, *Der Rhein*, 145.

37 参见本书第一章。

38 Lindenfeld, *Practical Imagination*, 77-8; Wittmann, "Tulla, Honsell, Rehbock", 7; Zier, "Lebensbild", 427-8.

39 Tulla, *Über die Grundsätze*, cited in Max Honsell, *Die Korrektion des Oberrheins von der Schweizer Grenze unterhalb Basel bis zur Grossh. Hessischen Grenze unterhalb Mannheim* (Karlsruhe, 1885), 5.

40 Carl von Clausewitz, *On War*, ed. Michael Howard and Peter Paret (Princeton, 1976), book 8, ch. 2, 591-2.

41 关于神圣罗马帝国的崩溃及其对巴登这样领土受益的邦国的影响，见 David Blackbourn, *The Fontana History of Germany 1780-1918: The Long Nineteenth Century* (London, 1997), 61-4, 75-7。

42 H.Schmitt, "Germany without Prussia: A Closer Look at the Confederation of the Rhine", *GSR* 6 (1983), 9-39.

43 Lloyd E. Lee, "Baden between Revolutions: State-Building and Citizenship, 1800-1848", *CEH* 24 (1991), 248-67.

44 卡尔斯鲁厄卷帙浩繁的档案中关于这些问题的资料，见 *GLA* 237/16806: Die Abgabe von Faschinenholz an die Flussbauverwaltung und die Bewirtschaftung derjenigen Waldungen, welche der Flussbaudienstbarkeit unterstellt sind; 237/44858: Den Bedarf an Faschinenhölzern für die Rheinbauten und Flussbauten, sowie die Bewirtschaftung der Faschinenwaldungen auf den Rheininseln und den Rheinvorlanden; 237/30617: Das Flussbauwesen, die Regulierung der Flussbaumaterialienpreise an Faschinen, Pfählen etc, die Bestimmung der Forstgebühren bei Abgaben der Faschinen, das Kiesgraben zum Behuf der Rheinbauten; 237/30623: Die Festsetzung und Erhebung der Fluss- und Dammbaukostenbeiträge; 237/30624: Normen zur Feststellung und Erhebung der Flussbausteuer und Dammbaubeiträge; 237/30802: Die an Private zu leistenden Entschädigungen für abgetretenes Grundeigentum zu Dammbauten. Betr.Dettenheim, Eggenstein, Erlach, Diersheim, Rheinbischoffsheim; 237/30793: Die Rheinrektifikation, insb.das Eigentum der durch kunstliche Rheinbauten entstehenden Altwasser und Verland-

ungen. 直到1855年颁布一项法律，才解决了谁能从新形成的土地中获益的问题。见 *GLA* 237/35062。

45 *GLA* 237/35060: Die Rheinkorrektionen und die Entschädigung derjenigen, denen durch die vorgenomennen Durchschnitte Güter verloren gegangen oder deterioriert worden, I. 1819-1839。这份档案中包含各个政府部门提交的意见，虽然是针对一个很小的具体问题（在达克斯兰裁弯取直）。

46 Christoph Bernhardt, "The Correction of the Upper Rhine in the Nineteenth Century: Modernizing Society and State by Large-Scale Water Engineering", in Susan C. Anderson and Bruce H. Tabb (eds.). *Water, Culture, and Politics in Germany and the American West* (New York, 2001), 183-202; Cioc, *Rhine*, 49-50.

47 Henrik Froriep, "Rechtsprobleme der Oberrheinkorrektion im Grossherzogtum Baden", dissertation, Mainz (1953), 14-17.

48 Johannes Gut, "Die badisch-französische sowie die badisch-bayerische Staatsgrenze und die Rheinkorrektion", *ZGO* 142(1994), 215-32.

49 Peter Sahlins, "Natural Frontiers Revisited: France's Boundaries since the Seventeenth Century", *AHR* 95 (1990), 1440.

50 Ibid., 1442.

51 Froriep, "Rechtsprobleme", 17-21.

52 Ibid., 78-90.

53 Thomas Nipperdey, *Deutsche Geschichte 1800-1866*(Munich, 1983), 11.

54 Honsell, *Korrektion*; Wittmann, "Tulla, Honsell, Rehbock", 11-12; Egon Kunz, "Flussbauliche Massnahmen am Oberrhein von Tulla bis heute mil ihren Auswirkungen", in Norbert Hailer (ed.), *Natur und Landschaft am Oberrhein: Versuch einer Bilanz* (Speyer, 1982), 38; Cioc, *Rhine*, 51-3.

55 *GLA* 237/44858: Den Bedarf an Faschinenhölzern für die Rheinbauten und Flussbauten sowie die Bewirtschaftung der Faschinenwaldungen auf den Rheininseln und den Rheinvorlanden betr. 工程这一阶段每年的花费大约是10万荷兰盾。

56 Cassinone and Spiess, *Tulla*, 55-87.

57 Calculated from Figure 12 in Heinz Musall, Günter Preuß and Karl-Heinz Rothenberger, "Der Rhein und seine Aue", in Geiger, Preuß and Rothenberger (eds.), *Der Rhein und die Pfälzische Rheinebene*, 55. 又见 Musall, *Kulturlandschaft*, 199-201;Tümmers, *Rhein*, 146。

58 Schulte-Mäter, *Auswirkungen der Korrektion*, 61.

59 关于卡洛琳王朝的先例，见 *Fossa Carolina -1200 Jahre Karlsgraben*, special issue of *Zeitschrift der Bayerischen Staatsbauverwaltung* (Munich, 1993); Walter Keller, *Der Karlsgraben: 1200 Jahre, 793-1993* (Treuchtlingen, 1993); Paolo Squatritti, "Digging Ditches in Early Medieval Europe", *PP* 176(2002), 11-65；关于莱茵河整治投入的劳动力，见 Cassinone and Spiess, *Tulla*, 59: Roland Paul, "Alte Berufe am Rhein", in Geiger, Preuß and Rothenberger (eds.), *Der Rhein und die Pfälzische Rheinebene*, 280。

60 Musall, *Kulturlandschaft*, 154-5; Honsell, *Korrektion*, 6; Wittmann, "Tulla, Honsell, Rehbock", 11; Traude Löbert, *Die Oberrheinkorrektion in Baden: Zur Umweltgeschichte des 19. Jahrhunderts* (Karlsruhe, 1997), 68-80; Christoph Bernhardt, "Zeitgenössische Kontroversen über die Umweltfolgen der Oberrheinkorrektion im 19. Jahrhundert", *ZGO* 146 (1998), 297-9.

61 Zier, "Lebensbild", 431.

62 Ibid.

63 Ibid., 440.

64 Ibid., 431, 440.

65 Ibid., 431.

66 1825 年备忘录的全称是 *Über die Rectification des Rheines, vom seinem Austritt aus der Schweiz bis zu seinem Eintritt in das Großherzogtum Hessen*, 备忘录的副本藏于 *GLA* 37/35060: Die Rheinkorrektionen，这份备忘录只是一份工作文件，而不是抽象的理论著述。

67 *GLA*, Nachlass Sprenger, 1, 16. 关于图拉与施普伦格的关系，见 ibid., 14: Sprenger to Tulla, 28 Jan.1824，年轻的施普伦格向委员会报

告说，他曾在前一年代表图拉行事，并且含蓄地提及了一个事实：因为行程排得太满，他的津贴不够花。

68 Zier，“Lebensbild”，437; Cassinone and Spiess, *Tulla*, 60-2.

69 Zier, 428, 439-40.

70 Tulla, *Denkschrift: Die Rectification des Rheines* (Karlsruhe, 1822), 7. 图拉在1822年这份备忘录的下文中表达了同样的观点：“在开垦地区，河床应该有一个规则的和不变的路线。” (ibid., 41)

71 Zier，“Lebensbild”，429.

72. Carl Philipp Spitzer and August Becker, cited in Wolfgang Diehl, “Poesie und Dichtung der Rheinebene”, in Geiger, Preuβ and Rothenberger (eds.), *Der Rhein und die Pfälzische Rheinebene*, 379, 384. 关于贝克尔及其对于巴拉丁景观的重要诠释，见 Celia Applegate, *A Nation of Provincials*, 39, 55-7, 79, 123。

73 Quotation from Heinrich Wittmann, *Flussbau und Siedlung* (Ankara, 1960), 20.

74 *Die Rheinpfalz*, 4 Oct. 2002.

75 Tulla, *Über die Rectification des Rheines*, 52.

76 Honsell, *Korrektion*, 71-5; Tümmers, *Rhein*, 147-8.

77 Dipper, *Deutsche Geschichte 1648-1789*, 19.

78 Schulte-Mäter, *Auswirkungen der Korrektion*, 53, 70.

79 Harald Fauter, “Malaria am Oberrhein in Vergangenheit und Gegenwart”, dissertation, University of Tübingen(1956); Honsell, *Korrektion*, 75; Löbert, *Oberrheinkorrektion*, 53-5; Bernhardt, “Correction of the Upper Rhine”, 183. 在1977年施佩尔举办的一次讨论会上，普罗伊斯博士提出了关于分叉地带的相反观点，见 Hailer (ed.), *Natur und Landschaft am Oberrhein*, 45-6. van der Wijck (in 1846)。这样的早期作者以及伟大的博物学家 Robert Lauterborn (in 1938)都提出过这样的观点，见 Bernhardt，“Zeitgenössische Kontroversen”，303-4。

80 关于图拉的计划和曼海姆的发展，见 Dieter Schott，“Remodeling ‘Father Rhine’: The Case of Mannheim 1825-1914”, in Anderson and Tabb (eds.), *Water, Culture, and Politics*, 203-35。

81 Carl Lepper, *Die Goldwäscherei am Rhein*(Heppenheim, 1980); Gus-

tav Albiez, “Die Goldwäscherei am Rhein”, in Kurt Klein (ed.), *Land um Rhein und Schwarzwald* (Kehl, 1978), 268-71.

82 Musall, *Kulturlandschaft*, 106.

83 Paul, “Alte Berufe am Rhein”, 277; Tümmers, *Der Rhein*, 142.

84 Musall, *Kulturlandschaft*, 143.

85 Ibid., 190; Schulte-Mäter, *Auswirkungen der Korrektion*, 62.

86 Lepper, *Goldwäscherei*, 76; Paul, “Alte Berufe am Rhein”, 279.

87 *GLA* 237/44817: Goldwaschen im Rhein 1824-1946; Tümmers, *Der Rhein*, 142-3; Albiez, “Goldwäscherei”, 271.

88 Tümmers, *Der Rhein*, 142.

89 Paul, “Alte Berufe am Rhein”, 279; Schulte-Mäter, *Auswirkungen der Korrektion*, 74-6; Musall, *Kulturlandschaft*, 236.

90 Musall, *Kulturlandschaft*, 190, 记录了来自 Eggenstein, Dettenheim and Neuburg等地的事例。

91 Horst Koßmann, “Fische und Fischerei”, in Geiger, Preuß and Rothenberger(eds.), *Der Rhein und die Pfälzische Rheinebene*, 204; Schulte-Mäter, *Auswirkungen der Korrektion*, 47-8, 54; Paul, “Alte Berufe am Rhein”, 273.

92 Musall, *Kulturlandschaft*, 142.

93 Hans-Rüdiger Fluck, “Die Fischerei im Hanauerland”, *BH* 50(1970), 484.

94 Anton Lelek and Günter Buhse, *Fische des Rheins - früher und heute* (Berlin and Heidelberg, 1992), 34. 当时整个河上发现了47种鱼，比这45种鱼只多了两种。

95 Koßmann, “Fische und Fischerei”, 205; Götz Kuhn, *Die Fischerei am Oberrhein* (Stuttgart, 1976), 21-2.

96 Jäger, *Einführung*, 202; Kuhn, *Fischerei*, 24.

97 Paul, “Alte Berufe am Rhein”, 273; Kuhn, *Fischerei*, 54.

98 Kunz, “Flussbauliche Massnahmen am Oberrhein”, 39; Kuhn, *Fischerei*, 55.

99 在赫伦巴赫，渔业租赁权的价格从185荷兰盾下跌到1828—1853年的13荷兰盾；同期，利多施海姆附近的国王湖的渔业租赁权价格从

30荷兰盾跌到1荷兰盾,见Musall,*Kulturlandschaft*,235。

100 Ibid.,236,1860年代,莱茵豪森有41名渔民,菲利普斯堡有19名渔民;Schulte-Mäter,*Auswirkungen der Korrektion*,40-2,关于1880年代布赖萨赫的渔户。

101 Ragnar Kinzelbach,"Zur Entstehung der Zoozönose der Rheins", in Kinzelbach (ed.),*Die Tierwelt des Rheins einst undjetzt* (Mainz,1985),31; Tittizer and Krebs,*Ökosystemforschung*,27-40; Lelek and Buhse,*Fische des Rheins*,13-23,184-5.

102 Kuhn,*Fischerei*,186.

103 Paul,"Alte Berufe am Rhein",273; Fluck,"Die Fischerei",477; Koßmann,"Fische und Fischerei",206; Tittizer and Krebs,*Ökosystemforschung*,37-8.

104 Kuhn, *Fischerei*, 57-9, 63;Cioc, *Rhine*, 158-67; Lelek and Buhse,*Fische des Rheins*,37-40.

105 关于梭鲈,Lelek and Buhse,*Fische des Rheins*,177-9。

106 Ibid.,160-3.

107 Kuhn,*Fischerei*,79-90,156-63.

108 Willi Cutting,*Die Aalfischer: Roman vom Oberrhein* (Bayreuth,1943).

109 Ibid.,213.

110 我未能找到古廷简短的回忆录,未注明出处的相关内容转引自Diehl,"Poesie und Dichtung",381。

111 Cutting,*Die Aalfischer*,8.

112 Ibid.,31,56.

113 Ibid.,189,190-1,225.浮士德插曲见183-96。在古廷的小说*Glückliches Ufer* (Bayreuth,1943)中,同样强调堤坝保护村民的"丰饶的土地"。

114 Löbert,*Oberrheinkorrektion*,95-100.

115 Cutting,*Die Aalfischer*,189.

116 Ibid.,188.

117 "野外几何学"一词来自美国环境保护主义者Aldo Leopold,他是指德国的情况. Cioc,*Rhine*,167,引用了Leopold对德国河流的评价,他说这些河流看上去"直得像条死蛇"。

118 后续出版于 Hailer (ed.), *Natur und Landschaft am Oberrhein.*

119 Carl Zuckmayer, *A Part of Myself* (New York, 1984), 100(first German edition 1966).

120 关于劳特博恩,参见 Cioc, *Rhine*, 173-5 and Ragnar Kinzelbach, "Vorwort", in Kinzelbach (ed.), *Die Tierwelt des Rheins*; on his predecessors, Georg Philippi, "Änderung der Flora und Vegetation am Oberrhein", in Hailer (ed.), *Natur und Landschaft am Oberrhein*, 87。

121 Musall, *Kulturlandschaft*, 95; Robert Mürb, "Landwirtschaftliche Aspekte beim Ausbau von Fliessgewässern", in Böhm and Deneke (eds.), *Wasser*, 120; Tittizer and Krebs, *Ökosystemforschung* (副标题是 *Der Rhein und seine Auen: Eine Bilanz*); Cioc, *Rhine*, 150-4。关于栖息地的破碎, D. S. Wilcove, C. H. McLellan and A.P.Dobson, "Habitat Fragmentation in the Temperate Zone", in Andrew Goudie (ed.), *The Human impact Reader* (Oxford, 1997), 342-55.

122 Ragnar Kinzelbach, "Veränderungen der Fauna im Oberrhein", in Hailer(ed.), *Natur und Landschaft am Oberrhein*, 78; 又见 Cioc, *Rhine*, 12。

123 Cioc, *Rhine*, 156-7.

124 Kinzelbach, "Veränderungen der Fauna", 66-83. Tittizer and Krebs (eds.), *Ökosystemforschung* 也强调多种相互影响的因素导致了生物多样性的下降,单独用100页的篇幅讨论污染问题。

125 Cited in Günter Preuß, "Naturschutz", in Geiger, Preuß and Rothenberger(eds.), Der Rhein und die Pfälzische Rheinebene, 238-9.

126 Cired Philippi, "Änderung der Flora und Vegetation", in Hailer (ed.), *Natur und Landschaft am Oberrhein*, 92.

127 Philippi, "Änderung der Flora und Vegetation", 98.

128 Herbert Schwarzmann, "War die Tulla'sche Oberrheinkorrektion eine Fehlleistung im Hinblick auf ihre Auswirkungen? ", *DW* 54(1964), 279-87; Egon Kunz, "Flussbauliche Massnahmen am Oberrhein", 39; Tümmers, *Der Rhein*, 148-50; Cioc, *Rhine*, 54. Garbrecht (*Wasser*, 188) .为图拉辩护的理由是,以当代的标准看,图拉的河流整治"大胆,而且原则上是正确的"。

129 Philippi, "Änderung der Flora und Vegetation", 89; Schulte-Mäter,

Auswirkungen der Korrektion, 19-20, 27-38; Tümmers, *Der Rhein*, 172-4.

130 参见 Kinzelbach, "Veränderungen der Flora", 67-8; Philippi, "Änderung der Flora und Vegetation", 98-9; Musall, Preuß and Rothenberger, "Der Rhein und seine Aue", 69-72。

131 Leopold and Roma Schua, *Wasser - Lebenselement und Umwelt: Die Geschichte des Gewässerschutzes in ihrem Entwicklungsgang dargestellt und dokumentiert* (Freiburg and Munich, 1981), 150.

132 F[ritz] André, *Bemerkungen über die Rectification des Oberrheins und die Schilderung der furchtbaren Folgen, welche dieses Unternehmen für die Bewohner des Mittel- und Niederrheins nach sich ziehen wird* (Hanau, 1828), iv.

133 Löbert, *Oberrheinkorrektion*, 43-8; Bernhardt, "Zeitgenössische Kontroversen", 299-311; Cioc, *Rhine*, 69-72. 1826年7月14日普鲁士反对图拉计划的备忘录，见 Schua and Schua, *Wasser*, 146-50。在1785年大洪水之后5年，1790年，爱特魏因是奥德布鲁赫的堤坝巡视员。

134 Schulte-Mäter, *Auswirkungen der Korrektion*, 59-60. *GLA* 237/23985 有关于1803—1828年金齐希河和伦希河的资料。

135 Bernhardt, "Zeitgenössische Kontroversen", 313-17; Bernhardt, "Correction of the Upper Rhine", 192-4, 197-9; Cioc, *Rhine*, 72. 关于洪泽尔，见 Wittmann, "Tulla, Honsell, Rehbock", 15-16, R. Fuchs, *Dr. ing. Max Honsell* (Karlsruhe, 1912), 5-6, 47-77，以及洪泽尔自己写的 *Die Korrektion des Oberrheins*。

136 Tümmers, *Der Rhein*, 158; Gerd-Peter Kossler, *Natur und Landschaft im Rhein-Main-Gebiet* (Frankfurt/Main, 1996), 124. Kossler, 129，也提出了一个例证，汊流在被裁弯之前如何阻滞水流，提出了1883年洪水在施托克塔特附近的汊流地区形成了9米深的水塘。

137 *GLA* 237/24112: Die Hochwasserschäden im Jahre 1844; 237/24113: Das Hochwasser im Jahre 1851; 237/30826: Die Ergänzung und Verstärkung der Rheindämme; 237/24141-55: Das Hochwasser und Beschädigungen im Jahre 1876; 237/24088-9: Die Ergänzung und Verstärkung der Rheindämme in den Rheingemeinden des Amts-

bezirkes Lörrach und Freiburg; 237/24156-76: Die Hochwasserschäden im Jahre 1877; 237/24091: Die Ergänzung und Verstärkung der Rheindämme auf Gemarkung Daxlanden, Knielingen und Neuburgweier 1879-1880; 237/24177-92: Die Hochwasserschäden im Jahre 1879. 1880等等，贯穿整个19世纪80—90年代。

138 Kunz,“Flussbauliche Massnahmen am Oberrhein”,47.

139 关于出于保护和防洪的目的，在莱茵河“恢复原貌”和恢复奥恩瓦尔德的努力，见第六章以下。尾声中讨论了奥得河的情况。

140 Zier,“Lebensbild”,419-20.

141 Roy E.H.Mellor, *The Rhine: A Study in the Geography of Water Transport* (Aberdeen, 1983), 22-4; Cioc, *Rhine*, 73-5; Mock, “Auswirkungen”, 186-90.

142 Cioc, *Rhine*, calls one of his chapters “Water Sorcery”.

第三章　黄金时代

1 关于克斯特的描述来自他在奥尔登堡的朋友 Theodor Erdmann。海军中将 Batsch 称克斯特“血气方刚，有些鲁莽”。见 Edgar Grundig, *Chronik der Stadt Wilhelmshaven*, 2 vols. (Wilhelmshaven, 1957), vol. 1, 456-7。

2 关于 Hinckeldey, Albrecht Funk, *Polizei und Rechtsstaat* (Frankfurt/Main, 1986), 60-70。

3 Grundig, *Chronik*, vol. 1, 456-8, 464-6.

4 见1852年8月格布勒给曼陀菲尔发出的巧妙而谄媚的备忘录。Heinrich von Poschinger (ed.), *Unter Friedrich Wilhelm IV. Denkwürdigkeiten des Ministerpräsidenten Otto Freiherr von Manteuffel, Zweiter Band: 1851-1854* (Berlin, 1901), 233-4. 关于格布勒的上司欣克尔戴伊对海军的热情，Adolf Wermlith, *Ein Beamtenleben: Erinnerungen* (Berlin, 1922), 15.

5 Grundig, *Chronik*, 467-9; Helmuth Gießler, “Wilhelmshaven und die Marine”, in Arthur Grunewald (ed.), *Wilhelmshaven: Tidekurven einer Seestadt* (Wilhelmshaven, 1969), 229-30; *Festschrift: 75 Jahre*

Marinewerft Wilhelmshaven (Oldenburg, 1931), 18-20; Rolf Uphoff, *"Hier lasst uns einen Hafen bau'n!' Entstehungsgeschichte der Stadt Wilhelmshaven.1848-1890* (Oldenburg, 1995), 40-1, 56-8. 关于船队的拍卖，见 Max Bär, *Die deutsche Flotte 1848-1852* (Leipzig, 1898), 207-18。

6 Giles MacDonogh, *Prussia: The Perversion of an idea* (London, 1994), 167.

7 "Die deutsche Kriegsflotte", *Die Gegenwart*, vol. 1(Leipzig, 1848), 441.

8 Ibid., 442.

9 Uphoff, *Entstehungsgeschichte*, 36; Lord Napier to Earl Russell, 20 April 1865: Veit Valentin (ed.), *Bismarcks Reichsgründung im Urteil englischer Diplomaten* (Amsterdam, 1937), 522. 在 1852 年 8 月写给 Manteuffel的备忘录中，Gaebler还把建造一支普鲁士舰队说成是征服("这种征服……是的，它就是一种征服")。

10 P. Koch, *50 jahre Wilhelmshaven: Ein Rückblick auf die Werdezeit* (Berlin, n.d. [1919]), 5-6; Gustav Rüthning, *Oldenburgische Geschichte*, vol. 2(Bremen, 1911), 589-90; Grundig, *Chronik*, vol. 1, 441-60; Uphoff, *Entstehungsgeschichte*, 36-40.

11 Grundig, *Chronik*, vol. 1, 475.

12 Bär, *Flotte*, 222. 此时，克里米亚战争已经爆发，这缓解了奥地利和国外的反应。

13 关于谈判和条款，包括普鲁士关于解决奥尔登堡与本廷克家族继承人之间围绕克尼普豪森所有权的长期争端的协定，请见"Geschichte des Vertrages vom 20. 7. 1853 über die Anlegung eines Kriegshafens an der Jade. Aus den Aufzeichnungen des verstorbenen Geheimen Rats Erdmann", *OJ* 9(1900), 35-9; Rüthning, *Oldenburgische Geschichte*, vol. 2, 590-4。

14 Theodor Murken, "Vom Dorf zur Großstadt", in Grunewald (ed.), *Wilhelmshaven*, 178; Uphoff, *Entstehungsgeschichte*, 58-9.

15 Carl Woebcken, *Jeverland* (Jever, 1961), 15-16; Wilhelm Stukenberg, *Aus der Kulturentwicklung des Landes Oldenburg* (Oldenburg, 1989), 21.

16 Georg Sello, *Der Jadebusen* (Varel, 1903), 40.

17 Werner Haarnagel, *Probleme der Küstenforschung im südlichen Nordseegebiet* (Hildesheim, 1950).

18 Klaus Brandt, "Vor- und Frühgeschichte der Marschengebiete", in Albrecht Eckhardt and Heinrich Schmidt (eds.), *Geschichte des Landes Oldenburg*(Oldenburg, 1987), 15-35; Johann Kramer, *Kein Deich -Kein Land- Kein Leben* (Leer, 1989), 56-8.

19 Heinrich Schmidt, "Grafschaft Oldenburg und oldenburgisches Friesland im Mittelalter und Reformationszeit", in Eckhardt and Schmidt (eds.), *Geschichte*, 101-9; Sello, *Jadebusen*, 10-16.

20 Stukenberg, *Aus der Kulturentwicklung des Landes Oldenburg*, 22.

21 Carl Woebcken, *Die Entstehung des Jadebusen* (Aurich, 1934).

22 Sello, *Jadebusen*, 21; Adolf Blumenberg, *Heimat am Jadebusen: Von Menschen, Deichen und versunkenem Land* (Nordenham-Blexen, 1997), 19-101.

23 Sello, *Jadebusen*, 20-2; Carl Woebcken, *Deiche und Sturmfluten an der deutschen Nordseeküste* (Bremen and Wilhelmshaven, 1924), 140-2. Cf. 胡苏姆的财富来自1362年被淹没的伦格霍尔特:ibid., 75-6。

24 Sello, *Jadebusen*, 8.

25 Map in Dettmar Coldewey, "Bevor die Preußen kamen", in Grunewald (ed.), *Wilhelmshaven*, 156; Woebcken, *Deiche und Sturmfluten*, 140.

26 Hans Walter Flemming, *Wüsten, Deiche und Turbinen* (Göttingen, 1957), 150.

27 Erich Heckmann, "Überliefertes Brauchtum in einer jungen Stadt", in Grunewald (ed.), *Wilhelmshaven*, 406-8; Woebcken, *Deiche und Sturmfluten*, 195-210.

28 Jakubowski-Tiessen, *Sturmflut 1717*, 217-25.

29 Flemming, *Wüste, Deiche und Turbinen*, 154.

30 Theodor Storm, *Der Schimmelreiter* (Berlin, 1888).

31 一个典型的例证是 Kramer, *Kein Deich-Kein Land-Kein Leben*, 一方面是关于"自然力的危险后果",另一方面是"我们为我们的现代技术备感自豪",请见 Flemming, *Wüsten, Deiche und Turbinen*, 150, 171。

32 Karl Tillessen, "Gezeiten, Sturmfluten, Deiche und Fahrwasser", in Grunewald (ed.), *Wilhelmshaven*, 41-64; Woebcken, *Deiche und Sturmfluten*, 30-1; Kramer, *Kein Deich - Kein Land - Kein Leben*, 29-31.

33 Haarnagel, *Probleme der Küstenforschung* and Karl-Ernst Behre, *Meeresspiegelbewegungen und Siedlungsgeschichte in den Nordseemarschen.* Heinrich Schütte的"沉没的海岸线"的观点最早形成于20世纪初,是对相关研究的一个重大推动。见 Schütte, *Sinkendes Land an der Nordsee?* (Oehringen, 1939)。

34 Behme, *Meeresspiegelbewegungen und Siedlungsgeschichte*, 34-5; Heinrich Schmidt, "Grafschaft Oldenburg", 123-4; Sello, *Jadebusen*, 10-16.

35 Küster, *Geschichte der Landschaft*, 213-21; Jäger, *Einführung*, 28-31; Dietrich Deneke, "Eingriffe der Menschen in die Landschaft:Historische Entwicklung-Folgen- erhaltene Relikte", in Ernst Schubert and Bernd Herrmann (eds.), *Von der Angst vor der Ausbeutung: Umweltgeschichte zwischen Mittelalter und Neuzeit* (Frankfurt/Main, 1994), 61, 68. 又见 L. Carbognin, "Land Subsidence:A Worldwide Environmental Hazard", in Goudie (ed.), *Human Impact Reader*, 30-1。

36 Woebcken, *Deiche und Sturmfluten*, 88.

37 Kramer, *Kein Deich - Kein Land - Kein Leben*, 72-99; Rüthning, *Oldenburgische Geschichte*, vol. 2, 97-114; Küster, *Geschichte der Landschaft*, 221.

38 Coldewey, "Bevor die Preussen kamen", 174; Woebcken, *Entstehung des Jadebusen*, 50-4; Hamm, *Naturkundliche Chronik*, 70.

39 Sello, *Jadebusen*, 34; Kramer, *Kein Deich-Kein Land-Kein Leben*, 76-7;Walter Deeters, "Kleinstaat und Provinz", in Karl-Ernst Behre and Hajo von Langen (eds.), *Ostfriesland: Geschichte und Gestalt einer Kulturlandschaft* (Aurich, 1995), 155-6.

40 Jakubowski-Tiessen, *Sturmflut 1717*, 242.

41 Kramer, *Kein Deich -Kein Land -Kein Leben*, 100-2.

42 关于大洪水的后遗症的精彩分析,请见 Jakubowski-Tiessen, *Sturm-*

flut 1717, chs 6-9。

43 Woebcken, *Jeverland*, 98; Jäger, *Einführung*, 30-1.

44 Woebcken, *Deiche und Sturmfluten*, 90-3; Küster, *Geschichte der Landschaft*, 218-19.

45 Grundig, *Chronik*, vol. 1, 52.

46 Jakubowski-Tiessen, *Sturmflut 1717*, 44-78; Woebcken, *Deiche und Sturm-fluten*, 93-7; Wilhelm Norden, *Eine Bevölkerung in der Krise: Historischdemographische Untersuchungen zur Biographic einer norddeutschen Küstenregion(Butjadingen 1600-1850)* (Hildesheim, 1984), 76-80; Rüthning, *Oldenburgische Geschichte*, vol. 2, 114-21. Kramer, *Kein Deich - Kein Land - Kein Leben*, 40, 提出了更大的人员和牲畜损失。

47 Woebcken, *Deiche und Sturmfluten*, 99-108, quotation 101; Kramer, *Kein Deich- Kein Land -Kein Leben*, 40-1.

48 Waldemar Reinhardt, "Die Besiedlung der Landschaft an der Jade", in Grunewald (ed.), *Wilhelmshaven*, 139-40; Uphoff, *Entstehungsgeschichte*, 11-29. 布特亚定根的海湾也有类似趋势，请见 Norden, Bevölkerung, 283-94；关于富裕的沼泽农民的特殊地位，请见 Küster, *Geschichte der Landschaft*, 222。

49 Uphoff, *Entstehungsgeschichte*, 62.

50 Murken, "Vom Dorf zur Grossstadt", 180; Uphoff, *Entstehungsgeschichte*, 60-3.

51 Coldewey, "Bevor die Preussen kamen", 174-5; Catharine Schwanhäuser, *Aus der Chronik Wilhelmshavens* (Wilhelmshaven, 1974 [1926]), 33;Grundig, *Chronik*, vol. 1, 13-14, 438-9; Schmidt, "Grafschaft Oldenburg", 207.

52 "Die deutsche Kriegsflotte", 450, 459-60.

53 Schwanhäuser, *Chronik*, 3.

54 Theodor Murken, "Wilhelmshavener Kaleidoscop", in Grunewald(ed.), *Wilhelmshaven*, 371.

55 Koch, *50 Jahre*, 8-14.

56 Waldemar Reinhardt, "Witterung und Klima im Raum Wilhelmshav-

en", in Grunewald (ed.), *Wilhelmshaven*, 32-40.

57 Louise von Krohn, *Vierzig Jahre in einem deutschen Kriegshafen Heppens- Wilhelmshaven: Erinnerungen* (Rostock, 1911), iii.

58 Ibid., 3-4.

59 Ibid., 17.

60 Ibid., 65; Archibald Hurd and Henry Castle, *German Sea-Power* (London, 1913), 85.

61 Koch, *50 Jahre*, 19-22;Schwanhäuser, *Chronik*, 7; Woebcken, *Deiche und Sturmfluten*, 108.

62 Uphoff, *Entstehungsgeschichte*, 80-3; Günther Spelde, *Geschichte der Lotsen-Brüderschaften an der Aussenweser und an der Jade* (Bremen, n. d.[1985]), 169; Woebcken, *Deiche und Sturmfluten*, 108; Hamm, *Naturkundliche Chronik*, 161.

63 Koch, *50 Jahre*, 16, 21-2.

64 Axel Wiese, *Die Hafenbauarbeiter an der Jade (1853-1871)* (Oldenburg, 1998), 40-1.

65 Ibid., 52-3.

66 Krohn, *Vierzig Jahre*, 64-5; Schwanhäuser, *Chronik*, 3; Murken, "Kaleidoscop", 372.

67 Blackbourn, *Fontana History of Germany*, 205-6.

68 Wiese, *Hafenbauarbeiter*, 42-7; Uphoff, *Entstehungsgeschichte*, 89-90.

69 W.Krüger, "Die Baugeschichte der Hafenanlagen", *JbHG* 4 (1922), 98.

70 Schwanhäuser, *Chronik*, 7-8; Wiese, *Hafenbauarbeiter*, 67-9.

71 见 Uphoff, *Entstehungsgeschichte*, 202-6 的表格，死亡人数记录低的主要原因可能是当地的工人生病后即回家，病死在家里。

72 Schwanhäuser, *Chronik*, 16-17; Murken, "Kaleidoscop", 372; Wiese, *Hafen-bauarbeiter*, 72-8, 84-8.

73 Norden, *Bevölkerung*, 106-10; Ernst Hinrichs, "Grundzüge der neuzeitlichen Bevölkerungsgeschichte des Landes Oldenburg", *Vorträge der Oldenburgischen Landschaft* 13 (1985), 20-1; Waldemar Reinhardt, "Die Stadt Wilhelmshaven in preussischer Zeit", in Eckhardt and Schmidt (eds.), *Geschichte*, 640.

74 Dr P. Mühlens, "Bericht über die Malariaepidemie des Jahres 1907 in Bant, Heppens, Neuende und Wilhelmshaven sowie in der weiteren Umgegend", *KJb* 19 (1907), 56.

75 Hamm, *Naturkundliche Chronik*, 163.

76 Krohn 回忆说，"热病非常、非常严重"，请见 *Vierzig Jahre*, 12; 工人"受害者甚众", Koch 语, *50 Jahre*, 12。

77 Krohn, *Vierzig Jahre*, 15-16, 27, 30.

78 1861 年，属于普鲁士版图的地区只有 858 人和 36 户家庭(周边奥尔登堡属地的人数要多一些)，当地人烟之稀少可见一斑，请见 Koch, *50 Jahre*, 38。

79 Koch, *50 Jahre*, 71; Krohn, *Vierzig Jahre*, 75.

80 Koch, *50 Jahre*, 11; Schwanhäuser, *Chronik*, 12-13.

81 Schwanhäuser, Chronik, 9, 28; Krohn, *Vierzig Jahre*, 67, 120, 1 25; Krüger, "Baugeschichte", 98.

82 Koch, *50 Jahre*, 17; Krohn, *Vierzig Jahre*, 128; Schwanhäuser, Chronik, 19-20, 58, 102.

83 Schwanhäuser, *Chronik*, 37.

84 Krohn, *Vierzig Jahre*, 9, 64-5; Schwanhäuser, *Chronik*, 6.

85 Koch, *50 Jahre*, 26-9; Uphoff, *Entstehungsgeschichte*, 112-14; Rüthning, *Oldenburgische Geschichte*, vol. 2, 605; Grundig, *Chronik*, vol. 2, 193-6.

86 Koch, *50 Jahre*, 82; Murken, "Vom Dorf zur Grossstadt", 179-80.

87 Schwanhäuser, *Chronik*, 41; Koch, *50 Jahre*, 66-7.

88 Krohn, *Vierzig Jahre*, 219; Mühlens, "Bericht".

89 Grundig, *Chronik*, vol. 2, 647，关于罗尔夫斯; Schwanhäuser, *Chronik*, 86，关于展览。

90 Krohn, *Vierzig Jahre*, 252.

91 他说这番话的时间是 1898 年 9 月 23 日，庆祝什切青的一座新港口落成。

92 Wolfgang Günther, "Freistaat und Land Oldenburg (1918-1946) ", in Eckhardt and Schmidt (eds.), *Geschichte des Landes Oldenburg*, 404-13.

93 "Land und Leute in Oldenburg", in *August Hinrichs über Oldenburg*, compiled by Gerhard Preuβ(Oldenburg, 1986), 39.

94 关于埃蒙斯-亚德湾运河：Victor Kurs, "Die künstlichen Wasserstrassen im Deutschen Reiche", *GZ* (1898), 611-12; Hamm, *Naturkundliche Chronik*, 177。

95 Karl-Ernst Behre, "Die Entstehung und Entwicklung der Natur- und Kultur-landschaft der ostfriesischen Halbinsel", in Behre and van Lengen (eds.), *Ostfriesland*, 7-12; Makowski and Buderath, *Die Natur*, 201-20.

96 Kurs, "Die künstlichen Wasserstrassen", 611.

97 关于高位沼泽以及低位沼泽和高位沼泽的差异，请见Behre, "Entstehung und Entwicklung", 30-1; Mechthild Schwalb, *Die Entwicklung der bäuerlichen Kulturlandschaft in Ostfriesland und West-oldenburg* (Bonn, 1953), 12-14。

98 E.Stumpfe, *Die Besiedelung der deutschen Moore mit besonderer Berücksichtigung der Hochmoor- und Fehnkolonisation*(Leipzig and Berlin, 1903), 52-3, 69. 沼泽面积第二大的普鲁士省份是汉诺威，酸沼面积占地表面积的1/7。

99 Wolfgang Schwarz, "Ur- und Frühgeschichte", in Behre and van Lengen (eds.), *Ostfriesland*, 51-2(有极好的插图); August Hinrichs, "Zwischen Marsch, Moor und Geest", in August Hinrichs über Oldenburg, 35.

100 *Etwas von der Teich-Arbeit, vom nützlichen Gebrauch des Torff-Moores, von Verbesserung der Wege aus bewährter Erfahrung mitgetheilet von Johann Wilhelm Hönert* (Bremen, 1772), 82-3, 130-1.

101 Küster, *Geschichte der Landschaft*, 270.

102 Hinrichs, "Zwischen Marsch, Moor und Geest", 35-6; Makowski and Buderath, *Die Natur*, 221-5; Hamm, *Naturkundliche Chronik*, 194; Jörg Hansemann, "Die historische Entwicklung des Torfabbaues im Toten Moor bei Neustadt am Rübenberge", *Telma* 14 (1984), 133.

103 Angela Wegener, "Die Besiedlung der nordwestdeutschen Hochmoore", *Telma* 15 (1985), 152.

104 最近的例子是 Auricher Wiesmoor; 1880年代,在扩大现有居民点的基础上,建立了两个酸沼定居点:威廉费恩I号 和II号。

105 H.Tebbenhoff, *Grossefehn: Seine Geschichte* (Ostgrossefehn, 1963); Ekkehard Wassermann, "Siedlungsgeschichte der Moore", in Behre and van Lengen(eds.), *Ostfriesland*, 101-7; Deeters, "Kleinstaat und Provinz", 147, 156, 166-7; Stumpfe, B*esiedelung*, 104-33, 170-87; Wegener, "Besiedlung", 154-6; Küster, *Geschichte der Landschaft*, 270-3.

106 Stumpfe, *Besiedelung*, 196-208.

107 Deeters, "Kleinstaat und Provinz", 173-4.

108 E.Schöningh, *Das Bourtanger Moor: Seine Besiedlung und wirtschaftliche Erschliessung* (Berlin, 1914); Stumpfe, *Besiedelung*, 214-20, 312-19. 见下文关于普鲁士人想法的改变。

109 Robert Glass, "Die Besiedlung der Moore und anderer Ödländerein", *HHO* 2. (1913), 335-55, 这是一位当地沼泽巡视员的作品; L. Stöve, Die Moor-wirtschaft im Freistaate Oldenburg, unter besonderer Berücksichtigung der inneren Kolonisation (Würzburg, 1921); Stumpfe, *Besiedelung*, 274-309.

110 A. Geppert, *Die Stadt am Kanal: Papenburgs Geschichte* (Ankum, 1955).

111 L[udwig] Starklof, *Moor-Kanäle und Moor-Colonien zwischen Hunte und Ems: Vier Briefe* (Oldenburg, 1847).

112 这份小传的内容主要来自 *Ludwig Starklof 1789-1850: Erin- nerungen. Theater, Erlebnisse, Reisen*, ed. by Harry Niemann, with contributions from Hans Friedl, Lu-Ramona Fries, Karl Veit Riedel, Friedrich-Wilhelm Schaer (Oldenburg, 1986). Eckhardt and Schmidt(eds.), *Geschichte des Landes Oldenburg*, 289, 299, 317, 319, 322-3, 594, 606, 891, 931, 938, 949, 958; Rüthning, *Oldenburgische Geschichte*, 其资料来源主要是Starklof的自传,但没有注明出处。

113 Starklof, *Vier Briefe*, 40.

114 Ibid., 10-13.

115 Ibid., 37-8.

116 Ibid., 17-18.

117 Starklof, *Vier Briefe*, 27-8.

118 Ibid., 20.

119 Ibid., 23, 28.

120 Niemann(ed.), *Ludwig Starklof*, 170-82; Hans Friedl, "Ludwig Starklof (1789-1850): Hofrat und Rebell", ibid., 27-35; Rüthning, *Oldenburgische Geschichte*, vol. 2, 544-6.

121 Kurs, "Die künstlichen Wasserstrassen", 611-13;Stumpfe, *Besiedelung*, 275-9; Klaus Lampe, "Wirtschaft und Verkehr im Landkreis Oldenburg von 1800 bis 1945", in Eckhardt and Schmidt (eds.), *Geschichte des Landes Oldenburg*, 745.

122 Tebbenhoff, *Großefehn.*

123 Starklof, *Vier Briefe.*, 47.

124 Stumpfe, *Besiedelung*, 197-204 (quotation 199).

125 Stumpfe, *Besiedelung*, 219.

126 Starklof, *Vier Briefe*, 40-8; Stumpfe, *Besiedelung*, 204-6.

127 Hans Pflug, *Deutsche Flüsse - Deutsche Lebensadern* (Berlin, 1939), 61.

128 它们规模较小,汊渠较少,见 Stumpfe, *Besiedelung*, 135。

129 Wassermann, "Siedlungsgeschichte", 101,描绘运河和定居点分布的插图很出色,请见 103-4。

130 Stumpfe 列举了这方面的很多实例。例如,在东部的 Teufels 酸沼,为了运输泥炭,18 世纪中叶开凿了一条运河,但由于维护成本居高不下,不到 50 年就废弃了,请见 Hansemann, "Entwicklung des Torfabbaues im Toten Moor", 134; criticism of the "Wildwachs" of early canals in Deeters, "Kleinstaat und Provinz", 156;有关最初的洪特-埃姆斯运河的评论,请见 Lampke, "Wirtschaft und Verkehr", 745。

131 Hamm, *Naturkundliche Chronik*, 170.

132 关于水库和运河,见本书第四章。

133 Alfred Hugenberg, *Innere Colonisation im Nordwesten Deutschlands* (Strasbourg, 1891), 359.

134 Stumpfe 比较了沼地移民的衰落与行会制度终结之后手工业的衰落,请见 *Besiedelung*, 402-3。

135 Deeters, "Kleinstaat und Provinz", 166-7; Wassermann, "Siedlungs-geschichte", 106.

136 Stumpfe, *Besiedelung*, 139, 142, 175; Gunther Hummerich and Wolfgang Lüdde, *Dorfschiffer* (Norden, 1992).

137 在帕彭堡,这一数字从182(1869年)下降到71(1890年)、38(1895年)、18(1901年);在Great Fen从53(1869年和1882年)到27(1890年)、22(1895年)、8(1901年);在Bockzeteler Fen从23(1869年)到16(1882年)、13(1890年)、7(1895年)、2(1901年)。这一时期唯一的一个例外是西劳德费恩。请见Stumpfe, *Besiedelung*, 252-3。西奥尔登堡与埃姆斯运河相连的内陆港Barssel也有相同的经历。1870年,它仍能停泊40艘双桅大帆船,航线远至美国和地中海;10年后,海船的数量急剧下降,请见Lampe, "Wirschaft und Verkehr", 745。

138 Kurs, "Die künstlichen Wasserstrassen", 611.

139 Fontane, *WMB*, vol. 2, 103. 他在这里指的是Havelland,他把当地的泥炭开采中心Linum称作本地的纽卡斯尔,也是暗示来自煤炭的竞争。

140 Stumpfe, *Besiedelung*, 184.

141 Ibid., 252-3.

142 Schwalb说是在16世纪,见Schwalb: 39-41。

143 Hamm, *Naturkundliche Chronik*, 81; Wegener, "Besiedlung", 164.

144 Wassermann, "Siedlungsgeschichte", 107.

145 Andrew Steele, *The Natural and Agricultural History of Peat-Moss or Turf- Bog* (Edinburgh, 1826), 53-4. Steele的著作专门研究了酸沼烧荒的效果。

146 关于科学和欧洲的方式,请见Pyne, *Vestal fire*, 168-76。

147 Wassermann, "Siedlungsgeschichte", 109.

148 Ibid., 107-11; Deeters, "Kleinstaat und Provinz", 166; Stumpfe, *Besiedelung*, 68-82.

149 Schwalb, *Entwicklung der bäuerlichen Kulturlandschaft*, 41; Wassermann, Siedlungsgeschichte", 109-11; Hamm, *Naturkundliche Chronik*, 194; Küster, *Geschichte der Landschaft*, 276; Makowski and Buderath, *Die Natur*, 230; Pyne, *Vestal Fire*, 171, 175.

150 Schwalb, *Entwicklung der bäuerlichen Kulturlandschaft*, 17-18. 在第一次和最后一次霜冻之间，最高纪录是只有盛夏的12天没有霜冻。

151 Wegener, "Besiedlung", 158.

152 H.Schoolmann, *Pioniere der Wildnis: Geschichte der Kolonie Moordorf* (n.p., 1973); H.Rechenbach (ed.), Moordorf: Ein Beitrag zur Siedlungsgeschichte und zur sozialen Frage (Berlin, 1940).

153 Wegener, "Besiedlung", 158.当地一贫如洗的茅屋与东弗里斯兰繁荣的酸沼居民点形成了鲜明对比，Ludwig Starklof的相关描述反映出他对1840年代奥尔登堡的高位酸沼定居点的负面评价。

154 Wassermann, "Siedlungsgeschichte", 110.

155 Stumpfe, *Besiedelung*, 310-11; Wegener, "Besiedlung", 159-60.

156 Stumpfe, *Besiedelung*, 263-74 (quotation 267).

157 Ibid., 319-32.

158 Deeters, "Kleinstaat und Provinz", 181(quotation); Kurs, "Die künstlichen Wasserstrassen", 612，运河的总开支将近1400万马克。

159 Wegener, "Besiedlung", 159-60; Stumpfe, *Besiedelung*, 333-87.

160 Fontane, *WMB*, vol. 1, 346-53.其他涉及泥炭巡视员的冯塔纳著述还有 *Allerlei Glück, Frau jenny Treibel, Mathilde Möhring, Effi Briest and Der Stechlin.* See the notes to *WMB*, vol. 3, 876。

161 Stumpfe, *Besiedelung*, 307.

162 Starklof, *Vier Briefe*, 37.

163 Niemann(ed.), *Ludwig Starklof*, 167-8;Friedl, "Ludwig Starklof", 26; Lampe, "Wirtschaft und Verkehr", 724, 745.

164 Edwin J. Clapp, *The Navigable Rhine* (Boston, 1911), 40-1; Tümmers, *Der Rhein*, 243-4;Cioc, *Rhine*, 55-8.同时代人对治理前的中莱茵河的灾害的叙述，请见 Victor Hugo, *The Rhine* (New York, 1845), 132, 141。

165 Franz Kreuter, "Die wissenschaftlichen Bestrebungen auf dem Gebiet des Wasserbaues und ihre Erfolge", *Beiträge zur Allgemeinen Zeitung 1* (1908), 1-20; Treue, *Wirtschafts- und Technikgeschichte*, 375;Günther Garbrecht, "Hydrotechnik und Natur: Gedanken eines Ingenieurs", in *100 Jahre Deutsche Verbände der Wasserwirtschaft 1891-1991: Wasser-*

wirtschaft im Wandel der Zeit (Bonn, 1991), 32-6; Hamm, *Naturkundliche Chronik*, 165; Tietze, *Oderschiffahrt*, 7, 26-33.

166 Tietze, *Oderschiffahrt*, 14.

167 Ernst Mattern, *Der Thalsperrenbau und die Deutsche Wasserwirtschaft* (Berlin, 1902), 4.

168 Wolfgang Köllmann (ed.), *Quellen zur Bevölkerungs- , Sozial- und Wirtschaftsstatistik Deutschlands 1815-1875*, vol. 2.(Boppard, 1989), 331, 392, 463, 531, 608, 681.

169 关于筏运,见 Andreas Kunz, "Binnenschiffahrt", in Ulrich Wengenroth (ed.), *Technik und Wirtschaft* (Düsseldorf, 1993), 391; Musall, *Kulturlandschaft*, 111, 145; Jürgen Delfs, *Die Flösserei im Stromgebiet der Weser*(Hanover, 1952); Makowski and Buderath, *Die Natur*, 176-7。

170 Hugo, *The Rhine*, 276. Michael J.Quin, *Steam Voyages on the Seine, the Moselle & the Rhine*, 2.vols. (London, 1843), vol. 2, 99 中有类似描述。

171 Kellenbenz, *Wirtschaftsgeschichte*, vol. 2, 56, 114; Clapp, *Navigable Rhine*, 14-16; Tümmers, *Der Rhein*, 232-33.

172 Ludwig Bamberger, *Erinnerungen* (Berlin, 1899), 49-50; Clapp, *Navigable Rhine*, 23-4; Tümmers, *Der Rhein*, 230-2.

173 Kellenbenz, *Wirtschaftsgeschichte*, vol. 2, 114.

174 维克多·雨果 (*The Rhine*, 277) 记下了一条有名的谚语,放排人应该有三股资本,一股在莱茵河,一股在岸上,一股在钱包里。

175 Fontane, *WMB*, vol. 1, 550-3.

176 Friedrich Wickert, *Der Rhein und sein Verkehr* (Stuttgart, 1903), 22-3, 131-2; Kellenbenz, *Wirtschaftsgeschichte*, vol. 2, 114, 189; Kurt Ander-mann (ed.), *Baden: Land -Staat -Volk 1806-1871* (Karlsruhe, 1890), 86.

177 Hugo, *The Rhine*, 276 ("牧师巷"(*Pfaffengasse*)是对莱茵河的一个古老的讽刺; Eberhard Gothein, *Geschichtliche Entwicklung der Rheinschiffahrt im 19. Jahrhundert* (Leipzig, 1903), 297。又见 also Musall, *Kulturlandschaft*, 237。

178 实际上不算完全颠倒,1907 年,上行货运量是下行货运量的两倍,请见 Clapp, Navigable Rhine, 34; Cioc, Rhine, 73。

179 Kunz, "Binnenschiffahrt", 385-7.

180 Dolf Sternberger, *Panorama of the Nineteenth Century* (Oxford, 1977), 20-3.

181 关于铁路受从前的"徒步旅行者"欢迎的情况，请见 Blackbourn, *Fontana History of Germany*, 273;关于奥得河上的轮船，请见 Fontane, *WMB*, vol. 1, 553-5。

182 Tümmers, *Der Rhein*, 226.

183 Niemann (ed.), *Ludwig Starklof*, 168, 216.

184 Emil Zenz, *Geschichte der Stadt Trier im 19. Jahrhundert*, vol. 2(Trier, 1980), 146.

185 Fontane, *WMB*, vol. 1, 561.

186 Quin, *Steam Voyages*, vol. 2, 83.

187 Mark Cioc, "Die Rauchplage am Rhein vor dem Ersten Weltkrieg", *BzR* 51(1999), 48 ; Tümmers, *Der Rhein*, 226-34.

188 Quin, *Steam Voyages*, vol. 2, 99; Hugo, *The Rhine*, 131.

189 Lucy A.Hill, *Rhine Roamings* (Boston, 1880).

190 Ibid., 127-8. 第169页。关于莱茵河上"星罗棋布的轮船"的描述更接近 Hugo 和 Quin 两人的叙述。

191 Sternberger, *Panorama.*

192 Wolfgang Schivelbusch, *The Railway Journey* (New York, 1979).

193 Hugo, *The Rhine*, 139; Quin, *Steam Voyages*, vol. 2, 121-2; Karl Immermann, *Reisejournal* (1833), cited in Schneider (ed.), *Deutsche Landschaften*, 331.

194 关于莱茵河的浪漫、旅游业(以及英国人)，请见 Tümmers, *Der Rhein*, 248-61; Hugo, *The Rhine*, 83-4; Hill, *Rhine Roamings*, 262-3。

195 Quin, *Steam Voyages*, vol. 2, 116.这是旅行者的常见看法，他们认为科隆以上、美因茨以下的莱茵河"乏善可陈"。(Hill, Rhine Roamings, 52)

196 Friedrich Engels, "Siegfrieds Heimat"(1840), cited in Schneider (ed.), *Deutsche Landschaften*, 335.

197 Helmut Frühauf, *Das Verlagshaus Baedeker in Koblenz 1827-1872*(Ko-

blenz, 1992).《贝德克尔指南》把德国划分为5个地区：东北部、西北部、南部、莱茵兰和波兰。

198 Applegate, *A Nation of Provincials*。

199 David Blackbourn, ""Taking the Waters": Meeting Places of the Fashionable World", in Martin H.Geyer and Johannes Paulmann (eds.), *The Mechanics of Internationalism* (Oxford, 2001), 435-57.

200 Fontane, *WMB*, vol. 1, 553-5.

201 冯塔纳对Freienwalde的讽刺性描述，见 *WMB*, vol. 1, 591-2。

202 Fontane, *WMB*, vol. 1, 29-31, 871，分别提到Carwe和Tamsel两地的模拟战斗; Marion Gräfin Dönhoff, *Namen die keiner mehr nennt* (Düsseldorf and Cologne, 1962), 112-13，描绘了1750年霍亨佐伦家族的莱茵斯贝格的节日。

203 Tümmers, *Der Rhein*, 73-4. 关于19世纪中叶之后康斯坦茨湖旅游业的发展，请见 Gerd Zang (ed.), *Provinzialisierung einer Region* (Frankfurt/Main, 1978)。

204 H. S. Bakker, *Norderney (Bremen, 1956); Saison am Strand: Badeleben an Nord- und Ostsee-200 Jahre*, catalogue, Altonaer Museum in Hamburg/Norddeutsches Landesmuseum (Herford, 1986).

205 Dönhoff, *Namen die keiner mehr nennt*, 42.

206 Tümmers, *Der Rhein*, 关于"莱茵爱国主义"; Irmline Veit-Brause, *Die deutsch-französische Krise von 1840* (Cologne, 1967)。

207 Hans-Georg Bluhm, "Landschaftsbild im Wandel", in *Saison am Strand*, 30.

208 H. Kohl (ed.), *Briefe Ottos von Bismarck an Schwester und Schwager* (Leipzig, 1915), 15. *Saison am Strand*, 97 复制了一张照片，图中两个男游客手里持枪，摆出一副得意洋洋的姿势，其中一位牵着一名女子的手，身后是在Föhr 捕获的6具海豹尸体。

209 Deeters, "Kleinstaat und Provinz", 171-3; Hamm, *Naturkundliche Chronik*, 158, 162.

210 Blackbourn, *Fontana History of Germany*, 203, 273-5.

211 Ferdinand Grautoff, "Ein Kanal, der sich selber bauen sollte", *Die Gartenlaube* (1925), 520.

212 Norman Davies and Roger Moorhouse, *Microcosm: Portrait of a Central European City* (London, 2002), 262.

213 Hans J.Reichhardt, "Von Treckschuten und Gondeln zu Dampfschiffen", in *Zwischen Oberspree und Unterhavel: Von Sport und Freizeit auf Berlins Gewässern - Eine Ausstellung des Landesarchivs Berlin, 3.Juli bis 30. September 1985*(Berlin, 1985), 19, 26-8. 感谢 John Czaplicka 让我注意到这一问题。

214 Harry Schreck in the *Vossische Zeitung*, cited ibid., 42.

215 Andreas Daum, *Wissenschaftspopularisierung im 19. Jahrhundert* (Munich, 1998), 127.

216 Hermann von Helmholtz, *Science and Culture: Popular and Philosophical Essays*, ed. David Cahan (Chicago, 1995), 206-7. 关于年会的"言论", 见 Daum, *Wissenschaftspopularisierung*, 125-9。

217 Ernst Kapp, *Grundlinien einer Philosophie der Technik* (Braunschweig, 1877), 138.

218 Hamm, *Naturkundliche Chronik*, 155; Kellenbenz, *Wirtschaftsgeschichte*, vol. 2, 117, 139, 279; Andreas Kunz, "Seeschiffahrt", in Wengenroth(ed.), *Technik and Wirtschaft*, 371.

219 Kunz, "Seeschiffahrt", 368-9; Spelde, *Geschichte der Lotsen-Brüderschaften*, 26-8, 85-8; Hamm, *Naturkundliche Chronik*, 169.

220 Ernst Schick, *Ausführliche Beschreibung merkwürdiger Bauwerke, Denkmale, Brücken, Anlagen, Wasserbauten, Kunstwerke, Maschinen, Instrumente, Erfindungen und Unternehmungen der neueren und neuesten Zeit. Zur belehrenden Unterhaltung für die reifere jugend bearbeitet* (Leipzig, 1838).

221 Ernst Kapp, *Vergleichende allgemeine Erdkunde* (Braunschweig, 1868), 647-9.

222 Starklof, *Vier Briefe*; Blackbourn, *Fontana History of Germany*, 119.

223 Karl Mathy, "Eisenbahnen und Canäle, Dampfboote und Dampfwagen-transport", in C. Rotteck and C. Weicker (eds.), *Staats-Lexikon*, vol.4(Altona, 1846), 228-89 (quotation, 231).

224 Mitcham, *Thinking through Technology*, 20-4.

225 Ernst Meyer, *Rudolf Virchow* (Wiesbaden, 1956); Arnold Bauer, *Rudolf Virchow: Der politische Arzt* (Berlin, 1982).

226 Hans-Liudger Diemel, "Homo Faber: Der technische Zugang zur Natur", in Werner Nachtigall and Charlotte Schönbeck (eds.), *Technik und Natur*(Düsseldorf, 1994), 66.

227 Frank Otto [pseud.for Otto Spamer], *"Hilf Dir Selbst!" Lebensbilder durch Selbsthülfe und Thatkraft emporgekommener Männer: Gelehrte und Forscher, Erfinder, Techniker, Werkleute. Der Jugend und dem Volke in Verbindung mit Gleichgesinnten zur Aneiferung vorgeführt* (Leipzig, 1881).

228 Carl Ritter, "The External Features of the Earth in their Influence on the Course of History"[1850], *Geographical Studies by the Late Professor Carl Ritter of Berlin*, translated by William Leonard Gage (Cincinnati and New York, 1861), 311-56. 相关例证请见 Kapp, *Vergleichende allgemeine Erdkunde*。

229 Ritter, *Geographical Studies*, 257-63, 267, 335-6.

230 Patrick White的著名小说 *Voss* (1957)就是取材于他的探险。

231 Richard Oberländer, *Berühmte Reisende, Geographen und Länderentdecker im 19. Jahrhundert* (Leipzig, 1892), 28-64, quotation, 59.

232 Felix Lampe, *Grosse Geographer* (Leipzig and Berlin, 1915), 245-51.

233 Eugen von Enzberg, *Heroen der Nordpolarforschung.Der reiferen deutschen Jugend und einem gebildten Leserkreise nach den Quellen dargestellt* (Leipzig, 1905), 128-75(quotation, 175); Reinhard A. Krause, *Die Gründungsphase deutscher Polarforschung 1865-1875* (Bremerhaven, 1992), *125, Jahre deutsche Polarforschung: Alfred-Wegener-Institut für Polar-und Meeresforschung* (Bremerhaven, 1993). Koldewey 记述了前两次探险的经过,分别出版于1871年和1873—1874年。

234 Daum, *Wissenschaftspopularisierung*, 104-5, 108-9. 例如,不莱梅的洪堡协会成立于1860年前后,自然科学协会成立于1864年,地理学会成立于1876年,见 ibid., 93, 141; Hamm, *Naturkundliche Chronik*, 176。

235 Louis Thomas, *Das Buch wunderbarer Erfindungen* (Leipzig, 1860), 3.

236 "Die neue deutsche Lyrik", *Die Gegenwart*, vol. 8 (1853), 49.

237 Cioc, "Die Rauchplage am Rhein", 48-53.

238 Thomas Rommelspacher, "Das natürliche Recht auf Wasserver-schmutzung", in Franz-josef Brüggemeier and Rommelspacher (eds.), *Besiegte Natur: Geschichte der Umwelt im 19. und 20. Jahrhundert* (Munich, 1987), 54.

239 Ibid., 44.

240 Wilhelm Raabe, *Pfisters Mühle* (1884); Jeffrey L. Sammons, *Wilhelm Raabe:The Fiction of the Alternative Community* (Princeton, 1987), 269-82.

241 Friedrich Nietzsche, *On the Genealogy of Morals* (1887), Part III, section 9. 引文是我翻译的。

242 Kobell, *Wildanger*, 10, 248.

243 Ibid., 2.48-9; Makowski and Buderath, *Die Natur*, 236; Harnm, *Naturkundliche Chronik*, 195.

244 Makowski and Buderath, *Die Natur*, 80; Zirnstein, Ökologie, 181; Raymond H. Dominick, *The Environmental Movement in Germany: Prophets and Pioneers, 1871-1971* (Bloomington, IN, 1992), 53.

245 Zirnstein, *Ökologie*, 143-6.

246 Daum, *Wissenschaftspopularisierung*, 332-5; Zirnstein, *Ökologie*, 143-72; Makowski and Buderath, *Die Natur*, 236.关于蒂内曼，见本书第四章。

247 Wermuth, *Erinnerungen*, 48-50.

248 Johannes Baptist Kissling, *Geschichte des Kulturkampfes im Deutschen Reiche*, 3 vols.(Freiburg, 1911-16), vol. 3, 58。

249 见本书第二章。

250 J. T. Carlton and J.B.Geller, "Ecological Roulette:The Global Transport of Non-indigenous Marine Organisms", *Science*, 261 (1993), 78-83. 关于水生入侵，见 McNeill, *Something New under the Sun*, 257-60。

251 George Perkins Marsh, *Man and Nature*, edited by David lowenthal (Cambridge, Mass, 1965), Chapter IV ("The Waters"), esp. 304-10.

252 Marsh, *Man and Nature*, 310 note 31; Thomas Kluge and Engelbert Schramm, *Wassernöte: Umwelt- und Sozialgeschichte des Trinkwassers* (Aachen, 1986), 183-7.On Tulla, 见本书第二章。

253 Karl Fraas, *Klima und Pflanzenwelt in der Zeit, ein Beitrag zur Geschichte*(Landshut, 1847). 见 Zirnstein, *Ökologie*, 135-6。

254 Daum, *Wissenschaftspopularisierung*, 138-53, 193-210; Dominick, *Environmental Movement*, 39.

255 《圣经·创世记》第9章第2节:"凡地上的走兽和空中的飞鸟,都必惊恐,惧怕你们;连地上一切的昆虫并海里一切的鱼,都交付你们的手。"关于基督教传统的其他思潮,请见 Glacken, *Traces*; William Leiss, *The Domination of Nature* (New York, 1972), 29-35, Ernst Oldemeyer, "Entwurf einer Typologie des menschlichen Verhältnisses zur Natur", in Großklaus und Oldemeyer (eds.), *Natur als Gegenwelt*, 28-30; Ruth Groh and Dieter Groh, *Weltbild und Naturaneignung* (Frankfurt/Main, 1991), 11-91。

256 Dominick, *Environmental Movement*, 34.

257 Ernst Rudorff, "Ueber das Verhältniss des modernen Lebens zur Natur", *PJbb* 45 (1880), 261-76.

258 植物学家 Robert Lauterborn 在他的文章 Beiträge zur Fauna und Flora des Oberrheins und seiner Umgebung 中引用了里尔的"荒野", *Pollichia* 19 (1903), 42-130: Preuß, "Naturschutz", 233. 关于里尔的含混不清,又见 Applegate, *Nation of Provincials*, 34-42; Dominick, *Environmental Movement*, 22-3; Lekan, *Imagining the Nation in Nature*, 6-7; Sieferle, *Fortschrittsfeinde?*

259 Schneider (ed.), *Deutsche Landschaften*, xvii-xviii.

260 Fontane, *WMB*, vol. 2, 101-2, 108-9.

261 *WMB*, vol. 1, 351, 593; vol. 2, 101.

262 Wilhelm Raabe, *Stopfkuchen*, translated by Barker Fairley (他称这篇小说为 Tubby Schaumann): *Wilhelm Raabe, Novels* (New York, 1983), 176。

263 Ibid., 175:"自然母亲努力把一切都清洗干净"。

264 Blumenberg, *Heimat am Jadebusen*, 深入探讨了"拯救"土地的努力。

265 Makowski and Buderath, *Die Natur*, 226; 以及本书导言。

266 Küster, Geschichte der Landschaft, 274, 341.

267 Ibid., 328-30; Jäger, *Einführung*, 54; Deneke, "Eingriffe der Menschen".

268 Lekan, *Imagining the Nation in Nature*, 14-16, 及本书第五章。

第四章 筑坝与现代

1 Josef Ott and Erwin Marquardt, *Die Wasserversorgung der kgl. Stadt Brüx in Böhmen mit bes. Berücks, der in den Jahren 1911 bis 1914 erbauten Talsperre* (Vienna, 1918), Vorwort, 54.

2 Ludwig Bing (ed.), *Vom Edertal zum Edersee: Eine Landschaft ändert ihr Gesicht* (Korbach and Bad Wildungen, 1973), 6.

3 H. Völker, *Die Eder-Talsperre* (Bettershausen bei Marburg, 1913), 7, 25.

4 Carl Borchardt, *Die Remscheider Stauweiheranlage sowie Beschreibung von 450 Stauweiheranlagen* (Munich and Leipzig, 1897), 97-9; B.[Bachmann?], "Die Talsperre bei Mauer am Bober", *ZdB* 32, 16 Nov.1914, 611; Hermann Schönhoff, "Die Möhnetalsperre bei Soest", *Die Gartenlaube* (1913), 686.

5 "Die Thalsperren im Sengbach-, Ennepe- und Urft-Thal", *Prometheus*, 744(1904), 250.

6 Dr. Kreuzkam, "Zur Verwertung der Wasserkräfte", *VW* (1908), nr. 36, 952.

7 Fischer-Reinau, Ingenieur, "Die wirtschaftliche Ausnützung der Wasserkrafte", *BIG* (1908), 103; "Uber die Bedeutung und die Wertung der Wasserkräfte in Verbindung mit elektrischer Kraftübertragung", *ZGW* (1907), nr. 1, 4; *Festschrift zur Weihe der Möhnetalsperre, Ein Rückhlick auf die Geschichte des Ruhr talsperrenvereins und den Talsperrenbau im Ruhrgehiet* (Essen, 1913), 2; W. Berdrow, "Staudämme und Thalsperren", *Die Umschau* (1898), 255.

8 Ernst Mattern, *Thalsperrenbau*, 99. Cf. p. 50. Mattern有点随意地引用

席勒的《钟声之歌》。

9 Jakob Zinssmeister, "Industrie, Verkehr, Natur und moderne Wasserwirtschaft", 14.

10 *Festschrift ... Möhnetalsperre*, 4.

11 参见 O. Bechstein, "Vom Ruhrtalsperrenverein", *Prometheus* 28, 7 Oct. 1916, 138; L. Ernst, "Die Riesentalsperre im Urftal[sic]", *Die Umschau* (1904), 667-8; A. Splittgerber, "Die Entwicklung der Talsperren und ihre Bedeu-tung", WuG 8, 1 Jul. 1918, 255。

12 Karl Kollbach, "Die Urft-Talsperre", ÜLM 92(1913-14), 694-5.

13 V. A. Carus, *Führer durch das Gebiet der Riesentalsperre zwischen Gemünd und Heimbach-Eifel mit nächster Umgebung* (Trier, 1904).

14 Schönhoff, "Möhnetalsperre", 685-6.

15 Adolf Ernst, *Kultur und Technik* (Berlin, 1888), 30.

16 Dienel, "Homo Faber", 60-1.

17 关于河流模型和恩格斯的实验室,请见 Martin Reuss, "The Art of Scientific Precision: River Research in the United States Army Corps of Engineers to 1945", *TC* 40 (1999), 294-301,柏林夏洛滕区、布伦瑞克、但泽和卡尔斯鲁厄的理工学院也都建立了类似的模型。

18 参见来自慕尼黑的教授 Franz Kreuter 的文章,(最初是一篇公开讲演),"Die wissenschaftlichen Bestrebungen auf dem Gebiet des Wasserbaues und ihre Erfolge", Beiträge zur Allgemeinen Zeitung (Munich)1 (1908), 1-20,文章对水力工程师不愿承认错误表示遗憾。也见下书,第203页。

19 Dienel, "Homo Faber", 61.

20 Mitcham, *Thinking through Technology*, 26-9.

21 Franz Bendt, "Zum fünfzigjährigen Jubiläum des 'Vereins deutscher Ingenieure'", *Die Gartenlaube* (1906), 527-8.

22 H. F. Bubendey, "Die Mittel und Ziele des deutschen Wasserbaues am Beginn des 20. Jahrhunderts", *ZVDI* 43 (1899), 499.

23 Mikael Hard, "German Regulation: The Integration of Modern Technology into National Culture", in Hard and Andrew Jamison (eds.), *The Intellectual Appropriation of Technology: Discourses on Modernity,*

1900-1939(Cambridge, Mass., 1998), 37.

24 Charles Kindleberger, *Economic Growth in France and Britain*(London, 1964), 158.

25 Mitcham, T*hinking through Technology*, 26.

26 Lieber quotation:Gerhard Zweckbronner, " "Je besser der Techniker, desto einseitiger sein Blick? " Probleme des technischen Fortschritts und Bildungs-fragen in der Ingenieurzeitung im Deutschen Kaiserreich" , in Ulrich Troitzsch and Gabriele Wohlauf (eds.), *Technikgeschichte* (Frankfurt/Main, 1980), 340.

27 埃德尔水坝是"第一流的文化工程": Geheimer Oberbaurat Keller, cited in "Einiges über Talsperren" , *ZfBi*(1904), 271。

28 John M.Staudenmaier, *Technology's Storytellers* (Cambridge, Mass., 1985).

29 Richard Hennig, "Deutschlands Wasserkräfte und ihre technische Auswertung". *Die Turbine*(1909), 208-11, 230-4; "Aufgaben der Wasserwirtschaft in Südwestafrika" , ibid., 331-3; "Die grossen Wasserfälle der Erde in ihrer Beziehung zur Industrie und zum Naturschutz" , *ÜLM* 53 (1910-11), 872-3.

30 Richard Hennig, *Buch berühmter Ingenieure:Grosse Männer der Technik ihr Lehensgang und ihr Lebenswerk.Für die reifere Jugend und für Erwachsene geschildert* (Leipzig, 1911).

31 Hans Dominik, "Riesenschleusen im Mittellandkanal" , *Die Gartenlaube* (1927), 10; *Im Wunderland der Technik: Meisterstücke und neue Errun-genschaften, die unsere Jugend kennen sollte* (Berlin, 1922.).

32 Dominik, *Wunderland*, 32, 33.

33 David E. Nye, *American Technological Sublime* (Cambridge, Mass., 1994).

34 Leo Marx, *The Machine in the Garden* (New York, 1965);John Kasson, *Civilizing the Machine* (New York, 1977).

35 Bernhard Rieger, " "Modern Wonders": Technological Innovation and Public Ambivalence in Britain and Germany between the 1890s and 1933" , *HWJ* 55 (2003), 154-78; Peter Fritzsche, *A Nation of Flyers*

(Cambridge, Mass., 1992); Joachim Radkau 和 Michael Salewski 的文章, in Salewski and Ilona Stölken-Fitschen (eds.), *Moderne Zeiten: Technik und Zeit-geschichte im 19. und 20. Jahrhundert* (Stutgart, 1994); Blackbourn, *Fontana History of Germany*, 394-5。

36 Bendt, "Jubiläum", 527.

37 Zweckbronner, "Je besser der Techniker", 337.

38 *Die Umschau* (1904), 668: 编者注。

39 Kollbach, "Urfttalsperre"; Christiane Karin Weiser, "Die Talsperren in den Einzugsgebieten der Wupper und der Ruhr als funktionierendes Element in der Kulturlandschaft in ihrer Entwicklung bis 1945", dissertation. University of Bonn, 1991, 191, 194.

40 J. Weber, "Die Wupper-Talsperren", *BeH* 4, August 1930, 313; Bing, *Vom Edertal zum Edersee*, 10; W. Mügge, "Über die Gestaltung von Talsperren und Talsperrenlandschaften", *DW* 37 (1942), 405.

41 Kluge and Schramm, *Wassernöte*, 151.

42 W. Abercron, "Talsperren in der Landschaft: Nach Beobachtungen aus der Vogelschau", *VuW* 6, Jun. 1938, 33-9.

43 Leo Sympher, "Der Talsperrenbau in Deutschland", *ZdB* 27 (1907), 169.

44 Borchardt, *Remscheider Stauweiheranlage*, 99.

45 Schönhoff, "Möhnetalsperre", 685; Russwurm, "Talsperren und Landschaftsbild", *Der Harz* 34(1927), 50; Weiser, "Talsperren", 191-2; Manfred Bierganz, "Wirtschaft und Verkehr", in *Die Eifel 1888-1988* (Düren, 1989), 597; *Festschrift ...Möhnetalsperre*, 70; Peter Franke (ed.), *Dams in Germany* (Düsseldorf, 2001), 138-9.

46 Fritzsche, *Nation of Flyers*, 17.

47 Schwoerbel, "Technik und Wasser", 379; Günther Garbrecht, "Der Sadd-el-Kafara, die älteste Talsperre der Welt", in Garbrecht (ed.), *Historische Talsperren* (Stuttgart, 1987), 97-109.

48 Rolf Meurer, *Wasserbau und Wasserwirtschaft in Deutschland* (Berlin, 2000), 54-60; Martin Schmidt, "Die Oberharzer Bergbauteiche", in Garbrecht (ed.), *Historische Talsperren*, 327-85; P. Ziegler, *Der Talsper-*

renbau, 86; Norman Smith, *A History of Dams* (London, 1971), 157.

49 Gerhard Rouvé, "Die Geschichte der Talsperren in Mitteleuropa", in Garbrecht (ed.), *Historische Talsperren*, 300-10; Meurer, *Wasserhau*, 117-18.

50 Kurt Soergel, "Die Bedeutung der Talsperren in Deutschland für die Landwirtschaft", dissertation, University of Leipzig (1929), 39-42.

51 Martin Steinert, "Die geographische Bedeutung der Talsperren", dissertation, University of Jena (1910), 17-18; Soergel, "Bedeutung", 40-1; Rouvé, "Talsperren in Mitteleuropa", 310-11.

52 Soergel, "Bedeutung", 41-2; Ziegler, T*alsperrenbau*, 67-8; C. Wulff, *Die Talsperren-Genossenschaften im Ruhr- und Wuppergebiet* (Jena, 1908), 6-7.

53 Wulff, *Talsperren-Genossenschaften*, 2.

54 Soergel, "Bedeutung", 39-53, Steinert, "Die geographische Bedeutung", 66-8.

55 Axel Föhl and Manfred Hamm, *Die Industriegeschichte des Wassers* (Düsseldorf, 1985), 128; Wolfram Such, "Die Entwicklung der Trinkwasserver-sorgung aus Talsperren in Deutschland", in *GWF* 139: *Special Talsperren* (1998), 66.

56 Ernst Mattern, *Die Ausnutzung der Wasserkräfte* (Leipzig, 1921), 6.

57 Beate Olmer, *Wasser. Historisch: Zu Bedeutung und Belastung des Umweltmediums im Ruhrgebiet 1870-1930* (Frankfurt/Main, 1998), 229; Kluge and Schramm, *Wassernöte*, 138-41. 在特里尔，同样的限制导致了相同的结论，请见 Zenz, *Trier*, vol. 2, 225-7。

58 Weiser, "Talsperren", 53-8; Kluge and Schramm, Wassernöte, 140-1.

59 Borchardt, *Remscheider Stauweiheranlage*; Föhl and Hamm, *Industriegeschichte*, 132.

60 Hennig, "Deutschlands Wasserkräfte", 232.

61 Borchardt, *Remscheider Stauweiheranlage*, 98-9.

62 Borchardt, *Remscheider Stauweiheranlage*, iv; Meurer, *Wasserbau*, 109-12.

63 Berdrow, "Staudämme", 255.

64 Borchardt, *Remscheider Stauweiheranlage*, iii.

65 Guido Gustav Weigend, "Water Supply of Central and Southern Germany", dissertation. University of Chicago(1946), 3-4. 当然，地下水资源有时会枯竭，请见 Georg Adam, "Wasserwirtschaft und Wasserrecht früher und jetzt", *ZGW* 1, 1 Jul. 1906, 3。

66 M. Hans Klössel, "Die Errichtung von Talsperren in Sachsen", *PVbl* (1904), 120-1; Meyer, "Bedeutung der Talsperren", 126-7; Such, "Entwicklung", 69-71.

67 Sympher, "Talsperrenbau", 177-8. 纪念匾额为铁制，上有因策的浮雕（出自他儿子之手），嵌入黑色玄武岩的匾额由三根柱子高高托起。

68 Richard Hennig, "Otto Intze, der Talsperren-Erbauer (1843-1904)", in *Buch berühmter ngenieure*, 104-21.

69 Theodor Koehn, "Über einige grosse europäische Wasserkraftanlagen und ihre wirtschaftliche Bedeutung", *Die Turbine* (1909), 112; *Festschrift ...Möhnetalsperre*, 13; Hennig, "Deutschlands Wasserkräfte", 233; Josef Stromberg, "Die volkswirtschaftliche Bedeutung der deutschen Talsperren", dissertation. University of Cologne(1932), 10, 62; Föhl and Hamm, *Industriegeschichte*, 128; Völker, *Edder-Talsperre*, 22;Kreuzkam, "Deutschlands Talsperren", 657; Heinrich Gräf, "Über die Verwertung von Talsperren für die Wasserversorgung vom Standpunkte der öffentlichen Gesundheitspflege", *ZHI* 62 (1909), 485.

70 Sympher, "Talsperrenbau", 159.

71 因策小传的素材主要来自 Hennig, "Otto Intze"; Hans-Dieter Olbrisch, "Otto Intze", *NDB*, vol. 10 (Berlin, 1974), 176-7; Oskar Schatz, "Otto Intze: Zur 125. Wiederkehr des Geburtsjahres des Begründers des neuzeitlichen deutschen Talsperrenbaus", *GWF* 109, Sep. 1968, 1037-9。

72 Otto Intze, *Zweck und Bau sogenannter Thalsperren* (Aachen, 1875).

73 J. L. Algermissen, "Talsperren: Weisse Kohle", *Soziale Revue* 6(1906), 144;O.Feeg, "Wasserversorgung", *JbN* 16 (1901), 336.

74 Hennig, "Otto Intze", 105.

75 Donald C. Jackson, "Engineering in the Progressive Era: A New Look

at Frederick Haynes Newell and the US Reclamation Service", *TC* 34 (1993), 556.

76 Jürgen Giesecke, Hans-Jürgen Glasebach and Uwe Müller, "German Standardization in Dam Construction", in Franke (ed.), *Dams in Germany*, 81; Martin Schmidt, "Before the Intze Dams: Dams and Dam Construction in the German States Prior to 1890", ibid., 10-35.

77 Meurer, *Wasserbau*, 118.

78 Wulff, *Talsperren-Genossenschaften*, 2-3.

79 参见如 *Thalsperren im Gebiet der Wupper: Vortrag des Prof. Intze ... am 18. Oktober 1889* (Barmen, 1889), 4-9。

80 Such, "Entwicklung", 67.

81 Föhl and Hamm. *Industriegeschichte*, 131.关于因策"不知疲倦的工作",请见 Borchardt, *Remscheider Stauweiheranlage*, 111; "Einiges über Talsperren", 271。

82 Dr. Bachmann, "Die Talsperren in Deutschland", *WuG* 17, 15 Aug. 1927, 1134; Such, "Entwicklung", 69, 尤其关于 Ernst Link (1873-1952)。

83 "Die Wasserkräfte des Riesengebirges", *Die Gartenlaube* (1897), 239-40; Hennig, "Otto Intze", 105.

84 Hennig, "Otto Intze", 119.

85 Kellenbenz, *Wirtschaftsgeschichte*, vol. 1, 105-7, 150-62, 252-5; Eckart Schremmer, *Die Wirtschaft Bayerns: Vom hohen Mittelalter bis zum Beginn der Industrialisierung* (Munich, 1970), 331-45.关于河流的水力应用, Leopold, *View of the River*, 245。

86 Hennig, "Deutschlands Wasserkräfte", 231; Treue, Wirtschafts- und Technikgeschichte, 397-8.

87 关于居民使用水磨的比例,请见 Karl Lärmer and Peter Beyer(eds.), *Produktivkräfte in Deutschland, 1800 bis 1870* (Berlin, 1990), 310。在符腾堡,直到1875年,53%的能量是水力提供的,甚至在先进的萨克森,这一比例仍然是31%: ibid., 395.关于萨克森持续利用水力,请见 Hubert Kiesewetter, *Industrialisierung und Landwirtschaft: Sachsens Stellung zum Industrialisierungsprozess Deutschlands im 19. Jahrhun-*

dert (Cologne, 1988), 458-70。

88 Theodor Koehn, "Der Ausbau der Wasserkräfte in Deutschland", *ZfdgT* (1908), 462; Wolfgang Feige and Friedrich Becks, *Wasser für das Ruhrgebiet:Das Sauerland als Wasserspeicher* (Münster, 1981), 30-1.

89 Mattern, *Thalsperrenbau*, 65; Martin Lochert, "Zur Geschichte des Talsperrenbaus im Bergischen Land vor 1914", *NBJ* 2(1985-6), 110-14.

90 Weiser, "Talsperren", 34-5; Weber, "Wupper-Talsperren", 314-15; Wulff, *Talsperren-Genossenschaften*, 7-8, 14-15; Olmer, *Wasser*, 231.

91 Wulff, Talsperren-Genossenschaften, 8-11; Ziegler, *Talsperrenbau*, 69; Weber, "Wupper-Talsperren", 313-14; *Festschrift...Möhnetalsperre*, 2-4; Olmer, *Wasser*, 230-7.

92 Feige and Becks, *Wasser für das Ruhrgebiet*, 20-9.

93 Weiser, "Talsperren", 113; Kluge and Schramm, *Wassernöte*, 182.

94 Franz-Josef Brüggemeier and Thomas Rommenspacher, "Umwelt", in Wolfgang Köllmann, Hermann Korte, Dietmar Petzina and Wolfhard Weber(eds.), *Das Ruhrgebiet im Industriezeitalter*, vol. 2(Düsseldorf, 1990), 518-26; Cioc, *The Rhine*, 88-91.

95 Link, "Talsperren des Ruhrgebiets", 99-101; Link, "Bedeutung", 67-9; Feige and Becks, *Wasser für das Ruhrgebiet*, 12, 33; Weiser, "Talsperren", 39-41; Olmer, *Wasser*, 181-246; Ulrike Gilhaus, "Schmerzenskinder der Industrie": *Umweltverschmutzung, Umweltpolitik und sozialer Protest in Westfalen 1845-1914* (Paderborn, 1995), 93-4.

96 Olmer, *Wasser*, 230.

97 *Festschrift ... Möhnetalsperre*, 6-7; Olmer, *Wasser*, 237.

98 此事上的法律地位可以追溯到法国占领期间推行的民法典，请见 Dr Biesantz, "Das Recht zur Nutzung der Wasserkraft rheinischer Flüsse", *RAZS* 7 (1911), 48-66。

99 Wulff, *Talsperren-Genossenschaften*, 16-17; *Festschrift...Möhnetalsperre*, 6-7; Olmer, *Wasser*, 238-9.

100 Wulff, *Talsperren-Genossenschaften*, 17; *Festschrift...Möhnetalsperre*, 7-11; Link, "Bedeutung"; Link, "Talsperren des Ruhrgebiets", 101;

Splittgerber, "Entwicklung", 257-8; Weiser, "Talsperren", 112-17.

101 Bechstein, "Vom Ruhrtalsperrenverein", 135-9; Cioc, *The Rhine*, 92-3.

102 Wulff, *Talsperren-Genossenschaften*, 19.

103 关于 RTV 的建设项目，请见 Wulff, *Talsperren-Genossenschaften*, 18-20; Link, "Talsperren des Ruhrgebiets"; Weiser, "Talsperren", 112-53; Olmer, *Wasser*, 246-62; Kluge and Schramm, *Wassernöte*, 161-8。

104 On the Möhne, *Festschrift...Möhnetalsperre*; Schönhoff, "Die Möhnetalsperre bei Soest", 684-6.蓄水量根据 Mattern 书中表格计算，请见 Mattern, *Ausnutzung der Wasserkräfte*, 940-3; Carl Borchardt, *Denkschrift zur Einweihung der Neye-Talsperre bei Wipperfürth*(Remscheid, 1909), 109-10; Such, "Entwicklung", 68。

105 他还负责修建了20年后的索普水坝。关于他的作用，请见 Ernst Link, "Ruhrtalsperrenverein, Möhne- und Sorpetalsperre", *MLWBL* (1927), 1-11;Ernst Link, "Die Sorpetalsperre und die untere Versetalsperre im Ruhrgebiet als Beispiele hoher Erdstaudämme in neuzeitlicher Bauweise", *DeW*, 1 Mar.1932, 41-5, 71-2。

106 "Die Wasser- und Wetterkatastrophen dieses Hochsommers", *Die Gartenlaube* (1897), 571.对波希米亚的影响，请见 R. Grassberger, "Erfahrungen über Talsperrenwasser in Österreich", *Bericht über den XIV.Internationalen Kongress für Hygiene und Demographie, Berlin 1907*, vol. 3 (Berlin, 1908), 230-1; Viktor Czehak, "Über den Bau der Friedrichswalder Talsperre", *ZöIAV* 49, 6 Dec. 1907, 853。

107 "Die Wasser- und Wetterkatastrophen", 571.

108 Ibid., 572.

109 lbid.

110 Otto Intze, *Bericht über die Wasserverhältnisse der Gebirgsflüsse Schlesiens und deren Verbesserung zur Ausnutzung der Wasserkräfte und zur Verminderung der Hochfluthschäden* (Berlin, 1898).

111 Hennig, "Otto Intze", 115-16, 119; Berdrow, "Staudämme", 255.

112 Ziegler, *Talsperrenbau*, vi; Mattern, *Ausnutzung der Wasserkräfte*, 996-9; Olbrisch, "Otto Intze", 177.

113 Otto Intze, *Talsperrenanlagen in Rheinland und Westfalen, Schlesien*

und Böhmen. Weltausstellung St. Louis 1904: Sammelausstellung des Königlich Preussichen Ministeriums der Öffentlichen Arbeiten. Wasserbau(Berlin, 1904); “Die geschichtliche Entwicklung, die Zwecke und der Bau der Talsperren”, 1904年2月3日在德国工程师协会柏林分会上的演讲：*ZVDI* 50, 5 May 1906, 673-87。

114 Intze, *Talsperrenanlagen*, 31; Meurer, *Wasserbau*, 112-14; Koehn, “Wasserkraftanlagen”, 113-14; Wilhelm Küppers, “Die grösste Talsperre Europas bei Gemünd (Eifel)”, *Die Turbine* 2, Dec. 1905, 61-4, 96-8.

115 Hennig, “Otto Intze”, 119-20; Schatz, “Otto Intze”, 1039; Grassberger, “Talsperrenwasser”, 230-1; “Talsperrenbauten in Böhmen”, *Die Talsperre* (1911), 125-6; A.Meisner, “Die Flussregulierungsaktion und die Talsperrenfrage”, *RTW*, 6 Nov.1909, 405-8. 关于维克托·切哈克: Czehak, “Friedrichswalder Talsperre”, 853; “Auszug aus dem Gutachten des Baurates Ing. V. Czehak”, in *Die Marktgemeinde Frain und die Frainer Talsperre:Eine Stellungnahme zu den verschiedenen Mängeln des Talsperrenhaues* (Frain, 1935).

116 Soergel, “Bedeutung”, 103-4; Klössel, “Errichtung”, 120-1; “Thalsperren am Harz”, *GI*, 31 May 1902, 167-8.

117 Hennig, “Otto Intze”, 104-5.

118 “Ueber Talsperren”, *ZfG* 4 (1902), 253 (关于因策在马克利萨水坝讲话的报告).

119 Karl Fischer, “Die Niederschlags- und Abflussbedingüngen für den Talsperrenbau in Deutschland”, *ZGEB* (1912), 641-55; Hennig, “Otto Intze”, 114; Shackleton, Europe, 16, 23.

120 B., “Die Talsperre bei Mauer am Bober”, 609.

121 关于保守的“土地”作家，请见“Landwirtschaft und Talsperren”, *Volkswohl* 19 (1905), 88-9，明确将1897年的中欧洪水与缩短了河流长度、加快了流速的治理工程联系起来。

122 P. Ziegler, “Ueber die Notwendigkeit der Einbeziehung von Thalsperren in die Wasserwirtschaft”, *ZfG* 4 (1901), 50-1; Ziegler, *Der Talsperrenbau*, 4-5.

123 H. Chr. Nuβbaum, “Die Wassergewinnung durch Talsperren”, *ZGW* (1907), 67-70; Nuβbaum, “Zur Frage der Wirtschaftlichkeit der Anlage von Stau-Seen”, *ZfBi* (1906), 463.同样的话见 Berdrow, “Staudämme”, 256; Weber, “Wupper-Talsperren”, 314; Stromberg, “Bedeutung”, 29-30。

124 Kunz, “Binnenschiffahrt”, 385-7.

125 Ibid., 396; Kellenbenz, *Wirtschaftsgeschichte*, vol. 2, 276.

126 Hermann Keller, “Natürliche und künstliche Wasserstrassen”, *Die Woche*, 1904, vol. 2, no. 20, 873-5 (quotation, 874).

127 见本书第一章、第二章。

128 Ziegler, *Talsperrenbau*, vi; Mattern, *Thalsperrenbau*, 12-13.

129 Mattern, *Thalsperrenbau*, 6.

130 Soergel, “Bedeutung”, 101.

131 Nikolaus Kelen, *Talsperren* (Berlin and Leipzig, 1931), 10.关于“巨型船闸”的运行，请见 Dominik, “Riesenschleusen im Mittellandkanal”, 10。

132 Völker, *Edder-Talsperre*, 3; Emil Abshoff, “Talsperren im Wesergebiet”, *ZfBi* 13 (1906), 202-6.

133 “Zum Kanal-Sturm in Preussen”, *HPBl* (1899), 453-62. (quotation, 454).

134 Bubendey, “Mittel und Ziele des deutschen Wasserbaues”, 500; Georg Gothein, “Die Kanalvorlage und der Osten”, *Die Nation* 16 (1898-9), 368-71; Georg Baumert, “Der Mittellandkanal und die konservative Partei in Preussen: Von einem Konservativen”, *Die Grenzboten* 58 (1899), 57-71; “Die Ablehnung des Mittellandkanals: Von einem Ostelbier”, *Die Grenzboten* 58 (1899), 486-92; Ernst von Eynern, *Zwanzig jahre Kanalkämpfe* (Berlin, 1901); Hannelore Horn, *Der Kampf um den Bau des Mittellandkanals* (Cologne-Opladen, 1964).

135 Abshoff, “Einiges über Talsperren”, 90-3; Regierungsrat Roloff, “Der Talsperrenbau in Deutschland und Preussen”, *ZfB* 59 (1910), 560; Bing, *Vom Edertal zum Edersee*, 9; Völker, *Edder-Talsperre*, 3-5; Sympher, “Talsperrenbau”, 176.

136 Olbrisch,“Otto Intze”, 176-7; Abshoff,“Talsperren im Wesergebiete”, 203.

137 *Die Turbine* (1904) 出版地是柏林,*Die Weisse Kohle* (1908) 在慕尼黑出版。同一时期出版的其他刊物有 *Die Talsperre* (from 1903); *Zeitschrift für das Gesamte Turbinenwesen* (from 1905), *Zentralblatt für Wasserbau und Wasserwirtschaft* (from 1906) and *Zeitschrift für die gesamte Wasserwirtschaft.* 关于《工程学手册》的新版本,见 Koehn,“Ausbau”,476。

138 Algermissen,“Talsperren:Weisse Kohle”, 154.

139 Koehn,“Ausbau”, 463.

140 “Über die Bedeutung und die Wertung der Wasserkräfte”, 4-8; Ziegler, *Talsperrenbau*, 6. 又见 Berdrow,“Staudämme”, 255, 可能高估了煤和轮船的作用。

141 Fischer,“Ausnützung der Wasserkräfte”, 112.

142 引文, Ziegler,“Ueber die Nothwendigkeit”, 52; Mattern, *Thalsperrenbau*, 74. 又见 Algermissen,“Talsperren”, 153-4; Hennig,“Deutschlands Wasserkräfte”, 209; A.Korn,“Die‘Weisse Kohle’”, TM 9(1909), 744-6; S. Herzog,“Ausnutzung der Wasserkräfte für den elektrischen Vollbahnbetrieb”, *UTW* (1909), 19-20, 23-4; Koehn,“Ausbau”, 465; Zinssmeister,“Industrie, Verkehr, Natur”, 12-15; Mattern,“Ausnutzung”, 794(该文实际上夸大了德国剩余的煤炭储量); Karl Micksch,“Energie und Wärme ohne Kohle”, *Die Gartenlaube 68* (1920), 81-3, 也提及太阳能、风能和潮汐能。

143 E.Freytag,“Der Ausbau unserer Wasserwirtschaft und die Bewertung der Wasserkräfte”, *TuW* (1908), 401, 报告了 Professor H. Wiebe 早先的计算和他自己于 1908 年时作出的计算,单位水电的价值已经相当于火电的 80%。

144 Koehn,“Wasserkraftanlagen”, 111. 又见 Mattern, *Thalsperrenbau*, 68; Meurer, *Wasserbu*, 105-8; Hennig,“Deutschlands Wasserkräfte”, 208-9; Thomas P. Hughes, *Networks of Power: Electrification in Western Society, 1880-1930* (Baltimore, 1983), 129-35。

145 Mattern, *Ausnutzung*, 2-3; Koehn,“Ausbau”, 462-3; Meurer, *Wasser-*

bau, 71-2; Hughes, *Networks of Power*, 263.

146 "Über die Bedeutung" 8; Kretz, "Zur Frage der Ausnutzung des Wassers des Oberrheins", *ZfBi* 13 (1906), 361.

147 Hennig, "Deutschlands Wasserkräfte", 209.

148 Ziegler, *Talsperrcnbau*, v; Kreuzkam, "Zur Verwertung der Wasserkräfte", 951-2.关于在莱茵河 Schaffhausen 河段的早期控制，请见 Hanns Günther, *Pioniere der Technik: Acht Lebensbilder grosser Männer der Tat* (Zurich, 1920), 91-119 ('Heinrich Moser: Ein Pionier der weissen Kohle'")。

149 Friedrich Vogel, "Die wirtschaftliche Bedeutung deutscher Gebirgswasserkräfte", *ZfS* 8 (1905), 607-14; Jakob Zinssmeister, "Die Beziehungen zwischen Talsperren und Wasserabfluss", *WK* 2, 25 Feb.1909, 47; Koehn, "Wasserkraftanlagen", 174-6; Algermissen, "Talsperren: Weisse Kohle", 141.

150 Ernst von Hesse-Wartegg, "Der Niagara in Fesseln", *Die Gartenlaube* (1905), 34-8; Koehn, "Ausbau", 463-4; Korn, "Weisse Kohle", 746; Kreuzkam, "Zur Verwertung", 919.

151 Eugen Eichel, "Ausnutzung der Wasserkräfte", *EKB* 8 (1910), 24 Jan.1910, 52-4; Wilhelm Müller, "Wasserkraft-Anlagen in Kalifornien", *Die Turbine* (1908), 32-5. 关于加利福尼亚，Hughes, *Networks of Power*, 262-84.

152 Koehn, "Ausbau", 464.

153 Mattern, *Ausnutzung*, 795.

154 Koehn, "Ausbau", 464(1905 figures); Kreuzkam, "Zur Verwertung", 951(1908); Ziegler, T*alsperrenbau*, v (1911).

155 W. Halbfaß, "Die Projekte von Wasserkraftanlagen am Walchensee und Kochelsee in Oberbayern", *Globus* 88 (1905), 296-7; Peter Fessler, "Bayerns staatliche Wasserkraftprojekte", *EPR* 27, 26 Jan.1910, 31-4; Hennig, "Deutschlands Wasserkräfte", 210; Hughes, *Networks of Power*, 334-50.

156 Kretz, "Zur Frage der Ausnutzung", 368.

157 Koehn, "Wasserkraftanlagen", 173; Hennig, "Deutschlands Wasser-

kräfte",209-10.

158 Oskar von Miller,"Die Ausnutzung der deutschen Wasserkräfte",*ZfA*, August 1908,405.

159 Kretz,"Zur Frage der Ausnutzung",362.

160 Hennig,"Deutschlands Wasserkräfte",209.

161 Kretz's"Zur Frage der Ausnutzung"尤其清楚地代表了这一观点,这一观点并不罕见。Oskar von Miller的著述反映了相同的社会关注。

162 Kreuzkam,"Zur Verwertung",950.

163 参见例如, Algermissen, "Talsperren: Weisse Kohle", 161; Herzog, "Ausnutzung",23-4. 争论的背景是铁路的电气化,请见 Vogel,"Bedeutung",611; Mattern,*Ausnutzung*,793。

164 Fischer-Reinau, "Die wirtschaftliche Ausnützung der Wasserkräfte", 103.

165 Borchardt, *Remscheider Stauweiheranlage*, iv; Heinrich Claus, "Die Wasserkraft in statischer und sozialer Beziehung", *Wasser- und Wegebau*(1905), 413-16; *Die Ennepetalsperre und die mit ihr verbundenen Anlagen des Kreises Schwelm (Wasser- und Elektrizitätswerk)* (Schwelm, 1905), 39; Hennig, "Deutschlands Wasserkräfte", 233; Koehn, "Ausbau", 479; Kretz, "Zur Frage der Ausnutzung", 361-8; Mattern, *Thalsperrenbau*, 69-70; Vogel, "Bedeutung", 609-10.瑞士人也有类似的通过电气化实现社会进步的乌托邦观念,请见 Emil Zigler, "Unsere Wasserkräfte und ihre Verwendung", *ZbWW* 6, 20 Jan. 1911,33-5,51-3。

166 Richard Woldt, *Im Reiche der Technik: Geschichte für Arbeiterkinder* (Dresden,1910),47-52.

167 Mattern,*Ausnutzung*,991 (记录的是批评者的看法,不是他自己的观点); Badermann, "Die Frage der Ausnutzung der staatlichen Wasserkräfte in Bayern", *Kommunalfinanzen* (1911), 154-5; Algermissen, "Talsperren:Weisse Kohle",159-60.

168 Soergel,"Bedeutung",20-1,23.后继者见 Sympher,"Talsperrenbau", 159; Wulff, *Talsperren-Genossenschaften*, 3-4; Nußbaum, "Wassergewinnung", 67-8; Ziegler, *Talsperrenbau*, v-vi; Kelen, *Talsperren*, 6-11;

Mattern, *Thalsperrenbau*（该书的章节标题提及了水坝的大多数不同目标）。

169 Ziegler, *Talsperrenbau*, 6.

170 Ziegler, *Talsperrenbau*, 5. 又见 ibid., vii-viii, 57-9。

171 Jakob Zinssmeister, "Wertbestimmung von Wasserkräften und von Wasserkraftanlagen", *WK* 2, 5 Jan.1909, 1-3.

172 Hennig, "Deutschlands Wasserkräfte", 233; Stromberg, "Bedeutung", 7, 29; Soergel, "Bedeutung", 20-1.因策承认有人怀疑能否调和防洪与其他功能，不过他辩解说，怀疑意见"有那么一些道理，但是可以通过选择合适规模的设备而逐步打消"。请见"Ueber Talsperren", 252-4。

173 关于民族自豪感和工业博览会，请见 Berdrow, "Staudämme", 255-7; Meurer, *Wasserbau*, 125。

174 Wulff, *Talsperren-Genossenschaften*, 6-7; Klössel, "Errichtung von Talsperren", 121; Mattern, *Thalsperrenbau*, 77-81; Ziegler, *Talsperrenbau*, 67-8; Kretz, "Zur Frage der Ausnutzung", 361-8; Koehn, "Ausbau", 465.

175 J. Köbl, "Die Wirkungen der Talsperren auf das Hochwasser", ANW 38 (1904), 510; Albert Loacker, "Die Ausnutzung der Wasserkräfte", *Die Turbine* 6(1910), 235. Richard Hennig 也表达了相同的看法。

176 Ziegler, *Talsperrenbau*, 67-70; *Festschrift ... Möhnetalsperre*, 6-24, 73-6.

177 Mattern, *Ausnutzung*, 931.

178 Adam, "Wasserwirtschaft und Wasserrecht" 2.

179 Miller, "Ausnutzung", 401-5.

180 Mattern, Ausnutzung, 1005. 又见 Vogel, "Bedeutung", 612。

181 Albert Loacker 在一篇文章中 28 次提及"合理化"一词，另见 Adam, "Wasserwirtschaft und Wasserrecht", 2-6; Ziegler, "Ueber die Notwendigkeit", 58。

182 Bachmann, "Die Talsperren in Deutschland", 1134, 1156.其他人认为水坝的数量没有那么多，有大约 60 座，请见 Ernst Mattern, "Stand der Entwicklung des Talsperrenwesens in Deutschland", *WuG* 19, 1

May 1929, 863 (文中提出了最低的水坝数); Stromberg, "Bedeutung", 23; Soergel, "Bedeutung", 12-14.水坝数量计算上的差距主要是因为Bachmann把许多挡水墙不足15米的水坝也计算在内。

183 Wulff, *Talsperren-Genossenschaften*, 14, 20-445;Ziegler, *Talsperrenbau*, 71-2; Weiser, "Talsperren", 217-31; Lochert, "Geschichte des Talsperrenbaus im Bergischen Land", 122-3.

184 哈根市金属加工业协会提交的请愿书,请见 Wulff, *Talsperren-Genossenschaften*, 21-2。

185 Weiser, "Talsperren", 250-64.

186 Ibid., 13.

187 Soergel, "Bedeutung", 23, 53-60; Völker, *Edder-Talsperre*, 27. Emil Abshoff在对航运业听众发表演说时,谈及埃德尔水坝这样的水坝的影响:它们的剩余水量能够用于农业灌溉,但他也明确提出,如果"其他目标"过分分流河水,就会影响抬高水位以提升河流通航性的主要目的,请见 Abshoff, "Einiges über Talsperren"。

188 "Landwirtschaft und Talsperren", 88-9; Hennig, "Deutschlands Wasserkräfte", 233; Wulff, *Talsperren-Genossenschaften*, 6; Koehn, "Ausbau", 496.

189 Soergel, "Bedeutung", 39.他用的字眼是Zukunftsmusik,字面意思是"未来的音乐",不妨翻译成"未来之梦"。关于波西米亚农业完全没有从水坝中受益的相同观点,请见 Meisner, "Flussregulierungsaktion", 408。

190 Ibid., 87-135.

191 Koehn, "Ausbau", 480.

192 Algermissen, "Talsperren: Weisse Kohle", 145; Köbl, "Wirkungen der Talsperren auf das Hochwasser", 507-8.

193 Fischer, "Niederschlags- und Abflussbedingungen", 655; Steinert, "Die geographische Bedeutung", 55.

194 Splittgerber, "Entwicklung", 206.

195 参见 Webel, "Wupper-Talsperren", 317; Bachmann, "Talsperren in Deutschland", 1142, 1146, 1153-6; Weiser, "Talsperren", 94-5; Stromberg, "Bedeutung", 31-4; Soergel, "Bedeutung", 120-35。这些作者大

多论及1925—1926年的大洪水。关于鲁尔河和乌珀河水坝在1909年洪水时防洪效应的正面评价，请见Zinssmeister,"Beziehungen", 45-7; L. Koch,"Im Zeichen des Wassermangels", *Die Turbine* (1909), 494。

196 Soergel,"Bedeutung",127-8.

197 Bachmann,"Talsperren",1142.

198 Ibid.,1154-6; Soergel,"Bedeutung",107-18.

199 Bachmann, "Wert des Hochwasserschutzes und der Wasserkraft des Hoch-wasserschutzraumes der Talsperren", *DeW* (1938), 65-9 (quotation,65).

200 David Alexander, *Natural Disasters* (New York,1993),135.

201 Föhl and Hamm, *Industriegeschichte*,134-5.

202 Hennig,"Otto Intze",118.另一方面，普鲁士在筹建鲁尔河谷水库协会的谈判过程中，官员们放弃了抬升鲁尔河水位为当地运河供水的计划，因为这危及他们的主要目标，见Olmer, *Wasser*,245。

203 Werner Günther,"Der Ausbau der oberen Saale durch Talsperren", dissertation, University of Jena,1930.

204 Stromberg, "Bedeutung", 55-9; Mattern, "Stand", 863; Bachmann, "Talsperren",1140.

205 Bachmann,"Talsperren",1151.每立方米用水成本，奥特马绍水坝是埃德尔水坝的5倍。

206 Köbl,"Wirkungen",508.

207 Stromberg,"Bedeutung",57.

208 Ibid.,56-7; Mattern,"Stand",863.

209 Berdrow, "Staudämme", 255; Steinert, "Die geographische Bedeutung",61. 又见Kurt Wolf,"Über die Wasserversorgung mit besonderer Berücksichtigung der Talsperren", *MCWäL* (1906),633-4。

210 Albert Schmidt,"Die Erhöhung der Talsperrenmauer in Lennep", *ZfB* (1907),227-32; Weber,"Wupper-Talsperren",106,318-19.

211 开姆尼茨地区水库越建越大，从Einsiedel水库(1894年，库容0.3亿立方米)到Klatschmühle水库(1909年，库容0.55亿立方米)到Lautenbach水库(1914年，3亿立方米)，再到Saidenbach水库(1933年，

22.4亿立方米): Meurer, *Wasserbau*, 125。

212 Meyer, "Bedeutung", 121-30 (quotation, 123); Stromberg, "Bedeutung", 35; Meurer, *Wasserbau*, 127-8.

213 Kluge and Schramm, *Wassernöte*, 161-3.

214 Weiser, "Talsperren", 234.

215 Ott and Marquardt, *Die Wasserversorgung der kgl. Stadt Brüx*, 76.

216 Kluge and Schramm, Wassernöte and Olmer, *Wasser* 明确表达了这种观点。关于Euskirchen, 请见Weiser, "Talsperren", 234。

217 Feige and Becks, *Wasser für das Ruhrgebiet*, 14.

218 Link, "Talsperren des Ruhrgebiets", 100-1; Link, "Bedeutung", 67-9; Feige and Becks, *Wasser für das Ruhrgebiet*, 12, 32-3.鲁尔河盆地的用水量总是同步上升。

219 Link, "Bedeutung", 69-70; Link, "Die Sorpetalsperre", 41-5, 71-2; Weiser, "Talsperren", 145-52. 这座新的巨型水库位于毕格河谷(1965年)。

220 Kelen, *Talsperren*, 6-11. Rouvé绘制的迅速增长的需求图, 请见Rouvé, "Talsperren in Mitteleuropa", 323。

221 Stromberg, "Bedeutung", 52, 55.

222 Soergel, "Bedeutung", 137.关于向乡村地区的"低负荷"供电, 请见Hughes, *Networks of Power*, 318。

223 Ulrich Wengenroth, "Motoren für den Kleinbetrieb:Soziale Utopien, technische Entwicklung und Absatzstrategien bei der Motorisierung des Kleingewerbes im Kaiserreich", in Wengenroth (ed.), *Prekäre Selbständigkeit* (Stuttgart, 1989), 177-205, 这篇论文是大众汽车基金会项目, 介绍了1890—1930年间德国工业和小企业引入电动汽车的情况。

224 Günther, "Der Ausbau der oberen Saale durch Talsperren", 37; Hughes, *Networks of Power*, 313-19.

225 See Hard, "German Regulation", 35.

226 Hans Middelhoff, *Die volkswirtschaftliche Bedeutung der Aggertalsperrenanlagen* (Gurnmersbach, 1929), 60-1. 1928年时, 58%为国营, 29%公私合营, 14%私立。

227 Hughes, *Networks of Power*, 407-28.

228 1930年的水坝分级，请见 Kelen, *Talsperren*, 16；德国水坝的规模见于国际大坝委员会的名单(总计4万座水坝中，德国水坝有311座)，请见 Franke (ed.), *German Dams*, 466-95; Meurer, *Wasserbau*, 186. Smith, *History of Dams*, 236，书中开列了全球最大水坝的名单，我在比较时把英尺换算成立方米。

229 Hennig, "Deutschlands Wasserkräfte", 232; Algermissen, "Talsperren: Weisse Kohle", 139-40.

230 Koehn, "Ausbau", 491; Bubendey, "Mittel und Ziele", 501; Hennig, "Wasserwirtschaft und Südwestafrika".

231 Abercron, "Talsperren in der Landschaft", 33.

232 McNeill, *Something New under the Sun*, 166-73; Edward Goldsmith and Nicholas Hildyard, *The Social and Environmental Effects of Large Dams*(San Francisco, 1984)，这是 Sierra 俱乐部的一份出版物，概述了所有的副作用。

233 Alexander, *Natural Disasters*, 56-7; Goldsmith and Hildyard, *Social and Environmental Effects*, 101-19.对各项研究持怀疑态度的看法，请见 R. B. Meade, "Reservoirs and Earthquakes", in Goudie (ed.), *The Human Impact Reader*, 33-46。

234 有关欧洲各国的情况，请见 Rainer Blum, *Seismische Überwachung der Schlegeis-Talsperre und die Ursachen induzierter Seismizität* (Karlsruhe, 1975)，该书不仅很好地概要介绍了瑞士的水坝，还做了很好的个案研究。

235 Steinert, "Die geographische Bedeutung", 20-3.

236 Wilhelm Halbfaβ教授就是其中一位，有关他的担忧，请见 Zinssmeister, "Industrie, Verkehr, Natur", 14。

237 Steinert, "Die geographische Bedeutung", 39-47. 气象站的观测数据证实了这一点，如默讷水坝上的气象站，请见 Stromberg, "Bedeutung", 44。

238 Jäger, *Einführung*, 44-51.

239 Kluge and Schramm, *Wassernöte*, 203; Weiser, "Talsperren" 243-4.

240 Steinert, "Die geographische Bedeutung", 47-54; Mattern, *Thalsperren-*

bau, 54-5.

241 Weber, "Wupper-Talsperren", 37; Helmut Maier, "Kippenlandschaft, "Wassertaumel" und Kahlschlag: Anspruch und Wirklichkeit national-sozialistischer Energiepolitik", in Bayerl, Fuchsloch and Meyer (eds.), *Umweltgeschichte*, 253 .

242 Maier, "Energiepolitik", 253.关于水坝存在的问题以及河床冲刷，请见 Alice Outwater, *Water: A Natural History* (New York, 1996), 105-6。中国综合征的说法是我提出的。

243 几乎所有河流都经由多瑙河注入黑海。

244 Raimund Rödel, *Die Auswirkungen des historischen Talsperrenbaus auf die Zuflussverhältnisse der Ostsee* (Greifswald, 2001).

245 Schwoerbel, "Technik und Wasser", 378.

246 Arno Naumann, "Talsperren und Naturschutz", *BzN* 14(1930), 79; Günther, "Ausbau der oberen Saale durch Talsperren", 11. Mügge 写道，水坝的出现是"爆发式的"，见 Mügge, "Über die Gestaltung von Talsperren", 415。

247 Ziegler, *Talsperrenbau*, 97.

248 Prof. Thiesing, "Chemische und physikalische Untersuchungen an Talsperren, insbesondere der Eschbachtalsperre bei Remscheid", *Mitteilungen aus der Königlichen Prüfungsanstalt für Wasserversorgung und Abwässerbeseitigung zu Berlin* 15 (1911), 42-3, 140-1.

249 "Die biologische Bedeutung der Talsperren", *TuW* 11, April 1918, 144; Becker, "Beiträge zur Pflanzenwelt der Talsperren des Bergischen Landes und ihrer Umgebung", *BeH* 4, August 1930, 323-6; Edwin Fels, *Der wirtschaftliche Mensch als Gestalter der Erde* (Stuttgart, 1954), 88.

250 Leslie A. Real and James H. Brown (eds.), *Foundations of Ecology: Classic Papers with Commentaries* (Chicago, 1991), 11; Zirnstein, *Ökologie*, 159-60. Kluge and Schramm, *Wassernöte*, 169-72.

251 A. Thienemann, "Hydrobiologische und fischereiliche Untersuchungen an den westfälischen Talsperren", *LJbb* 41(1911), 535-716; "Die biologische Bedeutung" (reporting Thienemann's work).

252 C. Muhlenbein, "Fische und Vögel der bergischen Talsperren", *BeH* 4,

August 1930, 326-7; "Die biologische Bedeutung"; Soergel, "Bedeutung", 138-9; Thiesing, "Chemische und physikalische Untersuchungen", 264-5; Borchardt, Remscheider Stauweiheranlage, 96-7.关于其他地方的水坝与渔业,见Goldsmith and Hildyard, *Social and Environmental Effects*, 91-101; 关于美国西北太平洋地区哥伦比亚河水坝与河中鱼类的绝佳论述,请见White, *Organic Machine*。

253 Zirnstein, *Ökologie*, 161-3.

254 Kluge and Schramm, *Wassernöte*, 204-5; Norbert Große et al., "Der Einfluss des Fischbestandes auf die Zooplanktonbesiedlung und die Wassergüte", *GWF* 139 (1998): *Special Talsperren*, 30-5.

255 P. Eigen, "Die Insektenfauna der bergischen Talsperren", *BeH* 4, August 1930- 327-31.

256 Mühlenbein, "Fische und Vögel", 327.

257 Richard White, "The Natures of Nature Writing", *Raritan*, Fall 2002, 154-5.

258 Splittgerber, "Entwicklung", 207. 关于自然保护思想,请见Michael Wettengel, "Staat und Naturschutz 1906-1945: Zur Geschichte der Staatlichen Stelle für Naturdenkmalpflege in Preussen und der Reichsstelle für Naturschutz", *HZ* 257 (1993), 355-99,及下面第五章。

259 关于1930年代,见*Die Eifel* (1938), 137, cited in Heinz Peter Brogiato and Werner Grasediek, "Geschichte der Eifel und des Eifelvereins von 1888 bis 1988", in *Die Eifel* 1888-1988 (Düren, 1989), 441-3; Mügge, "Uber die Gestaltung", 418; 关于当代,见Franke (ed.), *Dams in Germany*, 295, 302, 310 (关于Ennepe, Möhne和Sorpe); *GWF* 139 (1998): Special Talsperren issue。

260 Weiser, "Talsperren", 4.

261 Klössel, "Die Errichtung von Talsperren in Sachsen", 121; Völker, Edder-Talsperre, 25, 54; Arno Naumann, "Talsperren und Naturschutz". 关于Walchensee工程和景观,见Koehn, "Wasserkraftanlagen", 174; Hughes, *Networks of Power*, 340-1。

262 Rudolf Gundt, "Das Schicksal des oberen Saaletals", *Die Gartenlaube* (1926), 214.

263 Paul Schultze-Naumburg, "Ästhetische und allgemeine kulturelle Grundsätze bei der Anlage von Talsperren", *Der Harz* 13 (1906), 353-60 (quotation, 359); Naumann, "Talsperren und Naturschutz", 83.

264 Schultze-Naumburg, "Grundsätze".

265 Abshoff, "Einiges über Talsperren", 91-2; Mattern, Ausnutzung, 1001-2.

266 Fischer, "Ausnützung der Wasserkräfte", 106.

267 Schönhoff, "Möhnetalsperre", 684-5; Weber, "Wupper-Talsperren", 313.

268 Schultze-Naumburg, "Grundsätze", 358; Philipp A.Rappaport, "Talsperren im Landschaftsbilde und die architektonische Behandlung von Talsperren", *WuG* 5, 1 Nov. 1914, 15-18; Werner Lindner, *Ingenieurwerk und Naturschutz* (Berlin, 1926), 57-60; Ehnert, "Gestaltungsaufgaben im Talsperrenbau", *Der Bauingenieur 10* (1929), 651-6.

269 Kullrich, "Der Wettbewerb für die architektonische Ausbildung der Möhnetalsperre", *ZbB* 28, 1 Feb. 1908, 61-5; *Festschrift ... Möhnetalsperre*, 41.Weiser, "Talsperren", 270-3, 有入围方案的说明。

270 Mügge, "Uber die Gestaltung von Talsperren und Talsperrenlandschaften", 404-19 (quotation, 418).关于希特勒和混凝土, Martin Vogt (ed.), *Herbst 1941 im "Führerhauptquartier"* (Koblenz, 2002), 9-10。

271 1902年3月12日的德国水库协会会议上,工程师Witte提出:水坝能够"增进自然的美"。请见"Thalsperren am Harz", 167-8;又见Kreuzkam, "Deutschlands Talsperren", 660; Kelen, *Talsperren*, 11。

272 Paul Schultze-Naumburg, "Kraftanlagen und Talsperren", *Der Kunstwart* 19(1906), 130. Schultze-Naumburg在一次演说中提出水库创造了"新的美",见Sympher, "Talsperrenbau", 178。

273 Thiesing, "Chemische und physikalische Untersuchungen", 262-3 (提及Schultze-Naumburg之名); Gräf, "Über die Verwertung von Talsperren für die Wasserversorgung", 479-80.

274 Kollbach, "Urft-Talsperre"; Abercron, "Talsperren in der Landschaft".

275 Weber, "Wupper-Talsperren", 316.

276 Jean Pauli, "Talsperrenromantik", *BeH* 4, August 1930, 331-2.

277 Rappaport, "Talsperren im Landschaftsbilde", 15.

278 Gundt, "Schicksal", 215.

279 Reginald Hill, *On Beulah Height* (London, 1998); Thyde Mourier, Le barrage d' Arvillard (1963); Ernst Candèze, *Die Talsperre:Tragisch aben-teuerliche Geschichte eines Insektenvölkchens, transl.from the French*(Leipzig, 1901); Ursula Kobbe, *Der Kampf mit dem Stausee* (Berlin, 1943), an Austrian work; Marie Majerova, *Die Talsperre*, transl. from the Czech(East Berlin, 1956): Libusa Hanusova, *Die Talsperre an der Moldau*, transl.from the Czech (East Berlin, 1952).

280 Kluge and Schramm, *Wassernöte*, 167.

281 Candèze, *Talsperre*, 205.

282 Candèze, *Talsperre*, 209.

283 Candèze, *Talsperre*, 201-2; Kobbe, *Kampf mit dem Stausee*, 33-8; Völker, *Edder-Talsperre*, 5, 28.

284 Kobbe; Kampf mit dem Stausee, 140.

285 Völker, *Edder-Talsperre*, 28.

286 参见 *Festschrift ...Möhnetalsperre*, 42-64; Völker, *Edder-Talsperre*, 6, 23; Bing, *Vom Edertal zum Edersee*, 6; Kelen, *Talsperren*, 102-17;Kob-be, *Kampf mit dem Stausee*, 146。

287 W. Soldan and C[arl] Heßler, *Die Waldecker Talsperre im Eddertal* (Marburg and Bad Wildungen, 2nd edn., 1911), 38; Bing, *Vom Edertal zum Edersee*, 6; Völker, *Edder-Talsperre*, 7; *Festschrift...Möhnetal-sperre*, 50; Kollbach, "Urft-Talsperre"; Borchardt, *Denkschrift zur Ein-weibung der Neye-Talsperre*, 32-4, 43, 47; Föhl and Hamm, *Industrieg-eschichte*, 130.

288 Schönhoff, "Möhnetalsperre", 685.

289 Middelhoff, *Aggertalsperrenanlagen*, 45; Stromberg, "Bedeutung", 62; Naumann, "Talsperren und Naturschutz", 80; Weiser, "Talsperren", 99; Brogiato and Grasediek, "Eifel", 414.

290 工人都住在埃德尔和默讷河谷的家中，请见 Bing, *Vom Edertal zum Edersee*, 6; *Festschrift ... Möhnetalsperre*, 54。

291 Völker, *Edder-Talsperre*, 4; Bachmann, "Talsperren", 1140.

292 例如关于中奥得河的一份提案(见 Fischer,“Niederschlags- und Abluβbedingungen”,654),还有一份关于文讷河谷的提案(见 Weiser,“Talsperren” 246-7)。

293 Jean Milmeister, *Chronik der Stadt Vianden 1926-1950*(Vianden,1976); 13-33,127-9,149),164-8;Brogiato and Grasediek,“Eifel”,336.

294 Soldan and Heβler, *Waldecker Talsperre*, 55-6.官员和技术人员关于“牺牲”的常见观点,请见 Mattern, *Thalsperrenbau*, 57, Hennig,“Deutschlands Wasserkräfte”,233。

295 Völker, *Edder-Talsperre*, 8.

296 Soldan and Heßler, *Waldecker Talsperre*, 55;Völker, *Edder-Talsperre*, 8.

297 K. Thielsch,“Baukosten von Wasserkraftanlagen”, *ZfdgT*, 20 Aug. 1908, 357.

298 土地补偿金与全部投资的比例,埃德尔水坝是900万马克对2000万马克(见 Völker, *Edder-Talsperre*, 27);默讷水坝是820万马克对2150万马克,占38% (见 *Festschrift... Möhnetalsperre*, 11,25-7); 毛尔水坝是240万马克对830万马克,占29%比例(见 B.,“Die Talsperre bei Mauer”,611);恩内佩水坝是75万马克对280万马克,占27% (见 Ennepetalsperre,4,11-12)。

299 Wulff, *Talsperren-Genossenschaften*, 21; Weiser,“Talsperren”,78.

300 *Festschrift...Möhnetalsperre*, 25-9;Koch, “Wert einer Wasserkraft”; Weiser,“Talsperren”,241-2. 在默讷河谷最艰难的协商中,有两例涉及贵族地主,他们最后得到了慷慨的补偿,请见 *Festschrift ... Möhnetalsperre*, 28-9。

301 Bechstein,“Vom Ruhrtalsperrenverein”, 138.See also Sympher,“Talsperrenbau”,177; Schultze-Naumburg,“Grundsätze”,357.

302 在默讷河谷,有3座村庄被彻底淹没,另外3座村庄部分淹没,请见 Delecke,Drüggelte and Kettlersteich。

303 Soldan and Heßler, Waldecker Talsperre, 66,77-9,83.

304 Soldan and Heßler, *Waldecker Talsperre*, 66, 77-9, 83; Völker, *Edder-Talsperre*, 16-20; Bing, *Vom Edertal zum Edersee*, 7; Sympher,“Talsperrenbau”,177.

305 Völker, *Edder-Talsperre*, 10.

306 Bing, *Vom Edertal zum Edersee*, 1.

307 Volker, *Edder-Talsperre*, 20, 26, 54.

308 Milmeister, *Chronik*, 22.

309 Völker, *Edder-Talsperre*, 28.

310 关于废墟的重新出现，见 Weber, "Wupper-Talsperren", 313, 316; Weiser, "Talsperren", 195; Bing, *Vom Edertal zum Edersee*, 2-3, 8, 28-9。

311 Rieger, "Modern Wonders"; Ziegler, *Talsperrenbau*, 85, 涉及人们对大型水坝的特殊担忧。

312 "Thalsperren am Harz", 167-8; Wulff, *Talsperren-Genossenschaften*, 3; Ernst, "Riesentalsperre", 668; Wolf, "Ueber die Wasserversorgung", 633-4; Kluge and Schramm, *Wassernöte*, 136-7.

313 Hennig, "Deutschlands Wasserkräfte", 232. 2000 这一数字来自 Alexander, *Natural Disasters*, 359。

314 Berdrow, "Staudämme", 258; Gräf, "Verwertung von Talsperren", 485; Hennig, "Deutschlands Wasserkräfte", 232; Meurer, *Wasserbau*, 117-18; Föhl and Hamm, *Industriegeschichte*, 129; Kluge and Schramm, Wassernöte, 135; Pearce, *The Dammed*, 35-6. Rouvé, "Talsperren in Mitteleuropa", 303-10; Alexander, *Natural Disasters*, 358.

315 "Eine Dammbruchkatastrophe in Amerika", *Die Gartenlaube* (1911), 1028.

316 Smith 概括了相关观点，见 Smith, *History of Dams*, 201-7, 219-21。美国人 George Holmes Moore 强烈批评大型重力坝在静水托力方面的弱点，请见 Jackson, "Engineering", 560, 571。

317 Mattern, "Stand", 858-60.

318 Mattern, *Thalsperrenbau*, v.

319 Intze, "Talsperren in Rheinland und Westfalen, Schlesien und Böhmen", 28, 36; "Ueber Talsperren", 254.

320 Fr.Barth, "Talsperren", *BIG*(1908), 269; Koehn, "Ausbau", 491-2; Bachmann, "Hochwasserentlastungsanlagen", 334.关于业内人士接近达成一致的意见，请见 Meurer, *Wasserbau*, 117。

321 Jackson, "Engineering", 559.

322 参见如 the Prussian decree from the Ministers of Trade and Industry, Public Works, Interior and Domains and Forestry, 18 Jun. 1907: "Anleitung für Bau und Betrieb von Sammelbecken", *ZbWW*, 20 July 1907, 321-4;also Berdrow, "Staudämme", 258; Mattern, "Stand", 860; Weiser, "Talsperren", 235; Giesecke et al., "Standardization"。

323 Wolf, "Ueber die Wasserversorgung", 633-4.

324 Ernst Mattern's "Ein französisches Urteil über deutsche Bauweise von Staudämmen und Sperrmauern" (*ZdB* 24 Jun.1905, 319-20), 这是对法国工程师 Jacquinot 发表在 *Le Génie Civil* of 3 Dec.1904 的一篇论文的回应, Jacquinot的回应请见 "Über Talsperrenbauten", in the *ZdB*, 29 Sep. 1906, 503-5。

325 Ernst Link, "Die Zerstörung der Austintalsperre in Pennsylvanien (Nordamerika) II", *ZdB*, 20 Jan.1912, 36;also Mattern, "Die Zerstörung der Austintalsperre in Pennsylvanien (Nordamerika)I", ibid., 13 Jan. 1912, 25-7; Ehlers, "Bruch der Austintalsperre und Grundsätze für die Erbauung von Talsperren", ibid., 8 May 1912, 238.

326 Paxmann, "Bruch der Talsperre bei Black River Falls in Wisconsin", ibid., 25 May 1912, 275.

327 Marianne Weber, *Max Weber: A Biography* (New York, 1975).

328 Mattern, "Stand", 862.

329 "Prinzip Archimedes", *Der Spiegel*, 1986, no. 4, 79,

330 Ibid., 77;Franke (ed.), *German Dams*, 181, 292-5; Weiser, "Talsperren", 146-50; Kluge and Schramm, *Wassernöte*, 201-2.

331 关于林格泽水坝, 见 Weiser, "Talsperren", 102-3; 关于塔姆巴赫水坝和爱德华·德尔, 见 Ott and Marquardt, *Wasserversorgung der Kgl. Stadt Brüx*, 65-7。

332 Kluge and Schramm, *Wassernöte*, 202; Weiser, "Talsperren", 75.

333 "Prinzip Archimedes", 77-9 (quotation 77, from Dr Alexius Vogel); Jürgen Fries, "Anpassung von Talsperren an die allgemein anerkannten Regeln der Technik", *GWF* 139 (1998), *Special Talsperren*, 59-64; Franke (ed.), *German Dams*, 181, 292- 5, 302-9.

334 "Prinzip Archimedes", 79; Alexander, *Natural Disasters*, 359.

335 Splittgerber, "Entwicklung", 209; Lieckfeldt, "Die Lebensdauer der Talsperren", *ZdB*, 28 Mar. 1906, 167-8, 文章认为应该把地震、战争等"外力"考虑进去。

336 *Frainer Talsperre*, 5; Milmeister, *Chronik*, 17, 30-2.

337 Smith, *History of Dams*, 243.

338 Brogiato and Grasediek, "Die Eifel" 421, 427-8, 431. 日后, 水坝成为战时攻击的目标, 如朝鲜战争和莫桑比克、萨尔瓦多内战, 请见 Goldsmith and Hildyard, *Social and Environmental Effects*, 103-4。

339 O. Kirschner, "Zerstörung und Schutz von Talsperren und Dämmen", *SB*, 24 May 1949, 301-2.

340 依据 Kirschner, "Zerstörung", 277-81; Joachim W. Ziegler (ed.), *Die Sintflut im Ruhrtal: Eine Bilddokumentation zur Möhne-Katastrophe* (Meinerzhagen, 1983); Bing, *Vom Edertal zum Edersee*, 14-18, 30-1; John Ramsden, *The Dambusters* (London, 2003)。

341 Ramsden, *Dambusters*, 12.

342 Ziegler (ed.), *Sintflut*, 26-7.

第五章 种族与拓荒

1 Louise Boyd, "The Marshes of Pinsk", *GR* 26 (1936), 376-95; Martin Bürgener, *Pripet-Polessie: DasBild einer polnischen Ostraum-Landschaft, Petermanns Geographische Mitteilungen, Ergäniungsheft 237* (Gotha, 1939); Kurt Freytag, *Raum deutscher Zukunft: Grenzland im Osten* (Dresden, 1933), 84; Joice M. Nankivell and Sydney Loch, *The River of a Hundred Ways* (London, 1924).

2 Boyd, "Marshes of Pinsk", 380-1, 395.

3 Bürgener, *Pripet-Polessie*, 9.

4 Ibid., 53, 56.

5 Max Vasmer, "Die Urheimat der Slawen", in Wilhelm Volz (ed.), *Der ostdeutsche Volksboden: Aufsätze zu den Fragen des Ostens. Erweiterte Ausgabe*(Breslau, 1926), 118-43. Bürgener 接受了这一观点, 引证了 Vasmer 本人及其德国追随者的论述 (Witte, Hofmann, von Rich-

thofen). 又见 Michael Burleigh, *Germany Turns Eastwards: A Study of Ostforschung in the Third Reich* (Cambridge, 1988), 29, 30, 49, 60。

6 Bürgener, *Pripet-Polessie*, 46, 59. 关于条顿民族理论, 见 Gustav Kossinna, *Die Herkunft der Germanen* (Würzburg, 1911); Ekkehart Staritz, *Die West-Ostbewegung in der deutschen Geschichte* (Breslau, 1935), 25-48; Wolfgang La Baume, *Urgeschichte der Ostgermanen* (Danzig, 1934); Wolfgang Wippermann, *Der"Deutsche Drang nach Osten": Ideologie und Wirklichkeit eines politischen Schlagwortes* (Darmstadt, 1981), 94, 98-9, 注意, 起初这一理论也受到批评。

7 Bürgener, *Pripet-Polessie*, 86-90 (quotation: 90), 及 71, 75。

8 Ibid., 58.又见 38-9, 44-6。

9 Heinrich von Treitschke, *Origins of Prussianism* (The Teutonic Knights), originally published 1862, transl. Eden and Cedar Paul (New York, 1969), 93-4.我对译文略有修改, 去掉了一些古语。

10 Heinrich von Treitschke, *Deutsche Geschichte im 19.Jahrhundert, Erster Teil* [1879] (Königstein/Ts, 1981), 66.类似评论, ibid., 45, 56-7, 76。"Werder"一词在英语中对应的是很少使用的"eyot"。

11 Beheim-Schwarzbach, *Hohenzollernsche Colonisationen*, 423-4, 426.日后, Heinrich Friedrich Wiepking-Jürgensmann这位重要的纳粹景观规划者引证了他的著述, 见"Friedrich der Grosse und wir", *DG* 33 (1920), 69-78。Wiepking-Jürgensmann有时用缩写署名, 有时用名字或头衔署名, 有时署名Wiepking, 有时署全名。本篇是署名文章, 署名为H. F. Wiepking 。我列出了他的全名。

12 Otto Schlüter, *Wald, Sumpf und Siedelungsland in Altpreussen vor der Ordenszeit* (Halle, 1921), 2, 7; Müller, "Aus der Kolonisationszeit des Netzebruchs", 3.关于相关著述的数量, 仅哈佛大学怀德纳图书馆就收藏了将近100种。分析Schlüter所援引的62种印刷品可以看出, 出版高峰是在1870—1880年代。

13 Freytag, *Raum deutscher Zukunft*, 11.

14 Gustav Freytag, *Soll und Haben* (Berlin, 1855), 536-9, 681-3, 688, 698-9, 820.

15 Wiepking-Jürgensmann, "Das Grün im Dorf und in der Feldmark",

442，文章开门见山地宣称："德国村庄永远是绿色村庄。"Rolf Wingendorf, *Polen: Volk zwischen Ost und West* (Berlin, 1939)其中有一章专门论及"灰色的"波兰景观。

16　Rudolf Kötzschke 是 Lamprecht 从前的学生、另一位有抱负的历史学家，他在1926年时注意到，在上一代人中，"德国东部拓殖"的历史理解走出学术界的范畴，成为一个事关公共利益的问题。见 Kötzschke, "Über den Ursprung und die geschichtliche Bedeutung der ostdeutschen Siedlung", in Volz (ed.), *Der ostdeutsche Volksboden*, 8-9。

17　Neuhaus, *Fridericianische Colonisation*, 4. 其他例子见 Helmut Walser Smith, *German Nationalism and Religious Conflict* (Princeton, 1995), 193-4; William Hagen, *Germans, Poles and Jews: The Nationality Conflict in the Prussian East, 1772-1914* (Chicago, 1980), 184; Roger Chickering, *"We Men Who Feel Most German": A Cultural Study of the Pan-German League* (London, 1984), 74-101; Wippermann, *"Deutsche Drang nach Osten"*, 98-9。

18　Bürgener, *Pripet-Polessie*, 56-7. 君特的著述中，有两本书销量极大：*Rassenkunde des deutschen Volkes* 以及 *Kleine Rassenkunde des deutschen Volkes*。比格纳在书中提到过君特，但从未在参考书目中列入他的著述。比格纳也是同样利用 Gustav Paul 的 *Grundzüge der Rassen- und Raumgeschichte des deutschen Volkes* (Munich, 1935)。

19　Hans-Dietrich Schultz, *Die deutschsprachige Geographie von 1800 bis 1970*(Berlin, 1980), 205.

20　地理学家 Reinhard Thom, cited ibid., 203。这种种族主义的景观思想在比格纳的书中随处可见，他尤其倚重的著作是 N. Creutzburg 的 *Kultur im Spiegel der Landschaft* (Leipzig, 1930)。

21　Bürgener, *Pripet-Polessie*, 56-7. 关于汉斯·施雷普弗与希特勒，见 Schultz, *Die deutschsprachige Geographic*, 209, and 202-28 更广泛地论及地理学界的投降。

22　见 Emily Anderson (ed.), *The Letters of Beethoven*, vol. 2 (New York, 1985), 638-9; Maynard Solomon, "Franz Schubert and the Peacocks of

Benvenuto Cellini", *19th-Century Music* 12(1989), 202。感谢 Karen Painter 允许我引用这些资料。"沼泽地带"作为妓院的代号,也见于特奥多尔·冯塔讷的小说 *Irrungen, Wirrungen*。

23 Adolf Hitler, *Mein Kampf* (Munich, 1943 edn., 279-80), cited Gert Gröning and Joachim Wolschke-Bulmahn, "Naturschutz und Ökologie im Nationalsozialismus", *AS* 10 (1983), 15-16.

24 Bürgener, *Pripet-Polessie*, 61.

25 Jack Wertheimer, *Unwelcome Strangers:East European Jews in Imperial Germany* (New York, 1987); Katja Wüstenbecher, "Hamburg and the Transit of East European Emigrants", in Andreas Fahrmeir, *Oliver Faron and Patrick Weil* (eds.), *Migration Control in the North Atlantic World* (New York and Oxford, 2003), 223-36.

26 Alfred Döblin, *Reise in Polen* [1926](Olten and Freiburg, 1968). 然而,这本书表明Döblin对波兰犹太人仍然抱有一种矛盾心理。

27 Freytag, *Raum deutscher Zukunft*;Wingendorf, *Polen*, 73-4; Theodor Oberländer, *Die agrarische Überbevölkerung Polens*(Berlin, 1935); Peter-Heinz Seraphim, Das *Judentum im osteuropäischen Raum* (Essen, 1938); Seraphim (ed.), *Polen und seine Wirtschaft* (Königsberg, 1937). 关于奥伯伦德和泽拉菲姆,见 Götz Aly and Susanne Heim, *Vordenker der Vernichtung* (Frankfurt/Main, 1995), 91-101,该书引证了相同观点的著述。

28 Bürgener, *Pripet-Polessie*, 61-2.

29 Ibid., 61-6; Boyd, "Marshes of Pinsk", 380, 391.

30 Bürgener, *Pripet-Polessie*, 105.

31 Nankivell and Loch, *The River of a Hundred Ways*, 20, 46, 54-5, 252-6.

32 Boyd, "Marshes of Pinsk", 395, 对比了 Pripet 沼泽的进步与 Zuider Zee 和 Pontine 沼泽的排水工程。

33 Bürgener, *Pripet-Polessie*, 92, 更笼统的:70-87。

34 Ibid., 91, 122. 关于纳粹作家从历史上的东进运动所吸取的"经验",请见 Staritz, *Die West-Ostbewegung*; and Wippermann, "Deutsche Drang nach Osten"。

35 Bürgener, *Pripet-Polessie*, 56, 105.

36 Bürgener, *Pripet-Polessie*, 122.

37 Gierach, "Die Brethoizsche Theorie", in Volz (ed.), *Der ostdeutsche Volksboden*, 151.这部文集中几乎每篇文章的作者都持类似观点，如Aubin, Kötzschke and Schlüter。又见 Erich Keyser, *Westpreussen und das deutsche Volk*(Danzig, 1919), 2, 10-12; Deutscher Volksrat: Zeitschrift für deutsches Volkstum und deutsche Kultur im Osten[Danzig], 1/19, 13 August 1919, 154; *Mitteilungen der deutschen Volksräte Polens und Westpreussens*, 14 Mar 1919; *Westpreussen und. Polen in Gegenwart und Vergangenheit*, 15; *Die polnische Schmach: Was würde der Verlust der Ostprovinzen für das deutsche Volk bedeuten? Ein Mahnwort an alle Deutschen, hsg. vom Reichsverband Ostschutz* (Berlin, 1919), 10. 这些小册子藏于哈佛大学怀德纳图书馆 (Ger 5270.88)。

38 Bürgener, *Pripet-Polessie*, 56.

39 Cited Schultz, *Die deutschsprachige Geographie*, 226-7.

40 Bürgener, *Pripet-Polessie*, 9, 115-21, 127- 8.

41 Ibid., 127-8.

42 Martin Broszat, *Nationalsozialistische Polenpolitik* 1939-1945 (Stuttgart, 1961).

43 Robert L.Koehl, *RKFDV: German Resettlement and Population Policy 1939-1945* (Cambridge, Mass., 1957), 49-52; Josef Ackermann, *Heinrich Himmler als Ideologe* (Göttingen, 1970), 204-6; Rolf-Dieter Müller, *Hitlers Ostkrieg und die deutsche Siedlungspolitik* (Frankfurt/ Main, 1991), 86; Bruno Wasser, *Himmlers Raumplanung im Osten: Der Generalplan Ost in Polen 1940-1944* (Basel, 1993), 25-6.

44 Elizabeth Harvey, *Women and the Nazi East* (New Haven and London, 2003), 13; Harvey, "Die deutsche Frau im Osten", *AfS* 38 (1998), 196; Aly and Heim, *Vordenker*, 188-203 ("Herrenmensch - ein Lebensgefühl").

45 Konrad Meyer, "Zur Einführung", *Neue Dorflandschaften:Gedanken und Pläne zum ländlichen Aufbau in den neuen Ostgebieten und im Altreich.Herausgegeben vom Stabshauptamt des Reichskommissars für*

die Festigung deutschen Volkstums, Planungsamt sowie vom Planungsbeauftragten für die Siedlung und ländliche Neuordnung (Berlin, 1943), 7; Herbert Frank, "Dörfliche Planung im Osten", ibid., 45.

46 Erhard Mäding, *Regeln für die Gestaltung der Landschaft:Einführung in die Allgemeine Anordnung Nr. 20/VI/42 des Reichsführers SS, Reichskommissars für die Festigung deutschen Volkstums*(Berlin, 1943), 55-62 收入了希姆莱的 *Allgemeine Anordnung*, 并加了评论。最初的指令也见于 Mechtild Rössler and Sabine Schleiermacher (eds.), Der"Generalplan Ost"(Berlin, 1993), 136-47(quotation, 137), 指令由 Konrad Meyer, Wiepking-Jürgensmann 以及 Mäding 负责起草, 也有一些内容直接来自希姆莱, 请见 Gert Gröning and Joachim Wolschke-Bulmahn, *Die Liebe zur Landschaft*, part III:*Der Drang nach Osten:Zur Entwicklung im Nationalsozialismus und während des Zweiten Weltkrieges in den "eingegliederten Ostgebieten"* (Munich, 1987), 112-25。

47 Heinrich Friedrich Wiepking-Jürgensmann, "Der Deutsche Osten:Eine vordringliche Aufgabe für unsere Studierenden", *DG* 52 (1939), 193.

48 Friedrich Kann, "Die Neuordnung des deutschen Dorfes", in *Neue Dorflandschaften*, 100.

49 关于这个问题的深入讨论, 请见 Gröning and Wolschke-Bulmahn, *Die Liebe zur Landschaft.* 又见 Klaus Fehn, " "Lebensgemeinschaft von Volk und Raum": Zur nationalsozialistischen Raum- und Landschaftsplanung in den eroberten Ostgebieten", in Joachim Radkau and Frank Uekötter(eds.), *Naturschutz und Nationalsozialismus* (Frankfurt/Main, 2003), 207-24, Aly and Heim, Vordenker, 125-88。

50 Artur von Machui, "Die Landgestaltung als Element der Volkspolitik", *DA* 42 (1942), 297. 关于其他上百种用法见 Wilhelm Grebe, "Zur Gestaltung neuer Höfe und Dörfer im deutschen Osten", *NB* 32(1940), 57-66; Heinrich Werth, "Die Gestaltung der deutschen Landschaft als Aufgabe der Volksgemeinschaft", *NB* 34 (1942), 109-11; M., "Landschaftsgestaltung im Osten", *NB* 36 (1944), 201-11。

51 Erhard Mäding, "Die Gestaltung der Landschaft als Hoheitsrecht und

Hoheitspflicht", *NB* 35 (1943), 22-4.

52 Herbert Frank, "Das natürliche Fundament", in Neue Dorflandschaften, 15; Paula Rauter-Wilberg, "Die Kücheneinrichtung", ibid., 133-6; Clara Teschner, "Landschaftsgestaltung in den Ostgebieten", *Odal* 11 (1942), 567-70 (interview with planner Wicpking-Jürgensmann); Walter Christaller, "Grundgedanken zum Siedlungs- und Verwaltungsaufgaben im Osten", *NB* 32(1940), 305-12; Udo von Schauroth, "Raumordnungsskizzen und Ländliche Planung", *NB* 33 (1941), 123-8; J. Umlauf, "Der Stand der Raumordnungsplanung für die eingegliederten Ostgebiete".*NB* 34 (1942), 281-93; Walter Wickop, "Grundsätze und Wege der Dorfplanung", in *Neue Dorflandschaften*, 47; Franz A. Doubek, "Die Böden des Ostraumes in ihrer landbaulichen Bedeutung", *NB* 34 (1942), 145-50.

53 *Allgemeine Anordnung Nr.20/VI/42 über die Gestaltung der Landschaft in den eingegliederten Ostgebieten vom 21. Dezember 1942*, in Rössler and Schleiermacher (eds.), *Generalplan Ost*, 136.

54 例如: Konrad Meyer, "Planung und Ostaufbau", RuR 5(1941), 392-7; Werth, "Gestaltung der deutschen Landschaft", 109; Wiepking-Jürgensmann, "Aufgaben und Ziele deutscher Landschaftspolitik", *DG* 53 (1940), 84; Kann, "Neuordnung des deutschen Dorfes", 100; Ulrich Greifelt, "Die Festigung deutschen Volkstums im Osten", in Hans-Joachim Schacht (ed.), *Bauhandbuch für den Aufbau im Osten* (Berlin, 1943), 9-13, esp.11 (on "Gesundung")。

55 Heinz Ellenberg, "Deutsche Bauernhaus-Landschaften als Ausdruck von Natur, Wirtschaft und Volkstum", *GZ* 47 (1941), 85.

56 Berndt von Staden的第一人称论叙，见"Erinnerungen an die Umsiedlung", *JbbD* 41 (1994), 62-75; Olrik Breckoff, "Zwischenspiel an der Warthe - und was daraus wurde", ibid., 142-9; Koehl, *RKFDV*, 53-75; Wasser, *Himmlers Raumplanung im Osten*, 26-8; Jürgen von Hehn, *Die Umsiedlung der baltischen Deutschen: Das letzte Kapitel baltischdeutscher Geschichte* (Marburg, 1982); Harry Stossun, *Die Umsiedlungen der Deutschen aus Litauen während des Zweiten Weltkrieges* (Mar-

burg, 1993); Valdis O.Lumans, *Himmler's Auxiliaries: The Volksdeutsche Mittel-stelle and the German National Minorities of Europe, 1935-1945* (Chapel Hill, 1993)。

57 Götz Aly, *"Final Solution": Nazi Population Policy and the Murder of the European Jews* (London, 1999), 70-6.

58 S. Zantke, "Die Heimkehr der Wolhyniendeutschen", *NSM* 11(1940), 169-71.

59 Stossun, *Umsiedlungen*, 111-45; Dirk Jachomowski, *Die Umsiedlung der Bessarabien- , Bukowina- and Dobrudschadeutschen* (Munich, 1984), 107-42; Koehl, *RKFDV*, 95-110; Lumans, *Himmler's Auxiliaries*, 186-95.

60 Broszat, *Polenpolitik*, 38-48; Christian Jansen and Arno Weckbecker, *Der Volksdeutsche "Selbstschutz" in Polen 1939/40* (Munich, 1992); Arno J. Mayer, *Why Did the Heavens Not Darken? The "Final Solution" in History* (New York, 1990), 181-4.

61 Descriptions in Breckoff, "Zwischenspiel", 142-4; Staden, "Erinnerungen", 64-9; Stossun, *Umsiedlungen*, 149-53; Broszat, *Polenpolitik*, 95-7; Lumans, Himmler"s Auxiliaries, 195-6; Harvey, "Die deutsche Frau im Osten", 206-7.

62 Hehn, *Umsiedlung*, 195; Hans-Erich Volkmann, "Zur Ansiedlung der Deutsch-Balten im "Reichsgau" Wartheland" *ZfO* 30 (1981), 550.

63 Götz Aly, "'Jewish resettlement': Reflections on the Political Prehistory of the Holocaust", in Ulrich Herbert (ed.), *National Socialist Extermination Policies* (New York and Oxford, 2000), 59-63; Broszat, *Polenpolitik*, 100-1; Christopher Browning, *Nazi Policy, Jewish Workers, German Killers* (Cambridge, 2000), 9-13; Koehl, *RKFDV*, 121-6, 129-30.

64 弗兰克1942年12月9日关于总督辖区的报告: A. J. Kaminski, *Nationalsozialistische Besatzungspolitik in Polen und der Tschechoslovakei 1939-1945. Dokumente* (Bremen, 1975), 89-90.The *Diensttagebuch des deutschen Generalgouverneurs in Polen 1939-1945*, ed. Werner Präg and Wolfgang Jacobmeyer (Stuttgart, 1975), 585-6, 记录了这

次年末演说,但只是简要叙述了演说的开头部分。

65 Aly, *"Final Solution"*, 59-79; Browning, *Nazi Policy*, 12-13; Philippe Burrin, *Hitler and the Jews* (London, 1994), 73-5; Mayer, *Heavens*, 186-90.

66 Aly, *"Final Solution"*, 92; Aly and Heim, *Vordenker*, 257-65; Browning, *Nazi Policy*, 15-17; Burrin, *Hitler and the Jews*, 77-9.

67 Christopher R.Browning, *The Final Solution and the German Foreign Office* (New York, 1978), 35-43.

68 Aly, "Final Solution", 109, 125.

69 Kaminski, *Dokumente*, 5-16.在小说中,西伯利亚总是被青睐的目的地。

70 Hans Safrian, *Die Eichmann-Männer* (Vienna and Zürich, 1993), 68-85; Browning, *Nazi Policy*, 6-7; Burrin, *Hitler and the Jews*, 72; Yehuda Bauer, *Rethinking the Holocaust* (New Haven and London, 2001), 180. 一些罗姆人也成为了尼斯科计划的牺牲品。

71 Dieter Pohl, "The Murder of Jews in the General Government", in Herbert(ed.), *National Socialist Extermination Policies* (New York and Oxford, 2000), 86; Christoph Dieckmann, "The War and the Killing of the Lithuanian Jews", ibid., 250; Aly, *"Final Solution"*, 171-4; Safrian, *Eichmann-Männer*, 105-12.

72 Aly, *"Final Solution"*, 176.

73 Pohl, "Murder of the Jews", 85-6; Thomas Sandkühler, "Anti-Jewish Policy and the Murder of the Jews in the District of Galicia, 1941/42", in Herbert(ed.), *National Socialist Extermination Policies*, 107; Thomas Sandkühler, "Endlösung" in *Galizien* (Bonn, 1996), 49-53, 110-11.

74 弗兰克于3月17—18日、3月27日、4月4日—5日、5月4日—6日在柏林: *Diensttagebuch*, 332-3, 339, 351, 371.

75 *Diensttagebuch*, 387:18 July 1941. 舍佩尔斯的小传,见ibid., 951。

76 Ibid. (不过并未收录函件的内容); Aly, *"Final Solution"*, 175-6; Sandkühler, "Anti-Jewish Policy", 109. Burrin, *Hitler and the Jews*, 100,认为弗兰克知道这一地区"缺乏经济利益"。

77 Hansjulius Schepers, "Pripet-Polesien, Land und Leute", *ZfGeo*, 19

(1942), 280-1, 287.代表波兰总督辖区参加1941年1月8日在海德里希帝国保安总部会议的是舍佩尔斯与另一位日后参与普里皮亚特沼泽事务的年轻经济学家 Walter Föhl 博士，见 Kaminski, *Dokumente*, 84。

78 Aly and Heim, *Vordenker*, 194, 198.

79 Helmut Meinhold, "Die Erweiterung des Generalgouvernements nach Osten", July 1941, cited Aly and Heim, *Vordenker*, 119, 249-52; Meinhold, "Das Generalgouvernement als Transitland: Ein Beitrag zur Kenntnis der Standortslage des Generalgouvernements", *Die Burg*, 2(1941) Heft 4, 24-44.

80 Richard Bergius, "Die Pripetsümpfe als Entwässerungsproblem", *ZfGeo*, 18(1941), 667-8 (quotation 668).

81 Frank to Lammers, 19 July 1941, cited Aly, "Final Solution", 175.仅仅在给拉默斯的信函发出3天后，弗兰克在波兰总督辖区的一次会议上提交了"讨论要点"，见这封信 Diensttagebuch, 389: 22 July 1941。

82 "他们是去马达加斯加还是其他地方，我们根本无所谓。我们很清楚的是，对于这些血统混杂的亚洲人后裔来说，最好是夹起尾巴滚回亚洲，他们就是打那里来的(大笑)。"1941年1月22日在卢布林的一次纳粹党招待会上的讲话，见 *Diensttagebuch*, 330；关于弗兰克，请见 Christoph Klessmann, "Hans Frank:Party Jurist and Governor-General in Poland", in Ronald Smelser and Rainer Zitelmann (eds.), *The Nazi Elite* (New York, 1983), 39-47。

83 Oberländer, *Die agrarische Überbevölkerung*, Aly and Heim, *Vordenker*, 96. 比格纳对奥伯伦德的作品很熟悉。

84 Herbert Morgen, "Ehemals russisch-polnische Kreise des Reichsgaues Wartheland: Aus einem Reisebericht", *NB* 32(1940), 326.

85 Mäding(1943), cited Gröning and Wolschke-Bulmahn, *Liebe zur Landschaft*, 134. 比较 Mäding, "Regeln für die Gestaltung der Landschaft"。

86 Wiepking-Jürgensmann, "Gegen den Steppengeist".其中的一份报告，见 Wiepking-Jürgensmann, "Aufgabe und Ziele", 81-2。

87 Gerda Bormann to Martin Bormann, 24 Feb. 1945: *The Bormann Let-*

ters, ed. Hugh Trevor-Roper (London, 1945), 194.

88 Günther Deschner, "Reinhard Heydrich", in Smelser and Zitelmann (eds.), *The Nazi Elite*, 92.

89 Müller, *Siedlungspolitik*, 102.Deschner 把布拉格的讲话看成是海德里希冷静客观的一个例证。

90 *Diensttagebuch*, 330: 22 Jan.1941. Broszat, *Polenpolitik*, 65-7;Pohl, "Murder of the Jews", 85-6.

91 Aly, *"Final Solution"*, 167-8, 强调了这一点。

92 Bauer, *Rethinking the Holocaust*, 90-1, 他借鉴了 Sarah Bender 关于比亚韦斯托克和 Michael Unger 关于罗兹的研究。Browning, *Nazi Policy*, 58-88, and Mayer, *Heavens*, 352, 他强调了强迫劳工在 1941—1942 年冬战时生产上的作用。

93 Sandkühler, "Anti-Jewish Policy and the Murder of the Jews", 111-25.

94 Safrian, *Eichmann-Männer*, 88; Browning, *Nazi Policy*, 8.

95 Bauer, *Auschwitz*, 165. Bauer 认为，这并非是赫斯单纯地回顾自己作用的"削弱"，而且是对这座集中营早期历史的准确描述。另见该书第 170—171 页，在整个 8 月份，犹太强迫劳工始终是一个主题。奥斯维辛集中营第一次有计划有步骤地施放毒气（针对苏军战俘）是在 1941 年 9 月。

96 Primo Levi, *Moments of Reprieve:A Memoir of Auschwitz* (New York, 1987), 124.

97 Mark Roseman, *The Wannsee Conference and the Final Solution* (New York, 2003), 101, 111.

98 Hitler and Goebbels cited in Manfred Weißbecker, " "Wenn hier Deutsche wohnten..." Beharrung und Veränderung im Russlandbild Hitlers und der NSDAP", in Hans-Erich Volkmann (ed.), *Das Russlandbild im Dritten Reich*(Cologne, 1994). 34-5, 37.

99 Volkmann, "Zur Ansiedlung der Deutsch-Balten im 'Warthegau'", 541-2.

100 *Diensttagebuch*, 590-2: 14 Dec. 1942; Kaminski, *Dokumente*, 96.弗兰克甚至洋洋得意地记录了波兰总督辖区德国垄断企业输往第三帝国的伏特加和香烟的数量，见 Frank, 14 Jan. 1944: Kaminski, *Doku-*

mente, 99。

101 Burrin, Hitler and the Jews, 106-7; Sandkühler, "Anti-Jewish Policy and the Murder of the Jews", 112; Bauer, *Rethinking the Holocaust*, 170-1; Aly, *"Final Solution"*, 176.

102 8月中旬是关键时刻，特别行动队首领收到了（屠杀犹太人的）新命令，请见 Alfred Streim, "Zur Eröffnung des allgemeinen Judenvernichtungsbefehls gegenüber den Einsatzgruppen", in Eberhard Jäckel and Jürgen Rohwer (eds.), *Der Mord an den Juden im Zweiten Weltkrieg* (Stuttgart, 1985), 113-16。

103 Ruth Bettina Birn, *Die Höheren SS- und Polizeiführer:Himmlers Vertreter im Reich und in den besetzten Gebieten*(Düsseldorf, 1986), 171; Christian Gerlach, "German Economic Interests, Occupation Policy and the Murder of the Jews in Belorussia, 1941/43", in Herbert (ed.), *National Socialist Extermination Policies*, 220.

104 关于国防军在普里皮亚特沼泽的行动，请见 Jürgen Förster, "Wehrmacht, Krieg und Holocaust", in Rolf-Dieter Müller and Hans-Erich Volkmann (eds.), *Wehrmacht: Mythos und Realität*(Munich, 1999), 955-6;Lutz Klinkhammer, "Der Partisanenkrieg der Wehrmacht 1941-1944, in ibid., 817; Mayer, *Heavens*, 380。

105 Christian Streit, *Keine Kameraden* (Stuttgart, 1978); Omer Bartov, *The Eastern Front, 1941-45: German Troops and the Barbarisation of Warfare* (London, 1985). 除了我已经指出的共谋行径之外，最近的著述还强调大屠杀与国防军补给供应直接的密切关联，见 Christian Gerlach, *Krieg, Ernährung, Völkermord* (Hamburg, 1998), and "German Economic Interests, Occupation Policy and the Murder of the Jews", 210-39。

106 Burrin, *Hitler and the Jews*, 111-12; Christopher R.Browning, *The Path to Genocide* (Cambridge, 1992), 106; Ian Kershaw, *Hitler, 1936-45: Nemesis* (London, 2000), 488. 在数周前的1941年9月，希特勒批准了外交部在元首总部的代表 Walter Hewel 提出的一份方案，如果英国人不释放在伊朗拘禁的德国人，德国就把泽西岛上的英国人放逐到普里皮亚特沼泽。事实上，海峡群岛的英国公民遭到逮捕并被拘

禁在黑森林，请见 Vogt (ed.), *Herbst 1941*, 54 n. 491。

107 Hitler, 5 Nov. 1941: *Monologe im Führer-Hauptquartier 1941-1944: Die Aufzeichnungen Heinrich Heims*, ed. Werner Jochmann (Hamburg, 1980), 128.

108 Martin Gilbert, *The Holocaust* (New York, 1985), 307, cited Aly, *"final Solution"*, 175.

109 1942年6月21日，波兰总督辖区人口与福利部副主任 Walter Föhl 写信给他在柏林的"党卫队同志"："我们每天接收从欧洲各地驶来的列车，每车有超过1000名犹太人，我们为他们提供紧急护理，多少是暂时收容他们，或是朝北冰洋方向把他们放逐到白鲁塞尼亚的沼泽，在那里他们全都要修建一些道路。(但我们不应该谈论这件事！)如果他们能活下来 (来自 Kurfürstendamm、Vienna 和 Pressburg 的犹太人肯定活不了)，将在战争结束时集中起来。"见 Aly and Heim, *Vordenker*, 215-16，引文是我翻译的，另见，and Aly, *"Final Solution"*, 175-6。

110 希特勒8月份的演说仅仅提及该地地势有利于军事行动 (*Monologe*, 55);9月28日，他提到军事考虑和环境考虑 (ibid., 74)。这两次演说中希特勒都没有具体提及沼泽的名称，10月25日，他表示要"进入沼泽"，也没有进一步明确是哪个沼泽。

111 Martin Seckendorf, "Die"Raumordnungsskizze"für das Reichskommissariat Ostland vom November 1942: Regionale Konkretisierung der Ostraumplanung", in Rössler and Schleiermacher (eds.), Der"Generalplan Ost", 180, and the attached Dokument 6: Gottfried Müller, "Vorentwurf eines Raumordnungsplanes für das Ostland, 17. November 1942", 196; Koos Bosma, "Verbindungen zwischen Ost- und Westkolonisation", ibid., 198-214; Burleigh, Germany Turns Eastwards, 238-9.关于普里皮亚特沼泽和游击队，见 pp. 294-6。

112 参见 Anna Bramwell, *Blood and Soil: Richard Walther Darré and Hitler's "Green Party"* (Abbotsbrook, 1985); Simon Schama, Landscape and Memory (New York, 1995), 67-72, 118-19。

113 Dominick, *Environmental Movement*, 81-102; Gerd Gröning and Joachim Wolschke-Bulmahn, "Naturschutz und Ökologie", 2-5;

Burkhardt Riechers, "Nature Protection during National Socialism", *HSR* 21(1996), 40-7; Kiran Klaus Patel, "Neuerfindung des Westens-Aufbruch nach Osten: Naturschutz und Landschaftsgestaltung in den Vereinigten Staaten von Amerika und in Deutschland, 1900-1945", *AfS* 43 (2003), 207; Lekan, *Imagining the Nation in Nature*, 141-54.

114 Gesine Gerhard, "Richard Walther Darré - Naturschützer oder "Rassenzüchter"?", in Radkau and Uekötter (eds.), *Naturschutz*, 257-71 (quotation, 268), 比 Bramwell, *Blood and Soil* 更具批叛性; Franz-Josef Brüggemeier, *Tschernobyl, 26. April 1986:Die ökologische Herausforderung* (Munich, 1998), 155-7(quotation, 156).

115 Thomas Zeller, ""Ganz Deutschland sein Garten".Alwin Seifert und die Landschaft des Nationalsozialismus", in Radkau and Uekötter (eds.), *Naturschutz*, 273-307; Patel, "Naturschutz", 211.

116 Robert A. Pois, *National Socialism and the Religion of Nature* (London, 1986), 38; Boria Sax, *Animals in the Third Reich: Pets, Scapegoats, and the Holocaust* (New York, 2000).

117 Anna-Katharina Wöbse, "Lina Hähnle und der Reichsbund für Vogelschutz", in Radkau and Uekötter (eds.), *Naturschutz*, 320.

118 Edeltraud Klueting, "Die gesetzliche Regelung der nationalsozialistischen Reichsregierung für den Tierschutz, den Naturschutz und den Umweltschutz", in Radkau and Uekötter (eds.), *Naturschutz*, 78-88. Sax, *Animals in the Third Reich*, 175-9 将《动物保护法》作为附录刊印。

119 Klueting, "Die gesetzliche Regelung", 88-101; Wettengel, "Staat und Naturschutz", 382-7.

120 Riechers, "Nature Protection", 47; Brüggemeier, *Tschernobyl*, 159-60. 800这个数字本身可能就是过高的估计。

121 Wettengel, "Staat und Naturschutz", 382-9; Gröning and Wolschke-Bulmahn, "Naturschutz und Ökologie", 11; Heinrich Rubner, *Deutsche Forstgeschichte 1933-1945: forstwirtschaft, Jagd und Umwelt im NS-Staat* (St Katharinen, 1985), 85-6; Thomas Lekan, "Organische Raumordnung: Landschaftspflege und die Durchführung des

Reichsnaturschutzgesetzes im Rheinland-Westfalen", in Radkau and Uekötter (eds.), *Naturschutz*, 145-65.

122 Hamm, *Naturkundliche Chronik*, 232.

123 关于 Gottfried Feder 这样的鼓吹水力发电的纳粹党人，请见 Henry A. Turner, *German Big Business and the Rise of Hitler* (New York, 1985), 281；关于希特勒对水力发电的兴趣，请见 *Monologe*, 53-4；关于水力发电、水坝和环境，请见 Helmut Maier, "Kippenlandschaft, "Wasserkrafttaumel" und Kahlschlag", 247-66 (Walter Schoenichen 谈及"融入景观的韵律之中", 257)；关于高速公路以及 Alwin Seifert 作为"景观提倡者"的作用，请见 Thomas Zeller, *Strasse, Bahn, Panorama: Verkehrswege und Landschaftsveränderungen in Deutschland von 1930 bis 1990*(Frankfurt/Main, 2002), 203-9; Thomas Zeller, " "Ganz Deutschland sein Garten" ", 277-81; Dietmar Klenke, "Autobahnbau und Naturschutz in Deutschland", in Matthias Freese and Michael Prinz (eds.), *Politische Zäsuren und gesellschaftlicher Wandel im 20. Pahrhundert* (Paderborn, 1996), 465-98；关于开发自然资源与口头承诺保护的关系，请见 Ulrich Linse, *Ökopax und Anarchie: Eine Geschichte der ökologischen Bewegung in Deutschland* (Munich, 1986), 153-63。

124 Eugenie von Garvens, "Land dem Meere abgerungen", *Die Gartenlaube* (1935), 397-8.关于蒂姆劳海湾（以及建筑难题），见 Jan G. Smit, *Neubildung deutschen Bauerntums:Innere Kolonisation im Dritten Reich- Fallstudien in Schleswig-Holstein* (Kassel, 1983), 280-311。

125 Pflug, *Deutsche Flüsse- Deutsche Lebensadern*, 60-1.

126 Smit, Neubildung, 强调宣传功能。

127 Patel, "Naturschutz", 216. 另见 Patel 关于劳动服务队和美国劳动队的比较研究，*"Soldaten der Arbeit": A rbeitsdienste in Deutschland und den USA 1933-1945* (Göttingen, 2003)。

128 歌词的作者是 Thilo Scheller，请见 Hans-Jochen Gamm, *Der braune Kult: Das Dritte Reich und seine Ersatzreligion* (Hamburg, 1962), 94-5。

129 Wettengel, "Staat und Naturschutz", 390.

130 Riechers, "Nature Protection", 48.

131 Lampe, "Wirtschaft und Verkehr", 757, Arno Schröder, *Mit der Partei vorwärts! Zehn Jahre Gau Westfalen-Nord* (Detmold, 1940), 140-2. Drömling的一小部分地区保留了旧貌。它后来成为一座自然公园，颇具讽刺意味的是，这得益于Däthe 教授要观察那里的鸟类和植物，而他从属于帝国劳动服务队。见 Fred Braumann and Helmut Müller, "Der Naturpark Drömling in Sachsen-Anhalt", *NuN* 152(1994), 12。

132 Hans Klose, cited Gröning and Wolschke-Bulmahn, "Naturschutz und Ökologie", 9.

133 Maier, "Kippenlandschaft, 'Wasserkrafttaumel' und Kahlschlag", 258.

134 Patel, "Naturschutz", 216. 又见 Walter Schoenichen, *Zauber der Wildnis in deutscher Heimat* (Neudamm, 1935)；关于 Schoenichen 对"原始景观"的痴迷，见 Ludwig Fischer, "Die Urlandschaft", in Radkau and Uekötter (eds.), *Naturschutz*, 183-205, esp. 186-7。

135 Hans Klose 就是其中之一：Rubner, *Forstgeschichte*, 83-4。

136 Otto Jaeckel, *Gefahren der Entwässerung unseres Landes* (Greifswald, 1922), 12-13; Kluge and Schramm, Wassernöte, 183-99.

137 Alwin Seifert, "Die Versteppung Deutschlands", *DT*, 4 (1936), reprinted in *Die Versteppung Deutschlands? Kulturwasserbau und Heimatschutz* (Berlin and Leipzig, 1938), 此后收入塞弗特自己的文集 *Im Zeitalter des Lebendigen* (Dresden, 1941), 24-51。

138 参见 J. Buck, "Landeskultur und Natur", *DLKZ* 2 (1937), 48-54, 一位工程师给予了塞弗特以致命一击，他指责塞弗特忽视了"没有空间的民族"最为迫切的需求。

139 见他战时的文章"Die Zukunft der ostdeutschen Landschaft", *BSW* 20 (1940), 312-16。

140 Todt, "Vorwort", *Im Zeitalter des Lebendigen*; Zeller, "Alwin Seifert", 282-7; Bramwell, *Blood and Soil*, 173-4; Patel, "Naturschutz", 215-18; Zirnstein, Ökologie, 205-6; Kluge and Schramm, *Wassernöte*, 191-6.

141 Hermann-Heinrich Freudenberger, "Probleme der agrarischen Neuordnung Europas", *FD* 5(1943), 166-7.

142 关于水电，Maier, "Kippenlandschaft, "Wasserkraftttaumel" und Kahlschlag", 260- 4; Roman Sandgruber, *Strom der Zeit: Das Jahrhun-*

dert der Elektrizität (Linz, 1992), 212-19. 希特勒对于挪威和水电资源的态度: *Monologe*, 53-4 (2 Aug.1941)。

143 Gröning and Wolschke-Bulmahn, "Naturschutz und Ökologie", 11-13; "Politics, Planning and the Protection of Nature:Political Abuse of Early Ecological Ideas in Germany, 1933-45", *PlP* 2 (1987), 133-4; Fehn, "'Lebensgemeinschaft von Volk und Raum'", 220-1. 注意 Schoenichen1943年一篇文章的标题"Nature Conservation in the Context of a European Spatial Order"。

144 Hans Schwenkel, "Landschaftspflege und Landwirtschaft: Gefahren der zerstörten Landschaft", *FD* 15(1943), 127.

145 Zeller, "Alwin Seifert", 295-7.

146 Wettengel, "Staat und Naturschutz" 395.

147 Schama, *Landscape and Memory*, 67-72; Rubner, *forstgeschichte*, 135-6.

148 "Einführing" to *Neue Dorflandschaften.*

149 Erhard Mäding, *Landespflege: Die Gestaltung der Landschaft als Hoheitsrecht und Hoheitspflicht* (Berlin, 1942), 215, repeated in Mäding's article the following year, "Gestaltung der Landschaft", 24.其他对"浪漫"观念的批评,请见 Walter Wickop, "Grundsätze und Wege der Dorfplanung", 46。

150 Herbert Frank, "Das natürliche Fundament", 11.

151 除了 Aly and Heim, *Vordenker* and Rössler and Schleiermacher (eds.), *"Generalplan Ost"*, 见 Susanne Heim (ed.), *Autarkie und Ostexpansion: Pflanzenzucht und Agrarforschung im Nationalsozialismus* (Göttingen, 2002)。

152 William H. Rollins, "Whose Landscape? Technology, Fascism and Environmentalism on the National Socialist Autobahn", *AAAG* 85 (1995), 507-8; Aly and Heim, *Vordenker*, 159; Achim Thom, "Aspekte und Wandlungen des Russlandbildes deutscher Ärzte im Dritten Reich", in Volkmann (ed.), *Russlandbild im Dritten Reich*, 448; W. Kreutz, "Methoden der Klimasteuerung: Praktische Wege in Deutschland und der Ukraine", *FD* 15 (1943), 256-81.

153 Teschner，"Landschaftsgestaltung in den Ostgebieten"，570. 又见 Wiepking-Jürgensmann，"Aufgaben und Ziele deutscher Landschaftspolitik"，81-96。

154 Martin Bürgener，"Geographische Grundlagen der politischen Neuordnung in den Weichsellandschaften"，*RuR* 4 (1940)，344-53.

155 Ses Kreutz，"Methoden der Klimasteuerung"，275 (table)，281.

156 Franz W.Seidler，"Fritz Todt"，in Smelser and Zitelmann (eds.)，*The Nazi Elite*，252.

157 *Diensttagebuch*，189-91(24 Apr.1940)，250 (11 Jul. 1940); 347-9(3 Apr.1941); 546 (21 Aug. 1942，前往罗兹诺夫大坝). 又见 Meinhold，"Das General-Gouvernment als Transitland"，36-40，44。

158 *Diensttagebuch*，749 (26 Oct.1943).

159 See Frank，"Dorfliche Planung im Osten"，45; Greifelt，"Die Festigung deutschen Volkstums im Osten"，11-12. G. Brusch，"Betonfertigteile im Landbau des Ostens"，in Schacht (ed.)，*Bauhandbuch für den Aufbau im Osten*，197，文章提出，在东部乡村建筑中实验性地使用预制混凝土，乃是运用"现代技术""创造新事物"的典范，随后可以推广到"老帝国"。

160 Heinrich Friedrich Wiepking-Jürgensmann，"Gegen den Steppengeist".

161 Mäding，"Gestaltung der Landschaft"，23-4.

162 Both Gröning and Wolschke-Bulmahn，*Liebe zur Landschaft* and Fehn，"'Lebensgemeinschaft von Volk und Raum'"，注意这种双重属性。

163 *Allgemeine Anordnung Nr.20/VI/42 über die Gestaltung der Landschaft in den eingegliederten Ostgebieten*，138.

164 Wickop，"Grundsätze und Wege der Dorfplanung"，47; Wiepking-Jürgensmann，"Dorfbau und Landschaftsgestaltung"，42-3.

165 Schwenkel，"Landschaftspflege und Landwirtschaft"，124，他在一篇标题几乎相同的文章中重申了这一指责，见"Landschaftspflege und Landwirtschaft"，*NB* 35 (1943)，7-18，esp.13。

166 Brüggemeier，*Tschernobyl*，165-7.

167 参见 Rolf-Dieter Müller，"Industrielle Interessenpolitik im Rahmen des 'Generalplan-Ost'"，*MGM* 42(1981)，101-51。

168 Gröning and Wolschke-Bulmahn, *Liebe zur Landschaft*, 30.

169 最初是 *Gesamtraumkunstwerk*:Mäding, "Gestaltung der Landschaft", 23. Gröning and Wolschke-Bulmahn, *Liebe zur Landschaft*, 125-39, 作者认为,景观规划的审美因素是规划者面对更大的经济力量时的合理表现。

170 Gröning and Wolschke-Bulmahn, *Liebe zur Landschaft*, 135-6.

171 例如, Herbert Morgen, "Forstwirtschaft und Forstpolitik im neuen Osten", *NB* 33(1941), 103-7. Rubner, *Forstgeschichte*, 136-40。关于波兰总督辖区林学刊物 *Wald und Holz* 上刊载的富有生态意识的论文,请见 Christoph Spehr, *Die Jagd nach Natur* (Frankfurt/Main, 1994), 173-5。

172 Broszat, *Polenpolitik*, 99; Aly and Heim, *Vordenker*, 147-9. Gröning and Wolschke-Bulmahn, *Liebe zur Landschaft*, 49-61 有力地说明了这一观点。

173 希特勒写道:年轻时,他"接受了所有那些把欧洲的尘土从他们的脚上拂去,坚定不移地打算在新世界找到新生活、征服一个新家园的人的看法", 见 Alan E.Steinweis, "Eastern Europe and the Notion of the 'Frontier' in Germany to 1945", *YES* 13 (1999), 56-7。

174 Kershaw, *Nemesis*, 434-5; Hitler, *Monologe*, 70 (25 Sep. 1941), 78(13 Oct. 1941), 398-99 (13 Jun. 1943).

175 关于希特勒和卡尔·迈,见 *Monologe*, 281-2, 398;关于迈自己、赫尔穆特·施密特,见 *Karl May* (Frankfurt/Main, 1985)。

176 Wynfrid Kriegleder, "The American Indian in German Novels up to the 1850s', *GLL* 53(2000), 487-98; Friedrich Gerstäcker, *Die Flusspiraten des Mississippi* (Jena, 1848). 关于格斯泰克尔和美国,见 Augustus J. Prahl, "Gerstäcker und die Probleme seiner Zeit", dissertation, Johns Hopkins University, 1933。

177 Fontane, *WMB*, 346-53 (quotation, 353); Freytag, *Soll und Haben*, 679-96(Book 5, chapters 1, 2).

178 Friedrich Gerstäcker, *Nach Amerika!* (Jena, 1855).

179 参见例如, Adalbert Forstreuter, *Der endlose Zug: Die deutsche Kolonisation in ihrem geschichtlichen Ablauf* (Munich, 1939), 101-12, 133-9;

A. Hilleii Ziegfeld, *1000 Jahre deutsche Kolonisation und Siedlung: Rückblick und Vorschau zu neuem Aufbruch* (Berlin, n.d.[1942]), 39-42,51-7。

180 参见 Frederick Jackson Turner, *The Frontier in American History* (Tucson.1986), ix-xx, "Foreword" by Wilbur Jacobs; Patricia Nelson Limerick, *The Legacy of Conquest: The Unbroken Past of the American West* (New York, 1988), 17, 20-3, 49, 71, 83, 253-4; William Cronon, *Nature's Metropolis: Chicago and the Great West* (New York, 1992), xvi, 31-54, 150。

181 Mark Bassin, "Imperialism and the Nation State in Friedrich Ratzel's Political Geography", *PHG* 11(1987), 479-80, 489; W. Coleman, "Science and Symbol in the Turner Frontier Hypothesis", *AHR* 72(1966), 39-40; Steinweis, "Eastern Europe and the Notion of the "Frontier" ", 60-1.

182 Max Sering, *Die innere Kolonisation im östlichen Deutschland* (Leipzig, 1893), 160, 166, 172-3, 180, 205, 212, 214, 230-31. 关于拉策尔的美国之行, Mark Bassin, "Friedrich Ratzel's Travels in the United States: A Study in the Genesis of his Anthropogeography", *HGN* 4 (1984), 11-22.

183 Dipper, *Deutsche Geschichte 1648-1789*, 26(on Schmoller);Max Weber, "Capitalism and Society in Rural Germany", in Hans Gerth and C. Wright Mills (eds.), *From Max Weber: Essays in Sociology* (London, 1952), 363-85 (最初是在圣路易斯发表的一次关于欧洲和美国的演讲).

184 Theodor Lüddecke, "Amerikanismus als Schlagwort und Tatsache", cited Peter Berg, *Deutschland und Amerika 1918-1929* (Lübeck and Hamburg, 1963), 134; Otto Maull, *Die Vereinigten Staaten von Amerika als Grossreich*, cited Steinweis, "Eastern Europe and the Notion of the 'Frontier'", 61-2.

185 Dan Diner, " 'Grundbuch des Planeren': Zur Geopolitik Karl Haushofers", *VfZ* 32 (1984), 1-28; Bassin, "Race contra Space"; Schultz, *Die deutschsprachige Geographie*, 176-228; Ludwig Ferdinand Clauβ,

Rasse und Seele (Munich, 1926), 37, 144.

186 Immanuel Geiss, *Der Polnische Grenzstreifen 1914-1918* (Lübeck and Hamburg, 1960); Vejas G. Liulevicius, *Warland on the Eastern front: Culture, National Identity and German Occupation in World War I* (Cambridge, 2000).

187 Erich Keyser, "Die deutsche Bevölkerung des Ordenslandes Preussen", in Volz (ed.), *Der ostdeutsche Volksboden*, 234.

188 参见 Karl Hampe, *Der Zug nach dem Osten:Die kolonisatorische Grosstat des deutschen Volkes im Mittelalter* (Leipzig and Berlin, 1935; first edn. 1921), 37; Hermann Aubin, "Die historische Entwicklung der ostdeutschen Agrarverfassung und ihre Beziehungen zum Nationalitätsproblem der Gegenwart", in Volz (ed.), *Der ostdeutsche Volksboden*, esp.345-7. Karen Schönwälder, *Historiker und Politik: Geschichtswissenschaft im Nationalsozialismus* (Frankfurt/Main, 1992), 35-65; Burleigh, *Germany Turns Eastwards*, 22-39。

189 Froese, *Kolonisationswerk Friedrichs des Grossen: Wesen und Vermächtnis*, 116.

190 Staritz, *Die West-Ostbewegung*, 160-1.

191 Freytag, *Raum deutscher Zunkunft*, 154, 249; Hans Venatier, *Vogt Bartold: Der grosse Zug nach dem Osten* (17th edn., Leipzig, 1944), 147, 186, 235, 435.

192 Kershaw, *Nemesis*, 434-5; Hitler, *Monologe*, 68 (25 Sep. 1941).关于希勒特早期思想中的中世纪拓殖观念，请见他于 1926 年 2 月的 Bamberg 演说，请见 Weißbecker "'Wenn hier Deutsche wohnten'", in Volkmann(ed.), *Russlandbild*, 20。

193 Konrad Meyer, "Der Osten als Aufgabe und Verpflichtung des Germanentums", *NB* 34 (1942), 207.

194 *Diensttagebuch*, 534, 1 Aug. 1942: Speech in Lemberg.

195 Burleigh, *Germany Turns Eastwards*, 192-3 (Aubin), 253-99 (spoils).

196 Aly and Heim, *Vordenker*, 232.

197 Marc Raeff, "Some Observations on the Work of Hermann Aubin", in Hartmut Lehmann and James Van Horn Melton (eds.), *Paths of Conti-*

nuity: Central European Historiography from the 1930s to the 1950s (Cambridge, 1994), 239-49, and Edgar Melton, "Comment", ibid., 251-61, and Burleigh, *Germany Turns Eastwards*. Eduard Mühie 正在撰写奥宾的传记。

198 J. G. Merquior, *The Veil and the Mask* (London, 1979), 1-38.

199 Goebbels diaries, 13 Mar.1940 and 9 Aug.1940, cited Hans-Heinrich Wilhelm, *Rassenpolitik und Kriegsführung* (Passau, 1991), 93, 99.

200 对于弗兰克的引文,见 Kaminski, *Dokumente*, 67-9, 72, 74-6, 80-1, 88;基本可以肯定,弗兰克本人相信关于早期"条顿-日耳曼人"移民的伪说。

201 Lumans, *Himmler's Auxiliaries*, 140.

202 Volkmann, "Zur Ansiedlung", 532-3; Koehl, *RKFDV*, 99.

203 "Die Heimkehr der Wolhyniendeutschen", 169.

204 Otto Bräutigam, *Überblick über die besetzten Ostgebiete wäbrend des 2. Weltkrieges* (Tübingen, 1954), 80.

205 参见 Werner Zeymer, "Erste Ergebnisse des Ostaufbaus: Ein Bilderbericht", *NB* 32(1940), 415。

206 Volkmann, "Zur Ansiedlung", 545.

207 Wasser, *Himmlers Raumplanung*, 58.

208 Hitler, *Monologe*, 70 (25 Sep.1941).

209 Reichsfüher SS [Himmler], *Der Untermensch*, a 1942 brochure, cited Gröning and Wolschke-Bulmahn, *Liebe zur Landschaft*, 132.

210 Hitler, *Mein Kampf*, 742.

211 Machui, "Landgestaltung", 297-304.

212 *Diensttagebuch*, 543 (15 Aug.1942).

213 1919年11月11日的日记: Ackermann, *Himmler als Ideologe*, 198。

214 Harvey, *Women and the Nazi East*; Aly and Heim, *Vordenker*, 198-202.

215 Chickering, "We Men Who feel Most German".

216 "The Posen Diaries of the Anatomist Hermann Voss", in Götz Aly, Peter Chroust and Christian Pross, *Cleansing the Fatherland: Nazi Medicine and Racial Hygiene* (Baltimore, 1994), 139, 146.

217 "Die fremde Wildnis schreckt uns nicht mit Falsch und Trug;/ wir ge-

ben ihr ein deutsch" Gesicht mit Schwert und Pflug,/Nach Ostland ... ",Hans Baumann语 (1935): Gamm, *Der braune Kult*, 69。

218 August Haussleiter, *An der mittleren Ostfront* (Nuremberg, 1942), cited in Rolf Günter Renner, "Grundzüge und Voraussetzungen deutscher literarischer Russlandbilder während des Dritten Reichs", in Volkmann (ed.), *Russlandbild*, 416.

219 Hitler, *Monologe*, 91(17 Oct. 1941).

220 Bergér, *Friedrich der Grosse*, 54; Koser, *Geschichte*, vol. 3, 345, 351; Ritter, *Frederick the Great*, 180, 192.

221 Kaplick, *Warthebruch*, 23-5.

222 L[udwik] P[owidaj], "Polacy i Indianie", I, *Dzennik Literacki* 53, 9 Dec. 1864. 我非常感谢Patrice Dabrowski让我注意到这个问题,他还好意为我翻译了这些段落。历史学家Johann Friedrich Reitemeier欢呼德国开垦东温德的荒野,将之与欧洲人在北美的所作所为相提并论,见Wolfgang Wippermann,"Das Slawenbild der Deutschen", 70。

223 19世纪的一个典型例子是Ernst Wichert's *Heinrich von Plauen*;这种类比更为露骨的是Hans Venatier's *Vogt Bartold*。关于其他著述的详尽分析,请见Wolfgang Wippermann, "'Gen Ostland wollen wir reiten': Ordensstaat und Ostsiedlung in der historischen Belletristik Deutschlands", in Wolfgang Fritze (ed.), *Germania Slavica* (Berlin, 1981), vol. 2, 187-255。

224 L[udwik] P[owidaj], "Polacy i Indianie", II, *Dzennik Literacki* 56, 30 Dec. 1864.

225 Julius Mann, *Die Ansiedler in Amerika* (Stuttgart, 1845), cited Kriegleder, "The American Indian", 490.

226 Harry Liebersohn, *European Travelers and North American Indians* (Cambridge, 1998), 1-9, 115-63.

227 Kriegleder, "The American Indian in German Novels", 497-8.

228 Adolf Halfeld, *Amerika und der Amerikanismus: Kritische Betrachtungen eines Deutschen und Europäers* (Jena, 1927); Berg, *Deutschland und Amerika*; Philipp Gassert, *Amerika im Dritten Reich* (Stuttgart, 1997); Herbert A. Strauss, "Stereotyp und Wirklichkeiten im Amerik-

abild", in Willi Paul Adams and Knud Krakau (eds.), *Deutschland und Amerika* (Berlin, 1985), 19-38.

229 Ziegfeld, *1000 Jahre deutsche Kolonisation und Siedlung*, 39-41; Forstreuter, *Der endlose Zug*, 105-11.

230 部落民(*Stamm* 或 *Stämme*)越来越成为 Hermann Aubin 这样的历史学家的惯用语，因为这样可以将东欧民族的"民族性"削弱到最低限度。

231 *Diensttagebuch*, 522-3 (1 Aug. 1942).

232 Hitler, *Monologe*, 91 (17 Aug. 1941).

233 Hitler, *Monologe*, 334, 377 (8 Aug., 30 Aug. 1942).

234 Karel C. Berkhoff, *Harvest of Despair: Life and Death in the Ukraine under Nazi Rule* (Cambridge, Mass., 2004), 253-304. Ulrich Herbert, *Hitler's Foreign Workers: Enforced Foreign Labor in Germany under the Third Reich* (New York, 1997)论及"老帝国"依赖这种非自愿的劳动力。

235 Jachomowski, *Umsiedlung*, 194-7 (quotation, 197); 关于扎莫希奇战役及其影响，请见 Wasser, *Himmlers Raumplanung*, 133-229。

236 Aly and Heim, *Vordenker*, 189.

237 Breckoff, "Zwischenspiel an der Warthe", 149; Lumans, *Himmler's Auxiliaries*, 197.

238 参见"Wehrbauer im deutschen Osten", *Wir sind Daheim:Mitteilungsblatt der deutschen Umsiedler im Reich*, 20 Feb.1944。

239 Koehl, *RFKDV*, 151, 169-72.

240 Bürgener, *Pripet-Polessie*, 129.

241 Bernhard Chiari, "Die Büchse der Pandora: Ein Dorf in Weissrussland 1939 bis 1944", in Müller and Volkmann (eds.), *Wehrmacht: Mythos und Realität*, 879-900; Bernhard Chiari, *Alltag hinter der front: Besatzung, Kollaboration und Widerstand in Weissrussland 1941-1944* (Düsseldorf, 1998); Bräutigam, *Ostgebiete*, 92. Berkhoff, *Harvest of Despair*, 有从波里西亚搜罗强迫劳工的资料。

242 Gerald Reitlinger, *The House Built on Sand: The Conflicts of German Policy in Russia 1939-1945* (London, 1960), 239, 246; Koehl, *RFK-*

DV, 171-2.

243 Klinkhammer, "Partisanenkrieg", 819-36, esp.829-33.

244 Bergius, "Die Pripetsümpfe als Entwässerungsproblem", 667.

245 *Vorentwuf (Raumordnungsskizze) zur Aufhebung eines Raumordnungsplanes für das Ostland v. 17. 11.1942. Bearbeiter:Provinzialverwaltungsrat Dr. Gottfried Müller*, in Rössler and Schleiermacher(eds.), *"Generalplan Ost"*, 189-97; Koos Bosma, "Verbindungem zwischen Ostund West-kolonisation", ibid. 198-213; Burleigh, *Germany Turns Eastwards*, 238-9.

246 Chiari, "Büchse der Pandora", 900. 士兵的信件，见 Ortwin Buchbender and Reinhold Sterz (eds.), *Das andere Gesicht des Krieges:Deutsche Feldpostbriefe 1939-1945* (Munich, 1982)。

247 Berkhoff, *Harvest of Despair*, 276-8; Shmuel Spector, "Jewish Resistance in Small Towns of Eastern Poland", in Norman Davies and Antony Polonsky (eds.), *Jews in Eastern Poland and in the USSR, 1939-1946* (London, 1991), 138-44.

248 Primo Levi, *If Not Now, When?* (Harmondsworth, 1986).

249 Primo Levi, *If This is a Man and The Truce* (Harmondsworth, 1979), 309-51.

250 Levi, *If Not Now, When?* 67-8.

第六章　战后的景观与环境

1 Künkel, *Auf den kargen Hügeln der Neumark*, 19-20.

2 关于 Gennin 及其磨坊，请见 Berghaus, *Landbuch der Mark Brandenburg*, vol. 3, 96, 235. 374-8。

3 "Der Autor: Ein Nachruf", *Auf den kargen Hügeln der Neumark*, 10-12. 他的非虚构作品有 *Das grosse Jahr* (1922.), *Schicksal und Willensfreiheit* (1923), *Der furchtlose Mensch* (1930), *Das Gesetz deines Lebens* (1932)和 *Die Lebensalter* (1938)。出版的小说有 *Anna Leun* (1932), *Schicksal und Liebe des Niklas von Cues* (1936), *Die arge Ursula* (1942), *Laszlo, die Geschichte eines Königsknaben* (1943) and

Die Labyrinth der Welt (1951)。

4 金克尔最后一章的标题是: *Auf den kargen Hügeln der Neumark*, 117-46。

5 Ibid., 126, 133.

6 Ibid., 44.

7 几乎是同时出版的关于勃兰登堡的著作中, Heinrich Bauer 也是哀叹"失乐园"胜于当前的"大众文明", 请见 Bauer, *Die Mark Brandenburg*, 47。

8 Künkel, *Auf den kargen Hügeln der Neumark*, 37-8.

9 见上书, 13, 178。

10 Herbert Kraus, "Einführung und Geleit", *Auf den kargen Hügeln der Neumark*, 8.

11 Eva Hahn and Hans Henning Hahn, "Flucht und Vertreibung", in Etienne Francois and Hagen Schulze (eds.), *Deutsche Erinnerungsorte*, vol. 1 (Munich, 2001), 335-51; Norman Naimark, *Fires of Hatred: Ethnic Cleansing in Twentieth-Century Europe* (Cambridge, Mass., 2001), 108-38.

12 Hahn and Hahn, "Flucht und Vertreibung", 335-51.

13 带有神秘感的马林堡及周围土地, 请见 Paul Fechter, *Zwischen Haff und Weichsel* (Gütersloh, 1954), 290-1。

14 Paul Fechter, *Deutscher Osten:Bilder aus West- und Ostpreussen* (Gütersloh, 1955). 29-30.

15 Karlheinz Gehrmann, "Vom Geist des deutschen Ostens", in Lutz Mackensen (ed.), *Deutsche Heimat ohne Deutsche: Ein ostdeutsches Heimatbuch* (Braunschweig, 1951), 137.

16 Fechter, *Deutscher Osten*, 20;Gehrmann, "Vom Geist", 130-7.

17 Lutz Mackensen, "Einführung", in Mackensen(ed.), *Deutsche Heimat ohne Deutsche*, 8; Hanns von Krannhals, "Die Geschichte Ostdeutschlands", ibid., 47, 55-61; Fechter, *Deutscher Osten*, 20; Kaplick, *Warthebruch* (sub-titled "A German Landscape in the East"), 1; Fritz Cause, "The Contribution of Eastern Germany to the History of German and European Thought and Culture", in *Eastern Germany: A Handbook*, ed-

ited by the Göttingen Research Committee, vol. 2: *History* (Würzburg, 1963), 429.

18 Agnes Miegel, "Meine Salzburger Ahnen", *Ostland* (Jena, 1940), 13. 又见 Inge Meidinger-Geise, *Agnes Miegel und Ostpreussen* (Würzburg, 1955), 17。

19 参见民谣 "The Ferry", *Gedichte und Spiele* (Jena, 1920); "Abschied vom Kinderland", *Aus der Heimat: Gesammelte Werke*, vol.5(Düsseldorf, 1954), 129; "Heimat und Vorfahren", 354. 又见 Anni Piorreck, *Agnes Miegel: Ihr Leben und ihre Dichtung* (Düsseldorf and Cologne, 1967), 118-19 and Meidinger-Geise, *Agnes Miegel und Ostpreussen*, 36。

20 "Gruß der Türme", *Unter hellem Himmel: Gesammelte Werke*, vol. 3, 118, 123.

21 Piorreck, *Agnes Miegel*, 183-92.

22 Agnes Miegel, "Kriegergräber", *Ostland* (Jena, 1940), 37. 又见 Ernst Loewy, *Literatur unterm Hakenkreuz* (Frankfurt/Main, 1966), 236-7; Piorreck, *Agnes Miegel*, 207-8。

23 Piorreck, *Agnes Miegel*, 258-62 (关于"普鲁士母亲"); "Zum Gedächtnis", *Du aber bleibst in mir: Flüchtlingsgedichte* (1949), 14-15; "Es war ein Land"[1952], *Es war ein Land: Gedichte und Geschichten aus Ostpreußen* (Cologne, 1983), 206-8.

24 Agnes Miegel, "Es war ein Land".

25 Wolfgang Paul, "Flüchtlinge", *Land unserer Liebe:Ostdeutsche Gedichte* (Düsseldorf, 1953), 17; Gehrmann, "Vom Geist", 129. 又见 HansVenatier, "Vergessen? ", in *Land unserer Liebe*, 28-9。

26 Herbert von Hoerner, "Erinnerung", in *Land unserer Liebe*, 35; Joachim Reifenrath, "Verlassenes Dorf", ibid., 7.

27 Fechter, *Deutscher Osten*, 7; Miegel, "Truso": *Es war ein Land*, 60-7.

28 在网上搜索 Agnes Miegel, 可以发现德国各城市, 尤其是绿党, 针对她在第三帝国时期的所作所为, 把从前以她名字命名的学校重新更名。

29 其中一个例证来自 Hanns von Krannhals, "Die Geschichte Ost-

deutschlands”, 63-4, 所谓的“亚洲”威胁成为普遍存在的德国受害者心理学的组成部分。

30 Hahn and Hahn, “Flucht und Vertreibung”, 338, 346-51; Günter Grass, *Über das Selbstverständliche:Politische Schriften* (Munich, 1969), 32-41 (quotation, 35).

31 Heinz Csallner, *Zwischen Weichsel und Warthe: 300 Bilder von Städten und Dörfern aus dem damaligen Warthegau und Provinz Posen vor 1945* (Friedberg, 1989), 4-5, 176.

32 Ibid., 110, 141.

33 *Von der Konfrontation zur Kooperation: 50 Jahre Landsmannschaft Weichsel-Warthe* (Wiesbaden, 1999); *50 Jahre nach der Flucht und Vertreibung: Erinnerung- Wandel- Ausblick. 19. Bundestreffen, Landsmannschaft Weichsel-Warthe, 10./11. Juni 1995* (Wiesbaden, 1995).

34 James Charles Roy, *The Vanished Kingdom* (Boulder, 1999), 28.

35 Helmut Enss, *Marienau:Ein Werderdorf zwischen Weichsel und Nogat* (Lübeck, 1998).

36 Fechter, *Zwischen Haff und Weichsel*, 294-5.

37 Ibid., 345-9

38 Enss, *Marienau*, 60-1, 66-71, 122-36, 150-6, 262-5.

39 Ibid., 336.

40 Ibid., 715.

41 Ibid., 694.

42 Dönhoff, “Vorwort”, *Namen, die keiner mehr nennt.* 又见 Dönhoff, Kindheit in Ostpreussen (Berlin, 1988), 221。

43 Dönhoff, Namen, *die keiner mehr nennt*, 25.

44 Ingrid Lorenzen, *An der Weichsel zu Haus* (Berlin, 1999), 97.Also ibid., 44, 110.

45 这是 Günter Grass 的短篇小说的主题，见 *Im Krebsgang* (Göttingen, 2002)。

46 Grundig, *Chronik*, vol. 2, 161-74.

47 瑞典作家 Stig Dagerman 的报告文学对此有精彩的描述，见 Stig Dagerman:*German Autumn* (London, 1988), 5-17. 又见 Zuckmayer, *A*

Part of Myself, 391;Hermann Glaser, *Deutsche Kultur, 1945-2000* (Munich, 2000), 76。

48 Leo Harting in *A Small Town in Germany.*

49 Max Frisch, *Tagebuch*, 1946-9, cited in Schneider(ed.), *Deutsche Landschaften*, 625.

50 Otto Kraus 是巴伐利亚的保守派自然环境保护人士，引自 Schua and Schua, *Wasser: Lebenswelt und Unwelt*, 167。

51 Applegate, *A Nation of Provincials*, 228-36; Lekan, *imagining the Nation in Nature*, 254.

52 Jan Palmowski, "Building an East German Nation:The Construction of a Socialist Heimat, 1945-1961", *CEH*, 37(2004), 365-99.

53 Hinrichs and Reinders, "Bevölkerungsgeschichte", in Eckhardt and Schmidt (eds.), *Geschichte des Landes Oldenburg*, 700-2.

54 Wegener, "Die Besiedlung", 166-8; Jäger, Einführung, 228; Makowski and Buderath, *Die Natur*, 221.

55 Meyer, "Zur Geschichte des Moorgutes Sedelsberg", 156, 161; Walter Gipp, "Geschichte der Moor- und Torfnutzung in Bayern", *Telma* 16 (1986), 310-16; Behre, "Entstehung und Entwicklung", 32-3.

56 Glaser, *Deutsche Kultur*, 256; Hermand, *Grüne Utopien*, 128.

57 Hans-Peter Harres, "Zurn Einfluss anthropogener Strukturen auf die Gewässersituation", in Böhm and Deneke (eds.), *Wasser*, 92-103; Dominick, *Environmental Movement*, 140.

58 Cioc, *The Rhine*, 146-71; Kinzelbach, *Tierwelt des Rheins*, 31; Tittizer and Krebs, *Ökosystemforschung*, 72-163; Schwoerbel, "Technik und Wasser", 400-3.

59 Sandra Chaney, "Water for Wine and Scenery, Coal and European Unity: Canalization of the Mosel River, 1950-1964", in Susan B.Anderson and Bruce H. Tabb (eds.), *Water, Culture and Politics in Germany and the American West* (New York, 2001), 227-52. Chaney 的深入分析表明，不论是支持者的最大希望，还是反对者的最大担忧，都没有成为现实。

60 Garbrecht, *Wasser*, 213.

61 1983年,水电仅占联邦德国能源需求的3%;ibid.,220.

62 Bavaria's Otto Kraus,例如见 Dominick, *Environmental Movement*, 161。

63 关于移民人数,见 Giesecke, *Glasebach and Müller*,"Standardization", 81;又见 Meurer, *Wasserbau*, 320-1; Feige and Becks,"Wasser für das Ruhrgebiet",33-55。

64 Deneke,"Grundwasserabsenkungen im Hessischen Ried oder die Technisierung der äusseren Natur", in Böhm and Deneke (eds.), *Wasser*, 197-201; Kluge and Schramm, *Wassernöte*, 206-10.很难说这个问题是德国独有的,请见 Carbognin,"Land Subsidence: A World-wide Environmental Hazard",20-32。

65 *Die Welt*, 6 Nov.1970: Dominick, *Environmental Movement*, 140. 关于联盟,ibid.,140-4。

66 Ibid.,128; Chaney,"Water",235-44.

67 关于梅特涅的 *Die Wüste droht* (1947)和霍恩斯曼的 *Als hätten wir das Wasser*,由德国水域保护联盟于1950年代出版,见 Dominick, *Environmental Movement*, 142,148-9。

68 Brüggemeier, *Tschernobyl*, 202.

69 Hermand, *Grüne Utopien*, 118-19; Dominick, *Environmental Movement*, 148-58; Brüggemeier, *Tschernobyl*, 202-5; Lekan, *Imagining the Nation in Nature*, 255.

70 Albrecht Lorenz and Ludwig Trepl,"Das Avocado-Syndrom. Grüne Schale, brauner Kern: Faschistische Strukturen unter dem Deckmantel der Ökologie", *PÖ* 11 (1993-4), 17-24.

71 Alwin Seifert,"Die Schiffbarmachung der Mosel", *NuL* 34 (1959), 54-5; Chaney,"Water",238,240; Zeller,"Alwin Seifert",306-7; Jens Ivo Engels,""Hohe Zeit" und "dicker Strich": Vergangenheitsbewältigung und -bewahrung im westdeutschen Naturschutz nach dem Zweiten Weltkrieg", in Radkau and Uekötter (eds.), *Naturschutz*, 363-404.

72 关于巴伐利亚干燥的前多瑙河酸沼上的小尘暴,请见 Zirnstein, *Ökologie*, 204。

73 Dominick, *Environmental Movement*, 137.

74 Arne Andersen, "Heimatschutz", in Brüggemeier and Rommelspacher (eds.), *Besiegte Natur*, 156-7; Lekan, *Imagining the Nation in Nature*, 253-4.

75 *Der Spiegel*, 18 Nov. 1959, discussed in Dominick, *Environmental Movement*, 187-9.

76 Dominick, *Environmental Movement*, 138.

77 Brüggemeier, *Tschernobyl*, 208-9, 借鉴了 Hans-Peter Vierhaus 的叙述，见 *Umweltbewusstsein von oben* (Berlin, 1994)。

78 Edda Müller, *Die Innenwelt der Umweltpolitik: Sozial-liberale Umweltpolitik* (Opladen, 1986); Franz-Josef Brüggemeier and Thomas Rommelspacher, *Blauer Himmel über der Ruhr* (Essen, 1992).

79 Hermand, *Grüne Utopien*, 131-5; Dominick, *Environmental Movement*, 146-7; Brüggemeier, *Tschernobyl*, 211-16; Sandra Chaney, "For Nation and Prosperity, Health and a Green Environment: Protecting Nature in West Germany, 1945-70", in Christof Mauch (ed.), *Nature in German History*(New York and Oxford, 2004), 109-12.

80 McNeill, *Something New under the Sun*, 335.

81 Hermand, Grüne Utopien, 163, 181-5.

82 关于这些成就(以及不足)的不同描述，请见 Brüggemeier, *Tschernobyl*, 216-42; Cioc, *The Rhine*, 177-85; Lelek and Buhse, *Fische des Rheins*, 2, 34-5, McNeill, *Something New under the Sun*, 352-3。

83 Karlsruhe-Maxau的风力发电机每年可发电 13万千瓦时。

84 参见本书第四章。

85 Ministerium für Umwelt, Baden-Württemberg, *Hochwasserschutz und Ökologie: Ein "integriertes Rheinprogramm" schützt vor Hochwasser und erhält naturnahe Flussauen* (Stuttgart, 1988); Internationale Kommission zum Schutze des Rheins gegen Verunreinigung, *Ökologisches Gesamtkonzept für den Rhein: "Lachs 2000"* (Koblenz, 1991), esp. 10-14, 19-22.

86 Tittizer and Krebs, *Ökosystemforschung*, 39-40. 关于"生物勘探"，见 Edward O. Wilson, *The Future of Life* (New York, 2002), 125-8。

87 参见 Ragnar Kinzelbach,"Wasser: Biologie und Umweltqualität", in Böhm and Deneke (eds.), *Wasser*, 57-9, and the articles in the same collection by Robert Mürb and Josef Mock。

88 相关争论请见 Hailer, *Natur und Landschaft am Oberrhein*，不过，Wolfgang Meinert 指出，事实表明，干流与支流在不同季节的温差(在冬季支流的水温更低，4 月份以后则更高一些)更能吸引各种鱼类，请见 Meinert, "Untersuchungen über Fischbestandsverschiebungen zwischen Rhein bzw. Altrhein und blind endenden Seitengewässern in der Vorderpflaz", in Kinzelbach (ed.), *Tierwelt des Rheins*, 131-49。

89 Cioc, *The Rhine*, 185-201.

90 Margaret Thatcher, 14 May 1982 to the Scottish Conservative Party Conference, *Chambers Biographical Dictionary* (1997); McNeill, *Something New under the Sun*, 352 (关于罗纳德·里根)。

91 Lothar Späth, *Wende in die Zukunft:Die Bundesrepublik auf dem Weg in die Informationsgesellschaft* (Reinbek, 1985), 149-56.

92 苏联作者 Abadashev，引自 McNeill, *Something New under the Sun*, 333。

93 Andreas Dix, "Nach dem Ende der "Tausend Jahre": Landschaftsplanung in der Sowjetischen Besatzungszone und frühen DDR", in Radkau and Uekötter (eds.), *Naturschutz*, 351-2, 357-8.

94 Christian Weissbach, *Wie der Mensch das Wasser bändigt und beherrscht: Der Talsperrenhau im Ostharz* (Leipzig and Jena, 1958), 23.

95 Ibid., 11-12, 22, 31.

96 Ibid., 31, 35.关于萨克森的水坝，另见 Such, "Entwicklung", 70。

97 Mary Fulbrook, *Anatomy of a Dictatorship: Inside the GDR 1949-1989* (Oxford, 1995), 36, 80; Ian Jeffries and Manfred Melzer, "The New Economic System of Planning and Management 1963-70 and Recentralisation in the 1970s", in Jeffries and Melzer (eds.), *The East German Economy* (London and New York, 1987), 26-40; Charles Maier, *Dissolution* (Princeton, 1997), 87-92.

98 Dieter Staritz, *Geschichte der DDR 1949-1985* (Frankfurt/Main, 1985), 157-62. 又见 Dieter Hoffmann and Kristie Macrakis (eds.), *Naturwis-*

senschaft und Technik in der DDR (Berlin,1997)。

99 Walter Ulbricht, *Whither Germany?* (Dresden, 1966), 404, 417, 425, on the "scientific-technical revolution"; Glade, *Zwischen Rebenhängen und Haff*, 49 (on the "Cosmonaut District"); Jonathan R. Zatlin, "The Vehicle of Desire: The Trabant, the Wartburg and the End of the GDR", GH 15 (1997), 358-80.

100 Glade, *Zwischen Rebenhängen und Haff: Reiseskizzen aus dem Odergebiet* (Leipzig, 1976), 5-18, 85-94 (quotation, 92). 又见 Michalsky, "Zur Geschichte des Oderbruchs" 中类似的充满自信的表达以及第一章。

101 关于"技术奇境"见上文,第四章。

102 Glade, *Zwischen Rebenhängen und Haff*, 85-6, 90-2, 95, 103, 104.前往Rappbode水坝工地的游客被其规模所"震惊",请见 Weissbach, *Wie der Mensch das Wasser bändigt und beherrscht*, 26。

103 Joan DeBardeleben, ""The Future Has Already Begun": Environmental Damage and Protection in the GDR", in Marilyn Rueschemeyer and Christiane Lemke (eds.), *The Quality of Life in the German Democratic Republic*(Armonk, NY, 1989), 153-5.

104 Merrill E. Jones, "Origins of the East German Environmental Movement", *GSR*, 256. pH值越低,酸性越强。电池酸液pH值为1.0,醋为2.4。见 McNeill, *Something New under the Sun*, 101。

105 Volker Gransow, "Colleague Frankenstein and the Pale Light of Progress: Life Conditions, Life Activities, and Technological Impacts on the GDR Way of Life", in Rueschmeyer and Lemke (eds.), *Quality of Life*, 199; Burghard Ciesla and Patrice G. Poutrus, "Food Supply in a Planned Economy", in Konrad A. Jarausch (ed.), *Dictatorship as Experience:Towards a Socio-Cultural History of the GDR* (New York, 1999), 152-7.

106 Brüggemeier, *Tschernobyl*, 269.

107 这是 Maier, *Dissolution*的主要论点。

108 Jones, "Environmental Movement", 236. 关于GDR化学工业,见 Raymond G. Stokes, "Chemie und chemische Industrie im Sozialismus",

in Hoffmann and Macrakis (eds.), *Naturwissenschaft und Technik in der DDR*, 283-96。

109 DeBardeleben, "'The Future Has Already Begun'", 152.

110 Dietrich Uhlmann, "Ökologische Probleme der Trinkwasserversorgung aus Talsperren", *Abhandlungen der Sächsischen Akademie der Wiss. zu Leipzig*, Bd.55, Heft 4 (1983), 3; Brüggemeier, *Tschernobyl*, 265. 1980年后，已经开发出耗水更少的工业生产流程，可以降低10%左右的工业用水量。

111 Dix, "Landschaftsplanung", 335-6, 343-53.

112 DeBardeleben, "'The Future Has Already Begun'", 157; Elizabeth Boa and Rachel Palfreyman, *Heimat - A German Dream: Regional Loyalties and National Identity in German Culture 1890-1990* (Oxford, 2000), 131-2; Palmowski, "Building an East German Nation".

113 Hermand, *Grüne Utopien*, 144-6; Rudolf Bahro, *The Alternative in Eastern Europe* (London, 1978; 德语版 Die Alternative 于1977年首次出版), 267, 407。又见 ibid., 428-30。

114 Ernst Neef et al., "Analyse und Prognose von Nebenwirkungen gesellschaftlicher Aktivitäten im Naturraum", *Abhandlungen der Sächsischen Akademie der Wiss. zu Leipzig*, Bd. 54, Heft 1(1979), 5-70, esp.10-11; Karl Mannsfeld et al., "Landschaftsanalyse und Ableitung von Naturraumpotentialen", ibid., Bd. 55, Heft 3 (1983), 55, 95-6.

115 Dietrich Uhlmann, "Künstliche Ökosysteme", ibid., Bd. 54, Heft 3 (1980), 5.(译文见《马克思恩格斯选集》第4卷，人民出版社，1995年，第383页。——译者)

116 Ibid.

117 Uhlmann, "Ökologische Probleme der Trinkwasserversorgung aus Talsperren".

118 Uhlmann, "Künstliche Ökosysteme", 15.

119 Ibid., 31-2.

120 Neef et al., "Analyse", 6.

121 Ekkehard Höxtermann, "Biologen in der DDR", in Hoffmann and Macrakis(eds.), *Naturwissenschaft und Technik in der DDR*, 255-6.

122 Gerhard Timm, "Die offizialle Ökologiedebatte in der DDR", in Redaktion Deutschland Archiv, *Umweltprobleme in der DDR* (Cologne, 1985).

123 DeBardeleben, "'The Future Has Already Begun'", 156.

124 Jones, "Environmental Movement", 240-1.

125 Jones, "Environmental Movement", 243; DeBardeleben, "'The Future Has Already Begun'", 158-9.

126 Jones, "Environmental Movement", 241-58; Fulbrook, *Anatomy of a Dictatorship*, 225-36; Gransow, "Pale Light of Progress", 196, 201-5.

尾声 一切开始的地方

1 Günter Grass, *Too Far Afield* (San Diego, New York and London, 2000), first published in 1995 by Steidl Verlag, G öttingen, as *Ein weites Feld.* 英文版书名保留了德文版书名的地理含义，这层含义颇有意义，尽管无法表达出"问题更多"的喻意。

2 Ibid., 416-17.

3 Ibid., 419.

4 Joachim Richau and Wolfgang Kil, *Land ohne Übergang: Deutschlands neue Grenze* (Berlin, 1992), 58.

5 对泽洛的回忆，请见 Glade, *Zwischen Rebenhängen und Haff*, 11-14; Nippert, *Oderbruch*, 50-60; 关于被掩埋的尸骸，请见德国电视台 ZDF 频道的节目"Immer noch vermisst", (11 November 2003): http://www.zdf.de/ZDFde/inhalt/5/o, 1872, 080581, 00.html。

6 Richau and Kil, *Land ohneÜbergang*, 27.

7 Christa Wolf, *A Model Childhood* (New York, 1980), 50, 更有误导性的译名是 *Kindheitsmuster* (Berlin and Weimar, 1976)。

8 Karl Schlögel, "Strom zwischen den Welten. Stille der Natur nach den Katastrophen der Geschichte: Die Oder, eine Enzyklopädie Mitteleuropas", *FAZ*, 13 Nov. 1999 ("Bilder und Zeiten").

9 Glade, *Zwischen Rebenhängen und Haff*, 98-102.

10 *Das Oderbruch: Bilder einer Region* (n. p., 1992), 5.

11 Nippert, *Oderbruch*, 9, 216.

12 Cited in Makowski and Buderath, *Die Natur*, 181. 依默曼写于1836年。

13 Glade, *Zwischen Rebenhängen und Haff*, 94.

14 Nippert, *Oderbruch*, 216-17.

15 两个例子是*Land ohne Übergang*的摄影师和作者。Wolfgang Kil居住在“Prenzelberg”，偶尔也住在Letschin/Oderbruch; Joachim Richau则轮流住在Berlin-Woltersdorf和Oderbruch。

16 人口和就业资料来自LEADER Aktionsgruppe Oderbruch, available at: http://www.gruenliga.de/projekt/nre。

17 有关1990年代勃兰登堡各个区农业产量的变化，请见http://www.zalf.de/lsad/drimipro/elanus/html_projekt/pkt31/pkt.htm。

18 Nippert, *Oderbruch*, 217-19.

19 LEADER Aktionsgruppe Oderbruch: http://www.gruenliga.de/projekt/nre

20 下文依据的资料主要来自：an official Land Brandenburg source, “‘Jahrhundertflut’ an der Oder”: http://www.mlur.brandenburg.de; Bernhard Hummel, “Nach uns die Sintflut”, *Jungle World* 32, 5 Aug. 1998; Peter Jochen Winters, “The Flood”, *Deutschland: Magazine on Politics, Culture, Business and Science*, Oct.1997, 14-17。

21 参见本书第一章。

22 Winters, “The Flood”, 16.

23 关于“自然的力量”，见Winters, “The Flood”, 17。

24 勃兰登堡官方统计所需的花费总计3.14亿欧元，见“Hochwasserschäden”，与“‘Jahrhundertflut’ an der Oder 1997”在同一地址。

25 “‘Jahrhundertflut’ an der Oder 1997”.

26 Winters, “The Flood”, 17.

27 Hummel, “Nach uns die Sintflut”.

28 Ibid.

29 “Deichreparatur am Oderbruch offenbart Grauen des Krieges”: http://www.wissenschaft.de/wissen/news/drucken/156089.html

30 “Ökologischer Hochwasserschutz”, from BUND-Berlin:http://www.

bund-berlin.de

31 "'Jahrhundertflut' an der Oder 1997".

32 Isolde Roch (ed.), *Flusslandschaften an Elbe und Rhein: Aspekte der Landschaftsanlayse, des Hochwasserschutzes und der Landschaftsgestaltung* (Berlin, 2003), esp. the articles by Christian Korndörfer and Jochen Schanze; Bernhard Müller, "Krise der Raumplanung: Chancen für neue Steuerungsansätze?", in Müller et al. (eds.), *Siedlungspolitik auf neuen wegen: Steuerungsinstrumente für eine ressourcenschonende Flächennutzung* (Berlin, 1999), 65-80. 另见环境和气候历史学家 Guido Poliwoda 和 Christian Pfister 建立的网站: http://www.pages.unibe.ch/shighlight/archive03/poliwoda.html。

33 "Hochwasserschutz und Naturschutz", Deutsche Bundesstiftung Umwelt: http://www.umweltstiftung.de/pro/hochwasser.html

34 Land Brandenburg, "Alte Oder": http://www.mlur.brandenburg.de; LEADER Aktionsgruppe Oderbruch.

35 "Wasserhaushaltsuntersuchungen im Oderbruch": http://www.wasy.de/deutsch/consulting/grund/oderbruch/index.html. WASY 负责项目的水文部分,他们得到另外一家咨询公司的协助,Büro für ländliche Entwicklung Agro-Öko-Consult GmbH。

36 "Leben lernen im Oderbruch": http://www.unternehmen-region.de/media/InnoRegio_Dokumentation_2000_S08-31.pdf

37 Http://www.bundjugend-berlin.de/presse/pm2002-11.html;http://www.oekofuehrerschein.de

38 "Alte Oder".

39 Ibid.

40 参见本书第一章。

41 Wilson, *The future of Life*, 114-18 (quotation, 118).

42 Thomas Deichmann, "Trittin greift nach der Grünen Gentechnik", *Die Welt*, 9 Oct. 2002,更长的在线版本,见 http://www.welt.de/daten/2002/10/09/1009de361129.htx。

43 Gerald Mackenthun, "Gen-Mais im Oderbruch", Barnimer Aktionsbündnis gegen Gentechnik: http://www.dosto.de/gengruppe/region/oderbruch/

monsanto_moz.html. Birgit Peuker and Katja Vaupel, upated by Esther Rewitz, "Gefährliche Gentechnik" , BUND Brandenburg: http://www.bundnessel.de/47_gen.html。

44 Wilson, *The Future of Life*, 118.

45 Land Brandenburg, "Alte Oder"; http://www.zalf.de/lsad/drimipro/elanus/html_projekt/pkt31/pkt3.html

46 Hummel, "Nach uns die Sintflut".

47 大约1.35亿马克中的7500万马克。

48 Winters, " The Flood", 17.

49 Hummel, "Nach uns die Sintflut".

50 参见本书第五章.

51 Hummel, "Nach uns die Sintflut".

52 关于这个机构的详细资料,请见 http://www.bundberlin.de/index。

53 参见本书第六章。

54 参见本书第四章。

55 Georg Gothein, "Hochwasserverhütung und Förderung der Flussschiffahrt durch Thalsperren" , *Die Nation* 16 (1898-9), 536-9 (quotation, 537).

56 Hummel, "Nach uns die Sintflut".

参考文献

本书利用了许多不同的资料：档案、书籍、论文、技术说明书、文学作品（成人和儿童文学）、地图、绘画、照片以及（在尾声中还利用了）电子出版物。参考文献列出了所有手稿，印刷或电子的一手资料。囿于篇幅无法列出二手资料，但它们已在注释中标明。相关报纸、杂志的全名，参见“缩略语表”。提供图片或绘图材料的档案馆、图书馆及个人，参见本目录之后的“图片出处”。

一、档案

Generallandesarchiv Karlsruhe [GLA]

关于莱茵河改造和洪水的材料, 237/16806, 24088-91,24112-13, 24156, 24177, 30617, 30623-4, 30793, 30802, 30823, 30826,35060-2, 44817, 44858

Nachlass Sprenger关于约翰·图拉的材料

二、印刷材料与文献集

Abercron,W. “Talsperren in der Landschaft: Nach Beobachtungen aus der Vogelschau”, *VuW* 6, June 1938, 33-9.

Abshoff, Emil. “Talsperren im Wesergebiet”, *ZfBi* 13 (1906), 202-6.

Adam, Georg. “Wasserwirtschaft und Wasserrecht früher und jetzt”, *ZGW* 1, 1 July 1906, 2-6.

Algermissen, J. L. “Talsperren: Weisse Kohle”, *Soziale Revue* 6 (1906), 137-64.

Allgemeine Anordnung Nr. 20/VI/42 über die Gestaltung der Landschaft in den eingegliederten Ostgebieten, in Rössler and Schleiermacher (eds.),

"Generalplan Ost", 136-47.

Anderson, Emily (ed.) *The Letters of Beethoven*, vol. 2 (New York, 1985).

André, F[ritz]. *Benmerkungen über die Rectification des Oberrheins und die Schilderung der furchtharen Folgen, welche dieses Unternehmen für die Bewohner des Mittel- und Niederrheins nach sich ziehen wird* (Hanau, 1828).

"Anleitung für Bau und Berrieb von Sammelbecken", *ZbWW*, 20 July 1907, 321-4.

Aubin, Hermann. "Die historische Entwicklung der ostdeutschen Agrarverfassung und ihre Beziebungen zum Nationalitätsproblem der Cegenwart", in Volz(ed.), *Der ostdeutsche Volksboden.*

Aus Wriezen's Vergangenheit (Wriezen, 1864).

B. [C. Bachmann?] "Die Talsperre bei Mauer am Bober", *ZdB* 32, 16 Nov. 1914.

Bachmann, C. "Die Talsperren in Deutschland", *WuG* 17, 15 Aug. 1927, 1133-56.

Bachmann, C. "Wert des Hochwasserschutzes und der Wasserkraft des Hochwasserschutzraumes der Talsperren", *DeW* (1938), 65-9.

Badermann. "Die Frage der Ausnutzung der staatlichen Wasserkräfte in Bayern", *Kommunalfinanzen* (1911), 154-5.

Bahro, Rudolf. *The Alternative in Eastern Europe* (London, 1978).

Bamberger, Ludwig. *Erinnerungen* (Berlin, 1899).

Bär, Max. *Die deutsche Flotte 1848-1852* (Leipzig, 1898).

Barth, Fr. "Talsperren", *BIG* (1908), 261-72, 279-83, 287-8.

Baumert, Georg. "Der Mittellandkanal und die konservative Partei in Preussen: Von einem Konservativen", *Die Grenzboten* 58 (1899), 57-71.

Bechstein, O. "Vom Ruhrtalsperrenverein", *Prometheus* 28, 7 Oct. 1916, 135-9.

Becker. "Beiträge zur Pflanzenwelt der Talsperren des Bergischen Landes und ihrer Umgebung", *BeH* 4, Aug. 1930, 323-6.

Beheim-Schwarzbach, Max. *Hohenzollernsche Colonisationen* (Leipzig, 1874).

Bendt, Franz. "Zum fünfzigjährigen Jubiläum des 'Vereins deutscher Ingenieure'", *Die Gartenlaube* (1906), 527-8.

Benjamin, Walter. "The Work of Art in the Age of Mechanical Reproduction", in *Iluminations*, transl. Harry Zohn (London, 1973), 219-53.

Berdrow, W. "Staudämme und Thalsperren", *Die Umschau* (1898), 255-9.

Bergér, Heinrich. *Friedrich der Grosse als Kolonisator* (Giessen, 1896).

Berghaus, Heinrich Carl. *Landbuch der Mark Brandenburg*, 3 vols. (Brandenburg, 1854-56).

Bergius, Richard. "Die Pripetsümpfe als Entwässerungsproblem", *ZfGeo* 18 (1941), 667-8.

Bernoulli, Johann [Jean]. *Reisen durch Brandenburg, Pommern, Preussen,Curland, Russland und Pohlen in den Jahren 1777 und 1778*, 6 vols. (Leipzig, 1779-80).

Biesantz, Dr. "Das Recht zur Nutzung der Wasserkraft rheinischer Flüsse", *RAZS* 7 (1911), 48-66.

Biese, Alfred. *The Development of the Feeling for Nature in the Middle Ages and Modern Times* (London, 1905).

Borchardt, Carl. *Die Remscheider Stauweiheranlage sowie Beschreibung von 450 Stauweiheranlagen* (Munich and Leipzig, 1897).

Borchardt, Carl. *Denkschrift zur Einweihung der Neye-Talsperre bei Wipperfürth* (Remscheid, 1909).

Borkenhagen, Hermann. *Das Oderbruch in Vergangenheit und Gegenwart* (NeuBarnim, 1905).

The Bormann Letters, ed. Hugh Trevor-Roper (London, 1945).

Boyd, Louise. "The Marshes of Pinsk", *GR* 16 (1936), 376-95.

Brecht, Bertolt. *Die Gedichte von Bertolt Brecht in einern Band* (Frankfurt/Main, 1981).

Breitkreutz, Ernst. *Das Oderbruch im Wandel der Zeit* (Remscheid, 1911).

Brusch, G. "Betonfertigteile im Landbau des Ostens", in Hans-Joachim Schacht (ed.), *Bauhandbuch für den Aufbau im Osten* (Berlin, 1943), 188-98.

Bubendey, H. F. "Die Mittel und Ziele des deutschen Wasserbaues am Beginn des 20. Jahrhunderts", *ZVDI* 43 (1899), 499-501.

Buchbender, Ortwin and Reinhold Sterz (eds.) *Das ande.re Gesicht des Krieg-*

es: Deutsche Feldpostbriefe 1939-1945 (Munich, 1982).

Buck, J. “Landeskultur und Natur”, *DLKZ* 2 (1937), 48-54.

Bürgener, Martin. *Pripet-Polessie: Das Bild einer polnischen Ostraum-Landschaft. Petermanns Geographische Mitteilungen, Ergänzungsheft 237* (Gotha, 1939).

Bürgener, Martin. “Geographische Grundlagen der politischen Neuordnung in den Weichsellandschaften”, *RuR* 4 (1940), 344-53.

Candèze, Ernst. *Die Talsperre : Tragisch abenteuerliche Geschichte eines Insektenvölkchens*, transl. from the French (Leipzig, 1901).

Carus,V. A. *Führer durch das Gebiet der Riesentalsperre zwischen Gemünd und Heimbach-Eifel mit nächster Umgebung* (Trier, 1904).

Cassinone, Heinrich and Heinrich Spiess. *Johann Gottfried Tulla, der Begründer der Wasser- und Strassenbauverwaltung in Baden: Sein Leben und Wirken* (Karlsruhe, 1929).

Christaller, Walter. “Grundgedanken zum Siedlungs- und Verwaltungsaufgaben im Osten”, *NB* 32(1940), 305-12.

Christiani, Walter. *Das Oderbruch: Historische Skizze* (Freienwalde, 1901).

Clapp, Edwin J. *The Navigable Rhine* (Boston, 1911).

Claus, Heinrich. “Die Wasserkraft in statischer und sozialer Beziehung”, Wasser- und Wegebau (1905), 413-16.

Clausewitz, Carl von. *On War*, ed. Michael Howard and Peter Paret (Princeton,1976).

Clauß, Ludwig Ferdinand. *Rasse und Seele* (Munich, 1926).

Csallner, Heinz. *Zwischen Weichsel und Warthe: 300 Bilder von Städten und Dörfern aus dem damaligen Warthegau und Provinz Posen vor 1945* (Friedberg, 1989).

Czehak, Viktor. “Über den Bau der Friedrichswalder Talsperre”, *ZölAV* 49,6 Dec. 1907, 853-9.

Dagerman, Stig. *German Autumn* (London, 1988).

Deichmann, Thomas. “Trittin greift nach der Grünen Gentechnik”, *Die Welt*, 9 Oct. 2002.

Descartes, René. *Discourse on Method and Related Writings*, transl. Desmond M. Clarke (Harmondsworth, 1999).

Detto, Albert. "Die Besiedlung des Oderbruches durch Friedrich den Grossen", *FBPG* 16 (1903), 163-205.

Deutscher Volksrat: Zeitschrift für deutsches Volkstum und deutsche Kultur im Osten (Danzig), 1/19, 13 Aug. 1919.

"Die Ablehnung des Mittellandkanals: Von einem Ostelbier", *Die Grenzhoten* 58 (1899), 486-92.

"Die biologische Bedeutung der Talsperren", *TuW* 11, April 1918, 144.

"Die deutsche Kriegsflotte", *Die Gegenwart*, vol. 1(Leipzig, 1848), 439-72.

Die Ennepetalsperre und die mit ihr verbundenen Anlagen des Kreises Schwelm (Schwelm, 1905).

Die Marktgemeinde Frain und die Frainer Talsperre: Eine Stellungnahme zu den verschiedenen Mängeln des Talsperrenbaues (Frain, 1935).

Die Melioration der der Ueberschwemmung ausgesetzten Theile des Nieder- und Mittel-Oderbruchs (Berlin, 1847).

Die Polnische Schmach: Was würde der Verlust der Ostprovinzen für das deutsche Volk bedeuten? Ein Mahnwort an alle Deutschen, hsg. vom Reichsverband Ostschutz (Berlin, 1919).

"Die Thalsperren im Sengbach-,Ennepe- und Urft-Thal", *Prometheus* 744 (1904), 249-53.

"Die Wasser- und Wetterkatastrophen dieses Hochsommers", *Die Gartenlaube* (1897), 571-2.

"Die Wasserkrafte des Riesengebirges", *Die Gartenlaube* (1897), 239-40.

Döblin, Alfred. *Reise in Polen* [1926] (Olten and Freiburg, 1968).

Dominik, Flans. *Im Wunderland der Technik: Meisterstücke und neue Errungenschaften, die unsere Jugend kennen sollte* (Berlin, 1922).

Dominik, Hans. "Riesenschleusen im Mittellandkanal", *Die Gartenlaube* (1927),10.

Dönhoff, Marion Gräfin. *Namen, die keiner mehr nennt* (Düsseldorf and Cologne, 1962).

Dönhöff, Marion Gräfin. *Kindheit in Ostpreussen* (Berlin, 1988).

Doubek, Franz A. "Die Böden des Ostraumes in ihrer landbaulichen Bedeutung", *NB* 34 (1942), 145-50.

Ehlers, "Bruch der Austintalsperre und Grundsätze für die Erbauung von Talsperren", *Zdb*, 8 May 1912, 238-40.

Ehnert, Regierungsbaurat. "Gestaltungsaufgaben im Talsperrenbau", *Der Bauingenieur* 10 (1929),651-6.

Eichel, Eugen. "Ausnutzung der Wasserkräfte", *EKB* 8 (1910), 24 Jan. 1910, 62-4.

Eigen, P. "Die Insektenfauna der bergischen Talsperren", *BeH* 4, August 1930,327-31.

"Eine Dammbruchkatastrophe in Amerika", *Die Gartenlaube* (1911), 1028.

"Einiges über Talsperren, insbesondere über die Edertalsperre", *ZfBi* (1904), 270-1.

Ellenberg, Heinz. "Deutsche Bauernhaus-Landschaften als Ausdruck von Natur, Wirtschaft und Volkstum", *GZ* 47 (1941),72-87.

Engels, Friedrich. "Siegfrieds Heimat" [1840],in Schneider (ed.),*Deutsche Landschaften*, 335-9.

Engels, Friedrich. "Landschaften"[1840], in Schneider (ed.), *Deutsche Landschaften*, 476-83.

Enss, Helmut. *Marienau: Ein Werderdorf zwischen Weichsel und Nogat* (Lübeck,1998).

Enzberg, Eugen von. *Heroen der Nordpolarforschung: Der reiferen deutschen Jugend und einern gebildeten Leserkreise nach den Quellen dargestellt* (Leipzig, 1905).

Ernst, Adolf. *Kultur und Technik* (Berlin, 1888).

Ernst, L. "Die Riesentalsperre im Urftal", *Die Umschau* (1904), 666-9.

Etwas von der Teich-Arbeit, vom nützlichen Gebrauch des Torff-Moores, von Verbesserung der Wege aus bewährter Erfahrung mitgetheilet von Johann Wilhelm Hönert (Bremen, 1772).

Eynern, Ernst von. *ZwanZig Jahre Kanalkämpfe* (Berlin, 1901).

Fechter, Paul. *Zwischen Haff und Weichsel* (Gütersloh, 1954).

Fechter, Paul. *Deutscher Osten: Bilder aus West- und Ostpreussen* (Gütersloh, 1955).

Feeg, O. "Wasserversorgung", *JbN* 16(1901), 334-6.

Fessler, Peter. "Bayerns staatliche Wasserkraftprojekte", *EPR* 27, 26 Jan. 1910,31-4.

Festschrift:75 Jahre Marinewerft Wilhelmshaven (Oldenburg, 1931)

Festschrift zur Weihe der Möhnetalsperre:Ein Ruckblick auf die Geschichte des Ruhrtalsperrenvereins und den Talsperrenhau im Ruhrgebiet (Essen, 1913).

Fischer, Karl. "Die Niederschlags- und Abflussbedingungen für den Talsperrenbau in Deutschland", *ZGEB* (1912), 641-55.

Fischer-Reinau, "Die wirtschaftliche Ausnützung der Wasserkräfte", *BIG* (1908), 71-7, 92-7, 102-6, 111-12.

Fontane, Theodor. *Wanderungen durch die Mark Brandenburg* [WMB], Hanser Verlag edition, 3 vols.(Munich, 1992-).

Fontane, Theodor. *Before the Storm* [1878], ed.R.J.Hollingdale (Oxford, 1985).

Forstreuter, Adalbert. *Der endlose Zug: Die deutsche Kolonisation in ihrem geschichtlichen Ablauf* (Munich, 1939).

Fraas, Karl. *Klima und pflanzenwelt in der Zeit: Ein Beitrag zur Geschichte* (Landshut, 1847).

Frank, Herbert. "Das natürliche Fundament", in *Neue Dorflandschaften*, 9-23.

Frank, Herbert. "Dörfliche Planung im Osten", *Neue Dorflandschaften*, 44-5.

Freud, Sigmund. "Thoughts for the Times on War and Death", *The Penguin Freud Library*, vol. 12(Harmondsworth, 1991), 57-89.

Freudenberger, Hermann-Heinrich. "Probleme der agrarischen Neuordnung Europas", *FD* 5 (1943),166-7.

Freytag, E. "Der Ausbau unserer Wasserwirtschaft und die Bewertung der Wasserkräfte", *TuW* (1908), 398-401.

Freytag, Gustav. *Soll und Haben* (Berlin, 1855).

Freytag, Kurt. *Raum deutscher Zukunft: Grenzland im Osten* (Dresden, 1933).

Froese, Udo. *Das Kolonisationswerk friedrich des Grossen* (Heidelberg, 1938).

Fuchs, R. *Dr. ing. Max Honsell* (Karlsruhe, 1912).

50 Jahre nach der Flucht und Vertreibung: Erinnerung - Wandel - Ausblick.19. Bundestreffen, Landsmannschaft Weichsel-Warthe, 10./11.Juni 1995 (Wiesbaden, 1995).

Gause, Fritz. "The Contribution of Eastern Germany to the History of German and European Thought and Culture", in *Eastern Germany: A Handbook,* ed. Göttingen Research Committee, vol.2: *History* (Würzburg, 1963), 429-47.

Gehrmann, Karlheinz. "Vom Geist des deutschen Ostens", in Mackensen (ed.), *Deutsche Heimat ohne Deutsche.*

Garvens, Eugenic von. "Land dem Meere abgerungen", *Die Gartenlauhe* (1935), 397-8.

Gerstäcker, Friedrich. *Die Flusspiraten des Mississippi* (Jena,1848).

Gerstäcker, Friedrich. *Nach Amerika!* (Jena, 1855).

"Geschichte des Vertrages vom 20. 7. 1853 über die Anlegung eines Kriegshafens an der Jade: Aus den Aufzeichnungen des verstorbenen Geheimen Rats Erdmann", *OJ* 9 (1900),35-9.

Gilly, David. *Grundriss zu den Vorlesungen über des Praktische bei verschiedenen.*

Gegenständen der Wasserbaukunst (Berlin, 1795).

Gilly, David. *Fortsetzung der Darstellung des Land- und Wasserbaus in Pommern, Preussen und einem Teil der Neu- und Kurmark* (Berlin, 1797).

Gilly, David and Johann Albert Eytelwein (eds.) *Praktische Anweisung zur Wasserbaukunst* (Berlin,1805).

Glade, Heinz. *Zwischen Rebenhängen und Haff:Reiseskizzen aus dem Odergebiet* (Leipzig, 1976).

Glass, Robert. "Die Versiedlung der Moore und anderer Ödländereien", *HHO* 2, (1913), 335-55.

Goethe, Johann Wolfgang von. *The Sorrows of Young Werther* (New York, 1990).

Goethe, Johann Wolfgang von. *Faust*, Part II [1831], Penguin edition (Harmondsworth, 1959).

Gothein, Eberhard. *Geschichtliche Entwicklung der Rheinschiffahrt im 19.*

Jahrhundert (Leipzig, 1903).

Gothein, Georg. "Die Kanalvorlage und der Osten", Die Nation 16 (1898-9), 368-71.

Gothein, Georg. "Hochwasserverhütung und Förderung der Flussschiffahrt durch Thalsperren", *Die Nation* 16 (1898-9), 536-9.

Gräf, Heinrich. "Über die Verwertung von Talsperren für die Wasserversorgung vom Standpunkte der öffentlichen Gesundheitspflege", *ZHI* 62. (1909), 461-90.

Grass, Günter. *Über das Selbstverständliche: Politische Schriften* (Munich, 1969).

Grass, Günter. *Ein weites Feld* (Göttingen, 1995), transl. as *Too Far Afield* (San Diego, New York and London, 2000).

Grass, Günter. *Im Krebsgang* (Göttingen, 2002).

Grassberger, R. "Erfahrungen über Talsperrenwasser in Österreich", *Bericht über den XIV. Internationalen Kongress für Hygiene und Demographie, Berlin 1907, vol. 3 (Berlin, 1908), 230-40.*

Grautoff, Ferdinand. "Ein Kanal, der sich selber bauen sollte", *Die Gartenlaube* (1925), No. 26, 520-1.

Grebe, Wilhelm. "Zur Gestaltung neuer Höfe und Dörfer im deutschen Osten", *NB* 32 (1940), 57-66.

Greifelt, Ulrich. "Die Festigung deutschen Volkstums im Osten", in Hans-Joachim Schacht (ed.), *Bauhandbuch für den Aufbau im Osten* (Berlin, 1943), 9-13.

Gundt, Rudolf. "Das Schicksal des oberen Saaletals", *Die Gartenlaube* (1926), no.11, 214-15.

Günther, Hanns. *Pioniere der Technik:Acht Lebensbilder grosser Männer der Tat* (Zurich,1920).

Günther, Hans. *Rassenkunde des deutschen Volkes* (Munich, 1922).

Günther, Werner. "Der Ausbau der oberen Saale durch Talsperren",dissertation, Jena 1930.

Cutting, Willi. *Die Aalfischer: Roman vom Oberrhein* (Bayreuth, 1943).

Cutting, Willi. *Glückliches Ufer* (Bayreuth, 1943).

Halbfaβ, W[ilhelm]. "Die Projekte von Wasserkraftanlagen am Walchensee und Kochelsee in Oberbayern", *Globus* 88 (1905), 33-4.

Halfeld, Adolf. *Amerika und der Amerikanismus* (Jena, 1927).

Hamm, F. *Naturkundliche Chronik Nordwestdeutschlands* (Hanover, 1976).

Hampe, Karl. *Der Zug nach dem Osten:Die kolonisatorische Grosstat des deutschen Volkes im Mittelalter* (Leipzig and Berlin, 1935; first edn. 1921).

Heidegger, Martin. *The Question Concerning Technology and Other Essays* [1954) (New York, 1977).

Helmholtz, Hermann von. *Science and Culture: Popular and Philosophical Essays*, ed. David Cahan (Chicago, 1995).

Hennig, Richard. "Deutschlands Wasserkräfte und ihre rechnische Auswertung", *Die Turbine* (1909), 208-11, 230-4.

Hennig, Richard. "Aufgaben der Wasserwirtschaff in Südwestafrika", *Die Turbine*(1909), 331-3.

Hennig, Richard. "Die grossen Wasserfälle der Erde in ihrer Beziehung zur Industrie und zum Naturschutz", *ÜLM* 53 (1910-11), 872-3.

Hennig, Richard. *Buch berühmter Ingenieure: Grosse Männer der Technik, ihr Lehensgang und ihr Lebenswerk.Für die reifere Jugend und für Erwachsene geschildert* (Leipzig, 1911).

Hennig, Richard. "Otto Intze,der Talsperren-Erbauer (1843-1904)", in Hennig, *Buch berühmter Ingenieure*, 104-21.

Herzog, S. "Ausnutzung der Wasserkräfte für den elektrischen Vollbahnbetrieb", *UTW* (1909), 19-20, 23-4.

Hesse-Wartegg, Ernst von. "Der Niagara in Fesseln", *Die Gartenlaube* (1905), 34-8.

Hill, Lucy A. *Rhine Roamings* (Boston, 1880).

Hinrichs, August. "Land und Leute in Oldenburg", in *August Hinrichs über Oldenburg*, ed. Gerhard Preuβ (Oldenburg, 1986).

Hinrichs, August. "Zwischen Marsch, Moor und Geest", in *August Hinrichs über Oldenburg*, ed. Gerhard Preuβ (Oldenburg, 1986).

Hitler, Adolf. *Mein Kampf* (Munich, 1943 edn.).

Hoerner, Herbert von. "Erinnerung", *Land unserer Liebe: Ostdeutsche Gedichte* (Düsseldorf, 1953), 35.

Honsell, Max. *Die Korrektion des Oberrheins von der Schweizer Grenze unterhalb Basel bis zur Grossh. Hessischen Grenze unterhalb Mannheim* (Karlsruhe, 1885).

Hugenberg, Alfred. *Innere Colonisation im Nordwesten Deutschlands*(Strasbourg, 1891).

Hugo, Victor. *The Rhine* (New York, 1845).

Hummel, Bernhard. "Nach uns die Sintflut", *Jungle World* 32, 5 Aug. 1998.

Hurd, Archibald and Henry Castle. *German Sea-Power* (London, 1913).

Internationale Kommission zum Schutze des Rheins gegen Verunreinigung, *Ökologisches Gesamtkonzept für den Rhein: "Lachs 2000"* (Koblenz, 1991).

Intze, Otto. *Zweck und Bau sogenannter Thalsperren* (Aachen, 1875).

Intze, Otto. *Thalsperren im Gebiet der Wupper:Vortrag des Prof.Intze . . .am 18. Oktober 1889* (Barmen, 1889).

Intze, Otto. *Bericht über die Wasserverhältnisse der Gebirgsflüsse Schlesiens und deren Verbesserung zur Ausnutzung der Wasserkräfte und zur Verminderung der Hochfluthschäden* (Berlin, 1898).

Intze, Otto. *Talsperrenanlagen in Rheinland und Westfalen, Schlesien und Böhmen. Weltausstellung St. Louis 1904:Sammelausstellung des Königlich Preussischen Ministeriums der Öffentlichen Arbeiten. Wasserhau* (Berlin, 1904).

Intze, Otto. "Die geschichtliche Entwicklung, die Zwecke und der Bau der Talsperren" [lecture of 3 Feb. 1904], *ZVDI* 50, 5 May 1906, 673-87.

Jacquinot, "Über Talsperrenbauten", *ZdB*, 29 Sep. 1906, 503-5.

Jaeckel, Otto. *Gefahren der Entwässerung unseres Landes* (Greifswald, 1922).

Kaminski, A. J. *Nationalsozialistische Besatzungspolitik in Polen und der Tschechoslovakei 1939-1945: Dokumente* (Bremen, 1975).

Kann, Friedrich. "Die Neuordnung des deutschen Dorfes", in *Neue Dorflandschaften*, 97-102.

Kaplick, Otto. *Das Warthebruch: Eine deutsche Kulturlandschaft im Osten*

(Würzburg, 1956).

Kapp, Ernst. *Vergleichende allgemeine Erdkunde* (Braunschweig, 1868).

Kapp, Ernst. *Grundlinien einer Philosophie der Technik* (Braunschweig, 1877).

Karmarsch, Karl. *Geschichte der Technologie seit der Mitte des 18. Jahrhunderts* (Munich, 1872).

Kelen, Nikolaus. *Talsperren* (Berlin and Leipzig, 1931).

Keller, Hermann. "Natürliche und künstliche Wasserstrassen", *Die Woche* (1904), vol. 2, no. 20, 873-5.

Keyser, Erich. *Westpreussen und das deutsche Volk* (Danzig, 1919).

Keyser, Erich. "Die deutsche Bevolkerung des Ordenslandes Preussen", in Volz(ed.), *Der ostdeutsche Volksboden.*

Kirschner, O. "Zerstörung und Schutz von Talsperren und Dämmen", *SB* 67, 24 May 1949,277-81, 300-3.

Kissling, Johannes Baptist. *Geschichte des Kulturkampfes im Deutschen Reiche,* 3 vols. (Freiburg, 1911-16).

Klössel, M. Hans. "Die Errichtung von Talsperren in Sachsen", *PVbl* (1904), 120-1.

Kobbe, Ursula. *Der Kampf mit dem Stausee* (Berlin, 1943).

Kobell, Franz von. *Wildanger* [1854] (Munich, 1936).

Köbl, J. "Die Wirkungen der Talsperren auf das Hochwasser", *ANW* 38 (1904), 507-10.

Koch, L. "Im Zeichen des Wassermangels", *Die Turbine* (1909), 491-4.

Koch, P. *50 Jahre Wilhelmshaven: Ein Rückblick auf die Werdezeit* [1919] (Berlin, n.d.).

Koehn, Theodor. "Der Ausbau der Wasserkräfte in Deutschland", *ZfdgT* (1908), 462-5, 476-80, 491-6.

Koehn, Theodor. "Über einige grosse europaische Wasserkraftanlagen und ihre wirtschaftliche Bedeutung", *Die Turbine* (1909), 110-19, 153-6, 168-76, 190-6.

Kohl, H. (ed.) *Briefe Ottos von Bismarck, an Schwester und Schwager* (Leipzig, 1915).

Kollbach, Karl. "Die Urft-Talsperre", *ÜLM* 92 (1913), 694-5.

Korn, A. "Die 'Weisse Kohle'", *TM* 9 (1909), 744-6.

Kossinna, Gustav. *Die Herkunft der Germanen* (Würzburg, 1911).

Kotzschke, Rudolt. "Über den Ursprung und die geschicntliche Bedeutung der ostdeutschen Siedlung", in Volz (ed.), *Der Ostdeutsche Volksboden*, 7-26.

Krannhals, Hanns von. "Die Geschichte Ostdeutschlands", in Mackensen (eds.), *Deutsche Heimat ohne Deutsche*, 38-64.

Kretz, "Zur Frage der Ausnutzung des Wassers des Oberrheins", *ZfBi* 13 (1906), 361-8.

Kreuter, Franz. "Die wissenschaftlichen Bestrebungen auf dern Gebiet des Wasserbalies und ihre Erfolge", *Beiträge zur Allgemeinen Zeitung* 1 (1908), 1-20.

Kreutz, W. "Methoden der Klimasteuerung: Praktische Wege in Deutschland und der Ukraine", FD 15(1943), 256-81.

Kreuzkam, Dr. "Zur Verwertung der Wasserkräfte", *VW* (1908), 919-22, 950-2.

Krohn, Louise von. *Vierzig]ahre in einem deutschen Kriegshafen Heppens-Wilhelmshaven: Erinnerungen* (Rostock, 1911).

Kruedener, Arthur Freiherr von. "Landschaft und Menschen des osteuropäischen Gesarntraumes", *ZfGeo* 19 (1942), 366-74.

Krüger, W. "Die Baugeschichte der Hafenanlagen", *JbHG* 4 (1922), 97-105.

Kullrich, "Der Wettbewerb für die architektonische Ausbildung der Möhnetalsperre", *ZbB* 28, 1 Feb. 1908, 61-5.

Künkel, Hans. *Auf den kargen Hügeln der Neumark: Zur Geschichte eines Schäfer- und Bauerngeschlechts im Warthebruch* (Würzburg, 1962).

Küppers, Wilhelm. "Die grösste Talsperre Europas bei Gemünd (Eifel) ", *Die Turbine* 2 (1905), 61-4, 96-8.

Kurs, Victor. "Die künstlichen Wasserstrassen im Deutschen Reiche", *GZ* (1898),611-12.

Lampe, Felix. *Grosse Geographen* (Leipzig and Berlin, 1915).

"Landwirtschaft und Talsperren", *Volkswohl* 19 (1905), 88-9.

Lauterborn, Robert. "Beiträge zur Fauna und Flora des Oberrheins und seiner Umgebung", *Pollichia* 19 (1903),42-130.

Leclerc, Georges-Louis, Cornte de Buffon. *Histoire Naturelle*, 44 vols. (Paris,1749-1804), vol. 12 .

Letters of Euler on Different Subjects in Physics and Philosophy Addressed to a German Princess, transl. from the French by Henry Hunter, 2 vols. (London, 1802).

Levi, Primo. *If This is a Man; The Truce* (Harmondsworth, 1979).

Levi, Primo. *If Not Now, When?* (Harmondsworth, 1986).

Levi, Primo. *Moments of Reprieve: A Memoir of Auschwitz* (New York, 1987).

Lieckfeldt, "Die Lebensdauer der Talsperren", *ZdB*, 28 Mar. 1906,167-8.

Lindner, Werner. *Ingenieurwerk und Naturschutz* (Berlin, 192-6).

Link, E[rnst]. "Die Zerstörung der Austintalsperre in Pennsylvanien (Nordamerika) II", *ZdB*, 20 Jan.1912, 36-9.

Link, E[rnst]. "Talsperren des Ruhrgebiets", *ZDWW*, June 1922, 99-102.

Link, Ernst. "Ruhrtalsperrenverein, Möhne-und Sorpetalsperre", *MLWBL* (1927), 1-11.

Link, Ernst, "Die Sorpetalsperre und die untere Versetalsperre im Ruhrgebiet als Beispiele hoher Erdstaudämme in neuzeitlicher Bauweise", *DeW*, 1 Mar. 1932, 41-5, 71-2.

Link, E[rnst]. "Die Bedeutung der Talsperrenbauten für die Wasserwirtschaft des Ruhrgebiets", *Zement* 25 (1936), 67-71.

Loacker, Albert. "Die Ausnutzung der Wasserkräfte", *Die Turbine* 6 (1910), 230-8.

Lorenzen, Ingrid. *An der Weichsel zu Haus* (Berlin, 1999).

M., "Landschaftsgestaltung im Osten", *NB* 36 (1944), 201-11.

Machiavelli, Niccolo. *The Prince*, ed. Harvey C. Mansfield (Chicago, 1985).

Machui, Artur von. "Die Landgestaltung als Element der Volkspolitik", *DA* 42(1942), 287-305.

Mackensen, Lutz(ed.) *Deutsche Heimat ohne Deutsche: Ein ostdeutsches Heimatbuch* (Braunschweig, 1951).

Mäding, Erhard. "Kulturlandschaft und Verwaltung", *Reichsverwaltungsblatt* (1939), 432-5.

Mäding, Erhard. *Landschaftspflege: Die Gestaltung der Landschaft als Hoheitsrecht und Hoheitspflicht* (Berlin, 1942.).

Mäding, Erhard. "Die Gestaltung der Landschaft als Hoheitsrecht und Hoheitspflicht", *NB* 35 (1943), 22-4.

Mäding, Erhard. *Regeln für die Gestaltung der Landschaft:Einführung in die Allgemeine Anordnung Nr.20/VI/42 des Reichsführers SS, Reichskommissars für die Festigung deutschen Volkstums* (Berlin, 1943).

Maire, Siegfried. "Beiträge zur Besiedlungsgeschichte des Oderbruchs", *AdB* (1911), 21-160.

Marsh, George Perkins. *Man and Nature*, ed. David Lowenthal (Cambridge, Mass., 1965).

Mathy, Karl. "Eisenbahnen und Canäle, Dampfboote und Dampfwagentransport", in C. Rotteck and C. Weicker (eds.) *Staats-Lexikon*, vol. 4 (Altona, 1846), 228-89.

Mattern, Ernst. *Der Thalsperrenbau und die deutsche Wasserwirtschaft* (Berlin, 1902).

Mattern, Ernst. "Ein französisches Urteil über deutsche Bauweise von Staudämmen und Sperrmauern", *ZdB*, 24 Jun. 1905, 319-20.

Mattern, Ernst. "Die Zerstörung der Austintalsperre in Pennsylvanien (Nordamerika) I", *ZdB*, 13 Jan. 1912, 25-7.

Mattern, Ernst. *Die Ausnutzung der Wasserkräfte* (Leipzig, 1921).

Mattern, Ernst. "Stand der Entwicklung des Talsperrenwesens in Deutschland", *WuG* 19, 1 May 1929, 858-66.

Meinhold, Helmut. "Das Generalgouvernement als Transitland: Ein Beitrag zur Kenntnis der Standortslage des Generalgouvernements", *Die Burg* 2 (1941), Heft 4, 24-44.

Meisner, A. "Die Flussregulierungsaktion und clit-Talsperrenfrage", *RTW*, 6 Nov. 1909, 405-8.

Merian, Matthäus. *Topographia Electoral Brandenburgici et Ducatus Pomeraniae, das ist, Beschreibung der Vornemhsten und bekantisten Stätte und*

Plätze in dem hochlöblichsten Churfürstenthum und March Brandenburg, facsimile of 1652 edn. (Kassel and Basel, 1965).

Meyer, Aug[ust1. "Die Bedeutung der Talsperren für die Wasserversorgung in Deutschland", *WuG* 13, 1 Dec. 1932, 121-5.

Meyer, Konrad. "Planung und Ostaufbau", *RuR* 5 (1941)1 392-7.

Meyer, Konrad. "Der Osten als Aufgabe und Verpflichtung des Germanentums", *NB* 34 (1942), 205-8.

Meyer, Konrad. "Zur Einführung", *Neue Dorflandschaften*, 7.

Micksch, Karl. "Energie und Wärme ohne Kohle", *Die Gartenlaube* 68 (1920), 81-3.

Middelhoff, Hans. *Die volkswirtschaftliche Bedeutung der Aggertalsperrrenanlagen* (Gummersbach, 1929).

Miegel, Agnes. "Die Fähre", *Gedichte und Spiele* (Jena, 1920).

Miegel, Agnes. "Abschied vom Kinderland", *Aus der Heimat: Gesammelte Werke*, vol. 5 (Düsseldorf and Cologne, 1954),126-31.

Miegel, Agnes. "Gruss der Türme", *Unter hellem Himmel* (1936), reprinted in *Aus der Heimat*, 118-25.

Miegel, Agnes. "Kriegergräber", *Ostland* (Jena, 1940).

Miegel, Agnes. "Meine Salzburger Ahnen", *Ostland* (Jena, 1940), reprinted in *Es war ein Land: Gedichte und Geschichten aus Ostpreussen* (Cologne, 1983).

Miegel, Agnes. "Zum Gedächtnis", *Du aber bleibst in mir: Flüchtlingsgedichte* (1949).

Miegel, Agnes. *Die Meinen: Erinnerungen* (Düsseldorf and Cologne, 1951).

Miegel, Agnes. "Es war ein Land" [1952], *Es war ein Land: Gedichte und Geschichten aus Ostpreussen* (Cologne, 1983).

Miegel, Agnes. "Truso" [1958], *Es war ein Land:Gedichte und Geschichten aus Ostpreussen* (Cologne, 1983).

Miller, Oskar von. "Die Ausnutzung der deutschen Wasserkräfte", *ZfA*, August 1908, 401-5.

Ministerium für Umwelt, Baden-Württemberg. *Hochwasserschutz und Ökologie: Ein "integriertes Rheinprogramm" schützt vor Hochwasser und erhält naturnahe Flussauen* (Stuttgart, 1988).

Mitteilungen der deutschen Volksräte Polens und Westpreussens, 14 Mar. 1919.

Monologe im führer-Hauptquartier 1941-1944: Die Aufzeichnungen Heinrich Heims, ed. Werner Jochmann (Hamburg,1980).

Morgen, Herbert. "Ehemals russisch-polnische Kreise des Reichsgaues Wartheland: Aus einem Reisebericht", *NB* 32. (1940), 320-6.

Morgen, Herbert. "Forstwirtschaft und Forstpolitik im neuen Osten", *NB* 33 (1941), 103-7 .

Mügge, W. "Über die Gestaltung von Talsperren und Talsperrenlandschaften", *DW* 37 (1942), 404-18.

Mühlenbein, C. "Fische und Vögel der bergischen Talsperren", *BeH* 4, August 1930, 326-7.

Mühlens, Dr. P. "Bericht über die Malariaepidemie des Jahres 1907 in Bant, Heppens, Neuende und Wilhelmshaven sowie in der weiteren Umgegend', *KJb* 19 (1907), 39-78.

Müller, Dr. "Aus der Kolonisationszeit des Netzebruchs", *SVGN* 39 (1921), 1-13.

Müller, Wilhelm. "Wasserkraft-Anlagen in Kalifornien", *Die Turbine* (1908), 32-5.

Nankivell, Joice M. and Sydney Loch. *The River of a Hundred Ways* (London,1924).

Naumann, Arno. "Talsperren und Naturschutz", *BzN* 14 (1930), 77-85.

Neue Dorflandschaften:Gedanken und Pläne zum ländlichen Aufbau in den neuen Ostgebieten und im Altreich.Herausgegeben vom Stabshauptamt des Reichskommissars für die Festigung deutschen Volkstums, Planungsamt sowie vom Planungsbeauftragten für die Siedlung und ländliche Neuordnung (Berlin,1943).

Neuhaus, Erich. *Die Fridericianische Colonisation im Netze- und Warthebruch* (Landsberg, 1905).

Niemann, Harry (ed.) *Ludwig Starklof 1789-1850:Erinnerungen, Theater, Erlebnisse, Reisen* (Oldenburg, 1986).

Nietzsche, Friedrich. *On the Genealogy of Morals* (1887).

Noeldeschen, Friedrich Wilhelm. *Oekonomische und staatswissenschaftliche Briefe über das Niederoderbruch und den Abbau oder die Verteilung der Königlichen Ämter und Vorwerke im hohen Oderbruch* (Berlin, 1800).

Nufibaum, H. Chr. "Zur Frage der Wirtschaftlichkeit der Anlage von Stau-Seen", *ZfBi* (1906), 463.

Nußbaum, H. Chr. "Die Wassergewinnung durch Talsperren", *ZGW* (1907), 67-70.

Oberländer, Richard. *Berühmte Reisende: Geographen und Länderentdecker im 19. Jahrhundert* (Leipzig, 1892).

Oberländer, Theodor. *Die agrarische Überbevölkerung Polens* (Berlin, 1935).

Ott, Josef, and Erwin Marquardt. *Die Wasserversorgung der kgl.Stadt Brüx in Böhmen mit bes. Berücks. der in denJahren 1911 bis 1914 erbauten Talsperre* (Vienna, 1918).

Otto, Frank [pseud. for Otto Spamer]. *"Hilf Dir Selbst!" Lebensbilder durch Selbsthülfe und Thatkraft emporgekommener Männer: Gelehrte und Forscher, Erfinder, Techniker, Werkleute. Der Jugend und dem Volke in Verbindung mit Gleichgesinnten zur Aneiferung vorgeführt* (Leipzig, 1881).

Paul, Gustav. *Grundzüge der Rassen- und Raumgeschichte des deutschen Volkes* (Munich,1935).

Paul, Wolfgang. "Flüchtlinge", *Land unserer Liebe: Ostdeutsche Gedichte* (Düsseldorf, 1953),17.

Pauli, Jean. "Talsperrenromantik", *BeH* 4, August 1930, 331-2.

Paxmann, "Bruch der Talsperre bei Black River Falls in Wisconsin", *ZdB*, 25 May 1912, 274-5.

Pflug, Hans. *Deutsche Flüsse - Deutsche Lebensadern* (Berlin, 1939).

Poschinger, Heinrich von (ed.), *Unter Friedrich Wilhelm IV: Denkwürdigkeiten des Ministerpräsidenten Otto Freiherr von Manteuffel, Zweiter Band: 1851-1854* (Berlin, 1901).

P[owidaj], L[udwik]. "Polacy i Indianie", I, *Dzennik Literacki* 53, 9 Dec. 1864.

P[owidaj], L[udwik]. "Polacy i Indianie", II, *Dzennik Literacki*, 56, 30 Dec. 1864.

Präg, Werner, and Wolfgang Jacobmeyer (eds.) *Das Diensttagebuch des deutschen Generalgouverneurs in Polen 1939-1945* (Stuttgart, 1975).

"Prinzip Archimedes", *Der Spiegel*, 14/1986, 77-9.

Quin, Michael J. *Steam Voyages on the Seine, the Moselle & the Rhine*, 2 vols. (London, 1843).

Raabe, Wilhelm. *Pfisters Mühle* (1884).

Raabe, Wilhelm. *Stopfkuchen*, transl. Barker Fairley as "Tubby Schaumann": Wilhelm Raabe, *Novels*, ed. Volkmar Sander (New York, 1983), 155-311.

Rappaport, Philipp A. "Talsperren im Landschaftsbilde und die architektonische Behandlung von Talsperren", *WuG* 5, 1 Nov. 1914, 15-18.

Rauter-Wilberg, Paula. "Die Kücheneinrichtung", in *Neue Dorflandschaften*, 133-6.

Rehmann, Dr. "Kleine Beiträge zur Charakteristik Brenkenhoffs", *SVGN* 22 (1908), 101-31.

Reifenrath, Joachim. "Verlassenes Dorf", *Land unserer Liebe: Ostdeutsche Gedichte* (Düsseldorf, 1953), 7.

Richau, Joachim, and Wolfgang Kil. *Land ohne Übergang: Deutschlands neue Grenze* (Berlin, 1992).

Riehl, Wilhelm Heinrich. *The Natural History of the German People*, transl. David Diephouse (Lewiston, NY, 1990).

Ritter, Carl. "The External Features of the Earth in Their Influence on the Course of History" [1850], *Geographical Studies by the Late Professor Carl Ritter of Berlin*, transl. William Leonard Gage (Cincinnati and New York, 1861), 311-56.

Roloff, Regierungsrat. "Der Talsperrenbau in Deutschland und Preussen", *ZfB* 59 (1910), 555-72.

Rössler, Mechtild, and Sabine Schleiermacher (eds.). Der "Generalplan Ost" (Berlin, 1993).

Rudorff, Ernst. "Ueber das Verhäitniss des modernen Lebens zur Natur", *PJbb* 45 (1880), 261-76.

Russwurm, "Talsperren und Landschaftsbild", *Der Harz* 34 (1927), 50.

Schauroth, Udo von. "Raumordnungsskizzen und Ländliche Planung", *NB* 33(1941), 123-8.

Schepers, Hansjulius. "Pripet-Polesien: Land und Leute", *ZfGeo* 19 (1942), 278-87.

Schick, Ernst. *Ausführliche Beschreibung merkwürdiger Bauwerke, Denkmale, Brücken, Anlagen, Wasserbauten, Kunstwerke, Maschinen, Instrumente, Erfindungen und Unternehmungen der neueren und neuesten Zeit, zur belehrenden Unterhaltung für die reifere Jugend bearbeitet* (Leipzig, 1838).

Schlögel, Karl. "Strom zwischen den Welten. Stille der Natur nach den Katastrophen der Geschichte: Die Oder, eine Enzykiopädie Mitteleuropas", *FAZ*, 13 Nov. 1999 ("Bilder und Zeiten").

Schlüter, Otto. *Wald, Sumpf und Siedelungsland in Altpreussen vor der Ordenszeit* (Halle, 1921).

Schmidt, Albert. "Die Erhöhung der Talsperrenmauer in Lennep", *ZfB* (1907), 227-32.

Schoenichen, Walter. *Zauber der Wildnis in deutscher Heimat* (Neudamm, 1935).

Schönhoff, Hermann. "Die Möhnetalsperre bei Soest", *Die Gartenlaube* (1913), 684-6.

Schöningh, E. *Das Bourtanger Moor: Seine Besiedlung und wirtschaftliche Erschliessung* (Berlin, 1914).

Schröder, Arno. *Mit der Partei vorwärts! Zehn]ahre Gau Westfalen-Nord* (Detmold, 1940).

Schultze-Naumburg, Paul. "Ästhetische und allgemeine kulturelle Grundsätze bei der Aniage von Talsperren", *Der Harz* 13 (1906), 353-60.

Schultze-Naumburg, Paul. "Kraftanlagen und Talsperren", *Der Kunstwart* 19 (1906), 130.

Schütte, Heinrich. *Sinkendes Land an der Nordsee?*(Oehringen, 1939).

Schwanhäuser, Catharine. *Aus der Chronik Wilhelmshavens* [1926] (Wilhelmshaven, 1974).

Timm, Gerhard. "Die offizielle Ökologiedebatte in der DDR", in Redaktion Deutschland Archiv, *Umweltprobleme in der DDR* (Cologne, 1985).

Treitschke, Heinrich von. *Origins of Prussianism* (The Teutonic Knights) [1862], transl. Eden and Cedar Paul (New York, 1969).

Treitschke, Heinrich von. *Deutsche Geschichte im 19. Jahrhundert, Erster Teil* [1879] (Königstein/Ts, 1981).

Tulla, J[ohann] G[ottfried]. *Die Grundsätze, nach welchen die Rheinbauarbeiten künftig zu führen seyn möchten: Denkschrift vom 1. 3. 1812* (Karlsruhe, 1812).

Tulla, J[ohann] G[ottfried]. *Denkschrift: Die Rectification des Rheines* (Karlsruhe, 1822).

Tulla, J[ohann] G[ottfried]. *Üher die Rectification des Rheines, von seinem Austritt aus der Schweiz his zu seinem Eintritt in das Großherzogtum Hessen* (Karlsruhe, 1825).

Turner, Frederick Jackson. "The Significance of the Frontier in American History"[1893]; in *The Frontier in American History* (Tucson, 1986), 1-38.

"Über die Bedeutung und die Wertung der Wasserkräfte in Verbindung mit elektrischer Kraftübertragung", *ZGW* (1907), Nr. 1, 4-8.

"Ueber Talsperren", *ZfG* 4 (1902), 252-4.

Ulbricht, Walter. *Whither Germany?* (Dresden, 1966).

Umlauf, J. "Der Stand der Raumordnungsplanung für die eingegliederten Ostgebiete", *NB* 34 (1942), 281-93.

Valentin, Veit(ed.) *Bismarcks Reichsgründung im Urteil englischer Diplomaten* (Amsterdam, 1937).

Vasmer, Max. "Die Urheimat der Slawen", in Volz (ed.), *Der Ostdeutsche Volksboden*, 118-43.

Venatier, Hans. *Vogt Bartold: Der grosse Zug nach dem Osten* (Leipzig, 1944).

Venatier, Hans. "Vergessen? " *Land unserer Liebe: Ostdeutsche Gedichte* (Düsseldorf, 1953), 28-9.

Vogel, Friedrich. "Die wirtschaftliche Bedeutung deutscher Gebirgswasserkräfte", *ZfS* 8 (1905), 607-14.

Vogt, Martin (ed.) *Herbst 1941 im "Führerhauptquartier"* (Koblenz, 2002).

Völker, H. *Die Edder-Talsperre* (Bettershausen bei Marburg, 1913).

Volz, Wilhelm (ed.) *Der ostdeutsche Volksboden: Aufsätze zu den Fragen des Ostens. Erweiterte Ausgabe* (Breslau, 1926).

Von der Konfrontation zur Kooperation:50 Jahre Landsmannschaft Weichsel-Warthe (Wiesbaden, 1999).

Weber, J. "Die Wupper-Talsperren", *BeH* 4, August 1930, 313-23.

Weber, Marianne. *Max Weber: A Biography*, transl. and ed. Harry Zohn (New York, 1975).

Weber, Max. "Capitalism and Society in Rural Germany", in Hans Gerth and C.Wright Mills (eds.), from *Max Weber: Essays in Sociology* (London, 1952), 363-85.

"Wehrbauer im deutschen Osten", *Wir sind Daheim: Mitteilungsblatt der deutschen Umsiedler im Reich*, 20 Feb. 1944.

Wehrmann, *Die Eindeichung des Oderbruches* (Berlin, 1861).

Weissbach, Christian. *Wie der Mensch das Wasser bändigt und beherrscht: Der Talsperrenbau im Ostharz* (Leipzig and Jena, 1958).

Wermuth, Adolf. *Ein Beamtenleben: Erinnerungen* (Berlin, 1922).

Werth, Heinrich. "Die Gestaltung der deutschen Landschaft als Aufgabe der Volksgemeinschaft", *NB* 34 (1942), 109-11.

Wichert, Ernst. *Heinrich von Plauen: Historischer Roman*, 2 vols. (Dresden, 1929, 22nd edn.).

Wickert, Friedrich. *Der Rhein und sein Verkehr* (Stuttgart, 1903).

Winters, Jochen. "The Flood", *Deutschland: Magazine on Politics, Culture, Business and Science*, Oct. 1997, 14-17.

Wickop, Walter. "Grundsätze und Wege der Dorfplanung", in *Neue Dorflandschaften*, 46-57.

Wiepking-Jürgensmann, Heinrich Friedrich, "Friedrich der Grosse und wir", *DG* 33 (1920), 69-78.

Wiepking-Jürgensmann, Heinrich Friedrich. "Der deutsche Osten: Eine vordringliche Aufgabe für unsere Studierenden", *DG* 52 (1939), 193.

Wiepking-Jürgensmann, Heinrich Friedrich. "Das Grün im Dorf und in der

Feldmark", *BSW* 20 (1940), 442-5.

Wiepking-Jürgensmann, Heinrich Friedrich. "Aufgaben und Ziele deutscher Landschaftspolitik", *DG* 53 (1940), 81-96.

Wiepking-Jürgensmann, Heinrich Friedrich. "Gegen den Steppengeist", *DSK*, 16 Oct. 1942, 4.

Wiepking-Jürgensmann, Heinrich Friedrich. "Dorfbau und Landschaftsgestaltung", in *Neue Dorflandschaften*, 24-43.

Wingendorf, Rolf. *Polen: Volk zwischen Ost und West* (Berlin, 1939).

Woldt, Richard. *Im Reiche der Technik: Geschichte für Arbeiterkinder* (Dresden,1910).

Wolf, Christa. *Kindheitsmuster* (Berlin and Weimar, 1976), transl. as *A Model Childhood* (New York, 1980).

Wolf, Kurt. "Über die Wasserversorgung mit besonderer Berücksichtigung der Talsperren", *MCWäL* (1906), 633-4.

Wolff, C. A. *Wriezen und seine Geschichte im Wort, im Bild und im Gedichte* (Wriezen, 1912).

Wulff, C. *Die Talsperren-Genossenschaften im Ruhr- und Wuppergebiet* (Jena, 1908).

Zantke, S. "Die Heimkehr der Wolhyniendeutschen", *NSM* 11(1940),169-71.

Zeymer, Werner. "Erste Ergebnisse des Ostaufbaus", *NB* 32(1940),415.

Ziegfeld, A. Hillen. *1000 Jahre deutsche Kolonisation und Siedlung: Rückblick und Vorschau zu neuem Aufbruch* (Berlin, n. d. [1942]).

Ziegler, P. "Ueber die Notwendigkeit der Einbeziehung von Thalsperren in die Wasserwirtschaft", *ZfG* 4 (1901), 49-58.

Ziegler, P. *Der Talsperrenbau* (Berlin, 1911).

Zigler, Emil. "Unsere Wasserkräfte und ihre Verwendung", *ZbWW* 6, 20 Jan. 1911, 33-5, 51-3.

Zinssmeister, Jakob. "Industrie, Verkehr, Natur und moderne Wasserwirtschaft", *WK*, January 1909,12-15.

Zinssemeister, Jakob. "Die Beziehungen zwischen Talsperren und Wasserabflusss",*WK* 2, 25 Feb. 1909, 45-7.

Zinssmeister, Jakob. "Wertbestimmung von Wasserkräften und von Wasser-

kraftanlagen", *WK* 2, 5 Jan. 1909,1-3.
Zuckmayer, Carl. *A Part of Myself* (New York, 1984).
"Zum Kanal-Sturm in Preussen", *HPBl* (1899), 453-62.

三、网址与网络资料

BUND-Berlin, "Okologische Hochwasserschutz": http://www.bund-berlin.de.
"Deichreparatur am Oderbruch offenbart Grauen des Krieges": http://www.wissenschaft.de/wissen/news/drucken/156089.html.
Deutsche Bundesstiftung Umwelt, "Hochwasserschutz und Naturschutz": http://www.umweltstiftung.de/pro/hochwasser.html.
http://www.bundjugend-berlin.de/presse/pm2002-11.html.
http://www.oekofuehrerschein.de.
http ://www. pages, unibe.ch/highlights/archive03 /poliwoda. html.
http://www.zalf.de/lsad/drimipro/elanus/html_projekt/pkt31/pkt.htm.
"Immer noch vermisst", ZDF-TV broadcast, 11.Nov.2003: http://www.zdf/.de/ZDFde/inhalt/5/0, 1872.
""Jahrhundertflut" an der Oder": http://www.mlur.brandenburg.de.
Land Brandenburg, "Alte Oder", http://www.mlur.brandenburg.de.
LEADER Aktionsgruppe Oderbruch:http://www.gruenliga.de/projekt/nre.
"Leben lernen im Oderbruch": .
http://www.unternehmen.region.de/_media/InnoRegio_Dokumentation_2000_S08-31.pdf.
Mackentum, Gerald, "Gen-Mais im Oderbruch", Barnimer Aktionsbündnis gegen Gentechnik: http://www.dosto.de/gengruppe/region/oderbruch/monsanto_moz.html.
Peuker, Birgit and Katja Vaupel (updated by Esther Rewitz), "Gefährüche Gentechnik", BUND Brandenburg: http://www.bundnessel.de/47_gen.html.
"Wasserhaushaltsuntersuchungen im Oderbruch":http://www.wasy.de/deutsch/consulting/grund/oderbruch/index.html.

图片出处

18 Henry Makowski and Bernhard Buderath, *Die Natur dem Menschen untertan* (Munich, 1983).
24 G. von Podewils, *Wirtschaftserfahrungen in den Gütern Gusow und Platkow*, vol. 1 (1801), reprinted in Antja Jakupi et al., "Early Maps," *Naturwissenschaften* August 2003: 361
26 Reprinted by permission of Bärenreiter Music Corporation
29 Oderlandsmuseum, Bad Freienwalde
31 (左) Ludwig Reiners, *Friedrich* (Munich, 1952)
31 (右) Ludwig Reiners, *Friedrich* (Munich, 1952)
34 Geheimes Staatsarchiv Preussischer Kulturbesitz
35 Bildarchiv Preussischer Kulturbesitz/Art Resource, New York
38 David Gilly and Johann Albert Eytelwein (eds.), *Praktische Anweisung zur Wasserbaukunst* (Berlin, 1802)
40 Oderlandsmuseum, Bad Freienwalde
50 Galerie J. H. Bauer, Hanover
56 Jürgens Photo, Berlin
57 Udo Froese, *Das Kolonisationswerk Friedrich des Grossen* (Heidelberg, 1938)
58 Erich Joachim, *Johann Friedrich Domhardt* (Berlin, 1899)
68 Alfred Chapuis and Edouard Gélis, *Le Monde des Automates*, vol. 2 (Paris, 1928)
76 Reiss-Engelhorn-Museum, Mannheim, photo Jean Christen
81 Kunstmuseum Basel
82 Generallandesarchiv Karlsruhe
96 Landesarchiv Speyer
103 Hans Pflug, *Deutsche Flüsse—Deutsche Lebensadern* (Berlin, 1939), photograph by Max Zehrer
105 Fritz Schulte-Mäter, *Beiträge über die geographischen Auswirkungen der Korrektion des Oberrheins* (Leipzig, 1938)
107 Ragnar Kinzelbach, University of Rostock
109 Generallandesarchiv Karlsruhe
111 Frau Elisabeth Wüst, Leimersheim
120 M. Lindeman and O. Finsch, *Die Zweite Deutsche Nordpolarfahrt* (Leipzig, 1883)
128 (上) Heinrich Schütte, *Sinkendes Land an der Nordsee?* (Oehringen, 1939)
128 (下) Heinrich Schütte, *Sinkendes Land an der Nordsee?* (Oehringen, 1939)
133 Stadtarchiv Wilhelmshaven
135 Stadtmuseum Oldenburg
139 Stadtarchiv Wilhelmshaven
150 Staatstheater Oldenburg
153 Hans Pflug, *Deutsche Flüsse—Deutsche Lebensadern* (Berlin, 1939)

157 Niedersächsisches Freilichtmuseum
159 Ostfriesische Landschaft, Aurich
167 Lucy Hill, *Rhine Roamings* (Boston, 1880)
173 Landesarchiv Berlin
179 M. Lindemann and O. Finsch, *Die Zweite Deutsche Nordpolarfahrt* (Leipzig, 1883)
188 Verlag Haus am Weyerberg
190 Ernst Candèze, *Die Talsperre* (Leipzig, 1901)
192 Archiv der Stadt Remscheid
199 The collection of Dieter Wiethege, courtesy of Susanne Wiethege
207 Hochschularchiv, TH Aachen, Fotosammlung
220 Deutsches Museum, Munich
227 Hans Pflug, *Deutsche Flüsse—Deutsche Lebensadern* (Berlin, 1939)
242 W. Soldan and C. Heßler, *Die Waldecker Talsperre im Eddertal* (Marburg and Bad Wildungen, 1911)
244 Carl Borchardt, *Denkschrift zur Einweihung der Neye-Talsperre* (Remscheid, 1909)
249 Ruhrtal-Museum, Schwerte
250 Ruhrtal-Museum, Schwerte
252 Deutsches Historisches Museum, Berlin, Bildarchiv
273 Helmut Meinhold, "Das Generalgouvernment als Transitland," *Die Burg* (1941)
284 (上) Hans Pflug, *Deutsche Flüsse—Deutsche Lebensadern* (Berlin, 1939)
284 (下) Ullstein Bild
285 Ullstein Bild
288 Alwin Seifert, *Im Zeitalter des Lebendigen* (Planegg near Munich, 1942)
292 Bundesarchiv Koblenz
293 Alwin Seifert, *Im Zeitalter des Lebendigen* (Planegg near Munich, 1942)
309 Instyucie Pamięci Narodowej—Komisji Ścigania Zbrodni przeciwko Naradowi Polskiemu
314 Hans Künkel, *Auf den kargen Hügeln der Neumark* (Würzburg, 1962)
316 Hans Künkel, *Auf den kargen Hügeln der Neumark* (Würzburg, 1962)
320 Agnes-Miegel-Gesellschaft
329 Bundesbildstelle Bonn
341 *Jahrbuch der Deutschen Demokratischen Republik 1956* (East Berlin, 1956)
343 L. Stepanov, *Novye Legendy Gartsa* (Moscow, 1969)
352 Barbara Klemm

著作权合同登记号:01-2008-5700
图书在版编目(CIP)数据

征服自然：水、景观与现代德国的形成 / (美) 大卫·布莱克本著；王皖强，赵万里译. —北京:北京大学出版社,2019.10
(先声文丛)
ISBN 978-7-301-30619-2

Ⅰ.①征… Ⅱ.①大…②王…③赵… Ⅲ.①莱茵河—水环境—环境管理—研究—德国 Ⅳ.①X143

中国版本图书馆CIP数据核字(2016)第186162号

书　　名	征服自然：水、景观与现代德国的形成 ZHENGFU ZIRAN: SHUI、JINGGUAN YU XIANDAI DEGUO DE XINGCHENG
著作责任者	〔美〕大卫·布莱克本　著　王皖强　赵万里　译
责任编辑	李学宜
标准书号	ISBN 978-7-301-30619-2
出版发行	北京大学出版社
地　　址	北京市海淀区成府路205号　100871
网　　址	http://www.pup.cn　新浪微博:@北京大学出版社
电子信箱	pkuwsz@126.com
电　　话	邮购部 010- 62752015　发行部 010-62750672 编辑部 010-62752025
印 刷 者	北京中科印刷有限公司
经 销 者	新华书店
	880毫米×1230毫米　16开本　32.75印张　442千字 2019年10月第1版　2019年10月第1次印刷
定　　价	95.00元